Hermann Hüffer
Lebenserinnerungen

Hermann Hüffer.

Hermann Hüffer
Lebenserinnerungen

Herausgegeben
von
Ernst Sieper

Berlin
Druck und Verlag von Georg Reimer
1912

Vorwort.

Als Hermann Hüffer am 15. März 1905 nach einem langen, an Arbeit und Erfolgen reichen Leben starb, harrte ein umfangreicher literarischer Nachlaß der Veröffentlichung. Außer bedeutsamen archivalischen Sammlungen, historischen und literarhistorischen Arbeiten hinterließ der Verstorbene auch eingehende Aufzeichnungen autobiographischen Charakters. Das durch letztwillige Verfügung Hüffers zur Ordnung seines literarischen Nachlasses eingesetzte Komitee, dem seine bewährten Freunde, Geheimrat Koser (Berlin), Professor Landsberg (Bonn) und Archivrat Obser (Karlsruhe) angehören, beschloß, auch die Lebenserinnerungen einem größeren Publikum durch den Druck zugänglich zu machen. Geheimrat Zorn (Bonn) sollte mit der Herausgabe betraut werden. Da er sich aber durch seine mannigfachen amtlichen und außeramtlichen Verpflichtungen leider an der Erfüllung der Aufgabe verhindert sah, wurde ich gebeten, an seine Stelle zu treten.

Auch in meinen Händen hat sich die Herausgabe länger verzögert, als ursprünglich gedacht war. Die Arbeit, die ich den Lebenserinnerungen des verewigten Freundes und Gönners gewidmet habe, war nicht ganz mühelos, aber sie ist köstlich gewesen. Das Leben, das sich in dem „schönen und lebendigen Buche" enthüllt, war innerlich reich und harmonisch vollendet. Aus jeder Zeile weht der Hauch einer edlen, milden und doch im Grunde starken Persönlichkeit.

Das Buch bietet aber nicht bloß Persönlichkeitsoffenbarung und Gelehrtengeschichte, auch die reichbewegten politischen Ereignisse, die mit der Wiedererrichtung des Deutschen Reiches gekrönt wurden, hat Hüffer als Mitglied des Preußischen Abgeordnetenhauses während der Konfliktzeit und des Norddeutschen Reichstages genau verfolgen und, mit der ihm eigenen Unparteilichkeit nach allen Seiten hin gerecht abwägend, schildern können. Die anschaulichen Berichte über die parlamentarischen Vorgänge, die den Kriegen von 1866 und 1870 vorangingen, bilden einen wertvollen Beitrag zur Geschichte der neueren Zeit.

Hüffer war ein treuer Sohn der Roten Erde; sein Wirken ist ausschließlich der rheinischen Friedrich-Wilhelms-Universität zugute gekommen. Und so spiegelt sich in seinem Leben zugleich die Geschichte manches der besten und tüchtigsten Söhne der rheinisch-westfälischen Lande. Ich grüße die alte Heimat.

Zu danken habe ich Herrn Geheimrat Zorn und Herrn Kollegen Dr. A. Herrmann (Bonn) sowie Fräulein Marie Maurer (München) für ihre Hilfe bei der Korrektur der Druckbogen. Herrn Dr. Herrmann, der Hüffer bereits durch seinen Nekrolog in den „Annalen des Historischen Vereins für den Niederrhein" LXXX ein schönes Denkmal gesetzt, bin ich außerdem für manchen sachkundigen Aufschluß verpflichtet. Herr Dr. Ig. Hösl (München) hatte die Güte, bei vielfach auftauchenden Fragen durch Nachforschungen und Feststellungen im hiesigen Reichsarchiv mich zu unterstützen. Mein Freund Professor Jules Simon (München) hat mich bei der Redaktion der Abschnitte über Paris freundlichst beraten.

München, im Oktober 1912.

Ernst Sieper.

Inhaltsverzeichnis.

Einleitung des Herausgebers.

Es war im Herbst des Jahres 1890, als ich Hüffer zum ersten Male begegnete. Er war damals Rektor der Friedrich-Wilhelms-Universität Bonn, an der ich immatrikuliert wurde. In dem Senatssaale der Universität saßen wir, die Immatrikulanden, als sich die Tür zum Sekretariat öffnete. Herein trat mit langsamen, natürlich gemessenen Schritten eine ehrwürdige Gelehrtengestalt mit langem, schwarzem Tuchrock bekleidet. Das ergraute und schon gelichtete Haupthaar war, lang gewachsen, in den Nacken zurückgekämmt. Der ebenfalls ergraute Bart war kurz geschoren. Das Antlitz mit weichen Zügen trug einen ernsten und doch wieder gütigen Ausdruck. Die Augen waren von einer Brille beschattet; ein gewisser gespannter Zug der Augenwinkel deutete auf stärkere Kurzsichtigkeit oder verminderte Sehkraft.

Den eigentlichen Immatrikulationsakt leitete der Rektor durch eine Ansprache ein, in der er den „nicht gerade poetischen, aber trefflich gemeinten" Gellertschen Vers variierte: „Lebe, wie du, wenn du stirbst, — Wünschen wirst gelebt zu haben!" Mit eindringlichem Ernst, der sich von Schulmeisterei durchaus fernhielt, ermahnte er uns, während unserer akademischen Jahre so zu leben und zu streben, daß uns beim Eintritt in unseren Beruf die Klage um verlorene Zeit erspart bleibe. Aus jedem Worte sprach Aufrichtigkeit, Wohlwollen, Menschengüte. Äußerlich fiel mir der stark westfälische Akzent des Redners auf, der seine offenbar vorsichtig gewählten, aber frei und fließend gesprochenen Worte hin und wieder mit einer eigentümlich rhythmischen Geste seiner linken Hand zu begleiten pflegte.

Im folgenden Sommersemester trat ich dann mit Hüffer in persönliche Berührung. Er suchte, hauptsächlich zur Schonung seiner leidenden Augen, einen Assistenten bei seinen wissenschaftlichen Arbeiten. Ich stellte mich ihm vor, wurde freundlich aufgenommen und begann gleich am folgenden Tage meine Arbeit, die mich jahrelang in den frühen Morgenstunden und abends von 8—11 Uhr zu seiner an der Kobenzer Straße, unweit des alten Zoll, zwischen Hofgarten und Rhein schön gelegenen Wohnung hinführte. Meine Arbeit bestand vornehmlich im Vorlesen von wissenschaftlichen Werken,

Akten und Urkunden, in der Niederschrift von Entwürfen und Briefen nach Diktat, auch wohl in der Anfertigung von Exzerpten usw. Morgens pflegte ich auch die eingegangene Korrespondenz, sowie die Zeitungen vorzulesen. Das letztere war nicht so ganz leicht. Hüffer pflegte nicht länger als fünf bis zehn Minuten auf den „Zeitungsquark“, wie er sich ausdrückte, zu verwenden. Ich mußte den Inhalt der einzelnen Artikel mit Stichworten angeben. Wenn ein Stichwort ihn interessierte, begann ich zu lesen, kam aber selten bis zum Ende, von einem ungeduldigen „weiter, weiter“ unterbrochen. Nach und nach bekam ich ein gewisses Gefühl für das, was dem Hüfferschen Interesse entsprach, überging alles, was ihm gleichgültig war, und wußte mit der Lektüre der „Kölnischen Zeitung“ — sie war sein tägliches Organ — in kürzester Zeit zu seiner Befriedigung fertig zu werden.

Von Hüffers eigentümlicher, gründlicher Art, alle Dinge anzugreifen, sollte ich gleich in den ersten Tagen Kenntnis erhalten. Von dem damaligen preußischen Kultusminister, dem Grafen Zedlitz-Trützschler, war ein Reskript an die Universitäten ergangen, das gegen die ungebührliche Ausdehnung der akademischen Ferien Stellung nahm. Hüffer begnügte sich nicht, mit einigen persönlichen Äußerungen diesen Erlaß zu erledigen. Er trat unter Benutzung des Universitätsarchivs in eine gründliche historische Prüfung der Ferienfrage ein, um auf Grund dieser Studien ein ausführliches Gutachten auszuarbeiten. Überhaupt sah ich in Hüffer zum ersten Male lebendig verkörpert, was deutsche Gelehrtenarbeit in Wahrheit bedeutet. Seine Gewissenhaftigkeit, seine Treue im Kleinen, seine Beharrlichkeit und seine unermüdliche Geduld waren bewunderungswürdig.

Seinem Wahrheitsdrange, seiner Unermüdlichkeit auch in der Klarstellung der kleinsten Umstände und Zusammenhänge entsprach seine Sorge für die Art und Weise der Darstellung, für Stil und Form des Ausdrucks. Er gefiel sich in unablässigem Feilen, bis die sprachliche Fassung seinem inneren Sinn für Rhythmus, Würde und Schönheit des Ausdrucks entsprach. Manchmal überfiel mich Ungeduld, wenn ein Entwurf, der bereits eine zwei-, ja dreimalige Revision erfahren hatte, wieder vorgenommen, von Anfang bis zu Ende gelesen und aufs neue stilistisch geprüft und geändert wurde. Nach meinem Gefühle schien bei diesem unermüdlichen Ringen nach Flüssigkeit und Eleganz des Stils die Unmittelbarkeit und charakteristische Frische des Ausdrucks zu leiden.

Bei den großen akademischen Festlichkeiten hatte ich auch Gelegenheit, die Art und den Eindruck von Hüffers öffentlichem Auftreten zu beobachten. Die Wirkung seiner Worte, wenn er in großen Versammlungen sprach, lag nicht in seiner Erscheinung, auch nicht in einem klangvollen, das Ohr bezaubernden Organ. Sein Auftreten hatte eher etwas Scheues, seine Stimme war zart, aber was einen unwillkürlich fesselte, das war die Natürlichkeit, Wahrheit und Schlichtheit, die der ganzen Erscheinung aufgeprägt war, die wundervolle Ordnung, Klarheit und Folgerichtigkeit seiner Gedanken, die vornehme Wahl und der poetische Schwung seines Ausdrucks. Wenn er mit einer Rede vor die Öffentlichkeit trat, so war sie ein einheitliches, festgefügtes Kunstwerk. Der Inhalt, der Aufbau, die Wortwahl, alles war bis ins kleinste hinein berechnet. Häufig hat mir Hüffer vor bedeutungsvollen Gelegenheiten vorgetragen, was er zu sagen beabsichtigte. Er gab der Meinung Ausdruck, daß dies die richtige Form seiner Rede sei. Wenn ich dann am nächsten Morgen wieder bei ihm vorsprach, so erklärte er: „Ich habe alles wieder über den Haufen geworfen, die Sache muß doch ganz anders angefaßt werden." Erschien der Redner dann, nach solch tagelanger Arbeit vor seinen Hörern, um merkwürdig leicht und frei seine Gedanken zu entwickeln, so spürte wohl ein jeder unmittelbar die ehrliche Geistesarbeit, die aus seinen Worten sprach, und die begeisterungsfähige akademische Jugend jubelte ihrem geliebten Rektor entgegen.

Hüffer war, das kann ohne Übertreibung gesagt werden, einer der populärsten Rektoren, die die Bonner Universität jemals besessen. Die Gründe lagen vor allem auch in der Güte und wohlwollenden Art, mit denen er den jungen Kommilitonen bei allen Anlässen begegnete. Dabei war Hüffer auch von einem unbestechlichen Gerechtigkeitsgefühl. Er hatte eine seltene Fähigkeit, alle Seiten einer Sache zu sehen, und die Engherzigkeit einer Cliquen- und Parteiwirtschaft war niemandem gründlicher verhaßt als ihm. Das hat ihm zwar während der Jahre seines Aufstrebens Feindschaft und Widerwärtigkeiten aller Art eingetragen, aber in den beiden letzten Dezennien seines Lebens hat sich doch jeder vor der Lauterkeit seines Charakters gebeugt. Auch die akademische Jugend, die für alle Dinge, die Charakter und Manneswürde angehen, eine feine Empfindung hat, gab in jenem an Konflikten und Streitfällen reichen Rektoratsjahre hinreichende Beweise, daß sie volles Vertrauen zu der Unparteilichkeit ihres Rektors besaß.

Es war im Frühjahr des Jahres 1894. Die Anstrengungen der Rektoratszeit und die darauf folgenden arbeitsreichen Jahre hatten Hüffers Kraft in bedenklichem Maße erschöpft. Eine tiefe seelische Depression hatte ihn überfallen. Wir machten, um seinen Geist zu zerstreuen, längere Spaziergänge durch den Kottenforst, durch das Siebengebirge und das in seltener Pracht erblühende Rheintal. Er sprach damals viel mit mir über meine Studien und meine Zukunft. Meiner schüchtern geäußerten Absicht, mich später einmal zu habilitieren, redete er ermutigend zu. Trotz seines eigenen leidenden Zustandes und seiner weitreichenden literarischen Pläne, ob deren Vollendung er sich gerade damals viele Sorge machte, hatte Hüffer eine seltene Gabe, sich in die Lage und das Leben seines weit jüngeren Gefährten einzufühlen. Er besaß niemals die Verschlossenheit und den rücksichtslosen Egoismus, den man an großen Gelehrten und anderen bedeutenden Männern, namentlich in reiferen Jahren, beobachten kann. Er war rücksichtsvoll, zartsinnig, voll Aufmerksamkeit und Entgegenkommen für die Menschen, die ihn umgaben. Das machte seinen Umgang so anregend und gewinnbringend, namentlich für jüngere Leute. Ich gedenke jetzt, nach fast zwei Jahrzehnten, mit tiefer Dankbarkeit an all die Freundlichkeit und Sorge für mich, die mir aus fast jeder Unterhaltung entgegentrat. Auch die Nachsicht, die der auf der Höhe seines Lebens stehende Mann seinem jungen, unreifen, von Leben und Welt unberührten Begleiter angedeihen ließ, hatte etwas rührendes. Vielleicht hat das Frische und Ungebrochene der jugendlichen Lebensäußerungen ihn, dem die Jugendfrische bis in sein höchstes Alter eigen blieb, angezogen. Jedenfalls habe ich für viele Dinge, die ich auf unseren Wanderungen in jugendlicher Unbekümmertheit hervorsprudelte, bei ihm ein warmes und verständnisvolles Echo gefunden.

Da sich Hüffers Zustand nicht bessern wollte, beschloß er, Bonn auf eine Zeitlang zu verlassen. Auf mein Zureden begab er sich mit mir auf den Malbergskopf bei Ems. Dort haben wir in den maiengrünen Buchenwäldern köstliche Tage des Wanderns und Rastens verbracht. Die Unterhaltungen, die wir auf stundenweiten Spaziergängen, oder im Schatten gelagert, miteinander pflogen, werden mir immer unvergeßlich sein. Wir sprachen viel über Literatur, namentlich über Goethe, Scheffel und Heine. Mit dem Enthusiasmus eines 17jährigen Jünglings zitierte er nicht bloß einzelne Verse, sondern ganze Lieder dieser großen lyrischen Künstler. Hüffers Gedächtnis war staunenerregend. Er konnte nicht nur fast alle Gedichte seiner Lieblinge, Heine, Schiller und Goethe auswendig, sondern auch Dante, Homer, die deutschen Minnesänger und französischen Troubadours waren durch häufiges Lesen vollständig in seinen geistigen Besitz übergegangen. Selten ist von mir eine Stelle aus einem Dichter erwähnt worden, die Hüffer nicht aufgriff und tadellos rezitierte. Hüffer gehörte nicht zu jenen überlegenen Leuten, die über einen jungen Menschen, der gerne zitiert, lächeln. Er selbst hatte sich die Begeisterung der lenzfrohen Tage ins Alter gerettet. Eine köstliche Erinnerung steht mir deutlich vor Augen. Wir saßen auf einer hohen Bergkuppe und schauten hinab in die grünen, walddurchwogten Tale, hinter denen groß und glühend die Abendsonne versank. Ich murmelte den Heineschen Vers:

„Hier saßen wir so himmelhoch“.

Hüffer griff den Vers auf. Nachdem er die wundervolle Strophe:

„Tief unter uns, ins blaue Meer
Versank die gold'ne Sonne,
Die Wogen rauschten drüber her
Mit ungestümer Wonne"

zitiert hatte, unterbrach er sich mit der Frage: Wo hat die ganze neuere Literatur etwas Ähnliches an Naturbeseelung aufzuweisen?

Männer von der Veranlagung eines Hüffer verjüngen sich immer wieder aus dem unerschöpflichen Born ihrer reichen Natur. Nach kurzer Zeit kehrte er erfrischt und gestärkt nach Bonn zu seiner gewohnten Arbeit zurück.

Ehe wir den Malbergskopf verließen, wanderten wir nach dem nahegelegenen Grabdenkmal des Freiherrn vom Stein. Ich hörte damals zum ersten Mal von den engen Beziehungen, die den berühmten Staatsmann mit Hüffers Familie verbunden hatten. Vor dem staatsmännischen Genie Steins hatte Hüffer die größte Bewunderung. Unsere Unterhaltung über sein Reformwerk führte uns ganz von selbst auf Fragen der staatlichen Organisation und Verwaltung Preußens. Hüffer, obgleich kein unbedingter Verehrer des Preußentums, hatte volles Verständnis für die Leistungen dieser Monarchie auf allen Gebieten des staatlichen Lebens. Indessen war er auch weitherzig genug, die große Bedeutung, welche die französische Herrschaft, insbesondere für die Rheinlande, gehabt hat, anzuerkennen. Überhaupt besaß er eine große Vorliebe für Frankreich und die französische Kultur. Als der Reichskanzler Hohenlohe gelegentlich der Sympathiekundgebung des Deutschen Reichstages für Frankreich beim Tode Carnots in seiner Rede hinwies auf „die große Nation, die nie aufgehört hat, Förderer der Kultur zu sein", äußerte sich Hüffer in Worten unbedingter Zustimmung. Mit Vorliebe stellte er Vergleiche an zwischen der lebhaften, geistvollen und liebenswürdigen Art der Franzosen und dem steifen, schweigsamen, wenig entgegenkommenden Wesen der Engländer. Alle Bestrebungen, eine gegenseitige Annäherung der französischen und deutschen Kultur herbeizuführen, konnten auf seine unbedingte Zustimmung rechnen.

Als nach dem Sommersemester 1894 die Gedanken an meine Examen bei mir immer mehr in den Vordergrund traten, sah ich mich genötigt, meine Arbeit bei Hüffer aufzugeben. Ich tat es mit schmerzlichen Gefühlen in der Befürchtung, daß sich dadurch überhaupt meine Beziehungen zu dem hervorragenden und verehrten Manne lockern würden. Ich sollte mich täuschen. Hüffer hatte die Fähigkeit, ein Freund zu sein und zu bleiben, auch wenn Zeit und Umstände der Pflege der Freundschaft nicht gerade günstig waren. Mit der Zähigkeit seiner starken niedersächsischen Natur hielt er einmal geknüpfte Beziehungen, wenn sie ihm wertvoll erschienen, fest. So ist mir der Verewigte auch in den Jahren der Trennung Helfer, Berater und Freund geblieben. Nachdem ich im Wintersemester 1894/95 mein Doktorexamen in Heidelberg bestanden hatte, besprach ich meine Lage und meine Pläne mit ihm. Ich teilte ihm mit, daß ich fest entschlossen sei, mich zu habilitieren, indessen mit Rücksicht auf meine Mittellosigkeit das preußische Oberlehrerexamen zu machen gedenke, um mir auf diese Weise eine Rückendeckung zu sichern. Hüffer riet entschieden ab. „Wenn man", so sagte er mir damals, „einen festen Entschluß gefaßt hat, so ist es besser, seine Schiffe hinter sich zu verbrennen. Was ein regsamer Mann zum Leben nötig hat, verdient er sich leicht."

Auch diese Worte bezeugen wieder, wieviel mutige Entschiedenheit der sonst ängstlich abwägende und vorsichtige Mann bei wichtigen Anlässen zeigte. Ich habe Hüffers Rat damals nicht befolgt und es später vielfach bereut, durch die Vorbereitung für das Staatsexamen ein volles, besonders kostbares Jahr verloren zu haben.

Im August 1899 schrieb mir Hüffers Gattin, ihr Mann bedürfe meiner; ob ich während der akademischen Ferien zu ihnen nach Wiesbaden, wo sie sich damals aufhielten, kommen wollte. Ich begab mich nach Wiesbaden und fand Hüffer in der Pagenstecherschen Augenheilanstalt in einer trostlosen Lage. Einige Wochen vorher war eine neue Verschlimmerung seines alten Augenübels eingetreten, die verhängnisvoll zu werden drohte. Die Ärzte hatten Netzhautablösung festgestellt. Der Schlag hatte Hüffer ganz unerwartet getroffen, gerade als er sich anschickte, die Veröffentlichung seiner jahrzehntelangen archivalischen Forschungen vorzubereiten. Seine Augen, die ihm ja sein ganzes Leben hindurch viel zu schaffen gemacht hatten, drohten völlig ihren Dienst zu versagen, in einem Augenblicke, wo er ihrer Hilfe am wenigsten entraten konnte Die Aussicht, zu Untätigkeit verdammt zu sein, lastete auf Hüffers Geist mit zermalmender Kraft. Der Gedanke, durch vollständige Erblindung ganz von seiner Umgebung abhängig und von Licht und Schönheit der Gotteswelt, in deren Wunder er sich wandernd so gerne vertieft hatte, geschieden zu sein, war ihm unerträglich. Was eine edle, liebevolle Gattin für eines Mannes Leben bedeuten kann, habe ich in jenen Tagen erfahren. Mit nie versiegender Frische und belebendem Humor, auch in den Stunden, wo ihr das Herz schwer war, hat Frau Hüffer in jenen dunkeln Tagen ihren Mann getragen und gehalten. Mit eminent praktischem Geschick wußte sie alle äußeren Schwierigkeiten, die auf Hüffers Stimmung schädigend wirken konnten, zu umgehen oder doch zu mildern. Mit unglaublicher Kunst verstand sie es, seine sorgenden Gedanken immer wieder dahin zu richten, wo sie sich ungehemmt mit Erfolg betätigen konnten und ihm das Gefühl der Befreiung und Erleichterung gaben. Der Leidende hat die liebevolle Sorge seiner Gattin dankbar anerkannt.

Bald begann denn auch seine Stimmung etwas ausgeglichener zu werden. Wir machten lange Spaziergänge durch die Buchenwälder des Neroberges, und bei jenen Wanderungen brach die Freude an der Poesie, die Hüffers Leben stets die reichste Nahrung gegeben hatte, wieder sieghaft durch. Ich erinnere mich, daß er auf einer solchen Wanderung eine lange Weile Dante mit leidenschaftlicher Hingabe deklamierte. In einer Unterhaltung, die sich damals entspann, erzählte ich ihm von Dantes Einwirkung auf die englische Literatur und insbesondere auf Chaucer. Er erfaßte den Gedanken, daß sein geliebter Dante auch auf die Entwicklung des Vaters der englischen Poesie einen bestimmenden Einfluß geübt, mit leidenschaftlichem Interesse.

Eine ergebene Stimmung begann nach und nach den schmerzlichen Aufruhr seines Gemütes abzulösen. Er zog die Summe seines Lebens und suchte sich über die Pflichten, die noch vor ihm lagen, klar zu werden. Damals sprach er mir zum ersten Male von seiner Absicht, Lebenserinnerungen zu schreiben.

Als die Behandlung bei Pagenstecher zu Ende war, kehrten wir nach Bonn zurück. Ich hatte mich auf Hüffers Bitte entschlossen, den Monat Oktober hindurch noch an seiner Seite zu bleiben. Mit ruhiger Umsicht traf Hüffer die Bestimmungen für sein nunmehr wesentlich verändertes Leben. Die Aussicht, seine Universitätsvorlesungen fortführen zu können, wirkte sichtlich beruhigend auf ihn. Freilich gab es Stunden, wo sein seelisches Gleichgewicht einer schmerzlichen Verzagtheit wich. Seine Gedanken beschäftigten sich häufig mit dem Tod und tieferen Sinne des Lebens. Einmal stand er lange vor dem Pult in seinem Arbeitszimmer, über dem ein vortreffliches Porträt seiner leidenschaftlich geliebten Mutter hing. Dann kehrte er sich zu mir und sagte: „Ich habe in meinem Leben manches gelernt und erarbeitet. Daß ich das alles mit mir fortnehmen muß! Könnte ich Ihnen das vermachen, damit Sie darauf weiterbauen könnten!“ Ich erwiderte, es sei wohl gut und nützlich für die Menschen, daß ein jeder von vorne anfangen und sich seinen Schatz an Erfahrung und Weisheit selbst sammeln müsse. Nicht das Erworbene, sondern der Erwerb sei das Wertvolle. „Aber die Wissenschaft“, entgegnete er, „was würde sie gewinnen, wenn solch ein Vermächtnis möglich wäre!“ Ich antwortete: „Das Leben ist größer als die Wissenschaft. Auch die Wissenschaft ist letzten Endes nur ein Gut, um unser Leben wahrer, tiefer und edler zu gestalten.“ — „Sie mögen Recht haben“, sagte er, die Hände — wie das seine Art war — mit einer weitausholenden Armbewegung zusammenschlagend.

Trotz aller Schwierigkeiten bereitete sich durch eine Reihe von Umständen die allmähliche Rückkehr in die ruhigeren, gewohnten Bahnen der früheren Tage vor. Wenn der Gebrauch der Augen auch auf ein Mindestmaß beschränkt war, so blieb Hüffer doch vor dem Schlimmsten, der völligen Erblindung, gnädig bewahrt. Die Aussicht auf geeignete, dauernde Hilfe bei seinen noch zu lösenden wissenschaftlichen Aufgaben wirkte ebenfalls beruhigend, und als ich Ende Oktober, um meine Vorlesungen aufzunehmen, wieder nach München zurückkehrte, konnte ich den Kranken in leidlicher Stimmung zurücklassen.

Am Morgen meiner Abreise stand ich packend in meinem Zimmer im Dachgeschoß der Hüfferschen Wohnung. Da hörte ich einen vorsichtig tastenden Schritt die Treppe heraufkommen. Ich öffnete die Tür, und Hüffer stand vor mir. In der Hand hielt er zwei seiner Bücher. Er sei gekommen, um mir noch einmal für meine Hilfe zu danken, und möchte mir die beiden Schriften zum Andenken an die gemeinsam verlebte traurige Zeit überreichen. Einer solchen äußeren Erinnerung hätte es freilich bei mir kaum bedurft. Wenn ich heute, nach fast 13 Jahren, auf jene Tage zurückschaue, so will es mir als ein großes Glück erscheinen, daß ich damals an Hüffers Seite weilen durfte. Die Art, wie der schwer gebeugte Mann sich wieder aufrichtete, wie er sich auf seine Aufgabe besann, um fortan mit unbeugsamer Energie für die Erfüllung dieser Aufgaben die Kraft seiner letzten Jahre einzusetzen, wird mir immer als leuchtendes Vorbild männlicher Überwindung und Stärke vor Augen stehen. Auch die Ergebenheit, mit der er nach den ersten unruh- und schmerzbewegten Wochen sein Schicksal trug, erschien mir bewundernswert.

„Nicht kann ein scheuer Mut dem Schicksal trotzen,
Noch Hilfe schaffen ein Herz voll Kummer;
In ihrer Brustgrube binden darum
Ehrliebende Männer ihren unfrohen Sinn.“

An diese Verse des altenglischen Sängers habe ich damals häufig denken müssen. Gerade die Leidenszeit Hüffers ließ die verborgenen Goldadern seines Gemütes zutage treten. Auch er war wie Carlyle von der Wahrheit des Gedankens durchdrungen: „Glücklich zu werden ist nicht das Wesentliche, aber seine Pflicht zu tun.“ Sein Denken war trotz seiner schlimmen Lage frei von egozentrischer Beschränktheit. Er sprach häufig mit mir über meine Lebensverhältnisse, meine Wirksamkeit an der Universität. Auch schwebenden Tagesfragen wandte er sein Interesse zu. Als er die Nachricht von Dreyfus' wiederholter Verurteilung erfuhr, gab er seinem Unwillen in stärkster Weise Ausdruck. „Warum“, so rief er aus, „tun sich die Gebildeten aller Kulturländer nicht zusammen, um dem Manne eine Ehrenerklärung zu geben!“ Wenn ich mich selbst bei unseren politischen Unterhaltungen mit jugendlicher Unduldsamkeit äußerte, ertrug er dies mit nachsichtigem Verständnis. Damals sagte er mir: „Wenn Sie liberal sein wollen, so müssen Sie es in erster Linie gegen Andersdenkende sein.“ Hüffers ganzer Natur entsprach mehr das Ruhige, Abgeklärte, sorgsam Abgewogene; aber für das Drastische, Impulsive jugendlicher Lebensäußerungen hatte er gleichfalls Sinn, und er hat in seinem reiferen Alter manchmal bedauert, sich in der Jugend allzuviel Zwang auferlegt zu haben.

Seit jenen Herbsttagen habe ich Hüffer nur noch wenige Male und meist nur auf kurze Zeit wiedergesehen. Im August 1904 führte ich ihm meine Gattin zu. Es war rührend, mit welcher fast feierlichen Ritterlichkeit der alte Herr die junge Frau empfing: „Ich danke Ihnen, daß Sie meinen Freund glücklich gemacht haben." Diese Worte sind meiner Frau als stolze Erinnerung an jene Stunde zurückgeblieben.

Als ich im nächsten Frühjahr auf meiner Durchreise von München nach London wieder in Bonn Halt machte, fand ich ihn auf seinem Sterbelager. Wieder erkundigte er sich mit rührender Sorge nach allem, was mein Leben betraf und war sichtlich erfreut, als ich ihm nur Gutes berichten konnte. Lange blickte er mich schweigend an, als er mir zum Abschied die Hand reichte. Auch er wußte, es war ein Abschied fürs Leben. Auf seinem Antlitze lag der Glanz und der Frieden eines Mannes, der die Welt überwunden hat. Etwa eine Woche später erhielt ich in London die Nachricht von seinem Tode.

Ein wertvolles Andenken an den Verstorbenen sandte mir seine Gattin zu. Es zeigte mir wieder, mit welcher Ruhe und Ergebenheit der Sterbende der letzten Stunde entgegensah: Eines Tages bat er seine Gemahlin, die berühmte Geschichte der Poesie der Troubadours von Diez aus seinem Bücherbrett zu nehmen und folgende Worte hineinzuschreiben: „Seinem Freunde Professor Dr. Sieper bestimmte Hermann Hüffer am Tage vor seinem Tode (15. März 1905) diese beiden Bände zur Erinnerung." Hüffers starke Natur hat dann allerdings noch einen Tag länger widerstanden. Das mir bestimmte Andenken stammte von Diez selbst, dem Hüffer als Schüler und Freund nahegestanden. Es trägt eine Widmung von der Hand des Verfassers, der es Böcking zueignete. Aus Böckings Besitz ging es in Hüffers Hände über.

* * *

Wenn ich nach dieser kurzen Darstellung meiner persönlichen Beziehungen zu Hüffer den Versuch einer Charakteristik unternehme, so möchte ich dabei anknüpfen an ein Selbstbekenntnis des Verstorbenen: „Ich bekenne mich zum objektiven Optimismus und zum subjektiven Pessimismus. Einer meiner Brüder" — so fügte er zur Erklärung dieser Worte hinzu — „hat stets die Welt als schlecht erfunden, aber zu sich selbst und seinen Fähigkeiten immer das größte Vertrauen gehabt. Bei mir ist es umgekehrt. Ich habe stets an die Vortrefflichkeit dieser Welt geglaubt, aber ich mißtraue mir selbst."

Hüffer besaß in der Tat in seltenem Maße die Fähigkeit, das Große und Schöne in Natur, Kunst und Menschenleben zu würdigen und zu genießen. Am stärksten fühlte er sich zu jenen geistigen Gütern hingezogen, die uns durch Literatur, Wissenschaft und Kunst erschlossen sind. Auch auf seine zahlreichen Wanderfahrten begleiteten ihn seine geliebten Bücher.

Am leidenschaftlichsten war sein Interesse für die schöne Literatur. In eifrigster Lektüre hatte er, unterstützt von einem seltenen Gedächtnis, die besten Werke der klassischen und neueren Literatur zu seinem geistigen Besitz gemacht. Überhaupt war seine rezeptive Begabung außerordentlich stark entwickelt. Er konnte tagelang mit unverminderter Frische und Aufnahmefähigkeit lesen, und das Gelesene entschwand selten wieder seinem Gedächtnis.

Die produktiven Fähigkeiten traten — wenigstens in den ersten Jahren seiner selbständigen Entwicklung — gegenüber dieser enormen rezeptiven Kraft zurück. Er fühlte dies selbst und litt darunter. Das Mißtrauen gegen sich selbst war zum Teil auch in diesem Mißverhältnis seiner geistigen Veranlagung begründet. Fast täglich kehrt in den Tagebüchern seiner jungen Dozentenjahre die Klage wieder: „Heute wieder nichts getan".

Dieser eigenartigen Veranlagung entsprach auch eine gewisse Weichheit im Wesen Hüffers. Sie bekundete sich schon äußerlich in seiner Erscheinung, in seinen Zügen, seiner Gestalt und seinen Bewegungen. Er besaß nicht die sinnliche Stärke einer mit Aktionsgeist erfüllten kampffrohen Natur. Ruhige Empfänglichkeit und stilles Abwarten den Dingen und Menschen gegenüber war seine Eigenart.

Freilich wäre es ein schwerwiegender Irrtum, wenn man dieses vorsichtige Abwarten als Schwäche oder Haltlosigkeit hätte deuten wollen. Seine starken Überzeugungen paarten sich mit einem reinen ethischen Pathos. Wo er sich offenbarer Ungerechtigkeit oder Niedrigkeit gegenüber sah, erfaßte ihn die tiefste und nachhaltigste Erregung.

Langsam aber sicher reifte in ihm das Gefühl seiner Pflichten in den besonderen Lagen und Umständen seines Lebens. An dem, was er einmal als recht erkannt, hielt er unerschütterlich fest. So entgegenkommend und rücksichtsvoll er in manchen Dingen auch sein konnte, so wenig war er im Grunde irgendeiner Beeinflussung zugängig. Darin offenbarte er seine harte unbeugsame Westfalennatur. Wo das Heiligtum seiner innersten Überzeugung bedroht wurde, wies er jeden Kompromiß weit von sich. Da scheute er auch Kampf und Feindschaft nicht. Freilich wurde er eines solchen Kampfes selten froh. Wenn er einen aufgenötigten Streit durchzuführen für seine Pflicht hielt, hat er schwer darunter gelitten. Die langwierige Kontroverse mit Sybel hat ihm die besten Jahre seines Lebens vergällt. Auch die persönlichen und sozialen Konflikte, die der Kulturkampf im Gefolge hatte, fühlte er schwer auf sich lasten. Nicht nur dann, wenn er persönlich betroffen wurde. Daher seine Neigung und Bereitwilligkeit zu vermitteln, wenn streitende Parteien gegeneinander rückten. Ein unbestechliches Gerechtigkeitsgefühl ließ ihn seine Aufgabe als Vermittler, wenn auch nicht immer mit Erfolg, so doch mit Anerkennung und nicht ohne Nutzen erfüllen.

Hüffers außerordentliches Gedächtnis, sein unermüdlicher Lerneifer, seine ruhig abwartende Haltung allen Erscheinungen gegenüber, seine Wahrheitsliebe, sein Gerechtigkeitsgefühl, seine unerschöpfliche Geduld: alle diese Eigenschaften machten ihn zum geborenen Gelehrten. Sein Interesse wandte sich von früher Jugend an in glücklich starker Einseitigkeit literarischen und historischen Dingen zu. Für einen so veranlagten Geist war das alte Gymnasium die denkbar beste Bildungsanstalt. Daher Hüffers begeisterte Parteinahme für das humanistische Bildungsideal. Er hat es in späteren Lebensjahren immer bedauert, daß er, schon als junger Student von einem hartnäckigen Augenleiden befallen und wohlgemeintem aber kurzsichtigem Rate folgend, sich von der ursprünglichen Bahn abbringen ließ und seine literaturhistorischen und philologischen Studien aufgab, um Jurist zu werden. Nach und nach fand er dann wieder den Weg zu seiner ersten Liebe zurück. In den letzten Jahrzehnten seines Lebens waren es ausschließlich historische und literarische Forschungen, denen er seine Kraft widmete. Fast wehmütig berührte es ihn, als ihm auf dem Höhepunkte seiner akademischen Laufbahn von dem damaligen Vertreter der Germanistik an der Universität Bonn, Geheimrat Wilmanns, der Vorschlag gemacht wurde, Vorlesungen über Literaturgeschichte an der Universität aufzunehmen. Wie glücklich wäre er gewesen, wenn sich vor Jahrzehnten eine solche Aussicht für ihn eröffnet hätte! Nun kam der Ruf zu spät.

Langsam und zögernd gestalteten sich in Hüffers Geist die wissenschaftlichen Aufgaben. Aber einmal gefaßte Ziele hielt er mit Beharrlichkeit fest. Jahrelang konnte ein literarischer Plan durch andere neue Unternehmungen zurückgedrängt ruhen. Vergessen oder aufgegeben wurde er niemals. „Eine gewisse Tenazität", sagte er eines Tages zu mir, „hat mir die Natur verliehen". Hüffers Arbeitsweise war langsam und bedächtig. Gerade in der zeitraubenden Kleinarbeit konnte er sich nie genug tun. Und selbst wenn ein Werk abgeschlossen und bis ins kleinste hinein vollendet vorlag, hat er wohl noch lange mit dem Druck gezögert. Nonum prematur in annum.

Trotz seiner ausgesprochen gelehrten Neigungen war es Hüffer beschieden, jahrelang als Mitglied des Preußischen Abgeordnetenhauses sowie des Norddeutschen Bundestages und Deutschen Reichstags am politischen Leben unmittelbaren Anteil zu nehmen. Ob diese Anteilnahme ein unbedingter Vorteil war, könnte billigerweise bezweifelt werden. Hüffers Natur war nicht robust genug, um „den Stößen und Gaben" des politischen Kampfes mit unerschütterlicher Ruhe zu begegnen oder um das Getümmel des Parteistreites eher als einen wohltätigen Ansporn auf sich wirken zu lassen. Er betrachtete das Leben und Treiben in der politischen Arena als ein Schauspiel, das er zwar mit leidenschaftlichem Interesse verfolgte, in das er aber einzugreifen, solange er nicht persönlich betroffen wurde, keinen besondern Beruf fühlte. Trotzdem hat er es als ein Glück betrachtet, daß er die großen Geschehnisse, die zu dem Aufbau des deutschen Reiches führten, als unmittelbarer Zuschauer miterleben konnte. Schon als Historiker mußte er den Begebenheiten jener Zeit ein außerordentliches Interesse entgegenbringen. Weil sein Geist von persönlicher, leidenschaftlicher Parteinahme nicht getrübt war, vermochte er die Spiegelbilder jener Vorgänge rein und getreu wiederzugeben. Gerade bei der Schilderung der Konfliktszeit vor 1866 zeigt sich Hüffers wunderbare Gabe, beide Seiten einer Sache zu sehen. Die Mängel des Politikers kamen den Berichten des Historikers zugute, und auf manche parlamentarische Vorgänge fällt durch Hüffers Darstellung ganz neues Licht. Übrigens war Hüffer keineswegs immer rein passiver Zuschauer. Mit einigen der führenden Männer jener Zeit stand er in engen persönlichen Beziehungen. Sie machten ihn zum Vertrauten ihrer Gedanken und Absichten. Und in intimen Gesprächen hat auch Hüffer wohl manche Idee äußern und manche Anregung geben können, die auf die Gestaltung der Dinge nicht ohne Einfluß geblieben ist. Von den Beziehungen der Berliner Zeit hat sich vor allen Dingen die Freundschaft mit dem Präsidenten Simson als dauernd und für Hüffers späteres Leben bedeutungsvoll erwiesen. Aus Simsons Munde empfing Hüffer eine ausführliche Darlegung seiner Gesandtschaft nach Versailles gelegentlich der Kaiserproklamation. Man vergleiche darüber das vorletzte Kapitel der „Lebenserinnerungen".

Hüffers parteipolitische Stellung ist schwer zu bestimmen. Keine der politischen Parteien hatte das Recht, Hüffer als den ihrigen zu betrachten. Hüffer besaß eine grundsätzliche Abneigung, sich auf ein Parteiprogramm festzulegen, wie es ihn auch mit ehrlichem Widerwillen erfüllt hat, zu sehen, wie unser öffentliches Leben von politischen Phrasen und Schlagwörtern beherrscht wird. Er hat, wie in jüngster Zeit Bethmann-Hollweg, den Gedanken einer Sammlung aller politischen Parteien zu positiver Arbeit mit großer Wärme vertreten. Hüffers Wesen hatte keinen ausgesprochen konservativen Zug. Doch war er in der Verehrung vor dem Altüberlieferten, durch Zeit und Gewohnheit Geheiligten erzogen und aufgewachsen. Seine wissenschaftliche Arbeit lehrte ihn den Respekt vor dem historisch Gewordenen. Auch sonst erwies er sich vielfach als ein treuer Sohn seiner zäh am Alten hängenden niedersächsischen Heimat.

Es darf uns nicht überraschen, wenn Hüffer auch den Formen und den durch geschichtliche Überlieferung begründeten Forderungen seiner Kirche seine Anerkennung nicht versagte. Man hat daraus Schlüsse auf seine eigene religiöse Gesinnung gezogen. Doch war er in dergleichen Dingen freier als Fernstehende glauben möchten. Aus mancher überraschenden Äußerung seinen näheren Freunden gegenüber geht dies unzweifelhaft hervor. Im allgemeinen liebte es Hüffer nicht, die Frage des religiösen Bekenntnisses vor anderen zu erörtern. Er betrachtete das als das innerste Heiligtum eines jeden Menschen, in das Außenstehende kein Recht haben einzudringen.

Bei der Eigenart der Hüfferschen politischen und religiösen Anschauungen war es natürlich, daß er mit Leuten aus allen Lagern verkehren und befreundet sein konnte.

All sorts and conditions of men — diese Charakteristik im guten, ja im besten Sinne genommen, zählten zu seinen Freunden. Nicht nur mit allen Teilen Deutschlands, auch mit Österreich, Frankreich, Italien und den nordischen Ländern verknüpften ihn enge persönliche Beziehungen. Im Reiche der Wissenschaft und Kultur, in dem Hüffer zu arbeiten sich berufen fühlte, schienen ihm nationale Grenzen von geringem Belang. Das Hurrageschrei der Überpatrioten und engherziger Nationalismus waren ihm gründlich verhaßt. Er hat sich lange und hartnäckig gegen den Gedanken gewehrt, daß ein Bruderkrieg zwischen Deutschland und Österreich zur Lösung der deutschen Frage notwendig sei, wie er auch die durch den 70er Krieg gehemmte kulturelle Annäherung zwischen Deutschland und Frankreich schmerzlich beklagt hat. Im Tagebuch gelangt dies insbesondere gelegentlich seiner Wanderung durch Frankreich, unmittelbar vor der zweiten italienischen Reise, deutlich zum Ausdruck.

Manches was Hüffer gesagt hat, war freilich nicht nach dem Geschmack deutscher Nationalisten. Aber man vergesse nicht, daß es gerade Männer von der Art Hüffers sind, die uns die Achtung und Bewunderung des Auslandes erworben haben. Wenn die ehrwürdige Gestalt des deutschen Professors die Räume der Pariser Nationalbibliothek betrat, dann ging wohl ein Flüstern durch die Gruppen der französischen Gelehrten: „Voilà Hüffer.“

Es ist eine häufig beobachtete Tatsache, daß Leute mit ausgesprochen gelehrten Neigungen, deren Konzentration einseitig auf die Erforschung und Würdigung der Tatsachen gerichtet ist, in ihren rein menschlichen Sympathien beschränkt sind, daß sie zur Pflege und Erhaltung der Freundschaft weder Neigung noch Beruf fühlen. Das war bei Hüffer anders. Er konnte anderen ein wirklicher Freund sein, und hat darum auch selbst Freundschaft in reichem Maße erfahren dürfen. Und in seinen freundschaftlichen Sympathien ließ er sich von keiner Seite her beeinflussen. Er bewahrte seinen Freunden die Treue, selbst wenn ihr eigenes Verfehlen und der Zeiten Ungunst sich gegen sie wandte. Auch diejenigen, die ihm am allernächsten standen, besaßen in diesem Punkte keinen Einfluß auf ihn.

Mit vielen seiner Freunde in Deutschland und im Auslande stand Hüffer in einem, wenn auch nicht regen, so doch ununterbrochenen Briefwechsel. Für ihn waren Briefe nicht bloß ein Mittel des geschäftlichen Verkehrs; er gehörte auch darin zu den Leuten der alten Schule, daß er noch Zeit und Lust fand, sich in Briefen gegen Freunde offen und ausführlich über die verschiedensten Dinge auszusprechen. Wenn er seinen Freunden bei besonderen Gelegenheiten eine briefliche Botschaft sandte, so wußte er mit feinster Einfühlung sich in ihre Lage und Umstände zu versetzen und mit glücklichstem Ausdruck den Weg zu ihrem Herzen zu finden. Wenn Briefe dieser Art aus den verschiedensten Perioden seines Lebens gesammelt werden könnten, so würden sie ein köstliches Denkmal für Hüffers warmherzig-menschliche und zugleich vornehme Gesinnung bilden.

Hüffer hatte ein ausgesprochen feines Gefühl für das Bedeutende und Verheißungsvolle in einer Menschennatur. Dem italienischen Minister des Äußeren und Premier San Giuliano hat er in verhältnismäßig jungen Jahren seine spätere führende Rolle prophezeit. Er hat ihn wohl, wenn er ihm auf seinen Reisen begegnete, scherzhaft gefragt: „Sind Sie denn immer noch nicht Minister?"

Mit Hüffers Duldsamkeit und weltbürgerlicher Denkart verband sich eine wahrhaft humane Gesinnung. Unbedingte Achtung der menschlichen Rechte anderer war ihm Grundsatz. Einst hatte ich in der psychiatrischen Klinik einer Demonstration von verschiedenen Erscheinungen der Dementia beigewohnt. Ich erzählte ihm von der traurigen Komik der Vorführungen. Er war empört und meinte: „Der Mensch darf nie zum bloßen Zweck erniedrigt werden."

In seinen tagtäglichen Lebensgewohnheiten war Hüffer einfach, still, bescheiden. Daran haben auch die Ehren und Würden seiner späteren Lebensjahre in keiner Weise etwas geändert. Wie viele geistig stark arbeitende Männer war er äußerst mäßig. Als er in jungen Jahren in Italien wanderte, genügte eine Tasche voll Kastanien, ihn den ganzen Tag zu ernähren. Und wenn er später während der Sommerferien aus seinem geliebten Badenweiler hinauszog, um den Tag lesend und sinnend in der Stille des Waldes zu verbringen, dann bestand seine Mittagsmahlzeit in einem Glase Milch und einem Stück Brot.

Außer im Wandern, Reisen und Lesen suchte Hüffer seine Erholung in anregender Unterhaltung im häuslichen Kreise. Lärmende Gesellschaft hat er nie geliebt. Stundenlanges Sitzen am Biertisch in rauchiger Luft war ihm ein Greuel. Schon seiner Augen wegen mußte er solche zweifelhaften Genüsse meiden. Dagegen hat er sich würdiger Gesellschaft nie entzogen.

Er selbst war ein liebenswürdiger, geistvoller Plauderer, und sein Heim in der Koblenzerstraße, von seiner künstlerisch begabten Gattin mit feinstem Geschmack eingerichtet und von ihrem frischen, geistvollen Wesen anmutig belebt, war jahrelang der Mittelpunkt eines auserlesenen geselligen Kreises. Namentlich musikliebenden Menschen bot das Hüffersche Haus reichste Genüsse. Frau Hüffer, selbst eine sehr begabte Sängerin, war in gewissem Sinne der Mittelpunkt des musikalischen Lebens in der sang- und klangfrohen Musenstadt. Auch bei offiziellen Angelegenheiten der Universität oder der Stadt öffnete das Haus Hüffer seine gastlichen Pforten, um in intimerem Kreise der Bedeutung der Stunde in Wort, Lied oder Festspiel feinsinnigen Ausdruck zu geben. Der Hausherr stellte sein poetisches Talent bei solchen Gelegenheiten gerne in den Dienst der guten Sache. Die Feier des 70. Geburtstages des Kurators Gandtner und der Empfang zu Ehren Franz Wüllners, nachdem er den Zyklus der Beethoven-Symphonien mit glücklichstem Erfolge zu Ende geführt hatte, wird allen Teilnehmern unvergeßlich sein.

Hüffer ist vielfach als ein besonders glücklicher Mensch bezeichnet worden. Ein Urteil dieser Art ist nur bedingt richtig. Das Augenleiden, das ihn schon als jungen Menschen aus seiner eigentlichen Bahn warf und ihn durch sein ganzes Leben als Frau Sorge begleitete, ließ ein vollkommenes Glücksgefühl selten bei ihm aufleben. Freilich hat er zu den nicht gerade zahlreichen Menschen gehört, die unbedingt ihren Neigungen leben können. Andererseits aber besaß er nicht jene vollkommen harmonische Natur, die den Lieblingen des Glückes eigen ist. Vornehmlich rezeptiv veranlagt, hatte er doch den leidenschaftlichen Wunsch, nicht vergessen zu werden und durch bedeutende Werke auf Mit- und Nachwelt zu wirken. Ein gewisser Zwiespalt ging durch sein Wesen. Auch während seiner aktiven Beteiligung am politischen Leben ließ ihn seine weiche, vornehme, kontemplative Natur nicht in der Weise zur Geltung kommen, wie er gewünscht hätte. In seinen späteren Jahren hat er oft bedauert, sich in jener Zeit nicht rücksichtsloser durchgesetzt zu haben. So sind Hüffer neben heiteren auch dunkle Lose aus der Hand des Schicksals zuteil geworden. Doch sind auch diese Widerwärtigkeiten ihm zum Segen gediehen. „Dike wägt Leidenden zu tieferes Erkennen.“ Veredelnd haben die Leidenstage auf sein Wesen gewirkt. Und so hat er nach und nach einer Vollendung entgegenreifen dürfen, die nur wenigen Sterblichen beschieden ist. Wahrhaftig, treu, beharrlich, im Glück bescheiden, im Unglück nicht verzagend, milde gegen andere, streng gegen sich selbst, gütig gegen Hilfsbedürftige, ein opferwilliger Freund, unerschütterlich in seinem Glauben an alles Große und Schöne, eine Zierde der deutschen Gelehrtenwelt, ein Muster deutscher Mannestugend: so steht Hüffers Bild mir im Herzen geschrieben, so steht er vor allen, die ihn wahrhaft gekannt.

1. Kapitel.

Heimat und Vorfahren.

(Dieses Kapitel lag mir im Manuskripte der „Lebenserinnerungen“ nur als Entwurf vor. Ich habe es unter Benutzung der Aufzeichnungen Hüffers, der Autobiographie seines Vaters und anderer Quellen in die vorliegende Form gebracht. D. H.)

Hermann Hüffer ist ein Sohn der roten Erde. Und zwar hat seine Wiege in demjenigen Teile des Westfalenlandes gestanden, der durch seine abgeschlossene, von den großen Verkehrsadern unberührte Lage und durch den konservativen Charakter seines kirchlich feudalen Regiments Sitte und Art seiner niedersächsischen Bewohner am längsten und treuesten bewahrt hat: in der Diözese Münster.

Die Familie Hüffer war ursprünglich in Stromberg ansässig, wo sie in den Kirchenbüchern von St. Lambert, die bis zum Anfange des 17. Jahrhunderts reichen, häufig erwähnt wird. Ein Prior Hüffer (1753—1827) unternahm in Lisborn die Restauration der mittelalterlichen Gemälde. Hermanns Großvater Christoph (* 17. Juli 1755, † 18. Nov. 1792), Professor des Naturrechts an der Universität Münster, war verheiratet mit Sophia Franzisca Aschendorff, der Erbin der nach ihrem Namen genannten Buchhandlung. Sie war eine merkwürdige, geistig bedeutende Frau und gehörte zu den damals in Münster nicht gerade zahlreichen Persönlichkeiten, die für eine höhere literarische Bildung Fähigkeit besaßen. Sie stand der Fürstin Gallitzin und ihrem Kreise[1]) näher, und als Stolberg 1800 nach Münster gekommen war, auch zu seiner Frau in einem vertrauten Verhältnis. Der älteste Sohn aus dieser Ehe, der Vater unseres Historikers, Johann Hermann Hüffer, (1784 bis 1855) wurde dazu bestimmt, die Buchhandlung zu übernehmen und machte im Interesse seiner weiteren Ausbildung ausgedehnte Reisen durch Deutschland und Italien. Über diese in mancher Beziehung interessanten Reisen hat er in entzückten Briefen an seine Familie und in seinen Lebenserinnerungen[2]) berichtet.

[1]) Vgl. darüber den Aufsatz von J. Chr. Schulte in „Münster. Anzeiger“ vom 13. Sept. 1912.

[2]) Erlebtes von Johann Hermann Hüffer. Münster 1854. Vgl. ferner: Die Aschendorffsche Presse von S. P. Widmann. Münster 1912.

Als er Ende August des Jahres 1804 nach Münster zurückkehrte, war sein Großvater Aschendorff kurz vorher gestorben. Es ist rührend zu lesen, wie der alte Mann, den der Wechsel in den politischen Verhältnissen in manche Verwicklung und Bedrängnisse geführt hatte, in seinen letzten Lebenstagen in Sehnsucht der Heimkehr des Enkels harrte. Wenn er am Samstag die große Hausuhr aufzog, berechnete er jedesmal, wie oft er sie noch aufziehen müsse, bis der Ersehnte wieder da sei.

So sah sich der kaum Zwanzigjährige ohne Leitung und Hilfe allein den denkbar schwierigsten Verhältnissen gegenüber. Aber er gehörte zu jenen Menschen, deren Mut und Stärke mit den Schwierigkeiten wachsen. Ungeachtet der schweren Zeiten der französischen Herrschaft wußte er den Buchhandel, der durch den Verlag der Overbergschen Schriften eine gewisse Bedeutung erlangt hatte, auf eine neue, sichere Grundlage zu stellen. In unermüdlicher Arbeit und unter geschickter, wenn auch nicht immer gutwilliger Anbequemung an die preußischen Verhältnisse gelangte er zu Wohlstand und Ansehen und wurde bald auch zu den städtischen Angelegenheiten herangezogen. Dies hatte dann weiter, als die Neugestaltung des Staatswesens und die Bildung provinzialständischer Versammlungen in Frage kam, die Folge, daß man ihn schon zu der ersten Vereinigung von Vertrauensmännern berief. So wurde er auch mit dem Minister vom Stein bekannt, der als westfälischer Landtagsmarschall und Besitzer des nahe gelegenen Schlosses Kappenberg mit Münster in vielfacher Verbindung stand. Er hat darüber in genauen Aufzeichnungen Nachricht gegeben. Der Briefwechsel beider Männer ist beinahe vollständig von Pertz in seiner Biographie abgedruckt. Eines der letzten Schreiben Steins an J. H. Hüffer, jener Brief von dem konfidenziellen Kanonenschuß, ist vielfach erwähnt worden. Wenig fehlte, daß J. H. Hüffer, trotz seines ruhigen, konservativen Sinnes während der 30er Jahre in die demagogischen Untersuchungen wäre verwickelt worden. Man entblödete sich nicht, ihm einen Spion ins Haus zu schicken, als er 1830 in einem Referat für den westfälischen Landtag die Berufung von Reichsständen empfohlen hatte.

Hand in Hand mit J. H. Hüffers geschäftlicher und weitgehender politischer Tätigkeit ging die Pflege eines gesunden und gesegneten Familienlebens. Er war zweimal verheiratet. Über die erste Ehe berichtet er selbst in seinen Aufzeichnungen folgendes: „Am 21. April 1812 heiratete ich Amalia, die Tochter des Geheimen Rat Hosius, eine vater- und mutterlose Waise, die sich durch Liebreiz, Herzensgüte und Bescheidenheit ganz vorzüglich auszeichnete. — Wir machten eine Hochzeitsreise nach dem Rhein über Frankfurt. Auf dem Wege von dort nach Mainz waren wir dicht umdrängt von Heerhaufen und Artillerieparks, die dem verhängnisvollen Feldzug in Rußland zueilten und aufs glänzendste ausgestattet waren. In Mainz verfehlte ich zum zweiten Male den Kaiser Napoleon, der dort unerwartet am Tage nach unserer Abreise anlangte. Wir schwammen währenddes auf einem Nachen, worauf wir unsern Wagen gestellt hatten, den Rhein herunter, der damals sehr verödet ausschaute. — Die Schiffahrt hatte fast ganz aufgehört, auf dem linken Ufer waren fast alle tausend Schritte Erdhütten zu bemerken, worin französische Douanen lagerten. St. Goar und Ehrenbreitstein lagen in Trümmern, die kleinen Orte am Rhein boten ein Bild der Verwaisung und der Armut. Gleichwohl hatten Strom und Gegend damals einen eigentümlichen melancholischen Reiz, den sie verloren haben, seitdem der Rhein eine große Fahrstraße und ein Tummelplatz für Reisende aller Nationen geworden ist.

Im Mai des folgenden Jahres schenkte mir meine Frau den ersten Sohn; aber die bald darauf mit neuer Wut entbrennenden Kriegsflammen, die Spannung auf den Ausgang des Kampfes, der Andrang der Kriegsvölker aller Nationen ließ uns nicht zum Genuß heiteren häuslichen Glückes gelangen, und als diese Bedrängnisse nach mehrjähriger Dauer endlich gewichen waren, traten Sorgen ernster Art wegen der sich rasch folgenden Wochenbetten meiner Frau ein, die nach und nach eine gefährliche Form annahmen. — Im Anfang des Jahres 1824 eröffnete sich uns die Aussicht auf frohere Tage durch den Ankauf von Markfort aus dem Nachlaß des Geh. Rats von Forckenbeck, der früher gegen meine Frau Besorgnis über das künftige Schicksal seines Pächters ausgesprochen hatte, wodurch wir auf das zu verkaufende Gut aufmerksam geworden waren. Nach dem erfolgten sehr billigen Ankauf bestätigte ich dem Pächter seinen früheren, überaus günstigen Pachtkontrakt und begann sofort mit rüstigem Eifer den Plan eines neuen Hauses, der noch in demselben Jahre vollendet wurde. Im nächstfolgenden Jahre wurde auch die Umgebung geordnet, leider aber erfreute sich meine arme Frau wenig mehr des neuen Besitzes, sie starb plötzlich nach der Geburt ihres siebenten Kindes an Verblutung.

Von unsern sieben Kindern ist geboren:

Eduard am 13. Mai 1813,

Marie am 28. September 1814,

Sophie am 10. April 1816, gestorben am 15. Mai 1819.

Alfred am 5. August 1818.

Wilhelm am 9. Juli 1821.

Julia am 11. Juni 1823.

Leopold am 23. Juli 1825.

Ein so herber Verlust konnte meine Hinneigung zu schwermütigem Hinbrüten nur vermehren. Es kostete mir Mühe und Selbstüberwindung, meinen

Berufsgeschäften zu genügen und für die Kinder zu sorgen. — Meine einzige Erholung fand ich darin, den ländlichen Aufenthalt in Markfort zu verschönern und dort der lieben Verstorbenen ein Denkmal zu errichten. Geselligen Verhältnissen war ich beinahe völlig entfremdet." [1])

Etwa $2^1/_2$ Jahre später führte J. H. Hüffer seinen verwaisten Kindern eine zweite Mutter zu: Julia Kaufmann aus Bonn, eine Enkelin der mit der Familie Hüffer seit langer Zeit in freundschaftlicher Verbindung stehenden Geheimrätin von Peltzer. Er erzählt darüber: „Julie war damals noch nicht völlig 18 Jahre alt, und es fehlte nicht an Tadlern, die behaupteten, ich hätte zu sechs Kindern noch ein siebentes in das Haus geholt; sie wußte sich jedoch bald durch Liebe, Klugheit und Umsicht nach allseitigen Richtungen geltend zu machen und namentlich die Zuneigung der Kinder, denen sie zweite Mutter geworden, in einem Grade zu erwerben, wie es selten gefunden wird. — Ich kann die Art, wie sie ihre schwierige Aufgabe löste und dabei durch Lebensfrische und lebendige Teilnahme an den Genüssen der Natur und der Kunst meine Tage erheiterte, nur mit innigem Danke anerkennen. — Zu unserem Behagen trug es wesentlich bei, daß sie dem Aufenthalte in Markfort gleiche Zuneigung zuwandte wie ich; das gab Veranlassung, diesen schönen Besitz immer angemessener auszugestalten und mit Zierpflanzen und Blumen zu schmücken.

Unsere Ehe ward mit Kindern reich gesegnet, meine Frau gebar deren zehn in achtzehn Jahren, und darin lag allerdings eine Trübung unseres Lebens; denn da die Wochenbetten durchgehends schwer und nicht ohne Gefahr waren, so ließ ihre rasche Folge eine sorgenlose Heiterkeit selten zu, und einige ernste Krankheiten, ja die einmal plötzlich auftretende Gefahr des Erblindens vermehrten Angst und Sorge, die nur schwand, als ich dagegen von einem höchst lästigen und quälenden Übel, dem Asthma, heimgesucht wurde, das, im Jahre 1832 beginnend, seitdem in stetem Fortschreiten begriffen gewesen ist und mir in den späteren Jahren unsägliches Leid bereitet hat.

Von den zehn Kindern sind geboren:

Anton Wilhelm Hermann Franz am 12. Dezember 1828, gestorben am 21. Januar 1830;
Hermann Joseph Julius Alexander am 24. März 1830;
Anna Amalia am 3. Juni 1831;
Franz Alexander Eduard am 15. Oktober 1832;
Emma Josephine Ignat. am 15. Februar 1834;
Marie Sophia Franziska Laura am 15. November 1835;

[1]) Erlebtes S. 151 ff.

Augusta Johanna Julia am 15. Februar 1838, gestorben am 8. Dezember 1840;
Maria Augusta Laura am 20. Dezember 1840;
August Karl Emil Tilmann am 22. Juni 1842;
Franz Karl Christoph Johann am 23. Mai 1845" [1]).

* * *

Hüffers Vater war ein geschäftstüchtiger und unablässig vorwärtsstrebender Mann, dessen Regsamkeit sich auf den verschiedensten Gebieten betätigte. Als Mitglied der Armenkommission und des Gemeinderates, sowie als Oberbürgermeister seiner Heimatsstadt, endlich als Mitglied der verschiedenen ständischen Versammlungen hat er eine umfassende und fruchtbringende Wirksamkeit entfaltet. Begabt mit durchdringendem Verstande und einem weiten, praktischen Blick, vorsichtig abwägend und zähe, konnte er doch im geeigneten Augenblick eine verblüffende Raschheit des Entschlusses an den Tag legen. Seiner ganzen Veranlagung nach eher konservativ, hat er sich doch andererseits für Fortschritte und Reformen, die ihm aus praktischen Erwägungen notwendig schienen, allzeit mannhaft eingesetzt. Er war, ganz im Gegensatz zu seinem Sohne, eine Kampfnatur, deren Lebensgefühl und Fähigkeit durch Widerstand erstarkten. Ein nicht geringes Maß von Menschenkenntnis war ihm eigen. Seine Lebenserinnerungen enthalten außerordentlich scharfe und drastische, aber immer treffende Urteile über bedeutende Zeitgenossen. Wohltuend wirkt die Unerschrockenheit und Wahrheitsliebe, die er in schwierigen Verhältnissen auch höher gestellten Persönlichkeiten gegenüber an den Tag legte. Alles in allem war er ein bedeutender Mann. Wir begreifen, daß ihn führende Männer seiner Zeit ihrer Freundschaft für würdig hielten.

Mit der Energie und Unerschrockenheit des starken Mannes kontrastiert seltsam ein fast scheues, in sich gekehrtes Wesen. Ohne Zweifel war der Hang zur Traurigkeit und Einsamkeit durch die trüben Erfahrungen seiner Jugend gefördert worden. Er sagt selbst darüber: „der tieferschütternde Eindruck der damaligen Zeit hat sich in meinem ganzen folgenden Leben nicht wieder verloren, hat allen späteren Lebensereignissen eine trübe Färbung verliehen und mich nie zu eigentlicher Heiterkeit gelangen lassen" (Erlebtes S. 6). Heiterer Geselligkeit ist J. H. Hüffer immer abhold gewesen. In der Pflege seines Landsitzes und in ernster Lektüre suchte er Erholung von seinen Mühen. Bezeichnenderweise war Mark Aurel sein Lieblingsbuch; er führte es fast immer bei sich.

---

[1]) Erlebtes S. 156 f.

Die spezifisch preußische Art hat ihm stets widerstrebt; doch war er andererseits ein viel zu lauterer, ehrlicher Charakter, um dem Staate, dem er angehörte, nicht loyal zu dienen. Freilich hat er mit dem Preußentum bis an sein Lebensende seinen Frieden nicht zu machen vermocht. Aber auch die Mißstände in seinem angestammten Vaterlande entgingen seinem Scharfblicke nicht. Was er über die Dummheit, Rückständigkeit und Charakterlosigkeit der westfälischen Adelsfamilien sagt, läßt an Deutlichkeit nichs zu wünschen übrig.

Als Schriftsteller besaß J. H. Hüffer eine nicht gewöhnliche Veranlagung. Seine Aufzeichnungen enthalten trotz einzelner Sorglosigkeiten in der Form eine lebenswahre, frische und anschauliche Darstellung, welche die großen Momente seines Lebens und Strebens in lebendiger Klarheit vor unser Auge führt. Man scheidet von den Blättern mit dem Gefühl: „Dieser ist ein Mensch gewesen, und das heißt, ein Kämpfer sein"[1]).

---

2. Kapitel.

Kinder- und Knabenzeit.

Meine älteste Erinnerung reicht in das dritte oder vierte Jahr zurück. Durch die Spalte einer unvorsichtig geöffneten Tür sah ich einen goldenen Flügel des Christkindes, das sich mit meiner Mutter über die kommenden Weihnachtstage besprechen sollte. Auch aus wenig späterer Zeit stehen Eltern, Geschwister, Dienstboten und die Räumlichkeiten mit ihrer Ausstattung mir noch deutlich vor Augen.

Ich war ein früh entwickeltes Kind, lernte Lesen und Schreiben ich denke im sechsten Jahre. Den ersten Unterricht im Rechnen erhielt ich mit Heinrich Sethe, dessen Mutter und Vater Christian, bekanntlich der treue Freund Heines, zu den genauen Freunden unseres Hauses gehörten. Die Schwierigkeiten des ersten Unterrichts waren leicht überwunden, die kleinen Erzählungen von Christoph von Schmidt: „Heinrich von Eichenfels" und „die Ostereier", Raffs Naturgeschichte und was man sonst damals Kindern in die Hände gab, erregten meine höchste Teilnahme, und wenn die Erzählung sich zum Übeln wandte, ein tränenreiches Mitgefühl. In Löhrs Plaudereien für die Jugend, ich sehe das Buch mit dem vergriffenen grünen Umschlag noch vor mir, waren die Leiden eines eingefangenen Sperlings, der den Frühling nicht mitgenießen konnte, so herzbewegend geschildert, daß ich das Buch meiner Mutter zurückbringen mußte. Nicht besser ging es mir mit Campes Ro-

[1]) Vgl. mit dieser Charakteristik S. P. Widmann a. a. O. S. 97ff.

binson; die Schrecken der Mannschaft bei dem ersten Schiffbruch brachten mich völlig außer Fassung. Aber nicht lange dauerte diese Schwäche, ich wurde ein leidenschaftlicher Leser, der alle Bücher, die ihm zugänglich wurden, verschlang. Von Kinderbüchern erwähne ich noch Lucomons Plaudereien für die reifere Jugend. Die Geschichte von dem deutschen Hofmeister, welcher in einem Schauspiel in Venedig den Schatten Ciceros, die großen deutschen Erfinder des Pulvers und der Buchdruckerkunst, den Entdecker des Himmelssystems vorführt und dann als Nachkommen der alten Römer, Trödler und Vagabunden aufziehen läßt, könnte ich noch jetzt, obgleich ich das Buch länger als 60 Jahre nicht mehr in der Hand hatte, mit den Worten des Originals wiedererzählen. Es ist die Geschichte, welche Bismarck einmal im Abgeordnetenhause anführte, indem er zugleich bedauerte, daß er das Buch, worin er sie als Kind gelesen habe, nicht wieder finden könne. Ich selbst habe oft bedauert, das Buch nicht wieder aufgesucht und dem Fürsten geschickt zu haben.

Bald war ich über den Bereich der Kinderbücher hinausgekommen. Ich weiß noch, wie ich von einer Kinderkrankheit genesend, Bürgers „Frau Magdalis" und „das Lied vom braven Mann", etwa im sechsten Jahre, auswendig lernte. Nicht viel später las ich mit Leidenschaft Schillers Dramen, oft über die Abendstunde hinaus, lernte nicht wenige seiner Balladen auswendig und hatte zuweilen Gelegenheit, sie herzusagen. Einmal verlangte meine Großmutter eine Probe und ich wählte „das Eleusische Fest". Aber schon bei den ersten Strophen hatte ich das Gefühl, daß der frommen Frau das heidnische Göttergelichter nicht besonders zusagte und ich bemühte mich, die Worte, in denen Ceres den Bluttrank zurückweist, mit besonderem Nachdruck vorzutragen, um durch diese edlen Gesinnungen meine Heldin zu heben. Dies hatte aber bei der Freundin Stolbergs und Claudius' keinen Erfolg, und ich erhielt tags darauf die Anweisung, Gedichte aus dem Wandsbecker Boten mir einzuprägen, eine Anweisung, der ich noch heute den „Riesen Goliath", „Der Winter ist ein harter Mann" und andere liebenswürdige Gaben verdanke.

Der Weißesche Kinderfreund gehörte ungefähr in denselben Kreis, doch reizten mich nur die Komödien und ich muß gestehen, daß ich das Verbot, diesen Teil eines Bandes zuerst und ausschließlich zu lesen, wenig beachtet habe. Aber was vor allem meine Gedanken fesselte und mich in einen ganz neuen Ideenkreis versetzte, war Homers Odyssee. Meinem Vater war von Boosfeld[1]) die erste, noch nicht durch die späteren Verrenkungen entstellte Aus-

[1]) P. J. Boosfeld aus Bonn. H. Hüffer hat selbst biographisches Material über ihn in den Annalen des historischen Vereins für den Niederrhein (1863, XIII, 118 ff.) veröffentlicht. Darunter finden sich auch Briefe, die an Hüffers Großmutter gerichtet waren. Vgl. p. 127.

gabe der Vossischen Übersetzung von 1781 geschenkt worden. Mit unsäglicher Freude las ich von den wunderbaren Abenteuern und machte mich mit den einzelnen Personen so bekannt, daß ich bei Tage und nachts im Traume laut mich mit ihnen unterhielt, sogar einmal den Plan faßte, das ganze Buch auswendig zu lernen. Mein Entzücken wuchs, als dann in einem für meine Mutter eingerichteten Bücherschranke unter Stolbergs Werken die Übersetzung der Ilias in meinen Bereich kam. Wenn im Winter die Flammen an den frisch gelegten Scheiten emporzüngelten, glaubte ich das brennende Ilion zu sehen und wenn ich im Frühjahr die Eisschollen einer großen Wasserkufe zusammenhieb, kam ich mir wie Achilleus vor, der am Skamander die Trojaner mordete. Lebhaft erinnere ich mich der Gefühle, mit denen ich die einzelnen Gesänge las. Ich hielt stets mit den Griechen und berechnete genau, wieviel auf der einen oder anderen Seite getötet wurden. Mit welcher Besorgnis begleitete ich Ajax in dem Einzelkampf mit Hector! Aus der Weltgeschichte von Annegarn wußte ich, daß Hector nur dem Achilleus unterlag und folgerte daraus das Schlimmste für seinen jetzigen Gegner. Das Herz klopfte mir, daß ich kaum weiterlesen konnte und ich fühlte mich wie von einer Last befreit, als die Herolde dem Kampf der beiden Helden ein Ende machten. Damals wurde der Grund gelegt für die Liebe und Bewunderung der antiken Welt, die mich niemals verlassen hat.

Ich darf es als ein Glück preisen, daß meine Kinderjahre so angenehm und vorteilhaft, als es nur geschehen konnte, verliefen. Die Verehrung für unsern Vater war unbegrenzt. Obgleich vielfache Amtsgeschäfte ihm nur selten erlaubten, sich unmittelbar mit unserer Erziehung, unserm Unterricht zu beschäftigen, hatte er doch auf alles, was wir vornahmen, entschiedenen Einfluß. Ein Blick seines Auges reichte hin, uns so wie er wünschte in Bewegung zu setzen. In späterer Zeit habe ich mich wohl an das „cuncta supercilio moventis“ des Horaz erinnert. Wir wurden nicht mehr und nicht strenger beobachtet als nötig und hatten unser reichliches Teil an kindlichen Ergötzungen. Das große Verdienst meiner Mutter war es, daß sie, obgleich erst siebenzehnjährig in einen Kreis heranwachsender Kinder versetzt, sich doch sogleich nicht weniger Achtung als Liebe zu erwerben wußte. Vollkommen gelang es ihr dann zu bewirken, daß zwischen ihren eigenen und den Stiefkindern niemals ein Gefühl des Unterschiedes oder der Bevorzugung sich bemerkbar machte, wie denn auch in aller Folgezeit, trotz einiger nicht ganz leichter Verhältnisse unter den 14 Geschwistern niemals auch nur der Schatten eines Zwistes hervorgetreten ist. Mit warmer Pietät ehrten wir jüngeren Geschwister mit den älteren die Erinnerung an ihre verstorbene Mutter, „die selige Mama“ und schmückten das Denkmal, das zu ihrem Andenken in dem Walde unseres Landsitzes Markfort in einer Lichtung zwischen hoch emporstrebenden Eichen errichtet war. Dieser Landsitz, $1^1/_2$ Stunden von der Stadt, eine halbe Stunde hinter der Werse gelegen, bildet, ich könnte sagen, den Glanzpunkt meiner Jugenderinnerungen. Hier wurde eine ausgedehnte Gastfreundschaft geübt. Öfters hielten drei Gefährte auf dem Hofe, die befreundete Gesellschaften herbeigeführt hatten. Diese wurden dann bewirtet, in den Gartenanlagen, in den schattigen Waldwegen und an den großen uralten Eichen vorübergeführt, um zuletzt übergroße Karpfen zu bewundern, die in dem Teiche eines neu angelegten Gartens mit dem gedörrten westfälischen Brote, den sogenannten Knabbeln gefüttert wurden. Welch' eine Freude für uns Kinder, wenn wir mit dem Beginn der besseren Jahreszeit für einzelne Tage, später zu längerm Aufenthalt hinauszogen! Der Sommer und ein Teil des Herbstes wurde hier verlebt im Verkehr mit der Pächtersfamilie und in regem Anteil an allen Vorgängen des ländlichen Lebens.

Eine Vorliebe und ein leider nie erfüllter Wunsch sind mir aus jener Zeit geblieben, und niemals konnte ich ohne eine Art von Neid bei den berühmten Versen des Horaz verweilen. Eines der feurigsten Gebete, deren ich mich aus früherer Zeit erinnere, war dahin gerichtet, Gott möge doch statt der gewöhnlichen Weißlinge einen braunen Schmetterling, einen Fuchs oder gar ein Pfauenauge fliegen lassen, denn die Jagd auf Schmetterlinge und anderes Getier war bei mir zur Leidenschaft geworden; sie hat mich öfters, ohne Rücksicht auf Gefährten und Mittagsstunde, vom Wege ab und in die Irre geleitet.

Ich habe eben unser Kinderzimmer erwähnt. Es wäre undankbar, wollte ich den Mann vergessen, der einer der beliebtesten Besucher, ja der erste Kinderfreund des Hauses war, Franz Miquel, einen Verwandten des berühmten preußischen Staatsmannes. Er war der Sohn eines altmünsterischen Hauptmanns und als 16jähriger Knabe zunächst als Gehilfe für den buchhändlerischen Betrieb zu meinem Vater gekommen. Aber bald wurde er zur Vertrauensperson und zum Liebling des ganzen Hauses, so daß er durchaus als Mitglied der Familie angesehen wurde. Einer der liebenswürdigsten und originellsten Menschen, die mir in meinem Leben begegnet sind. Ein ganzes Kapitel könnte ich füllen, wollte ich seine Eigenheiten zu schildern suchen. An jedem Sonntagmorgen erschien er in dem Kinderzimmer mit einer Düte, aus welcher jedem, bis er eine bestimmte Altersstufe erreicht hatte, eine Süßigkeit verabreicht wurde. Aber zu jeder Zeit konnten auch die größeren Kinder sich an ihn wenden; wo er helfen konnte, war er bereit, sogar zu kleinen Anleihen, die das in jener Zeit nicht reichlich gemessene Monatsgeld ergänzen sollten.

Indessen war die Zeit herangekommen, in welcher an den Besuch einer öffentlichen Schule gedacht werden mußte. Bis in mein zehntes Jahr hatte ich nur häuslichen oder Privatunterricht erhalten, und ich kann nicht sagen, daß ich mit sonderlichem Fleiße dem, was die Schule forderte, nachgekommen wäre. Man pflegte damals mit 12 Jahren in die Quarta des Gymnasiums einzutreten. Eine lateinische Pfarrschule in zwei Klassen entsprach der jetzigen Quinta und Sexta. Im Herbst 1839 hatte ich es dahin gebracht, daß ich in die erste Klasse der Pfarrschule aufgenommen wurde, freilich unter Voraussetzung, daß ich zwei Jahre darin zu verbleiben hätte, oder eigentlich $1^1/_2$ Jahre, da der Landaufenthalt während des Sommers den Schulunterricht wieder unterbrach. Im Herbst 1841 wurde dann der für einen Knaben hoch bedeutsame Übergang in das eigentliche Gymnasium vorgenommen. Ich kann an die sieben Jahre, die ich darin verlebte, nur mit Dankbarkeit mich erinnern. Die Lehrer, meistens Geistliche, aber auch Laien und Verheiratete, waren tüchtige Schulmänner, zugleich vortreffliche, pflichttreue Menschen, die mit Liebe und Eifer und soweit ich jetzt noch beurteilen kann, verständig und zweckentsprechend unserem Unterricht sich widmeten. Das Gymnasium hatte nach dem Abgange des ehrwürdigen, in das Domkapitel berufenen Dr. Nadermann, in dem späteren Geheimen Rat und vortragenden Rat im Kultusministerium Stieve einen ausgezeichneten Leiter erhalten. An die Zersplitterung von Zeit und Kraft, wie sie in den neuen Lehrplänen beliebt wird, dachte man noch nicht; in den klassischen Sprachen fand man die sichere Grundlage für eine logische Verstandesentwicklung, für Schärfe und Genauigkeit des Ausdrucks und wissenschaftliche Betrachtung. Noch immer erscheint es mir als eine Wohltat, daß ich für die Neuerungen einer angeblich praktischen Methode, durch welche der Maßstab geistiger Bildung immer tiefer herabgedrückt wird, nicht als Versuchsgegenstand dienen mußte. In meinem ganzen späteren Leben habe ich immer neue Beweise erhalten, daß eine wahrhaft humanistische Bildung dem, der sie erhalten konnte, einen Vorsprung verleiht, der sich nur äußerst schwer wieder ausgleichen läßt. Selbst bei hochgebildeten Männern tritt der Mangel gelegentlich wieder hervor. Gestehen muß ich allerdings, daß das, was über Naturwissenschaften gelehrt wurde, kaum den geringsten Anforderungen genügte. Es blieb dem Selbsturteil und der Wißbegier der einzelnen Schüler überlassen, ob er von Pflanzen, Steinen, Schmetterlingen, Käfern und dergleichen sich einige Kenntnis verschaffen wollte.

Ich war in den sieben Jahren ein leidlich fleißiger, gewissenhafter Schüler, der das Gebotene ordnungsmäßig, aber nicht in hervorragender Weise leistete. Hier möchte ich aber auch hinzufügen, daß die sogenannten Musterschüler, welche die ersten Plätze und die besten Nummern gewissermaßen in Pacht genommen haben, im späteren Leben nicht immer eine vorzügliche Befähigung an den Tag legen. Eine gleichmäßige Befähigung, für die Schulfächer ausreichend, verflacht sich im späteren Leben häufig zur Mittelmäßigkeit, während ein wirklich ausgesprochenes Talent in der Jugend meistens sich auf einen Gegenstand, sei es Geschichte, Mathematik oder Naturwissenschaft, so entschieden konzentriert, daß darunter den übrigen Fächern, also der Allgemeinheit, einigermaßen Abbruch geschehen muß. Mit meinen Mitschülern stand ich in gutem, öfters freundschaftlichem Einvernehmen.

Wie ich bemerkte, leistete ich in allen Fächern das Gebotene, aber meine eigentliche Neigung waren schon in der Quarta: Geschichte und Literaturgeschichte, die weit über den Rahmen dessen, was die Schule lehren konnte, hinaus betrieben wurden. Homer und die von Stolberg übersetzten Schriften des Altertums, Schiller, einige Zeit später Goethe, Lessing, Tassos „Befreites Jerusalem" in der Übersetzung von Streckfuß und geschichtliche Werke erfüllten meinen Ideenkreis. Dazu kamen auch neuere deutsche Dichter. Besonderes Vergnügen machte es mir, in Platens „romantischem Oedipus" und „der verhängnisvollen Gabel" die literarischen Anspielungen deutlich zu erkennen und ich nahm mit Platen entschieden gegen Heine Partei, bis ich von meiner Mutter und durch das Buch der Lieder belehrt wurde, wer von beiden der größere Dichter sei. War schon eine so weitgreifende Neigung ein Grund, der mich von den Schularbeiten abzog, so kam dazu ähnlich wirkend ein Doppeltes: Musik und Schachspiel; beide wurden durch die Verhältnisse in meinem väterlichen Hause gefördert.

Schon in meinen Kinderjahren hing ich mit leidenschaftlicher Zärtlichkeit meiner Mutter an. Ihre Gesichtszüge, der Antike sich nähernd, entzückten mich; mein höchster Stolz war ihre Hand, die von Künstlern als Muster der Vollendung gepriesen wurde. Immer dachte ich, es müsse einmal ein König erscheinen, um, wie der Prinz dem kleinen Fuße des Aschenbrödels, der schönsten aller Hände seine Huldigung zu erweisen. Unzweifelhaft gehörte meine Mutter zu den geistig bedeutenden Frauen der Stadt, und sie besaß zudem die Gabe, einen Kreis von Freunden um sich zu versammeln, besonders alle, die für Musik sich interessierten. So war schon früh Anton Schindler, der Schüler und Freund Beethovens, nachdem er im Jahre 1831 als Musikdirektor nach Münster gekommen war, Freund unseres Hauses geworden. Das musikalische Leben hatte zu Anfang des Jahrhunderts unter den Rombergs in Münster eine nicht geringe Blüte erreicht, aber dann wieder verloren. Schindler hatte es aufs neue gehoben; als Dirigent Beethovenscher Symphonien, der noch die Überlieferungen des Meisters in sich verkörperte, mag er damals wenige seinesgleichen gehabt haben. Seine Biographie Beethovens wurde 1840 von meinem Vater verlegt. Aus dem Manuskript, das bei uns vorgelesen wurde, erhielt ich die erste Kunde von den Leiden und Siegen des Meisters, den meine Mutter durch den seelenvollen Vortrag seiner Sonaten mir schon recht nahe gebracht hatte.

Als Schindler 1835 nach Aachen berufen wurde, erhielt er in Karl Arnold einen Nachfolger. Dieser kam als Dirigent ihm bei weitem nicht gleich, hob aber als ausgezeichneter Klavierspieler, durch den Gesang seiner Frau und das Cello seines Sohnes Karl unterstützt, die Kammermusik. Zu meinen größten Genüssen gehörten die Aufführungen, zu denen er regelmäßig am Sonntagnachmittag Freunde und angesehene Mitglieder des Musikvereins in sein Haus lud. Bei mir war frühzeitig musikalisches Talent hervorgetreten. Schindler sagte später, ich habe eher singen als sprechen können. Doch dauerte es bis in mein zehntes Jahr, bevor ich gründlichen Unterricht erhielt und seitdem eifrig, beinahe mit Leidenschaft, das Klavierspiel betrieb. Auch an einer musikalischen Vereinigung von Altersgenossen fehlte es nicht; die erste Stelle nahm darin unstreitig Franz Wüllner ein. Im Frühjahr 1843 war mir bei einem Gange über den Domplatz ein Knabe aufgefallen, der durch sein etwas fremdartiges Aussehen, seine linkischen Bewegungen die Spottlust meines Begleiters rege machte. Es war Franz Wüllner, der älteste Sohn des verdienten Direktors des Düsseldorfer Gymnasiums; die Mutter, Tochter eines angesehenen münsterischen Kaufmanns namens Winkelmann, war nach dem Tode des Gatten in ihrer Heimat zurückgeblieben. Bald nachher wurde der Knabe mein Mitschüler in der Obertertia und trotz seiner Jugend — er zählte beinahe zwei Jahre weniger als ich, der Zweitjüngste der Klasse — einer der tüchtigsten Schüler. Wir wurden unzertrennliche Freunde, arbeiteten gemeinschaftlich an unseren Schulaufgaben. Aber was ich am meisten an ihm bewunderte, war seine seltene Begabung für Musik. Ich denke im Jahre 1843 kam Schindler zum Besuch nach Münster und nahm bei meinem ältesten Bruder Wohnung. Er wollte von Wüllners Talenten sich überzeugen, und ich war anwesend, als die erste Probe abgelegt wurde. Wüllner brachte aber einiges, das er selbst komponiert hatte, zum Vortrag. An einer Stelle, wo eine ganz eigentümliche, sehr anmutige Harmonie zur Entfaltung kam, rief Schindler dazwischen: „Hast du das ganz allein gemacht?" und als Wüllner unbefangen bejahte, rief Schindler mit strengem Tone: „Schwindler". Er zeigte aber von da ab dem Knaben eine große Freundlichkeit, die dann später für Wüllner von entscheidender Bedeutung geworden ist.

Außer im Klavierspiel erwarb ich auch in Gesellschaftsspielen wie Boston, Whist, Dame und Tokadille sehr früh eine nicht gewöhnliche Fertigkeit, besonders aber im Schachspiel. Mein Vater gehörte zu den besten Schachspielern in Münster; darin mag der Grund liegen, daß ich schon im 7. oder 8. Jahre nicht bloß mit den Zügen bekannt wurde, sondern auch älteren Personen zu ihrer Überraschung zuweilen überlegen war. Um meiner Leidenschaft zu steuern, wurde mir verboten, mehr als drei Partien am selbigen Tage zu spielen. Bis in die 20er Jahre habe ich Mühe und Zeit, und nachdem das Schachbuch von Bilguer und von der Lasa in meinen Besitz gekommen war, ein sorgfältiges Studium auf das königliche Spiel verwendet und es wenigstens so weit gebracht, daß ich, was damals unter Dilettanten noch für eine Seltenheit galt, eine Partie, ohne auf das Brett zu sehen, durchführen konnte. Zu solchen Vergnügen kam noch die lebhafte Geselligkeit unseres Hauses. Mein Vater kam schon als Mitglied des Provinzial-Landtags und Vorsteher der Stadtverordneten mit der städtischen und preußischen Beamtenwelt in nähere Beziehung. Oft sah ich den Oberpräsidenten von Vincke in unser Haus eintreten, ein kleiner Mann mit abgestumpften Zügen, ganz so, wie ihn das Porträt vor seiner von Bodelschwingh verfaßten Biographie wiedergibt. Die Söhne aus seiner ersten Ehe, besonders der später als Schriftsteller bekannte Gisbert von Vincke, gehörten zu unseren nahen Freunden. Aus seiner weit späteren Ehe war ihm noch eine Anzahl Mädchen geboren. Man sagte, daß er bei der Geburt einer neuen Tochter jedesmal als künftige Aussteuer tausend Pappeln pflanzen ließe.

Dieser jugendlichen Welt zuliebe wurden in dem Schlosse nicht selten Kinderbälle veranstaltet, für die der alte Papa eine lebhafte Teilnahme zeigte, insbesondere dadurch, daß er die etwa in einem Nebensaale verweilenden Knaben an ihre Pflicht als Tänzer erinnerte und zu den jungen Mädchen zurückführte. Er war ein allgemein beliebter Herr, der auf der Straße, auch von der Jugend, gern gegrüßt wurde.

Eine Persönlichkeit ganz anderer Art, aber wie Vincke hoch angesehen und beliebt, war der kommandierende General von Pfuel, ein ernster Mann mit ausdrucksvollen, feingeschnittenen Zügen, freundlich und wohlwollend in seinem Benehmen, ein Meister in allen körperlichen Übungen, ein vorzüglicher, man sagte der beste, Schachspieler in Münster, bis er in einem pensionierten Offizier, demselben, der mich mit dem Bilguerschen Schachbuche bekannt machte, einen mehr als ebenbürtigen Gegner erhielt. Öfters habe ich ihn mit meinem Vater Schach spielen sehen; seine oft lang überdachten Züge pflegte er mit einem tief ausholenden: „Es ist nicht zu leugnen“, einzuleiten. Auch im Winter beim Schlittschuhlaufen war er das unerreichbare Vorbild. Daneben sorgte er für die Verbesserung der Badeanstalten, die freilich sehr vieles zu wünschen ließen und für den Schwimmunterricht, der durch einen beurlaubten Unteroffizier erteilt wurde. Zu seinen Liebhabereien gehörte auch ein großes Zimmer in der linken Hälfte des Schlosses (die rechte war von Vincke bewohnt) mit Kanarienvögeln, die er aber trotz aller Mühe nicht gewöhnen konnte, daß sie, wenn sie im Schloßgarten sich frei bewegt hatten, in ihr bequemes, mit reichlichem Futter ausgestattetes Heim zurückkehrten. 1847 vertauschte er seine Stelle in Münster mit dem verantwortlichen Amte eines Gouverneurs von Berlin. Aber diese glänzende Beförderung war die Klippe, an welcher das sonst so glückliche Schiff seines Lebens scheiterte. Schon bei dem Märzaufstand von 1848 behauptete man, er habe sich der Lage nicht gewachsen gezeigt. Im Spätsommer nach mancherlei vergeblichen Versuchen an die Spitze eines neugebildeten Ministeriums berufen, fehlte ihm die Kraft, den empörten Elementen Stillstand zu gebieten. Als er nach den schmachvollen Szenen im September sich soviel vergab, den verrufenen Assessor Jung sich als schützenden Begleiter gefallen zu lassen, und sogar in der Morgenfrühe auf dessen Zimmer eine Tasse Kaffee anzunehmen, ging es nicht nur mit seinem Ministerium, sondern auch mit seinem persönlichen Ansehen zu Ende. Friedrich Wilhelm IV. hat ihm diese Tage nie verziehen, und er hat die Ungnade noch in den späten Zeiten seines hohen Alters empfinden müssen.

Ich bin durch das, was ich sagte, schon auf das Gebiet der Politik geraten, die in unserem Hause, ja sogar auf dem Kinderzimmer, eine Rolle spielte. Der Gegensatz zwischen den eingeborenen Westfalen und dem preußischen Beamtentum trat damals weit lebhafter als jetzt hervor. Die preußische Verwaltung, vielleicht die intelligenteste, gewissenhafteste der Welt, hat doch selten verstanden, sich beliebt zu machen, am wenigsten da, wo auch konfessionelle Gegensätze sich gegenüber traten. Ich war nach den ersten Eindrücken, die ich aus Büchern, ich denke der Weltgeschichte von Annegarn und der Deutschen Geschichte von Kohlrausch, erhielt, ein begeisterter Preußenfreund. Dann war es aber, ich glaube besonders der Einfluß Fickers [1]), der mich umstimmte. Dieser war ganz antipreußisch; es war besonders die Kargheit, die man den preußischen „Schmachtlappen" vorwarf. Ein Liedchen, das ich von ihm lernte, lautete: „Kadett, Kadett, Karthaunenfutter, Hosen ohne Unterfutter, Goldne Schuppen, Wassersuppen, Kadett, Kadett, Karthaunenfutter." Da mein älterer Bruder treu auf der preußischen Seite blieb, so wurden dann Siege und Niederlagen der Franzosen und Preußen gegeneinander ausgespielt und mit Spottliedern begleitet. Ähnlich ging es bei den Kämpfen der Karlisten und Christinos in Spanien, wo ich mit meinem älteren Freunde wieder auf der Seite der Legitimisten stand und für ihren wilden Führer Cabrera mich begeisterte, während mein Bruder, vielleicht nur aus Lust am Widerspruch, für die Christinos Partei nahm. Dies gehört noch in die Zeit, bevor ich in die Pfarrschule trat. Als ich dann später mit Büchern über die

[1]) Der spätere Geschichtsforscher und Rechtshistoriker Julius (eigentlich Kaspar) Ficker, geb. am 30. April 1826 in Paderborn; sein Name wird weiter unten noch häufig genannt.

französische Revolution und Napoleon vertraut wurde, nahm seine Riesengestalt meine Phantasie mehr und mehr gefangen. Mit Bleisoldaten versuchte ich die Schlachten nachzuahmen, auf der Schule machte ich die Schlacht bei Waterloo und die Gefangenschaft in St. Helena zu Gegenständen freigewählter Vorträge.

Es läßt sich denken, daß das große Ereignis, das in den dreißiger Jahren das katholische Deutschland und vor allem die katholische Hauptstadt von Westfalen in Aufregung versetzte, die Wegführung des Erzbischofs von Cöln, Clemens August, auch an mir nicht spurlos vorüberging. Am 11. Dezember 1837, als ich abends schon zu Bette lag, wurde ich durch einen gewaltigen Lärm auf der Straße geweckt. Ich hatte an diesem und den vorigen Tagen ein an und für sich harmloses und trockenes Buch gelesen, was mich aber in große Aufregung versetzte durch die Schilderung, wie während der französischen Revolution edle Menschen von räuberischen Banden überfallen und weggeschleppt wurden. Als nun von der Straße Pferdegetrappel, mit lauten Rufen und Befehlen untermischt, heraufdrang, kam mir, noch ganz unter dem Eindruck des Gelesenen, die Idee, eine mörderische Bande dieser Art sei im Anzuge und werde uns bald vor das Blutgericht schleppen. Um meine laut geäußerte Unruhe zu beschwichtigen, erzählte mir die alte Wärterin, man habe an diesem Tage in Münster einen neuen Bürgermeister gewählt und feiere ihn jetzt in so rauschender Weise. Das Mittel tat seine Wirkung. Als ich aber am anderen Mittag zu meiner Großmutter vor die Stadt hinausging und ihr von dem neuen Bürgermeister erzählte, machte meine Geschichte einen absonderlichen Eindruck, weil schon damals die Rede war, man würde meinen Vater nach dem Ableben des Oberbürgermeisters von Münstermann zum Nachfolger wählen. In Wahrheit handelte es sich um die Revolte, die durch die Wegführung des Erzbischofs in Münster veranlaßt wurde.

Zwei Jahre später hätte ich beinahe mich selbst in den Streit zwischen Thron und Altar verwickelt. Ich befand mich damals im Herbst 1839, wie erwähnt, in der Pfarrschule. Eines Morgens wurden die Schüler aus der Lambertikirche in langem Zuge über den alten Steinweg in die Pfarrschule geführt. Plötzlich bemerkte ich, wie ein roher Mensch auf die gelb übertünchte Wand des Steueramtes mit schwarzer Kreide die Worte geschrieben hatte: Der Erzbischof von Cöln ist ein Esel. Ohne mich zu besinnen, sprang ich aus dem Zuge und zeichnete mit der weißen Kreide meiner Federbüchse unter die Beschimpfung zwei Zeilen, die man nicht ohne Grund in das Gebiet der Majestätsbeleidigung hätte verweisen können. Als ich später zu Hause meine Heldentat erzählte, erhielt ich denn auch den verdienten Verweis; mein älterer Bruder wurde sogleich abgeschickt, um jede Spur meiner Schriftzüge zu verwischen. Sie waren gleichwohl bemerkt worden, denn als ich einige Wochen später mit dem Sohne eines preußischen Steuerbeamten mich gerauft und ihn zu Boden geworfen hatte, rief mir der Überwundene in drohendem Tone zu: er würde, wenn ich ihn nicht sogleich aufstehen ließe, zur Anzeige bringen, was ich neulich an die Wand des Steueramtes geschrieben habe.

Die politische Stellung meines Vaters konnte natürlich auch bei den Kindern nicht ganz ohne Einfluß bleiben. Die Namen Hansemann, Schwerin, Auerswald, die Erinnerung an den Freiherrn vom Stein, wurden mir früh eingeprägt, besonders als mein Vater aus Berlin zurückkehrte, wohin er, ich denke bei der Huldigung 1840 und demnächst beim ersten Zusammentritt der vereinigten Ausschüsse 1842, berufen war. Ihm war auch vom Provinzial-Landtag die Sorge für die Anfertigung einer Büste Steins übertragen worden. Er wandte sich an einen namhaften rheinischen Bildhauer Schorb, der infolgedessen längere Zeit in Münster verweilte, seine Aufgabe sehr glücklich löste und dazwischen ein schönes Medaillon meiner Mutter anfertigte.

Im April 1842 wurde durch den Tod des Oberbürgermeisters von Münstermann eine neue Wahl nötig. Sie fiel am 25. April 1842, wie lange vorher erwartet war, auf meinen Vater. Von drei Kandidaten, die damals der Regierung vorgeschlagen werden mußten, wurde er als der erste genannt. Da er aber durch seine Stellung im Landtage und besonders bei der Huldigung in Berlin sich das Mißfallen des viel vermögenden Ministers von Rochow zugezogen hatte, war die Bestätigung zweifelhaft, ließ in der Tat sich lange erwarten und erfolgte erst im August 1842, als infolge verschiedener Komplikationen Rochow zurückgetreten war und die Ankunft des jungen Königspaares in den westlichen Provinzen bereits erwartet wurde.

Der königliche Besuch fand dann am 23. August statt. Adel und Bürgerschaft hatten, wie es ja aus manchen Beschreibungen, z. B. den Briefen Annettens von Droste bekannt ist, einen glänzenden Empfang vorbereitet. Mein Vater wurde von dem königlichen Paare sehr gnädig behandelt, wie der König überhaupt seine herzgewinnende Liebenswürdigkeit auf dieser Reise hervortreten ließ. In vollen Zügen genoß er das Glück, sich allgemein verehrt und geliebt zu fühlen. Die Personen seiner nächsten Umgebung antworteten auf die Frage, ob ihnen eine so lange Reihe von Festlichkeiten nicht zuviel wäre: „Durchaus nicht, so etwas habe man gar nicht erwartet, es sei keine Reise, sondern ein Triumphzug.“

Die Art, wie der König mit den Einwohnern der Stadt, und besonders mit der Königin verkehrte, machte einen sehr günstigen Eindruck; bei mir ist seit jener Zeit immer das Gefühl einer persönlichen Zuneigung und Anhänglichkeit zurückgeblieben. Übrigens zeigte sich auch auf dem Gymnasium die politische Strömung der Zeit. Ich war frühzeitig sehr liberal, hatte schon als zehnjähriger Knabe, als ich von einem Besuche bei meinem Bruder in Paderborn allein zurückkehrte, durch fortschrittliche Reden im Postwagen den Zornausbruch eines mitreisenden Justizministers hervorgerufen. In unserem Hause machte man trotz aller Loyalität und amtlicher Gewissenhaftigkeit kein Hehl daraus, daß man eine Umgestaltung der Bundesverfassung und konstitutionelle Regierungsformen als wünschenswertes Ziel betrachtete. Bei dem Besuche eines bekannten rheinischen Abgeordneten wurden solche Fragen mit großer Lebhaftigkeit erörtert, und Herweghs „Gedichte eines Lebendigen" nicht ohne Ausnahme, aber doch in den bedeutendsten Stücken vorgelesen und mit Beifall bedacht. Als ich bald darauf von einem Besuche bei Verwandten in Köln und Bonn zurückkehrte, glaubte ich meinen Eltern nichts Besseres mitbringen zu können, als dieses von der Polizei verbotene Buch, das mir dann auch in Köln von dem Buchhändler mit geheimnisvoller Miene aus einer zurückgelegenen Kammer herbeigeholt wurde. Mit solchen Gesinnungen stand ich nicht allein. Unter meinen Mitschülern war ein und anderer — der eifrigste ist jetzt ein königlicher geheimer Regierungsrat —, der kurzweg die Republik oder, wenn dies nicht anginge, eine vollkommene freiheitliche Umgestaltung durch eine deutsche Verbrüderung herbeiführen wollte. Mir kam jedoch dieser Entwurf von Anfang an nicht nur abenteuerlich, sondern lächerlich vor, und wenn ich mich auch bereit erklärte, ein mir dargebotenes schwarzrotgoldenes Band einige Zeit auf der Brust zu tragen, so wußte ich doch dem gefährlichen Projekt die Spitze abzubrechen, indem ich die Klausel beifügte: wir dürften nicht eher losschlagen, bis wenigstens 60 000 streitbare Männer unserer Vereinigung beigetreten wären. Später ist dann doch von diesen Torheiten einiges zu den Ohren unserer Lehrer gekommen. Ich wurde einmal von dem Direktor Stieve darüber befragt; man war jedoch verständig genug, die Angelegenheit nicht höher zu nehmen, als sie verdiente. Aber noch ehe ich das Gymnasium verließ, war an die Stelle des Kinderspiels blutiger Ernst getreten. Am 3. Februar 1847 erschien das Patent für die Berufung des Vereinigten Landtags. Leider nahm mein Vater nicht daran teil. Kleinliche Beweggründe, auf die hier einzugehen nicht der Ort ist, bewirkten, daß er, der bei allen ständischen Versammlungen ein eifriges und einflußreiches Mitglied gewesen war, im Herbst 1846 nicht wiedergewählt wurde. Gerade der Vereinigte Landtag war die Versammlung, in der er nach seiner ganzen Stellung im Verein mit seinen namhaften politischen Freunden eine bedeutende Wirksamkeit hätte entfalten können.

Immer blieben die Verhandlungen der ersten großen parlamentarischen Versammlung in Preußen für unser Haus vom höchsten Interesse. Wir konnten die Stunde kaum erwarten, in welcher der Westfälische Merkur abends seine nicht gerade reichlichen Berichte überlieferte. Durchaus standen wir auf seiten der Opposition. Der Antrag Vinckes und die Reden Hansemanns und Gleichartiger wurden mit höchstem Interesse gelesen.

Kurz vor der Berufung des Vereinigten Landtags starb meine Großmutter im 87. Jahre. Bis in die letzten Tage hatte sie Geistesfrische und Gedächtnis vollkommen bewahrt, erzählte lebhaft von Dingen, die vor der französischen Revolution lagen. Oft habe ich später bedauert, daß ich mir nicht mehr erzählen ließ. Ihr Garten, ihre Blumen waren ihre Liebhaberei. Noch in den letzten Tagen ließ sie sich Blumentöpfe an ihr Lager tragen und maß mit den Fingern, da ihr Augenlicht beinahe erloschen war, das Wachstum der Pflanzen. — Auf dem Mauritzkirchhof unter einem Grabstein, für den sie mehrere Sprüche gedichtet hatte, liegt sie bestattet.

Die politische Erregung, welche der Vereinigte Landtag hervorgerufen hatte, war nur ein Vorspiel für die Ereignisse des folgenden Jahres. An einem Abend im Februar, als gerade einige Freundinnen bei meiner Mutter Boston spielten, trat mein Vater in das Zimmer und sagte den Damen: „Spielen Sie Ihre Partie zu Ende, dann werde ich Ihnen etwas erzählen.“ Wir hörten dann, daß in Paris eine Revolution ausgebrochen und der König Ludwig Philipp entflohen sei. Vielleicht niemals hat eine Nachricht einen solchen Eindruck in der Welt hervorgerufen, selbst bei denen, die gar nicht dabei beteiligt schienen. Wie ein Blitz durchzuckte mich und gewiß unzählige andere der Gedanke, daß die Vorgänge in Paris sich an vielen Orten wiederholen würden. Die Wirkung auf mich war so stark, daß ich, was mir im Leben niemals wieder geschehen ist, eine Art von Lachkrampf bekam. Das Gefüge der Welt schien plötzlich zusammenzustürzen. Nicht lange, und man hörte dann auch aus den verschiedenen kleinen Staaten Deutschlands, aus Kassel, Darmstadt, Karlsruhe, inhaltschwere Nachrichten. General von Radowitz, der Freund Friedrich Wilhelm IV., der mit Rücksicht auf die Zeitverhältnisse mit einer Sendung an verschiedene deutsche Höfe betraut war, erschien wie ein Sturmvogel. Die Zeitungen meldeten an einem Tage seine Ankunft und wenige Tage später den Ausbruch einer revolutionären Bewegung, die in den kleineren Staaten die damals üblichen Volkswünsche zum Ausdruck und zur Genehmigung brachte. Nicht lange, und auch die beiden Großstaaten waren überwältigt. Es war am 20. März, daß ich morgens, als ich ins Gymnasium ging, von dem Sohne des Freiherrn von Landsberg eingeholt wurde. Er sagte mir, sein Vater sei eben aus Berlin zurückgekehrt, die Stadt sei in Aufruhr, die Straßen voll Barrikaden, das Militär habe abziehen müssen, und während des Abzugs seien noch mehrere hundert Soldaten aus den Fenstern erschossen worden. Als ich zu Hause von den Ereignissen erzählen wollte, war unterdessen Herr von Landsberg schon dagewesen, um meinem Vater sobald als möglich Nachricht zu geben. Die Besorgnis lag nahe, daß die Revolution nach ihrem Siege in Berlin auch die Provinzen ergreifen würde. Und in der Tat, selbst in dem ruhigen Münster wuchs die Aufregung. An den Toren und an öffentlichen Plätzen zeigten sich Subjekte mit wenig vertrauenswürdigem Äußeren, die man damals Bassermannsche Gestalten nannte; allmählich hörte man offen aussprechen, daß auch in Münster eine Revolution zum Ausbruch kommen, daß man die Hauptwache und das Haus des Oberbürgermeisters stürmen werde. Auf den Straßen wurde es am Abend zuweilen unruhig; unserem Hause gerade gegenüber hatte ein früherer Uhrmacher und Spielwarenhändler eine Bier- und Schnapswirtschaft eröffnet, sie bildete einen Sammelplatz für alle, die Unheil im Sinne führten. Bald wurde sogar der Tag für die Revolte festgestellt, ohne daß auch nur der Schatten eines Grundes vorgelegen hätte. Als ich am Nachmittag mit zwei Geschwistern einen Spaziergang um die Stadt machte, wurden wir von den Begegnenden mit deutlichen Zeichen der Besorgnis und Teilnahme als Schlachtopfer begrüßt. Gegen 7 Uhr ging ich auf den Markt. Vor dem Rathaus und der Hauptwache war schon eine schreiende und neugierige Menge versammelt. Unzweifelhaft war Neugierde das bei weitem vorherrschende Gefühl; einen frech aussehenden jungen Menschen hörte ich neben mir sagen, erst werde man hier vor dem Rathaus seine Sache betreiben, dann zum Oberbürgermeister ziehen. Wir faßten die Sache aber nicht tragisch auf. Meine Mutter ging zu einer gewohnten Bostonpartie, mein Vater auf das Rathaus, mit welchem wir durch eine Tür unseres Hinterhauses unbemerkt in steter Verbindung blieben. Wir Kinder erwarteten in einem rückwärts gelegenen Zimmer die Dinge, die kommen sollten. Es mag gegen 8 Uhr gewesen sein, als die Menschenmenge sich vom Rathaus über den Markt in die Salzstraße wälzte. Vor unserem Hause staute sie. Es begann nun ein gewaltiges Heulen, Pfeifen und Johlen, und plötzlich flog ein schwerer Stein durch die über der Haustür befindliche Glasscheibe, zerschmetterte noch die in der Mitte des langen Korridors aufgehängte Glaslaterne und blieb vor der Küchentür liegen. Nach der Richtung des Wurfes konnte der Stein nicht von der Straße, sondern nur aus der Tiefe der gegenüber gelegenen Pollakschen Wirtschaft geschleudert sein. Dies war übrigens die einzige Tätlichkeit; kein Fenster des Hauses wurde verletzt; die Menge fuhr fort zu lärmen und wartete, ob jemand größere Dinge unternehmen würde. Dies mag länger als eine halbe Stunde gedauert haben, dann kam Hilfe. Bei dem Rathause hatte mein Vater, wie ich nachher von dem wachhabenden Offizier hörte, verhindert, daß man von der Waffe Gebrauch machte, obwohl die Soldaten durch Steinwürfe und Schimpfereien gereizt wurden. Man hatte aber, als der Lärm nicht aufhörte, aus der Kaserne eine starke

Abteilung Husaren herbeikommen lassen; diese durchritt langsam den Markt, die Salzstraße und einige andere Straßen und zerstreute die aufgeregte Menge, ohne Widerstand zu finden und ohne daß erhebliche Verletzungen vorgekommen wären. Als nach 9 Uhr die Eltern wieder nach Hause kamen, wurden ihnen unsere Erlebnisse eher mit lachenden, als mit schreckensbleichen Gesichtern vorgetragen. Dieser Tumult hatte aber sofort eine nützliche Folge. Allgemein war der Unwille über den törichten Unfug und ebenso allgemein das Verlangen, daß ihm für die Zukunft wirksam gesteuert würde. Man hatte vorher sich auf das städtische Schützenkorps verlassen, das schon seit längerer Zeit mehrere hundert Mann stark in der hübschen grünen Uniform bei festlichen Gelegenheiten zu paradieren pflegt. Es hatte aber im Augenblick der Gefahr völlig versagt. Jetzt wurde beschlossen, eine Bürgerwehr zu bilden; sie kam schon in den nächsten Tagen zustande und säumte nicht, für Ruhe und Ordnung einzutreten. Einige Verhaftungen wurden vorgenommen, die verdächtigen Gesichter verschwanden, die öffentliche Meinung war vollkommen umgeschlagen. Jener Pollak, einer der Hauptunruhestifter, erwartete eines Abends meinen Vater, der aus den Zimmern des Zivilklubs heraustrat, an der Treppe, bat unter Tränen und beinahe kniefällig um Verzeihung und beteuerte eifrig, er werde ferner sich nicht mehr das Geringste zuschulden kommen lassen.

Als die Wahlen für die preußische konstituierende Versammlung und das Frankfurter Parlament ausgeschrieben waren, wurde mein Vater von den Urwählern seines Bezirks einstimmig zum Wahlmann und am 8. Mai auch zum Abgeordneten nach Berlin gewählt, während das Mandat für Frankfurt dem Bischof von Münster übertragen wurde.

Über den Aufenthalt und die Verhandlungen in Berlin liegt mir eine Reihe von Briefen vor, welche Verhältnisse und Stimmung in der Versammlung in deutlichem, freilich wenig erfreulichem Lichte wiederspiegeln. Ohne durch eine kräftige Hand geleitet zu werden, trieb die Versammlung immer mehr nach links. Die neuen liberalen Minister, schwierigen Verhältnissen gegenüber, entsprachen bei aller Begabung nicht den Erwartungen. Camphausen fehlte es an Tatkraft, Hansemann an der Fähigkeit, sich rechtes Vertrauen zu erwerben. Die Ausschreitungen auf der Straße, der Zeughaussturm, die Beleidigungen der Abgeordneten, die wütenden Ausfälle der Zeitungen ließen das Schlimmste befürchten. Auch mein Vater, der, wie sich denken läßt, auf der rechten Seite Platz nahm, blieb von persönlichen Insulten auf der Straße nicht ganz verschont. Er hatte einen der verständigsten Anträge gestellt: „die Stadt Berlin für die Zerstörung von Staatseigentum innerhalb ihres Bezirkes für verantwortlich zu erklären". . Im übrigen ließ seine seit einem Jahre abnehmende Gesundheit ihn doch nicht zu voller Wirksamkeit und Geltung gelangen. Im Sommer nahm er einige Zeit Urlaub für eine gewohnte Kur in Homburg. Was er während einer kurzen Anwesenheit in Münster aus Berlin uns erzählte, war nicht geeignet, für die Zukunft frohe Hoffnungen zu erregen.

In Münster hatte man unterdessen die übliche Stufenleiter politischer Erregung durchlaufen, aber, dem ruhigen, gesetzlichen Sinn der Bewohner entsprechend, ohne daß es zu gefährlichen Ausschreitungen gekommen wäre. Es wurden politische Versammlungen abgehalten, ein konstitutioneller Verein gebildet, der Einfluß Waldecks wirkte auch auf seine Heimat. Und wer hätte nicht den Hauch nationaler Begeisterung empfunden, der über ganz Deutschland sich verbreitete? Von katholischen und altkaiserlichen Sympathien erfüllt, begrüßte man mit Jubel die Wahl des Erzherzogs Johann zum Reichsverweser. In unserem Hause wurde eine große, schwarz-rot-goldene Fahne angefertigt, und als in einer Nebenstraße einer von den übertünchten alten Reichsadlern von seiner Hülle befreit wurde, begrüßte man ihn freudig als Symbol der nun wieder gestatteten reichspatriotischen Gesinnungen. Auch in den Volksversammlungen schlug dieser Ton durch. Vor allem in meiner eigenen Brust, denn es war das Gefühl für ein großes deutsches Volk, für ein geeinigtes Deutschland, was meine Begeisterung belebte und bis auf den heutigen Tag belebt. Ich hatte ein volles Verständnis für die Größe und Bedeutung Preußens, aber ich fühlte mich doch diesem Staate nicht unauflöslich in Naturnotwendigkeit verbunden. Im Grunde wäre mir jeder Staat und jede Kombination recht gewesen, welche die Größe und Macht Deutschlands am wirksamsten gefördert hätte. Auf der Aula unseres Gymnasiums tagte zuerst der angesehenste der neugebildeten politischen Vereine. Häufig nahmen wir Schüler an den Sitzungen teil; und wie denn in damaliger Zeit jede Vereinigung, groß oder klein, sich für verbunden hielt, Forderungen zu stellen, so wurden solche, ich weiß nicht mehr wegen welcher Torheiten, auch von den Klassen des Gymnasiums gestellt, einige Male sogar in tumultuarischer Weise. Ich erinnere mich, wie an einem Tage unsere Lehrer mit verlegenen Mienen vor den Schulzimmern auf und ab gingen, ohne recht zu wissen, wie sie den Lärm, der im Innern laut wurde, beschwichtigen sollten. Mir war meinem Wesen nach Unordnung und gewalsames Vorgehen zuwider, und auch in Ansehung der Stellung meines Vaters erwünscht, daß die Ordnung nicht zerstört würde. Schon deshalb suchte ich, soweit an mir lag, unsere Oberprima von allen Ausschreitungen fernzuhalten; und ich darf wohl sagen, daß ich auf meine Mitschüler, und dann die Haltung der Oberprima auf das ganze Gymnasium zugunsten der Ordnung einen gewissen Einfluß ausübte. Im Sommer, als die empörten Wellen sich schon wieder beruhigten, trat auch in dem Lehrerkollegium, wie bei manchen Regierungen, das Gefühl hervor, daß man in den Tagen der ersten Aufregung sich zu nachgiebig gezeigt habe, und man suchte nun das damals Versäumte durch eine schärfere und strengere Sprache wieder auszugleichen, sogar in der Prima, wo man dergleichen in der Tat nicht verdient hatte. So erhielt ich Veranlassung zu einer ersten, man könnte sagen politischen Rede, an die ich noch jetzt mit Vergnügen zurückdenke. Ich setzte unserm übrigens verehrten und geliebten Direktor Stieve vor versammelter Klasse auseinander, wie wir auf Wunsch der Lehrer nicht ohne Erfolg für die gute Ordnung auf dem Gymnasium uns bemüht hätten. Ich erinnerte an den Ton, den unsere Lehrer uns gegenüber damals angeschlagen hätten, und wie der jetzige, ohne daß von uns eine Veranlassung gegeben, von demselben so völlig abweiche. Was ich sagte, hob mich nicht wenig in den Augen meiner Mitschüler, und ich erinnere mich auch nur e i n e s Lehrers, der mich meine Worte einmal hat entgelten lassen.

Im August dieses Jahres erfolgte dann in bester Eintracht und mit gutem Ergebnis — nur ein einziger mußte zurückbleiben — die Entlassungsprüfung. In dem Leben eines jungen Menschen sind wohl wenige Momente glücklicher, als wenn diese gar nicht leichte Probe bestanden ist. Er hat eine Stufe erreicht, von der sich eine weite und schöne Aussicht in das Leben eröffnet. Der Zucht der Schule entwachsen, fühlt er sich frei, seinem eigenen Wert und seiner eigenen Verantwortung anheimgegeben; er darf den Geist von dem schweren, oft beschwerlichen Material, das er für die Prüfung sammeln mußte, entlasten, und wenn er Neigung und Begabung für eine besondere Wissenschaft, ein bestimmtes Ziel in sich fühlt, seine ganze Kraft darauf verwenden. Für mich war dies in ausgesprochener Weise der Fall. Meine Vorliebe für Geschichte und Literaturgeschichte war in den oberen Klassen des Gymnasiums immer stärker hervorgetreten, besonders für die deutsche, mittelalterliche Literatur, obgleich diese Wissenschaft damals noch in den Anfängen lag, und mir von keinem meiner Lehrer auch nur die geringste Anweisung zu teil werden konnte. Mit großer Mühe hatte ich mir aus ganz unzureichenden Hilfsmitteln die alt- und mittelhochdeutschen Formen soweit bekannt gemacht, daß ich das Wackernagelsche Lesebuch mit Vorteil benutzen konnte. Im Verhältnis zu den meisten meiner Mitschüler, welche sich mit dem „Teut" von Heinzius begnügten, gewann ich schon einen Vorsprung durch Vilmars Literaturgeschichte. Weit mehr verdankte ich aber an gründlicher Kenntnis dem Lehrbuche Kobersteins, aus dem ich mir einen Auszug anfertigte, der bis in späte Jahre Grundlage und Hauptanhaltspunkt für mein Gedächtnis geblieben ist. Aus der Lachmannschen Ausgabe lernte ich den Text der Nibelungen, daneben Hartmanns „Der arme Heinrich" und die Gedichte Walters von der Vogelweide kennen und las sie fort und fort mit steigender Begeisterung, oft auf Spaziergängen im Freien; die Strophen über Siegfrieds Tod kommen mir nie vor die Augen, ohne daß ich mich zugleich auf die schattige Bank im Schloßgarten zu Münster versetzt fühle, wo diese Worte zum ersten Male mein Herz bewegten. Dazu kam dann im letzten Jahre meiner Gymnasialzeit, aber auch ganz unabhängig von dem Schulunterricht, das Studium der italienischen Sprache, das mich bald dahin brachte, einige der schönsten Gesänge und Sonette Dantes zu verstehen, und, was bei mir ungefähr dasselbe war, auch auswendig zu lernen. Ich denke, es war der unvergleichliche Wohlklang ihrer Sprache, der mich besonders anzog, so sehr, daß solchem Studium gegenüber meine Neigung für die Musik, die ich bis dahin eifrig gepflegt hatte, zurücktrat, obgleich um diese Zeit Schindler wieder seinen Aufenthalt in Münster genommen hatte, um sich der Ausbildung Wüllners zu widmen. Er war nach wie vor der tägliche Besucher unseres Hauses. Lange Zeit habe ich ein Heft bewahrt, das er Wüllner und mir über den Charakter der Tonarten, Vortragsweise und andere musikalische Fragen diktierte.

Nach allem, was ich erwähnte, konnte für mich kein Zweifel sein, daß ich für das Studium der Geschichte mich entschied. Eine solche Wahl galt zwar damals in Münster als etwas außergewöhnliches, ich hatte aber den Vorgang Fickers vor mir, der schon seit vier Jahren in Bonn Geschichte studierte und eben jetzt zur Promotion sich vorbereitete.

Die Zeit, welche von der Entlassung aus dem Gymnasium bis zum Abgang auf die Universität verstrich, verlebten wir auf dem Lande in Abwesenheit meines Vaters, der wieder nach Berlin zurückgekehrt war. Mit größter Spannung folgten wir der Entwicklung in Frankfurt und Berlin. Öfters habe ich auf Betreiben meiner Mutter den Weg von 1½ Stunden in die Stadt gemacht, um nach den politischen Neuigkeiten mich zu erkundigen und die Kölnische Zeitung, die seit dem März des Jahres ausgiebiger als der Westfälische Merkur uns mit Nachrichten versorgte, herbeizuholen.

Mein Vater war unterdessen am 25. August aus Homburg nach Berlin zurückgekehrt; die Lage war noch übler, die Aussichten noch trauriger geworden. Auf den Straßen nahm das Unwesen zu, in der Versammlung fanden nur die heftigsten Stimmen Gehör, mein Vater richtete an den Präsidenten die Aufforderung, geeignete Vorkehrungen für die Sicherheit der Mitglieder und die Freiheit der Verhandlungen zu treffen. Aber der Antrag kam nicht einmal zur Beratung.

Pfuels Ministerium zeigte sich machtlos; vergebens hatte mein Vater ihn gewarnt, das für ihn zu wenig geeignete Amt zu übernehmen. Was inner- und außerhalb des Saales geschah, hob die Wirkungen der Homburger Kur bald wieder auf. Am 13. Oktober spät abends, als ich auf heftiges Läuten die Haustür öffnete, sah ich meinen Vater vor mir stehen, in seinen Mantel gehüllt, kaum fähig, sich zu bewegen. Von einem heftigen asthmatischen Leiden ergriffen, hatte er auf den Rat der Ärzte tags zuvor seine Entlassung als Abgeordneter eingereicht. Unter der liebevollsten Pflege konnte er nur langsam sich erholen. Im Juli waren auch die sechs Jahre, seit welchen er das Amt des Oberbürgermeisters angenommen, abgelaufen. Sein Entschluß stand fest, den Rest seiner Tage in Ruhe und Zurückgezogenheit im Kreise der Seinigen zu verleben.

---

3. Kapitel.

Universitätsjahre.

Im Oktober 1848 zog ich mit allen Hoffnungen, die das Herz eines jungen Menschen erfüllen können, nach Bonn. Die Wahl der Universität wurde schon dadurch bestimmt, daß die Familie meiner Mutter seit langer Zeit dort ansässig war. Mehrmals, schon in meinem siebenten Jahre, war ich zu Besuch dahingekommen. Die Großmutter war 1846 gestorben, aber zwei Töchter und der älteste Sohn wohnten noch dort in einem jetzt abgerissenen Hause an der Ecke des Münsterplatzes und der Remigiusstraße. Dem jüngeren Bruder Leopold war als Regierungsreferendar die Verwaltung des Bürgermeisteramtes in Unkel übertragen worden. Mit dem älteren Bruder Alexander, dem Dichter und späteren Löwensteinschen Archivrat, verband mich schon seit früher Jugend Gleichheit der Neigungen. Nachdem er längere Zeit mit großer Gewissenhaftigkeit die Erziehung des Erbprinzen von Löwenstein-Wertheim geleitet hatte, war er als Privatgelehrter nach Bonn zurückgekehrt. Er führte mich sogleich zu seinen ihm nahe befreundeten Lehrern Josef Aschbach und Friedrich Diez, die nun auch meine Lehrer werden sollten. Die Verbindung mit Karl Simrock, der zu den vertrautesten Freunden des Kaufmannschen Hauses gehörte, ergab sich von selbst. Auch er lebte damals noch als Privatgelehrter. Ein im Grunde harmloses Gedicht zu Ehren der Trikolore hatte ihn im Sommer 1830 zu seinem großen Glück der juristischen Amtstätigkeit entzogen, so daß er nun ungeteilt den Musen und dem Studium der mittelalterlichen Dichtkunst sich widmen konnte. Die germanistischen Studien lagen damals in Bonn noch in den Anfängen. Sie wurden zugleich mit den romanischen Sprachen von ein und demselben Lehrer, freilich, er hieß Friedrich Diez, vertreten. Zugleich fand sich auch nur ein einziger Student, der in diesem Semester die Vorlesungen über Althochdeutsch zu hören wünschte, nämlich ich selber. Diez, gütig und freundlich wie er war, erklärte sich zum Vortrag bereit, wenn sich noch ein zweiter Zuhörer melde. Es gelang mir, den Dr Julius Grimm, der kurz vorher mit einer Dissertation über die Lex Salica promoviert hatte, als Mitschüler zu gewinnen; wir hatten die Freude und den Genuß, daß Diez in seiner Wohnung auf dem Belderberg in einem Zimmer, das ich später selbst bewohnt habe, einen Grundriß der althochdeutschen Grammatik diktierte und uns aus dem Wackernagelschen Lesebuch übersetzen ließ. Da ich mit jugendlichem Eifer und voller Neigung auf seine Ansichten einging, so machte ich auch in den Gegenständen des Unterrichts, und ich darf hinzufügen, in der Gunst des Lehrers, rasche Fortschritte. Sie hat sich auch erhalten, als meine Studien leider aufgehört hatten, mich ihm zu nähern. Noch in seiner letzten Lebenszeit durfte ich ihn besuchen, und ein paar Verse, durch die ich einen Stiefelputzer ihm empfohlen hatte, fanden sich noch in seinem Nachlaß.

Neben dem Altdeutschen zogen mich Aschbachs Vorlesungen über die deutsche Kaiserzeit vornehmlich an. Zugleich studierte ich Stengels Geschichte der fränkischen Kaiser und die Handausgaben der Monumenta Germaniae. Gewiß hätte mich manche Mitternacht über ihnen getroffen, hätten meine Augen lange genug ausgehalten. Brandis' „Geschichte der griechisch-römischen Philosophie" und Karl Sells „Römische Rechtsgeschichte" interessierten, ohne daß sich selbständige Studien daran anknüpften.

Mit politischen Dingen beschäftigte ich mich nicht mehr als der Tag eben forderte. Die revolutionäre Flut war schon zur Ebbe geworden, aber es kamen noch einzelne heftige Vorstöße, wie die Steuerverweigerung, die, wenn ich mich recht erinnere, einige Unruhen hervorrief. Karl Schurz, ein schöner, ausdrucksvoller Kopf mit langen, schwarzen Haaren, hörte ich als Mitglied der Franconia in Studentenversammlungen ein oder anderes Mal reden. Der damalige Rektor wußte geschickt mit der aufgeregten akademischen Jugend umzugehen. Eine Veranlassung, mich mit den demokratischen Bestrebungen in Berührung zu bringen, war der Klavier- und Gesangunterricht, den ich von Johanna Kinkel erhielt. Man sagte wohl nicht mit Unrecht, daß sie ihren Gemahl, der ursprünglich als evangelischer Theologe, dann als Kunsthistoriker sich wenig um Politik kümmerte, ja in seinen Gedichten einen preußisch-patriotischen, durchaus loyalen Ton angeschlagen hatte, in die neue Richtung hineingebracht habe. Wer das nicht schöne, aber bedeutende Antlitz mit den strengen Zügen und den durchdringenden Augen vor sich hatte, konnte nicht zweifeln, daß ihre Willensstärke über den leicht erregten und beweglichen Mann die Herrschaft erhalten würde. Ihren Neigungen gab sie auch während der Stunde zuweilen Ausdruck; ich erinnere mich, wie einmal die drei Kinder mit Begeisterung die Marseillaise anstimmten. Als Kinkel aus der Nationalversammlung von Berlin nach Bonn zurückkehrte, versammelte sich vor seinem Hause eine Volksmenge, teils aus Neugierde, teils um eine Huldigung darzubringen. Kinkel hielt zuerst vom Balkon eine Anrede, die mit großem Beifall aufgenommen wurde. Als aber einer seiner Genossen als Urheber der neuen, segensreichen Bewegung den Bürger Martin Luther mit dem höchsten Preis bedachte, verwandelten sich die früheren Beifallsrufe plötzlich in ein lautes Pfeifen und Heulen, und Kinkel hatte große Mühe, durch eine Reihe pathetischer Phrasen die Ruhe einigermaßen herzustellen. Obwohl meine eigenen Neigungen damals weit nach links gingen, ja sogar mit einer Republik sich recht wohl vertragen hätten, waren mir doch die Ausschreitungen der demokratischen Parteien so widerwärtig, daß ich ihren Gegnern den Sieg wünschte, und, wenn es zu studentischen Kundgebungen kam, mich ohne weiteres auf die rechte Seite stellte. Einmal erinnere ich mich aber doch, es war im November 1848, an einer Kundgebung gegen die Behörden teilgenommen zu haben.

Adolf Strodtmann, der Schleswig-Holsteiner, war, nachdem er den Krieg und eine harte Gefangenschaft auf einem dänischen Schiffe durchgemacht hatte, nach Bonn gekommen. Etwas anspruchsvoll bezeichnete er sich auf seiner Karte als „Gefangenen auf der Dronning Maria" [1]), und man hätte das Hörrohr, mit dem der schon damals an den Ohren Leidende recht ungeschickt umging, allenfalls für eine Mordwaffe halten können. Aber was seine Verweisung von der Universität zur Folge hatte, war „Das Lied vom Spulen", seinem Lehrer und Freunde Gottfried Kinkel gewidmet, der seine Teilnahme am badischen Aufstand im Zuchthaus büßen mußte. Dem Unwillen gegen die Universitätsbehörde Ausdruck zu geben, unternahm er mit einer beträchtliche Anzahl von Studenten, denen ich mich anschloß, einen Entrüstungs- oder Huldigungszug in die Gartenwirtschaft, die damals mit der Baumschule verbunden war.

Alles in allem darf ich die drei ersten Monate in Bonn als glückliche preisen, ja, zu den glücklichsten meines Lebens rechnen. Mein Wissensdurst war unersättlich, und reichlich flossen die Mittel, ihn zu befriedigen. Lästig war nur, daß meine Augen am Abend nicht lange genug aushielten. Ihre Schwäche war ein Erbteil aus der Familie meiner Mutter; sie hatte mich schon in den letzten Jahren auf dem Gymnasium gestört, aber das, was jetzt kommen sollte, nie besorgen lassen. Es war am 21. Januar 1849. Ich hatte mir auf einer Auktion den Parnasso classico italiano in einem großen Bande gekauft, und war eben bis zum Schluß des fünften Gesanges des Inferno der Geschichte der Francesca da Rimini gekommen, ich könnte sagen zu dem

[1]) Die „Lieder eines Gefangenen auf der Dronning Maria" waren kurz vorher in Hamburg erschienen.

berühmten Vers: „quel giorno più non vi leggemmo avante", als ich vor meinen Augen einen Nebel bemerkte, der wiederkehrte, so oft ich weiter zu lesen versuchte. Ich hoffte, die folgenden Tage würden Besserung bringen, aber das Übel nahm zu, nicht eigentlich eine Verminderung der Sehkraft, aber eine immer sich steigernde Entzündlichkeit der Augenlider, die das Auge gegen jeden Lichtreiz äußerst empfindlich und zu jeder Anstrengung unfähig machte. Man stelle sich die Lage eines jungen Menschen vor, der gerade in dem Zeitpunkte seiner Entwicklung, in welchem ich mich befand, des wichtigsten Organs, sich weiter zu bilden, in solchem Maße beraubt wurde! Mein Leben nahm seitdem eine andere Gestalt an; niemals habe ich wieder das Gefühl gehabt, vollkommen gesund wie vorher oder wie andere zu sein. Ich versuchte wohl, durch Unterstützung von Bekannten wenigstens die Kollegienhefte auf dem Laufenden zu erhalten, aber es war ein trauriger Notbehelf. Die folgenden Wochen verliefen unter Sorgen, getäuschten Hoffnungen und vergeblichen Versuchen, und traurigen, wenn nicht gebrochenen Mutes kehrte ich am Schlusse des Semesters nach Hause zurück.

Auch die Heimat und die Ferien brachten keine Besserung, und nun geschah von allem das Übelste. Wäre das Leiden einige Jahre später eingetreten, so hätte es mich von einem schon fest und unwiderruflich eingeschlagenen Wege nicht abgewendet, aber jetzt, wo die Wahl beinahe noch frei stand, traten allerlei Bedenken hervor. Man nahm an, ein Jurist werde nicht so viel zu lesen haben, und bei praktischen Arbeiten seiner Augen nicht in dem Maße bedürftig sein wie der Historiker. Der Beruf des Historikers erschien zu gewagt. Trübe, in gedrückter Stimmung entschied ich mich dann selbst für das Studium der Rechtswissenschaft. Es war ein Fach, das ich gewiß nicht gering schätzte, aber die eigentlichen Neigungen meines Herzens und Geistes konnte es nicht befriedigen, deshalb mußte es meine Kräfte teilen und vielleicht die besten verkümmern. Als ich im Frühling nach Bonn zurückkehrte, wurde ich demgemäß aus der philosophischen in die juristische Fakultät übertragen und hörte die üblichen juristischen Vorlesungen; aber da das Augenübel fortdauerte, wurde ein eingehendes Studium unmöglich, und selbst meine Anwesenheit in Bonn durch einen längeren Aufenthalt auf unserm Landgute unterbrochen. In den Ferien besuchte ich die Seebäder in Norderney, wo die Herrlichkeit des Meeres auf mich nicht ohne Eindruck blieb. Ich machte dort die Bekanntschaft des Herrn Gruner, von dem noch öfter zu reden ist und des Grafen Wolf von Baudissin, der an der Schlegel-Tieckschen Übersetzung Shakespeares so wesentlichen Anteil hat. Aber für meine Augen wurde keine Besserung gewonnen, als ich im Herbst 1849 in das dritte Semester trat.

Ich hatte mich jetzt schon etwas mehr an meine Lage gewöhnt und versuchte, durch fremde Augen die Mängel der eigenen zu ersetzen. Bei Eduard

Böcking hörte ich in zwei Morgenstunden die Pandekten, nachmittags das Erbrecht. Der Vortrag war durch seine Schärfe, Klarheit und Gewissenhaftigkeit anziehend, wenn auch zuweilen etwas schwerfällig und die ganze Aufmerksamkeit anspannend. Das Diktat studierte ich mit einem Bekannten, durch einen Vorleser konnte ich mir das geistvolle Werk Puchtas „Die Institutionen" aneignen. Leider erhielt auch diese Tätigkeit wieder eine längere Unterbrechung, da ich im November von den Masern befallen wurde; aber das Semester ging doch für meine juristische Bildung nicht ganz verloren. Im übrigen habe ich von Erlebnissen oder einem Fortschritt meiner Bildung nichts zu sagen. Ich lebte ganz abgeschlossen, beinahe nur in dem Kreis der drei Geschwister Kaufmann, in deren Hause mir auch ein Zimmer vermietet war, sah selten Bekannte und wurde durch meine Lichtscheu von jeder Gesellschaft oder studentischen Zusammenkunft zurückgehalten. So kam der März und der Schluß des Semesters. Böcking, der selbst viel an den Augen gelitten hatte, riet mir, als ich mich verabschiedete, einen Augenarzt in Gräfrath, der ihm selbst geraten hatte, zu befragen, gab mir auch ein Empfehlungsschreiben. So fuhr ich auf der Rückreise nach Gräfrath, traf zwar nicht den Arzt, den ich suchte, aber seinen Sohn und erhielt von ihm ein Augenwasser, von welchem er entschiedene Wirkung erwartete. Zum Glück blieb diese Wirkung nicht aus; mit dem Beginn des Frühlings bemerkte ich, daß die Stärke meiner Augen zunahm, die Lichtscheu sich verminderte. Ich konnte schon etwas längere Zeit mit meinen Lieblingen, auf die ich die Kraft meiner eigenen Augen ausschließlich zu verwenden pflegte: mit dem Wackernagelschen Lesebuch und Dantes lyrischen Gedichten in der Ausgabe von Förster mich beschäftigen. Als ich im April mit besseren Hoffnungen und mit einiger Lebensfreude nach Bonn zurückkehrte, wurden die Vorlesungen mit froherer Stimmung angenommen, Perthes' deutsche Rechtsgeschichte und besonders Walters Kirchenrecht zogen mich lebhaft an. Ich wohnte damals auf dem Münsterplatz bei der Witwe eines Gerichtsvollziehers Büchler, die Kaufmannsche Haushaltung war aufgelöst. Alexander war als Archivrat in den Dienst des Fürsten von Löwenstein-Wertheim getreten, die Schwestern dem jüngeren Bruder, der als kommissarischer Landrat nach Zell berufen war, an die Mosel gefolgt. Nach dem Schluß des Semesters konnte ich dort einen Besuch abstatten. Niemals werde ich eine Wanderung vergessen, die mich von Brodenbach durch die Waldungen des Hunsrück wieder an den Rhein führte.

Zu Hause traf ich meine Eltern auf dem Lande; sie waren zu Anfang des Sommers nach dreivierteljähriger Abwesenheit aus Italien zurückgekehrt und noch ganz erfüllt von Erinnerungen, denen meine Mutter mit unvergleichlicher Lebendigkeit Ausdruck zu geben wußte. Eines Nachmittags trat ganz unerwartet der nicht mehr junge David Hansemann mit seiner jüngsten

Tochter Sophie in den Garten. Er hatte sich in Münster nach der Lage des Gutes erkundigt und nach der Beschreibung und Befragung einiger Begegnenden selbst zu Fuß den anderthalb Stunden langen Weg durch das Land gesucht. Ein anderes Mal führte uns Miquel zwei Italiener zu, einen jungen Herzog, ich meine von Terranuova, und seinen Begleiter, einen italienischen Offizier, Niccolino Inghirami, denselben, der später als Adjutant des Großherzogs von Toscana an der Seite seines Fürsten in Livorno ermordet wurde. Er war ein Verwandter der Familie Grabau, auf deren Landgut bei Lucca meine Eltern ein Jahr zuvor überaus freundliche Aufnahme gefunden hatten. Am Tage darauf, als ich die beiden Herren in den Friedenssaal und zu anderen Sehenswürdigkeiten unserer Vaterstadt begleitete, konnte ich zum ersten Male aus dem Munde von Italienern die Wortlaute ihrer Sprache vernehmen.

Ein neues Semester kam heran. Das Richtige wäre gewesen, jetzt, da meine Augen sich gebessert hatten, auch zu dem alten Plan zurückzukehren. Die juristischen Studien hätten ihren Wert für mich behalten als nützliches Mittel der Geistesschärfung und als Ergänzung meiner geschichtlichen Studien. Beide Wissenschaften gehören zusammen. Die juristische Entwicklung bildet, könnte man sagen, den festen Knochenbau, welchen der Historiker dann mit Fleisch und Blut bekleidet und mit lebendigen Zügen ausstattet. Niemals habe ich bereut, beide Wissenschaften miteinander vereinigt zu haben; ich bedaure nur, daß ich derjenigen, die doch in meiner Anlage und Neigung überwog, nicht auch in meiner äußeren Lebensstellung den Vorrang gab. Aber zu dem Entschluß, die Fakultät so bald aufs neue zu wechseln, fehlte mir der Mut oder die Rücksichtslosigkeit. Denn das langwierige Augenleiden war auf meinen Charakter nicht ohne Einfluß geblieben. In beständiger Sorge, durch eine kleine Vernachlässigung eine Verschlimmerung herbeizuführen, nur gar zu oft in dem, was ich mir vorgenommen hatte, durch jene unzuverlässigen Begleiter gehindert, verlor ich mehr und mehr die Gewohnhiet, ja sogar die Fähigkeit eines raschen, festen unabänderlichen Beschlusses, die mir in meinem früheren Alter sogar in vorzüglichem Maße eigen gewesen war. Mehr und mehr mußte ich mich bequemen, sogar wichtige Entscheidungen von den Verhältnissen des Augenblicks abhängen zu lassen, was mir denn vielfachen Schaden gebracht und nicht selten die besten Freuden und Erfolge verkümmert hat.

Ich entschloß mich also, meine juristischen Studien zu beendigen, und zwar in Berlin. Daß ich den Weg für eine akademische Tätigkeit einzuschlagen hätte, stand bei mir von jeher fest. Eine praktische, amtliche Tätigkeit, ein langes Verweilen in stark geheizten, ungünstig oder durch künstliches Licht erhellten Zimmern wäre schon durch meinen Gesundheitszustand unmöglich geworden, und ich darf es als eine günstige Fügung betrachten, daß gerade die Laufbahn, welche durch mein körperliches Befinden mir vorgeschrieben wurde, einzig und allein meinen Neigungen entsprach. Daraus darf man aber nicht schließen, ich sei krank oder schwächlich gewesen; als Fußgänger, Schwimmer und Bergsteiger war ich unermüdlich. Das Augenübel und vielleicht eine der Ursachen, heftige Kongestionen nach dem Kopfe, waren die Plagen meines Lebens. Im übrigen war ich bis an das 70. Jahr mit nur zwei Ausnahmen von eigentlichen Krankheiten frei; allerdings kein Ersatz für die Nachteile der eben angedeuteten andauernden Leiden.

Im Oktober 1850 trat ich die Reise nach Berlin an. In Magdeburg stieg ein Herr in den Wagen 2. Klasse, in dem ich bald unsern alten Freund David Hansemann erkannte. Der einfache, freundliche Mann hieß mich willkommen und gab dem jungen Studenten noch allerlei Anweisungen, die sich durchaus als nützlich bewährten.

Gleich am ersten Tage fühlte ich mich in der Hauptstadt wohl, und die Vorliebe für Berlin hat mich niemals verlassen. Die Linden, das Schloß und die prächtigen Gebäude in seiner Umgebung, ein erster Blick in die Kunstsammlungen: alles das machte einen großen Eindruck auf mich. Die weiten Alleen des Tiergartens befreiten von dem Gefühl der Enge, das man inmitten einer großen Stadt empfinden würde. Auch das Klima schien mir längst nicht so ungünstig, als man mich hatte fürchten lassen. Dazu kam eine Fülle der wertvollsten und angenehmsten Verbindungen. Der Hansemannsche Kreis gehörte sicher zu den interessantesten Berlins. Die nahen Beziehungen sowohl meines Vaters wie meiner Mutter zu der Familie bewirkten, daß man mich sogleich beinahe wie ein Kind des Hauses aufnahm. Für die Sonntage war ich ein für allemal zu Tisch geladen. Der kluge, welterfahrene Hausherr, die Hausfrau, einfach, bescheiden, gewissermaßen sich in beschränktem Kreise haltend, aber von Gemahl und Kindern nicht weniger verehrt und geliebt, die vier Töchter, jede in ihrer Art bedeutend, die älteste, Berta, die Lieblingsschülerin Schindlers, als er in Aachen Musikdirektor war, mit außergewöhnlichem Talent für Musik begabt, — alle belebt von Wohlwollen und dem Wunsche, auch für andere das Leben freundlich zu gestalten, — bildeten einen höchst anziehenden Familienkreis. Die Söhne, wenn ich mich recht erinnere, waren auswärts beschäftigt, nur dem ältesten, dem Chef der Diskontogesellschaft, bin ich später näher getreten. Dem Grimmschen Hause war ich durch die Bekanntschaft mit Simrock empfohlen. Als ich zum erstenmal der Frau Grimm einen Besuch machen wollte, wurde ich von der alten, halb tauben Magd als Bürgermeister Schmidt (aus Bremen) angemeldet, und als nun statt des hochverehrten, stattlichen Mannes ein sehr jugendlich aussehendes Bürschlein erschien, gab diese Verwechslung sogleich zu heiteren Scherzen Veranlassung, die die Befangenheit eines ersten Auftretens leicht verscheuchten. Dafür hätte aber auch die liebenswürdige Freundlichkeit der Frau Grimm hingereicht. Nicht leicht konnte etwas wohltuender wirken als das Benehmen dieser gütigen, dabei feinen und geistig bedeutenden Frau. Der Hausherr Wilhelm entsprach vollkommen dem Bilde, das man sich von dem Verfasser seiner Schriften machen muß. Jakob wurde wie ein höheres Wesen verehrt. Ich konnte damals nur selten ein Wort an ihn richten, rechnete es mir aber zur großen Ehre an, daß er mich bei einer Begegnung im Tiergarten anredete und eine Weile mit sich gehen ließ. Daß ich auch dem Herausgeber der Monumenta Germaniae, Georg Pertz, mich vorstellen durfte, verdankte ich meinem Vater. Als einen Freund des Freiherrn vom Stein hatte ihn Pertz öfters zu Rate gezogen und seinen Briefwechsel mit dem Minister in der Biographie, wie bereits erwähnt, zum Abdruck gebracht.

Neben denen, die ich nannte, gab es in Berlin noch einen Kreis westfälischer Familien, meistens der höheren Beamtenwelt angehörig, durch Stellung und heimatliche Beziehungen miteinander verbunden. Ich nenne nur die Namen: Zurmühlen, Aulike, Brüggemann, Ulrich. Ganz heimisch fühlte ich mich bald im Zurmühlenschen Hause. Der Bruder des Hausherrn, Martin von und Zurmühlen in Münster, war mit meiner Familie seit langem eng befreundet; schon als Kind hatte ich einmal eine kleine Reise mit ihm gemacht. Der ältere Bruder bekleidete in Berlin eine der ersten Stellen im Justizministerium, war auch eine Zeitlang Vertreter des Hausministers; ein großes Bild des Königs hing in seinem Staatszimmer; er hatte sich mit einer Tochter des bekannten Staatsrats Schmedding vermählt, einer der durch Charakter und geistige Bildung hervorragendsten Frauen, denen ich begegnet bin. Niemals werde ich das Gute und Freundliche vergessen, das mir von ihrer Seite zuteil wurde. Sie war die achte Tochter ihres Vaters, durchaus von seinen religiösen und kirchenpolitischen Ansichten erfüllt, hatte eine halbwegs gelehrte Bildung erhalten, las mit lebhaftem Interesse die großen Dichterwerke und liebte es, auch in kleinen Gedichten ihren Empfindungen Ausdruck zu geben. Ich durfte sie bald als eine mütterliche Freundin ansehen; wenn nicht im Hansemannschen Hause fand ich Sonntags an ihrem Tische einen Platz, und an all meinen Angelegenheiten nahm sie freundlichen Anteil. Damals stand sie etwa in der Mitte der 40er Jahre; bis zu ihrem Tode ist unser Verhältnis nicht erkaltet; es befestigte sich noch dadurch, daß 1861 ihr einziger Bruder mit meiner jüngsten Schwester sich verheiratete.

Die Vorlesungen der Universität machte ich mir eigentlich nicht in dem Maße zunutze, wie es hätte geschehen sollen. Von juristischen Vorlesungen hörte ich regelmäßig nur zwei: Zivilprozeß bei Gneist und Völkerrecht bei Heffter, legte aber zu Hause für mich, ich konnte sagen, die Grundlage meiner juristischen

Bildung. Ich hatte, wie man aus dem Früheren ersehen hat, über römisches Recht niemals eine vollständige Vorlesung gehört, besaß auch kein Kollegienheft. Jetzt stellte ich mir aus den Institutionen, den Pandekten und den Vorlesungen Georg Friedrich Puchtas, des unübertrefflichen Romanisten, einen Auszug zusammen; es war eine mühevolle Arbeit, die mich mehrere Monate, ich glaube bis in den April 1851, beschäftigte. „O, wie was ich fro, do ich sprach: Finito libro" schrieb ich in das Buch, das mich so lange festgehalten, angezogen und gequält hatte. Immer hat aber diese Arbeit die Lücken, die ich nur zu sehr erkannt, ausgefüllt, und noch in späteren Jahren ist sie mir zustatten gekommen. So wenig auch gerade das römische Recht meinen eigentlichen Neigungen entgegenkam, so machte doch die Schärfe der Begriffe, die Konsequenz der Gedanken, die Fähigkeit, alle rechtlichen Beziehungen des menschlichen Lebens in logischen Zusammenhang zu bringen, auf mich großen Eindruck. Welch ein Volk, das aus seinem eigenen Wesen diese Riesenaufgabe löste! Als Bildungsmittel hat das römische Recht für den Juristen dieselbe Bedeutung, wie die klassischen Sprachen für den Philologen. Jeder, dem es um Schärfe des juristischen Sinnes zu tun ist, muß aus dieser Quelle schöpfen. Sollte infolge der Einführung unseres Bürgerlichen Gesetzbuches das Studium des römischen Rechts in Deutschland, wie es beinahe den Anschein hat, in Abnahme geraten, so würde man die Folgen bald genug empfinden und die juristische Bildung bald in ähnlicher Weise wie die humanistische der Gymnasien im Niedergange sehen. Aus der juristischen führte mich mein Weg noch immer zuzeiten in die philosophische Fakultät. Wilhelm Grimm, der als Akademiker auch an der Universität Vorlesungen hielt, hörte ich Konrad von Würzburgs „goldene Schmiede" erklären; bei Wilhelm Wattenbach, den ich im Grimmschen Hause kennen lernte, eine Vorlesung über deutsche Geschichtsquellen, aus der sein berühmtes Buch erwachsen ist. Wagen sprach über neuere französische Malerei so lebendig, daß mir noch heute manches mit seinen eigenen Worten in der Erinnerung geblieben ist. Einige Male saß ich auch zu den Füßen Leopold v. Rankes. Oft schwer verständlich brachen die einzelnen Satzteile hervor, von lebhaften Bewegungen der Hände und des Kopfes begleitet. Eindruckslos war dieser Vortrag gewiß nicht, aber noch weniger könnte man ihn als Muster hinstellen.

Als nach dem langen Winter der Frühling kam, zeigte mir die Umgebung Berlins Reize, wie ich sie nicht erwartet hatte. Potsdam mit seiner Fülle von Wald und Wasser, Charlottenburg, der Grunewald und der im jungen Grün erblühende Tiergarten lohnten reichlich jeden Ausflug. Der unmittelbar anstoßende Park von Bellevue gewährte zudem den Vorteil, daß man ihn, unbegreiflich genug, beinah zu jeder Tageszeit ganz einsam fand und sich wie auf eigenem Boden fühlen konnte. Oft zog ich schon am Morgen hinaus mit meinen Büchern und so viel Mundvorrat, daß er bis zu meinem Mittagsmahl in später Stunde ausreichte. Auch in den Kunstsammlungen des alten Museums war ich jetzt heimisch geworden. Zu damaliger Zeit noch wenig reich, boten sie doch den Vorteil, daß sie aus jeder Schule, von jedem Meister ein, wenn auch nicht immer bedeutendes Werk enthielten, also für ein Studium der Malerei sich vorzüglich eigneten. Ich suchte mich in der Weise zu unterrichten, daß ich in Kuglers Geschichte der Malerei und einigen ähnlichen Büchern nach der Zeitfolge die einzelnen Abschnitte genau las, und dann in der Galerie das, was über Schulen, Meister und einzelne Bilder gesagt war, durch eine Nachprüfung mir deutlich machte. Auch was die Raczynskische Sammlung von neueren Bildern enthielt, blieb nicht unbesichtigt, wenn es mich auch nicht wie die alten Bilder fesselte.

Nach dem Schlusse des Semesters wurde der Plan zur Ausführung gebracht, einen alten, verehrten Freund meiner Eltern, den Domprobst Ritter in Breslau zu besuchen. Ritter war als Professor der Theologie in Bonn mit dem Kaufmannschen Hause in nächste Verbindung getreten. Meine Mutter war schon als Kind sein besonderer Liebling; er hatte sie auch meinem Vater angetraut und schon einige Male in Münster besucht. Der alte Herr nahm mich in seiner stattlichen Kurie auf der Dominsel mit väterlicher Freundschaft auf, und es war interessant genug, ihn von den Zuständen Schlesiens und der großen Diözese Breslau reden zu hören, die er während der langen Sedisvakanz von 1840—43 nach der Resignation des Fürstbischofs Sedlnitzky mit so großer Tatkraft verwaltet hatte. Auch mit einigen Professoren der Universität wurde ich bekannt, und es kam der Plan zur Sprache, daß ich in Breslau promovieren und später auch die akademische Laufbahn einschlagen sollte.

Vorerst unternahm ich mit einem jungen Bonner, den ich in Breslau traf, eine längere Fußreise. Über Hirschberg und den Kynast kamen wir an den Fuß, weiter durch herrliche Waldungen auf die Höhe der Schneekoppe, wo kurz unter dem Gipfel der alte Rübezahl einige respektwidrige Redensarten mit einem wolkenbruchartigen Ungewitter bestrafte. Am anderen Morgen ging es bei wieder heiterem Himmel an den Quellen der Elbe vorbei nach Böhmen hinab. Sprache, Aussehen und Benehmen der Bewohner in den czechischen Bezirken ließen sogleich den gewaltigen Abstand von der deutschen Nationalität empfinden. Als man uns gegen Abend in einem kleinen Orte überreden wollte, dort zu übernachten, war es nicht bloß das wenig Einladende des Nachtquartiers, das uns in der Dunkelheit noch weiter wandern ließ. Ein Postwagen brachte uns, ich denke von Gitschin nach Prag. Der Hradschin, der Dom, die zahlreichen Paläste, besonders eine Halle in dem vormals Wallensteinschen Palast erregten meine Bewunderung. Ein Empfehlungsschreiben, das uns Ritter an den Kardinal Schwarzenberg mitgegeben hatte, konnte nicht überreicht werden, da der Kardinal nicht anwesend war, hatte aber um so größere Wirkung auf der Polizeibehörde. Ich hatte aus dem Stegreif den für meine finanziellen Verhältnisse gar nicht passenden Plan gefaßt, einen Vorstoß nach Wien zu machen. Als ich diesen auf der Polizeibehörde kundgab, wurde ich sehr barsch nach meinen Legitimationspapieren gefragt, und erst als ich den offenen Empfehlungsbrief vorzeigte, waren alle Schwierigkeiten geebnet und man erkundigte sich mit wohlwollender Teilnahme, was ich in Prag noch vornehmen und wann ich dem Kardinal mich vorstellen werde. Das Wiener Projekt kam aber nicht zur Ausführung; ich wurde von der damals in Prag herrschenden Cholerine angefallen, die meinen Gefährten zum schleunigen Abzug bewog, und auch mich nach eintägigem Unwohlsein so weitgehende Reisepläne aufgeben ließ. Eine Entschädigung boten die Schätze der Dresdener Galerie, die Brühlsche Terrasse, und was die Stadt an der Elbe noch außerdem Prächtiges und Anmutiges darbietet. Mit einem beträchtlichen Erwerb an Kenntnissen, Anschauungen und Erfahrungen langte ich nach einjähriger Abwesenheit in Münster wieder an.

Mein akademischer Unterricht war, wie man gesehen hat, bisher sehr lückenhaft gewesen, so daß ich das Wenige, was ich wußte, beinahe ausschließlich häuslichem Fleiße verdankte. Gleichwohl dachte ich schon an die Doktorprüfung. Es trat aber ein Anerbieten dazwischen, das ich, wenn es mich auch vom geraden Wege ableitete, doch für meine ganze Entwicklung als höchst bedeutsam, und ich setze hinzu als segensreich, betrachten darf.

---

4. Kapitel.

Italienische Reise. Aufenthalt in Berlin und Breslau. Promotion am 17. August 1853. Aufenthalt in Paris vom Oktober 1853 bis Juni 1854. Aufenthalt in Berlin. Habilitation in Bonn August 1855.

Ich muß hier meines Bruders Wilhelm gedenken. Selten ist mir ein Mensch begegnet, der in seiner Persönlichkeit so viel, ich sage nicht dominierendes, aber gewinnendes gehabt hätte, teils infolge seines hellen Verstandes, seines freien, anmutigen Benehmens, teils, und ganz besonders durch das Wohlwollen für andere, die Neigung, ihnen nützlich zu sein und ihren Bedrängnissen abzuhelfen. Er war der Liebling meines Vaters wie seiner jüngeren Geschwister; und es war stets ein Fest, wenn er von Bremen, wo er sich dem Kaufmannsstande widmete, nach Hause zurückkehrte. Neun Jahre älter als ich, war er mir stets der freundlichste Bruder. Im Frühjahr 1849 nahm er an meinem Augenleiden herzlichen Anteil und sann nun auf Mittel, mich aus meiner gedrückten Stimmung wieder zu einer heiteren Lebensauffassung zurückzuführen. Er hatte damals in dem großen Handelshause Pescatore in Paris schon eine bedeutende Stellung erlangt, hatte insbesondere die Verträge über große Tabaklieferungen mit den italienischen Regierungen abzuschließen und brachte infolgedessen einen großen Teil des Jahres in Italien zu. Er vornehmlich hatte 1849 meine Eltern zur Reise über die Alpen bewogen. Jetzt, wo er sie in Paris erwartete, lud er mich ein, sie zu begleiten und dann zugleich mit ihm einen längeren Aufenthalt in Italien zu nehmen. Daß eine solche Reise für mich unsäglichen Reiz haben mußte, begreift jeder, der den Gang meiner Entwicklung verfolgt hat. Sie stimmte auch zu dem Plane, das Kirchenrecht als Grundlage für eine akademische Tätigkeit zu wählen, und war besonders aus diesem Gesichtspunkte meinem Vater nicht unwillkommen. Die wenigen Wochen, die mir in der Heimat noch blieben, wurden eifrig benutzt, mich mit den wichtigsten Werken über Italien bekannt zu machen. Goethes „Italienische Reise", Reumonts „Römische Briefe von einem Florentiner" und das vor kurzem erschienene Buch von Adolf Stahr „Ein Jahr in Italien" kamen selten aus meiner Hand. Am 24. September folgte ich meinen Eltern, die schon einige Zeit früher mit unserem Freunde Caravacchi abgereist waren, nach Paris.

Die Stadt hatte sich von den Leiden des Revolutionsjahres erholt. Wohin man blickte, glaubte man neuen Mut, Fortschritt, rege Tätigkeit zu erkennen. Die Pracht der Gebäude, der Reichtum der Sammlungen übertraf bei weitem alles, was mir bisher vor Augen gekommen war. Unablässig war ich bemüht, zuerst in Begleitung meiner Eltern, und nach ihrer Rückreise allein, von dem Übermaß der Schätze mir Kenntnis zu verschaffen. Erwähnen will ich nur, daß ich auf der Nationalbibliothek auch den Manessischen Kodex der deutschen Minnesänger mir geben ließ, ich weiß nicht, ob nur aus innerem Antrieb, oder durch eine Reminiszenz aus Heines Schriften dazu veranlaßt. Die herrliche Umgebung, die Schlösser von Versailles, St. Cloud und St. Germain steigerten meine Bewunderung, und sie erreichte den höchsten Punkt, als ich den letzten Tag meiner Anwesenheit in Fontainebleau verlebte, wo die Künste im Verein mit der Natur und der Macht historischer Erinnerungen ein Ganzes geschaffen haben, das nicht leicht seinesgleichen findet. Mein Bruder wurde am 5. Oktober durch seine Geschäfte nach Italien gerufen. Die Bahn führte uns in der Nacht nach Chalons, und das Dampfschiff am Morgen die Saone hinab nach Lyon. Auf dem Observatorium, am rechten Saone-Ufer, erfreute mich die schöne Lage der Stadt, die an Prag erinnert, und der weite Blick in das südliche Land und östlich bis zu den Alpen. Auffallend war mir, daß die zweite Hauptstadt Frankreichs an historischen Erinnerungen und an Schätzen der Kunst so überaus wenig aufzuweisen hatte. Um so anmutiger zeigten sich am anderen Morgen, als wir die Rhone hinabfuhren, am Ufer des Flusses die zahlreichen uralten Städte mit ihren Mauern und Zinnen. Nachmittags tauchten die mächtigen Türme von Avignon auf, während der Fluß ruhig und breit wie der Spiegel eines Sees vor uns lag. Gerade in diesem Augenblick wechselte der Wind, die Luft wurde milde, und es war, als ob ein Hauch uns auf einmal aus dem Norden in den Süden versetzte. Ich mußte an die Inseln der Sirenen denken. An diese vielverheißenden gefährlichen Wesen konnten auch die Gepäckträger erinnern, die am Landungsplatz ihren Beistand anboten und sich mit einer Roheit ohnegleichen über das Gepäck herstürzten, sobald es in ihren Bereich gekommen war. Es kostete Mühe, von diesen Gesellen sich loszumachen, um die Stunden des Aufenthaltes zu einer Wanderung durch die Stadt zu benutzen. Enge Straßen mit hohen, altertümlichen Häusern führten auf die Höhe zu dem Schloß der Päpste, das mächtig und trotzig über alles emporragt, mehr groß als großartig, ein massiges Gebäude ohne Plan und Zusammenhang. Die Streiter der Kirche haben jetzt den Soldaten der Republik Platz gemacht. Die letzten Erinnerungen an die päpstliche Zeit waren vor drei Jahren zerstört, dagegen hatte der Dom die Spuren vieler Jahrhunderte bewahrt. Am späten Abend gelangten wir nach Marseille. Meinen Wünschen ganz entsprechend traf es sich, daß auf dem nächsten Dampfschiff nach Genua kein Platz mehr frei war. So blieb ein Tag für Marseille, und wir mußten den Weg zu Land auf einer französischen Diligence fortsetzen. Die Provence prangte beim herrlichsten Wetter noch im Schmucke des Herbstes. Es war gerade die Zeit der Traubenlese. Fort und fort begegneten uns Wagen mit Trauben beladen. In den Weinbergen war man beschäftigt, die köstliche Frucht zu schneiden; ganze Haufen lagen auf den Feldern aufgeschichtet. Am Wege kauften wir Trauben, groß und wohlschmeckend wie die des gelobten Landes, und von der Imperiale, d. h. dem Verdeck der Diligence, schauten wir vergnügt in die herrlich lachende Landschaft. Ein unerwartetes Ereignis unterbrach unsere heitere Stimmung. Seitwärts von einem Hügel fuhr ein Wagen uns entgegen, mit Fässern voll Trauben beladen; in einem hockte ein kleines Mädchen. Die Pferde wurden scheu, liefen querfeldein, und schreiend rollte das Kind mit seinem Faße vom Wagen herunter. Wir fürchteten eine schwere Verletzung. Aber sogleich stieg aus dem Innern des Wagens eine barmherzige Schwester, die mit uns Marseille verlassen hatte, verband und beruhigte die Kleine und übergab sie den nacheilenden Eltern. Als ich in Cannes am nächsten Morgen die Augen aufschlug, sah ich durch die schattigen Alleen das Meer, über dem der Morgen sich rötete. Eine Stunde von Cannes bezeichnet ein Stein die Stelle, an der Napoleon, von Elba kommend, den französischen Boden wieder betrat. Der Weg wurde immer anmutiger, bald führte er im Schatten dichter Oliven, bald am Strande des Meeres dahin, und, was die Hauptsache, er brachte uns Italien näher. In wenigen Stunden hatten wir die Grenze überschritten und Nizza, die damals noch italienische Stadt, erreicht. Mit klopfendem Herzen war ich über die Brücke des Grenzflusses gegangen. Man blickt im Leben auf einzelne Momente der Begeisterung zurück, die sich niemals wiederholen. Gern möchte ich von den Gefühlen, die mich damals beseelten, einiges diesen Zeilen einhauchen. Der Morgen — der des 10. Oktobers — war unvergleichlich. Alles, was man aus Mignons Liede kennt, schien sich zu unserem Empfange zu vereinigen. In der Stadt hatte die Sonne eine solche Kraft, daß sie uns während der Mittagszeit zu Hause hielt. Nachmittags nach einem Spaziergange über die Terrasse am Meere stieg ich den Berg hinan, der nahe der Stadt schroff und steil nicht weit vom Strande sich erhebt; von dem Gipfel hatte einst eine Burg die Gegend beherrscht. Ich setzte mich auf die Trümmer einer alten Mauer und konnte mich lange nicht trennen von der wunderbar schönen Aussicht, die zuerst allen Zauber einer italienischen Landschaft vor mir ausbreitete. Trotz der vorgerückten Jahreszeit war die Luft warm wie im Sommer und doch mild wie im Frühling. Alles um mich her grünte und blühte; die Vögel sangen, und zahllose Schmetterlinge wiegten sich auf dem blumigen Rasen und auf den blühenden Rosenbüschen, die von den dunklen Zypressen sich anmutig abhoben. Vor mir, am Fuße des Berges, dehnte das Meer seine tiefblaue Fläche weiter und immer weiter, bis sie mit dem wolkenlosen Blau des Himmels sich vereinigte. Wandte ich den Blick zur andern Seite, so traf er Nizza, umgeben von Gärten und Olivenwäldern, während Berge, bis hoch hinauf mit Reben bepflanzt, die Landschaft abschlossen. Als ich wieder hinabstieg, sank die Sonne jetzt so schnell, daß wenige Minuten den wunderbarsten Farbenwechsel vor mir vorüberführten. Aber kaum war ich unten angelangt, als schon der Mond über den Bergen hervorstieg, das weite Tal mit seinem Licht erfüllte und endlich in den Wellen sein Antlitz spiegelte.

Man gelangt jetzt mit der Bahn in wenigen Stunden von Nizza nach Genua. Damals waren wir auf die Diligence und die große Straße la Corniche, das Werk Napoleons, angewiesen. Kein Nachteil für den Reisenden, der nicht zur Eile gedrängt wird. In der Höhe von 2—3000 Fuß ist der Weg in die Felsen eingehauen, die sich zur Rechten schroff in das Meer hinabsenken und zur Linken noch hoch emporsteigen. Von Zeit zu Zeit zeigt sich der schneebedeckte Gipfel des Col di Tenda, und aus den Seitentälern bricht die Macht der südlichen Vegetation hervor. In mannigfaltigen Bildern zogen die Städte der Riviera di Ponente an unserem Auge vorüber. Bei Nacht lud der Vollmond, taghell Meer und Gebirge überglänzend, zu einer längeren Wanderung neben dem Wagen ein.

Der nächste Tag war Genua gewidmet. Der folgende Mond fand mich mit meinem Bruder auf dem Verdeck der Ville de Marseille, die uns in der Nacht nach Livorno führte. Die größten italienischen Städte haben meistens gleichzeitig sich unter den Schutz der Musen und des Merkur gestellt. Livorno, die jüngste, hat ausschließlich den tätigen und klugen Gott zum Vorbild genommen.

Unser erster Besuch galt dem Herrn von Grabau, einem angesehenen Handelsherrn und hannoverschen Konsul. Seit einer Reihe von Jahren stand mein Bruder mit ihm in geschäftlicher und zugleich so freundschaftlicher Verbindung, daß er beinahe als Mitglied der Familie betrachtet wurde, in die er einige Jahre später wirklich eintrat. Auf dem Landsitz Palmata oder Sanssouci hatten meine Eltern vor zwei Jahren die freundlichste Aufnahme gefunden. Wir trafen Herrn von Grabau nicht zu Hause, er verweilte mit seiner Familie in Sanssouci. Am Nachmittag begleitete Wilhelm mich nach Florenz, und ich konnte noch im Halbdunkel die gewaltigen Umrisse des Doms, die zierlichen des Baptisteriums und des Campanile bewundern. Vier Tage trank ich dann in vollen Zügen aus dem unerschöpflichen Born italienischer Kunst, von der ich in Genua einen Vorgeschmack erhalten hatte. Wo sollte ich enden, wollte ich anfangen, das einzelne zu schildern, was mächtig und anmutig, rührend und erhebend mein Herz bewegte. Ein Glück, daß meine kunstgeschichtlichen Studien in Berlin mich einigermaßen vorbereitet hatten, so daß ich die Malerschulen und die namhaften Meister in Zusammenhang und richtige Folge bringen konnte. Aber wie vieles, das ich nur geahnt und unklar mir vorgestellt hatte, trat jetzt mit voller Anschaulichkeit vor mein Auge! Ich hatte ein Gefühl, als ob neue Organe die Fähigkeit, das Neue aufzunehmen, mir erleichterten. Die schönste Ergänzung der Florentinischen Fülle bildete ein Tag in Pisa, wo ich mit meinem Bruder zusammentraf, um dann mit ihm einer Einladung auf das Landgut des Herrn von Grabau zu folgen.

Hatte die Kunst in Florenz mir so überreiche Gaben zugewendet, so trat jetzt nicht weniger freigebig die Natur an ihre Stelle. Das Landgut, das uns aufnahm, war ungefähr zwei Stunden von Lucca auf einer Anhöhe gelegen, in einer Gegend, die man als den Garten des Gartens von Italien bezeichnet. Welch ein Anblick erwartete mich, als ich am nächsten Morgen ans Fenster und ins Freie trat! Weithin überblickte ich das Tal des Serchio, herrlich bebaut, mit Schlössern, Villen und Dörfern belebt, umsäumt von den feinen Linien nicht zu ferner Gebirge. Und welche Pracht der Vegetation in den Gärten!

An Bäumen und Spalieren die edelgeformte Zitrone und die Feige, in geschützter Lage auch die Orange, unerschöpflich die Fülle der Rosen und anderer Blumen, von deren Wohlgerüchen die Luft geschwängert war. Unvergleichlich war der Eindruck. Erhöht wurde er noch durch die Liebenswürdigkeit unserer Gastfreunde: der Vater, das Muster eines tatkräftigen und ehrenfesten deutschen Mannes, die Mutter, die er in Hamburg kennen gelernt hatte, mit deutschem Wesen vertraut, aber doch mit aller Feinheit und Liebenswürdigkeit der Italienerinnen begabt, aus dem alten Geschlecht der Inghirami, das schon im 16. Jahrhundert einen durch Raphaels Hand verewigten Redner und Dichter, im 18. Jahrhundert zwei ausgezeichnete Gelehrte zu seinen Mitgliedern zählte, zwei anmutige Töchter, die mich stets an Uhlands Sonett „Die zwei Jungfrauen auf dem Hügel" erinnerten, und zwei Söhne, von denen der eine nur durch einen vorzeitigen Tod einer glänzenden Zukunft entrissen wurde; der andere, der die Familie fortsetzte, hatte vor kurzem mit ganz Italien den Tod seines an der Somaliküste gefallenen Sohnes zu betrauern. Wanderungen in die Umgebung — auch die von Heine nicht zu hoch gerühmten Bäder von Lucca lernte ich kennen — enthüllten immer neue Reize. Wie gern möchte man solche Tage fort und fort verlängern! Aber Rom, das eigentliche Ziel der Reise, mahnte und lockte zu gleicher Zeit. Am Nachmittag des 25. Oktober begleitete mich mein Bruder an das Dampfschiff, das mich von Livorno in der Nacht nach Civita vecchia führte.

Es war ein sehr schöner Morgen; das Meer lag glatt wie ein Spiegel, aus dessen blauem Schoße ein leiser Wind nur einige sanfte, hellgefärbte Wellen hervorhob; vom Lande klangen die Glocken zur Feier des Sonntags uns entgegen. Bald waren wir am Lande, doch kostete es Mühe, mit Lastträgern, Lohndienern und Polizeibeamten fertig zu werden. Endlich um 11 Uhr saß ich in der Diligence, die mich in 8 Stunden nach Rom bringen sollte. Der Weg führte zuerst am Strande des Meeres hin, das wir bald zur Rechten ließen, während vor uns und zur Linken sich die ernste, braune Campagna ausdehnte. Überall herrschte Stille und Einsamkeit, kein Mensch, nur von Zeit zu Zeit ein Haus und einige Büffel, die den Schatten eines einzelstehenden Baumes suchten. Leider saß ich eingeklemmt mitten im Wagen, hatte sehr von Staub und Hitze zu leiden, und so verlor die Fahrt viel von dem Angenehmen, das sie hätte haben können. Denn der Ausblick aus dem Wagen zeigte mir eine Gegend von ernster Großartigkeit. Es folgten einige kleine Ortschaften. Gegen 6 Uhr an einem Halteplatz zeigte man mir in der Ferne einige dunkle Punkte: das sei Rom. Aber ich fuhr mit einem Gefühl von Beklemmung und fast Bangigkeit, wie es uns zuweilen ergreift, wenn wir etwas großes, nach dem wir lange gestrebt haben, endlich vor uns sehen. Es wich erst, als wir auf dem Steinpflaster der Stadt dahinrollten und ein

Blick aus dem Fenster die riesenhaften Umrisse von St. Peter vor mir sich erheben und ebenso schnell wieder verschwinden ließ. In den Straßen war alles hell und voll Menschen, die singend von den Vergnügungen des Sonntags heimkehrten. Im Hotel d'Angleterre nahm ich Wohnung. Nach dem Abendessen trieb es mich noch einmal aus dem Hause. Vom Spanischen Platz stieg ich die breiten Stufen der Spanischen Treppe hinauf, und beim Lichte der Sterne blickte ich zum ersten Male auf die Kuppeln und Türme und das Häusermeer der ewigen Stadt. Schon die Morgendämmerung fand mich wieder im Freien. Mit wachsender Freude verlor ich mich in dem Gewirr der Straßen, die oft eng und unscheinbar mich dann plötzlich vor einem Palast, einer Kirche, einer Fontäne stillstehen ließen, die jeder Hauptstadt zur Zierde gereicht hätten. Ich kann es mir nicht zum Lohne anrechnen, daß ich in den nächsten drei Tagen, ich möchte sagen mit Heißhunger in die neue Welt, die sich mir öffnete, mich hineinstürzte, keinen der bedeutendsten Punkte, keines der größten Kunstwerke unbesucht ließ und durch die Häufung der Eindrücke den späteren ruhigen Genuß vorwegnahm. Peterskirche und Petersplatz; der Vatikan und seine Galerien; Kapitol, Forum und Lateran; Säulen und Obelisken — gewaltige, unvergeßliche Eindrücke! Kaum wage ich die Namen zu nennen; denn noch jetzt ergreift mich ein Gefühl, als müßte ich bei jedem einen Dithyrambus anstimmen. Aber mein Feuereifer erhielt eine Rechtfertigung; denn bald nachher begann eine Regenzeit, für drei Wochen nur selten durch einen heiteren Tag oder heitere Stunden unterbrochen. Auf der Piazza Navona hätten die alten Seegefechte wiederhergestellt werden können; Kohlköpfe und anderes Gemüse schwammen lustig umher. Selbst der Spanische Platz wäre unter Wasser gesetzt worden, hätte am 11. November der Regen noch sechs Stunden mit gleicher Stärke angehalten. So blieb denn noch Zeit genug zum Nachdenken, wie die kommenden Monate sich am besten verwenden ließen.

Von den Zuständen, von dem Aussehen Roms in jener Zeit macht sich schwerlich einen Begriff, wer die Stadt nur in den letzten Jahrzehnten gesehen hat. Rom war wieder die geistliche, päpstliche Hauptstadt geworden. Die französische Besatzung trat wenig hervor; auf den wenig belebten Straßen bemerkte man eine unverhältnismäßig große Zahl geistlicher Hüte und Gewänder; was die Aufmerksamkeit erregte, war meistens die Karosse eines Kardinals mit den beiden Bedienten auf dem rückseitigen Trittbrett. Von den Einrichtungen des modernen Verkehrs war kaum ein Anfang vorhanden. Die Fremdenwelt war nicht eben zahlreich, aber nicht bloß durch die Zahl von der heutigen unterschieden. Jetzt, wo eine Romfahrt nicht eben hohe Kosten verursacht, wird die Mehrzahl der Fremden in Rom wie anderswo durch gewöhnliche Neugierde und Schaulust angezogen; damals hatte der Besuch Roms einigen Aufwand von Zeit und Geld zur Voraussetzung. Meistens begegnete man in dem Fremden einem Mann, den wissenschaftliche oder künstlerische Aufgaben oder ein tiefergehendes Verständnis nach Rom gezogen hatten. Auch im Winter von 1851 fanden sich namhafte Fremde ein. Aber ich suchte zunächst keine Gelegenheit, ihnen näher zu treten.

Meine Eltern hatten bei ihrem Aufenthalt in Rom einen Kreis von Freunden und Bekannten um sich versammelt, in welchem ich sogleich heimisch wurde. Drei Münsterländer befanden sich darunter: der Buchhändler Spitthoever, der Bildhauer Achtermann, der Kaplan Bangen. Spitthoever war als einfacher Buchbinder nach Rom gekommen, hatte es aber durch Fleiß, Tätigkeit und die Unterstützung einflußreicher Gönner dahin gebracht, daß er neben dem prächtigen Palazzo di Spagna am Spanischen Platz eine Buchhandlung einrichten konnte, welche damals einzig in Rom den Ansprüchen des deutschen literarischen Verkehrs einigermaßen gewachsen war. Man weiß, welche Bedeutung diese Buchhandlung später gewonnen hat; günstige Verhältnisse machten den Besitzer zum reichen Manne, der bei seinem Tode seine Vaterstadt mit einer wohltätigen Stiftung im Werte von einer Million Mark bedenken konnte. In seinem geräumigen Buchladen pflegten, wie es in Italien Sitte ist, in den Abendstunden Gleichgesinnte sich einzustellen, meistens katholische Künstler. So der alte Landschaftsmaler von Rhoden aus Kassel nebst seinem Sohne, der sächsische Agent Ernst Platner, früher Maler, später aber Kunstschriftsteller und Hauptverfasser der berühmten, von ihm in Verbindung mit Bunsen herausgegebenen Beschreibung Roms, Wilhelm Achtermann, von dem noch zu reden ist und ein liebenswürdiger Maler schweizerischen Ursprungs, Widmer. Zuweilen zeigte sich auch Overbeck; er lebte sehr zurückgezogen in engster Verbindung mit der Familie des Malers Hoffmann. Frau Hoffmann sorgte in der Tat mit musterhaftem Eifer für seine häuslichen Bedürfnisse, suchte nur gar zu sehr die Bedeutung und Verdienstlichkeit ihrer Sorge ins Licht zu stellen.

Gleich nach meiner Ankunft hatte ich den Geheimrat Clemens August Alertz aufgesucht. Für viele meiner Leser wird er kein Unbekannter sein; Gregorovius hatte ihm gleich nach seinem Tode am 10. November 1866 in seinen „Kleinen Schriften" Bd. III, (Leipzig, Brockhaus 1887), ein schönes Denkmal gesetzt. Durch eine glückliche Operation war seine Stellung begründet. Der junge Aachener Arzt hatte den preußischen General Lepel 1836 von einem hartnäckigen Polypen in der Nase befreit. Lepel kam bald nachher als Adjutant des kranken Prinzen Heinrich nach Rom; er erzählte Gregor XVI., der von demselben Übel befallen war, von der glücklichen Operation. Alertz wurde nach Rom berufen, und als sich seine Geschicklichkeit auch hier bewährte, Leibarzt des Papstes. Auch zu der preußischen Gesandtschaft stand er als Geheimer Medizinalrat in offizieller Beziehung. Zahlreiche fürstliche Personen, u. a. Prinz Heinrich von Preußen, hatten seiner ärztlichen Kunst sich anvertraut. Im Winter 1849 hatte er meinen Vater während einer ernsten Krankheit behandelt und war dabei der Freund meiner Eltern geworden. Einen Sohn hätte er denn auch kaum freundlicher empfangen können als mich. Noch an dem Tage, an dem ich ihn kennen lernte, führte er mich zu einer ihm und meinen Eltern nahe befreundeten Dame, Frau M. E. v. Schwartz, und in ihr lernte ich eine der merkwürdigsten und zugleich anziehendsten Persönlichkeiten des römischen Kreises kennen. Tochter eines hamburgischen Kaufmanns, namens Brandt, der nach England übergesiedelt war, früh, aber nicht glücklich verheiratet, von dem Manne geschieden, dann verwitwet, im Besitze reicher Mittel, hatte sie sich in Rom niedergelassen. Ihre geistige Regsamkeit, die Liebenswürdigkeit und Anmut ihres Wesens, vor allem ihre Herzensgüte und stete Bereitwilligkeit, andern zu helfen, hatten ihr zahlreiche Freunde erworben. Schon das erste Zusammentreffen brachte mich ihr nahe; sie blieb mir durch eine Freundschaft verbunden, die während einer fast fünfzigjährigen Dauer bis zu ihrem Tode nur Erfreuliches gezeitigt und niemals den Schatten einer Trübung erfahren hat. Gleich hier will ich erwähnen, daß Alertz mich auch zu dem hannoverschen Ministerresidenten Kestner führte, dem Sohn der Lotte Buff, die durch Goethes Werther unsterblich geworden ist. Ich habe Kestner öfters gesehen, er war ein feiner, freundlicher, gesprächiger Herr, der es liebte, von seinen Eltern, nicht weniger von dem vortrefflichen Vater wie der liebenswürdigen Mutter zu erzählen; mehr als einmal bedauerte er, daß Rücksichten auf seine Familie ihn abhielten, den Briefwechsel zwischen Goethe und seinem Vater, von welchem manches in den Werther übergegangen ist, zu veröffentlichen. Einzelne Briefe, von denen er mir Kenntnis gab, mußten allerdings den lebhaften Wunsch erwecken, den gesamten Briefwechsel veröffentlicht zu sehen, ein Wunsch, der in Erfüllung ging.

Als Alertz später hörte, daß ich mit dem Quartier, das ich in der Via della Croce genommen hatte, nicht sehr zufrieden sei, war er freundlich genug, mich in seine eigene Wohnung einzuladen. Das Haus lag auf der Höhe der Via Gregoriana Nr. 13 Eine Tafel an der Treppe bezeichnete den Tag, an welchem Gregor XVI. hier den Erzbischof Clemens August von Köln durch einen Besuch geehrt hatte. Aus den Fenstern hatte man den weitesten Überblick über die Stadt. Anfang Dezember zog ich ein und hauste dann mit ihm und einem alten Diener in einer Reihe von Zimmern, die zum Teil als Museum für Büsten, Säulen, Vasen und andere Kunstgegenstände eingerichtet waren; er war ein leidenschaftlicher, zuweilen wenig berechnender Sammler. Kein geringer Vorteil für mich war die an geschichtlichen und kunstgeschichtlichen Werken sehr zahlreiche Bibliothek, war mir vor allem der tägliche Umgang mit dem liebenswürdigen, kenntnisreichen, mit der Kurie und der Gesellschaft auf das genaueste bekannten Mann. Ein Pastellbild, das mir von Frau v. Schwartz geschenkt wurde, — jetzt im Besitze der Stadt Aachen —, zeigt ihn als jüngeren Mann von seltener Schönheit. Als ich ihn kennen lernte, litt unter einer zunehmenden Körperfülle die Leichtigkeit seiner Bewegungen, vielleicht auch seiner Ausdrucksweise, und oftmals konnte man den raschen Wechsel seiner Entschlüsse bemerken. So hatte er mir einmal nicht ohne Anwandlung von Unmut auseinandergesetzt, er wolle jetzt mit dem Übermaß seiner ihm lästigen Sammlungen völlig aufräumen. Als ich aber aus seiner Wohnung an die Haustür gelangte, begegneten mir vier handfeste Träger, im Begriff, einen gewaltigen Torso hinaufzutragen, den der Geheimrat Aertz kurz vorher erstanden hatte.

Mit anderen Kreisen brachte mich der Kaplan Johann Heinrich Bangen in Berührung. Er war vom Bischof von Münster nach Rom geschickt, um sich mit dem für Fremde nicht immer leicht verständlichen Geschäftsgange der römischen Behörden bekannt zu machen, und arbeitete eben an seinem Werke „Über die römische Kurie", das noch heute unentbehrlich ist. Mit seinem Kollegen, dem Kaplan Rolfs, versah er den Gottesdienst an dem uralten deutschen Institut Campo Santo in der Nähe des Petersplatzes. Sein Wohlwollen, sein festes Auftreten, sein ruhiges und reifes Urteil verschafften ihm Freunde und Verehrer, wo er sich zeigte. Hätte nicht ein früher Tod seiner Laufbahn ein Ziel gesetzt, er wäre gewiß geworden, was ihm ein befreundeter Künstler prophezeite, als er auf einem Gemälde einem deutschen Bischofe die treuherzigen, echt westfälischen Züge seines Antlitzes verlieh. Bangen führte mich zum Pater Augustin Theiner, der damals auf der Höhe seines schriftstellerischen Ruhmes und bei Pius IX. in hoher Gnade stand. Sehr zuvorkommend lud er mich ein, ihn auf der Villa des Oratoriums auf dem Monte Mario zu besuchen. Bald darauf, am 10. November, dem ersten heiteren Tag in jener langen Regenzeit, ging ich in Begleitung eines jungen italienischen Bekannten zu ihm hinaus. Wir trafen ihn mit den Kaplänen Rolfs und Bangen. Die Villa, welche herrliche Aussichten gewährte, wurde durchwandert. Kaum waren wir in das Haus zurückgekehrt, als das Läuten in einer benachbarten Kirche die Annäherung Pius' IX. verkündete. Theiner meinte, der Papst würde vielleicht, wie es wohl vorgekommen war, in der Villa absteigen. Dies geschah aber nicht. Der Papst ging an uns vorüber, indem er uns den Segen erteilte, und nur Bangen, zum Zeichen, daß er ihn kannte, das freundliche Wort „Campo Santo" hinzufügte. Noch immer war er ein schöner, kräftiger Mann, obgleich die letzten Jahre sein Haar gebleicht hatten. Bekleidet war er mit einem langen, weiten Rock von weißer Seide und einem roten Hut. Zu beiden Seiten gingen zwei Camerieri in violetten Mänteln, vor ihm zwei

Offiziere der Nobelgarde. Es folgten einige Geistliche, Nobelgarden, Lakaien und zwei prachtvolle vierspännige Kutschen. Den deutschen Gelehrten auf dem Kapitol, dem Mitarbeiter der Monumenta Germaniae, Dr. Bethmann, auch dem Direktor des deutschen archäologischen Instituts, Professor Hentzen, war ich schon durch meine Berliner Verbindungen empfohlen. Hentzen machte mich dann mit dem Schwager seiner Frau, dem Bildhauer Steinhauser, bekannt. Einer meiner deutschen Freunde brachte mich mit einem jungen Dichter, dem Fürsten Giovanni Torlonia, in Verbindung. Dies hatte zur Folge, daß ich auch dem Herzog von Gaetani vorgestellt wurde. Bekanntlich galt er für einen der geistreichsten und trotz seiner Blindheit gelehrtesten Männer Roms; besonders als Dantekenner wurde er gerühmt. Begeisterte Freunde des Dichters pflegte er in bestimmten Zeiträumen um sich zu versammeln, öfters durch einen Vortrag zu erfreuen, und ich durfte es als besondere Ehre betrachten, daß ich zu seiner Akademie zugezogen wurde. Man sieht, so mannigfache Anknüpfungspunkte boten reichliche Gelegenheit für die Erweiterung meiner Kenntnisse. Aber mein Wunsch, eine schriftliche Arbeit für die Doktorprüfung zustandezubringen, erfüllte sich nicht; die Schwierigkeiten waren zu groß. Der Besuch der öffentlichen Bibliothek war auf wenige Stunden des Tages beschränkt und die Erlaubnis schwer zu erhalten; kein Buch wurde ausgeliehen. Ich mußte mir sagen, daß ich zu einem lohnenden Ergebnis nicht gelangen würde und entschloß mich, wenngleich nicht ohne Bedenken, vor allem die Vorteile zu benutzen, die mir, wenn nicht für mein Fachstudium, doch für die Ausbildung und Entwicklung meiner ganzen Persönlichkeit so reichlich geboten wurden. Vorerst wünschte ich der italienischen Sprache mächtig zu werden. In den ersten Wochen las ich täglich zwei Gesänge des Ariost. Weiter wurde Dante, Tasso und Macchiavelli vorgenommen und im Umgang sowie im schriftlichen Verkehr die mir so liebe Sprache zur Anwendung gebracht. Kein fremdes Idiom habe ich denn auch neben meiner Muttersprache in solchem Maße mir angeeignet; mit Vergnügen bemerkte ich, daß man mich nach meiner Ausdrucksweise nicht selten zu den Landeskindern zählte. Der Aufenthalt in einer Stadt, die die größten geschichtlichen Erinnerungen der Welt in sich vereinigte, regte natürlich geschichtliche Studien an; Tacitus, Sueton, die Autoren der Zeit des Augustus, die Geschichte der Kirche und Italiens bis in das spätere Mittelalter beschäftigte mich mehrere Monate. Dabei wurde auch die neuere deutsche Literatur, die man der „Bibliothek der Deutschen" entleihen konnte, nicht übergangen. Mit Entzücken las ich vor allem Goethes Prosawerke, und ich muß es als etwas mir selbst auffälliges bemerken, daß mir die volle Empfindung für den Wohllaut Goethescher Prosa erst jetzt in Rom aufging. Je länger der Aufenthalt in Italien dauerte, um so mehr überzeugte ich mich auch von der Zuverlässigkeit der „Italienischen

Reise", von der treffenden Zeichnung, nicht bloß der Natur und der Kunstwerke, sondern auch des italienischen Volkscharakters. Auch im Angesichte des Geschilderten behält Goethes Schilderung ihre Kraft, während das Werk von Stahr, das mich in Deutschland entzückt hatte, mir jetzt zuweilen matt und unzureichend erschien. Die Quellen, auf die sich Stahr beruft, erwiesen sich mitunter als wenig zuverlässig: so bezeichnete Steinhäuser einmal eine scharfe Verurteilung der römischen Zustände, die Stahr hochstehenden Persönlichkeiten verdanken will, als ein Geschwätz seiner Handlanger. Wahr ist aber, daß meine eigenen Beobachtungen und was ich von unparteiischen Personen über die politischen Zustände Roms und des Kirchenstaates erfuhr, nichts weniger als eine günstige Meinung erweckten. Der Papst, der sich zuerst in der Rolle eines nationalen Freiheitsspenders gefiel, hatte sich nach den bitteren Erfahrungen der Revolutionsjahre ganz auf die entgegengesetzte Seite gewendet. Französische Bajonette hielten die Ruhe aufrecht; jede geistige Regsamkeit, die dem herrschenden System widersprach, wurde gehindert oder unterdrückt. Die beiden jungen Italiener, mit denen ich verkehrte, gaben denn auch oft genug ihrem Mißvergnügen Ausdruck.

Erfreulicher wirkte stets ein Blick auf die Kunst und das künstlerische Leben, mit denen mich die zahlreichen Besuche der Kirchen und Galerien und die Künstler, denen ich näher stand, in Verbindung hielten. Was mich persönlich am nächsten anging, war Achtermann und seine Kreuzabnahme. Der Künstler, als Bauernbursche in der Nähe von Münster aufgewachsen, hatte erst im Alter von beinahe 30 Jahren als Tischler durch feine und zierliche Schnitzarbeiten die Aufmerksamkeit auf sich gezogen. Einige Jahre später, als sein hervorragendes Talent entdeckt wurde, kam er nach Berlin unter die Leitung Schadows und Rauchs. Wohlwollende Gönner suchten die Mängel seiner Bildung zu ergänzen; der Staatsrat Schmedding selbst gab ihm noch in den Elementarfächern Unterricht. Im Jahre 1841 kam er, ich denke zugleich mit seinem Freunde Spitthoever, nach Rom, um dort seine künstlerische Ausbildung zu vollenden. Hindernisse und Entbehrungen, die nur ein eiserner Wille überwinden konnten, standen ihm bevor, allein er behauptete sich. Einige gelungene Werke, besonders ein Heiland am Kreuz für den Herzog von Arenberg, machte ihn in weiteren Kreisen bekannt, und sein Ruf war begründet, als die schöne Pietà im Dom zu Münster den Namen des Künstlers seinen Landsleuten teuer machte. Er erhielt nun den großen Auftrag der Kreuzabnahme und widmete sich mit unermüdlichem Eifer dieser höchsten Aufgabe seiner künstlerischen Befähigung.

Achtermann war seit mehreren Jahren mit meinem Bruder befreundet; im Winter 1849 hatte er eine Büste meines Vaters und dann meiner Mutter ausgeführt; die erstere nicht übel gelungen, die andere so sehr mißglückt, daß der Entwurf nicht zur Ausführung kam. Denn sein Talent war beschränkt. Seine jugendliche Phantasie hatte sich, soweit ich mir es erkläre, aus den Heiligenbildern seiner Heimat erwärmt und belebt; was außerhalb dieses Kreises lag, war ihm ein Fremdes, dem er nur mit einer Art von Widerstreben und ohne inneren Drang sich nähern konnte. Die Kreuzabnahme hatte er dagegen, als ich nach Rom kam, schon beträchtlich und über Erwarten rasch gefördert. Nichts Geringes hatte er sich vorgesetzt. Auf keiner der mir bekannten Marmorgruppen waren mehr als vier Figuren vereinigt; Achtermann hatte den Mut, eine fünfte hinzuzufügen. Es läßt sich denken, wie sehr die Zahl der Linien, welche aufeinander wirken und in ein künstlerisches Verhältnis gesetzt werden mußten, sich dadurch vermehrte; auch war es selbst für das Auge eines Laien unverkennbar, wieviel noch an der Vollendung des Werkes fehlte. Niemand war davon mehr durchdrungen als Achtermann; er besserte unaufhörlich, zog Bedenken, die andere äußerten, gerne in Erwägung, unangenehm wurde ihm nur, wenn ungeduldige Mahnungen aus der Heimat, wenn sogar von Gönnern und Förderern des Werkes Andeutungen eintrafen, daß es gar zu viele Zeit in Anspruch nehme. Auch ein Brief meines Vaters gab einmal von einer solchen Stimmung Nachricht. Gegen solche Zumutungen kam ich dem Künstler, so gut ich eben konnte, zu Hilfe; eingehend setzte ich meinem Vater auseinander, wie unablässig Achtermann mit seinem Werke beschäftigt sei, wie er lohnende Aufträge ausgeschlagen habe, um seiner Hauptaufgabe nicht untreu zu werden. Weiter nannte ich die großen Verbesserungen der letzten Zeit, wie insbesondere die früher gedrückte, steife und ausdruckslose Figur des Apostels Johannes jetzt dem Werke zur Zierde gereiche. Zuletzt berief ich mich auf die Worte in Goethes Tasso, daß, wenn die Nachwelt mitgenießen solle, des Künstlers Mitwelt sich vergessen müsse. Ein Aufsatz in den Kölnischen Blättern brachte diese Gedanken für einen größeren Leserkreis, ich darf hoffen, nicht ganz vergebens zum Ausdruck. Achtermann selbst setzte mir oft, und ich denke mit vollem Recht, auseinander, er könne unmöglich die Ausführung in Marmor eher beginnen lassen, bis das Gipsmodell in allen Einzelheiten fertig sei. Thorwaldsen mit seinem feststehenden antiken Stile habe vieles den Arbeitern überlassen und der guten Ausführung sich versichert halten können. Bei ihm sei es anders; die Marmorarbeiter seien an seinen Stil nicht gewöhnt; wenn er alles nicht selbst fertig mache, würde er später zu großen Veränderungen gezwungen sein, die begreiflich in Marmor unendlich mehr Zeit und Mühe als jetzt in Ton erfordern würden. Es hat dann freilich noch einer Reihe von Jahren bedurft, bis das Modell vollendet und der für die Größe des Werkes ausreichende Marmorblock in Carrara gefunden war. Transport zu Lande war unmöglich. Erst 1858 konnte das Werk verladen und an der Küste von Holland ausgeschifft werden. Achtermann selbst hatte sich dahin begeben, um es zu empfangen. Er war Gast meines Schwagers Karl Wilde in Amsterdam, der ihn denn auch an den Landungsplatz begleitete. Mein Schwager hat mir oft erzählt von der Aufregung, mit welcher der Künstler der schwierigen Ausladung beiwohnte; bleich, sprachlos, preßte er krampfhaft den Arm seines Begleiters, als der ungeheure Block von Kranen aufgehoben in der Luft schwebte. Alles lief glücklich ab und das Kunstwerk hat, wenn auch Ausstellungen nicht ausblieben, seine Anerkennung gefunden und den Namen seines Schöpfers verewigt.

Er war auch im übrigen kein gewöhnlicher Mensch, dieser Achtermann. Öfters, wenn die mächtige Gestalt mit dem Kopf, der an Michelangelo erinnerte, die spanische Treppe hinaufstieg, bemerkte ich, wie aller Augen sich unwillkürlich auf ihn richteten. Hatte er einmal einen Gedanken oder einen Plan ernstlich, vielleicht eigensinnig erfaßt, so war es nicht leicht, ihn davon abzubringen. Gleichwohl mochte er nicht gerne ohne eine fremde Zustimmung etwas von einiger Wichtigkeit vornehmen; er half sich dann dadurch, daß er so lange von einem zum andern ging, bis er den Ratgeber fand, der ihm riet, was er eben wünschte. Sonderbar und linkisch wie sein Benehmen war auch seine Ausdrucksweise, besonders, wenn es sich um kleine Herzensangelegenheiten handelte, die ihn, den Fünfziger, häufiger bewegten, als man hätte erwarten sollen. Mir war es immer eine Freude, mit ihm zu verkehren, vor allem von den Fortschritten und Verbesserungen mir Rechenschaft zu geben, die ich unter der Hand des Künstlers entstehen sah.

Wenigstens einmal kam ich auch mit der Diplomatie und einer höheren Behörde in Berührung. Mein Bruder Leopold, der sich als Kaufmann in New York niedergelassen hatte, wünschte das Konsulat für den Kirchenstaat zu erhalten, was freilich erst errichtet werden mußte. Die Entscheidung hing vom Staatssekretär, Kardinal Antonelli ab, und ich mußte wünschen, ihm das Ansuchen meines Bruders vortragen zu dürfen. Dazu war aber eine Empfehlung notwendig. Ich wandte mich an den deutschen Geheimkämmerer des Papstes, den Monsignore und später so viel genannten Kardinal Hohenlohe. Er empfing mich mit großer Freundlichkeit in seiner Wohnung im Vatikan und versprach, mir eine Audienz bei Antonelli zu erwirken. Hohenlohe, ein junger Mann mit blondem Haar, blassem, feinem Gesicht, war schon damals in Rom öfters Gegenstand des Gesprächs; man nannte ihn „un uomo santo", wollte aber von seiner geistigen Befähigung nicht viel wissen. Mir wurde sie auch im Gespräch mit ihm nicht erwiesen. So erzählte er mit der ernsthaftesten Überzeugung, einer der für die Kanonisation in Frage kommenden vier neuen Heiligen habe einen Menschen, der von einer Räuberbande in vier Stücke gehauen war, zusammengelegt und durch sein Gebet wieder zum

Leben erweckt. Am 24. März erhielt ich dann die Aufforderung, dem Kardinal mich vorzustellen. Als ich aber zu der festgesetzten Stunde, um 11 Uhr, im Vatikan mich meldete, wurde ich auf 1 Uhr bestellt. Um 1 Uhr hieß es, der Staatssekretär befinde sich in der Kongregation der Kardinäle und sei erst abends 6 Uhr zu sprechen. Um den weiten Weg in die Stadt nicht zurückzumachen, begab ich mich in die mir besonders liebe Villa Pamfili, wo der Anblick des herrlich heranblühenden Frühlings den seit 8 Uhr Nüchternen entzückte, freilich aber nicht sättigte. Ich hoffte, im Vatikan um 6 Uhr bald zum Ziel zu gelangen, aber nun kamen ein französischer und italienischer Kardinal, der Polizeipräsident, Monsignoren und Prälaten, und ich wartete, bis ich um 10¾ Uhr zur Audienz zugelassen wurde. Als ich in dem eiskalten Zimmer meinen Frack enger und enger um den Leib zusammenzog, mußte ich mich lebhaft eines bei dem früheren kgl. preußischen Militär verrufenen Instituts, des sogenannten Schmachtriemens, erinnern. Der Kardinal, ein feiner, schmächtiger Herr, mit einem überaus klugen Gesicht, nahm das Ansuchen freundlich auf und ließ eine günstige Erledigung hoffen, wenn die von dem Erzbischof Hughes von New York einzuholenden Erkundigungen günstig lauteten. Ich mußte dann noch ein schriftliches Gesuch einreichen. Einen Erfolg, wie meine mit brüderlicher Liebe ertragene Hungerkur ihn wohl verdient hätte, hat die ganze Verhandlung aber doch nicht gehabt.

Schneller als erwartet und erwünscht ging der Winter zu Ende. Meine Tagesordnung war meistens die gewesen, daß ich den Morgen und einen Teil des Nachmittags zur Arbeit benützte, alsdann Kirchen, Paläste und Museen besuchte. Der Auszug des Platnerschen Buches[1]) von Urlichs diente mir dabei als Führer, und der alte Herr bemerkte zuweilen lächelnd, ich wisse genauer als er selbst, was in seinem Buche stehe. Mit Hilfe eines Vorlesers kehrte ich am Abend wieder zur Arbeit zurück, wenn ich nicht einer Einladung folgte. Es versteht sich, daß ich den Eindruck der hohen Kirchenfeste um Weihnachten und Ostern, des Festes am Tage der hlg. drei Könige mir nicht entgehen ließ. Ich konnte die Schilderung Mortimers, die aus Schillers Maria Stuart jedem in der Erinnerung geblieben ist, nicht übertrieben finden, nur das Gefühl nicht unterdrücken, daß es sich bei dem Übermaß der Zeremonien beinahe mehr um Heroendienst als um Gottesdienst handele. Der Karneval bot wenig anziehendes. Die Römer zogen sich zurück; Masken waren verboten; bunte Röcke wurden beinahe nur von Soldaten, Gendarmen und Gesindel getragen. Immer war es lohnend, von dem Pferderennen und dem Abschiedsgruß

[1]) Gemeint ist die „Beschreibung der Stadt Rom", die 1829—43 in drei Bänden in Stuttgart erschienen war. Ernst Platner lebte damals in Rom, wo er 1855 starb.

der Moccoli [1]) einen Eindruck zu gewinnen. Als der Frühling kam und die Tage länger wurden, dehnten sich auch meine Wanderungen in die Umgebung der Stadt und in die Campagna weiter aus. Im Winter war die meiner Wohnung gegenüberliegende Villa Medici mit ihren immergrünen Taxus- und Lorbeerhecken mir eine rechte Augenweide gewesen; im Frühling habe ich manchen Tag in der herrlichen Villa Pamfili verbracht. Monte Mario, die Via Appia, die Grotte der Egeria und das Tal des Anio zogen mich immer aufs neue an; eine fünftägige Wanderung führte mich in oder eigentlich um die Campagna. An einem schönen Morgen war ich in der Frühe ohne rechten Plan vor die Porta San Sebastiano gegangen und traf einen Wagen, der mich nach Albano führte. Hier in der herrlichen Umgebung erwachte erst die rechte Wanderlust; der folgende Tag führte mich nach Ariccia, Genzano, am Nemi See vorbei nach Frascati; der dritte zuerst auf die Höhen des Monte Cavo und nach Tusculum, dann auf Berge und Waldwegen über Camaldoli nach Palästrina. Die südliche Wärme hielt mich nicht ab, tags darauf über das steinige Gebirge den Weg nach Tivoli zu nehmen, wo dann die herrliche Umgebung Erfrischung und Erholung bot, bis ich am fünften Tage von der Villa Hadrians den Weg nach Rom einschlug. Welche Überfülle neuer herrlicher Eindrücke! Lebendig, als wären sie mir gestern zu teil geworden, stehen sie noch heute vor meiner Seele. In Rom machte man mir Vorwürfe, daß ich unvorsichtig, meistens ohne Führer auf den einsamen Wegen mich der Gefahr einer Begegnung mit Hunden und Banditen ausgesetzt habe. Es war mir aber niemand begegnet als ein alter Bauer, der mich vergebens um eine Prise Schnupftabak anging. Mit den Eingesessenen war ich immer vortrefflich ausgekommen; jetzt wie auf der ganzen Reise hatte ich sie mit wenigen Ausnahmen von einer freundlichen, liebenswürdigen Seite kennen gelernt, und oft ärgerten mich die Schimpfreden von Fremden, die, ohne Kenntnis der Sprache und der Sitten nach Italien kommend, in jedem Italiener mit törichtem Vorurteil einen Lügner und Spitzbuben vor sich zu sehen glaubten und ihn darnach behandelten, wo dann die Erwiderung begreiflicherweise nicht der freundlichsten Art war.

Meine Wanderung in der Campagna fiel in die Mitte des Mai nicht lange vor dem Ende meines römischen Aufenthalts. Wenn ich auf die vergangenen sieben Monate zurückblickte, konnte ich mir nicht verhehlen, daß sie für ein juristisches Fachstudium eifriger sich hätten benutzen lassen. Aber was hätte mir den Umschwung und den Aufschwung ersetzen können, der in meinem Innern sich vollzogen hatte! Ich hatte wohl im Scherz behauptet, man könne die Menschen darnach einteilen, ob sie in Rom gewesen seien oder

[1]) Vgl. darüber die lebendige Beschreibung Goethes während seines zweiten Aufenthalts in Rom.

nicht. An mir selbst hatte sich die Behauptung bewährt. Ich war in Rom ein anderer geworden. Die trüben Nachwirkungen des langen Augenleidens waren erst jetzt geschwunden, mein Gesichtskreis hatte sich erweitert, meine Fähigkeiten schienen mir gesteigert, mit neuem Mut, mit frischen Hoffnungen blickte ich wieder in das Leben.

Ende Mai kam mein Bruder Wilhelm nach Rom; ich sollte ihn nach Neapel begleiten. Der Schmerz der Trennung mußte überwunden werden, und ich dachte damals nicht, daß ein Trunk aus der Fontana Trevi, der das Wiedersehen verbürgte, erst nach 43 Jahren sich bewähren würde. Am 29. Mai, 11 Uhr morgens, bestiegen wir die Diligence; die anmutige Fahrt führte uns bei herrlichem Wetter über Albano, Genzano nachmittags nach Velletri. In Cisterna beim Mittagessen um 7 Uhr lernten wir unsere Mitreisenden kennen, einen Doktor mit seiner Frau und drei venetianische Geistliche, „due cristiani e tre preti", wie der boshafte Kondukteur sich ausdrückte. Jetzt ging es in die Niederung hinab, und weiter und weiter dehnten sich die Pontinischen Sümpfe vor uns aus gleich einer grünen, unabsehbaren Wüste. Eine Allee von hohen belaubten Bäumen führt mitten hindurch, zur Seite noch der alte von Horaz besungene Kanal. Der Mond glänzte durch die Zweige, die ganze Ebene lag im hellsten Licht, allmählich stiegen Nebel auf, unzählige Leuchtkäfer glühten im Grase, kein Laut ringsum! Ich hätte nicht an Schlaf gedacht, auch wenn die Besorgnis, ihn mit einem Fieber zu bezahlen, ihn nicht verboten hätte. In der Frühe des nächsten Morgens überschritten wir die Grenze. Auch die unverschämte Prellerei der Grenzbeamten kündigte an, daß wir in ein anderes Land gekommen seien. Immer südlicher und üppiger wurde jetzt die Vegetation; große Aloen wuchsen wild zu beiden Seiten der Straße, die Weinreben rankten sich bis über die Wipfel der Bäume; nichts ist malerischer als die Lage der kleinen Städte und Flecken, die wir teils durchfuhren, teils auf Anhöhen und Gebirgen von ferne erblickten. Nach kurzem Aufenthalt in Capua langten wir 6 Uhr abends in Neapel an. Welch ein Unterschied, aus der ernsten, ruhigen Hoheit Roms in das lärmende Gedränge, das wogende Leben Neapels versetzt zu werden! Der Lärm war noch gesteigert, weil man gerade den Geburtstag des Königs feierte. Und dazu die Pracht der Umgebung, der Blick auf den Golf, den Vesuv! Welch ein Anblick, wenn ich auf den Balkon meines Zimmers im Hotel Victoria an der Chiaja hinaustrat, wenn ich meinen Weg in den königlichen Garten am Strande des Meeres lenkte!

Mehr als 1½ Monate habe ich in Neapel oder in der Nähe des Golfes verlebt, und wenn ich nicht sagen kann, daß der Aufenthalt wie die Monate in Rom für mein Leben Epoche machte, so sammelte ich doch Eindrücke, die für immer unvergeßlich blieben. Eine große Annehmlichkeit waren die nahen Beziehungen meines Bruders zu der schweizerischen Familie Mörikoffer, die, schon seit der Mitte des 18. Jahrhunderts in Neapel ansässig, dort ein angesehenes Handelshaus gegründet hatte und auf ihrer schönen Besitzung in Capo di Monte eine ausgedehnte Gastlichkeit übte. Öfters begegnete man Generalen der Schweizertruppen, insbesondere dem General Muralt, der sich in Sizilien ausgezeichnet hatte. Nachdem ich in Rom so oft von dem Staatsstreich des 2. Dezember hatte reden hören, war es mir nicht wenig interessant, am 9. Juni die Führer der französischen Opposition, Thiers und den Präsidenten der aufgelösten Nationalversammlung Duvergier d'Hauranne mit seiner Frau dort zu treffen. Thiers, ein kleiner, wohlbeleibter Herr, mit kurzgeschnittenem Haar nnd sehr interessanter Physiognomie, wurde durchaus zum Mittelpunkt der Gesellschaft. Er war nicht ganz wohl. Nach dem Essen lehnte er in einer Sofaecke und schlief eine Weile, sprach aber dann viel, lebendig und geistvoll den Staatsstreich, sagte er, habe er lange vorausgesehen, aber die Nationalversammlung nicht überzeugen können. Die beiden liebenswürdigen Söhne des Hauses, Tell und Oskar, waren öfters Führer oder Begleiter auf unseren Ausflügen. Sie veranlaßten auch, um ihrem früheren Hauslehrer, Dr. Stephenson, eine Freude zu machen, einen Ausflug nach Benevent. Selbst diese kleine Ortsveränderung durften wir aber nicht ohne den ganzen Apparat polizeilicher Erlaubnis vornehmen, und ich mußte mir sogar gefallen lassen, in unserem Paß als „domestico" meines Bruders aufgeführt zu werden. Die Fahrt in das Innere des Landes, zu dem man ohne eine solche Veranlassung wohl schwerlich gelangt wäre, war freilich lohnend genug, und abgesehen von dem einzig schönen, vortrefflich erhaltenen Triumphbogen des Trajan war es zum Erstaunen, welche Menge von antiken und mittelalterlichen Kunstgegenständen in der kleinen Provinzialstadt sich erhalten hatte. Daß Capri, Puteoli, Bajä, Pompeji, Herculanum, und wie viele Orte könnte ich noch nennen, nicht unbesucht blieben, brauche ich nicht zu sagen. Die Besteigung des Vesuvs hätte ich beinahe teuer bezahlen müssen. Mit zwei Engländern, die mir schon öfters begegnet waren, hatte ich mich auf den Weg gemacht. Teils zu Pferde, teils zu Fuß gelangten wir an den letzten höchsten Aschenkegel. Dann, nicht ohne große Mühe durch Asche, Lavastücke und Steingerölle die steile Wand hinauf an den Rand des Kraters; er war weit umfangreicher. als ich mir vorgestellt hatte; man glaubte, in Dantes Hölle hinabzusehen. Qualm und Rauch stiegen empor, wurden aber durch den Windhauch von uns abgetrieben. Wir warfen Steine hinab; nach längeren Zwischenräumen hörten wir sie unten aufschlagen und ein Brausen folgen. Um den Krater herum gelangten wir dann auf die südöstliche Seite des Kegels. Hier senkte er sich ganz steil, als nackter Fels, nur dünn mit Asche bedeckt. Wir sahen auf Pompeji hinab, weiter auf Castellamare und tief in die Gebirge hinein. Die Dämmerung war inzwischen zur Nacht geworden, aber der Mond leuchtete taghell gerade über uns. Wir suchten den höchsten, dem Golf zugekehrten Gipfel zu erreichen. Plötzlich kam uns der Wind entgegen; der Rauch wurde stärker und uns gerade ins Gesicht getrieben. Ein Schnupftuch vorzuhalten half nichts; wir waren dem Ersticken nahe und mußten schleunig umkehren; ich strauchelte dabei und wäre, hätte mich der Führer nicht noch aufgefangen, fast den Abhang in die unabsehbare Tiefe hinabgerollt. Auf dem heißen Fußboden verbrannte ich mir die Hand. Meine Brille fand ich nachher mit Rost vom Schwefeldampf überzogen. Der Widerschein des Mondes auf dem Rauch, die schwarze Einöde, die uns umgab, der Gegensatz der dunklen und hellen Massen, der Qualm, die Hitze, alles trug dazu bei, den Eindruck des Grauens und Schauderns zu verstärken. Nach 9 Uhr traten wir den Rückweg an; durch die Asche hinabgleitend, standen wir bald wieder am Fuße des Kegels. Nach dem Eindruck des Schrecklichen wirkte die lieblichste Natur im Glanze des hellsten Mondes, die uns unten empfing, doppelt erfreulich. Nicht wenig verwunderte mich, daß ich in der Höhe des Sommers in Neapel beinahe gar nicht von der Hitze zu leiden hatte. In den frühen Morgenstunden war allerdings die Schwüle unerfreulich, aber zwischen 9 und 10 Uhr wurde sie durch eine kühle Brise vom Meere her gemildert, und ein Bad im Meere gab für den Tag eine angenehme Erfrischung.

Sorrent winkte aber so verlockend über den Golf hinüber, und eine Wanderung in seinen Orangenhainen und schattigen Straßen längs des Meeres war von so unbeschreiblichem Reiz, daß der Wunsch nach einer villegiatura sich nicht unterdrücken ließ. Mit Einwilligung meines Bruders nahm ich eine Wohnung zuerst in der Cucumella inmitten einer ausgedehnten Orangenpflanzung, dann in der Villa Nardi, wo der Blick weit aufs Meer hinab und weit über den Golf hinüberreichte. Den größten Teil des Tages verlebte ich in einer kleinen Halle im Garten. Als Gefährten hatte ich mir englische Dichter auserſehen, und mein Bruder betätigte die Würde seines um neun Jahre höheren Alters dadurch, daß er als Bildungsmittel die Briefe Lord Chesterfields an seinen Sohn hinzufügte. Zu einem Gegenbesuche in Neapel benutzte ich gern die Fischerbarke, die täglich zwischen Sorrent und der Hauptstadt hin und her fuhr. Meistens war sie mit Landleuten aus Sorrent besetzt, und was man vor Augen hatte, konnte allenfalls den Besuch eines Theaters ersetzen. So traf ich einmal den 91jährigen Pastor des Dorfes Massa, der Erscheinungen des hl. Antonius hatte. An seiner Seite saß der schönste Bauernbursch von Sorrent. Er schlief, wurde aber fort und fort von einem neben ihm sitzenden Mädchen mit einem Strohhalm ins Ohr gekitzelt und schlug dann, aus dem Schlafe auffahrend, auf einen Jungen los, der über die unverdienten Prügel unbändige Freude zeigte. Ein anderer war kaum eingeschlafen, als sein Nachbar ihm die heiße Zigarrenasche auf den nackten Fuß fallen ließ.

Wie er aufblickt, um zu erfahren, ob Zufall oder Absicht ihn verletzte, wie der andere den Blick aushielt, wie sich alles endlich in Freude und Lachen löste, hätte man gut auf einer Bühne darstellen können. Aberglaube, Wundergeschichten und Scherze ließen die Unterhaltung nie stocken und zeigten den Volkscharakter in der liebenswürdigsten Weise. Ein anderes Mal traf ich die Signora Batinelli, Witwe des Kommandanten von Cosenza, die Mutter von vier Soldaten, eine stattliche, noch wohl aussehende Dame. An ihrem Hochzeitstage hatte man sie in das Theater S. Carlo geführt. Hier hatte sie zum ersten Male den König Joachim Murat in seiner Heldenschönheit gesehen und einen unauslöschlichen Eindruck empfangen. Ihr Auge glänzte bei der Erinnerung. Dies war aber nicht der einzige Beweis, wie lebhaft sich das Andenken an den König Joachim erhalten hatte; in Pompeji hörte ich bald darauf zwei Invaliden mit Enthusiasmus von ihm reden. — Beinahe vier Wochen dauerte der beglückende Aufenthalt in Sorrent; nur einmal, in der Mitte des Juni, wurde er auf vier Tage unterbrochen. Die große Barke, die den Verkehr an der Küste vermittelte, trug mich um die Punta Campanella nach Amalfi; tags darauf folgte ich den Spuren Gregors VII. in Salerno. Das Ziel der Reise bildeten die Tempel von Pästum, der sybaritischen Rosenstadt. Jetzt erheben sie sich mit unbeschreiblicher Majestät in einer baumlosen, menschenleeren Ebene über halbsumpfigen Grasplätzen, die nur von Nattern bevölkert werden. Welche Namen, welche Erscheinungen drängen sich wieder in diese wenigen Tage zusammen! Aber wollte ich dabei verweilen, würde der einen Hälfte meiner Leser nichts neues, der anderen nichts ausreichendes gesagt.

Am 8. Juli sollte ich mit meinem Bruder den Rückweg von Neapel nach Livorno antreten. Die Vorbereitungen wurden getroffen, als mir in den Zeitungen eine Anzeige auffiel, welche zu einer Fahrt nach Palermo aufforderte, wo vom 11.—16. Juli das Fest der hl. Rosalia nicht bloß die Bewohner der Hauptstadt, sondern einen großen Teil der Insel versammeln würde. Ein eigenes Schiff, der „Polyphem", sollte die Teilnehmer aus Neapel rechtzeitig hin und zurückbefördern. Das Verlangen, in das noch wenig bekannte Land einen Blick zu werfen, so viel neue Eindrücke der Natur, der Kunst und eines bewegten Volkslebens zu erhalten, vielleicht auch der Drang, der den Nordländer nach Süden treibt, waren unwiderstehlich. Mein Bruder ließ mich ziehen, und am 9. Juli gegen Mittag setzte sich der „Polyphem", der mich nach Palermo führen sollte, in Bewegung. Nachmittags gegen 5 Uhr hatten wir Capri und Ischia bereits im Rücken; das Wetter war schön, ein frischer Wind bewegte die Wellen, und am Mittagstische konnten von einer zahlreichen Gesellschaft nur 8 Personen teilnehmen. Am anderen Morgen gegen 6 Uhr zeigten sich die liparischen Inseln Alicudi und Filicudi; einige Stunden später die Linien der sizilischen Gebirge, eigentümlich und malerisch, bald in sanftem Bogen sich hinziehend, bald spitz und vielgipflig sich hervorhebend, von Golfen mannigfach durchschnitten und zu Vorgebirgen ausgedehnt. Das Wetter war herrlich, das Meer spiegelglatt, und um 11 Uhr ankerten wir im Hafen von Palermo. Für ein zweistündiges Warten, das wir der Polizei verdankten, entschädigte der Blick auf den Golf, die Stadt und den Monte Pellegrino auf der rechten Seite des Hafens. Eine so trotzige Felsenmasse existiert vielleicht in Europa nicht zum zweitenmal; eigentlich ist es ein ganzes Gebirge mit vielen Gipfeln und Ecken, alle so scharf umrissen, als wären die Linien mit dem Lineal gezogen. Ein Gang durch die Stadt überzeugte mich dann, daß ich in ein neues Land versetzt sei. Die Vegetation, die Luft, die Menschen, die Wohnungen sind hier anders als in Italien; für manches, was dort fremdartig und unverständlich anmutet, findet man erst hier den Schlüssel, wo es natürlich ist. Die Stadt ist ebenso eigentümlich wie anziehend. Die vielen engen und winkligen Gassen, die flachen Dächer, die fast vor allen Fenstern sich hinziehenden Balkone verleihen ihr ein orientalisches Gepräge; die zahlreichen Reste umbrischer und normännischer Architektur, die sich weniger in ganzen Gebäuden, aber um so mehr in einzelnen Toren, Fenstern und Türen erhalten haben, versetzen dann wieder in die Zeiten des Mittelalters. Allem gab das kommende Fest, die herbeigezogene Menschenmenge, der festliche Schmuck der Straßen und Häuser eine eigentümliche Lebendigkeit und Bewegung, besonders auf dem Toledo, dem Corso mit seinen prächtigen Palästen, der die Stadt von Norden nach Süden durchzieht. Am anderen Morgen schon vor 5 Uhr war mein erstes Unternehmen auf die Erstürmung des Monte Pellegrino gerichtet. Denn wie eine Festung war er mir schon gestern erschienen, und dieser Eindruck verstärkte sich, je mehr ich heute mich ihm näherte. Man begreift, wie auf diesem starr und kahl emporsteigenden Felsen Hamilkar jahrelang sich gegen die Römer behaupten konnte. Das große Heiligtum des Berges ist die Grotte der hl. Rosalia, Nichte König Wilhelms des Guten (1166—1189); sie hatte sich in eine Grotte des Berges zurückgezogen. Ihr Leichnam, 1664 während einer schrecklichen Pest unversehrt wieder aufgefunden, setzte der Seuche ein Ziel. Seitdem ist sie wie der hl. Januarius für Neapel für Palermo die große Schutzheilige der Stadt. Ihr prächtiger Sarg in einer Kapelle des Doms zu Palermo wird nur an ihrem Feste dem Volke gezeigt; ihre Grotte auf dem Berge hat man in eine Kirche verwandelt, aber mit vielem Geschmack den Charakter der Grotte bewahrt. Eiserne Röhren sammeln das Wasser, das durch die Felsen herabsickert, und halten die Kirche trocken. Mit einem Führer stieg ich über Felsen und Steingeröll zum Telegraphen auf den Gipfel hinan. Hier übersieht man beinahe die ganze Nordküste der Insel; am äußersten Horizont zeigte man mir den Gipfel des Ätna.

Gegen Abend begab ich mich auf den Toledo, um den Anfang des Festes zu erwarten. Schon als ich aus meinem Wirtshaus, der Trinacria, mich vom Hafen in die Stadt begab, hatte mich am Tore der heilige Wagen der Gefeierten in Erstaunen gesetzt. Auf mächtigen Rädern ruhte zuunterst ein ungeheures, rot und grün bemaltes Schiff, von dessen Vorderteil die himmlischen Heerscharen, aus Pappe gebildet, die Völker von nah und fern zum Feste zusammenbliesen. Auf dem Verdeck baute sich in vier Stockwerken eine Art von chinesischem Tempel auf; aus dem obersten blühte eine ungeheure Rose aus Seide als Kuppel hervor. Sie trug die Statue der Heiligen, die, mit Rosen bekränzt, das Kreuz in der Linken, die Rechte segnend über die Stadt und ihre Bewohner ausstreckte. Alles dieses war noch mit Guirlanden, farbigem Papier und Blumen aufs bunteste verziert und aufgeputzt. Hinter der himmlischen Miliz hatte die irdische mit Pauken, Trompeten, Hörnern Platz genommen. Dreißig sizilianische Stiere, die zwei Fuß langen Hörner mit Blumenkränzen geschmückt, standen bereit, das Ungetüm durch die Straßen zu bewegen. Ungeduldig füllte die Menge den Toledo und erwartete das Zeichen zum Beginn. Endlich um 6 Uhr verkündeten Kanonen den Anfang des Festes. Die Garden des Vizekönigs mit roten Uniformen ritten voran; ihnen folgte der Wagen, der feierlich über den ganzen Toledo geführt wurde und auf der Piazza reale bis zum folgenden Abend das Ziel der Schaulustigen blieb. Ich verweilte noch lange auf dem Toledo, der, von Menschen jeden Standes erfüllt, den eigentümlichsten Anblick darbot; um 9 Uhr sah ich von der Terrasse der Trinacria das Feuerwerk, die Zaubergärten Armidas darstellend. Die besondere Kunst der Italiener für Schauspiele dieser Art hatte sich wieder glänzend bewährt. Der Widerschein der Flammen in den Meereswellen vervielfältigte die Wirkung der Lichteffekte. Endlich mußte man noch die Illumination des Toledo und des öffentlichen Gartens bewundern, wo im Transparent der Lebensgang der hl. Rosalia sich darstellte. Noch vier Tage dauerte die Festesfreude. Prozessionen, Bittgänge kleinerer Körperschaften, Schaustellungen in den Kirchen, ein Pferderennen auf dem Toledo und abends ein Feuerwerk hielten die Menge in beständiger Erregung. Erst am Donnerstag, dem 15. Juli, dem Tage der hl. Rosalia, erhielt das Fest einen Abschluß, der die Eröffnung noch überbot. In feierlichem Zuge begleiteten der Kardinal-Erzbischof, die Behörden und eine unzählbare Volksmenge den sibernen Sarg der hl. Rosalia durch die Stadt. Im Gefolge der Hauptheiligen durften auch die übrigen nicht fehlen. Ihre hölzernen Bildsäulen wurden seltsam, ja oft anstößig genug, aufgeputzt hinter dem Sarge hergetragen. Von Zeit zu Zeit spielte man eine lustige Melodie, und die ganze ehrwürdige Schar mußte sich bequemen, zu Ehren ihrer Anführerin auf öffentlicher Straße einen Tanz zu wagen. Einem deutschen Bischof, der so etwas zum ersten Male sähe, würde sich gewiß das Haar sträuben. Aber hier muß man sich erinnern, daß unter den Teilnehmenden die Zahl der Neugierigen die der Andächtigen vielleicht überwiegt und vor allem, daß Kirchenfest und Volksfest sich gar nicht trennen lassen. Bis tief in die Nacht dauerte das Getümmel auf den Straßen. In der Morgendämmerung versammelte sich die Menge in dem öffentlichen Garten, um dort bei Feigen und Cocomeri den Anfang des neuen Tages, das Ende des Festes zu erwarten.

Ich brauche nicht zu sagen, daß ich mich nicht verpflichtet fühlte, an allen Feierlichkeiten teilzunehmen. Meine Neugier wurde durch Anfang und Ende befriedigt, und ich verhehlte mir nicht, daß die hl. Rosalia eigentlich nur einen Scheingrund für die Reise geboten hatte, daß die dauernden Reize Siziliens weit mehr als diese zufälligen mich anzogen. Land und Leute kennen zu lernen, mußte während der kurzen Anwesenheit meine Aufgabe sein. Größere Ausflüge in das Innere der Insel ließen sich in dieser Jahreszeit nicht wohl unternehmen, aber eine überaus anmutige Fahrt führte mich mit einem deutschen Landsmann an einem frühen Morgen ostwärts an den Busen von Termini. Die Straße zieht sich längs des Meeres hin, zu den Seiten Wein und Oliven, dann ganze Felder mit Kaktus, auch Aloen mit baumstammähnlichen Blütenschäften. Der Meerbusen, von allen, die ich früher sah, verschieden, ist von Bergen umgeben, auf einem Felsen liegt in der Mitte Termini. Die Beleuchtung vollendete den Reiz des Gemäldes. Über den Bergen löste die steigende Sonne die Nebel in leisen Duft; die Umrisse wurden so scharf, die Luft so klar und rein, die Wellen glänzten so blau, daß ich einer ähnlichen Farbenwirkung mich kaum erinnere. Bei der Rückfahrt wurde in Bagheria, einer kleinen Stadt am Fuße des Kap Zaffarano, halt gemacht. In dem einzigen Wirtshaus konnten wir noch um 8 Uhr nur durch anhaltendes Pochen die Leute aus dem Schlafe wecken: Orangen, Eier, Käse, Brot und treffliches Wasser wurden dann in einer Loggia vor dem Hause hergerichtet. Löffel waren nicht vorhanden, dagegen die in keiner Wirtschaft fehlenden dicken silbernen Gabeln. Bald hatte sich ein dichter Kreis von Betteljungen und Neugierigen um die Reisenden versammelt. Unweit des Städtchens liegt das Schloß des Fürsten Pallagonia, die „Pallagonische Raserei“, wie Goethe einmal schreibt. Gleichwohl hat er sie dann samt ihren Fratzen, Karrikaturen, sinnlosen und rohen Mißgestalten mit unverdienter Ausführlichkeit geschildert. Obwohl wir hätten ahnen können, was uns erwartete, war es doch seine Beschreibung, die uns vorwärts trieb. Aber die Strafe blieb nicht aus. Nichts war unerfreulicher als ein langer Weg zwischen Mauern und schlecht gepflegten Alleen, während von jedem Tordach oder Pfosten ebenso häßliche als unsinnige Gestalten, zum Teil verwittert und zerbrochen, uns angrinsten. In die eigentliche Villa war zudem der Eingang untersagt. Eine Gesellschaft von Franzosen hatte vor einem Jahre den Kastellan bestochen, daß er ihnen erlaubte, in den Sälen zu Mittag zu essen, die dann ohne Schonung verunreinigt wurden. Der Fürst, zurückkehrend, hatte vor der gesperrten Tür seines eigenen Hauses warten müssen, aber die Spuren der frechen Eindringlinge noch bemerkt, den Kastellan fortgejagt und seine Villa den Fremden verschlossen. Den schönsten Ersatz erhielten wir aber, als wir am späten Nachmittag die Villa des Herzogs Serradifalco, westlich von Palermo, besuchten. Mächtige Oleanderbäume, mit unzähligen roten Blüten übersät, schlanke Magnolien mit dunkelgrünen Blättern, Palmen, Aloen, Papyrus, Kaktus und tausend andere seltsame, wundervolle, mir ganz unbekannte Blumen und Bäume grünten, dufteten und blühten durcheinander. Dabei die Aussicht auf die See und die Gebirge, die Luft reiner, leichter und milder, als der sich denken kann, der sie nicht geatmet hat. Nur eins blieb zu wünschen übrig, und mit dieser Vegetation verglichen hätte es als das Brot an der Tafel des Königs gelten können: auf der ganzen Insel sieht man keinen Grashalm mehr; alle hat die Sonne versengt. Aber, was ich nicht erwartet hatte und was mir zuerst fast unbegreiflich war, ich litt unter dieser großen Hitze beinahe gar nicht, beinahe weniger als an den heißen Tagen in Deutschland. Denn die Luft war so rein und leicht und durch den Seewind fast fortwährend gewechselt und so gekühlt, daß mich eine Temperatur hier angenehm berührte, die mir bei uns unerträglich erschienen wäre.

Bei Wanderungen durch die Stadt war mir die Begleitung eines jungen deutschen Architekten Koch von Nutzen, mit dem ich schon in Rom bekannt geworden war. Palermo zählte nur zwei Gebäude aus der arabischen Zeit. Das eine, die Cuba, war in beispielloser Verachtung aller Kunst und Geschichte in eine Kavalleriekaserne verwandelt und aller früheren Verzierungen, aller Merkmale seiner Herkunft beraubt. Das andere ist die Zisa, ein hohes, beinahe festungsartiges, vieleckiges Gebäude, aus schönem rötlichen Stein aufgeführt und von außen mit maurischen, architektonischen Formen verziert. Durch ein Gittertor traten wir in einen kleinen Portikus und durch diesen in eine maurische Halle, den einzigen noch erhaltenen Teil des Innern. Aber dieser einzige kleine Rest ist so geistreich und anmutig ausgeführt, zeugt von so feinem, durchgebildetem Sinn, daß man ihn nicht betreten kann, ohne sich von dem liebenswürdigen Geiste des Erbauers angehaucht und erfrischt zu fühlen. Wir stiegen nun fünf hohe luftige Treppen hinauf, doch ohne in einem der Stockwerke irgendeiner Erinnerung an maurische Zeiten zu begegnen. Auf dem flachen Dach überraschte uns die lohnendste Aussicht; sie wird als eine der schönsten Siziliens gerühmt; man ist gerade hoch genug, alles zu übersehen, ohne doch wie aus der Vogelperspektive auf eine Landkarte herab zu blicken. Gegenüber diesen wenigen Zeugen sarazenischer Architektur waren die Bauten aus normannischer Zeit so zahlreich, daß sie die Entwickelung des Stils deutlich zur Anschauung bringen. Leider hatten nur zu viele durch moderne Veränderungen unrömisch-neapolitanischen Geschmacks ihre charaktervolle Schönheit verloren, vor allem der Dom, wo die Särge Kaiser Heinrichs VI., Friedrichs II. und der Kaiserin Constantia, man könnte glauben wie zürnend erbittert auf den bunten Flitterputz ihrer Umgebung herabsehen. Ein Glück, daß die Capella reale mit ihren unvergleichlichen Mosaiken der Verschönerungswut entgangen ist. Den vollen, gewaltigsten Eindruck erhielt ich jedoch erst, als ich nach Monreale hinauswanderte. Die kleine Stadt liegt sechs Miglien entfernt auf der ersten Anschwellung des Gebirges, das Palermo und seine Umgebung im Halbkreise umziert. Bald kam ich durch die engen winkligen Straßen an den Dom, der einsam wie ein Riese aus all den zwerghaften Wohnungen hervorschaut und trat durch ein normannisches, obgleich erst in späterer Zeit angebautes Portal von der Nordseite in das Innere. Der Dom ist eine dreischiffige Basilika, das Querschiff wie bei allen normannischen Kirchen nur leise angedeutet, kaum hervortretend. Daran schließen sich die drei Nischen mit der gewöhnlichen normannischen Verengung, die sie bis dahin bedeutend verlängert erscheinen läßt. Das Längsschiff ruht auf 18 antiken Säulen mit maurischen Bogen, die engen, hohen Fenster über ihnen zeigen gleichfalls diese Form. Man sieht das vergoldete Sparrenwerk des Dachstuhles, mit dem das der Seitenschiffe parallel läuft. Deutlich wird man sich dabei bewußt, wie wenig der hier so häufig vorkommende maurisch-normannische Spitzbogen mit dem gotischen Bogen verwandt ist. Er ist nicht wie dieser ein Prinzip, das den ganzen Bau architektonisch durchdringt, sondern eine Verzierung, dem Auge häufig überaus wohlgefällig, aber nicht wie eine Notwendigkeit empfunden. Das Innere ist durch Marmor und Mosaiken aufs reichste ausgeschmückt. Die Formen und Farben sind so mannigfaltig, wie ich kaum mich erinnere sie gesehen zu haben, besonders sieht man auch Gelb und Blau, das in Rom sich nur selten angewandt findet. Selbst auf dem Boden erblickt man die schönsten Platten von Porphyr und Serpentin. Eine würdigere Grabstätte hätten die normannischen Könige sich nicht erbauen können. Gegen den großartigen Eindruck des Innern tritt das Äußere zurück; trotz aller Bemühungen ist es auch hier nicht gelungen, der Basilika eine durchgreifende Gliederung zu geben. Zum Glück hatte sich der Kreuzgang des anstoßenden, durch Brand zerstörten Klosters der Benediktiner erhalten; ein Wunder der Kunst! 216 paarweise zusammentretende Säulen tragen halb so viel maurische Bogen; fast jede ist von der anderen verschieden, jede mit einer Zierlichkeit gedacht und ausgeführt, daß man zweifelt, ob man den Fleiß oder den Erfolg mehr bewundern soll. Leider sind die Mosaiken, die einen großen Teil der Säulen schmückten, von den Bajonetten einer spanischen Einquartierung im

18. Jahrhundert mutwillig herausgestochen, doch sieht man auf den Kapitälen noch in zahlreichen kleinen Darstellungen Begebenheiten aus der hl. Schrift und der Geschichte Siziliens ausgeführt. Schon das herrliche Bauwerk hatte mich in Begeisterung versetzt, aber die Stunden des höchsten Genusses verdankte ich dem überquellenden Reichtum der Natur, Stunden, wie man sie nur selten erlebt und dann niemals wieder vergißt. Ich war zu der Terrasse des erzbischöflichen Palastes hinaufgestiegen. Hier von der Höhe genoß man die freieste Aussicht. Über das Meer, die Stadt, das umgebende Gebirge und den Orangenwald, der im Umkreis von beinahe drei Stunden die Ebene ausfüllt. Denn hier ist das eigentliche Land, wo „die Goldorangen glüh'n". In Toskana, sogar in Rom, stehen sie wie im Treibhaus, in Neapel im Garten, hier wachsen sie wild wie bei uns Buchen und Eichen. Ein leiser Wind trug eine Fülle von Wohlgeruch zu mir herauf; vielleicht niemals habe ich so unter dem Zauber einer südlichen Natur gestanden. Und mit dieser Erinnerung will ich auch von der Insel scheiden, soviel ich auch noch von ihr zu sagen hätte. In dem großen Lebensabschnitt meiner italienischen Reise bildete die Fahrt nach Sizilien eine Episode, die ihre Bedeutung nie verloren hat. Noch heute, wo ich im hohen Alter die Erlebnisse jener frühen Zeit zum Ausdruck bringe, stehen sie frisch und farbenreich vor meiner Seele. Nicht mit leichtem Herzen empfand ich, daß ich nun den Weg nach Norden einschlagen mußte. Weit besser gerüstet als der „Polyphem" führte mich der „Vesuvio" am Morgen des 18. Juli wieder in den Golf von Neapel. Fern von ihm kann man für den Augenblick andere mit ihm vergleichen, aber man braucht ihn nur wiederzusehen, um gewiß zu sein, daß er nicht seinesgleichen hat. Einige Tage blieben wir in Neapel, um bis dahin Versäumtes nachzuholen und meiner römischen Freundin, Frau v. Schwartz, wieder zu begegnen. Am 24. Juli spielte der zweite Akt in der Periode des Abschiednehmens, in die meine Reise nunmehr getreten war. Ein Goethesches Sonett: „Abschied" enthält die Verse:

„Nach herber Trennung tief empfund'nem Leiden
War mir das Ufer, dem ich mich entrissen,
Mit Wohnungen, mit Bergen, Hügeln, Flüssen,
So lang ich's deutlich sah, ein Schatz der Freuden;
Zuletzt im Blauen blieb ein Augenweiden
An fernentwichnen lichten Finsternissen."

So oft ich die Worte seitdem gelesen habe, mußte ich an die Abfahrt von Neapel denken. Am nächsten Morgen war ich wieder in Civita vecchia; wieder wie vor neun Monaten, am 25., an einem Sonntagmorgen um 9 Uhr. Heute wie damals läuteten die Glocken, aber ich konnte ihnen nicht folgen, mein Weg führte mich nach Livorno. Nachmittags, als wir abfuhren, wurde die See bewegt, der Kapitän mußte das gegen die Sonne aufgespannte Segeltuch herabziehen, um den Hafen verlassen zu können. Unter den Reisenden befand sich jetzt der Erzbischof von München, der spätere Kardinal Reisach. Eine kleine Beihilfe, die ich ihm leistete, bewirkte, daß wir mehrere Stunden auf dem Verdeck zusammenblieben. Sehr interessant erzählte er von Gregor XVI., dem er schon seit dem Jahre 1828 nahegetreten war. Mit der bayrischen Regierung stand er eben jetzt in Unterhandlungen, deren Abschluß sich in die Länge zog; nicht zum wenigsten deshalb hatte er wohl die Reise nach Rom unternommen, wo Pius IX. ihm volles Vertrauen schenkte. An Freimut scheint es ihm nicht gefehlt zu haben. Denn als der Papst ihn einmal fragte, ob die neue in Rom befindliche Basilika von S. Paul nicht größer und schöner sei als der Kölner Dom, hatte Reisach geantwortet: Der Kölner Dom sei zwar nicht größer, aber viel schöner und als Grund sogar noch hinzugefügt, der römische Bau sei mehr ein Ballsaal als eine Kirche.

Am anderen Tage erfreute mich das Wiedersehen mit meinem Bruder und der Familie Grabau. Aber lebhaft und nicht eben angenehm empfand ich abends bei einem Spaziergang, daß ich in eine mehr nördliche Gegend versetzt sei. Ein kühler Wind trieb dichte schwarze Wolken eilend vor sich her; das Meer war heftig bewegt; an dem sandigen Strande bildeten wenige fußhohe Weidenpflanzungen und kaum aufgegangenes Gras die einzige Vegetation; ich wurde an Norderney erinnert. Eine Erinnerung an Deutschland! Der Gedanke, dorthin zurückzukehren, trat jetzt bestimmt in den Vordergrund; denn noch im Sommer dachte ich in Breslau die lange unterbrochenen juristischen Studien wieder aufzunehmen; von meinem väterlichen Gönner, dem Domprobst Ritter, hatte ich die freundlichste Einladung in sein Haus erhalten. Zehn Tage wurden gleichwohl dem Abschied noch gewidmet. Ich versuchte die Überfülle der Eindrücke aus den letzten Wochen zu ordnen und erneuerte die Erinnerungen der Herreise in Pisa und vermehrte sie in Siena. Welche Schätze auch in dieser nicht einmal großen oder reichen Provinzialstadt! In der Bibliothek des Doms sieht man die berühmte antike Gruppe der drei Grazien; ihre Anmut scheint der Stadt, ihren Bewohnern und ihrer Sprache sich mitgeteilt zu haben. Dabei ist etwas altväterisches geblieben, besonders im Vergleich mit Florenz, dem Sitz des Hofes und der Regierung. Auf dem Theaterzettel fand ich abends noch die uralte Rangordnung der Plätze, der erste für nobili, forestieri und primi impiegati, der zweite für mercanti und professori di scienze ed arti, der dritte für artigiani bestimmt.

Wenn wir einen bedeutenden und für uns bedeutsamen Ort nach einem längeren Zeitraum wieder besuchen, erhalten wir auch einen Maßstab für unsere eigene Entwicklung während dieser Zeit. Diese Empfindung hatte ich, als ich nach neun Monaten noch einmal drei Tage, die letzten auf toskanischem Boden, in Florenz verlebte. Mit unsäglicher Freude sah ich nun in dieser anmutigsten, liebenswürdigsten aller Städte wieder und wieder, was mich beim ersten Anblick entzückt und begeistert hatte und glaubte dabei zu bemerken, mein Auge und mein Geist hätten für die fernen und künstlerischen Absichten des Meisters an Feinsinn und Verständnis gewonnen. Einen alten Wunsch erfüllte mein Bruder, als er mich zu dem preußischen Ministerresidenten Alfred von Reumont führte. Schon von meinen Eltern, und dann in Rom, im Hause meines Freundes Alertz, hatte ich vielfach von dem kenntnisreichen, in der Geschichte und Kunstgeschichte Italiens unvergleichlich erfahrenen Manne reden hören. Wie nahe ich ihm in späteren Jahren treten würde, konnte ich damals noch nicht ahnen, aber den Eindruck seiner Persönlichkeit, ja die kleinen Umstände, die unseren Besuch begleiteten, sind mir aus jener Zeit unvergeßlich geblieben.

In der Nacht vom 4. auf den 5. August trug mich die Post über den Apennin nach Bologna. Ich war in ein neues Land gekommen. Die Stadt, ganz von Arkaden durchzogen, machte einen eigenartigen, aber nicht gerade erfreulichen Eindruck. Mein erster Besuch galt Raphaels hl. Cäcilia; trotz der schlaflosen Nacht wurde meine Verehrung doch zur Begeisterung. Ein herrliches Bild von Perugino, ihr gerade gegenüber, ließ begreifen, wie der Schüler eines solchen Meisters so rasche Fortschritte machen konnte. Auch im übrigen, in Kirchen, Galerien und im Freien war kein Mangel an bedeutenden Werken der Kunst; aber es fehlte nicht selten die Anmut und das feine Schönheitsgefühl der Toskaner; mit der Schule der Carracci hoffte ich gerade in ihrer Vaterstadt mich befreunden zu können; es wollte mir jedoch hier so wenig wie anderswo gelingen. Bei allen Vorzügen ihrer Gemälde mangelt doch die Frische und Unbefangenheit früherer Zeiten; nur zu oft blieb der Eindruck, daß man etwas studiertes, nachgemachtes vor sich habe. Bei den zahlreichen Palästen konnte ich zuweilen die Pracht, aber nur selten die Feinheit der Architektur bewundern. Als Bauwerke ohne Zweck, ohne Verstand, ohne Geschmack erschienen mir die berühmten schiefen Türme; der eine ist nur ein Stumpf, und man möchte wünschen, daß beide zusammenstürzten, wenn sie nicht als mahnende Fingerzeige gegenüber dem Mißbrauch der Kunst dienen könnten. Tags darauf hatte ich in Ferrara deutlicher als jemals das Bild eines raschen Aufblühens und ebenso raschen Vergehens vor Augen. Als im 15. Jahrhundert Macht, Wohlstand und Verbindungen der Stadt sich mehrten, stieg die Zahl der Einwohner auf 100 000, sank aber nach dem Aussterben der Este unter päpstlicher Herrschaft ebenso rasch bis auf 20 000. Lange breite Straßen sah ich mit Gras bewachsen und, soweit das Auge reichte, menschenleer. Man erkannte deutlich, wie auf Befehl und nach der Richtschnur die Häuser eines wie das andere in demselben unbedeutenden Stil der Renaissance aufgeführt waren. Ein wirklich schönes Gebäude sah ich in der ganzen Stadt nicht; nur zwei Häuser, Ariosts und Tassos, sind geheiligt durch ihre Bewohner. Um 6 Uhr abends verließen wir die Stadt. Das Land, das wir durchfuhren, war auf beiden Seiten des Weges mit üppigem Grün bedeckt, aber ohne alle Abwechslung und Form. Bei Pontelagoscuro erreichten wir den Po, und am anderen Ufer das lombardisch-österreichische Gebiet. Die Visitation hätte nicht strenger und unfreundlicher sein können. In einem unbequemen Wagen auf schlechter Straße ging die Fahrt langsam weiter: nicht eben vorteilhaft kündigte die österreichische Herrschaft sich an. Um 3 Uhr morgens waren wir in Padua. Hier fand sich wieder manches, was einen Reisenden anziehen und erfreuen konnte. Ich brauche nur an den Dom, das Rathaus, die Fresken Giottos in der Kapelle Madonna dell'Arena zu erinnern. Aber den Unterschied von Florenz mußte ich auch hier empfinden, und schmerzlich würde ich bedauert haben, wenn die Begeisterung, die mich auf der ganzen Reise begleitet hatte, gerade vor dem Schluß gedämpft und zu einer bloßen Neugier abgekühlt wäre. Zum Glück gab es eine Auskunft. Was ich jenseits der Apenninen erlebt hatte, ließ sich nicht überbieten, aber ein Eindruck stand mir noch bevor, so neu, so eigenartig, daß er Denken und Empfinden von neuem anregte und ganz und gar für sich in Anspruch nahm. Ich brauche nicht zu sagen, was mir im Sinne liegt. Um 10 Uhr fuhr ich, jetzt auf der Eisenbahn, über Mestre nach Venedig. Ein gesegnetes Land, mit Wein, Obst, Getreide angebaut, zur Linken die schön geformte Alpenkette von Treviso und Montefeltre. Der Himmel war heiter, nur in der Ferne feine, weiße Wolken, fast wie Schnee auf den Bergen gelagert. Bald gelangten wir zu den Lagunen; die Stadt tauchte aus dem Meere hervor, und bald hatten wir sie erreicht. In einem Reisebuch hatte ich gelesen, Venedig sei ein Freihafen, niemand kümmere sich um das Gepäck der Reisenden, alles gehe ungehindert ein und aus. Ich war deshalb erstaunt, als man sogleich nach der Ankunft meines Koffers sich bemächtigte, und wenig erfreut, als man aus dem Grunde mehrere Bücher, einen Dante mit dem Kommentar von Biagioli und Chesterfields Briefe herausfischte und sie der Ehre, vor die Zensur geführt zu werden, für würdig erachtete. In einem Nebenzimmer wurden sie dann mit dreifachen Banden umschlungen und zweimal mit dem schwarzen Poststempel bedruckt. Mit vielen anderen Gegenständen sollten sie einstweilen in Verwahrung, d. h. für immer meinem Besitze entzogen werden. Bitten und Proteste bewirkten endlich, daß sie durch einen Soldaten, den ich gegen Bezahlung der Gondel begleiten durfte, sogleich auf die Zensurstation gebracht wurden, wo ich sie nach langen Unterhandlungen noch errettete. Der Weg zur Zensur durch enge, schmutzige Kanäle, der Streit mit so vielen Beamten, dann mit dem Gondoliere, die Schwierigkeit, in der von Fremden überfüllten Stadt ein Unterkommen zu finden, ließen mich jedoch den ersten Eindruck nicht so, wie ich wünschte, genießen. Aber welche neue Anregung, als mich nachmittags meine Wanderung auf den Rialto an den Canale Grande und über Markusplatz und Piazetta auf die Riva degli Schiavoni führte, ich dann von der Landspitze unter den schattigen Bäumen des kleinen öffentlichen Gartens mich der unvergleichlichen Aussicht auf den Lido, die Inseln und die Stadt erfreute, die mit ihren Kuppeln und Palästen wie ein Märchenbild aus den Meeresfluten hervorstieg. Ich verweilte bis zum Einbrechen der Dunkelheit und fand dann nach dem Sprichwort, daß Venedig die Nacht zum Tage mache, auf der Riva und nachher auf dem Markusplatz das bewegteste Treiben, zu welchem Orient und Okzident ihren Beitrag lieferten. Ich kenne keinen anderen Platz, auf dem man besonders am Abend sich so eigentümlich bewegt und zugleich so vertraut und heimisch fühlt. Wie er so dalag, von der Markuskirche und den Palästen rings umschlossen, von unzähligen Gasflammen fast taghell erleuchtet und darüber ein dunkelblauer Sternenhimmel ausgespannt, glich er einem ungeheuren Saal, in dem dann die bunteste Gesellschaft teils sich auf und ab bewegte, teils vor den Cafés ihr Eis verzehrend, von Musikern, Improvisatoren und anderen Künstlern sich unterhalten ließ. Das Publikum ist häufig mithandelnd; an heiteren Zwischenfällen fehlte es nicht. So lockte mich gleich eine lustige Melodie in eine direkte Versammlung. Ein Alter flötete, zwei Jungen geigten, ein Blinder, zur Ehre der Gesellschaft sei es gesagt, am besten und saubersten von allen gekleidet, blies auf einer Art Harmonika, eine Schöne ließ sich zur Zither vernehmen. Neugierige Jugend drängte ungestüm sich an, Ermahnungen fruchteten nichts, da griff sie schnell nach den Mützen der nächsten, warf sie über die Köpfe des umgebenden Menschenrings, worauf denn die Zudringlichen ihren Platz aufgaben und mit Mühe durch die Menge zu ihrem Hauptschmuck sich den Weg bahnen mußten. Das störte aber die gute Laune auch der Beteiligten keineswegs, und alles fiel freudig in den Refrain und die Bravos mit ein.

Eine große Stadt, der man zum ersten Male nahe kommt, gleicht einem inhaltsreichen Buche, von welchem man sich eine wichtige Vermehrung seiner Kenntnisse verspricht. Ich darf sagen, daß ich in dem Buche, das Venedig heißt, mich in der folgenden Woche so fleißig wie möglich heimisch machte, indem ich, wie es wohl auch mit einem Buche geschieht, einige besonders interessante Punkte wie Dogenpalast und Markuskirche vorwegnahm und dann meine Entdeckungsreisen planmäßig betrieb. Von den bedeutenden Kirchen wurde kaum eine übergangen, ebensowenig die Fülle der Statuen und Gemälde, die sie in sich schlossen. In der Akademia delle belle Arte fand ich dann die Meister, die ich bis dahin einzeln bewundert hatte, vereinigt. Wie konnte eine einzige Stadt einen solchen Reichtum von Werken hervorbringen!

Daß sie mit dem Boden, auf dem sie entstanden, so eng verwachsen sind, gibt ihnen einen besonderen Reiz. Keine Malerschule ist so national, keine hat die Macht und Größe ihres Vaterlandes zu verherrlichen, seinem Leben und Bewegen sich anzuschmiegen so gestrebt als die venezianische. Da sind dieselben ernsten, klugen Gesichter, denen man noch so oft auf dem Markusplatz begegnet, dasselbe Leben und Treiben im Hafen und auf dem Canale Grande, die engen Straßen, die mächtigen Kuppeln, die verschlungenen Wasserstraßen, die auf den Bildern wie in Wirklichkeit gleich eigentümlich uns entgegentreten. Nur eines erblickt man auf den Gemälden farbenprächtig dargestellt, was die Gegenwart vollkommen vermissen läßt: die Feste, die die Hallen der Paläste belebten, die feierlichen Aufzüge, in denen sich auf den Straßen, den Plätzen und dem Meere die Macht und Majestät des Staates kundgab! Denn wer wird ohne tiefes Mitgefühl sich bewußt, daß alle Herrlichkeit, die hier vor uns liegt, doch nur als Trümmer und Schatten einer vergangenen größeren Zeit sich erhält? Am stärksten regte sich dies Gefühl, wenn man auf dem großen Kanal die lange Reihe prächtiger, zum Teil verödeter Paläste an sich vorüberziehen ließ. Aber ich empfand es auch zuweilen, wenn der Markusplatz bei hellem Sonnenschein sich darstellte, belebt von einer geschäftigen Menge, darunter auch einer österreichischen Wache und Militärmusik; wie anders, als zwischen diesen Säulengängen ein freies, mächtiges Volk sich bewegte, seiner Kraft sich bewußt und stolz auf den Boden, den es dem Meere abgewonnen und nun vor allen Ländern geschmückt und erhoben hatte. Ich war keineswegs ein Gegner der Österreicher, aber ich muß gestehen, hätte man in solchen Augenblicken auf den drei Flaggenmasten von S. Marco wieder die alten Farben der drei Königreiche Morea, Cypern und Kandia aufgezogen, ich hätte die verdrängten österreichischen nicht vermißt; ja selbst das deutsche Element, das in Rom so erfreulich auftrat, war mir hier fast unerwünscht, wo es das besser berechtigte zwar zu hemmen, aber nicht zu ersetzen vermochte. Immer war es für mich ein trauriges Schauspiel, wenn eine Nation der anderen den Fuß auf den Nacken setzt. Zudem war das Benehmen der österreichischen Behörden in Italien in der Tat nicht von der Art, daß es Zuneigung und Vertrauen hätte erwecken können. Eine kleine Probe konnte ich sogar an mir selber machen. Bald nach meiner Ankunft hatte ich die Erlaubnis nachgesucht, das Arsenal besichtigen zu dürfen. Sechs Tage später wurde ich auf das Marinekommando beschieden, und ein höherer Offizier kündete mir mit finsterer Miene an: Seine Exzellenz habe entschieden, daß ich das Arsenal nicht sehen dürfe. Ohne Zweifel hatte ich die Verweigerung einer Erlaubnis, die sonst auf Grund des Reisepasses jedem zuteil wurde, meiner Eigenschaft als Preuße zu verdanken. Ich freute mich, daß Seine Exzellenz nicht auch den Zutritt zum Lido untersagen konnte, und schwelgte am selben Abend, dem Abend vor meiner Abreise, in der freien, frischen Luft des Meeres auf dem Lido, dann in der Abendkühle auf dem Markusplatz.

Am anderen Abend, den 13. August um 10 Uhr, wurde mein Koffer auf ein Schiff gebracht, das, mit Obst beladen, nach Triest ging, wie zu denken weit langsamer als der Postdampfer; man warnte mich sogar vor dem gebrechlichen Fahrzeug; aber das Meer war spiegelglatt, in der Nacht vom Mond beschienen, und mir blieb Muße, jetzt, da die Trennung erfolgt war, über das Ergebnis meiner italienischen Reise nachzudenken. Wieviele Erlebnisse waren in die zehn Monate zusammengedrängt! Mochten sie auch meine Fortschritte auf der juristischen Laufbahn nicht sonderlich gefördert haben; für meine eigene Entwicklung war der Vorteil unschätzbar, und ebenso lebhaft wie bei der Abreise von Rom empfand ich ihn jetzt, als ich von Italien Abschied nahm. Mit dem Gefühl innigsten Dankes, der niemals erloschen ist, blickte ich auf das Land zurück, das mir soviel geworden war. Seine Entwicklung zu einem geeinigten großen Staatswesen habe ich stets mit herzlicher Freude begleitet und nicht bloß für die europäische Kultur, sondern auch für meine eigenen persönlichen Wünsche als eines der edelsten Ziele angesehen.

Ohne Verzug ging es nun von Triest nach Norden. Törichterweise ließ ich meinen Reisemantel in meinem Koffer eingepackt und trat in einem ganz leichten Rock die Reise nach Wien an.

Bei der Nachtfahrt über den Karst wurde es eisig kalt; ein Engländer, der sich mit mir im Wagen befand, lieh mir ein Plaid, gleichwohl litt ich arg unter der Kälte. Zum Teil mit der Post, zum Teil auf der Eisenbahn wurde die Reise nach Wien zurückgelegt, wo ich mich etwa eine Woche aufhielt. Ich traf hier mit Oskar von Redwitz zusammen. Niemals war ich ein großer Verehrer seiner Muse gewesen. Als Amaranth, unzweifelhaft sein bestes Werk, 1849 erschien und, wie an vielen Orten, auch in einzelnen Kreisen Münsters begeisterte Bewunderung fand, war mir der gezierte Ton, das Benehmen des Helden gegen seine frühere Braut wenig zusagend. Die epischen Verse schienen mir des Wohlklangs zu entbehren, nur in einzelnen Liebesgedichten eine wirklich dichterische Kraft hervorzutreten; ich erregte durch dieses Urteil sogar den Unwillen des Professors Schlüter, der zu den Bewunderern der Dichtung gehörte. Redwitz hatte, um deutsche Sprachstudien zu machen, sich nach Bonn gewendet, wo ich ihn im Sommer 1850 kennen lernte, und im Simrockschen Hause freundliche Aufnahme gefunden. Von seiner Amaranth war Simrock freilich nicht eben erbaut; auch das sonderbare Märchen von dem Bächlein, das der Dichter uns damals vorlas, konnte uns nicht entzücken. Persönlich war er aber ein überaus liebenswürdiger Gefährte, und ich war nicht wenig erfreut, ihn in Wien wieder zu finden. Wir machten beinahe täglich weitere Ausflüge in die herrliche Umgebung Wiens. Bei einer Fahrt in das Brühltal trafen wir auf der Eisenbahn mit Gabriel Seidl und seiner Tochter zusammen und wanderten zum Husarentempel des Fürsten Liechtenstein. Ein anderes Mal in einem Omnibus gerieten wir mit einem Fahrgast in ein Gespräch über die Wiener Universität. Nach einigem Hin- und Herreden äußerte der Mann, eine ganz neue Richtung habe jetzt der Professor Redwitz eingeschlagen; er schiene sich davon Großes zu versprechen. Er wußte recht gut, wer ihm gegenübersaß; aber keiner von uns ließ sich etwas merken; nur beim Aussteigen konnte Redwitz der Versuchung nicht widerstehen, dem unbekannten Bewunderer seine Karte zu geben. Ihm war diese Begegnung eine Art von Genugtuung; denn er befand sich in einer sonderbaren Stellung. Man hatte ihn als Professor der Philologie nach Wien berufen; er sollte Tragödien des Sophokles interpretieren, obschon er bei seiner keineswegs glänzenden Schulbildung und ohne wirklich wissenschaftliche Begabung kaum die Anfangsgründe der Sprache beherrschte. Er fühlte selbst, wie wenig er seiner Stellung gewachsen war, besaß aber nicht die Kraft, durch eine gewaltige Anstrengung seinen Kenntnissen nachzuhelfen. Er sagte mir, man habe ihm schon geraten, statt der philologischen Brocken seinen Zuhörern seine Gedichte vorzulesen. Offenbar konnte aber eine solche Stellung einem gewissenhaften Mann nicht genügen; ich freute mich herzlich, als ich einige Zeit darauf hörte, daß er sie aufgegeben habe.

Wien war die letzte Station meiner beinahe elfmonatlichen Reise. Die Eisenbahn führte mich am 22. August nach Breslau. Von Ritter wurde ich in seiner stattlichen Kurie auf der Dominsel auf das Freundlichste aufgenommen, und es war kein geringer Vorteil, mit dem wohlwollenden, geschäfts- und menschenkundigen Manne in täglichem nächsten Verkehr zu stehen. Über seine frühere Verwaltung und die kirchlichen Verhältnisse der Diözese ließ er sich nicht ungern aus. Gewöhnlich wandte sich dann das Gespräch auch auf den Kardinal Fürstbischof Diepenbrock. Er lag schwer erkrankt auf Schloß Johannisberg, zur Genesung blieb kaum noch Hoffnung. Vier Ärzte waren um ihn beschäftigt, um gutzumachen, was ein Homöopath und die Weigerung, nach einer Beleidigung auf der Straße wieder vor die Tür zu gehen, verschlimmert hatten. Nach Ritters Urteil war er ein Mann von den ausgezeichnetsten Fähigkeiten und dem vortrefflichsten Charakter, sein äußeres Erscheinen einnehmend und ehrfurchtgebietend zugleich; unerschöpflich an neuen genialen Ideen, viele Sprachen redend, zeigte er sich doch wenig geschickt zur Regierung und Verwaltung. Beim Kapitel, dem er stets mit Kälte entgegentrat, war er nicht eben beliebt. Erst einmal hatte er ihm eine Audienz bewilligt und verhandelte alles bloß mit der geheimen Kanzlei, die aus wenig bedeutenden Menschen zusammengesetzt war.

Sein Tod, meinte Ritter, würde nicht sehr bedauert, Fürst Hohenlohe wahrscheinlich sein Nachfolger werden.

Zunächst lebte ich noch in den Erinnerungen an Italien und vermochte nicht ohne Mühe, mich davon loszureißen. Mignons Lied versteht man, wenn man nach Italien kommt, aber man empfindet es noch tiefer, wenn man Italien verlassen muß. Ich begann die überreichen Erinnerungen der Reise zu ordnen, aber zugleich die Doktorprüfung ins Auge zu fassen. Professor Gitzler, als Gelehrter nicht gerade hervorragend, aber als Lehrer tüchtig und von echtem Wohlwollen erfüllt, nahm sich meiner an. Auch die Theologen Reinkens und Baltzer lernte ich kennen; vor allem aber war es der ausgezeichnete Orientalist, der vortreffliche Kenner des phönikischen Altertums, Franz Movers [1]), dessen Zuneigung, ja ich darf es trotz des großen Unterschiedes der Jahre wohl sagen, dessen Freundschaft ich gewann. So schien alles einen guten Fortgang zu nehmen. Da wiederholte sich, was den Anfang meiner Universitätsstudien gestört und verdunkelt hatte. Ich bemerkte, daß die Sehkraft meiner Augen abnahm. Movers brachte eine Fußreise in Vorschlag. Wir wanderten fünf Tage im Gebirge unter den anregendsten Gesprächen; man brauchte nur eine Frage anzudeuten, um eine erschöpfende Belehrung von ihm zu erhalten. Aber die gehoffte Wirkung blieb aus; ich war wieder auf Vorleser angewiesen. Im Oktober wurde das Wort Star ausgesprochen. Da in Breslau kein irgend bedeutender Augenarzt ansässig war, beschloß ich, in Berlin die Meinung des Geheimrats Jüngken einzuholen, den ich auch schon als Student zwei Jahre früher befragt hatte. Er erklärte das Übel zwar nicht für Star, aber für recht bedenklich und riet mir, den Winter unter seiner Behandlung in Berlin zu bleiben. Dagegen gab es keinen Widerspruch. Am 23. Oktober mietete ich Unter den Linden Nr. 5 neben dem Kultusministerium ein Zimmer, das ich auch zwei Jahre früher bewohnt hatte. Nach den herrlichen Eindrücken, den immer wechselnden Szenen des verflossenen Jahres läßt sich kaum ein größerer Gegensatz denken, als das Leben, zu dem ich mich jetzt bequemen mußte. Gesellschaften konnte ich des Abends niemals, bei Tage nur ausnahmsweise besuchen. Nur am Sonntag erfreute mich häufiger die Freundlichkeit des Zurmühlenschen und des Hansemannschen Hauses. Abends besuchte mich ein oder andresmal Hermann Grimm; im übrigen unterbrach nichts die Eintönigkeit meines Daseins. Ich hatte zwei Vorleser angenommen; der eine kam des Morgens um 7 Uhr, während ich

---

[1]) Franz Karl Movers (geb. 17. Juli 1806 in Koesfeld) war ein Landsmann Hüffers. J. H. Reinkens (geb. 1. März 1821 in Burtscheid) und J. B. Baltzer (geb. 16. Juli in Andernach) waren Rheinländer und starben später als Altkatholiken, der erstere als ihr Bischof, in Bonn.

noch zu Bette lag, und pflegte mit einer kurzen Unterbrechung bis gegen Mittag bei mir zu bleiben. Um 4 Uhr kam der andere Vorleser, mit dem ich dann bis gegen 10 Uhr mich weiter in die juristischen Studien vertiefte. Sehr brauchbar erwies sich dabei der Auszug der Puchtaschen Lehrbücher, den ich im Jahre 1851 angefertigt hatte. Einer meiner Gehilfen, der später oft und ehrenvoll genannte Justizrat Lazarus — gestorben 1897 zu Charlottenburg — machte so rasche Fortschritte, daß er schon im nächsten Sommer noch vor mir, freilich in Heidelberg, wo man damals nicht die höchsten Anforderungen stellte, mit großem Lob promovierte.

Bis in den Februar dauerte das Stilleben, dann erklärte Jüngken das Augenleiden wesentlich gebessert, und ich konnte allmählich ein bis zwei Stunden, bald sogar länger, mich des köstlichsten Organes wieder bedienen. Diese Stunden kamen aber nicht dem juristischen Studium zugute, sondern einem Exemplar der Divina Comedia, das ich in Palermo gekauft hatte. Täglich las ich in dem Zwischenraum, den die Vorleser freiließen, einen, zwei, dann regelmäßig vier Gesänge, lernte die schönsten Verse auswendig, und bis auf den heutigen Tag sind längere Folgen von Terzinen, ja einzelne Gesänge, vollständig in meinem Gedächtnis geblieben. Ich könnte sagen, die Divina Commedia wurde für mich zur Vita nuova. Meine Begeisterung war keineswegs auf das zumeist gepriesene Inferno beschränkt; durchaus stimmte ich meinem Kommentator zu, der mit ungemischter Begeisterung bis zum Ende des Paradiso immer neue belezze incomparabili e divine erfand. Durch eine solche Anregung belebten sich denn auch die Erinnerungen an Italien. Goethes italienische Reise, die römischen Elegien und was sonst bei Goethe auf Italien sich bezieht, wurde mit neuer Begierde gelesen, so daß ich als ein doppelter Mensch zwischen dem juristischen Anfang und Ende des Tages ein italienisches Intermezzo durchlebte.

Unterdessen hatte ich die meisten juristischen Fächer für die Doktorprüfung durchgenommen; es blieb aber noch die Dissertation, und da ich bisher in keiner juristischen Disziplin eigentümliche, tiefgehende Studien gemacht hatte, so war es halb Zufall, halb eine scherzhafte Anspielung auf meine schlechten Augen, daß ich die Justinianische Quasi-Pupillar-Substitution zum Thema wählte. Zum großen Teil mit Hilfe fremder Augen machte ich mich mit den Quellen und Bearbeitungen bekannt, so daß ungefähr Mitte April der Entwurf im Rohen vorlag. Wenig später zog ich zum zweiten Male nach Breslau der Doktorprüfung entgegen. Ritter hätte den Flüchtling, wie er mich scherzend nannte, gern wieder bei sich aufgenommen, aber die Rücksicht auf meine Augen bewog mich, eine andere Wohnung zu nehmen, zufälligerweise bei einem Hauptmann, der 1848 die Nationalgarde in Breslau befehligt hatte, übrigens einer der sanftmütigsten Männer, die mir vorgekommen sind. Als später die Sonne zu mächtig wurde, räumte mir Movers in seiner Wohnung in der Universität ein kühles Zimmer neben seinem Studierzimmer ein, in dem ich den Tag bis zu meinem späten Mittagessen verbrachte.

Der Kardinal Diepenbrock war inzwischen nach schwerem Leiden in Johannisberg am 20. Januar 1853 gestorben. Fürst Hohenlohe hatte sich durch eine gar zu eifrige Bewerbung selbst die Wege verschlossen, und der als Domprediger hochgefeierte Domherr Heinrich Förster wurde am 19. Mai zum Nachfolger gewählt.

Die juristische Fakultät zählte damals tüchtige, sogar ausgezeichnete Mitglieder: Huschke, den ehrwürdigen Senior, der als Romanist für meine Dissertation besonders in Betracht kam, Abegg für Strafrecht, Wilda und Gaupp für germanistische Fächer, Gitzler für Kirchenrecht und preußisches Landrecht. Alle kamen mir auf das Freundlichste entgegen. Im Juli ging ich auf 14 Tage nach dem herrlich gelegenen Fürstenstein, um meine Dissertation ins Lateinische zu übersetzen. Sie wurde dann eingereicht, und es war eine freudige Überraschung, als mir Gitzler nach einiger Zeit mitteilte, ja sogar aus den Akten vorlas, daß Huschke meine Arbeit für eine der besten erklärt habe, die während seiner langen Wirksamkeit in Breslau der Fakultät eingereicht seien. Infolgedessen wurde mir auch die römisch-rechtliche Prüfungsarbeit erlassen, man begnügte sich mit der deutschen und kirchenrechtlichen. Anfang August fand dann die Prüfung statt, welche mir das Prädikat magna cum laude eintrug, und am 17. August die Promotion.

Akademische Akte waren damals in Breslau nicht bloße Förmlichkeiten; auch der lateinischen Rede mußte man vollkommen mächtig sein; nur Wilda hatte mich in deutscher Sprache geprüft. Opponierende waren zwei Breslauer Studierende: Julius Baron, der spätere bedeutende Pandektist, und Albrecht Altmann, der als Schriftsteller, praktischer Jurist und Mitglied der evangelischen Generalsynode sich gleichfalls einen Namen gemacht hat. Wir hatten uns im Lateinsprechen fleißig geübt, brauchten deshalb keineswegs eingelernte Phrasen herzustammeln. Auch Ritter und andere Professoren der Universität beteiligten sich. Der Doktorschmauß war in der Domprobstei hergerichtet; ich hatte den neugewählten Fürstbischof einladen dürfen; er saß zu meiner rechten Seite, zur linken Abegg, der Dekan der juristischen Fakultät. Mit dem Verlauf der Promotion durfte ich zufrieden sein; man legte mir sogar nahe, mich in Breslau zu habilitieren, aber der slavische Charakter der Stadt und ihrer Bewohner, die öde Umgebung und mein Gefühl für West- und Süddeutschland ließen mich auf den Gedanken nicht eingehen.

Erfrischung suchte ich zunächst für vier Wochen in Norderney. Bei der Durchreise überreichte ich in Berlin Gneist meine Dissertation und hörte später, daß er sie in seinen Vorlesungen hervorgehoben habe. In Münster wurde dem jungen Doktor nach zweijähriger Abwesenheit ein ehrenvoller Empfang zuteil. Das Klügste wäre nun gewesen, ich hätte dem juristischen Doktor möglichst bald den philosophischen folgen lassen und dadurch ad utrumque paratus die rechte Bahn wieder gewonnen. Leider kam dieser Gedanke nicht einmal in Erwägung; auch die Vorbereitungen für eine Habilitation wurden zunächst verschoben. Mein Bruder Wilhelm, mit dem ich seit der italienischen Reise stets in innigster Verbindung gestanden hatte, lud mich noch einmal zu sich ein; diesmal, um einen Winter in Paris zu verleben. Für einen jungen Mann war das Anerbieten verlockend genug, wenn sich auch ein Ergebnis wie bei der italienischen Reise, eine neue Grundlage für meine Lebensentwicklung von einem Aufenthalt in Paris nicht erwarten ließ. Das Hauptbedenken lag in der Besorgnis, daß meine Habilitation eine Verzögerung erleiden würde. Aber die Jugend weiß mit der Zeit nicht hauszuhalten. Am 22. Oktober war ich wieder in Paris. An anziehenden, auch nützlichen Verbindungen fehlte es mir nicht. Mein Bruder machte mich in seinem Kreise bekannt; hier begegnete ich auch meinem später mir so teuren Freunde Eduard Magnus, der nach Paris gekommen war, um die Gemahlin unseres Botschafters, des Grafen Hatzfeld, zu malen. Er führte mich in die Ateliers befreundeter Künstler; im Atelier Ary Scheffers hatte ich die Freude, Entwürfe und Skizzen vieler seiner Gemälde, die ich seit langer Zeit besonders bewunderte, zu sehen. Zwischen ihnen stand eine Statuette der Jungfrau von Orleans, die vom Pferde sinnend und wehmütig auf den erschlagenen Talbot herabblickt, ein Werk der Prinzessin Marie von Orleans, einer Lieblingsschülerin Scheffers.

In Bonn hatte mir Walter Empfehlungen an den Erzbischof Sibour, den Grafen Montalembert und Eugène Rendu gegeben. Von allen Dreien habe ich Freundliches erfahren. Der Erzbischof, ein gütiger, würdiger Herr, zog mich an seinen Tisch; in seinen wöchentlichen Abendzirkeln konnte man öfter namhaften Personen begegnen. Es hat mich mit Entsetzen erfüllt, als ich einige Jahre später hörte, er sei von einem halb wahnsinnigen Priester in einer Kirche ermordet worden.

Bedeutender war für mich das Haus Montalembert, Rue du Bac Nr. 40. Der Graf, damals noch in der Vollkraft der Jahre, hatte beinahe das Aussehen eines deutschen Professors. Den eindrucksvollen Redner erkannte man, wenn er sprach. Der ältesten Tochter, der späteren Comtesse de Meaux, trat ich etwas näher, da ich für ein wohltätiges Unternehmen, das sie unterstützte, bei den Freunden meines Bruders sammelte. Zum Dank wurde mir die Ehre, in einem zu demselben Zwecke veranstalteten Konzert als Mitglied des Komitees mit einer großen seidenen Schleife zu erscheinen und sogar eine junge Pariserin auf das Podium zu führen, wo sie ihre Lieder vortrug. Der Graf, der zu deutschen Gelehrten und deutscher Wissenschaft die engsten Beziehungen unterhielt, hatte auch in seinem Hause eine deutsche Gouvernante, Frl. Leduc aus Münster. Mit den französischen Zuständen, besonders mit dem Kaisertum, war er wenig zufrieden, um so weniger, als er selbst von dem Kaiser, dessen Wahl zum Präsidenten er wesentlich gefördert hatte, sich getäuscht fühlte. Ein freimütiger Brief, der in den Zeitungen veröffentlicht wurde, zog ihm eine Anklage und Verurteilung zu. Gerade an dem Abend, als der Kaiser durch eine vorzeitige Begnadigung das noch nicht rechtskräftige Urteil aufzuheben suchte, — ich denke am 24. März — befand ich mich in größerer Gesellschaft im Montalembertschen Hause. Villemain, Guizot, viele Legitimisten waren anwesend, alle in großer Aufregung. Bekanntlich wies Montalembert die Begnadigung zurück und appellierte. Erst als er in zweiter Instanz verurteilt war, mußte er sich die Begnadigung, die der Kaiser abermals eintreten ließ, gefallen lassen. Seine Gesinnungen gingen, wie sich denken läßt, auch auf die Kinder über; als das Gespräch bei Tisch sich einmal auf Cäsar und Pompejus wandte, wurde sehr lebhaft für den letzteren Partei genommen.

Der Brief, den ich erwähnte, führte zu einem Zeitungsstreit zwischen Montalembert und Rendu. Rendu, damals noch in jugendlichem Alter, nahm bereits eine angesehene Stellung im Ministerium des Unterrichts ein. Er liebte, sich in den Vordergrund zu stellen, war aber in der Tat ein einsichtiger, hochbegabter, kenntnisreicher Mann. Er hatte wohl nicht mit Unrecht geäußert, Montalembert habe wohl vorhersehen können, daß Louis Bonaparte nicht bei der bloßen Präsidentschaft stehen bleiben würde. Der Graf hatte dies sehr übelgenommen und Rendu unter der Bezeichnung cet employé nicht eben höflich behandelt. Zu meiner Freude erhielt ich zuweilen Gelegenheit, zugetragene Äußerungen der beiden Gegner zu mildern oder zu berichtigen.

Rendu war eben damals beschäftigt, die Beobachtungen über deutsches Schulwesen, die er auf einer Reise im Auftrage seiner Regierung gesammelt hatte, zu einem Buche zu verarbeiten, das ihn auch bei uns bekannt gemacht hat; es gab auch die Veranlassung, die mir seine Zuneigung gewann. Er hatte eine Anzahl Tabellen über Schulwesen aus Deutschland mitgebracht, mit denen er nicht fertig zu werden wußte, so daß er es mir sehr hoch anrechnete, als ich sie ihm mit einigem Aufwand von Zeit und Mühe übersetzte. Die Arbeit hat sich durch eine mehr als 40jährige Freundschaft reichlich belohnt.

Man sieht, daß ich der französischen Sprache leidlich mächtig geworden war; darin bestand ein wesentliches Ergebnis meines Pariser Aufenthaltes. Die Vorlesungen an der Sorbonne, vielfach auch von Damen besucht, trugen einen mehr feuilletonistischen als wissenschaftlichen Charakter, und die Vorlesungen an der Rechtsschule hätten für die Fächer, die mich angingen, keinen

Zweck gehabt. So kam es, daß ich den bei weitem größten Teil des Tages, d. h. alles, was nach dem Besuche der Museen, der Prachtgebäude und einigen Ausflügen in die herrliche Umgebung übrig blieb, auf französische Literatur und Geschichte verwendete. Ein französischer Student, Mr. Renaud, lieh mir dabei in den Abendstunden seine Augen. Er fehlte nur einige Tage, als man ihn wegen Straßenunfugs bei dem Leichenbegängnis Bérangers in Mazas eingesperrt hatte. Von französischen Klassikern Corneille, Racine, Voltaire habe ich wenigstens die bedeutenderen Werke gelesen; Rousseau nahm mich ganz gefangen. Unter den Lyrikern war Béranger beinahe der einzige, der mir zusagte; einzelne Gedichte Gabriel Gilberts, André Chéniers und A. de Mussets sind mir bis heute im Gedächtnis geblieben. Chateaubriand leitet zu den Historikern über, besonders zu Michelet, Augustin Thierry und Guizot. Die richtige Aussprache suchte ich im Théâtre Français mir anzueignen; öfters nahm ich den Text eines Stücks von Molière oder Racine mit in die Vorstellung und verfolgte in dem Buche die Worte des Schauspielers. Das Théâtre Français stand damals noch in vollem Glanze, weit höher als in späteren Jahren; wie Musik klangen die Verse; ich habe immer eine Vorliebe dafür behalten. Die Rachel war leider abwesend, nur einmal, kurz vor meiner Abreise habe ich sie als Phädra gehört und gesehen. Beides gehört zusammen: Adel und Schönheit ihrer Bewegungen, Ausdruck und Modulation ihres Vortrags. Dazu die Vorzüge des Dramas; in der Literatur, nicht nur der französischen, sondern aller Völker hat es wenige seinesgleichen. Die übrigen Theater zogen mich wenig an. Nicht nur die Stücke, auch das Talent der Schauspieler standen weit unter dem, was das Théâtre Français bot. Im Gymnase machte der Held Fechter in der Kameliendame ein volles Haus, aber seine Darstellung schien mir übertrieben und doch zugleich konventionell.

Unter solchen Erlebnissen kam der Frühling. Mein Bruder war schon vor längerer Zeit nach Italien gereist und die für meinen Aufenthalt bestimmte Zeit war abgelaufen. Ich sah noch in der Umgegend, was mich am meisten reizte, folgte für einige Tage einer Einladung auf die Celle Saint Cloud, das prächtige Landhaus des Herrn Pescatore und bereitete mich zur Abreise. Gerade war ich mit den Abschiedsbesuchen beschäftigt, als ich am 21. April auf der Straße mich unwohl fühlte, so unwohl, daß ich sobald als möglich nach Haus zurückkehrte und mich niederlegte. Der Arzt erkannte das Scharlachfieber. Merkwürdig, daß gerade zu derselben Zeit drei meiner Geschwister in Münster an derselben Krankheit darniederlagen. Da man die frühere Theorie von der Wirkung verwandten Blutes in die Ferne, wie sie in den Briefen der Frau v. Sevigné vorgetragen wird, schwerlich noch anerkennt, so ist es wohl zeitgemäß, eine Übertragung giftiger Bazillen etwa durch Briefe aus der Heimat anzunehmen. Ich wurde in ein wohlberufenes Krankenhaus in der Rue de la Victoire gebracht. Die älteste Schwester meiner Mutter war freundlich genug, aus Bonn an mein Krankenbett zu eilen. Erst am 1. Juni konnte ich Paris verlassen. Kenntnisse, neue Erfahrungen, Weltanschauung hatte der Aufenthalt in Frankreich mir in reichem Maße eingebracht. Aber auch meine Besorgnisse hatten sich erfüllt; meine juristische Habilitation war nicht gefördert. Es galt so rasch als möglich, das Versäumte nachzuholen; der geeignetste Ort dafür schien Berlin zu sein.

Zunächst verlebte ich einige Tage in Münster mit meinem Vater; meine Mutter hatte die Angelegenheiten einer ihr werten Verwandten in Köln zu ordnen. Ich fand ihn dem 70. Jahre nahe, merklich gealtert, aber geistig noch tätig. Er zeigte mir ein Bändchen mit Erinnerungen, die er in den letzten Jahren verfaßt und als Manuskript hatte drucken lassen. Ein Schatz für seine Kinder und auch für die Zeitgeschichte wertvoll. Mit schwerem Herzen nahm ich am 15. Juni von ihm Abschied; niemals hatte ich inniger mit ihm verkehrt, niemals war ich ihm näher gekommen als in diesen Tagen. Hatte ich eine Ahnung, daß ich ihn zum letzten Male sah?

Ich bin jederzeit gern in Berlin gewesen, und bald fühlte ich mich auch damals wieder heimisch. Der Aufenthalt bot Annehmlichkeiten, die ich später wohl vermißt habe. Die ungeheure Zahl von Eingewanderten hatte noch nicht die Hunderttausende über die Millionen hinausgebracht; Handel und Industrie waren noch nicht zum Unermeßlichen gesteigert, die Entfernungen nicht übermäßig; alles, was ich brauchte, Universität, Bibliothek, die Kunstsammlungen, der Tiergarten, auch die Wohnungen meiner meisten Bekannten lagen auf einem verhältnismäßig kleinen Raum beisammen.

Der Kreis meiner Bekannten war groß genug und kam mir mehr als in früheren Jahren zugute, weil ich nicht durch meine Augen gehindert war, an gesellschaftlichem Verkehr teilzunehmen. Es ist der Vorteil einer großen Stadt, daß das Gespräch, auch wenn es sich zu den Personen und Vorfällen der nächsten Umgebung wendet, nicht wie in einem kleineren Orte zum Klatsch wird, da es sich auch dann noch mit bedeutenden Gegenständen befaßt. Eine Gesellschaft bei Zurmühlen, Hansemann, Gruner verließ ich selten, ohne einen interessanten Menschen kennen gelernt, oder von einem bedeutenden Ereignis nähere Nachricht erhalten zu haben. Im Grimmschen Hause hatte ich mehrmals die Freude, Joachim, den vertrauten Freund Hermann Grimms, zu hören. An einem Abend war es Frau Klara Schumann, die ihn begleitete und selbst die Anwesenden entzückte; ein anderes Mal spielte er eine Romanze und eine Beethovensche Sonate mit der Tochter des Hauses, Auguste Grimm, und ich hatte Verständnis genug, um in meinem Tagebuch zu vermerken, daß er von allen Geigenspielern, die ich bis dahin gehört hatte, der vorzüglichste sei. An diesem Abend war auch Gisela von Arnim gegenwärtig. Im Gespräche kamen meine Erinnerungen an Rom, meine Bekanntschaft mit Steinhäuser und die von dem trefflichen Künstler nach dem Entwurf Bettinas ausgeführte Goethestatue zur Erwähnung. Sie erlaubte oder forderte mich auf, ihre Mutter zu besuchen. Am nächsten Mittag schlug ich den Weg nach den Zelten ein, um der seit früher Jugend verehrten, merkwürdigen Frau mich vorzustellen. Ich schickte ihr meine Karte ins Zimmer; sie kam heraus, die Feder voll Tinte in der Hand, klagte über viele Geschäfte und gar zu häufige Störungen. Ich wollte darauf wieder gehen; sie nötigte mich aber in ein Zimmer, in dem das Modell der Statue Goethes aufgestellt war. Steinhäuser hatte weniges verändert, womit sie sich aber nicht sehr zufrieden zeigte. Noch mehr beklagte sie sich über die Aufstellung und Umgebung der Statue in Weimar, und ich erhielt den Eindruck, daß man sich am besten an ihren geist- und geschmackvollen Plan gehalten hätte. Auf breiten Stufen gelangte man zu einer Fläche, zu den Füßen Goethes, der, wie des Phidias olympischer Zëus, auf einem königlichen Stuhle thront, mit dem Lorbeer geschmückt, auf dem linken Knie die Leyer, zu der die in viel kleinerem Maßstabe ausgeführte Psyche zwischen seinen Knieen stehend sich hinaufschmiegt. Während ich das Kunstwerk betrachtete, sagte sie, daß sie nur gerade eine Viertelstunde mir bewilligen könnte, die ich denn auch sogleich auf der Uhr feststellte. Sie fing nun an, mir mehrere Veränderungen zu erklären, denen das Modell noch unterworfen werden sollte. Insbesondere sollte auf die hintere Seite der Rücklehne, die zwischen zwei Lorbeerstämmen gehalten wird, eine schön aufschwebende Figur der Freiheit durch eine Gruppe, die Preßfreiheit darstellend, ersetzt werden, nämlich durch einen Jüngling, der eine allegorische Figur umarmt. Diese Veränderung schien mir weder im Verhältnis zu ihrer Umgebung, noch in der Form, noch im Gedanken sehr glücklich. Unterdessen war die bestimmte Viertelstunde abgelaufen und ich wollte nochmals mich empfehlen. Sie hieß mich aber nochmals bleiben und holte nun eine Mappe, mit ihren Zeichnungen gefüllt. Fast alle waren so schön in der Form, so geistreich in der Erfindung; und insbesondere ein echt antikes Element so innig und eigentümlich ihnen verwoben, daß ich Steinhäusers Urteil, Bettina sei das größte plastische Talent, das er kenne, verstehen konnte. Erinnerlich sind mir besonders das Porträt Clemens Brentanos; ein Mädchen in einer Halle, vor Amor und Psyche knieend — wie es schien, sich selbst vorstellend —, dem von rückwärts von einer Statue der Mutter Gottes eine Taube zufliegt; und vor allen Venus, die den Amor in einem Tuch, das sie ihm über den Kopf um die Hüften geworfen hat, an sich heranzieht, ein Werk voll Leben und Naivität, das als Basrelief ausgeführt, vortrefflich wirken müßte. Nachdem ich alles ausreichend gesehen und bewundert hatte, wollte ich zum dritten Male Abschied nehmen. Sie behauptete aber, erst müsse sie von der gehabten

Anstrengung sich erholen und begann zu diesem Zwecke ein langes lebhaftes, teils geistvolles, teils sehr ungereimtes Gespräch über Politik. Hauptthema war, sie sei die einzige Aristokratin, und das Ideal müsse in der Politik verwirklicht werden. Ihre Gespräche mit Dämonen habe der König nicht lesen wollen; sie habe sie fast im Traume (was ihr wohl zu glauben ist) und deshalb viele Stellen doppelt geschrieben; durch Ausstreichen dieser Stellen seien die vielgedeuteten „Lücken eigener Zensur" entstanden. So blieb ich fast zwei Stunden und fand ich auch den Eindruck ihrer Persönlichkeit nicht durchaus anziehend, so war er doch höchst eigentümlich und anregend zugleich. Beim Abschiede schenkte sie mir noch das besprochene Buch, das sie, wie sie sagte, schon für mich zurückgelegt hatte. Ich bat sie, ihren Namen hineinzuschreiben; sie weigerte es, weil sie keine Zeit habe. Nun hatte ich schon bemerkt, daß sie gewöhnlich das Gegenteil von dem sagte, was sie wollte; daher tat ich, als wenn ich damit zufrieden wäre. Darauf nahm sie das Buch wieder an sich und schrieb mir hinein: „Um das Ideal in der Politik zu verwirklichen, schenke ich dies Buch dem Hermann Hüffer. Bettina Arnim." Zu Hause fing ich an, das Buch zu lesen: es enthält aber soviel phrasenhaftes, ja ganz unverständliches, daß ich es, ohne bis zum Schluß gekommen zu sein, für immer aus der Hand legte. Ich habe sie nachher noch einige Male in ihrer Wohnung gesehen; auch den seelenvollen Gesang ihrer Tochter gehört; einmal begegnete sie mir vor dem Hause ihres Schwagers Savigny auf der Behrenstraße. Sie war freundlich genug, eine Weile mit mir auf und ab zu gehen und lud mich ein, vor ihrer Abreise nach Gastein noch einmal zu ihr zu kommen. Aber ehe ich sie wiedersah, hatte ein gemeinschaftlicher Bekannter eine törichte Disputation mit ihr angefangen und auch mich mehr als nötig hineingezogen. Das hatte ich zu entgelten, als ich sie am 10. September wieder aufsuchte; ich fand sie so wenig freundlich, daß ich meinen Besuch nicht wiederholte.

Über der Geselligkeit wurde die wissenschaftliche Arbeit nicht vergessen. Da ich für Kirchenrecht mich zu habilitieren dachte, aber daneben immer meine geschichtlichen Neigungen hegte, so wählte ich als Thema für die Habilitationsschrift und zugleich für eine größere Arbeit die Geschichte der Papstwahlen und suchte mich sogleich mit den Quellen der ältesten Zeit bekannt zu machen. Dabei war die Verbindung mit Pertz von großem Nutzen. Er erlaubte mir in den Büchersälen der Bibliothek zu arbeiten; wo ich alles, was ich brauchte, zur Hand hatte und reichlich Gelegenheit fand, meine bibliographischen Kenntnisse zu vermehren. Auch zur Mitarbeit an den Monumenten hätte er mich wohl herangezogen, hätte ich auf die akademische Laufbahn verzichten können. Vielfache Anregung und Belehrung verdankte ich dem scharfsinnigsten Mitarbeiter der Monumenta Philipp Jaffé, auf der Bibliothek wurde er mein

Führer; auch in die Kunst, eine Handschrift zu kopieren oder zu faksimilieren, weihte er mich ein. Von gleichaltrigen Bekannten will ich nur zwei erwähnen: Johannes Janssen und Karl Friedrich Stumpf. Janssen, der Sohn eines bescheidenen Handwerkers in Xanten, hatte sich nach einer schweren Jugend aus den ungünstigsten Verhältnissen emporgearbeitet. Er hat mir wohl erzählt, wie er trübseligen Herzens das Handwerk, ich glaube eines Zinnschlägers, lernen sollte; nur durch das Eingreifen eines Wohltäters wurde er für den höheren Unterricht gerettet. Seine Begabung trat bald hervor; in Berlin als junger Doktor war er schon manchem Jüngeren ein Wegweiser; von einer schroffen einseitigen Richtung war damals nichts an ihm zu bemerken. Er beschäftigte sich eifrig mit deutscher Geschichte; ein eben veröffentlichtes Werk über den Abt Wibald v. Stablo hatte seine Befähigung bereits in günstiges Licht gestellt. Eines Morgens im Juli besuchte er mich mit einem jungen Wiener, mit dem ich mich sogleich befreundete. Es war Karl Friedrich Stumpf. Der Reorganisator des österreichischen Schulwesens, Graf Thun, hatte ihn mit andern jungen Österreichern nach Preußen geschickt, um seine Bildung zu vervollkommnen. Wir waren alle drei von dem Ministerialdirektor Aulike zum Mittagessen eingeladen, wo Politik und Wissenschaft einen Stoff zu angeregter Unterhaltung gaben. Selten ist mir ein Mensch vorgekommen, so liebenswürdig und schon durch sein äußeres Benehmen so gewinnend wie Stumpf. Beim ersten Blick glaubte man ein Mitglied der österreichischen Aristokratie vor Augen zu haben. Sein heiterer Sinn teilte sich unwillkürlich jedem mit, der in seine Nähe kam. In hohem Maße besaß er Welt- und Lebensklugheit, großen Fleiß, und für wissenschaftliche Dinge entschiedene Begabung; nur die Mängel der österreichischen Gymnasialbildung mußte er zuweilen noch empfinden. Er war begeistert für sein Vaterland, das eben damals einen so kräftigen Anlauf nahm, sich auf der Grundlage seiner deutschen Bestandteile eine einheitliche Verfassung zu geben und seinen Einfluß in Deutschland zu vermehren. Schon damals beschäftigte er sich eifrig mit der Urkundenlehre, für die er später so Bedeutendes geleistet hat. Wie Janssen und ich suchte und fand er einen stets bereiten Ratgeber in Philipp Jaffé.

Ende November kam mein Bruder Alfred als Vertreter eines westfälischen Wahlkreises nach Berlin und bezog ein Zimmer neben dem meinigen. Schon damals wurde ich mit zahlreichen Abgeordneten bekannt, sofern es nicht bereits geschehen war. Die Fraktion, der er sich angeschlossen hatte, beinahe, oder ganz aus Katholiken bestehend, nahm damals eine angesehene Stellung ein. Sie zählte ausgezeichnete Redner und kenntnisreiche Fachmänner zu ihren Mitgliedern und vertrat durchaus der Reaktion gegenüber gemäßigt liberale Anschauungen. Eine Parteibildung nach konfessionellen Rücksichten erschien mir für parlamentarische Versammlungen damals wie später mit Bedenken verbunden. Aber alle politischen Doktrinen stehen unter dem Zwang der Verhältnisse, und wie die Dinge damals lagen, ließ sich nicht verübeln, wenn katholische Abgeordnete sich vereinigten, um in dem protestantisch-bureaukratisch organisierten Staatswesen ihrer Kirche und ihren religiösen Grundsätzen Anerkennung und Wirksamkeit zu verschaffen. Die beiden hervorragenden Räte der katholischen Abteilung, Aulike und Ulrich, fanden sich durch die Bildung der Fraktion gefördert, besonders Aulike, der sich in seiner amtlichen Stellung durch konfessionelle Gegensätze und Vorurteile vielfach gehindert und gekränkt fühlte. Oft genug war von diesen Mißständen bei abendlichen Besuchen eingehend die Rede, und der ausgezeichnete Beamte, dessen Pflichttreue und Loyalität niemand übertreffen konnte, war oft so aufgeregt, daß er heftige Ausdrücke nicht sparte.

An demselben Tage, an welchem ich Frau von Arnim kennen lernte — es war der 3. August 1854 — hatte ich abends mit ihm eine eingehende Unterredung. Er sah die Verhältnisse sehr trübe an und beklagte die geringe Vertretung der Katholiken in fast allen Verwaltungszweigen. War schon unter persönlich wohlwollenden Männern wie Schwerin und Ladenberg wenig auszurichten, so ließ der starr pietistische, ganz auf den protestantischen Staat hinarbeitende Absolutismus des Herrn von Raumer das Schlimmste befürchten. Den sichersten Schutz für ihre Kirche meinte er, fänden die Katholiken in der Verfassung. Dann erzählte er mir unter dem Siegel der Verschwiegenheit als einem Freunde den Ursprung der Artikel 15, 16 und 18. Am Tage nach der Märzrevolution wurde zum Entwurf einer neuen Verfassung eine Kommission zusammenberufen, in der aber kein einziger Katholik sich befand; erst zwei Tage später wurde durch Vermittlung Schwerins auch Aulike zugezogen, nachdem man schon vorher Kirche und Schule mit einigen nichtsbedeutenden Phrasen abgefertigt glaubte. Aulike dachte, man würde seinetwegen auf diesen Gegenstand zurückgehen; dies geschah aber nicht und so gewann er Zeit, während der Beratungen fünf Paragraphen auszuarbeiten, die er der Kommission, gerade als sie sich trennen wollte, vorlegte. Von allen wurde nur ein halber angenommen. Nun ging Aulike noch am Abend zu Schwerin, stellte ihm die Notwendigkeit vor, die Katholiken zu gewinnen, und arbeitete schon am folgenden Tage über die Verfassung, die vom Könige und den Ministern festgestellt werden sollte, in der Nacht eine Denkschrift aus. Sie befindet sich noch unter den Akten des Kultusministeriums. Wirklich wurden in der Sitzung des folgenden Tages von den fünf Paragraphen drei angenommen. Der Paragraph über das Vermögensrecht gefiel dem Könige so sehr, daß er später sich selbst für den Verfasser hielt und ausgab. Er ging auch in andere Verfassungen über, und in Österreich wurde er bei Aufhebung der Verfassung allein ausgenommen. So vergingen für mich und meinen

Bruder arbeitsvolle und nicht ergebnislose Wochen und Monate, als wir von einem furchtbaren, tiefbeugenden Schlage getroffen wurden. Wir wußten, daß das Befinden meines Vaters Besorgnis erregte, waren aber völlig überrascht, als wir an einem Abend unter heiteren Gesprächen einen Brief meines ältesten Bruders erhielten, mit der Nachricht, der Vater sei nach kurzem Unwohlsein am 12. Januar entschlafen. Er hatte nur wenige Tage das Alter von 70 Jahren überschritten. Für mich war er stets das Verehrungswürdigste geblieben, das die Welt in sich schloß. Den Eindruck seines Abscheidens, die Trauer, meine Reise nach Münster, die Teilnahme der Freunde, der städtischen Bevölkerung, will ich hier nicht schildern. Es verging Zeit und kostete Mühe, bis ich, nach Berlin zurückgekehrt, für die gewohnten Arbeiten mich wieder gesammelt hatte.

Im Frühjahr war die Habilitationsschrift so weit gediehen, daß sie vorgelegt werden konnte; es fragte sich aber: wo? Breslau, Berlin, Bonn kamen in Betracht. Für Breslau sprachen die angenehmsten persönlichen Beziehungen; aber Gründe, die ich schon erwähnte, waren jetzt, wie vor 1¼ Jahren ein Hindernis. In Berlin wäre ich gern geblieben, und Ämilius Ludwig Richter, der treffliche Kanonist, würde mir nicht entgegen gewesen sein; auch Rudorff, der Romanist, hatte meine Dissertation sehr freundlich aufgenommen; er sagte mir sogar, sie veranlasse ihn, seine Ansicht über das justinianische Rechtsinstitut, das ich behandelt hatte, in der bevorstehenden Auflage seiner Pandekten zugunsten meiner Ansicht zu verändern. Bei alledem waren für einen Katholiken Schwierigkeiten zu befürchten, die selbst Richters bevorzugten Schüler Johann Friedrich Schulte bewogen hatten, sich nicht in Berlin, sondern in Bonn zu habilitieren. Er war aber nach kurzer Wirksamkeit nach Prag berufen worden, und mein Onkel Leopold Kaufmann, der inzwischen in jugendlichem Alter zum Bürgermeister seiner Vaterstadt gewählt worden war, hatte mir nach dem Tode meines Vaters dringend geraten, nach Bonn zu kommen, wo bei den schon vorgerückten Jahren Walters ein jüngerer Kanonist auf eine erfolgreiche Wirksamkeit hoffen könne. Dazu kam meine Liebe für den Rhein und für die Stadt, der ich durch die Familie meiner Mutter und durch eigene Erlebnisse verbunden war. So geschah es, daß ich im Mai zwei Habilitationsschriften: die Papstwahl in dem alten römischen Kaiserreich und das Privilegium canonis der juristischen Fakultät in Bonn einreichte. Sie wurden angenommen, und Professor Friedrich Bluhme stellte als Thema für eine lateinische Vorlesung das Patronatrecht in der evangelischen Kirche. In einer Sitzung der Fakultät am 9. August konnte ich meinen Vortrag halten, es folgte, eigentlich nur der Form wegen, ein kurzes Colloquium; man ließ mich abtreten, und als ich wieder hereingerufen wurde, kündigte der Dekan mir an, daß ich als Privatdozent aufgenommen sei.

So war ich sieben Jahre nach dem Abgange vom Gymnasium zu einer Stellung gelangt, die für meine ganze amtliche Laufbahn den Ausgangspunkt gebildet hat. Mit 25 Jahren. Wenn man die Hindernisse, mit denen ich zu kämpfen hatte, die langen Unterbrechungen meiner Studien in Anschlag bringt, so könnte es scheinen, ich hätte rasch genug das Verlorene wieder ausgeglichen. Aber schon hier mußte ich deutlich den Nachteil erkennen, daß ich meinen Herzensneigungen untreu geworden war und eine Vernunftehe mit der Jurisprudenz abgeschlossen hatte. Nichts übler als geteilte Neigungen und geteilte Kräfte! Hätte ich mich mit meinem ganzen Wesen der Geschichte und der Literatur zugewendet, wer weiß, ob ich selbst den Lockungen einer italienischen Reise gefolgt wäre, und wie ganz anders hätte ich den Aufenthalt in Italien und Frankreich benutzen können! Jetzt hatte ich zwar die Ansprüche eines offiziellen Studiums pflichtmäßig und ich darf sagen mit steigendem Interesse erfüllt; der Trieb aber war nicht mächtig genug, mir schon in jugendlichen Jahren eine würdige, große Lebensaufgabe vor Augen zu stellen, und was ich in anderen Fächern mir von Kenntnissen aneignete, allenfalls in einzelnen Punkten ergänzte und vertiefte, war doch ohne rechten Zusammenhang geblieben und nicht imstande, ein irgend bedeutendes eigenes Erzeugnis hervorzubringen. Wäre es nur auf Fleiß und Fähigkeiten angekommen, die letzten sieben Jahre hätten nicht ausschließlich in einer Dissertation und ungedruckten Prüfungsabhandlungen ein so kärgliches Ergebnis hervorgebracht

---

5. Kapitel.

Prviatdozent.

(Herbst 1855 bis 1860.)

An der juristischen Fakultät in Bonn bestand damals eine Vorschrift, die an das Karenzjahr der Domkapitel und anderer Stiftungen des Mittelalters erinnert. Ein Privatdozent durfte während des ersten Jahres nach der Habilitation nur über einen Teil des Faches, für das er sich habilitiert hatte, eine öffentliche Vorlesung halten. Ich hatte dafür das Eherecht gewählt, das gerade infolge der Zeitverhältnisse ein mehr als gewöhnliches Interesse erweckte und eine reiche Literatur hervorgerufen hatte. Als Habilitationsrede auf der Aula diente mir am 9. Dezember ein Vortrag über den höchsten kirchlichen Gerichtshof, die Rota Romana. Für das Sommersemester wählte ich das kirchliche Vermögensrecht mit besonderer Rücksicht auf die Verhältnisse am linken Rheinufer. Gerade diese Verhältnisse hatten meine Wahl bestimmt und mein Interesse vorzugsweise in Anspruch genommen. Die Entwicklung des 18. Jahrhunderts, die Einwirkung der Revolution und der französischen Herrschaft, dann die Neugestaltung unter dem Zepter Preußens bildeten eine Folge, gleich interessant für den Historiker wie für den Juristen; eine gründliche, systematische Bearbeitung hatten sie aber noch nicht erhalten. Französische Werke und die fleißige, aber keineswegs musterhafte Gesetzsammlung von Hermens waren die Hauptquellen, aus denen man eine klare Vorstellung sich erwerben mußte. Mit allem Eifer machte ich mich an die Arbeit und ich darf hoffen, wenigstens in der Folgezeit einige nicht unwichtige Ergebnisse gewonnen zu haben. Im Herbst 1856 hielt ich die erste vollständige Vorlesung über Kirchenrecht, aber im Frühjahr verlangte meine Gesundheit nach einer durchgreifenden Stärkung. Ich begab mich in die Wasserheilanstalt nach Rolandseck und kam von da aus zweimal wöchentlich in die Stadt, um das kirchliche Vermögensrecht vorzutragen. Im Winter von 1857 auf 1858 folgte wieder Kirchenrecht, daneben habilitierte ich mich für deutsches und preußisches Staatsrecht, so daß ich im Sommer eine Vorlesung darüber halten konnte. In den nächsten Jahren wechselten dann im Winter- und Sommersemester Kirchenrecht und Staatsrecht und die öffentlichen Vorlesungen über Eherecht, kirchliches Vermögensrecht und ein einzelnes Mal über preußische Verfassungsurkunden. Für alle Vorlesungen habe ich mich immer gründlich und gewissenhaft vorbereitet. Jahre vergingen, ohne daß ich eine einzige hätte ausfallen lassen; es steckte genug von dem preußischen Beamten in mir, um diese amtliche Tätigkeit als eine Pflicht zu betrachten, hinter der alles übrige zurücktreten müsse. Auch nahm ich lebhaften inneren Anteil an dem, was ich vortrug, an den großen kirchlichen und politischen Fragen, welche damals Deutschland bewegten. Gewiß ist dies meinen Vorlesungen zugute gekommen; öfters ist mir in viel späteren Jahren versichert worden, daß gerade diese frühen Vorträge aus dem Munde eines Dozenten, der kaum dem Jünglingsalter entwachsen schien, nicht ohne Eindruck auf die Hörer geblieben seien.

Was ist daneben von literarischen Arbeiten und Veröffentlichungen zu sagen? Nicht viel. Der nachteilige Einfluß geteilter Interessen, von dem ich schon redete und noch zu reden habe, konnte nicht vermieden werden. Dazu kam noch eine geringe, man muß sagen, zu geringe Neigung, in den Druck zu gelangen. Für Byrons bekannten Spruch, daß es vergnüglich ist, sich gedruckt zu sehen, hätte ich damals kein Beispiel geliefert. Meine Dissertation war nicht in den Handel gekommen, meine Habilitationsschrift über die Papstwahlen blieb ungedruckt, desgleichen die öffentliche Vorlesung über die Rota Romana, nicht weniger die Abhandlung über das Patronat in der evangelischen Kirche, obgleich sie später aus preußischen Akten nicht unwichtige Erweiterungen erhalten hat.

Als Mitarbeiter für die Monumenta Germaniae einzutreten, hatte ich mich nicht entschließen können, aber zugesagt, als mir durch Vermittlung Jaffés angeboten wurde, mich an den Übersetzungen deutscher Geschichtsschreiber der Vorzeit zu beteiligen, die in einer großen Sammlung von Ranke, Pertz, Ritter und Lachmann herausgegeben wurden. Kurz ehe ich Berlin verließ, war mir die kleine Biographie der Kaiserin Adelheid des Odilo von Cluny übertragen worden. Sie erschien im Februar 1856. In den nächsten Jahren folgte das Leben Adalberts von Prag, des Apostels der Preußen, und im Winter 1859 das Leben der Bischöfe Bernward und Godehard von Hildesheim. Sie sind mehr als dreißig Jahre später in zweiter Auflage von Wattenbach herausgegeben. Ich weiß nicht, ob sie alles Lob verdienen, was der seit vielen Jahren mir befreundete treffliche Gelehrte gespendet hat; immer durfte ich mir einige Befähigung als Übersetzer beimessen. Bei dem Aufsuchen der von den mittelalterlichen Schriftstellern verwendeten Zitate und Anspielungen bewährte sich früh ein Spürsinn, der mich das Leben hindurch nicht verlassen hat, wie denn auch meine Augen trotz so vieler Mängel die Fähigkeit besaßen, bei dem ersten Blick auf ein Oktav oder sogar auf eine Folioseite den ganzen Inhalt insbesondere jeden darauf befindlichen Eigennamen zu erkennen. Vielfach fand sich auch Gelegenheit, kanonistische Kenntnisse zu verwerten, insbesondere in bezug auf den Gandersheimer Streit, der in dem Leben Bernwards und Godehards eine so große Rolle spielt. Es war aber, besonders wenn ich meine akademische Zukunft im Auge behielt, schon viel zu lange Zeit vergangen, ohne daß etwas eigentlich kirchenrechtliches von mir veröffentlicht war. Man wird es deshalb nur verständig nennen, daß ich an den Übersetzungen, trotz wiederholter Aufforderungen, mich nicht mehr beteiligte. Endlich erschien im Frühjahr 1858 in dem von dem Frhr. von Moy in Innsbruck herausgegebenen Archiv für katholisches Kirchenrecht eine Abhandlung über den Schutz der Geistlichen im Mittelalter gegen tätliche Beleidigungen, das sogen. privilegium canonis, hervorgegangen aus einer Aufgabe, die mir die Breslauer Fakultät zu meiner Doktorprüfung gestellt hatte. Meine literarischen Studien richteten sich im Anschluß an meine Vorlesungen nach zwei Seiten: einmal auf die kirchenrechtlichen Quellen, insbesondere auf die sogen. vermittelnden Sammlungen, welche zwischen den falschen Dekretalen des 9. Jahrhunderts und den großen Rechts- und Gesetzbüchern des 12. und 13. Jahrhunderts in der Mitte lagen; ferner auf die Vorgeschichte, die Entstehung und den Inhalt der Bulle de Salute vom 16. Juli 1821, welche die Verhältnisse der katholischen Kirche in Preußen neu geregelt hatte. Dabei mußte die Einwirkung der Revolution und der französischen

Gesetzgebung auf dem rechten und linken Rheinufer genau ins Auge gefaßt werden, so daß diese Untersuchungen mit meinen Vorlesungen über kirchliches Vermögensrecht sich aufs nächste berührten.

Die kirchenrechtlichen Verhältnisse am linken Rheinufer wurden damals und schon seit einer Reihe von Jahren mit großer Lebhaftigkeit erörtert. Nach den Umwälzungen der Revolution hatte erst das Konkordat von 1801 zwischen dem ersten Konsul Bonaparte und Papst Pius VII. einen neuen festen Rechtsboden begründet in der Weise, daß während eines Jahrhunderts sowohl Staat als Kirche in seinen Bestimmungen ihren Vorteil zu finden glaubte. Jetzt arbeitet man an seiner Zerstörung; die Zeit wird lehren, wer dabei gewonnen oder am meisten verloren hat. Bonapartes Ansichten waren zunächst dem kirchlichen Besitz wenig günstig, aber die französischen Gesetze, obgleich im ganzen verständig und den Verhältnissen angemessen, waren doch zum Teil rasch entworfen und hatten für zahlreiche Streitfragen Raum gelassen, insbesondere bezüglich des Eigentums von Kirchen, Pfarrhäusern und Kirchhöfen und der Beitragspflichten der Zivilgemeinden für die kirchlichen Bedürfnisse. Während der kurzen Zeit der napoleonischen Herrschaft, während der beständigen Kriege waren solche Fragen noch nicht zur Entscheidung gekommen, aber in den folgenden Jahrzehnten beschäftigten sie die Gerichtshöfe der Länder, in denen das französische Gesetzbuch auch nach dem Sturze des Kaisers in Geltung blieb, also in Frankreich, Belgien und am linken Rheinufer. Zahlreiche Urteile niederer Instanzen, nicht immer im gleichen Sinne, waren ergangen. Endlich entschied ein Urteil des Kölner Appellhofes vom 21. Januar 1858 eine der am meisten bestrittenen Fragen in dem Sinne, daß die Beitragspflicht für die Pfarrhäuser allen Mitgliedern der Zivilgemeinden ohne Unterschied der Konfession gleichmäßig aufliege. Da ich alle dahin gehörenden Fragen in meinen Vorlesungen eingehend behandelte, war ich gern bereit, Herrn v. Moy, der mich zu einem Bericht für seine Zeitschrift „Archiv für katholisches Kirchenrecht" aufgefordert hatte, die gewünschte Aufklärung zu geben. Aus diesem Bericht erwuchs im Sommer 1858 eine kleine Schrift: „Die Verpflichtung der Zivilgemeinden zum Bau und zur Ausbesserung der Pfarrhäuser[1])." Sie fand vielfache Zustimmung, rief aber auch eine Gegenschrift meines früheren Lehrers Friedrich Bluhme hervor, so daß ich mich nicht entschlagen konnte, meine Ansichten in einer zweiten Schrift „Das Rheinpreußische Gesetz vom 14. März 1845 und sein Verhältnis zu den Pfarrwohnungen" zu verteidigen. Das Urteil des Appellhofes, das ich als das richtige angenommen und tiefer zu begründen versucht hatte, wurde später durch ein Urteil des Obertribunals vom 12. April 1864 bestätigt und wiederholt. Aber in meinen Er-

[1]) In Buchform 1859 in Münster erschienen.

örterungen mit Bluhme war von mir wie von ihm mit gleicher Entschiedenheit hervorgehoben, es sei ein Nachteil und den Zuständen der Rheinlande nicht entsprechend, wenn Angehörige einer Konfession zu den kirchlichen Bedürfnissen einer anderen beitragen müßten. Diese Ansicht wurde dann zur Geltung gebracht durch das preußische Gesetz vom 14. März 1880, das die Eigentumsverhältnisse in zweckmäßiger Weise feststellte und zugleich den Zivilgemeinden anheimgab, gegen eine billige Entschädigung ein für allemal sich von jeder Beitragspflicht zu den Kultuskosten zu befreien. Es ist mir ein angenehmes Gefühl, für diesen, so weit ich sehe, einzig richtigen Grundsatz viele Jahre vor der gesetzlichen Anerkennung und fort und fort in meinen Vorlesungen eingetreten zu sein. Die Schrift wurde noch in den letzten Monaten des Jahres 1859 geschrieben, so daß sie im März 1860 erscheinen konnte.

Alles in allem war durch diese Erörterungen, die auch das freundliche Verhältnis zu Bluhme niemals gestört hatten, meine Stellung nicht verschlechtert worden. Die erstgenannte Schrift kam in abgekürzter Form in Moys Archiv zum Abdruck und wurde in den Fachblättern nicht ungünstig besprochen. Nicht lange nachher wurde mir durch Vermittlung des Herrn v. Moy eine Berufung nach Graz in Aussicht gestellt. Aber nur zu ungern hätte ich das heimatliche Rheinland mit der Fremde vertauscht und, da meine Vorlesungen über Kirchenrecht und Staatsrecht mehr und mehr eines guten Fortgangs sich erfreuten, so schien es nach einer fünfjährigen Wirksamkeit nicht mehr unbescheiden, auch in Bonn auf eine Beförderung zu hoffen. Von seiten der Fakultät hatte ich kein eifriges Eintreten für meine Wünsche, aber auch keinen Widerstand zu erwarten. Der Verwendung meiner Freunde in Berlin durfte ich versichert sein. Nicht zum wenigsten um diese Angelegenheit zu fördern, reiste ich am 13. August nach der Hauptstadt, wo ich zu gleicher Zeit an einer Versammlung des deutschen Juristentages teilnehmen konnte. Die Verhandlungen waren nicht der Art, daß sie mich persönlich nahe berührt hätten; immer blieb es ein Vorteil, bekannte und berühmte Fachgenossen persönlich kennen zu lernen. Am deutlichsten erinnerlich ist mir der Empfangsabend beim Justizminister, oder vielmehr die Stellung, die Waldeck an diesem Abend einnahm. Der alte Herr, seit 1848 den konservativen Kreisen ein Greuel, hatte sich als Mitglied des Juristentags in die Wohnung seines Chefs begeben. Die große Gestalt — sie erinnerte mich immer an den Hofschulzen in Immermanns Münchhausen — hatte unveränderlich in einer Fensternische Platz genommen; gerade als ob er den Empfang abhielte, trat man zu ihm heran und wurde durch ein mehr oder weniger verbindliches Gespräch ausgezeichnet. Meine eigenen Angelegenheiten nahmen dank der Unterstützung Aulikes einen guten Fortgang. Der Minister war verreist. Sein Stellvertreter, der Direktor des Ministeriums,

Geheimrat Lehnert, dann die Räte Olshausen und Pinder zeigten sich freundlich gesinnt. Am 31. August erhielt ich die Nachricht, der Antrag, mich zum außerordentlichen Professor zu befördern, sei an den Prinzregenten abgegangen. Die Sache war dadurch so gut wie entschieden; zahlreiche angenehme Verbindungen hielten mich aber bis zum 7. September in Berlin zurück. Am 13. kam mir in Münster im Hause meiner Mutter das Diplom meiner Ernennung zu.

Soviel über Taten und Ende des Privatdozenten. Es ist nicht das Einzige, was aus dem Verlaufe von fünf Jahren zu erwähnen bleibt. Schon als Student hatte ich oft den Namen Joh. Friedr. Böhmers nennen hören, und der eben erschienene Band der Regesten Friedrich II. hatte mich mit Bewunderung für den Verfasser erfüllt, der für die Geschichte der deutschen Kaiserzeit eine neue feste Grundlage geschaffen hatte. Aschbach nannte ihn seinen Gönner und Meister, mein Onkel Alexander Kaufmann hatte ihm und Karl Simrock die erste Auflage seiner anmutigen Schrift über Caesarius von Heisterbach gewidmet. Ficker und in Berlin Janssen und Stumpf waren voll von seinem Lobe. Janssen, der im Herbst 1854 sich in Münster als Privatdozent habilitiert hatte, war nur kurze Zeit in dieser Stellung verblieben und dann als Lehrer der Geschichte an das Gymnasium nach Frankfurt gegangen, wo ihm der unschätzbare Vorteil zuteil wurde, von Böhmer in vertrauten Verkehr gezogen zu werden. Neben dem Wunsche, Janssen wiederzusehen, war es nicht zum wenigsten die Hoffnung, auch mit Böhmer bekannt zu werden, die mich im August 1855 mehrere Tage in Frankfurt verweilen ließ. Ich traf Janssen in den angenehmsten Verhältnissen im besten Einverständnis mit Theodor Creizenach, seinem evangelischen Kollegen, und eng befreundet mit dem Direktor der katholischen Selektenschule, Hermann Wedewer. Bald nach meiner Ankunft wurde ich zu Böhmer auf die Bibliothek geführt; den Abend verlebte ich mit ihm, seinem Freunde Passavant, Wedewer und Janssen in seinem Hause, und solange ich in Frankfurt war, gab beinahe jeder Tag zu einer neuen Begegnung Gelegenheit. Selten hat jemand gleich bei seinem ersten Erscheinen einen solchen Eindruck auf mich gemacht. Ein stattlicher Mann mit gewaltigem Kopf, von vornehmer Haltung, rascher, entschiedener Ausdrucksweise ohne die geringste Neigung, sich vorzudrängen, oder von seinen Leistungen mehr als das Nötigste zu sagen. Die Stelle eines Bibliothekars hatte er nur aus Interesse an der Sache und aus Gefälligkeit gegen seine Vaterstadt übernommen; denn ein großes Vermögen gab ihm eine ganz unabhängige Stellung. Unvermählt, wärmster Freundschaft zugängig, aber von dem, was man geselligen Verkehr nennt, ganz zurückgezogen, lebte er beinahe wie ein Einsiedler in seinem stattlichen Hause am Hirschgraben in nächster Nähe von Goethes Geburtshause. Schon die Gespräche des ersten Abends ließen seine umfassenden Kenntnisse, seine tiefgehende

Beschäftigung mit Geschichte, Literatur und Kunst deutlich hervortreten. Allerliebst war die Art, wie er seinen Freund Passavant, den Biographen Raphaels, zu necken verstand, und bezaubernd die Güte, die er mir entgegenbrachte. Manche seiner Äußerungen sind mir bis heute im Gedächtnis geblieben, und ich verließ Frankfurt mit dem Eindrucke, in eine neue, für mein Leben bedeutsame Verbindung eingetreten zu sein. Meine Reise führte mich weiter zu meinem Onkel Alexander Kaufmann, der als Fürstl. Löwensteinscher Archivrat nach Wertheim in dem Winkel zwischen Main und Tauber versetzt war. Dann ging es quer durch das Land vom Main an den Neckar in badische Gebiete, die man wohl als den Garten Deutschlands bezeichnen kann. Vor dem Kurhause in Baden-Baden begegnete mir ganz unerwartet Alertz und die Freude, den römischen Freund wiederzusehen, wurde noch vergrößert, als ich von ihm hörte, daß auch mein Bruder Wilhelm anwesend sei. Am Abend kehrte mein Bruder von einem Ausfluge zurück. Wir gingen zusammen durch die Kursäle, auch durch den Spielsaal und an einem der Tische drückte mir mein Bruder einen Gulden in die Hand mit den Worten: „Setze ihn auf die Zahl deiner Jahre!" Ich säumte nicht, das Geldstück auf die Nr. 25 zu werfen. In demselben Augenblicke ertönte auch von der Bank: „Vingt-cinq rien ne va plus". Wurf und Ruf waren so gleichzeitig erfolgt, daß man zweifeln konnte, ob ich rasch genug gekommen sei. Da aber die Spielleitung grundsätzlich jeden Anlaß zu Kontroversen vermied, zahlte man mir ohne Umstände den 35fachen Betrag meines Einsatzes. Am nächsten Morgen stellte mich Alertz dem Minister v. Savigny vor, der in der Nähe eine Villa gemietet hatte. Der große Jurist sagte dem Privatdozenten einige freundliche Worte. Als er aber von meinem gestrigen Glücksfalle hörte, nahm sein Gesicht einen ernsten Ausdruck an, und die Hand auf meine Schulter legend, sagte er mit bewegter Stimme: „Junger Mann, ich warne Sie, lassen Sie sich nicht auf einen gefährlichen Weg verleiten!" Ich dankte ihm für seine Mahnung, aber notwendig wäre sie für mich nicht gewesen; denn niemals habe ich die geringste Neigung empfunden, meine Barschaft mit der sicheren Aussicht auf Verlust in den Rachen des Spielteufels zu werfen. Jener erste glückliche Wurf ist der einzige in meinem Leben geblieben.

Einige Tage später sah ich mit meinem Bruder von dem hohen, langgestreckten Rücken der Hornisgrinde in der Ferne die Türme von Straßburg und einen beträchtlichen Teil des Elsaß. Das Herz krampfte sich mir zusammen bei dem Gedanken, daß diese herrlichen Besitzungen in so schmachvoller Weise Deutschland entfremdet worden seien, und dies Gefühl verminderte sich nicht, als ich in Straßburg wahrnehmen mußte, wie sehr deutsches Wesen hinter dem französischen zurückgetreten sei. Der Glücksfall in Baden-Baden bot mir aber willkommenen Sukkurs, meine Reise über Freiburg in das Höllental, über den Feldberg nach St. Blasien und weiter in das Gebiet des Scheffelschen Ekkehardt auszudehnen. Den Abschluß bildete eine 14stündige Wanderung, die mich am Säntis vorüber durch das ganze Appenzell, spät in der Nacht nach St. Gallen führte. Infolgedessen waren nicht meine Kräfte, wohl aber meine finanziellen Mittel zu Ende gegangen; der freundliche Wirt hegte jedoch keine Bedenken, mir — ich habe dergleichen öfters erfahren — auf mein ehrliches Gesicht bis zur Rückkehr nach Bonn Kredit zu geben.

Die Ferienreise des folgenden Jahres war wesentlich eine Erweiterung der vorgängigen. Von der Grenze hatte ich einen Einblick in die Schweiz getan, jetzt wollte ich sie in ihrer ganzen Herrlichkeit kennen lernen. Über Zürich gelangte ich nach Luzern. Hier fand ich meine römische Freundin, Frau von Schwartz, auf der herrlichen Besitzung ihres Bruders, des englischen Generalkonsuls Brandt, nach vier Jahren wieder. Die Besitzung, eine Viertelstunde von der Stadt am Ufer des Sees gelegen, bot den Anblick alles dessen, was die unvergleichliche Landschaft an Reizen in sich schließt. Ich war sprachlos vor Staunen, als nach Tisch plötzlich das Zeltdach, das bis dahin vor der Sonne hatte schützen müssen, aufgezogen wurde, und nun der Pilatus, die Stadt, die Weite des Sees und das gegenüberliegende Gebirge in den unendlichen Abstufungen von Farben und Linien vor meinen Augen lag. Eine gemeinschaftliche Reise in der liebenswürdigsten Gesellschaft führte uns auf den Gotthard, und die Grimsel hinab nach Meiringen und Interlaken; dann setzte ich allein die Wanderung fort, kam über die Gemmi ins Rhônetal, über den Col de Balme nach Chamonix und konnte in Genf nnd Lausanne nach den unvergleichlicheu Werken der Natur auch noch einiges von Menschenhand bewundern. Von der Einfachheit meiner Bedürfnisse mag es einen Begriff geben, daß ich alles, was für eine Wanderung von sechs Wochen nötig war, in einer kleinen Reisetasche selbst mit mir trug, und nur gelegentlich dem Führer oder einem Knaben, der mir auf dem Wege begegnete, die Last übergab. Auf der Heimreise machte ich einige Tage Rast in Aschaffenburg, der alten Residenz der Kurfürsten von Mainz, das mir schon im vorigen Jahre durch seine anmutige Lage am Main inmitten herrlicher Park- und Gartenanlagen aufgefallen war. Seitdem hatte die jüngere Schwester meiner Mutter mit dem Buchhändler Krebs sich dort verheiratet; drei heranwachsende Töchter aus der ersten Ehe ihres Gatten belebten das Haus. Sie war eng befreundet mit der Witwe Christian Brentanos, der die letzten Jahrzehnte seines Lebens dort verlebt, auch seinen Bruder Clemens dahin gezogen hatte. Unter demselben Grabstein liegen die beiden Brüder bestattet. Die Witwe, eine liebenswürdige, geistvolle Frau, war eine Jugendfreundin meiner Mutter. Mit der ältesten Tochter war ich schon im Sommer in Bonn bekannt geworden. So fehlte es nicht an angenehmen Anknüpfungen.

In Frankfurt fand ich dann bei Böhmer, ich meine sogar als seinen Hausgenossen, Karl Stumpf. Er hatte sich ganz an den Meister angeschlossen und verfolgte unter seiner Leitung seine Studien über Kanzleiwesen und die Urkunden der deutschen Kaiser und Reichsstädte. Die angenehmen Tage des vorigen Jahres erneuerten sich, dann begleitete Stumpf mich nach Bonn, wo ich einigermaßen beitragen konnte, ihm den Eintritt in das damals schwer zugängliche Kölnische Stadtarchiv zu erleichtern. Noch einen Freund hatte ich in Frankfurt wiedergefunden. Auf der Bockenheimer Straße hatte Schindler zwei einfache Zimmer in einem Erdgeschoß gemietet. Nicht zum wenigsten der Vermittlung Hansemanns war es gelungen, eine Vereinbarung zustandezubringen, durch welche Schindler die zahlreichen wertvollen Manuskripte Beethovens, die sich in seinem Besitz befanden, der preußischen Regierung überließ und dafür eine lebenslängliche Rente von jährlich 400 Talern bezog; so konnte der einfache, in seinen Bedürfnissen überaus bescheidene Mann den Rest seiner Tage wenigstens ohne Sorge verleben. Von Beethovenschen Reliquien war doch noch manches in seinem Besitz geblieben. Seine geistige Spannkraft hatte sich unversehrt erhalten, und es war eine Freude, ihn von seinen Beziehungen zu Beethoven und den großen Meistern früherer Zeit erzählen zu hören. Dabei fehlte es nicht an Ausfällen gegen neuere Richtungen; aber er war milder und sein Urteil ruhiger geworden.

Auch der September des nächsten Jahres führte mich für einige Tage nach Frankfurt. Ich begleitete meinen Bruder Wilhelm, der seine junge Frau, die mir schon als Constanze Grabau in Italien so nahegetreten war, den Verwandten in Deutschland vorgestellt hatte. An Böhmers Abendtisch fand ich Döllinger, der aus Mainz zu einem Besuche herübergekommen war. Die scharf geschnittenen, unschönen, aber eindrucksvollen Züge, nicht eben wohlwollend, aber von überlegenem Verstande zeugend, haben sich mir an jenem Abend für alle Zeiten eingeprägt. An der Tafel war es doch Böhmer, der das Gespräch beherrschte, Döllinger begnügte sich meistens, einzelne treffende, zuweilen recht scharfe Bemerkungen dazwischen zu werfen, wenn Personen oder Schriften, die in den letzten Jahren hervorgetreten waren, zur Erwähnung kamen. Am folgenden Morgen besuchte ich mit ihm und Janssen das Atelier Steinles, in welchem der große Karton für das Wallraf-Richartz-Museum in Köln sich im Entwurfe zeigte; dann die Sammlung des Städelschen Instituts, und hier mußte ich wieder erstaunen, wie fein und treffend er zu urteilen wußte und wie genau er mit den Meistern und Richtungen verschiedener Zeiten bekannt war.

Beim Abschied gab mir Janssen einen Brief an Frau Rat Schlosser, dem ich die Bekanntschaft mit dieser bedeutenden Frau und einige schöne Stunden auf ihrer herrlichen Besitzung Stift Neuburg bei Heidelberg verdanke.

So wäre noch manches über Frankfurter Erlebnisse zu sagen, doch ich will aus den nächsten Jahren nur noch erwähnen, daß ich im Mai 1860 — ich begleitete meine Mutter nach Aschaffenburg — Janssen zum ersten Male als Priester sah. Eine ausgesprochene Vorliebe für kirchlich religiöse Grundsätze war wohl stets bei ihm hervorgetreten, aber nichts, was einen solchen Entschluß vorhersehen ließ; an Theater und Konzerten nahm er wie andere teil, es sind sogar Verse von ihm in der Frankfurter Didaskalia gedruckt worden, die einer zarten Herzensregung Ausdruck gaben. Im Kreise seiner Bekannten hatte, soviel ich weiß, nur Böhmer von seinem Entschlusse, den er dann rasch zur Ausführung brachte, Kenntnis erhalten. Aber man würde irren, nähme man an, es sei in sein Wesen jetzt etwas schroffes, einseitiges, unduldsames gekommen. Mit großer Billigkeit und Milde äußerte er sich insbesondere über die mehr und mehr hervortretenden kirchlichen Gegensätze, und wenn schon damals im Anschluß an Döllinger eine freiere Entfaltung für wissenschaftliche Forschungen erstrebt wurde, während man andererseits an dem strengen Festhalten und an der Ausdehnung der dogmatischen Traditionen beharrte, so konnte kein Zweifel sein, welchen beiden Richtungen Janssens Sympathien sich zuwandten.

Ich brauche nicht auseinanderzusetzen, wie manche Anregungen ich dem Verkehr mit den Frankfurter Freunden verdankte, wie sehr mein Interesse für Geschichte und geschichtliche Arbeiten dadurch gesteigert wurde. Aber ich kann nicht sagen, daß von dorther ein unmittelbarer Einfluß auf meine eigene Tätigkeit in Bonn sich geltend machte. Um so mehr erfuhr ich eine Einwirkung dieser Art, als ich in Bonn mit Michael Bernays bekannt wurde.

Ein Zufall führte uns zum ersten Male bei der Aufführung von Haydns „Schöpfung" im Saal des goldenen Stern am 5. Dezember 1857 zusammen. Ein Zitat aus dem Buche de l'Allemagne der Frau v. Staël: Man müsse die Ohren schließen, wenn das Licht geschaffen werde, hatte eine Erwiderung von seiner Seite zur Folge, die uns in den Zwischenpausen zu einer lebhaften Unterhaltung über literarische Dinge führte. Am folgenden Morgen besuchte er mich; wir kamen bald öfter, ja noch im Laufe des Winters täglich zusammen. In den beiden nächsten Jahren war der Verkehr mit ihm so vertraut, so anregend, wie ich kaum eines andern mich erinnere. Er zählte damals wenig mehr als 20 Jahre; trotz eines schielenden Auges war er eine für mich bedeutende, anziehende Erscheinung, mit einer Fülle von Kenntnissen ausgestattet, von einer staunenswerten Belesenheit, nicht allein in der neueren deutschen, sondern eben so sehr in der mittelalterlichen und altdeutschen, sowie in der klassischen Literatur. Auch von englischen, französischen und italienischen Dichtern war ihm manches bekannt. Wie oft haben unsere Unterredungen, sei es auf dem Zimmer, sei es an mondhellen Abenden im Freien, uns lange über Mitternacht zusammengehalten, denn seiner Befähigung, sich mitzuteilen, kam seine Neigung gleich. Unvergleich war sein Talent vorzulesen und zu rezitieren; niemals habe ich, wenn bekannte Rhetoren sich öffentlich vernehmen ließen, einen ähnlichen Eindruck erhalten. Besonders anziehend war es gerade in jener ersten Zeit, während in den späteren Jahren eine vielleicht übertriebene Verfeinerung die Wirkung erhöhen sollte, aber mich nicht in gleichem Maße ansprach. Mit der größten Bereitwilligkeit ließ er sein Talent andern zugute kommen, aufgefordert oder auch freiwillig. Oft kam er mit einem Buch auf mein Zimmer, um lange Stücke, die ihn besonders angezogen hatten, mir vorzulesen; auch im Freundeskreise und in Gesellschaften habe ich ihn häufig lesen hören, und törichterweise verübelte man ihm, wenn er dabei jedes fremdartige Geräusch sorgfältig fernzuhalten suchte, oder wenn es gleichwohl eintrat, seinen Vortrag unterbrach oder beendigte.

Es läßt sich denken, wie ein täglicher Umgang dieser Art auf jemand wirken mußte, dessen innerste Neigung dem Literarischen zugewendet war. Wäre ich noch auf den Wegen meines ersten Studienjahres gewandert, hätte mich nichts mehr fördern können. Unsere Bekanntschaft war noch jung, als er mich für Wolfram von Eschenbach zu begeistern suchte, mir die Titurelstrophe erklärte und dann auch meine mangelhafte Aussprache des Mittelhochdeutschen verbesserte. Natürlich regte ein so außerordentliches deklamatorisches Talent zur Nacheiferung an. Die Folge waren Redeübungen, Versuche, meine westfälische Aussprache zu verbessern, in einem Maße übertrieben, daß sie eine chronische Halsentzündung verursachten, die erst nach mehreren Monaten sich wieder beseitigen ließ. Man begreift aber, welches Maß von Zeit meinen juristischen Arbeiten dadurch entzogen wurde, denn ich konnte mich nicht begnügen, bloß zu hören und zu empfangen. Die Neigung, mir eine einigermaßen vollständige Kenntnis der großen Erzeugnisse der Weltliteratur zu verschaffen, trat in voller Stärke wieder hervor und ich erstaune fast, wenn ich in meinen Tagebüchern verfolge, was ich in jener Zeit von großen dichterischen Werken nicht bloß oberflächlich mir zu eigen machte. Zunächst wurden wieder die alten Lieblinge der ersten Studienzeit, mittelhochdeutsche und althochdeutsche Gedichte zur Hand genommen; mit Entzücken las ich Gottfrieds Tristan. Bis auf den heutigen Tag konnte ich mich nicht überzeugen lassen, daß ein so unvergleichlich begabter Mann, der doch an vielen Stellen, z. B. bei der Beurteilung der deutschen Dichter, unzweifelhaft Original ist, sein großes Gedicht übersetzt haben sollte. In den Parcival vermochte ich bei aller Verehrung für den Dichter mich nicht einzuleben; dagegen sind aus Hartmanns „Armem Heinrich“, Walther von der Vogelweide und der von Haupt herausgegebenen Sammlung „Des Minnesangs Frühling“ noch immer zahlreiche Stellen, ja ganze Gedichte mir im Gedächtnis geblieben.

Bernays, der sich viel mit den Romantikern beschäftigte, führte mich auf Tieck; die Novelle „Der Tod des Dichters“ des Camoëns gab zu einer weiteren Abschweifung Veranlassung, denn ich wollte nun auch die Lusiaden kennen lernen und zwar im Original, so daß ich das Verständnis des Portugiesischen mir aneignen mußte. Mit Novalis trat mir eine neue dichterische Persönlichkeit entgegen, nicht weniger in Heinrich von Kleist. Er war größeren Kreisen damals noch unbekannt, und es kostete Mühe, nur in den Besitz seiner Werke zu gelangen. Auch Annette von Droste lernte ich erst damals recht würdigen, ohne daß es mir jedoch gelungen wäre, Bernays für sie zu gewinnen; sehr willkommen war ihm dagegen, was ich aus französischen oder italienischen Dichtern und Schriftstellern zu seiner Kenntnis brachte. Daß daneben Goethe, in dem wir beide das Höchste verehrten, von meiner Seite Heine nicht vergessen wurden, braucht nicht erwähnt zu werden. Lebhaftes Interesse erregten besonders die Veränderungen des Goetheschen Textes. Von einer Goethe-Philologie, wie sie seitdem betrieben wird, war damals noch nicht die Rede. Eine Sammlung verschiedener Lesarten aus der ersten und zweiten Bearbeitung des Werther hatte ich einmal in ein Bernays gehöriges Exemplar verzeichnet; sie wurde viel von uns besprochen und ich möchte glauben, daß sie für tiefgehende, erfolgreiche Studien eine Art von Anregung geworden ist.

Zu Schillers hundertjährigem Geburtstag am 10. November 1859 hatte Bernays ein Festspiel gedichtet: „Das Mädchen aus der Fremde“. Es verdiente den Beifall, den es bei der Aufführung am 8. November in Bonn, am 12. in Köln erhielt und wurde infolgedessen auch in den Druck gegeben. Ich schrieb frohen Mutes eine Anzeige für die Bonner Zeitung, war aber nicht wenig erstaunt, einige Tage später im Buchladen zu erfahren, daß außer den beiden Exemplaren, die ich selbst kaufte, beinahe kein anderes abgesetzt sei. Auch das Urbild des Mädchens aus der Fremde, das er mit allen Reizen der Anmut ausgestattet hatte, könnte ich noch mit Namen nennen. Das Manuskript, das der Verfasser mir schenkte, liegt noch in meinem Schrank.

Man sieht, es waren drei verschiedene Richtungen, in welche meine Interessen sich teilten, drei Herrinnen: Juristerei, Geschichte und Literatur, denen meine Tätigkeit gewidmet war. Und wenn man eine starre Einseitigkeit vielleicht als einen Nachteil jugendlicher Entwicklung bezeichnen darf, so läßt sich doch eine solche Dreiteilung noch viel weniger als ein Vorteil betrachten. Wie beim Staat, so muß auch bei dem menschlichen Mikrokosmos, den man oft und mit Recht mit dem Staat verglichen hat, der homerische, von den Römern wiederholte Grundsatz gelten, daß ein Einziger herrschen soll. Bei der Ernennung zum außerordentlichen Professor konnte ich mir allenfalls sagen, daß ein mäßiger Erfolg in der gewöhnlichen Zeit erreicht worden sei, aber wieder mußte ich auch empfinden, wie viel mehr hätte erreicht werden können, wenn alle Kräfte fest auf ein einziges Ziel wären gerichtet worden. Die beiden Richtungen, in welche meine Wirksamkeit sich teilte, ließen keine zur vollen Entwicklung kommen. Es war kein geringer Vorteil, mit den edelsten Erzeugnissen der deutschen, ja der Weltliteratur mehr und mehr bekannt zu werden. Niemals hatte ich zudem meine Zeit an unnütze seichte Unterhaltungslektüre verschwendet, und da ich durch Neigung und durch meine Gesundheit von dem Besuch der Wirtshäuser völlig ausgeschlossen war, so ließ sich vielleicht als Entschuldigung anführen, daß ich die Zeit, die von anderen auf dergleichen wenig fördernde Vergnügungen verwendet wird, edleren Liebhabereien opferte; aber meine unmittelbare amtliche Wirksamkeit konnten sie doch nur wenig fördern, und wiederum war diese amtliche Wirksamkeit anspruchsvoll genug, um einen bedeutenden historischen oder literarhistorischen Plan nicht aufkommen zu lassen. Einzelne, nicht eben häufige poetische Versuche blieben ungedruckt. Der Mangel einer großen, meiner Neigung entsprechenden Aufgabe wirkte denn auch auf meine Stimmung zurück; ich fühlte mich unbefriedigt, meine Tagebücher aus jener Zeit sind angefüllt mit Klagen und Vorwürfen über Willensschwäche, Unfähigkeit, die kostbare Zeit zu benutzen, Vorsätzen und Lebensvorschriften, denen doch meistens die Klage folgt, daß sie nicht gehalten seien. Eine Entschuldigung mag freilich in meinem Gesundheitszustand gefunden werden. Zwar hatte ich mich von Jugend an einer beneidenswerten Frische und Gesundheit erfreut. Aber schon in Berlin und seit der Ankunft in Bonn hatte ich beständig am Kopfe zu leiden. Heftige Kongestionen machten mir die Nähe eines Ofens, den Aufenthalt in einem etwas mehr als gewöhnlich geheizten Zimmer unerträglich, nötigten mich, meine Mahlzeiten vom Mittag auf die Abendzeit zu verlegen, obgleich andererseits für bedeutende Anstrengungen, Fußreisen, Bergbesteigungen und sogar für andauernde nächtliche Arbeiten eine mehr als gewöhnliche Befähigung vorhanden war.

Alles in allem genommen, kann ich nicht sagen, es habe in den fünf Jahren, die ich als Privatdozent verlebte, an angenehmen Eindrücken nicht gefehlt. Zu den Reisen, die ich erwähnte, kam im Herbst 1859 noch ein Aufenthalt in Norderney, wo mir zum dritten Male die Pracht der Nordsee vor die Augen trat. Die Heimat mit dem Hause meiner Mutter war nahe genug, um sie leicht erreichen zu können; und auch in Bonn kam manches meinen Wünschen entgegen. Das Haus der verwandten Familie Jeghers und das meines Onkels, des Oberbürgermeisters Leopold Kaufmann waren mir stets geöffnet. Mein Onkel, im Besitze einer klangvollen, gut ausgebildeten Tenorstimme, Lieblingsschüler und Freund der Johanna Kinkel, hatte schon frühzeitig mit Verständnis und regem Interesse sich mit Musik beschäftigt. Das kam jetzt dem musikalischen Leben in Bonn zugute. Der städtische Musikdirektor Dietrich, ein bevorzugter Schüler Schumanns, war ein gern gesehener Gast des Hauses, und da er auch mit Bernays und mir in freundlicher Beziehung stand, so hatten wir häufig Gelegenheit, von den Werken seines Meisters Kenntnis zu erhalten, besonders von den Liedern und Klavierstücken, die er selbst mit seinem Gefühl vorzutragen gern bereit war. So wurde ich in Bonn mit Schumannscher Musik bereits vertraut, als sie anderswo sich erst mühsam Bahn brechen mußte. Noch im Jahre 1860 setzte mein Freund Franz Espagne, der Leiter der musikalischen Abteilung der Berliner Bibliothek, meiner enthusiastischen Bewunderung eine zweifelnde Bedenklichkeit entgegen. Gerade als der Meister, Ende Juli 1856, in der Anstalt zu Endenich dem Tode entgegen ging, suchte ich mit meinem Onkel auf dem Bonner Kirchhof den Platz aus, auf welchem jetzt das Denkmal von Donndorf sich erhebt. Zwei Tage später wurde der Sarg ohne jede Feierlichkeit zu Grabe getragen. Nur durch einen Zufall traf ich im Hofgarten den Leichenzug, dem ich mich anschließen konnte. Unter den Leidtragenden ist mir Ferdinand Miller erinnerlich, dem man nachher verübelte, daß er im Strohhut erschienen sei.

Unter den Frauen der Stadt wurden damals zwei, die Gattinnen des Philologen Ritschl und des Mediziners Naumann als geistig hervorragend genannt. Der letzteren konnte ich näher treten und unsere Verbindung hat bis zu ihrem Tode sich erhalten. Sie besaß nicht eben ausgebreitete Kenntnisse, aber ein feines Gefühl, scharfen Verstand und richtiges Urteil, dabei für Poesie und besonders für Musik ein Verständnis und eine Begabung, die auf ihren Sohn Emil sich vererbten.

Zwei so bedeutende Männer wie der Berghauptmann von Dechen und der Philologe Welcker waren ihr ergebene Freunde; Welcker, der Besitzer des schönen Hauses in der Poppelsdorfer Allee, in welchem er das Erdgeschoß, die Familie Naumann den ersten Stock bewohnte, wurde als Mitglied der Familie betrachtet. Dieser vorzügliche Mann war mir seit meinen Studentenjahren freundlich gesinnt. Den 16. Oktober 1859, den Tag, an dem er 50 Jahre vorher eine ordentliche Professur erhalten hatte, verlebte ich in seiner nächsten Umgebung. Zahlreiche Deputationen erschienen, auch sein Bruder, der bekannte Abgeordnete; und der 75jährige Jubilar wußte allen zu danken in schönen Worten, die langsam, ich möchte sagen wie Tropfen von seinen Lippen fielen. Wie in früheren Jahren verdankte ich auch jetzt wieder dem Simrockschen Hause Anregung und erfreuliche Eindrücke. Karl Simrock, als Dichter und Gelehrter, als Schriftsteller und Lehrer hochgeachtet, nahm seit 1850 an der Universität eine Stellung ein, wie sie seinen Fähigkeiten und Leistungen gebührte. Seine Frau paarte eine unbegrenzte Herzensgüte mit einfachem, aber richtigem Verstande. Der einzige Sohn Kaspar hatte die Medizin zu seinem Studium erwählt; von den drei Töchtern war besonders die älteste, Agnes, mehr als gewöhnlich begabt; der dichterischen und sogar der wissenschaftlichen Tätigkeit des Vaters konnte sie ein volles Verständnis entgegenbringen. So lebte er in den glücklichsten äußeren Verhältnissen in der altväterischen, von seiner Frau ererbten Wohnung in der Acherstraße und übte dort eine wahrhaft herzgewinnende Gastlichkeit. Am Samstagabend war das Haus den nahen Freunden geöffnet, es fehlte nie an einer angeregten Unterhaltung. Im Sommer bot ein Landsitz, in dem anmutigen Tale von Menzenberg gelegen, Freunden und Bekannten ähnliche Vorteile. Wie viele bedeutende Namen sind in dem Fremdenbuche von Menzenberg verzeichnet! Wie vieler angenehmer Tage und Stunden, die ich dort verlebte, erinnere ich mich! Dazu kamen in Bonn häufige Spaziergänge, bei denen der in der großen Gesellschaft zurückhaltende Dichter und Gelehrte lebhaft, oft mit feinem Humor, die Unterhaltung zu leiten verstand; auch teilte er nicht ungern Erinnerungen aus seinem Leben mit. Leider machte sich mit dem Anfang des Jahres 1859 eine Veränderung in seinem Wesen bemerkbar. Er wurde einsilbig im Gespräch; trübe Gedanken, unnötige Sorgen drückten ihn, aber ich war doch ganz unvorbereitet, als ich am 8. Juli bei der Rückkehr aus Münster erfahren mußte, der mir so werte Mann habe in eine Heilanstalt für Nervenkranke nach Winnenden bei Stuttgart gebracht werden müssen. Ein Glück, daß wenigstens die schlimmsten Befürchtungen, deren man sich damals nicht erwehren konnte, nicht in Erfüllung gingen.

Bei der günstigen Lage Bonns an der großen Straße gehörten Besuche auswärtiger Freunde und Verwandten nicht zu den Seltenheiten. Mehrmals hatte ich die Freude, meine Mutter bei mir zu sehen. Im Mai 1857 führte mein Onkel Alexander seine junge Frau nach Bonn. Der Dichter die Dichterin — Mathilde Binder, Amara George! Schon zwei Jahre früher waren sie ein verlobtes Paar geworden, ohne vorher sich gesehen zu haben; Briefe, dichterische Versuche und was sonst die Musen geben können, hatten die Herzen zusammengeführt. Ich hatte an dieser Verbindung, der sich Hindernisse entgegenstellten, von Anfang an den herzlichsten Anteil genommen und war nun hocherfreut, die junge Frau am Rheine begrüßen zu können. In der Blüte der Jugend war sie eine der anziehendsten Erscheinungen, von Künstlern und Dichtern gefeiert, hatte sie auch durch die eigenen poetischen Erzeugnisse sich bereits einen Namen gemacht; daß Sorge und Leid so früh ihrem Leben nicht fremd geblieben waren, erhöhte den Reiz ihres Umgangs. Schöne Tage stehen aus jenem Frühling in meiner Erinnerung, Wahrzeichen einer Freundschaft, die fünf Jahrzehnte hindurch ein Schatz meines Lebens geblieben ist.

Erwähnen möchte ich unter vielen noch den Besuch des Grafen Montalembert. Er hatte mir vorher seine Ankunft angezeigt und den Wunsch ausgesprochen, mit mir die Abtei Heisterbach zu besuchen. Am Morgen des 2. Juli 1860 kam er mit seiner zweiten Tochter nach Bonn. Sein Aussehen war kräftig, nicht leidend, wie man mir gesagt hatte. Leider war das Wetter so schlecht, daß wir die Fahrt nach Heisterbach aufgeben mußten. Wir fuhren statt dessen vormittags, als der Himmel sich aufklärte, nach Remagen, wo die Kirche auf dem Apollinarisberge seine Bewunderung erregte. Nachmittags setzte er die Reise nach Koblenz fort. Das Gespräch war nicht so interessant, als es hätte sein können, weil die Umgebung, die der Graf nach 28 Jahren, die Tochter zum ersten Male sah, die Aufmerksamkeit zu sehr in Anspruch nahm; doch fiel manches bedeutende Wort. Er war nach wie vor sehr für Deutschland eingenommen; auch die Tochter, eine feine, anmutige Erscheinung, anspruchslos, ohne ihrem Stande etwas zu vergeben, war der deutschen Sprache mächtig, hatte auch eine deutsche Kammerfrau. Gegen Napoleon III. war er noch immer sehr erbittert; er glaubte an einen baldigen Versuch zur Annektierung der Rheinprovinz, schon deshalb, weil der Kaiser — le mensonge incarné — stets das Gegenteil versichern lasse. Mit Heftigkeit äußerte er sich über Mommsens Römische Geschichte; er nannte sie eine Apotheose des Despotismus; von Troplong sei das Werk dem Kaiser empfohlen, der dann dem Verfasser das Kreuz der Ehrenlegion zugesandt habe.

Es würde zu weit führen, wollte ich erwähnen, was ich im Musiksaal oder im Theater zu hören und zu sehen Gelegenheit nahm. Nur eines Abends — des 26. Juli 1860 — sei gedacht, an welchem Adelaide Ristori, damals in ganz Europa hochgefeiert, mit einer italienischen Truppe Schillers „Maria Stuart" zur Darstellung brachte. Tags vorher hatte ich mir die italienische Bearbeitung von Maffei gekauft. Manches, besonders die Reden der Maria, waren nicht ungeschickt wiedergegeben, die anderen Rollen verstümmelt, mehrere wichtige Szenen ausgelassen, das historische Kolorit verwischt. Das Ganze machte den Eindruck, als hätte einer aus einem Königsmantel einen Frack geschneidert. Ich ging mit großen Erwartungen ins Theater und kann nicht sagen, sie seien unbefriedigt geblieben. Die Ristori zeigte sich wirklich als eine außerordentliche Künstlerin. Sie war nicht mehr jung, aber das Profil sehr edel, in den Augen ein gewaltiger Glanz und die Gestalt der Rolle durchaus angemessen, das Kostüm der Zeit genau beobachtet; die Stimme war tief und entbehrte des Klanges, kein Ton, der zum Herzen drang, wie die Stimme der Rachel. Auf die Deklamation legte sie weit weniger Wert als auf die Mimik, wahrscheinlich, weil doch nur wenige ihre Sprache verstanden. Die Rolle faßte sie ganz eigentümlich auf, ganz anders als man sie in Deutschland darstellt. Alles sentimentale, leichtsinnige, schwärmerische war glatt, wie mit dem Sezirmesser ausgeschnitten, nur die stolze, ungebeugte Königin ließ sie hervortreten, mit einem Verstande, einer Konsequenz, daß man nichts vollkommeneres sehen konnte; aber freilich, den Absichten des Dichters war die schreiendste Gewalt angetan. Den Anfang des dritten Aktes, den Hymnus überströmender Gefühle, sprach sie kalt wie eine Reflexion, die Augen auf das Parterre gerichtet, die Anrede an die Dienerinnen im fünften Akt mit scharfer, strafender Stimme. Daß die Liebesszene mit Mortimer wegbleiben mußte, verstand sich von selbst; einer solchen Maria hätte ein solcher Mortimer nicht gewagt, sich auf zehn Schritte zu nähern. Ganz konsequent hatte man auch mit der Verzweiflung Leicesters das Stück geschlossen. In dem großen historischen Gemälde Schillers, in dem auch Elisabeth so bedeutend hervortritt, darf sie nicht ohne Abschied von der Bühne verschwinden; wenn aber, wie vom italienischen Bearbeiter, alles Interesse auf die Titelrolle konzentriert wird, muß mit dem Tode Marias auch das Drama enden. Nur in wenigen Fällen fiel mir bei der italienischen Tragödin Übertreibung und Haschen nach Effekt unangenehm auf. Nach dem Streit mit Elisabeth sendet Maria der Gegnerin ein gellendes Hohngelächter nach; als sie auf dem Gange zum Richtplatz Leicester die Abschiedsworte in fast drohendem Tone sagte, hielt ihr plötzlich Melvil das Kreuz vor, dem sie dann wie eine Besessene in großen Sätzen über die ganze Bühne nachsprang. Solche Auswüchse waren beim Spiel der Rachel nie bemerkbar; auch habe ich, wie gewiß die meisten Zuschauer, nicht die mindeste Rührung empfunden, aber in hohem Maße die Darstellungsgabe bewundert.

Es wäre unrecht, wollte ich nicht unter denen, die mir in Bonn näher standen, den Professor Joh. Heinr. Floß erwähnen. Er hat mir bis zu seinem Tode Anhänglichkeit und Freundschaft bewahrt; und doch zweifelte ich oft, ob mein Verhältnis zu ihm mir mehr zum Nachteil oder zum Vorteil gereiche. Unter den Professoren der katholisch-theologischen Fakultät war er damals unstreitig der gelehrteste (Reusch und Langen standen noch in ihren Anfängen). Er besaß weitgehende Kenntnisse in der Kirchengeschichte, vor allem in der rheinischen und kölnischen, dazu einen richtigen Blick und unermüdlichen Fleiß, nur fehlte es an Methode und Ordnungssinn; er zersplitterte seine Kräfte und gelangte niemals zu einer umfassenden Darstellung der kölnischen Kirchengeschichte, zu der er vor allem berufen und befähigt gewesen wäre. Eine sonderbare Mischung verschiedener, ja entgegengesetzter Eigenschaften trat in seinem Wesen hervor. Der Familie eines wohlhabenden Landmannes in Wormersdorf entsprossen, erinnerten seine Umgangsformen stets an seinen Ursprung — adhuc remanent vestigia ruris — gleichwohl konnten bei öffentlichem Auftreten seine stattliche Gestalt, sein kluger, ausdrucksvoller Kopf würdevoll, ja vornehm erscheinen. Er war von raschem Entschluß, unermüdlicher Geschäftigkeit, nur daß er sie wie in der Wissenschaft so auch im Leben und in der Unterhaltung zersplitterte und an kleinliche Dinge verschwendete. Dies war um so gefährlicher, als seine Herzensgüte ihn fort und fort mit fremden Angelegenheiten sich befassen ließ. Jeder, der Rat und Hilfe bei ihm suchte, fand Gehör; jedem gab und versprach er, was ihm an Mitteln zur Verfügung stand, ja noch mehr, denn der Mangel an Ordnungssinn und Übersicht verleitete ihn, im Drange des Augenblicks von dem, was er anderen versprochen hatte, abzusehen und in seinen Zusagen kein Maß zu halten. Und so geschah es, daß die Bittsteller, undankbar, wie oft Menschen sind, nicht für das, was sie erhielten, mit Dank, sondern für das vergeblich Erwartete mit Undank und bösem Willen lohnten und daß, eine nicht gerade seltene Erscheinung, er, der gutmütigste aller Menschen, in immerwährende persönliche und literarische Streitigkeiten verwickelt war. Diese betrieb er dann wie eine Liebhaberei, wie einen Sport, bei welchem die Neigung, Recht zu behalten, der Pflicht, die Wahrheit ins Licht zu stellen, weit voranging. Aber nichts hätte ihn abgehalten, auch seinem ärgsten Widersacher, wenn sich Gelegenheit bot, eine Wohltat zu erweisen. Man erzählt von einem kaiserlichen Husaren im 30jährigen Kriege, er habe nach der Schlacht einem verwundeten Schweden eine Labung bringen wollen und als der Verwundete eine Pistole auf ihn abfeuerte, in gutmütigem Ärger ausgerufen: „Du solltest die ganze Flasche bekommen, jetzt bekommst Du nur die halbe!" Ich bin überzeugt, Floß hätte sogar noch die ganze Flasche hingegeben. Seine Güte war in der Tat unerschöpflich. In den rheinischen Bauernfamilien ist es Gewohnheit, daß der bevorzugte Sohn, der die Mittel erhält, in den geistlichen Stand einzutreten, der sogenannte „Herr", später der Familie da und dort zu Hilfe kommt. Aber so wie Floß ist gewiß nicht oft jemand mit Anliegen behelligt worden von den nächsten, dann auch von entfernteren Verwandten. So erzählte er mir einmal — freilich in späterer Zeit — nicht ohne Unwillen, daß ein Vetter nicht sonderlich gewirtschaftet und nun fünf unerzogene Kinder in Dürftigkeit hinterlassen habe. Ich traute kaum meinen Ohren, als er fortfuhr, daß er bei einem wahrlich nicht reichlichen Einkommen diese fünf Kinder jetzt als die seinigen ansehen müsse; und so wurden sie in der Tat zunächst in sein Haus aufgenommen oder auf seine Kosten anderswo untergebracht.

An allem, was mich anging, besonders an meinem Fortkommen in Bonn, haben wenige so warmen Anteil genommen als er. Aber freilich, was er anderen tat, verlangte er von anderen auch für sich, und es konnte nicht fehlen, daß seine Anforderungen an Zeit und Kraft seiner Freunde das gebührende Maß überschritten.

6. Kapitel.

Außerordentlicher Professor.

(1860—1863).

Es war eine Verbesserung, an einer so bedeutenden Universität wie Bonn eine feste Stellung erlangt zu haben. Auch lag darin ein Sporn, durch literarische Veröffentlichungen der Stelle wert zu erscheinen. Diesem Wunsche und der doppelten Richtung meiner Studien kam im Frühjahr 1861 eine erneute Einladung meines Bruders Wilhelm entgegen, denn in Paris bot die kaiserliche Bibliothek den reichsten Schatz kanonischer Handschriften, und im Archiv des Staatsrates durfte ich erwarten, die für die Entstehung der französischen Kirchengesetze entscheidenden Beratungen und Vorbereitungen verzeichnet zu finden. Am Abend des 17. März kam ich in Paris an. Der erste Gang tags darauf war zu Karl Benedikt Hase, dem Direktor des Handschriftenkabinetts. Als 21jähriger Jüngling war dieser merkwürdige Mann im Jahre 1801 auf gutes Glück zu Fuß von Jena nach Paris gewandert, wo ihm Fleiß, Fähigkeit und seine außerordentlichen Kenntnisse im Jahre 1805 eine Stelle an der kaiserlichen Bibliothek und in der Folge rasche Beförderung verschafften. Jetzt, im 81. Jahre, war er noch immer vollkommen rüstig und gerne bereit, jedem, der ihn ansprach, nicht zum wenigsten seinen deutschen Landsleuten, Beistand zu leisten. Nur wünschte er, daß man in den Arbeitszimmern nicht anders als Französisch mit ihm rede. Von ihm gefördert, konnte ich mit den für mich wertvollsten kanonistischen Handschriften des 10. und 11. Jahrhunderts mich bekannt machen, insbesondere mit einer noch niemals genauer untersuchten Sammlung, die unter dem Namen Polycarpus dem Bischof Diego oder Didacus von Campostella im 12. Jahrhundert gewidmet war. Leider war die Bibliothek um die österliche Zeit vom 25. März auf 14 Tage geschlossen. Aber ein Empfehlungsbrief meines Freundes Rendu an den Secrétaire général des Staatsrats verschaffte mir gleich am Dienstag nach Ostern die Erlaubnis, auf dem Archiv zu arbeiten. Ich fand, was ich suchte, und die beträchtlichen Exzerpte und Abschriften, die ich von dort mitnahm, sind seitdem um so wertvoller geworden, als zehn Jahre später in dem Kampfe der Kommune die Originalpapiere mit dem Archiv und dem ganzen Gebäude des Staatsrats in den Flammen zugrunde gingen.

Die wissenschaftliche Ausbeute war nicht die einzige Frucht meines Aufenthaltes. Mein Bruder hatte nach dem Ableben seines vormaligen Chefs, des

Herrn Pescatore, einen beträchtlichen Teil der Geschäfte mit großem Erfolge weitergeführt, und die Gastlichkeit seines Hauses setzte ihn schon damals mit den besten Kreisen in freundlichen Verkehr. Unter den bedeutenden Personen, mit denen er mich in Verbindung brachte, nenne ich vorerst den Grafen A. de Circourt; als Schriftsteller und Freund Italiens vielfach genannt, galt er für einen der kenntnisreichsten Männer in Frankreich; beinahe noch mehr rühmte man seine Frau, eine geborene Gräfin Tolstoi, die vertraute Freundin Cavours, Thiers' und Lamartines.

Ihr Salon, einer der ganz wenigen, die sich an Bedeutung denen früherer Jahrzehnte vergleichen ließen, vereinigte stets ausgezeichnete Männer verschiedener Parteien; Thiers nannte ihn „un salon d'acclimatisation". Alle diese Vorzüge wurden mir deutlich, als ich am 5. April mit meinem Bruder, meiner Schwägerin und ihrem in Paris eben anwesenden Onkel, Friedrich Bluhme, abends den Salon besuchte. Die Gräfin, nicht mehr jung, war beständig leidend. Zur Nachtzeit lesend, hatte sie einmal ihre Kopfbedeckung der daneben stehenden Lampe genähert, das Feuer hatte schwere Brandwunden und dauernde Kopfschmerzen zurückgelassen. Aber ihre Unterhaltung war nichtsdestoweniger überaus angeregt, geistvoll und mit Vorliebe den italienischen Angelegenheiten zugewandt.

Der Graf selbst war Legitimist, so sehr, daß er nach der Julirevolution, erst 21jährig, aus dem Marinedienst seine Entlassung nahm und sich als Privatmann geschichtlichen Studien widmete. 1848 hatte man ihn auf kurze Zeit als Geschäftsträger nach Berlin geschickt, und er wußte von seinem Aufenthalt manches zu erzählen; nicht weniger von seiner Anwesenheit in Bonn, wo er längere Zeit verweilt hatte. Sehr befreundet war er mit dem berühmten Advokaten Berryer, den man wohl als Haupt der legitimistischen Partei in Frankreich bezeichnen konnte. Vor kurzem, nach dem Tode Jérôme Bonapartes, hatte er als Sachwalter die Ansprüche des jungen Patterson, der bekanntlich der ersten von Napoleon nicht anerkannten Ehe des Prinzen Jérôme entstammte, verteidigt. So hatte ich ihn auch in meiner Vorlesung über Eherecht zu nennen. Als Circourt hörte, daß ich einen Empfehlungsbrief an Berryer abzugeben habe, verstärkte er ihn noch durch Grüße von seiner Seite. So fand ich freundliche Aufnahme und bewahre noch eine deutliche Erinnerung an den ausgezeichneten Mann und seine Denkschrift bezüglich der Pattersonschen Ansprüche, die er mir beim Abschiede mit einer eigenhändigen Widmung schenkte.

Über den neuen, doch nur oberflächlichen Beziehungen, wurden die älteren nicht vergessen. Montalembert war noch immer sehr unzufrieden mit der Regierung des Kaisers, insbesondere mit der italienischen Politik. Noch immer ließ er den Gegensatz gegen Rendu hervortreten, was mich aber nicht abhielt, diesen werten Freund wie in früherer Zeit öfters aufzusuchen. Ich fand ihn jetzt in einer stattlichen Wohnung der rue Clichy in einer ange sehenen Stellung als Inspecteur général de l'Instruction publique. Auch mit dem Kaiser stand er in Verbindung, ich denke wegen seiner Begeisterung für die Sache Italiens, die gerade damals im Mittelpunkt des Interesses stand. Das Königreich Italien war 1860 gegründet worden, im Februar 1861 das erste italienische Parlament in Turin zusammengetreten. Es fragte sich: Soll Rom oder Florenz die Hauptstadt werden? Rendu, den Überlieferungen seiner eifrig katholischen Familie treu, wünschte mit der Unabhängigkeit Italiens zugleich die Sache des Papsttums zu fördern und entschied sich schon aus diesem Grunde für Florenz. Dies entsprach wieder den Absichten des Kaisers und nicht weniger den Wünschen ausgezeichneter italienischer Patrioten, besonders des Marchese Massimo d'Azeglio, der mit Rendu seit Jahren in vertrauter Verbindung stand. Rendu hatte schon als zwanzigjähriger Jüngling auf einer Reise in Italien seine Bekanntschaft gemacht und 1847 durch eine Reihe von Zeitungsartikeln zugunsten der Reformen Pius IX. seine Freundschaft erworben. Es folgte ein eifriger Briefwechsel, der bis kurz vor Azeglios [1]) Tode, am 15. Januar 1866, gedauert hat und alle Wechselfälle Italiens in jener Zeit begleitet. Rendu zeigte mir mehrere Briefe Azeglios — ich denke die vom 24. März und 1. April — in denen die Gründe hervorgehoben wurden, Florenz, nicht Rom zum Sitz der Regierung zu machen. Der Plan, nach Rom zu gehen, hieß es darin, sei ein Fallstrick Mazzinis; Cavour selbst, wenn es nur die Umstände erlaubten, würde gern auf Rom verzichten.

Den Kaiser und die Kaiserin sah ich öfters im Wagen und zu Fuß im Boulogner Holz und am 20. April im italienischen Theater. Nach dem 2. Akt von Verdis ballo in maschera traten sie in ihre Loge. Der Kaiser konnte noch für einen schönen Mann gelten; Stirn, Nase, Mund waren wohlgeformt, aber der Blick hatte einen starren, wenig angenehmen Ausdruck, und in seinem Wesen war nichts edles und hoheitsvolles. Die Kaiserin war gealtert. Schminke und Malerei konnten die Wirkung der sieben Jahre, in denen ich sie nicht gesehen hatte, nicht verdecken.

Als ich am 23. April nach Bonn zurückkehrte, mußte das nächste Bestreben sein, die in Paris gewonnenen Ergebnisse zu verwerten. Nach einiger Zeit wurde mir auch die Handschrift des Polycarpus nach Bonn gesandt, so daß ich mit aller Muße in der Untersuchung vorgehen konnte.

---

[1]) Die Briefe Azeglios wurden im Jahre darauf von Rendu in einem starken Bande veröffentlicht unter dem Titel: l'Italie de 1847 à 1865, Correspondance Politique de Massimo d'Azeglio. Paris 1867.

Im August veranlaßte mich ein noch immer nicht überwundenes Kopfleiden zu einer Reise in die Schweiz und zu längerem Aufenthalt auf dem Rigi, zuerst auf der Staffel und der Scheideck, dann auf Rigikaltbad. Hier hatte sich eine ganze Kolonie von Künstlern angesiedelt: Frau Schumann mit einer Tochter, Josef Joachim, Stockhausen, Schumanns erster, verdienstvoller Verleger Rieter aus Winterthur, die Schauspielerin Frl. Janauschek und Ed. Bendemann, der Direktor der Düsseldorfer Kunstakademie, der aber durch ein Halsleiden genötigt war, sich des Sprechens völlig zu enthalten. Gleich am Morgen nach meiner Ankunft spielten Joachim und Frau Schumann Beethovens Kreuzersonate. Mit gutem Grunde schrieb mir Bendemann auf einen Zettel: „Im Anblick der Alpen" — die herrlich durch die geöffneten Fenster glänzten — „möchte wohl selten jemand solche Musik gehört haben." Sogleich kam mir eine Stelle aus Goethes „Italienischer Reise" in den Sinn. Er erwähnt (Februar 1788) eine musikalische Aufführung auf dem Kapitol und schildert dabei den Genuß „in dem Augenblicke, wo wir eine treffliche, längst gekannte verehrte Dame in den zartesten Tönen sich auf dem Flügel ergehend, vernahmen, zugleich hinab vom Fenster in die einzigste Gegend von der Welt zu schauen". Ein im Zimmer befindlicher Bücherschrank enthielt Goethes Werke, und die Stelle die ich der Gesellschaft vorlas, gab dann Veranlassung, auch des Dichters zu gedenken, dessen Geburtstag gerade auf diesen Tag fiel. Nachmittags lud mich Frau Schumann ein, sie mit den übrigen Künstlern auf einer Wanderung zum Kulm zu begleiten. Sie wählte mich als Führer, und ich hatte Gelegenheit, sie als zärtliche und sorgsame Mutter kennen zu lernen; die Unterredung betraf vornehmlich ihre Kinder, deren Erziehung und Zukunft ihr sehr am Herzen lag. Joachim war schweigsam; seine Sprache ist die Musik. Stockhausen ergötzte sich und andere durch lustige Reden und nicht ganz gefahrlose Sprünge, die ihm dann eine Warnung und Mahnung von seiten seiner mütterlichen Freundin zuzogen. Erst nachdem wir den herrlichsten Sonnenuntergang oben erwartet hatten, kamen wir, als es dunkel wurde, in Kaltbad wieder an.

Am folgenden Tage gegen Mittag wurde die Großfürstin Helene nach Kaltbad hinaufgetragen. Bekannt und viel gerühmt als die Gönnerin von Literatur und Kunst, wollte sie auch hier oben dem Namen Ehre machen: sie äußerte den Wunsch, die drei vorzüglichen Künstler zu hören. Nach Tisch wurde Frau Schumann zu ihr beschieden und auf der Terrasse vorgestellt; vorgestellt im eigentlichen Sinne, denn beinahe eine Viertelstunde mußte sie stehen; man bot ihr keinen Stuhl an, während die Großfürstin mit einer Hofdame am Tische saß. — Am Nachmittag exzellierte Stockhausen wieder im Wäldchen in gymnastischen Übungen, in späterer Stunde fand das Konzert statt. Man hatte vorher lebhaft erörtert, ob das Zimmer, in dem der Flügel stand, für die Großfürstin und ihr Gefolge reserviert werden dürfte. Der Wirt, als Anhänger der republikanischen Gleichheit, erklärte, daß er keinen seiner Gäste von den gesellschaftlichen Räumen seines Hauses ausschließen könne. Mir war die Erörterung so unerquicklich, daß ich mich durch einen Spaziergang jeder Beteiligung entzog. Später hörte ich, daß es dem Gefolge der Großfürstin dennoch gelungen sei, durch Zögerungen und allerlei Manipulationen die von der Großfürstin nicht Geladenen aus dem Musiksaal in das Nebenzimmer zu entfernen.

Tags darauf ging es an der Rückwand des Berges, bei Goldau vorbei, nach Schwyz an den See hinab; auch der Pilatus wurde noch bestiegen. Als ich von Stanzstad am 4. September nach Luzern zurückfuhr, hatte ich die Freude, auf dem Dampfschiff Jaffé zu finden, der dann am Abend bis spät in die Nacht von seinen Erlebnissen und Forschungen jenseits der Alpen erzählte.

Eine noch größere Freude wurde mir aber in Frankfurt zuteil. Zu Anfang des Jahres hatte mich die Nachricht von einer schweren Erkrankung Böhmers erschreckt: am 22. Dezember 1860 war er, von der Bibliothek heimkehrend, in seinem Zimmer besinnungslos zusammengebrochen, und es war dann eine Lähmung aller Funktionen des Unterleibes eingetreten (Janssen I, S. 391). Er schien dem Tode verfallen und konnte nur langsam im Laufe des Frühjahrs sich erholen. Als ich am 6. September nachmittags nach Frankfurt kam, hörte ich, Janssen sei zum Fürsten Löwenstein nach Heubach gefahren. Aber Böhmer fand ich auf der Bibliothek frischer und kräftiger als ich gehofft hatte. Nachdem ein Buchbinder abgefertigt war, machten wir noch einen längeren Spaziergang am Ufer des Main. Er hatte sich in der Tat nach dem schweren Leiden über Erwarten erholt; gleichwohl erschien er mir seit unserem letzten Zusammensein sehr verändert. Zum erstenmal machte er den Eindruck eines alten Mannes. Das sonst so breite, mächtige Antlitz war schmaler und spitzer geworden, die ganze Figur magerer. Gegen mich war er wieder voll Freundlichkeit. Im übrigen schien er mir verstimmt, sprach mit trüben Ahnungen von der Zukunft und urteilte scharf über einzelne Erscheinungen der neueren geschichtlichen Literatur, z. B. über die vor kurzem erschienene Geschichte der fränkischen Kaiser von Floto [1]). Selbst seinen Freund Passavant, mit dem er so viel umgegangen war, und den er eben erst verloren hatte, beurteilte er beinahe hart. Er wollte ihm nur gewöhnliche Begabung und die Bildung eines Kaufmannes zugestehen. Zu schreiben habe er anfangs gar nicht verstanden und bei seinen früheren Werken die Anregung, ja sogar die Ordnung und die Gedanken von ihm, Böhmer, erhalten müssen; erst später habe er etwas gelernt; tote Freunde habe er vergessen und nicht einmal von ihnen reden wollen. Ich bemerkte wohl, daß hier der Grund des Unmuts

[1]) Gemeint ist wohl „Kaiser Heinrich IV. und sein Zeitalter". 2 Bde. 1855—56.

lag; bald hörte ich von Janssen bestätigen, daß eine Äußerung Passavants über den kurz vor ihm verstorbenen General Krieg Böhmer empfindlich verletzt und beinahe ganz von ihm abgewendet hatte. Diesen General nannte Böhmer seinen innigsten und liebsten Freund. — Von der Bibliothek dachte er sich zurückzuziehen, sein jetziger Vorgesetzter schien ihm nicht sonderlich zu gefallen; der frühere, sein Freund Senator Harnier, war tiefsinnig geworden. Böhmer wollte ihn am Abend in seinem Garten besuchen; ich begleitete ihn bis zum Eschenheimer Tor.

Weit heiterer fand ich ihn am anderen Morgen; er schlug einen Ausflug nach Homburg vor. Am Mittagstisch der befreundeten Familie Wedewer hörte ich viel erfreuliches über die Verlobung unseres Freundes Stumpf mit Fräulein Brentano. Schindler befand sich in Mannheim. Um 4 Uhr fuhr ich mit Böhmer nach Homburg; er war wieder lebhaft, belehrend, wie in seiner besten Zeit. Eine Wanderung in dem schönen Park war lohnend genug; im übrigen schien mir das Badeleben, wie überall, unausstehlich. Um so angenehmer und wirksamer ist der Eindruck, wenn man aus diesem Treiben plötzlich in den einsamen Schloßhof tritt; ein schönes Tor in reichverziertem Rokoko, ein prächtiger alter Turm, eine alte Kastanie mit fruchtbeladenen Zweigen und die Aussicht auf Felder, Gebirge und einen Teil von Althomburg, nicht die leiseste Erinnerung an den Prunk des Elendes und die Laster eines Spiel- und Badeortes. — Es war acht Uhr, als wir zurückkehrten, gleichwohl gingen wir noch zu Wedewers, um für den nächsten Tag eine Wanderung auf den Feldberg zu verabreden; Böhmer schien großen Wert darauf zu legen.

Am 8. September fuhren wir dann nach Oberursel, mit uns Herr und Frau Wedewer und ein junger Südamerikaner, dessen Erziehung ihnen anvertraut war. Wir frühstückten im Wirtshaus nnd gingen dann dem Taunus zu. Der Wind wehte heftig uns entgegen und legte sich erst, als wir durch den Wald geschützt wurden, der beinahe das ganze Gebirge bedeckt. Unter den angenehmsten Gesprächen stiegen wir beinahe drei Stunden, gelangten gegen 2 Uhr auf den Gipfel des Feldberges, der, 2600 Fuß über dem Meere, auch für den, der aus der Schweiz kommt, eine ansehnliche Erhöhung ist. Oben lag ein Wirtshaus, wo man einige Erfrischungen bekam. Die Aussicht war sehr weit, aber nicht ganz klar, der Wind ein Orkan. Gegen ½4 Uhr traten wir den Rückweg an und gelangten gegen ½7 Uhr in angenehmster Weise wieder nach Oberursel zurück, wo zu Nacht gegessen wurde. Der letzte Zug führte uns gegen 10 Uhr wieder nach Frankfurt. Der Feldberg allein hätte die Wanderung lohnen können, aber die Gesellschaft gab ihr unschätzbaren Wert. Ich muß den Tag den lohnendsten meiner Reise nennen; wenige Tage habe ich erlebt, deren ich mich so gern erinnere. Böhmer hatte mit einer Art

Heftigkeit die Fahrt betrieben. Ich glaube, es verlangte ihn, nach der schweren Krankheit einmal die Probe zu machen, ob er seinem Körper noch etwas bieten dürfe. Diese Probe wurde aufs beste bestanden. Die sieben Stunden Wegs hinauf und hinab legte er mit jugendlicher Rüstigkeit ohne Anstrengung und Ermüdung zurück. Mag diese erfreuliche Wahrnehmung ihn besonders gehoben, oder was sonst immer ihn angeregt haben, er zeigte sich, wie ich ihn nie gesehen und, wie auch Wedewers versicherten, ihn nie gesehen zu haben. Ich muß es als ein Glück meines Lebens betrachten, diesem trefflichen Manne während eines Tages nahe gewesen zu sein, an dem er den ganzen Reichtum seines Geistes, die ganze Liebenswürdigkeit seines Gemütes entfaltete. Keinen unter allen, denen ich begegnet bin, wüßte ich zu nennen, der eine solche Fülle von Kenntnissen, eine solche Mannigfaltigkeit verschiedenartiger Beziehungen, eine solche Fähigkeit, sich mitzuteilen, zu spannen und anzuregen vereinigt hätte. Ausführlich und mit sichtbarer Teilnahme sprach er auch von Clemens Brentano, dem er seit 1823 sehr nahe getreten war [1]). Verdanken doch nicht wenige Gedichte, vor allem „die Romanzen vom Rosenkranz" ihm ihre Erhaltung. Dies führte ihn auf Marianne von Willemer; er wußte ihre Geschichte, so, wie er sie von Brentano erfahren hatte, vortrefflich zu erzählen. Was er mir mitteilte, hatte damals, als diese Dinge nur ganz wenigen bekannt waren, weit höheren Wert als heute, nachdem der Briefwechsel Mariannens mit Goethe, Böhmers Leben von Janssen, Brentanos Leben von Steig erschienen sind. Manches konnte ich aber in einem Aufsatze über Frau von Willemer in der „Deutschen Rundschau" 1878 noch verwerten.

Als wir zurückkehrten, erwartete mich Janssen in Wedewers Hause. Viel wurde noch im Zimmer und bis spät in die Nacht unter freiem Himmel besprochen. Am anderen Morgen begleitete er mich an die Eisenbahn.

In Bonn verweilte ich nur einen Tag; schon am Abend des 10. war ich in meiner Vaterstadt, wo zwei Tage später die Vermählung meiner jüngsten Schwester Laura mit dem Regierungsrat Hermann Schmedding, dem Sohne des bekannten Staatsrats und Bruder der mir so nah befreundeten Frau von und Zurmühlen, stattfand. Erst am 20. September nahm ich in Bonn die durch die Reise unterbrochenen Arbeiten wieder auf. Vorerst gab mir aber die Erinnerung an Böhmer einen Antrieb, mich mit den Schriften Brentanos, besonders den „Romanzen vom Rosenkranze" genauer bekannt zu machen. Den Eindruck, den diese wundersame Dichtung auf mich machte, konnte ich Böhmer nicht vorenthalten, was denn eine Antwort zur Folge hatte, die man in der von Janssen veranstalteten Sammlung der Briefe nicht ungern lesen

[1]) Vgl. Janssen, Joh. Friedr. Böhmers Leben, Freiburg 1868 I, 101.

wird (13. Januar 1862. II. S. 374, Nr. 529). Bis in das Frühjahr 1862 hielten die kanonistischen Sammlungen und die Geschichte der Fremdherrschaft mich beschäftigt. Ich hatte die schöne, mir aus Paris geschickte Handschrift des Polycarpus genau untersucht und stand bereits im Begriffe, sie zurückzusenden, als am Schlusse des Buches mir auf den letzten Blättern eine besondere kleine Schrift wieder ins Auge fiel, deren Titel durch die Schlußzeile explicit liber sententiarum Magistri A. bezeichnet wurde. Sie war mir bis dahin wenig bedeutend erschienen, d. h. als ein in der gewöhnlichen Form der damaligen Zeit, in abgerissenen Zitaten zusammengestelltes Lehrbuch der Dogmatik. Aber durch einen glücklichen Zufall bemerkte ich jetzt, daß man in dieser Schrift eine noch unbekannte Quelle des Gratianischen Dekrets vor Augen habe, und zwar eine Quelle, die Gratian unmittelbar und ganz selbständig herangezogen hatte. Der Direktor der kaiserlichen Bibliothek bewilligte mir bereitwillig eine Verlängerung der Frist. Meine Vermutung bestätigte sich und unter dem Magister A. ließ sich einer der bedeutendsten Gelehrten des 12. Jahrhunderts, nämlich der Scholastikus Algerus an der bischöflichen Schule zu Lüttich erkennen, ein Schriftsteller, dessen Werk „Über die Barmherzigkeit und Gerechtigkeit" als eine Quelle für Gratian, ja als Muster seiner Darstellungsweise bekannt war. Die kleine, jetzt entdeckte Schrift erhielt dadurch eine ungeahnte Wichtigkeit. Auch in den Polycarpus hatte ich mich damals in einer Weise vertieft, als wenn es in der Welt nichts anderes mehr für mich zu tun gäbe. Beide Werke schienen mir der Veröffentlichung wert. So ließ ich mich die Mühe nicht verdrießen, von dem ganzen schweren Kodex eine Abschrift zu nehmen, teils mit eigener Hand, teils indem ich einem Zuhörer den Wortlaut diktierte. Eine lange, zu lange Zeit war dazu erforderlich, aber die genaue Kenntnis mittelalterlicher Schriftwerke konnte nicht leicht wirksamer gefördert werden, und die unvergessenen Anweisungen Jaffés, sowie die von ihm erlernten Handgriffe des Faksimilierens kamen mir dabei wesentlich zu statten. Ende Juli war die Arbeit beendet, das, was ich darüber zu sagen hatte, dem Abschlusse nahe. Der Druck wurde in der meinem ältesten Bruder gehörigen Aschendorffschen Buchhandlung in Münster rasch gefördert. Ende Oktober erhielt ich die letzten Korrekturbogen und am 10. November die ersten Exemplare der „Beiträge zur Geschichte der Quellen des Kirchenrechts und des römischen Rechts im Mittelalter".

An demselben Tage schickte ich ein Manuskript an die Druckerei, das den Anfang meiner Arbeiten über rheinisches Kirchenrecht in sich schloß. Bevor ich jedoch über den Fortgang des Druckes etwas sage, muß ich von einigen Erlebnissen der beiden letzten Jahre Nachricht geben.

Am 30. Januar 1861 wurde ich in den Vorstand des Akademischen Lesevereins gewählt, eine Ehre, die mich aber in die mir vor allem widerwärtigsten konfessionellen Streitigkeiten verwickelte [1]). Ich selbst darf mir das Zeugnis geben, daß ich während dieser Streitigkeiten für das, was mir gerecht und billig schien, offen eingetreten bin, dagegen die Schärfe und Heftigkeit der Gegensätze, soweit es mir möglich war, zu mildern suchte. Von den verschiedensten Seiten wurde ich um Rat und Vermittelung angegangen, und besonders bei den Studierenden habe ich damals wie in späteren Jahren wahrnehmen können, wie gern sie gutgemeinten Vorstellungen ein Ohr leihen, wenn sie überzeugt sind, daß man in Wahrheit Wohlwollen und Interesse für ihre Angelegenheit ihnen entgegenbringt.

Auch die Beziehungen zu meinen Kollegen wurden durch den ganzen Verlauf des Streites im Akademischen Leseverein nicht getrübt, vielmehr verbessert. Am Nachmittage des 11. Mai 1862 konnte ich nach seiner fast dreijährigen Abwesenheit Simrock wieder begrüßen. Die Krankheit war überwunden, und bald gelangte er wieder zu voller Geistesfrische und zu der unermüdlichen Arbeitskraft, deren er noch anderthalb Jahrzehnte sich erfreute. Der ärztliche Beistand und die Vorhersage des Doktor Zeller in Winnenden hatten sich trefflich bewährt. Im Oktober, als er zu einem Besuche nach Bonn kam, lernte ich den vorzüglichen Arzt auch persönlich kennen. Eine enge Freundschaft verband ihn mit Mörike, und was er über die Krankheit Hölderlins und besonders Lenaus mitteilte, bewies, daß gerade in solchen Fällen nicht leicht ein besserer Berater sich finden ließ.

Am 12. Mai erhielt ich den Besuch des Prinzen Karl von Hohenzollern. Er wünschte eine Vorlesung über deutsches Staatsrecht, die mich dann viermal in der Woche zu ihm führte. Niemand konnte damals ahnen, eine wie hohe Stellung er dereinst einnehmen würde. Er war eifrig bemüht, etwas zu lernen, dankbar für jede Anregung und von den angenehmsten Formen. Bei einem ländlichen Feste, das er in Heisterbach veranstaltete, waren für die zahlreichen Gäste Speisen und Getränke von Bonn mitgebracht. Der Wirt, darüber ungehalten, stellte mit beleidigenden Worten unmäßige Forderungen und vergaß sich zuletzt soweit, daß er das große Eingangstor, bis man ihn befriedigt hätte, verschließen ließ. Wohl das einzige Mal in seinem Leben befand sich der künftige König von Rumänien in Gefangenschaft, aber die

---

[1]) Über die Konflikte im akademischen Leseverein hat Hüffer genauere Aufzeichnungen hinterlassen. Man vergleiche darüber auch Floß' „Denkschrift über die Parität an der Universität Bonn mit einem Hinblick auf Breslau und die übrigen preußischen Hochschulen. Ein Beitrag zur Geschichte deutscher Universitäten im 19. Jahrhunderte". Nebst Beilagen. Freiburg i. B. Herder 1862. Über diese Schrift urteilt Hüffer in seiner gerecht abwägenden Weise: „daß sie manches berechtigte enthielt, wenn man auch über die tieferen Gründe der Übelstände, die nicht bloß auf einer Seite lagen, mit dem Verfasser nicht gleicher Ansicht war".

Art, wie er das Tor öffnen ließ, den Wirt zurechtsetzte und dann entschädigte, fand allgemeine Billigung. Am 8. August, als ich mich von dem Prinzen verabschiedete, hatte ich das angenehme Gefühl, nicht vergebens geredet zu haben. Ein Prachtwerk: „Die Geschichte des Hauses Hohenzollern" von Schäfer erhielt ich zum Andenken, und noch die spätesten Jahre brachten mir manchen Beweis, daß auch der Zuhörer jener Stunden sich nicht ungern erinnerte.

Wenn ich in diesem Jahre auf weitere Reisen verzichtete, so entschädigten mich öfters Ausflüge rheinaufwärts, insbesondere im August nach Ems, wo ich meinen Bruder Wilhelm mit seiner Frau aufsuchte und zugleich Frau v. Schwartz begegnete. Was jetzt ihr Herz erfüllte, war die Begeisterung für Garibaldi und die Befreiung Italiens; daneben der Schutz der Tiere gegen Mißhandlungen, insbesondere gegen die Vivisektion. In ihren Ansichten war manches, was ich nicht teilen konnte; aber ihre mutige, tatkräftige Entschlossenheit mußte man bewundern, um so mehr, als sie von dem unermüdlichen Bestreben, anderen zu helfen, begleitet war.

Am 9. September begab ich mich in meine Heimat, wo der Umgang mit meiner Mutter Geist und Herz in gleichem Maße erquickte. Könnte ich Stunden der Vergangenheit wieder ins Leben rufen, so würden es vor allem die sein, in welchen ich die geliebte Frau durch Wald und Felder unseres Landsitzes begleiten durfte. Ein einigermaßen harter Zug, der ihrem Wesen in früheren Jahren eigen war, hatte sich in herzerfreuende Milde verändert, die ihre unerschöpfliche Geistesfrische und die Lebhaftigkeit, mit der sie das Edle und Große in Kunst, Literatur und im Wandel der Geschichte begleitete, nur noch liebenswürdiger hervortreten ließ. Eine große Zahl von Familiengliedern hatte sich gerade jetzt um sie versammelt, so daß auf einer Photographie sieben Brüder sich darstellen konnten. Dazu kam ein häufiger Verkehr mit Freunden: Schücking, Schlüter, Caravacchi, die alle der Dichterin Westfalens nahegestanden hatten. Wenn schon dadurch das Gespräch sich öfters auf Annette von Droste lenkte, so wurde auch nicht selten eine andere Tochter des Landes erwähnt, die, wenn man künstlerische Begabung in Betracht zog, eine der nächsten Stellen neben Annette beanspruchen konnte, ich meine die Bildhauerin Elisabeth Ney. Die Tochter eines einfachen Steinmetzen, hatte sie mit seltener Geisteskraft eine nicht gewöhnliche Bildung erlangt und ihre künstlerische Begabung durch ausgezeichnete Porträtbüsten, darunter die Schopenhauers, des Königs Georg von Hannover, Garibaldis und zugleich durch freigeschaffene Werke an den Tag gelegt. Schon im Herbste des vorigen Jahres hatte ich bedauert, ihr in Münster, wo sie sich kurze Zeit aufhielt, nicht begegnet zu sein. Bald nachher sah ich auf einer Kunstausstellung in Köln mehrere Werke von ihrer Hand: einen h. Sebastian, sehr edel, nur vielleicht etwas zu sehr einem Engel ähnlich, und die vortreffliche Büste Schopenhauers; in der Nähe hing ihr Porträt, von der Hand Friedrich Kaulbachs: ein Bild von solcher Schönheit, daß es begreiflich machte, wie der Prinz Kalaf, durch das Porträt der Prinzessin Turandot entzückt, seinen Kopf für die Lösung der drei gefährlichsten Rätsel einsetzte. Von dem Provinziallandtag hatte sie den ehrenvollen Auftrag erhalten, für den großen Saal des neuerbauten Ständehauses in Münster die Statuen von vier für die westfälische Geschichte bedeutenden Männern auszuführen, nämlich des Grafen Engelbert von der Mark, des Heermeisters Walther von Plettenberg, Justus Mösers und des Ministers Franz von Fürstenberg. Sie standen fertig in ihrem Atelier und sollten in den nächsten Tagen ihren Platz im Saale einnehmen. Schon am Morgen nach meiner Ankunft erbot sich mein Freund Valentin Müller, mich zu ihr zu führen. Wir fanden sie nicht in ihrem Atelier, aber im Garten ihres Vaters in einer Laube. Gleich das erste Gespräch führte zu einer Annäherung, die in den beiden folgenden Wochen durch häufige Besuche, durch den Verkehr in unserem Hause und durch Ausflüge in die Umgegend zu einer dauernden Freundschaft sich befestigte. Sie erzählte manches von ihren Erlebnissen erst vor acht Jahren hatte sie Münster verlassen, in Berlin, in der Schule Rauchs, dann in München, Hannover, Heidelberg sich weitergebildet. In Frankfurt war sie sechs Wochen bei Schopenhauer. Seine Schriften hatten sie angezogen; sie ging zu ihm, fand ihn in seiner Bibliothek; er wurde bald freundlich, erlaubte zu kommen und zu bleiben, wann und wo sie wollte. Bald waren sie innig befreundet; er ließ sich alles von ihr sagen, war gegen sie sanft wie ein Kind, da er doch sonst kaum mit einem Menschen umgehen mochte. „Ich werde heiter", sagte er, „wenn ich in Ihre Nähe komme". Seine Heftigkeit gegen die Frauen leitete er selbst daraus her, daß er eine so abscheuliche Mutter gehabt habe. Sehr dankbar war er, als sie auch seinen getreuen Pudel modellierte.

Drei Tage später (13. September), als ich sie mit meinem Bruder Wilhelm und dessen Frau besuchte, fanden wir sie im Atelier an einer Büste Fürstenbergs arbeitend, die zwar dem Kopfe der Statue nachgebildet, aber im einzelnen sorgfältiger ausgeführt war, ein vortreffliches Werk von lebendiger Wahrheit. Damals im Garten trug sie einen Hut, der die Stirn halb bedeckte, jetzt zeigte sich der Kopf, von einer Fülle brauner Locken umgeben, die Stirn hoch, vielleicht etwas zu stark gewölbt. Was neben ihrer außerordentlichen Schönheit in ihrem ganzen Wesen besonders hervortrat, war der Ausdruck eines sicheren energischen Willens, so daß sich nicht leicht entscheiden ließ, ob man schwerer ihrer Güte oder ihrer Strenge, ihren Bitten oder Befehlen Widerstand leisten würde. Auch mein Bruder Wilhelm, der Vielgereiste, Welterfahrene, stand unter diesem Eindruck.

Als meine Geschwister in den nächsten Tagen allmählich wieder abgereist waren, hatte ich um so mehr Muße, sie zu sehen. Öfters fanden wir uns zusammen bei musikalischen Aufführungen, teils im Hause meiner Mutter, teils bei dem neuen Musikdirektor Julius Otto Grimm, der sich gleich nach seiner Ankunft vortrefflich bewährt hatte. Lebhaft ist mir in Erinnerung ein Ausflug nach unserm Landsitz, an welchem auch Grimm, Müller und Caravacchi sich beteiligten. Ich hatte die Freude, die neue Freundin in Garten, in Wald und Feldern umherzuführen, und als ich ihr aus einem nahen Bache einige Vergißmeinnicht holte, konnte ich mich auf die Worte der Gräfin Leonore San Vitale berufen:

„Du gönnest mir die seltene Freude, Tasso,
Dir ohne Wort zu sagen, was ich denke."

Die Besorgnis, mein Entgegenkommen könne ihr lästig geworden sein, verschwand, als sie mir sagte, die Büste Fürstenbergs, die mir so sehr gefallen hatte, sei für mich bestimmt; eine Gabe, die anzunehmen ich mich erst entschließen konnte, als ich mich überzeugte, daß Ablehnung die Geberin verletzen würde. In der heitersten Stimmung wurde der Tag verlebt. Caravacchi erzählte mancherlei aus dem Leben Annettens von Droste, unter anderm jenen Vorgang, den Annette in der „Judenbuche" bearbeitet hat, so, wie er wirklich sich ereignete. Durch solche und andere Erinnerungen an die Dichterin wurde die Absicht bestärkt, Rüschhaus, den ländlichen Wohnsitz Annettens, den Witwensitz ihrer Mutter, zu besuchen. Zwei Tage später wurde sie zur Ausführung gebracht. Mit Fräulein Ney und Müller ging ich zu Fuß voraus, meine Mutter mit Caravacchi folgte im Wagen. Nicht ohne Bewegung betraten wir die zwei kleinen niedrigen Kammern, die für Annette ausreichten! Alle Erinnerungen an die Dichterin, alle Gerätschaften, die ihr zum Gebrauch gedient hatten, waren damals aus dem Hause verschwunden. Erst in späteren Jahren sah ich es wieder in wohnlichem Zustande. In dem Garten, der mit einigen Statuen geschmückt, von schönem Walde umgeben war, konnte man mit Behagen verweilen. Wie oft hatte ich bedauert, daß ich der Dichterin hier nicht begegnet war! Jetzt fühlte ich mich beinahe entschädigt; war es doch eine Tochter derselben Heimat, durch künstlerische Begabung der Dichterin verwandt, die mir zur Seite ging. Gegen Abend wanderte ich zu Fuß mit ihr zurück, beinahe den ganzen Weg allein, Müller fuhr mit meiner Mutter, Caravacchi, noch immer ärgerlich und gereizt durch einen vorgängigen Streit über Garibaldi, lief weit voraus. Was sie äußerte, zeugte von einer selbständigen Entwicklung, von eigenen, oft eigentümlich gewendeten, immer tief eindringenden Ideen. Verstand und Energie traten am meisten hervor. Den Winter über hatte sie mit großem Eifer Mathematik studiert; jetzt las sie den

Heliand in hochdeutscher Übersetzung. Kein Buch, sagte sie, sei ihr seit langer Zeit so interessant gewesen. Wir gingen länger als eine Stunde miteinander; zu früh holte uns der Wagen ein. Noch am Abend besorgte ich mir die Gedichte Annettens, um sie ihr zu schenken.

Am 22. September erhielten die vier Statuen in dem Ständesaal ihren Platz, leider einen wenig günstigen, übermäßig hoch, beinahe unter der Decke, wo in einem zweifelhaften, unzureichenden Lichte alle feineren Züge verschwinden mußten. Ein Glück, daß sie vorher in guten Photographien nachgebildet waren. Ich hatte es übernommen, in der „Kölnischen Zeitung" auf die Bedeutung der vier Kunstwerke hinzuweisen, brachte einen Artikel am nächsten Morgen zu Papier und las ihn bei der Künstlerin und Müller vor, bei denen er mehr Beifall fand, als er vielleicht verdiente. (Abgedruckt in der Köln. Zeitung vom 5. Oktober 1862.) Als ich am Abend Abschied nahm, wurde noch manches besprochen, und ich hatte das Gefühl, eine Freundschaft für das Leben gewonnen zu haben. Ich betone das Wort „Freundschaft", denn wenn auch von meiner Seite die Grenze, welche dies Gefühl von dem nächst verwandten trennt, hin und wieder überschritten war, so wurde sie doch von ihr genau eingehalten. Den Grund konnte ich ahnen, als sie mir auf ihrem Schreibtische die Photographie eines jungen Engländers zeigte. Sein Name war Montgomery, sie hatte ihn in Heidelberg kennen gelernt. Bernays, der ihn gleichfalls von Heidelberg her kannte, hatte öfters mit großem Lobe von ihm gesprochen. Jetzt verweilte er in England und mochte auf ihre Absicht, nach London zu reisen, nicht ohne Einfluß gewesen sein. Vorher wollte sie aber einige Zeit in Heidelberg verweilen und auf dem Wege rheinabwärts Bonn besuchen.

Wenn nicht mit Schätzen, so doch mit schönen und lieben Erinnerungen reich beladen, kehrte ich am 25. September nach Bonn zurück. Ungesäumt wurden die sogar in Münster nicht ganz unterbrochenen Arbeiten wieder aufgenommen, wenn auch aus den Seiten der kanonistischen Folianten zuweilen ein anderer Kopf als der der Göttin Themis aufzutauchen schien. Ich erwähnte, daß die Schrift über die Quellen des Kirchenrechts im November ausgegeben wurde. In unmittelbarem Anschluß begann der Druck der Forschungen über französisch-rheinisches Kirchenrecht. Aber er mußte mehrmals unterbrochen werden, im April durch eine Reise nach Berlin, um endlich wenigstens den Anfang eines Gehaltes zu erlangen. Ich erreichte wirklich, daß mir vom 1. April 1863 ab ein Gehalt von 200 Talern ausgesetzt wurde, von denen aber die Witwenkasse in jedem Quartal 10 Taler abzog; außerdem waren für dieselbe Kasse 150 Taler in Wechseln oder bar zu entrichten, welche bei dem Tode des Unverheirateten nicht zurückgezahlt wurden. Wäre ich nach dem Empfang des I. Quartalgehalts von 40 Talern gestorben, würde ich nach siebenjähriger Wirksamkeit dem Staate 110 Taler aus meiner Tasche bezahlt haben.

Einen wenig günstigen Eindruck machte der neue Minister, Herr von Mühler. Er kam mir wie ein böser Schuldner vor; ich hatte nicht im entferntesten das Gefühl, einem Vorgesetzten gegenüber zu stehen. Auf dem Wege zum Ministerium am 15. April begegnete mir Jaffé, der nicht lange vorher zum außerordentlichen Professor ernannt worden war. Als ich ihm gratulierte, erwiderte er: „Sie können mir zweimal gratulieren; eben habe ich auch einen Gehalt von 500 Talern erhalten." Am Nachmittag, in seiner Wohnung, kam noch manches zur Sprache. Er war heftig erbittert gegen Pertz, der ihn gehindert habe, eine günstigere Stellung in Florenz zu erlangen. Mit dem 1. April war sein Verhältnis zu den Monumenten beendigt, und von demselben Tage lief das ihm jetzt bewilligte Gehalt.

Zum ersten Male fühlte er sich als freier Mann in gesicherter Stellung, obgleich seine jetzige Einnahme den 800—1200 Talern, die er als Mitarbeiter der Monumenta bezogen hatte, nicht gleichkam. „Sehen Sie", sagte er, indem er auf seinen wackelnden Tisch zeigte, „ich konnte mich nicht entschließen, einen ordentlichen Tisch anzuschaffen, aber jetzt soll es geschehen." Am nächsten Tage wollte er, nach neunjähriger Abwesenheit, seine Eltern in Posen besuchen.

Am 29. April war ich wieder in Bonn, aber schon am 21. Mai führte mich eine Einladung meines Bruders Wilhelm für die Pfingstwochen nach Paris. Ich fand die Stadt in großer Aufregung wegen der bevorstehenden Wahlen. Die Straßenecken waren mit Aufrufen und Wahlmanifesten bedeckt. Auch Montalembert war als Kandidat aufgetreten, das Wahlmanifest hing in seinem Zimmer an der Wand. Er habe so viel zu tun, sagte er, daß er bis 4 Uhr morgens nicht zum Schlafen komme; gleichwohl werde man ihn schwerlich wählen. Ganz auf der Seite des Kaisers stand dagegen der Staatsrat Chassériau, Mitglied der Kommission für die Herausgabe der Briefe Napoleons I., an den ich durch einen Freund meines Bruders empfohlen war. Er war begeistert für die Herzensgüte und die Charaktereigenschaften des Kaisers. Die Opposition leitete er aus unbefriedigtem Ehrgeize her und meinte, wohl nicht mit Unrecht, es sei durchaus nötig, in Frankreich nach so vielen Revolutionen endlich eine Gewalt fest zu begründen. Der alte Herr war von liebenswürdiger Freundlichkeit, bot mir seine Bibliothek zur Benutzung an und nötigte mich beinahe, einige Bücher von ihm zu leihen. Später war er sehr bekümmert, als die Wahlen gegen den Kaiser ausfielen und Thiers in den gesetzgebenden Körper brachten. Es geschah am 31. Mai; ich war an diesem Tage mit meinem Bruder nach Longchamps hinausgefahren, wo bei herrlichem Frühlingswetter die großen Rennen abgehalten wurden. Einige Zeit standen wir der Tribüne gegenüber, auf welcher der Kaiser, die Kaiserin, der

König von Portugal, der Herzog von Brabant, die Prinzessin Mathilde und andere Herrschaften sich unterhielten. Der Kaiser sah gut aus, sein Haar war noch voll und dunkel, die Kaiserin, wieder stark gemalt, blieb immer in der lebhaftesten Unterhaltung, gehend, kommend, von einem zum andern sich wendend, beinahe unruhiger, als es ihrer Stellung ziemte. Zum Ärger des Publikums war der Sieger im Hauptrennen ein Engländer. Der Kaiser wird wohl noch an einen anderen Wettstreit gedacht haben, der sich an diesem und dem folgenden Tage an der Wahlurne entscheiden sollte.

Ein Hauptzweck meiner Reise war, noch von einigen Handschriften der Nationalbibliothek Kenntnis zu nehmen und die vor zwei Jahren auf dem Conseil d'Etat genommenen Abschriften zu vervollständigen. Sehr nützlich für meine Arbeiten erwies sich eine Empfehlung unseres Botschafters, des Grafen von der Goltz. Sie bewirkte, daß ich von der Nationalbibliothek Bücher und sogar Handschriften in meine Wohnung entleihen konnte, während der Einheimische auf den Lesesaal und das sehr unbequeme Ausleihebureau angewiesen war.

Von der freundlichen Aufnahme, die damals ein deutscher Gelehrter in Paris erwarten durfte, erhielt ich in diesen Tagen einen neuen Beweis. Ich hatte Eduard Laboulaye, den gefeierten Professor, den vorzüglichen Schriftsteller, besucht. Am Schluß einer eingehenden Unterredung bedauerte er, tags darauf eine Reise antreten zu müssen, gab mir aber eine Empfehlung an seinen vertrautesten Freund Eugène de Rozière. Dieser ausgezeichnete Gelehrte, vormals Professor an der Ecole des Chartes, jetzt Inspecteur général des Archives, der gründlichste Kenner und scharfsinnige Herausgeber mittelalterlicher Formelbücher, hatte von meiner Schrift über die Quellen des Kirchenrechts Kenntnis genommen. Er empfing mich wie einen alten Freund, bot mir seine Bibliothek zur Benützung und einen Platz in seinem Arbeitszimmer an, und als ich ihn nach einer zweistündigen Unterredung verließ, hatte ich das Gefühl, für alles, was ich in Paris etwa betreiben möchte, einen zuverlässigen Beistand gewonnen zu haben. Drei Tage später, bei einem Frühstück, machte er mich mit seinem Schwiegervater Girault bekannt. Auch dieser bedeutende Gelehrte, Professor des römischen Rechts, sprach mit der größten Anerkennung von deutscher Wissenschaft. Bonn, das er einmal besucht hatte, nannte er ein kleines Athen. Beide Herren waren ausgesprochene Gegner des Kaisertums, vielleicht unter dem Eindrucke persönlicher Erlebnisse. Girault, unter der Republik Unterrichtsminister, hatte seinen Schwiegersohn de Rozière zu seinem Kabinettschef gemacht, aber nach dem Staatsstreich des 2. Dezember plötzlich seine Entlassung erhalten.

Mit angenehmen Erinnerungen kehrte ich auch dieses Mal am 9. Juni aus Paris zurück. Auch nicht ohne wissenschaftliche Ergebnisse. Die neuerdings auf dem Archive des Staatsrates gesammelten Aktenstücke brachten mein Buch, soweit es auf die kirchenrechtlichen Verhältnisse zurzeit der Fremdherrschaft sich bezog, zum Abschluß. Ich wünschte aber auch die Neubildungen, insbesondere die Wiederherstellung der Kölner Erzdiözese auf dem linken Rheinufer zur Anschauung zu bringen. Dies führte mich auf die Geschichte des Kölner Domkapitels, des alten wie des neuen, für die es beinahe gänzlich an Vorarbeiten mangelte. Die Bewältigung des umfangreichen archivalischen Materials in Köln und Düsseldorf hatte mich in den ersten Monaten des Jahres andauernd beschäftigt. Jetzt mußte den Untersuchungen noch die letzte Form gegeben werden.

Während der Druck des Buches rasch gefördert wurde, beschäftigten mich noch einzelne Episoden aus der Zeit der Fremdherrschaft, die sich zumeist mit Familienerinnerungen verknüpften. Mein Urgroßvater Johann Tilmann von Peltzer war Mitglied des Kur-Kölnischen Oberappelationsgerichts zu Bonn und bei der Annäherung der Franzosen 1794 mit dieser Behörde nach Arnsberg übergesiedelt. Dort hatte er bis zu seinem Tode im Jahre 1799 sich nach der Rückkehr in die geliebte rheinische Heimat gesehnt und mit seiner in Bonn zurückgebliebenen Frau einen eifrigen, nur durch die Kriegsunruhen zuweilen unterbrochenen Briefwechsel geführt. Briefe, von der Witwe sorgfältig aufbewahrt, gaben ein anschauliches Bild von der Stimmung und den Ansichten, den wechselnden Hoffnungen und Befürchtungen jener Zeit und von den Zuständen im Herzogtum Westfalen und am linken Rheinufer. Es konnte lohnen und ich faßte den Plan, daraus das historisch Bedeutende zu veröffentlichen. Peltzers genauester Freund war der Hofkammerrat Peter Josef Boosfeld, ein Mann von mehr als gewöhnlichen Fähigkeiten, die er während der Regierung des letzten Kurfürsten, dann auch während der Revolutionszeit, ferner als französischer Unterpräfekt und als Präsident des Bonner Landgerichts bis zu seinem Tode 1819 an den Tag legte. Boosfeld war im Jahre 1800, während eines längeren Aufenthaltes in Münster, mit meiner dort ansässigen Großmutter in ein freundschaftliches Verhältnis getreten. Es erhielt gleichfalls in einem Briefwechsel einen Nachklang, der zuweilen in den emphatischen Formen jener gefühlsseligen Zeit einen Ausdruck sucht, aber daneben auch politische und gesellschaftliche Verhältnisse zu deutlicher Anschauung bringt. Daraus entstand die Abhandlung: „P. J. Boosfeld und die Stadt Bonn" für die „Annalen des historischen Vereins für den Niederrhein". Einen Separatabzug konnte ich Ende August in Münster meiner Mutter überreichen, die für alles, was den Rhein und ihre Vaterstadt betraf, eine unveränderliche Liebe bewahrt hatte. Bei ihr traf ich Frau v. Schwartz. Sie hatte wieder vieles erlebt, sprach mit Begeisterung von Garibaldi, aber mit äußerstem Widerwillen von seiner Umgebung. Zu ihren genaueren Freunden gehörte jetzt Liszt, der sie in Rom zweimal wöchentlich zu besuchen pflegte. Ihre Liebenswürdigkeit hatte das ganze Haus für sie eingenommen. Auch Elisabeth Ney sah ich in diesem Jahre nicht zum ersten Male. Ich hatte sie am 14. Februar bei der Rückreise von Heidelberg in Linz erwartet und bis nach Köln begleitet von wo sie noch in der Nacht die Reise nach London fortsetzte. Briefe waren öfters hin- und hergegangen. Bis zum 9. September erfreute mich ihre Anwesenheit, dann wandte sie sich aufs neue nach England und von da nach Madeira, um im Süden den Winter zu verleben.

Als ich am 22. September nach Bonn zurückkehrte, fand ich einen Brief Döllingers, der zu einer Versammlung katholischer Gelehrten nach München einlud. Nach der ersten Begegnung in Frankfurt hatte ich ihn noch zweimal, 1858 und 1861, in Bonn gesehen. Mit Nutzen las ich seine kirchengeschichtlichen Werke und mit Begeisterung sein Buch über Papsttum und Kirchenstaat. Seine Art, mit Freimut, aber nicht ohne Wohlwollen Mängel zu rügen und zugleich auf die Mittel zu ihrer Beseitigung hinzuweisen, entzückte mich. Es ist bekannt daß gerade dieses Buch die ohnehin gegen Döllinger sich schon regenden Gegensätze zu stärkerem Ausdrucke brachte, und die Münchener Versammlung wurde nicht zum wenigsten zu dem Zwecke berufen, ihm durch eine allgemeine oder doch überwiegende Zustimmung der katholischen Gelehrtenwelt eine festere Stellung zu geben. Für mich war es nicht zweifelhaft, auf welche Seite ich gehörte. Ich war in Anhänglichkeit an die katholische Kirche erzogen, aber schon früh fand ich mich in Widersprüchen gegen manches, was anderen zu glauben als Pflicht erschien. Wie es an katholischen Schulen üblich war, hatte ich auf dem Gymnasium zwar unzählige Bibelstellen auswendig gelernt, aber keine Schrift im Zusammenhange gelesen. Von der Eigenart der vier Evangelien, von der Bedeutung der einzelnen Apostelbriefe erhielt ich keine Ahnung. Erst im Herbst 1860 veranlaßte mich ein an sich wenig belangreiches Buch, mich eingehend und im Zusammenhange mit dem Text des neuen Testamentes im griechischen Original zu beschäftgen. Zur Erklärung dienten mir die Kommentare von Hug, Bisping, de Wette und was mir sonst von katholischen und protestantischen Autoren in die Hinde fiel. Eine neue Welt ging mir auf. Es war eine unsägliche Freude, so manches zerstückte jetzt im Zusammenhang, und Gedanken, welche die Welt bevegt und umgestaltet haben, in der ursprünglichen Fassung kennen zu lernen. Dabei geschah es nun, daß ich bei strittigen Fragen nicht selten mit der katholischen Auffassung übereinstimmte — die seichten Ausführungen des Heidelberger Paulus, die absprechenden Urteile von Strauß und Baur konnten nicht als Ergebnisse einer vorurteilsfreien Forschung erscheinen; aber nicht selten fand ich mich auch mit ihr in Widerspruch, und durchaus widerstrebte es mir, eine Frage, die nur durch wissenschaftliche Gründe zu entscheiden war, vor den Richterstuhl der Dogmatik zu bringen. Um diese Zeit erschien „Das Leben Jesu“ von Ernst Renan. Es war nicht frei von Widersprüchen und sogar Geschmacklosigkeiten, denn wie kann dieselbe Persönlichkeit, der an einer Stelle die höchste Reinheit des Herzens zugesprochen wird, an anderen, z. B. bei der Auferweckung des Lazarus, als Betrüger dargestellt werden? Und was war geschmackloser, als wenn von dem in Gethsemane betenden Dulder gesagt wird, er habe vielleicht gedacht: „Oh jeunes filles, qui auraient consenties à l'aimer? Gleichwohl konnte ich mich von dem Gefühl nicht freimachen, daß zuweilen ein richtiger Blick durch den Schleier des Übernatürlichen zu der Wahrheit der Dinge durchgedrungen sei; ja, ich konnte mir nicht verhehlen, daß meine eigene Auffassung von den hergebrachten Dogmen mehr und mehr sich entfernte. Schritt für Schritt kann ich in meinem Tagebuche verfolgen, wie ich zuweilen nicht ohne schmerzliche Regung der veränderten Auffassung weitergehende Zugeständnisse machte. Dadurch wurde aber meine Überzeugung von dem Werte einer christlichen Lebensauffassung, meine Anhänglichkeit an die Kirche, in welcher ich geboren war, nicht verändert, nur das Dogmatische verlor mehr und mehr für mich seine Bedeutung, wenn ich mir auch gestehen mußte, daß eine Kirche ohne dogmatische Grundlage nicht wohl sich behaupten kann.

Es konnte zweifelhaft sein, ob ich mit solchen Gesinnungen an dem Münchener Kongreß mich beteiligen sollte. Aber in der Hoffnung, daß man zur Hebung katholischer Wissenschaft und für eine bessere Stellung katholischer Gelehrten wirken und etwas erwirken werde, reiste ich nach München ab. Gleich in der ersten Sitzung am Montag, den 28. September, verlangte man jedoch eine Ablegung des Tridentinischen Glaubensbekenntnisses; alles ließ erkennen, daß die Verhandlungen auf theologische Fragen und Gegensätze hinauslaufen würden. Um nicht zu Erklärungen gedrängt zu werden, denen ich mit voller Überzeugung nicht zustimmen konnte, entschloß ich mich, die Versammlungen nicht mehr zu besuchen. Ich habe es nicht bedauert. Der Kongreß hatte nur das Ergebnis, Gegensätze zum Ausdruck zu bringen, die später immer schärfer und verhängnisvoller sich betätigten.

Die Reise war deshalb nicht vergeblich, denn wieviel neues, schönes und überraschendes bot München einem jungen Manne, der es zum ersten Male besuchte! Gerade jetzt war auch die erst vor kurzem begründete historische Kommission um ihren Meister Leopold von Ranke hier versammelt. Ich lernte ihn in Marienbad, wo ich nicht weit von dem seinigen ein Zimmer gefunden hatte, kennen, aber ohne ihm damals näher zu treten. Mit Cornelius konnte ich den freundschaftlichen Verkehr der Breslauer und Bonner Jahre erneuern. Auch Redwitz fand ich wieder in einer behaglichen Gartenwohnung als glücklichen Familienvater, und da zur selben Zeit Simrock mit seiner Tochter

Dorothee in München anwesend war, saßen wir an einem schönen Herbstnachmittage in einer Laube des Gartens, wie vordem wohl in Menzenberg zusammen. Ein Empfehlungsbrief meines Onkels Kaufmann führte mich bei der Familie Ringseis ein, wo sich am Abend des 10. Oktober eine größere Gesellschaft versammelte; der hochbejahrte Herr war frisch und gesprächig, erzählte von seinen Reisen mit König Ludwig in Italien und Sizilien, wiederholte sogar die Lieder, die er dem Könige zuweilen im Freien am Meeresstrande hatte vorsingen müssen. Die beiden Töchter, Emilie, die Dichterin, und Bettina, trugen bayerische Volkslieder vor. Noch manchen könnte ich nennen, dem zu begegnen eine Freude und ein Vorteil war. Ich erwähne nur den Kunstschriftsteller Ernst Förster, in dem ich einen alten Freund meiner Familie wiederfand. Er hatte in den zwanziger Jahren an den Freskobildern mitgearbeitet, welche nach den Entwürfen von Cornelius in der Aula der Bonner Universität ausgeführt wurden. Damals war er ein Verehrer meiner Mutter, welcher er später einmal in Münster einen Besuch abstattete. In seiner Sammlung weiblicher Porträtköpfe befand sich ein Bild meiner Mutter, das sogar einmal Goethes Aufmerksamkeit erregt hatte.

Am 12. Oktober kam ich über Augsburg früh genug nach Nürnberg, um durch eine Fülle herrlicher Anschauungen die Eindrücke zu erneuern, die ich beim Besuche der vormals Boisseréeschen Gemäldesammlung in der Münchener Pinakothek gewonnen hatte. In Würzburg machten die Professoren Hettinger und Hergenröther aus ihrer Erbitterung gegen Döllinger kein Hehl. Am Abend des 13. war ich in Wertheim bei dem mir so nahestehenden Dichterpaare. Meine Tante, Mathilde Kaufmann, hatte ich seit sechs Jahren nicht gesehen. Ihre Erscheinung, nicht mehr ganz dieselbe, war noch immer unsäglich anmutig. Mit unermüdlicher Energie nahm sie sich des Hauswesens an, ohne doch ihren schriftstellerischen Arbeiten ganz zu entsagen, nur freilich machte das Leben seine harten Forderungen geltend. Den 16. und den Morgen des 17. verwandte ich in Darmstadt, um die Handschriften der vormals dem Kölner Domkapitel gehörigen Bibliothek zu mustern. Bekanntlich war diese wertvolle Sammlung infolge der Kriegsunruhen von den Franzosen zuerst nach Arnsberg, demnächst, als das Herzogtum Westfalen an Hessen-Darmstadt kam, nach Darmstadt übergeführt worden. Erst infolge des Friedens von 1866 wurde sie nach Köln in den Besitz des Kapitels zurückgegeben. Mittags kam ich nach Frankfurt. Janssen war abwesend; von Wedewers hörte ich, Böhmer sei so leidend, daß er nur noch selten jemand zu sich lasse. Gleichwohl ging ich in seine Wohnung, kaum hoffend, ihn zu sehen. Er ließ mich zu sich hinaufkommen, aber der traurigste Anblick erwartete mich. Bleich, elend, auf den Tod ermattet, saß er auf einem Stuhle, die Augen gesenkt; nur wenige weiße Haare waren ihm geblieben. Auf dem Tische stand unter anderen Gerätschaften ein Kästchen mit einem großen Ordensstern. Er war jetzt aufs tiefste niedergedrückt. „Machen Sie mir keine Hoffnung", sagte er, „ich stehe schon im Grabe, ich weiß, was mich tötet, marasmus senilis. Niemand kann mir helfen. Als ich vom Feldberg kam, lebte ich noch einmal wieder auf, seitdem ist der Arzt nicht mehr aus dem Hause geblieben. Ich hätte gern noch einige Jahre mit Ihnen gelebt. Meine Entwürfe bleiben unausgeführt, ich bin schon vergessen." Er klagte dann über Pertz, der ihn bis zum letzten Tage mit Briefen und Aufträgen behelligte: „Sie wollen nicht wissen", sagte er, „daß sie mit einem Todkranken zu tun haben; ich soll wie ein Pferd bis zum letzten Tage in der Trense gehen." — Er war heute besonders leidend. Unmittelbar ehe ich zu ihm kam, hatte er vom Sofa aufstehen wollen, verwickelte sich aber in den Fußteppich, stürzte zu Boden und lag so hilflos einige Zeit, bis der barmherzige Bruder, der ihn pflegte, wieder ins Zimmer trat. — Als er mir die Hand zum Abschied reichte, konnte ich mich nicht enthalten, sie zu küssen; er, der wohl fühlte, wie mir zumute war, brach in Weinen aus, und auch ich konnte mich der Tränen nicht enthalten. Fünf Tage später war er nicht mehr unter den Lebenden.

Als ich am 18. Oktober nach Bonn zurückkehrte, war meine nächste Aufgabe, die letzten Bogen meines neuen Buches für den Druck zu verbessern. Am 1. November erhielt ich die ersten fertigen Exemplare. Das Buch führte den Titel: „Forschungen auf dem Gebiete des französischen und des rheinischen Kirchenrechts nebst geschichtlichen Nachrichten über das Bistum Aachen und das Domkapitel zu Köln."

Die Art, wie es in den Rheinlanden in weiteren Kreisen aufgenommen wurde, bewies mir, daß ich nicht ganz vergebens gearbeitet hatte. Die geschichtlichen Teile dieses Buches, daneben die Aufsätze in den „Annalen des Historischen Vereins für den Niederrhein" bewirkten, daß ich am 1. Juni des nächsten Jahres in den Vorstand dieses Vereins gewählt wurde. Noch mehr konnte ich mit dem Erfolg der früheren Schrift über die Rechtsquellen zufrieden sein. Einer der ersten Kenner des Faches, Friedrich Maassen, machte sie in der „Kritischen Vierteljahresschrift für Gesetzgebung und Rechtswissenschaft" zum Gegenstande einer eingehenden Besprechung. In Doves „Zeitschrift für Kirchenrecht" wurde ich zu den Autoren gerechnet, die sich wirkliche Verdienste um die Wissenschaft erworben hätten. Und der Kanzler der Universität Gießen, Professor Wasserschleben, durch so viele gründliche Arbeiten über kanonistische Quellen hochangesehen, schickte mir aus eigenem Antriebe seine wertvollen Kollektaneen zu freier Benutzung.

Aber ich selbst war nicht in der Stimmung, ein solches Ergebnis mit schuldigem Danke aufzunehmen. Gleich am 5. November finde ich in meinem Tagebuche eine bittere Auslassung, den beiden Büchern, die mich zwei Jahre beschäftigt, sei ich innerlich fremd geblieben. Es folgte der Schwur, nie wieder eine Arbeit anzufangen, welche nicht innerlich wie nach außen fördern könne.

Aber ehe eine solche Arbeit gefunden wurde, ließ ich mich wieder, wenn nicht auf Abwege, doch auf einen Nebenweg verlocken. Schon in den Jünglings-, ja in den Knabenjahren hatte ich allem, was mir an Gemälden, Skulpturen und Bauwerken zugängig war, eine lebhafte Neigung, ich darf wohl sagen, mit einigem Verständnisse zugewendet. Den Galerien, zuerst in Berlin, dann in Italien und Frankreich galten womöglich die ersten Besuche. Schon als zwölfjährigen Knaben hatte mich im Haag die später zerstreute Galerie des Königs von Holland in solchem Maße entzückt, daß ich noch jetzt die Stelle einzelner mir besonders merkwürdiger Gemälde angeben könnte. Manches Buch über Kunstgeschichte hatte ich gelesen, aber noch keine vollständige Darstellung, die mir die Entwicklung der Kunst in deutlichem Zusammenhange klar gemacht hätte. Diesem Mangel sollte jetzt abgeholfen werden. Mit einer Art von Heißhunger stürzte ich mich in die kunstgeschichtliche Literatur. Vom Morgen an bis in die späte Nacht blieben die Kunstgeschichten von Kugler, Lübke, Wagen, Försters Bildwerke der deutschen Kunst und ähnliche Sammlungen in meinen Händen. Bis zum Ende des Jahres hatte sich eine unglaubliche Menge neuer Vorstellungen in mir gesammelt; in eine neue Welt, könnte ich sagen, war ich eingetreten. Recht deutlich wurde mir, was man erreichen kann, wenn alle Kräfte ungeteilt auf dasselbe Ziel gerichtet werden. Freilich blieb daneben der schmerzliche Gedanke, wie sehr eine mehr als zehnjährige Zersplitterung die Ergebnisse meiner Tätigkeit beeinträchtigt habe. Leider hatte er nicht die Macht, mich bei den Fächern, die ich als Lehrer vertrat, festzuhalten, obgleich sie doch zu lohnenden Arbeiten Anlaß genug geboten hätten: es blieb bei einer sorgfältigen, umfassenden Vorbereitung für die Vorlesungen. Eine große, meinen Neigungen entsprechende Aufgabe, wie ich sie für das Leben suchte, war auch nicht so leicht gefunden.

---

7. Kapitel.

Aufenthalt in Wien.

Unter beständigem Suchen nach einem festen Punkt waren die ersten Monate des Jahres 1864 vergangen, als mir am 4. Mai die Briefe meines Urgroßvaters Peltzer wieder in die Hände fielen. Wieder trat auch der Gedanke hervor, das geschichtlich Bedeutende auszusondern und für eine Veröffentlichung zusammenzustellen. Sogleich und mit lebhaftem Eifer machte ich mich an die Arbeit. Und wie man bei einem großem Strome schon nahe der Quelle eine kräftige Bewegung und eine mächtige Wasserfülle wahrzunehmen pflegt, so ging ich auch mit Eifer an diese neue Arbeit, als hätte ich vorher gewußt, daß manches, was sich damit verknüpfte, vielen künftigen Jahren ihren Inhalt geben würde. War das Tagebuch vormals angefüllt mit Klagen über Untätigkeit und Zeitverlust, so finde ich jetzt für Wochen, ja für Monate eine fleißige Arbeit verzeichnet. Die Briefe fielen in die Jahre 1794—1799, also in die Zeit, in welcher das alte Reich dem Untergange entgegenging. Sie sollten einen Kommentar erhalten. Ich mußte also die zumeist gelesenen Werke von Schlosser, Häusser, Sybel, Vivenot und zahlreiche kleinere Schriften heranziehen. Man weiß, wie verschieden die Ereignisse jener Zeit von den politischen Parteien in Deutschland beurteilt wurden. Einer jeden sollten sie als Stützpunkt für ihre Ansichten dienen. Sowohl Österreich wie Preußen mußten von der Gegenseite den Vorwurf hören, an der Auflösung des Reiches die Hauptschuld zu tragen. Und wiederum sollte die Art, wie der eine oder andere Staat für Deutschland eingetreten sei, ein Recht auf die Führung in der Folgezeit begründen. Je mehr ich mit den Ereignissen, die mich schon in der Knabenzeit angezogen hatten und mit den strittigen Fragen mich beschäftigte, um so mehr hoffte ich endlich einen Gegenstand gefunden zu haben, der, meinen Neigungen entsprechend, an frühere Arbeiten anknüpfend, selbst auch meiner akademischen Tätigkeit nicht ganz fern, die Arbeit einer Reihe von Jahren lohnen könnte. Und meiner ganzen Geistesrichtung nach glaubte ich, manches unparteiischer und deshalb richtiger aufzufassen, als es in den mir vorliegenden Werken geschehen war. Bei Häusser bewunderte ich neben der großen Sachkenntnis, der fleißigen und gründlichen Forschung, den offenen und geraden Sinn, bei Sybel die geistvolle, an neuen Gedanken reiche Darstellung. Aber wenn ich in die unmäßigen Schmähungen gegen Preußen und den Baseler Frieden nicht einstimmen konnte, so schienen mir auch Häusser und Sybel in ihren Vorwürfen gegen Österreich zu weit zu gehen, insbesondere, wenn Österreich beschuldigt wurde, es habe in den Verhandlungen zu Leoben und Campo Formio das linke Rheinufer ohne Not und ohne Widerstand den Fremden preisgegeben. Dabei wurden aber Fragen berührt, die nur durch eine genaue Kenntnis der noch ungedruckten Urkunden sich entscheiden ließen. So regte sich der Wunsch, auf den Wiener Archiven Einsicht in jene merkwürdigen Verhandlungen zu gewinnen. Eine solche Hoffnung konnte damals als vermessen erscheinen, denn die meisten Archive lagen noch mit sieben Siegeln verschlossen, und gerade das Wiener Haus-, Hof- und Staatsarchiv wurde als ein unzugängliches Schatzhaus geschildert. Aber ich entschloß mich, den Versuch zu wagen, bot doch die Kaiserstadt in jedem Falle Lohnendes genug, und die Fahrt dorthin ließ sich mit anderen Reiseplänen verbinden.

Im Frühling war ich bei einem Besuch in Münster mit meinem jüngsten Bruder Franz zusammengetroffen. Obwohl 15 Jahre jünger als ich, stand er mir doch von allen meinen Geschwistern nach seiner geistigen Entwicklung am nächsten. Seine Neigungen und Gewohnheiten stimmten mit den meinigen überein. Bei ungewöhnlichen Fähigkeiten fehlte es ihm nicht an Mut und Selbstvertrauen und der festen Beharrlichkeit, deren man zur Durchführung großer Pläne nicht entbehren kann. Er hatte sich dem Studium der neuern Sprachen gewidmet und wollte es im Herbst in München fortsetzen. Da der Weg nach Wien mich gleichfalls nach München führte, lag es nahe, daß wir ein Zusammentreffen und eine gemeinsame Wanderung in das bayerische Oberland verabredeten. Am 18. August kam ich nach München. Mit meinem Landsmann, Franz von Löher, dem Reichsarchivar, konnte ich beraten, wie der Weg in das Wiener Archiv sich eröffnen ließe. Er zweifelte, ob ich zum Ziel gelangen würde, gab mir aber den verständigen Rat, an den Vizedirektor des Archivs, Alfred von Arneth, zu schreiben und unsern Landsmann, den in Wien hochangesehenen Professor Karl Ludwig Arndts, um Empfehlungen zu bitten.

Am 26. kam mein Bruder. Gleich am folgenden Morgen traten wir die Wanderung an über Tegernsee und Kreuth an den Achensee, weiter hinab nach Jenbach und nach Innsbruck. Noch am Abend der Ankunft besuchte ich Stumpf. Ich fand ihn als glücklichen jungen Ehemann und eifrig mit der Bearbeitung der Kaiser-Regesten beschäftigt. Die Erinnerung an Böhmer wurde neu belebt; nicht weniger, als ich dann auch Julius Ficker wieder sah. In seiner Wohnung hatte ich nur seine Frau und seinen Schwager, den Geheimrat Ulrich aus Berlin, getroffen. Ihn selbst mußte ich in einer altberühmten Kneipe, man könnte auch sagen „Höhle", aufsuchen, wo eine Anzahl Universitätslehrer bei dem matten Schein einer durch undurchdringliche Tabakswolken verhüllten Öllampe allabendlich sich zu versammeln pflegte. Ficker war durch Böhmers letzten Willen neben Janssen zum Erben seines literarischen Nachlasses ernannt worden; unermüdlich wirkte er in Böhmers Geiste auf dem Felde, das schon seine ersten Arbeiten in Bonn sich erwählt hatten. In Innsbruck, unter seinen Kollegen wie bei den Bürgern, hatte seine Tätigkeit, dann auch sein verständnisvolles Eingehen auf den Geist und die Gewohnheiten des Landes ihm eine unvergleichliche Stellung begründet. Unermüdlich wie bei der Arbeit war er auch, wenn es galt, die höchsten Bergesgipfel zu erreichen, und in der freundlichsten Weise nahm er sich die Zeit, die Freunde aus der Heimat in das von ihm so geliebte Tiroler Gebirge einzuführen.

Am 31. August stand ich mit ihm, seinem Schwager, dem Historiker Huber, und meinem Bruder auf dem Patscher Kofel in einer Höhe von 7000 Fuß, wo bei klarem Himmel die weiteste Aussicht in das Ober- und Unter-Inntal und das Stubaital sich eröffnete. Mir war damals nicht leicht ein Weg zu steil oder zu weit. Mein Bruder, von größerem Gewicht, als seinen 19 Jahren ziemte, ermüdete, war aber doch so hartnäckig, einen Band mit den Dramen des Sophokles, den er zufällig in der Rocktasche bei sich trug, trotz mancher Neckereien bis auf den Gipfel mitzuschleppen. Am folgenden Morgen führte uns die Eisenbahn an den Chiemsee, sodann eine Wanderung durch das Trauntal nach Reichenhall und weiter nach Salzburg. Mein Bruder kehrte nach München zurück; ich nahm den Weg nach Wien, wo ich am Abend des 5. September eintraf.

Mein erster Gang am nächsten Morgen war auf das Haus-, Hof- und Staatsarchiv zu Herrn von Arneth, dem Vizedirektor. Seine Werke über den Grafen Starhemberg und Prinzen Eugen hatten ihm seit vier Jahren diese bedeutende Stellung verschafft. Im Alter von 45 Jahren war er damals noch ein feiner, schlanker Herr von jugendlichem Aussehen, dem Bilde gleichend, das dem ersten Teile seiner Lebenserinnerungen vorgesetzt ist. Angenehme Formen, echtes Wohlwollen und die Neigung, auch fremde Arbeiten zu fördern, waren ihm in jedem Lebensalter eigen; sie kamen auch mir zugute. Dokumente, die nach dem Regierungsantritt Maria Theresias datierten, waren bis dahin grundsätzlich der wissenschaftlichen Forschung verschlossen. Sogar Ranke, der vor kurzem durch Arneths Vermittelung einige Korrespondenzen über den Anfang des siebenjährigen Krieges verlangte, hatte eine abschlägige Antwort erhalten. Etwas bestimmtes konnte Arneth auch mir nicht versprechen; er hatte aber infolge meines Briefes mein Anliegen im Ministerium des Auswärtigen den Herren, denen die Entscheidung zustand, empfohlen. Es waren die drei Hofräte von Meysenbug, von Biegeleben und von Gagern. Zu ihnen machte ich mich um ein Uhr auf den Weg, noch mit zweifelndem Gemüt; aber der Weg war geebnet durch Arneth und besonders durch Briefe des Professors Arndts. Biegeleben, auch er noch in frischem Alter, ein langer, hagerer Mann mit ausdrucksvollen Zügen, sprach wenig, war aber wohlwollend und wünschte den besten Erfolg; die eigentliche Entscheidung, sagte er, liege bei Meysenbug, die formelle bei dem Grafen Rechberg, dem Minister des Auswärtigen; ich solle eine Eingabe an das Ministerium machen und Meysenbug übergeben.

Noch freundlicher war der Empfang bei dem Freiherrn Max von Gagern, dem jüngsten Bruder Heinrichs von Gagern, des Präsidenten der deutschen Nationalversammlung. Als ich ihm den Empfehlungsbrief eines Bonner Freundes überreichte, behandelte er mich wie einen guten Bekannten, gab mir nützliche Anweisungen und ließ mich gleich an seinem Tisch die Eingabe niederschreiben, die ich dann um zwei Uhr zu Herrn von Meysenbug trug. Zu meiner Freude fand ich diesen Mann, für mich den wichtigsten von allen, über Erwarten entgegenkommend. Einigermaßen kam mir zu statten, daß ich seiner Schwester, einer Frau von Medem, die ich 1861 auf dem Rigi kennen lernte, bei der Übersetzung westfälischer plattdeutscher Sprichwörter behilflich gewesen war. Eine lebhafte Unterredung, die länger als eine Stunde währte, wandte sich sowohl meinen Wünschen als den politischen Verhältnissen zu. Bismarcks Besuch und anspruchsvolles Auftreten waren noch in frischer Erinnerung. „Da, wo Sie sitzen", sagte mir Meysenbug, „hat er gesessen; er sprach von Böhmen und Mähren, die er eben durchreist, von ihrer Schönheit und Fruchtbarkeit in einem Ton, als wenn er sie gleich in die Tasche stecken wollte". Meysenbug bedauerte, daß man ihm nicht größere Entschiedenheit gezeigt habe; aber die kaiserliche Familie stehe jetzt ganz unter der militärischen Verbrüderung. Er bedauerte auch, daß man Napoleon III. stets schroffer als nötig entgegengetreten sei. Man solle versuchen, ihn zu gewinnen und in eine bessere Richtung zu leiten. Meine Eingabe versprach er sogleich dem Grafen Rechberg vorzulegen und zu empfehlen. Niemals habe ich deutlicher den Wert eines unmittelbaren persönlichen Eingreifens erkannt. Ein Gesuch, das auf amtlichem Wege viele Wochen erfordert und vielleicht doch nicht zum Ziele geführt hätte, wurde jetzt ohne Anstoß, ohne Aufschub genehmigt.

Als ich zwei Tage später auf dem Archiv bei Herrn von Arneth anfragte, erhielt ich den Bescheid, die Erlaubnis für mich sei bereits ausgefertigt, gleich morgen könne ich die Arbeit anfangen. Am nächsten Morgen wies mich der Direktor des Archivs, Hofrat Erb, an den Archivrat Wocher, der mir die gewünschten Schriftstücke vorlegen werde.

Das Archiv befand sich damals in der Hofburg. Die Arbeitszeit lief von ½10 bis ½3 Uhr; täglich um 12 Uhr spielte die Musik der Schloßwache die Melodie des „Gott erhalte Franz den Kaiser" und bezeichnete dadurch und wohl durch ein folgendes Tonstück einen Abschnitt des Tages. Herr Wocher beklagte sich zuweilen in seiner freundlichen Weise, noch niemand habe ihn so sehr geplagt wie ich, war aber stets bereit, meine Wünsche zu erfüllen. Es kam mir darauf an, von den diplomatischen Verhandlungen zwischen Österreich und der französischen Republik eine deutliche Kenntnis zu gewinnen. Zunächst verfolgte ich die Anknüpfungen, die in den Jahren 1795 bis 1797 von untergeordneten Agenten, Zwanziger, Poterat, später von dem General Clarke versucht wurden, und es konnte den Eifer anspornen, daß mir dabei sogleich einige bis dahin unbekannte Briefe Bonapartes, die also in der „Correspondance de Napoléon I" fehlten, vor Augen kamen. Daran schlossen sich die wichtigen, wenn auch noch nicht entscheidenden Verhandlungen zu Leoben, die Bonaparte selbst mit den Bevollmächtigten des Kaisers, dem General Grafen Merveldt und dem neapolitanischen Gesandten Marchese di Gallo am 18. April 1797 zum Abschluß brachte. Zu meiner großen Genugtuung bestätigte sich die Vermutung, die nicht zum wenigsten mich nach Wien geführt hatte, daß nämlich die Abtretung des linken Rheinufers in Leoben vom Kaiser nicht bewilligt, von Bonaparte nicht einmal gefordert war. Ein eigenes, ja einzigartiges Interesse boten dann die Verhandlungen, welche im Mai in Montebello bei Mailand begannen, im September nach Udine verlegt wurden und am 17. Oktober durch den Frieden von Campo Formio ihren Abschluß erhielten.

Wohl niemals später zeigt sich Bonaparte als Diplomat und Unterhändler in günstigerem Lichte; in täglichem Verkehr mit den kaiserlichen Gesandten Merveldt, Degelmann, di Gallo und zuletzt dem Grafen Ludwig Cobenzl läßt er seine unvergleichliche Befähigung und zugleich die Gewaltsamkeit und Rücksichtslosigkeit seines Charakters hervortreten.

Mit wachsender Teilnahme folgte ich dem Verlauf dieser diplomatischen Strömungen. Schriftstücke lagen vor mir, die seit ihrer Entstehung nur wenigen, seit dem Anfang des Jahrhunderts vielleicht niemandem vor Augen gekommen waren. Sie verbreiteten Licht über eine Entwicklung, so spannend, wie sie selten uns entgegentritt und über den Charakter eines Mannes, dessen Tatkraft und Begabung in der Geschichte der Welt nicht leicht ihresgleichen findet.

Ein angenehmer persönlicher Verkehr verknüpfte sich zunächst mit dem Archiv. Arneth blieb jederzeit ein freundlicher Berater. Schon die erste Begegnung mit Ottokar Lorenz — er war Professor der Geschichte und Beamter des Staatsarchivs — erweckte den Wunsch öfteren Zusammenseins. Eine Anknüpfung lag darin, daß er seit früher Jugend mit Stumpf befreundet war. So machte er mich auch alsbald mit dem Dritten im Bunde, einem jungen Literarhistoriker und Professor in Graz, Tomascheck, bekannt. Wir besuchten ihn in Neuwaldegg, wo er als Gast der Familie von Gerold sich aufhielt. Unter den Mitgliedern dieser Familie waren mehrere mit meinem Bruder Wilhelm befreundet; seine Photographie fand ich in einem Album der jungen Frau von Gerold. — Zahlreiche Spaziergänge wurden in den folgenden Wochen in die Umgebung Wiens mit Lorenz und Tomascheck unternommen; besonders erinnerlich ist mir ein Ausflug mit Tomascheck nach Mödling, wo uns Lorenz erwartete. Ein anmutiger Weg führte uns weiter nach der Brühl, wo Lorenz' Schwiegervater in tiefer Waldeinsamkeit sich eine behagliche Sommerwohnung gemietet hatte. Die Abende wurden öfters in dem Hause des Freiherrn von Gagern verlebt, dessen liebenswürdige Gemahlin, eine geborene Bremenserin, mit dem feinen Anstand der vornehmen Dame die schlichte Ungezwungenheit ihrer Heimat verband. Auch Gagerns

Bruder Heinrich durfte ich in seiner Wohnung aufsuchen. Er war als Hessen-Darmstädtischer Gesandter nach Wien gekommen. Noch immer machte er den Eindruck eines bedeutenden Mannes, und als er, das Gespräch unterbrechend, einen Artikel der „Preußischen Provinzialkorrespondenz" über die zu erwartende preußische Kammer vorlas, konnte ich mir den eindrucksvollen Redner früherer Jahre vorstellen. Gleichwohl schien er gealtert, mehr als seine 65 Jahre verlangten.

So ging der September zu Ende, und der Oktober führte mit der Wiedereröffnung der Universität noch manche wertvolle Verbindung herbei.

Am 1. Oktober abends 6 Uhr wohnte ich der Eröffnungsfeier in der Aula, einem großen, von Maria Theresia erbauten Saale bei; mehr als 1200 Personen waren versammelt. Nachdem der abgehende Rektor Professor Hummel sich verabschiedet hatte, hielt der Dekan des Doktorenkollegiums eine Lobrede auf den neuerwählten Rektor, den berühmten Anatomen Hyrtl, der währenddessen zur Rechten an einem kleinen Tische, man könnte sagen, an dem Gegenteil eines Lästertischchens, saß, da er bei jedem Kompliment des Redners unmäßig beklatscht wurde. Dann trat Hyrtl auf, ein kleiner, feiner Mann mit scharf blitzenden Augen, mit unendlichem Beifall empfangen. Man hatte eine liberale, politische Rede von ihm erwartet. Er sprach aber statt dessen über den Materialismus, den er zuerst wissenschaftlich als unhaltbar darstellte, dann für die französische Revolution und andere Umwälzungen verantwortlich machte und mit den sozialen und staatlichen Einrichtungen unserer Zeit unvereinbar erklärte. Er sprach länger als 1½ Stunden ganz frei, in gewählter, rhythmisch abgerundeter Sprache. Auf mich machte die Rede einen bedeutenden Eindruck; aber in Wien wurde sie von den Zeitungen, auch von den Kollegen Hyrtls, meistens als ein Erzeugnis serviler Gesinnungen sehr ungünstig beurteilt. Den Witzblättern diente sie noch mehrere Wochen als Nahrung. Dabei mußte man ein Übermaß schaler und abgeschmackter Deklamationen gegen Christentum und religiöse Gesinnungen in den Kauf nehmen. Und beinahe ebenso unerfreulich war, was die kirchlich gesinnten Blätter darauf erwiderten.

In der Aula hatte ich die Freude, mehreren Bekannten wieder zu begegnen, insbesondere meinem Bonner Lehrer, dem Historiker Joseph Aschbach und dem Pandektisten Arndts, dessen Empfehlungen mir die Wege in Wien so freundlich geebnet hatten. Mit den beiden trefflichen Männern entspann sich in den nächsten Wochen ein lebhafter Verkehr. Aschbach, der bescheidene, kenntnisreiche Mann, wohlwollend und anregend für die Jugend, hatte sich, seitdem er 1853 dem Rufe nach Wien gefolgt war, zuerst nicht ohne Mühe, aber bald mit allgemeinster Anerkennung einen weiten Kreis dankbarer Zuhörer und Schüler gebildet. Recht heimisch konnte er sich gleichwohl in Wien noch nicht fühlen; er klagte über die Unannehmlichkeiten, die er während seines letzten Dekanats habe erleiden müssen. Mit den Jahren ist aber seine Stellung immer angenehmer und ehrenvoller geworden; mit akademischen und staatlichen Ehren überhäuft, ist der Einundachtzigjährige als Ritter von Aschbach am 25. April 1882 aus dem Leben geschieden.

Auch Arndts blickte auf eine akademische Tätigkeit in Bonn zurück. Trotz seiner ungewöhnlichen Befähigung konnte er erst nach 11 Jahren vom Privatdozenten zum außerordentlichen Professor aufsteigen. Erst die Berufungen nach München 1839 und Wien 1855 eröffneten ihm den Weg zu Ehren und Auszeichnungen. Zu Arnsberg 1803 geboren, besaß er alle Eigenschaften, die man seinen Landsleuten nachrühmt. Schon seine äußere Erscheinung ließ den charakterfesten, unerschütterlich pflichtgetreuen deutschen Mann erkennen. Freundschaftliche Beziehungen, die bereits zu Ende des vorigen Jahrhunderts zwischen meinem Urgroßvater Pelzer und seinen Voreltern in Arnsberg bestanden hatten, gaben dem Verkehr mit ihm und seiner Familie sogleich eine mehr als gewöhnliche Vertraulichkeit. Seine Frau, die Witwe Guido Görres', versuchte sich in christlichen Dramen und besaß ein entschiedenes Talent für Musik. Unter ihren zahlreichen Kompositionen waren „Lieder ohne Worte", die nicht zu weit von den Mendelssohnschen abstanden. Nichts war anmutiger, als das Verhältnis des schon bejahrten Stiefvaters zu zwei eben dem Kindesalter entwachsenden Töchtern.

Mit Lorenz ergab sich fort und fort ein angeregter Meinungsaustausch. Unsere politischen Ansichten stimmten freilich nicht vollkommen überein. Sobald die Rede auf Österreich kam, war er geneigt, alles in den schwärzesten Farben zu schildern. Von der durch Schmerling versuchten Einigung und der zentralistischen Verfassung wollte er gar nichts wissen; die einzelnen Provinzen seien viel zu verschieden; keine politische Frage könne ihrem Begriffe gemäß und für die Gesamtheit entschieden werden, alles hänge von den Umständen und den Eigentümlichkeiten der einzelnen Länder ab. Gründliche Besserung sei unmöglich, der Staat gehe unaufhaltsam dem Verfall entgegen. Soviel wahres an diesen Befürchtungen sein mochte, schienen sie mir doch übertrieben. Schon mehrmals hatte man den Zerfall des Reiches als unmittelbar bevorstehend angesehen, und doch hatten sich die einzelnen Länder immer wieder zusammengefunden, in dem richtigen Gefühl, daß sie nur im Zusammenhange ihre Existenz zu sichern vermöchten. Lorenz' Ausführungen setzte ich entgegen: Wenn die Schmerlingsche Verfassung, wie es den Anschein habe, sich nicht durchführen lasse und die Rückkehr zum Föderativsystem unvermeidlich werde, so sei es für Österreich der gewiesene Weg, sich mit seinen deutschen Provinzen möglichst enge dem deutschen Bunde anzuschließen und durch eine Reform der Bundesverfassung seine deutschen Bestandteile, das eigentlich staatsbildende und erhaltende Element, zu kräftigen. Den übrigen Nationalitäten könne man dann ohne Gefahr einen freieren Spielraum gestatten. Freilich mußte ich zugeben, daß die österreichische Regierung während der letzten Jahre keineswegs in diesem Sinne gehandelt habe. War doch die Bundesreform, die man mit so vielem Gepränge auf dem Frankfurter Fürstentag versucht hatte, leichtfertig wieder aufgegeben, und als bald nachher die schleswig-holsteinische Frage Gelegenheit bot, die Bundesgewalt zu stärken und mit den nationalen Wünschen in Einklang zu bringen, hatte man in Verbindung mit Preußen dem Bunde und gerade den mit Österreich am engsten befreundeten Bundesstaaten Demütigung und Unbilden jeder Art widerfahren lassen.

Lorenz stand mit seiner Denkungsart nicht allein; oftmals hatte ich im Verkehr mit österreichischen Bekannten den Eindruck, als wenn sie sich dem Norddeutschen gegenüber als nicht ganz vollwertig fühlten und, um sich selbst zu heben, die Zustände ihres Vaterlandes scharf, ja zu scharf beurteilten. So hörte ich einen anderen Beamten des Archivs mit einer gewissen Selbstgefälligkeit erzählen, daß er den preußischen Jahrbüchern, den eifrigsten Gegnern Österreichs, häufige Beiträge liefere. Es folgte eine bittere Kritik der heimischen Zustände, und mit Behagen erzählte er die Anekdote, der Handelsminister Wickenburg habe dem Dramatiker Friedrich Hebbel wegen seiner alemannischen Gedichte seinen Beifall ausgesprochen. Wer am loyalsten und mit dem größten Wohlwollen die Zustände des Kaiserstaats beurteilte, waren Nichtösterreicher wie Aschbach und Arndts. Auch Meysenburg nannte die aus der Fremde Berufenen die wahren Vertreter österreichischer Größe; doch hätten sie sich niemals in Wien ganz heimisch gefühlt, selbst Metternich nicht. Mit den Wienern war er wenig zufrieden; der Kaiser, meinte er, sei wohlwollend und verständig, aber ohne höhere Anschauungen; seine Bildung sei unvollkommen, seit dem 18. Jahre habe er kaum ein Buch in die Hand nehmen können, täglich werde er bis zur Erschöpfung abgehetzt.

Unterdessen war die zweite Hälfte des Oktobers herangekommen; auch meine Arbeiten auf dem Archiv näherten sich dem Abschlusse. Nachdem ich am 10. Oktober mit den Berichten des Grafen Cobenzl fertig geworden war, mußte ich noch von den Reichstagsverhandlungen in Regensburg Kenntnis nehmen, sodann von Briefen des letzten Kurfürsten von Köln, Maximilian Franz, der mir nach früheren Arbeiten eine interessante Persönlichkeit geblieben war. Einmal kam mir der Gedanke, für den Winter Urlaub zu erbitten und die Untersuchungen gleich bis zum Frieden von Lunéville auszudehnen; aber es schien doch rätlicher, vorerst das gesamte Material zu ergänzen und zu bearbeiten. Mit dankbarem Herzen nahm ich von Freunden und Gönnern, die mich so wirksam gefördert hatten, Abschied. Auf meiner Heimreise hatte ich Zeit, die Erlebnisse der letzten Wochen zu überdenken. Mit dem Erfolg durfte ich zufrieden sein. Ich fühlte die Grenzen meiner Vorstellungen um ein Merkliches erweitert, und manche neue Aussicht lag vielversprechend vor mir. In der Tat ist diese Reise für mein Leben und meine wissenschaftliche Tätigkeit entscheidend geworden.

---

8. Kapitel.

Im preußischen Abgeordnetenhause.

Hätte ich mich nach dem ursprünglichen Plane auf die Darstellung der Verhandlungen beschränkt, die zu den Präliminarien von Leoben und dem Frieden von Campo Formio führten, so hätte sich, ohne zu große Mühe, in nicht zu langer Zeit ein lesbares Buch herstellen lassen. Indessen schon in Wien hatte sich der Plan dahin erweitert, daß die Stellung der beiden großen Staaten, also Preußens so gut wie Österreichs, zur Revolution seit ihrem Beginne in Betracht kommen sollte. Dazu war auch die Kenntnis der preußischen und französischen Archivalien erforderlich. Zudem mußte ich mich mit der Literatur über die Revolutionszeit, genauer als bisher geschehen konnte, bekannt machen. Darin bestand die Aufgabe der nächsten Monate. Mit dem Anfange des neuen Jahres trat aber ein neues Element in mein Leben ein und für lange Zeit so sehr in den Vordergrund, daß eine rein wissenschaftliche Tätigkeit dadurch beeinträchtigt wurde. Schon im Jahre 1861, sobald ich das gesetzliche Alter erreicht hatte, waren Anfragen an mich ergangen, ob ich eine Wahl als Abgeordneter für den Landtag annehmen würde. Damals hatte ich mit gutem Grunde abgelehnt; gleichwohl konnte ich in den nächsten Jahren mehr als einmal aus den Zeitungen ersehen, daß ich, ohne vorher befragt zu sein, da und dort eine beträchtliche Anzahl von Stimmen erhalten hatte. Es waren besonders meine Schriften über rheinisches Kirchenrecht, welche die Aufmerksamkeit auf mich lenkten. Am 14. Januar 1865 erhielt ich von Landrat Janssen in Heinsberg die Anfrage, ob ich für die Kreise Heinsberg und Erkelenz eine Wahl annehmen würde. Eine Entscheidung wurde mir nicht leicht, denn vorerst trennte ich mich nur ungern von meiner akademischen Tätigkeit und einer literarischen Arbeit, die zu einem lohnenden Ergebnis führen mußte. Dann waren auch die politischen Verhältnisse, in die ich durch die Annahme eines Mandats hineingeführt wurde, nicht gerade verlockend. Seit mehreren Jahren dauerte der Kampf zwischen der Regierung und dem Abgeordnetenhaus über die neue Heeresorganisation und das Budgetrecht des Landtags. Die Art, wie er von der linken Seite des Hauses, insbesondere der Fortschrittspartei geführt wurde, sagte mir wenig zu; noch weniger konnte ich mich mit den verfassungswidrigen und gewaltsamen Maßregeln der Regierung befreunden. Die katholische Fraktion, die nach den Gesinnungen des Wahlkreises für mich zunächst in Betracht kam, hatte in diesem Streite eine gemäßigte, verständige Haltung eingenommen. auch im übrigen manches verfochten, was mir durchaus berechtigt erschien. Dagegen war es meiner Auffassungsweise nicht entsprechend, für politische Fragen und als Grundlage für eine Parteibildung konfessionelle Grundsätze maßgebend zu machen, und ich fühlte mich mit dem, was seit einer Reihe von Jahren in der Politik wie in der Wissenschaft als „katholisch" bezeichnet wurde, nicht selten im Widerspruch. Anderseits hatte es aber einen nicht geringen Reiz, in die unmittelbare Nähe der großen treibenden Kräfte des Staatslebens versetzt zu werden, vielleicht in eine Stellung zu gelangen, in welcher man nützlich wirken konnte. Dazu kam die Hoffnung, neue Verbindungen, neue Anschauungen zu gewinnen, vielleicht auch auf dem Berliner Archiv meine Arbeiten fördern zu können. Da mir zudem keine Bedingung gestellt und keine Verpflichtung auferlegt wurde, so antwortete ich dem Landrat, daß ich eine Wahl, wenn sie auf mich fiele, nicht ablehnen würde. Über die Folgen dieser Antwort dachte ich einstweilen wenig nach und wurde beinahe überrascht, als ich am 30. Januar mittags ein Telegramm erhielt, daß ich mit 222 Stimmen von 274 zum Abgeordneten gewählt sei. Ich kann nicht sagen, daß die Nachricht mich sonderlich erfreut hätte, und es war mir eine Beruhigung, daß ich, wie ich mir vorher ausbedungen hatte, bis Ende Februar in Bonn verweilen durfte, um meine Vorlesungen zum Abschluß zu bringen und mir von dem, was im Abgeordnetenhause vorgekommen war oder vorkommen sollte, eine etwas eingehendere Kenntnis anzueignen. Am 25. Februar befand ich mich in Berlin im Rheinischen Hofe, der damals von den rheinischen Abgeordreten mit Vorliebe besucht wurde. Tags darauf machte ich unserm Präsidenten Grabow, Oberbürgermeister von Prenzlau, meine Aufwartung. Am 27 Februar besuchte ich zum erstenmal eine Sitzung. Der Eindruck war weder erfreulich noch erhebend, und ich kann nicht sagen, daß er in den folgenden Wochen sich verbessert hätte. Die Streitigkeiten hatten einen Höhepunkt erreicht, der eine maßvolle und verständige Erörterung beinahe ausschloß. Immer war es von Interesse und Wert, so manche bedeutende Männer kennen zu lernen und in das Getriebe einer großen parlamentarischen Verhandlung einen Einblick zu gewinnen. Aber meine Hoffnung auf eine lohnende politische Tätigkeit erfüllte sich nicht. Ich war unwohl von Bonn abgereist, und nichts konnte der Gesundheit weniger zuträglich sein als die Einrichtungen des Abgeordnetenhauses. Aus dem oft über 20° R. erwärmten Sitzungssaal trat man in elende, dem Zuge ausgesetzte Vorräume und in die Winterkälte der Straße. In den Abteilungs- und Kommissionszimmern, die statt mit reiner Luft mit undurchdringlichem Tabaksqualm erfüllt waren, blieben auch die bescheidensten Forderungen der Bequemlichkeit unbeachtet. War es schon wenig erfreulich, durch rein äußerliche Hindernisse belästigt zu werden, so mußte ich auch den Mangel eines festen Stützpunktes empfinden. Ich war in Erkelenz ohne jede Bedingung oder Verpflichtung, aber doch sicher mit dem Wunsche gewählt worden, daß ich in die Fraktion des Zentrums oder, wie sie noch immer genannt wurde, in die katholische Fraktion eintreten möge. An der Spitze dieser Fraktion standen so hervorragende Politiker wie Peter Reichensperger, der mit mir in demselben Wahlkreis gewählte Oberlandesgerichtsrat Osterrath, ein Mann von ausgezeichneter Geschäftskenntnis, und der Gymnasialdirektor Schulz, später Regierungs- und Schulrat in Münster. Aber ich konnte mich nicht entschließen, mich durch den Beitritt für ein so weitgehendes, weltumfassendes religiös-politisches System zu verpflichten, das manches für mich anziehende und verehrungswürdige, aber auch manches enthielt, das meinen Überzeugungen nicht entsprach. Dadurch war mir aber die Möglichkeit eines irgendwie einflußreichen Wirkens genommen. Denn meinen Wählern gegenüber würde ich es als unrecht betrachtet haben, mich einer andern Fraktion anzuschließen; auch hätte ich nicht leicht eine Fraktion gefunden, die mir in allem zusagte. In der Fortschrittspartei fand ich meinen Vetter, Max von Forckenbeck. Es war eine Freude, mit ihm über die politischen Angelegenheiten zu reden, die er mit ebensoviel Schärfe als Besonnenheit beurteilte. Aber mit der Verhandlungs- und Ausdrucksweise seiner Parteigenossen konnte ich mich, selbst wenn sie in der Sache recht hatten, nicht befreunden. In der später (1866) gebildeten nationalliberalen Fraktion, die eine so große Zahl hervorragender Männer zählte, trat beinahe ebenso sehr wie im Zentrum ein konfessionelles Element hervor, daneben das, was man damals als „kleindeutsch“ zu bezeichnen pflegte, nämlich das Bestreben, die Einigung Deutschlands mit Ausschluß Österreichs unter preußischer Führung zu betreiben; dazu hätte ich aber damals unmöglich mich verpflichten können. Je weiteres Verständnis für staatliche Entwicklungen und Verhältnisse ich gewonnen hatte, um so höher dachte ich von dem preußischen Staate, um so mehr schätzte ich auch die Wirksamkeit, die Einsicht und das Wohlwollen preußischer Behörden, wogegen man die Schroffheit militärisch-bureaukratischer Gewohnheiten, wenn auch nicht immer mit Vergnügen, in den Kauf nehmen mußte. Aber mein eigentliches Vaterland, mit dem die Natur mich verbunden hatte, von dem ich unter keiner Bedingung lassen konnte, blieb Deutschland. Ganz aus der Seele geschrieben war mir ein Gedicht Rückerts von drei auf dem Schlachtfeld bei Leipzig sterbenden

Kriegern. Mit letzter Kraft rief der eine noch einmal: Preußen hoch! der zweite: Österreich hoch! der dritte: Deutschland hoch! Preuße oder Österreicher zu sein hätte ich allenfalls anfangen oder aufhören können, als Deutscher fühlte ich mich fort und fort. Deshalb konnte ich mich auch nicht entschließen, alle meine Hoffnungen auf einen einzelnen deutschen Staat zu übertragen auf die Gefahr, daß große Teile Deutschlands von uns könnten abgerissen werden. Ich brauche nicht zu sagen, daß ich mit der konservativen Fraktion mich nicht in Übereinstimmung befand. Ihr Wortführer, eigens von Bismarck bestellt, war der Geheimrat Wagener, selbstbewußt, oder vielmehr frech und roh in seinem ganzen Auftreten, in seiner Ausdrucksweise, welche mit dem Ausdruck seiner Gesichtszüge übereinstimmte.

Das meiste Vertrauen und den lebhaftesten Wunsch nach Meinungsaustausch flößte mir eine Gruppe von Abgeordneten ein, die wenig rechts von dem Präsidentenstuhl und der Rednerbühne, dicht vor der Ballustrade des für das Ministerium bestimmten Raumes ihren Platz genommen hatten. Man nannte sie die „Altliberalen"; nicht eben zahlreich, war sie doch durch die Persönlichkeit der Mitglieder von Bedeutung. Mehrere hatten als Minister oder doch in hohen Stellungen sich hervorgetan. Man braucht nur Namen wie Arnim-Boitzenburg, Schwerin, Vincke-Olbendorf u. a. zu nennen. Eine große Freude war mir, dem Grafen Schwerin, den ich schon in frühester Jugend von meinem Vater so oft hatte rühmen hören, mich jetzt persönlich vorstellen zu können. Und noch interessanter mußte einem Lehrer des deutschen Staatsrechts sein, mit Eduard von Simson, dem Präsidenten der Paulskirche und des Erfurter Parlaments, zu verkehren. Ich betrachte es als einen Vorteil meines Lebens, daß diese beiden vorzüglichen Männer seit der ersten Begegnung ein entschiedenes Wohlwollen mir zuwandten, das von seiten Simsons noch über viele Jahre sich erstrecken und freundschaftlich betätigen sollte. Es läßt sich erwarten, daß Männer dieser Art nicht blindlings von Parteirücksichten sich leiten ließen; die deutsche Frage beurteilten sie mit Billigkeit, und, was den eigentlichen Gegenstand betraf, so waren die Streiter selbst von der Notwendigkeit einer Heeresreform überzeugt. Simson hatte schon 1860 in diesem Sinne sich ausgesprochen, und durch die Erfolge in Schleswig-Holstein wurde der Nutzen der Reformen glänzend ins Licht gestellt. Aber Simson wie seine Freunde waren empört über die Gewaltsamkeit, mit welcher die Regierung ohne Rücksicht auf die Verfassung und das Budgetrecht des Landtags ihre Absichten verfolgte und durch unnütze Beleidigungen den Streit der Parteien noch verschärfte.

Gerade diese Auffassung war auch die meinige, und ich hätte mir die Aufgabe recht leicht machen können, wenn ich von meinem Platze unmittelbar zur Rechten der Redner den Abstimmungen Simsons, der ganz in der Nähe saß, blindlings gefolgt wäre. Dazu konnte ich mich denn doch nicht entschließen. Ich suchte mir aus den stenographischen Berichten früherer Jahre ein eigenes Urteil zu bilden, so daß zum Teil recht unerquickliche Verhandlungen mich Zeit genug gekostet haben.

Den verschiedenen Parteien des Hauses stand die Regierung, nur auf die kleine konservative Fraktion gestützt, aber fest entschlossen, zielbewußt und, was das Wichtigste war, im vollen, ausschließlichen Besitz der Machtmittel, gegenüber. Denn gerade wie seinerzeit das Parlament der Paulskirche war jetzt das preußische Abgeordnetenhaus völlig außerstande, seinen Beschlüssen Nachdruck zu geben oder sie gegen den Willen der Regierung zur Ausführung zu bringen. Bismarck trat in den Verhandlungen dieses Frühjahrs nur selten hervor. Ich erinnere mich seiner insbesondere nur aus der Sitzung des 7. April, wo er mit großer Lebhaftigkeit und, wie mir schien, mit gutem Grunde die Mehrforderungen für das auswärtige Amt verteidigte. Natürlich wurden dieselben von dem Referenten der Budgetkommission, Dr. Aßmann, mit Verachtung abgefertigt und dann in der Abstimmung abgelehnt. Mir machte der Ministerpräsident von Anfang an den Eindruck einer ganz überragenden Persönlichkeit. Was er sagte und besonders die Art wie er es sagte, gingen weit über das Gewöhnliche hinaus, obgleich er zu oratorischen Leistungen selten Gelegenheit fand und oft in einem ich möchte sagen geschäftsmäßigen Tone redete. Eigentümlich schien mir, daß die Ruhepunkte zwischen den einzelnen Sätzen nicht scharf bezeichnet wurden, so daß der eine gewissermaßen in den andern überlief. Auf dem Schlachtfelde tätig waren insbesondere der Kriegsminister von Roon und noch mehr der Minister des Innern, Friedrich Albrecht Graf zu Eulenburg, eine hohe Gestalt mit unbeweglich strengen und bösen Gesichtszügen, der die stets sich erneuernden Scharmützel mit den Fortschrittsmännern auszufechten hatte. Durch nichts aus der Fassung zu bringen, befand er sich den hitzigsten Gegnern gegenüber oft genug im Vorteil. Kam es aber zur Abstimmung, so mußte man doch meistens sich erinnern, daß ein unrechtmäßiger oder gewaltsamer Akt der Regierung vorlag, den man, auch wenn er noch so geschickt verteidigt wurde, nicht billigen konnte.

„Daß ich mich vergnügt oder behaglich fühlte", schrieb ich am 24. März meiner Mutter, „kann ich nicht sagen. Befriedigung finde ich nur, wenn ich arbeiten und mich nützlich machen kann, und beides ist nur in sehr geringem Grade hier möglich, denn erstens habe ich in der Kammer keinen Einfluß, und zweitens hat die Kammer selbst keinen Einfluß. Oft genug werden heftige Reden gehalten, drohende Beschlüsse gefaßt, aber was kümmert das alles die Minister? Sie benehmen sich außerordentlich klug, in ihren Reden immer ruhig, gemessen, bei der Sache bleibend, um dann zu tun, was ihnen gefällt. Die Regierung wird uns ruhig bis zum Mai oder Juni reden und, nachdem sie für die Staats- und Handelsverträge die nötige Zustimmung erlangte, nach Haus gehen lassen, und alles wird bleiben wie es war. Zu einer Ausgleichung tut leider noch keine von beiden Parteien einen Schritt, obgleich doch beide Ursache genug hätten, nicht unversöhnlich zu sein."

Es fehlte viel, daß für die unerfreuliche Wendung der politischen Angelegenheiten andersartige Vorteile entschädigt hätten. Die gesellschaftlichen Beziehungen des Abgeordnetenhauses zu dem Hofe oder zu den Ministern waren so gut wie abgebrochen. Denn die Regierung ließ sich angelegen sein, ihre Mißachtung zur Schau zu tragen: Im Sitzungssaal konnten einzelne Plätze nicht benutzt werden, weil sie bei regnerischem Wetter einem Tropfenfall von der Decke ausgesetzt waren. Die Verhandlungen, wenn auch wenig anziehend, raubten doch die Zeit und lähmten das Interesse für alles andere. Der Verkehr mit den alten Freunden, mit meiner in Potsdam verheirateten Schwester konnte meine Stimmung nicht verbessern. Theater und Museen blieben ungenutzt. An eine Förderung meiner wissenschaftlichen Arbeiten war nicht zu denken. Dagegen fühlte ich, daß meine Gesundheit täglich mehr von soviel nachteiligen Einflüssen zu leiden hatte. Mit Ungeduld erwartete ich den Tag, an welchem die Hauptabstimmung über die Militärvorlage mir Gelegenheit geben würde, der von meinen Wählern mir auferlegten Verpflichtung nachzukommen und dann einen mir unentbehrlichen Urlaub zu nehmen. Erst im Mai gingen diese Aussichten in Erfüllung. In den Sitzungen vom 28. und 29. April, 2., 3. und 5. Mai kam noch einmal in ausführlicher Weise die seit fünf Jahren brennende Frage zur Verhandlung. Es ließ sich erwarten, daß das Ergebnis kein befriedigendes sein würde, da ein im vorigen Jahre von dem Abgeordneten Stavenhagen eingebrachter Vermittlungsvorschlag sowohl von der Regierung als von der Mehrheit des Hauses abgelehnt war. Jetzt hatte der Abgeordnete von Bonin einen neuen Vermittlungsantrag eingebracht. Über den Antrag der Kommission, der die Regierungsvorlage schlechthin verwarf, kam man aber nicht einmal zu einer eingehenden Beratung. Die beiden ausschlaggebenden Parteien waren von vornherein entschlossen, kein wirksames Zugeständnis zu machen. Redner von der äußersten Linken, besonders der Abgeordnete Jacoby, ließen wohl ultrademokratische Forderungen eines bloßen Volksheeres an Stelle eines königlichen organisierten Heeres hervortreten. Vermittelnde Worte in dem Vortrage Bonins und einer wohldurchdachten Rede Peter Reichenspergers fanden kein Gehör; der Kriegsminister, gemäßigt in seinen Ausdrücken, weigerte doch jedes Zugeständnis, und man war noch keinen Schritt weiter gekommen, als am 4. Mai gegen 5 Uhr die Debatte geschlossen wurde. Für den folgenden Tag blieb nur noch der dem Referenten Gneist zustehende Schlußvortrag. In einer mehrstündigen glänzenden Rede setzte er noch einmal den Gang der

Verhandlungen, die verschiedenen Ansichten, die Gründe für und wider und die Berechtigung des Kommissionsantrages auseinander, in würdigem, gemäßigten Tone, wenn auch mehrmals durch Murren und Oh! Oh!-Rufe der Konservativen unterbrochen. Den Gipfelpunkt bildeten die mit gesteigertem Nachdruck und innerster Bewegung gesprochenen Worte: „Der Kriegsminister ist nicht nur ein politischer sondern auch ein religiöser Mann, und darum wird er mir glauben, was ich sage: Diese Reorganisation mit dem Kainszeichen des Eidbruches an der Stirne — die reorganisierte Armee auf dem Boden des Verfassungsbruches, meine Herren, wäre doch sicher eine Armee, die nun und nimmermehr eine dauernde Institution dieses Landes werden kann, solange eine göttliche Gerechtigkeit über diesem Lande waltet!"

Hätte die Verhandlung mit diesen Sätzen und einigen schönen und taktvollen Worten über die durch so viele Angriffe nicht erschütterte Loyalität des preußischen Volkes geschlossen, so wäre der moralische Sieg ganz und gar auf seiten des Redners und der Mehrheit des Hauses geblieben. Aber man hatte nicht mit dem Kriegsminister gerechnet. Mit dem Blicke des Feldherrn erspähte er die Blöße seines Gegners. Genau genommen enthielt die Äußerung Gneists — ganz klar war sie nicht — trotz ihrer ungewöhnlichen Form keine eigentliche Beleidigung, und der Vizepräsident von Unruh hatte sie, ohne etwas zu bemerken, hingehen lassen. Anders der Kriegsminister. Er erwiderte, der Referent habe sich erlaubt, gegen ihn persönlich zu werden in einer Weise, die wohl bisher in der parlamentarischen Geschichte aller Völker unerhört sei. Er sprach seine Verwunderung aus, daß der Präsident keinen Ordnungsruf habe ergehen lassen. Da dies nicht geschehen, befinde er sich in der unangenehmen Lage, dem Referenten erklären zu müssen, daß seine Äußerung jedenfalls an der Stirn trage den Stempel der Überhebung und der Unverschämtheit. Man kann sich die Aufregung vorstellen, welche diese von der machtvollen Person Roons in den Saal geworfenen Worte hervorriefen. Das Klügste wäre es gewesen, kurz zu erwidern, ob der Minister leugnen könne, daß die Maßregeln der Regierung einen Bruch der beschworenen Verfassung in sich schlössen. Statt dessen erging sich Gneist in einer langen, nicht einmal recht zutreffenden Beteuerung, daß er den Minister nicht habe beleidigen wollen. Daran schloß sich das Ersuchen, Roon möge seine beleidigenden Äußerungen zurücknehmen, wozu dieser in ziemlich überlegenem Tone sich auch verstand. Dazu kamen dann noch Erklärungen des Präsidenten und eine zweite, ganz überflüssige, wenig geschickte Entschuldigung Gneists, die nicht einmal mit den stenographischen Berichten im Einklang stand. War schon bei diesem Wortgefecht der Vorteil auf seiten des Ministers, so kam noch hinzu, daß die Wirkung der sorgfältig ausgearbeiteten, in mancher Beziehung musterhaften Rede beinahe vernichtet wurde. Selbst die Abstimmung, bei der sich von 291 Stimmenden nur 33 für die Regierungsvorlage, 258 dagegen erklärten, konnte den Eindruck nicht verwischen.

Nach der Sitzung begleitete ich Gneist die Leipziger Straße hinab bis nahe an seine Wohnung; man bemerkte noch, wie sehr der Eindruck des Zwischenfalls ihn erregt hatte; und wenn man auch mit Recht ihm sagen konnte, daß seine Rede für die Zeitungen und für die Öffentlichkeit nicht vergebens gewesen sei, so war er doch zu klug, um nicht einzusehen, wieviel der Kriegsminister durch seinen raschen, unvermuteten Angriff gewonnen habe.

Für mich war mit jener Abstimmung eine notwendige parlamentarische Pflicht erfüllt. Am 15. Mai ließ ich mich beurlauben und befand mich am folgenden Tage wieder in Bonn.

Meine Absicht war gewesen, zu Pfingsten wieder nach Berlin zurückzukehren; aber meine Gesundheit erforderte eine wirksame Kräftigung. Ich nahm einen längeren Aufenthalt in Rolandseck, wo ich schon einmal im Sommer 1857 Stärkung und Erfrischung gefunden hatte. Dazu kam der Verkehr mit meinem Bruder Franz, der damals in Bonn studierte; Besuche meiner Mutter, meines Bruders Wilhelm, der Frau von Schwartz, gaben erfreuliche Anregungen. Elisabeth Ney, die den Winter in Spanien und Madeira zugebracht hatte, siedelte sich für einige Wochen, Rolandseck gerade gegenüber, in Honnef an.

Am 10. August führte mich eine Reise in die Schweiz. In Chur, im großen Saale des Gasthofs zum Steinbock wurde ich am Abend des 19. August von einem Gaste angeredet. Es war mein Kollege aus dem Abgeordnetenhaus Franz Duncker, der sich mit seiner Frau und dem Literarhistoriker Wilhelm Scherer auf dem Wege in das Engadin befand. Da meine Absichten eben dahin gingen, einigten wir uns bald. Bis zum nächsten Abend trug uns ein Wagen über den Julier nach St. Moritz. Am 28. August feierten wir Goethes Geburtstag bei unvergleichlich warmem und klarem Wetter auf dem Piz Languard. Meine Freunde kehrten nach St. Moritz zurück, ich blieb noch acht Tage in dem mir lieb gewordenen Pontresina und wanderte dann mit dem Professor Usinger, der mich dort aufgesucht hatte, das herrliche Bregellertal längs der Maira hinab an den Comersee. Weiter ging es nach Mailand, wo mich inmitten so vieler Herrlichkeiten die Werke Luinis in Entzücken versetzten. Es steigerte sich beinahe, als ich in Lugano in der Kapelle des Klosters St. Maria degli Angioli vor seiner Darstellung der Leidensgeschichte stand. Herrliche Tage folgten am Lago Maggiore. In Locarno mahnte mich der Zustand meiner Kasse und zugleich die alte Wanderlust, den Weg über den Gotthardt zu Fuß zurückzulegen. Als ich am vierten Tage in Altdorf einzog, besaß ich noch einen Franken, den ich einem armen Manne schenkte. Doch wurde mein Gottvertrauen durch einen ausreichenden Geldbrief auf der Post belohnt. Am 26. September war ich wieder in Bonn, erfrischt, gekräftigt, voll Dankbarkeit für Italien und die Schweiz und die Menschen, denen ich begegnet war.

Gerade als ich eintraf, näherte sich eine Katastrophe in unserem Universitätsleben dem Ausgang: der erbitterte Streit zwischen den beiden Philologen Ritschl und Jahn. Ritschl hatte einen Ruf nach Leipzig angenommen. Die Feindseligkeit mehrerer Kollegen, die bei Jahns Vetter, dem Kurator Beseler und wohl auch im Kultusministerium Unterstützung fand, war ihm unerträglich geworden. Frau und Tochter hatten unter heißen Tränen das ihnen so liebe Haus an der Meckenheimerstraße bereits verlassen. Ritschl selbst traf ich am 1. Oktober am Tisch der Familie Naumann. Er war sehr lebhaft, beklagte sich als Vertriebener und sprach nicht eben in gewählten Ausdrücken von seinen Feinden, die er in Dummköpfe, Lumpen und einen vollendeten Satanas einteilte. Seine Heftigkeit konnte gegen ihn einnehmen, und es mag in der Tat nicht immer leicht gewesen sein, mit ihm auszukommen. Aber soweit ich damals mir klar machte, hatten seine Gegner mit boshafter Kälte ihm noch ärger mitgespielt, und wer mußte nicht bedauern, daß größtenteils erbärmliche Eifersüchteleien den begabtesten Philologen Deutschlands von Bonn vertrieben und die Universität einer hohen Zierde beraubt hatten? Am folgenden Nachmittag 4 Uhr begleitete ich ihn zur Bahn. Als ich bedauerte, daß er nicht seinen Feinden in Bonn Trotz geboten habe, erwiderte er, man würde ihn doch über kurz oder lang von Bonn fortgeärgert haben; er könne nicht wissen, ob seine Kräfte dann noch ausgereicht hätten, sich anderswo eine feste Stellung zu gründen.

Der Herbst dieses Jahres war von seltener Schönheit. Eine Einladung Simrocks rief mich nach Menzenberg. Im Verkehr mit der liebenswürdigen Familie konnte ich mich zugleich überzeugen, daß die Anmut der rheinischen Landschaft auch für den aus Italien und der Schweiz Zurückgekehrten nicht ohne Wirkung bleibt. Vor dem Winter wünschte ich meine Mutter noch zu sehen. In die fünf Tage, die ich in Münster verweilte, fiel am 18. Oktober die erneute Huldigung der Provinz Westfalen, die nun seit 50 Jahren mit Preußen vereinigt war. Der Enthusiasmus war infolge des Verfassungskonfliktes nicht eben groß, aber die alte Stadt erschien bei Tag und Abend in prächtigem Schmuck. Die Feier auf der Tribüne vor dem Schlosse zeichnete sich im Gegensatz zu ähnlichen Feierlichkeiten durch zu große Kürze aus. Der Landtagsmarschall sprach einige Worte, dann der König sehr kräftig, so daß ich ihn in der Ferne verstehen konnte. In einer Viertelstunde war alles vorüber. Wie im vorigen Jahre wurde der Aufenthalt durch den täglichen Umgang mit Levin Schücking belebt. Einen kleinen Vorfall will ich noch erwähnen; für andere vielleicht ganz unbedeutend, macht er mir doch in der

Erinnerung noch jetzt mehr Freude als eines der besten Kapitel meiner Schriften. Als ich von meiner Mutter Abschied nahm, war sie mehr als gewöhnlich bewegt, weil an demselben Abend auch mein jüngster Bruder Franz auf die Universität nach Leipzig abreisen wollte. Sie bat mich, doch noch einen Tag zu verziehen. Ich bestand gleichwohl auf der Abreise, aber der Blick, mit dem sie mich entließ, blieb mir auf dem Bahnhof und während der Fahrt ins Herz geprägt. Als der Zug nach Steinfurt, der Mittelstation zwischen Münster und Hamm gelangte, wartete dort gerade der Zug, der, aus Hamm kommend, von Steinfurt nach Münster fahren sollte. Rasch entschlossen sprang ich hinein und gelangte zwei Stunden, nachdem ich es verlassen hatte, wieder in das mütterliche Haus. Angenehmer habe ich dann selten einen Abend verlebt.

Als ich mich aber am folgenden Tage wieder auf meinem Studierzimmer in Bonn befand, trat mit aller Entschiedenheit die Notwendigkeit hervor, nach acht für die Arbeit verlorenen Monaten die Zeit um so fleißiger zu benutzen. Mit Eifer wandte ich mich den in Wien gesammelten Urkunden zu, und mit dem Wunsche, in preußischen Archivalien eine Ergänzung zu finden, verband sich der Vorsatz, einen neuen Aufenthalt in Berlin auch nach dieser Richtung nicht ungenützt zu lassen. Vor allem war es jedoch meine Sorge, mich meinen Wählern gegenüber in die richtige Stellung zu setzen. Am 21. Dezember folgte ich einer Einladung des Landrats Jansen nach Erkelenz, konnte mit ihm und anderen einflußreichen Personen des Wahlkreises einige wichtigere Angelegenheiten besprechen und mich versichern, daß man mit einer Stellung, wie ich sie außerhalb der Fraktionen einzunehmen dachte, nicht unzufrieden sei.

Die Session wurde schon am 15. Januar, ehe ich von Bonn abkommen konnte, durch den Grafen Bismarck eröffnet; die Schlußrede vom 17. Juni vorigen Jahres hatte sich in Vorwürfen gegen das Haus der Abgeordneten ergangen, und die Hoffnung, daß man in der neuen Session sich einigen werde, wurde nicht gerade im Ton und im Ausdruck der Überzeugung vorgetragen. Die großen politischen Ereignisse hatten unterdessen ihren Lauf genommen und die Thronrede konnte auf bedeutende Erfolge, den Gasteiner Vertrag mit Österreich und die Erwerbung Lauenburgs für die Krone Preußens hinweisen. Gleich diese Erwerbung, deren Vorteile für keinen in Frage stehen konnten, rief aber bei der Stimmung der Parteien erbitterte Erörterungen hervor. Sollte das Herzogtum dem preußischen Staate einverleibt werden, so war dafür unzweifelhaft die Einwilligung des Landtags erforderlich, weil nach dem zweiten Artikel der Verfassung die Grenzen des Staates nur durch ein Gesetz verändert werden konnten. Jetzt handelte es sich dagegen nur um eine Personalunion. Aber nach dem Artikel 55 der Verfassung sollte der König ohne Zustimmung des Landtags nicht Herrscher fremder Reiche sein;

da nun die Regierung eine Genehmigung des Landtags nicht eingeholt hatte, stellte der Abgeordnete Virchow gleich am 19. Januar einen scharf und herausfordernd formulierten Antrag, die Erwerbung Lauenburgs für verfassungswidrig und nichtig zu erklären. Für mich hatte die Frage schon wegen meiner Vorlesungen über preußisches Staatsrecht eine wissenschaftliche Bedeutung. Indem ich der Entstehung des Artikels 55 nachging und ihn in den Verhandlungen über die preußische Verfassung und aus noch früherer Zeit in den Bestimmungen des deutschen Bundesrechts verfolgte, stellte sich mir unzweifelhaft heraus, daß der Ausdruck „fremder Reiche" nur auf ausländische, fremde Staaten, nicht auf deutsche Bundesgebiete zu beziehen sei, daß also die Regierung in dem vorliegenden Falle die Genehmigung des Landtags nicht einzuholen brauchte. Der wenig gründliche Kommissionsbericht des Abgeordneten Twesten, der mir am 1. Februar aus Berlin zukam, konnte mich am wenigsten in dieser Überzeugung erschüttern. Ich nahm mir vor, wenn irgend möglich zeitig genug nach Berlin zu gehen, um meine Meinung im Abgeordnetenhause zur Geltung zu bringen. Sehr unerfreulich war mir deshalb, als die Zeitungen am 1. Februar meldeten, die Verhandlung über Lauenburg solle im Abgeordnetenhause schon am 3. Februar stattfinden; bis dahin konnte ich nicht fertig werden. Also eine neue Enttäuschung! Auf den Rat meiner Kollegen Bauerband und Hälschner entschloß ich mich, den Vortrag in einen Aufsatz umzuformen und in einer Zeitung zu veröffentlichen. Aber die Aufnahme wurde verweigert, von der Kölnischen Zeitung, weil der Artikel zu lang sei, von den Kölnischen Blättern, weil man der Regierung keine Konzessionen machen dürfe; erst in der Bonner Zeitung gelangte er zum Abdruck. In Bonn fand meine Beweisführung Beifall und wurde in Hörsälen und Kaffeehäusern besprochen. Vielleicht hätte sie auch bei der Verhandlung in Berlin günstig gewirkt. Hier hatten die Wortführer der Mehrheit mit gewohnter Heftigkeit beantragt, die Vereinigung des Herzogtums Lauenburgs mit der Krone Preußens für rechtsungültig zu erklären. Reichensperger, die Schärfe des Ausdrucks vermeidend, beschränkte sich in seinem Verbesserungsantrage auf die Erklärung, die Vereinigung Lauenburgs mit der preußischen Krone bedürfe der Zustimmung des Landtags. Unter starken Ausfällen gegen die Widersacher hatten der Abgeordnete Graf Eulenburg und mehr als einmal Graf Bismarck auch auf den Unterschied zwischen ausländischen Reichen und deutschen Bundesstaaten hingewiesen, aber nicht so wirksam und überzeugend, als es hätte geschehen können. Die Folge war, daß der Kommissionsantrag mit 251 gegen 44 Stimmen angenommen wurde, — auch von Simson, Vincke, Schwerin, Arnim —, und es waren nur formelle Gründe, welche Reichensperger, Osterrath und einige Mitglieder der katholischen Fraktion mit Nein stimmen ließen. Natürlich war die Abstimmung ein Schlag ins Wasser; denn wer konnte die Maßregel der Regierung rückgängig machen?

Wenn das Ministerium aus diesem Wortgefechte ohne sonderlichen Nachteil hervorging, so hatte es zu derselben Zeit bereits eine andere Streitfrage in den Vordergrund gerückt, die voraussichtlich im tiefsten Grunde aufregen mußte. In jeder parlamentarischen Versammlung betrachtet man die Redefreiheit und die Unverletzlichkeit der Abgeordneten als unerläßliche Bedingung einer ersprießlichen Wirksamkeit. In der preußischen Verfassung war denn auch, dem Wortlaut der belgischen nachgebildet, als Artikel 84 die Bestimmung aufgenommen: „Sie [die Mitglieder beider Kammern] können für ihre Abstimmungen in der Kammer niemals, für ihre darin ausgesprochenen Meinungen nur innerhalb der Kammer auf Grund der Geschäftsordnung (Art. 78) zur Rechenschaft gezogen werden." In vereinzelten Fällen hatte die Regierung in früheren Jahren versucht, einen Abgeordneten vor Gericht zu ziehen; aber der Antrag wurde stets zurückgewiesen oder zurückgezogen; gerade das jetzige Ministerium hatte am 11. Mai 1863 seine Weigerung, im Abgeordnetenhause zu erscheinen, dadurch begründet, daß die Abgeordneten für ihre Meinungen nur innerhalb der Kammern zur Rechenschaft gezogen werden könnten und daß dadurch die Anwendung der allgemeinen Strafgesetze auf etwaige ungesetzliche Äußerungen der Abgeordneten ausgeschlossen sei. In ganz gleicher Weise hatte auch das Obertribunal in seinem Strafsenat am 11. Januar 1865 und in seinem Disziplinarsenat am 2. Mai 1864 den Artikel ausgelegt. Als der Konflikt sich steigerte, mag bei den Ministern der Wunsch stärker geworden sein, kränkende Ausfälle eines Abgeordneten ahnden zu können. Und das Herrenhaus hatte ihnen den Gefallen erzeigt, am 24. Mai 1864 und am 3. Juni 1865 eine Deklaration, d. h. in Wahrheit eine Aufhebung des Artikels 84, zu fordern. Zehn Tage später, am 14. Juni, hielt man sogar eine solche Deklaration nicht mehr für notwendig; man forderte die Regierung auf, gegen die Abgeordneten auf Grund der bestehenden Gesetze einzuschreiten [1]). Der Justizminister, statt die Ansicht, die er selbst vertreten hatte, aufrecht zu halten, blieb stumm, ja, er wies bald darauf den Staatsanwalt an, gegen die Abgeordneten Twesten und Frentzel, die in den Sitzungen vom 20. Mai und 2. Juni 1865 besonders mißliebige Reden gehalten hatten, einen Strafantrag zu stellen. Und nun geschah das Außerordentliche: der Antrag des Staatsanwaltes wurde von den Gerichten erster und zweiter Instanz abgewiesen, aber von dem Kriminalsenat des Obertribunals im Widerspruch zu seinen eigenen und allen früheren gerichtlichen Entscheidungen am 29. Januar angenommen. Nur dadurch, daß man zwei neue Hilfsarbeiter hinzugezogen hatte, war es möglich geworden,

---

[1]) Vgl. Stenogr. Ber. d. Abgeordnetenhauses 1866, S. 117.

im Kriminalsenat die Mehrheit einer Stimme zu gewinnen. Wie hätte das Haus der Abgeordneten dazu schweigen können! Gleich am 1. Februar stellte der Abgeordnete Freiherr von Hoverbeck, von 162 Abgeordneten unterstützt, den Antrag, das Verfahren des Obertribunals für verfassungswidrig zu erklären und als Vertreter des preußischen Volkes dagegen und gegen alle ähnlichen Maßnahmen zu protestieren. Da der Justizminister sich außerstande erklärte, irgendeine Auskunft zu erteilen, wurde in der Sitzung des 3. Februar beschlossen, daß der Antrag ohne vorgängige Kommissionsberatung durch eine Schlußberatung im Hause erledigt werden solle[1]).

Wenige Stunden, bevor diese stattfinden sollte, am Morgen des 9. Februar, traf ich in Berlin ein; die ersten Gespräche und der Eintritt in das Haus ließen sogleich empfinden, daß etwas bedeutsames bevorstände. Die Aufmerksamkeit war so ausschließlich auf den einen Punkt gerichtet, daß eine Interpellation des Abgeordneten von Kleinsorgen wenig Beachtung fand, obgleich sie — damals vergeblich — einen Wunsch zum Ausdruck brachte, der jetzt, sechsunddreißig Jahre später, zur Erfüllung gelangt ist: nämlich die Begründung einer juristischen Fakultät an der Akademie in Münster.

Über den Hoverbeckschen Antrag erhielt zuerst der Referent von Forckenbeck das Wort, und es war eine ebenso leichte als lohnende, trefflich gelöste Aufgabe, ganz ohne überflüssige Emphase aus dem Wortlaut des Artikels 84 und den vorgängigen Aussprüchen der höchsten Behörden das Verfahren des Obertribunals nach seinem Werte zu kennzeichnen und die Berechtigung des Antrages zu begründen. Der Justizminister ging auf die Sache selbst gar nicht ein, stellte sich unwissend und verlangte, daß man den Kampf im Dunkeln nicht anfange, sondern vorerst den Wortlaut und die Motive des Beschlusses des Obertribunals erwarten solle, was tatsächlich wohl einer Vertagung auf ganz unbestimmte Zeit gleichgekommen wäre. Klage gegen den von dem Justizminister beauftragten Staatsanwalt und einen Protest gegen ein gerichtliches Urteil erklärte er für verfassungswidrig. Was er sagte, wurde noch überboten von dem Abgeordneten Wagener, der in seiner gewohnten frechen Ausdrucksweise einfache Tagesordnung verlangte und die Anträge der Kommission als revolutionär bezeichnete. Es folgte dann eine Reihe von Reden, mehr oder weniger sachlich: ich erwähne nur, daß Gneist sehr treffend die Gefahr hervorhob, welche die willkürliche Zusammensetzung der Gerichte, darunter der Senate des Obertribunals, durch den Justizminister herbeiführen könne. Von Waldeck wurde ausgeführt, daß ein gerichtliches Urteil nur dann Berechtigung und Gültigkeit haben könne, wenn das Gericht sich innerhalb seiner Kompetenz hielte. War schon an diesem Tage die Erregung groß, so war

[1]) Vgl. Stenogr. Ber. d. Abgeordnetenhauses 1866, S. 50.

sie doch nur das Vorspiel für die stürmische Verhandlung des folgenden. Twesten, persönlich beteiligt, ging, wie er sagte, nicht trotz, sondern gerade wegen dieses Umstandes auf das Persönliche des Falles ein. Er schilderte die Vorgänge des vorigen Sommers im Herrenhause, die frivole Dreistigkeit, in dem Obertribunal eine neue Ansicht zur Geltung zu bringen, die man nur durch Berufung zweier Hilfsarbeiter in den Kriminalsenat erreicht habe. Seine Worte vielleicht zu leidenschaftlich, verfehlten doch ihren Eindruck nicht. Ganz erbärmlich, in Wahrheit ein Bild des Jammers, unwürdig seiner Stellung, zeigte sich wieder der Justizminister. Nie habe ich von der Persönlichkeit eines Menschen einen so kläglichen Eindruck erhalten. Wieder verschanzte er sich hinter seiner Unkenntnis; den Kriminalsenat behauptete er nicht verändert zu haben, weil die ordentlichen Mitglieder dieselben blieben. Die beiden Hilfsrichter ließ er im Dunkeln. Dann folgte aus den Erwägungsgründen des Beschlusses des Obertribunals von 1853 ein Zitat, das im Zusammenhange ungefähr das Gegenteil von dem bewies, was es beweisen sollte. Auch Bismarck, der dann einsprang, hatte keineswegs einen glücklichen Tag. Er suchte zuerst aus den Verhandlungen der Verfassungskommission der ersten Kammer im Sommer 1849 zu beweisen, daß unter „Meinungen" nicht alle Äußerungen eines Abgeordneten zu verstehen seien, daß „Worte", die eine Beleidigung, Verleumdung oder verbrecherische Aufreizung in sich schlössen, keine Meinungen, sondern Handlungen und deshalb strafbar seien; alsdann erging er sich in heftigen Anschuldigungen gegen das Privilegium der Redefreiheit mit Gründen, die an sich nicht ohne Gewicht, doch durch andere Gründe von noch größerem Gewicht überwogen werden und in allen parlamentarischen Versammlungen der Neuzeit das Prinzip der Redefreiheit nicht beseitigt hatten. Allenfalls konnten sie vor der Abfassung eines Gesetzes, aber sicher nicht für die Interpretation eines unzweideutigen Verfassungsparagraphen in Betracht kommen. Dagegen und darüber folgte nun noch eine lange Reihe von Reden; man kam bis in den späten Nachmittag hinein; der Gesamteindruck war durchaus der Regierung ungünstig. Aber man hatte das Gefühl, daß noch nicht alles Nötige, daß das eigentlich durchschlagende Wort noch nicht gesprochen sei. Da betrat etwa gegen 4 Uhr Simson die Tribüne. Niemals habe ich die Wirkung seiner rednerischen Begabung, den Eindruck seiner ebenso gewinnenden wie achtunggebietenden Persönlichkeit so lebhaft empfunden als an diesem Tage. Vorerst stellte er nach eigener Erinnerung und auf Grund des wieder aufgefundenen Protokolls die Verhandlungen der Verfassungskommission aus dem Sommer 1849 den Bemerkungen Bismarcks gegenüber in volle Klarheit. Er zeigte, daß der Artikel 84 in seiner jetzigen Fassung, wie er wesentlich durch ihn selbst formuliert war, alle Äußerungen, die ein Abgeordneter in dieser seiner Eigenschaft getan hatte, nur der Disziplinargewalt des Hauses unterstellte und wies mit wenigen Sätzen die Sophismen des Justizministers zurück. Als Professor der Rechte und zugleich als praktischer Jurist gab er dann die richtige Interpretation des Art. 84 mit glücklicher Verwendung der juristischen technischen Ausdrücke, man könnte sagen, mit attischer Feinheit; eine der gerichtlichen Reden Ciceros mag einen ähnlichen Eindruck hinterlassen haben. Es folgte noch die Widerlegung der in diesen Tagen so oft wiederholten, ungenügend zurückgewiesenen Behauptung, als ob das Abgeordnetenhaus, indem es sein Hausrecht wahrte und gegen einen verfassungswidrigen Beschluß des Obertribunals protestierte, dadurch einen revolutionären Akt beginge. Von Widersetzlichkeit, führte Simson aus, sei nicht die Rede. Ein verfassungswidriger Beschluß, wenn er auch äußerlich die Form eines Erkenntnisses an sich trage, verdiene nicht den Namen eines Urteils. Aber persönlich werde er sich ihm fügen und die Folgen, sogar die schwersten Folgen, als eine vis maior ertragen in der Überzeugung, daß er den Seinigen vielleicht Gram und Kummer, aber sicherlich keine Schande hinterlassen würde. Dem Gerichtshof würde er lediglich antworten: „Ihr könnt mich zwar zur Stunde richten, aber richten könnt ihr mich nicht." Zum Schluß hielt er der Regierung in ergreifenden Worten vor, daß sie sich auf dem von ihr eingeschlagenen Wege mit allen Regungen des Staatslebens in Widerspruch gesetzt habe, zuerst mit der Freiheit der Presse, dann mit der Kommunalverfassung, dann mit einem freien Wahlrecht, dann mit der Freiheit der parlamentarischen Verhandlung, dann mit der Unabhängigkeit der Gerichte; unmöglich könne es in solcher Weise weitergehen, und der Beschluß des 29. Januar werde einen Wendepunkt bezeichnen. Die Wirkung war vollkommen. Der Beifallssturm wollte kein Ende nehmen, selbst die Galerien stimmten ein. Die Verhandlung hatte den würdigsten Abschluß gefunden, die Rednerliste wurde geschlossen, die beiden Referenten verzichteten und der Kommissionsantrag wurde mit 263 Stimmen gegen 35 angenommen. Während der ganzen Konfliktszeit bereitete wohl kein anderer Tag der Regierung eine so empfindliche Niederlage als dieser. Man stimmte ab in der sicheren Überzeugung, das Recht auf seiner Seite zu haben. Auch außerhalb des Hauses blieb der Erfolg nachhaltig; kaum übersehbar war die Zahl der Zustimmungsadressen, von denen der Präsident in den folgenden Sitzungen Kenntnis zu geben hatte. Im Opernhause riefen die Worte Vasco da Gamas in der damals sehr beliebten Afrikanerin: „Tribunal, du bist verblendet, Tribunal, du lügst", einen lauten Ausbruch des Beifalls hervor. Hermann Grimm sagte mir am Tage darauf, er habe in sein Tagebuch eingetragen, was Goethe am Abend der Schlacht bei Valmy seinen Kriegsgefährten sagte: „Von heute ab beginnt eine neue Zeit." Und die Wirkung dieser Verhandlung ist in der Tat für die Folgezeit insofern unvergänglich geblieben, als die Artikel der deutschen Reichsverfassung und des deutschen Strafgesetzbuches über die Redefreiheit der Abgeordneten eine Fassung erhielten, welche jede Zweideutigkeit und jeden Zweifel ausschloß.

Man wird es begreifen und beinahe natürlich finden, daß einer so gewaltigen elektrischen Entladung eine Art von Erschlaffung folgte. Die nächste Sitzung vom 13. Februar war ganz unbedeutend, und am 16. Februar mußte eine wenig erquickliche Angelegenheit die Kosten einer überlangen Verhandlung tragen. Die Regierung, d. h. in diesem Falle der Regierungspräsident von Moeller und der Polizeipräsident Geiger in Köln, hatten ein Fest, das man nach dem Schluß der letzten Session am 22. und 23. Juli 1865 für die Abgeordneten der liberalen Parteien veranstalten wollte, untersagt, den dem Festkomitee schon bewilligten Gürzenich schließen und polizeilich besetzen lassen; die zum Fest Versammelten waren mittags aus dem Zoologischen Garten und abends in Deutz durch den Bürgermeister und sogar durch Militär auseinandergetrieben, eine Fahrt nach Rolandseck am folgenden Tage verhindert worden. Die nächste Folge war eine Reihe von Entschädigungsklagen; der Hauptunternehmer, der Kölnische Stadtverordnete Classen-Kappelmann — sein Name wurde damals unzähligemal in Zeitungen und Witzblättern genannt — wandte sich mit einer Beschwerde wegen Verletzung des Versammlungsrechts an das Abgeordnetenhaus. Der Kommissionsbericht erklärte wirklich die Verhinderung des Festes für verfassungswidrig und warf dem Minister des Innern Pflichtvergessenheit vor und verlangte von seiten des Oberprokurators strafgerichtliche Verfolgung der beteiligten Beamten. War schon dieses Ansinnen hinsichtlich der Berechtigung zweifelhaft, hinsichtlich des Erfolges hoffnungslos, so kam noch hinzu, daß die Begründung des Antrags dem wenigst geeigneten Vertreter, den man hätte finden können, dem kölnischen Appellationsgerichtsrat Leue, überlassen war. Mit unerträglicher Breite verweilte er bei unbedeutenden Nebendingen unter Beimischung schaler Späße in einem Ton, der, für einen Kölner Karnevalsklub nicht witzig genug, am wenigsten für die Tribüne des preußischen Abgeordnetenhauses sich geziemte. Gegen den Schluß entfuhr ihm noch die Äußerung, „zu der Huldigungsfeier der Rheinprovinz am 15. und 16. Mai habe vor allen die katholische Geistlichkeit, die bekanntlich immer mit der Gewalt laufe, ihre Anhänger gestellt." Da diese Behauptung erbitterten Widerspruch von einem rheinischen Geistlichen, einem Polen und einem Mitgliede der katholischen Fraktion erfuhr, wollte er sie auf die rheinische Geistlichkeit beschränken und veränderte später eigenmächtig in den stenographischen Berichten seine Worte dahin, daß „die katholische Geistlichkeit bekanntlich immer mit der Gewalt gehe", was dann in der nächsten Sitzung neue Reklamationen zur Folge hatte. Nach einem solchen rednerischen Erguß war es beinahe eine Erquickung, den Minister des Innern zu hören, der in seiner scharfen und nachdrücklichen Weise, freilich doch nicht ausreichend, das Vorgehen seiner Beamten durch das Gesetz vom 11. März 1850 zu rechtfertigen suchte. Es folgten unerfreuliche Reden und Gegenreden. Offenbar das Beste wäre gewesen, dem Vorschlag des Grafen Schwerin gemäß den ersten Punkt des Kommissionsantrages anzunehmen, die übrigen fallen zu lassen. Die Mehrheit ließ sich gleichwohl nicht abhalten, den gesamten Antrag zum Beschluß zu erheben; aber die Sieger konnten nicht mit dem sicheren Bewußtsein wie am 10. Februar den Sitzungssaal verlassen. Forckenbeck, mit dem ich nach Hause ging, verhehlte nicht seinen Unwillen. Die Absicht Leues hatte schon, als er sie in der Fraktionssitzung kundtat, Besorgnis erregt; er hatte sich aber mit voller Zuversicht vermessen, den Minister des Innern auf eine „feine Weise" lächerlich zu machen. Das ganze Fest sei besser unterblieben, es habe in den östlichen Provinzen von Anfang an wenig Gunst und Teilnahme gefunden; in jedem Falle habe man, nachdem es von der Regierung verhindert war, mit einem Protest sich begnügen müssen und sich nicht auf ein Umherziehen von einem Wirtshaus zum andern und auf Streitigkeiten mit Bürgermeistern und Soldaten einlassen dürfen.

Nach solchen Verhandlungen war auf eine Einigung, ein wirksames Zusammengehen der Regierung mit der Volksvertretung nicht mehr zu rechnen. Einen neuen Beweis gab sogleich die nächste Sitzung vom 22. Februar. Der Präsident Grabow hatte die drei Beschlüsse über Lauenburg, das Obertribunal, das Abgeordnetenfest in drei besonderen Schreiben der Regierung mitgeteilt; eine Erwiderung Bismarcks vom 18. Februar verweigerte die Annahme, weil die mitgeteilten Beschlüsse den Artikeln 48, 86, 45 der Verfassung widersprächen: das Haus der Abgeordneten sei weder berechtigt, einen vom Könige geschlossenen Staatsvertrag für rechtsungiltig zu erklären, noch richterliche Urteilssprüche anzufechten, noch den Beamten der Exekutivgewalt Vorschriften zu erteilen. Mochte es auch gleichgiltig scheinen, ob das Ministerium eine Mitteilung des Hauses zu den Akten nehme oder zurücksende, als Symptom, wie die Minister vorzugehen dächten, war das Schreiben jedenfalls bedeutsam. Denn einer Versammlung, von der man noch das Geringste erwartete, würde man nicht absichtlich eine neue Beleidigung ins Gesicht geschleudert hatten. Bezüglich des Obertribunals war die Behauptung Bismarcks durch die Rede Simsons hinreichend widerlegt. Für die beiden anderen Punkte mußte ich bedauern, daß man nicht die gemäßigten Anträge Reichenspergers und Schwerins angenommen und dadurch die Anschuldigungen unmöglich gemacht hatte. Als Antwort waren neue unvorsichtige Beschlüsse zu befürchten, die die Lage nur verschlimmert hätten. Diese blieben auch in den Fraktionsberatungen der Fortschrittspartei nicht aus, erlangten dort sogar eine geeinigte Mehrheit, aber Stimmen von allen übrigen Seiten des Hauses überwogen, und man begnügte sich, das Ministerialschreiben bloß geschäftsmäßig zu behandeln und durch einfache Tagesordnung zu erledigen.

Für den großen Konflikt blieb noch als letzte Auskunft der Antrag Reichenspergers, sich in einer Adresse an den König zu wenden, ein Antrag, der, schon am 22. Januar eingebracht, eben jetzt zur Beratung kommen sollte. Diese Adresse sollte verlangen, daß das Budgetrecht der Landesvertretung anerkannt werde und daß die Regierung, das Ministerium, die Anforderungen für die Armee und die dadurch bewirkte Mehrbelastung des Landes darlege. Dadurch war die Grundlage eines Kompromisses gewonnen, zu dem das Abgeordnetenhaus mit möglichster Berücksichtigung der tatsächlichen Verhältnisse beitragen werde. Aber dieser Antrag fand auf keiner Seite Beifall; weder den Konservativen noch der Fortschrittspartei bot er so viel als sie verlangten. Das Referat Gneists legte es in ungewöhnlich bitteren Worten beinahe als eine Überhebung aus, daß der Führer einer wenig zahlreichen Minderheit dem Hause seine Ansichten aufdrängen wolle. Der Konflikt, meinte er, sei so weit gediehen, habe so viele politische Interessen in Mitleidenschaft gezogen, daß er durch eine Erklärung über das Budgetrecht sich nicht mehr ausgleichen ließe. Der Abgeordnete Wagener wollte die Lösung des Konflikts allein der königlichen Machtvollkommenheit anheimgeben. Die Regierung schwieg. Was Reichensperger mit gutem Grunde zugunsten seines Antrages vorbrachte, wurde nicht beachtet und die Adresse, über deren Wortlaut man sich in der Tat wohl niemals würde geeinigt haben, mit großer Mehrheit abgelehnt. Nur wenige Abgeordnete ahnten, was nun folgen würde. Schon in der letzten halben Stunde war ein Kommen und Gehen am Ministertisch aufgefallen; Bismarck, das Portefeuille in der Hand, war eingetreten. Unmittelbar nach der Abstimmung verlangte er das Wort und verlas zwei königliche Botschaften. Die erste beauftragte den Ministerpräsidenten, die diesjährige Sitzung des Landtags am 23. Februar, also am nächsten Tage, zu schließen und forderte die beiden Häuser auf, an dem genannten Tage um 1 Uhr im Schlosse zusammenzutreten. Die zweite vertagte den Landtag bis zum Schluß der Session, offenbar zu dem Zweck, damit bis dahin das Abgeordnetenhaus keine der Regierung unangenehme Beratung oder Beschlußfassung vornehmen könne. Der Präsident Grabow leitete denn auch sogleich, ohne im geringsten die Fassung zu verlieren, in wenigen würdigen Sätzen den Schluß der Verhandlung ein. Aber selbst dies war für Bismarck zuviel. Hochaufgerichtet, die Papiere in den vor Erregung zitternden Händen, warf er dem Präsidenten drohende Blicke zu, als wolle er im nächsten Augenblick ihm ins Wort fallen und Stillschweigen gebieten. Wäre dies geschehen, es hätte gewiß einen furchtbaren Tumult hervorgerufen. Niemals sah ich Wut und Ingrimm im Leben oder auf Gemälden deutlicher zum Ausdruck gebracht als auf den Gesichtern einiger rheinischer Abgeordneten, die mit geballten Fäusten neben mir standen. Zum Glück geschah es nicht, und Grabow konnte mit einem Hoch auf den König die Sitzung des Tages, der Legislaturperiode und, was damals noch niemand ahnte, die letzte Sitzung der Konfliktszeit zum Abschluß bringen.

Für die politische Lage konnte ich diese Wendung nicht als einen Nachteil betrachten. Ein erfolgreiches Zusammenwirken der Regierung und des Landtags war nach den Vorgängen der letzten Wochen so gut wie ausgeschlossen. Was man am meisten fürchten mußte, war, daß die Fortschrittspartei durch einen unvorsichtigen Vorstoß der Regierung Veranlassung böte, die Verfassung oder doch wichtige Grundlagen unseres Verfassungslebens förmlich und für immer zu beseitigen. Jetzt dauerte allerdings die verfassungswidrige, budgetlose Verwaltung fort, aber sie galt doch nur als ein Notstand, als ein Vorübergehendes, dessen Beendigung das Abgeordnetenhaus ruhiger als die Regierung erwarten konnte.

Persönlich war mir dagegen der plötzliche Abschluß keineswegs erwünscht. Denn im Gegensatz zu den Erlebnissen des vorigen Winters hatte mir das parlamentarische Treiben diesmal über Erwartung zugesagt. Man hatte mich von allen Seiten freundlich aufgenommen; mit Reichensperger und seiner Fraktion hatte ich mich gut gestellt, aus meinem Wahlkreis erhielt ich zustimmende Schreiben. Vor allem wertvoll waren mir die Beziehungen zu Simson und den Altliberalen; dazu hatte mein Aufsatz über die Lauenburgische Frage beigetragen. Als ich Simson bald nach meiner Ankunft ein Exemplar überreichte und den Inhalt andeutete, schüttelte er den Kopf. Er hatte bei der Abstimmung vom 3. Februar und noch in seiner Rede am 10. die von mir verteidigte Auffassung des Artikel 55 als eine ganz unmögliche bezeichnet; aber am 16. Februar, als ich für einige Zeit den Sitzungssaal verlassen hatte, folgte er mir und sagte mit der ihm eigenen Liebenswürdigkeit, der jedes Gefühl von Rechthaberei fern lag, er habe den Artikel gelesen und finde ihn überzeugend; ich möge ihm doch ein zweites Exemplar geben, das er seinem Freunde, dem Präsidenten von Roenne, dem Verfasser des zumeist benutzten Preußischen Staatsrechts, nach Glogau senden wolle. Einige Tage nachher — er war damals erkrankt — schickte er mir zwei Briefe von Herrn von Roenne, der eine an ihn, der andere an mich gerichtet. Herr von Roenne, obgleich von mir angegriffen, pflichtete meiner Ansicht bei, die dann auch in den späteren Auflagen des Preußischen Staatsrechts zur Geltung kommt. Durch Simson war ich auch mit anderen einflußreichen Abgeordneten bekannt geworden, und in der Sitzung vom 22. hatte der Graf Schwerin im Namen seiner Freunde mich aufgefordert, an ihren Beratungen künftig teilzunehmen. So hätte ich wohl einige Hoffnung für eine nützliche Wirksamkeit hegen können. Nach meiner Ankunft hatte ich, wie es Sitte war, auf dem Schloß meine Karte abgegeben, und gleich für den 15. Februar erhielt ich die Einladung zu einem Hofballe. Die Prunkgemächer des Schlosses in strahlender Beleuchtung, von einer festlich geschmückten Menge belebt, boten einen Anblick, den man nicht leicht wieder vergißt; besonders als der prächtig ausgestattete Königszug mit Pagen, Kammerherren, Hofwürdenträgern, Prinzen und Majestäten in seiner ganzen Ausdehnung übersehbar sich die lange Gemäldegalerie hinaufbewegte. Von allen Gestalten, die ihn bildeten, ist mir keine lebhafter in Erinnerung geblieben als der Anführer, der Oberhofmarschall Graf Pückler mit dem Beinamen „der Chinese", der seinen Marschallstab mit grimmigen Gebärden in der Luft schwang und die Ankunft der Majestäten in einem Ton verkündete, als wenn er den Einbruch des jüngsten Gerichts hätte ansagen wollen. Der König war noch immer der stattlichste Mann. Niemand würde ihn für nahe den Siebzigern gehalten haben. Aussehen und Benehmen der Königin entsprachen ihrer Würde. Ein Vorteil war, daß man so manchen bedeutenden Persönlichkeiten begegnete. Ich fand Pertz und zu meiner großen Freude auch Herrn von Gruner, der sogleich das alte Wohlwollen mir bezeigte und mich für den folgenden Tag zu Tische einlud, dazu Abgeordnete, Professoren der Universität, Schriftsteller wie Gruppe und Berthold Auerbach. Der frühere Justizminister von Bernuth, der alte Freund meiner Familie in Münster, redete mich an, da er mich an der Ähnlichkeit mit meiner Mutter erkannt hatte; ich selbst hätte ihn, wenn nicht am Gesicht, doch an der Stimme wiedererkannt, die mir aus der Knabenzeit noch wohl erinnerlich, selbst hier im Saale unter dem Gewirre unzähliger Redenden ihren eigenen, unvergleichlichen Tenorklang offenbarte. Dem Prinzen Friedrich Karl war ich wegen meines sehr jugendlichen Aussehens aufgefallen, das auch im Abgeordnetenhause mir einen Beinamen zugezogen hatte. Er erkundigte sich nach mir, und ich mußte mich ihm vorstellen lassen. Bei dem Handelsminister Grafen Itzenplitz, einem wohlwollenden vornehmen Herrn und bei dem Finanzminister, Herrn von Bodelschwingh, konnte ich eine für meinen Wahlkreis wichtige Angelegenheit, den Bau einer neuen Eisenbahn, zur Sprache bringen. Mit Herrn von Bodelschwingh stand ich gerade im Gespräch in einem der nicht besonders geräumigen, aber für den Tanz bestimmten Nebensäle, als die Musik begann. Mit einem raschen Anlauf setzten sich die Paare in Bewegung, und in demselben Augenblick hörte ich in meiner nächsten Nähe den schrillen Ton eines zerreißenden Gewandes; eine seidene Schleppe lag ziemlich weit von der Tänzerin, die sie getragen, auf dem Boden. Von ferne drängte man Hilfe leistend mit Stecknadeln herbei, während die Nächststehenden in einiger Verlegenheit den Anstifter dieses Unheils wenigstens mit den Augen ausfindig zu machen und sich selbst vom Verdachte zu reinigen suchten. Einen Augenblick fühlte ich mich selbst nicht ganz frei, bis mehrere vollgültige Zeugen mir jede Unruhe durch die Versicherung nahmen, daß nicht meine Füße, sondern die ganze Wucht der preußischen Finanzen jene unselige Schleppe in den Untergang gezogen hatte. Für die vornehmsten Paare war der weiße Saal vorbehalten. Hier konnte man den reichsten Schmuck und sonderbare orientalische Uniformen und unter den Tänzern auch einen Schotten in seiner hochländischen Tracht bewundern.

Als ich den Saal acht Tage später, am 23. Februar mittags wieder betrat, bot er einen ganz anderen Anblick. Der Schluß des Landtags sollte stattfinden. Am Morgen hatte ich Simson noch einmal aufgesucht. Er lag unwohl zu Bett, wollte aber doch am nächsten Tage nach Frankfurt a. O. zurückkehren. Ich wünschte seine Meinung zu hören, ob es unter den gegenwärtigen Verhältnissen sich gezieme, der Schließung des Landtags beizuwohnen. Er riet mir durchaus, hinzugehen, und bat mich, ihm später von dem, was vorgegangen, Bericht zu erstatten. Mich selbst trieb zunächst das Gefühl der Neugier, einem Staatsakt beizuwohnen, den ich noch niemals gesehen hatte und den vielleicht — denn, wer wußte was bevorstand — sobald niemand wieder sehen würde. Auch schien mir, man solle, soweit als irgend möglich, die äußeren Formen, selbst wenn sie von dem Gegner verletzt würden, aufrecht halten; einer königlichen Botschaft und Aufforderung könne ein Abgeordneter immer folgen, solange nicht jede Verbindung gelöst sei. Nur wenige Abgeordnete hatten sich in dem weißen Saal eingefunden, immerhin mehr als in den Zeitungen genannt waren. Die Thronrede, von Bismarck zur Linken des verhüllten Thrones verlesen, war beinahe eine Umschreibung des Briefes, den er am 8. Februar an Grabow gerichtet hatte. Als nächste Veranlassung der Schließung wurde nun noch angeführt, daß das Haus den Reichenspergerschen Vermittlungsantrag verworfen habe, offenbar nur ein Vorwand; denn wenn die Regierung auf diesen Antrag ein so großes Gewicht legte, so war sie verpflichtet, sich in irgendeiner Weise darüber zu äußern oder wenigstens ihren Vertretern in der Kammer eine Anweisung zu geben. Diese Ansicht wurde im weißen Saale selbst von Mitgliedern der feudalen Partei ausgesprochen. Die parlamentarischen Angelegenheiten hatten damit ihr Ende erreicht.

Mein Verbleiben in Berlin hing nun wesentlich davon ab, ob es mir gelingen würde, den Zugang zum Geheimen Staatsarchiv zu gewinnen. Mit dieser Hoffnung war ich nach Berlin gekommen und hatte sogleich über Mittel und Wege Erkundigungen eingezogen. Gruner versprach mir seine Verwendung bei dem Unterstaatssekretär von Thile. Von anderer Seite hörte ich, daß nur Graf Bismarck selbst mir die Türen öffnen könne. Diese wurden damals, wenn es sich um Forschungen aus der neueren Geschichte handelte, schwerer geöffnet als die Türen des Wiener Staatsarchivs. Soweit mir bekannt, hatten nur Häusser für seine Deutsche Geschichte und Ranke für die Denkwürdigkeiten Hardenbergs Zutritt erhalten. Gleich am Nachmittag des 22. Februars, als der Schluß der Session uns angekündigt war, fuhr ich zu dem Direktor des Archivs, dem Geheimrat Lancizolle. Er empfing mich, obgleich er, am Kopfe und am Fuße leidend, auf dem Sofa lag. Aber welch ein sonderbarer Empfang! Lancizolle, ein kenntnisreicher Gelehrter, war ganz und gar ein Bureaukrat der alten Schule; für seine politischen Überzeugungen, sagte man, sei der General von Gerlach noch viel zu liberal gewesen. Meine doppelte Eigenschaft als Professor und Abgeordneter mochte nicht gerade zu meinen Gunsten sprechen. Kaum hatte ich von meinen Wünschen eine Andeutung gegeben, als er sich in leidenschaftlichen Reden gegen die an der Politik beteiligten Professoren und ihre unbescheidenen Anforderungen erging: sie schienen zu glauben, die Staatsarchive sollten nur für ihre Schreibereien dienen: „Da ist der Herr von Sybel", fuhr er fort, „dieser unverschämte Mensch, der gegen seine Majestät den König reklamiert hat. Er wollte unser Archiv benutzen; ich habe ihm geantwortet: Solange ich was zu sagen habe, tun Sie keinen Schritt über die Schwelle!" Länger als eine Stunde sprach er in diesem Tone, ohne mich nur zu Worte kommen zu lassen. Daß ich auf dem Archiv arbeite, erklärte er für ganz unmöglich, schon des Raumes wegen. Wenn ich die Erlaubnis erhielte, würde er nur der Gewalt weichen und an die vorgesetzte Behörde die Frage richten, wen er hinauswerfen solle. Schließlich gab er mir aber doch den besten Rat, den jemand geben konnte; er sagte: „Suchen Sie einen Platz auf dem Ministerium zu erhalten. Wenn man die Akten dorthin abfordert, kann ich sie nicht verweigern." Das ließ ich mir gesagt sein. Am folgenden Tage nach dem Schluß der Versammlung im weißen Saale konnte ich einen günstigen Augenblick benutzen, um Bismarck um eine Unterredung zu bitten, die er sogleich für den folgenden Sonntag abends 9 Uhr bewilligte. Zur festgesetzten Stunde fand ich mich auf dem Ministerium ein, wartete einige Minuten, dann trat er aus seinem Arbeitszimmer heraus, sagte, es seien so wichtige und dringende Depeschen eingelaufen, daß er nur wenige Augenblicke frei habe; ob wir nicht eine andere Stunde verabreden wollten, am Montag abend sei er frei. Ich erwiderte, es sei unbescheiden, seine Zeit nochmals in Anspruch zu nehmen, trug ihm kurz meinen Wunsch vor, den er sogleich genehmigte und, wenn es nötig wäre, durch seine unmittelbare Dazwischenkunft zu fördern versprach. Sein Benehmen war so verbindlich und entgegenkommend wie man nur wünschen konnte. Es mußte durchaus für ihn einnehmen. Als ich am nächsten Tage Lancizolle von diesem Bescheide Kenntnis gab, zeigte auch er sich milder, blieb aber bei der Behauptung, auf dem Archiv sei durchaus kein Platz mehr übrig, was mir dann von dem wohlwollenden Geheimen Archivrat Friedländer bestätigt wurde.

Zum Glück ließ sich Rat schaffen. Der Legationsrat von Kehler bot mir auf seinem Arbeitszimmer im Ministerium des Auswärtigen — d. h. in der damals am Wilhelmsplatz gelegenen Abteilung des Auswärtigen Amtes — einen Platz an. So konnte ich mit einiger Zuversicht dem Erfolg meiner Eingabe entgegensehen. Es vergingen doch noch zwei Wochen, bis ich in die Aktenhefte des Archivs einen ersten Einblick erhielt. Aber der Vorteil der für mich getroffenen Anordnung war sehr erheblich. Statt der beschränkten 4—5stündigen Arbeitszeit auf dem Archiv hatte ich den ganzen Tag von 8 Uhr morgens bis Sonnenuntergang, auch die Sonn- und Feiertage, zu meiner Verfügung. Ganz ungestört, denn man wies mir bald nachher ein eigenes Zimmer an, mit der Aussicht auf die frisch belaubten Bäume des damals noch sehr ruhigen Platzes. Ich darf sagen, daß ich die Zeit nicht verloren habe; kaum ein Tag ist in den nächsten Monaten ungenutzt vergangen. Es kam darauf an, über die Ziele der preußischen Politik in den Jahren 1793—97 Klarheit zu gewinnen. Dazu sollte die Korrespondenz des Ministeriums mit den Gesandten in Wien, Paris und Petersburg mir verhelfen. Ich begann mit dem Briefwechsel des preußischen Gesandten in Wien, des Marquis Lucchesini. Seine Berichte ließen sich freilich an Bedeutung und spannendem Interesse mit den Berichten Cobenzls aus Udine nicht vergleichen, und es kam wesentlich darauf an, aus dem Übermaß von Schriftstücken, die für jeden Jahrgang meistens drei gewaltige Foliobände füllen, das Wichtige auszusondern. Aber es war dann auch lohnend genug, durch eine derartig fortgeführte Korrespondenz die Summe der Ideen, Entwürfe und Interessen kennen zu lernen, die damals die politische Welt bewegten. Mitte April war ich mit meinen Auszügen beinahe zum Ende des Jahrganges 1796 gelangt. Aber die Aufgabe war kaum bis zu einem Drittel gelöst, und es fragte sich, ob ich je so günstige Verhältnisse als eben jetzt wieder finden würde. So entschloß ich mich, für den Sommer um Urlaub zu bitten. Mitte Mai waren die Wiener Berichte beendet, es folgte der Briefwechsel mit dem preußischen Gesandten, dem Freiherrn von Sandoz-Rollin in Paris, dann mit dem General von Tauenzien in Petersburg, und in der ersten Hälfte des Juli konnte ich die Exzerpte aus ungefähr 30 Foliobänden zur Prüfung und Genehmigung in das auswärtige Ministerium, an den damaligen Referenten, Herrn von Derenthal, abgehen lassen. Ich rechne diese Arbeitsstunden, in denen man Tag für Tag einen wirklichen Gewinn verzeichnen konnte, zu den angenehmsten meines Lebens.

Fand der Tag auf solche Weise Verwendung, so blieb doch noch Zeit für einen geselligen Verkehr, dessen Vorteile man in Berlin vielleicht mehr als in irgendeiner anderen Stadt empfindet. Freilich, zwei der ältesten und am meisten verehrten Bekannten hatte ich nicht mehr gefunden. Einige Wochen nachdem ich ihn auf meiner Schweizerreise am 25. September in Basel gesprochen hatte, war Aulike aus dem Leben geschieden. Wenige Menschen haben mir den Eindruck einer so bedeutenden und zugleich so edlen Persönlichkeit hinterlassen. Im Oktober starb auch Frau von Zurmühlen, der ich schon als Student soviele angenehme Stunden verdankt hatte. Die würdige Tochter Schmeddings, unter schweren Leiden, im Anblick des Todes gefaßt und ruhig, hatte sie noch, wie man von Goethes Mutter erzählt, für die Beerdigung und die Ausstattung der Leiche die Anordnungen selbst getroffen. — Öfters verlebte ich einen Abend bei meiner Schwester in Potsdam oder mit dem Eintritt der besseren Jahreszeit in den Gärten von Sanssouci. Lohnend war immer ein Spaziergang mit Jaffé; man trennte sich niemals von ihm ohne etwas gelernt zu haben. Mit seiner Stellung in Berlin war er noch immer wenig zufrieden. Schon war das Zerwürfnis mit Pertz hervorgetreten, das später für sein Leben verhängnisvoll geworden ist. Die alte Bekanntschaft mit Eduard Magnus verstärkte sich jetzt in dem Maße, daß ich sie trotz des Unterschiedes der Jahre wohl Freundschaft nennen darf. Seine Familienverhältnisse und seine Kunst hatten ihn in Deutschland, Frankreich und Italien mit vielen interessanten Persönlichkeiten in Verbindung gebracht, von denen er sehr anziehend zu erzählen wußte. Auch einen noch viel größeren Künstler konnte ich wieder aufsuchen: Peter Cornelius, der, noch immer rüstig, in seinem 82. Jahre den Pinsel nicht aus der Hand gelegt, ja, ein Jahr vorher mit einer jungen Italienerin sich verheiratet hatte. Der ungleiche Ehebund hatte die gefährliche Probe glücklich überstanden. Die junge Frau lebte nur für ihren Mann, war des Deutschen vollkommen mächtig und wußte sich der Umgebung und dem Freundeskreis vortrefflich anzupassen. Brüggemann, der Schwager ihres Gemahls, hatte ihr in den nicht ganz leichten Verhältnissen jederzeit freundlich die Hand geboten. Jetzt trat Herr von Kehler mit seiner unermüdlichen Gefälligkeit an seine Stelle. Cornelius sprach wenig, aber was er sagte, war stets von Bedeutung. Ein Gespräch mit ihm wandte sich gewöhnlich nach Italien und nach Rom, das noch immer sein Herz und seinen Geist gefangen hielt. Über Berlin urteilte er unfreundlicher als ich für billig halten konnte. Mit Pius IX. war er wenig zufrieden, aber des Papsttums, meinte er, könne man so wenig entraten wie der Alpen.

Franz Duncker hatte gleich, als ich ihm im Abgeordnetenhause begegnete, den freundschaftlichen Ton des letzten Sommers wieder angeschlagen. Er übte damals in seinem stattlichen Hause mit dem prächtigen Garten an der Potsdamerstraße eine ausgedehnte, freigebige Gastlichkeit, als deren Mittelpunkt ohne jede Aufdringlichkeit oder Ziererei die kluge, geistvolle Frau sich darstellte. An Charakterstärke und Scharfsinn war sie ihrem Manne unzweifelhaft überlegen; aber auch er besaß ein nicht gewöhnliches Maß von Tatkraft und Redegewandtheit, das, mit einem natürlichen Wohlwollen verbunden, bei den arbeitenden Klassen, deren er sich besonders annahm, seine Wirkung nicht verfehlte. Am 31. März begleitete ich die Familie abends in den Handwerkerverein, dessen Präsident Duncker war. Mehr als 2000 Menschen mochten in einem mächtigen Saale der Sophienstraße versammelt sein. Spielhagen hielt einen für die Umgebung wenig passenden Vortrag über amerikanische Lyriker, aber man hörte mit der größten Ruhe und Aufmerksamkeit zu. Dann folgte eine Beratung, ob man Unterrichtsstunden für Frauen und Mädchen anordnen sollte. Mehrere Handwerker trugen ihre Ansichten vor, und ich war erstaunt über die Geschicklichkeit, mit der sie sich ausdrückten. Die Bedeutung eines solchen Vereins für eine demokratische Entwicklung im besten Sinne trat klar zutage.

In den Gesellschaften des Dunckerschen Hauses fand man beinahe alles, was die Fortschrittspartei an hervorragenden Persönlichkeiten in Berlin aufzuweisen hatte: die Abgeordneten Löwe, Lasker, von Kirchmann, Schulze, Twesten, den Redakteur der Volkszeitung Bernstein, dazu junge Gelehrte wie Wilhelm Scherer und Erdmannsdörffer, Friedrich Spielhagen, der damals noch in den Anfängen stand. Scherenberg las an einem Abend (28. März) sein episches Gedicht über die Schlacht von Hohenfriedberg vor. Im Hansemannschen Kreise, jetzt in der prächtigen Wohnung am Tiergarten, konnte man dagegen dem Ehepaar Stahr und Lothar Bucher begegnen.

Für mich war aber das Wichtigste, bei der Verrichtung der politischen Angelegenheiten nicht ganz vereinsamt zu stehen. Hier bot das Haus Gruners in der Viktoriastraße den willkommensten Anhaltspunkt. Er hatte mir seit jener Begegnung auf dem Schlosse die größte Freundlichkeit bewiesen. An seinem Mittagstische war regelmäßig eine auserlesene Gesellschaft versammelt: Ranke, Curtius, Lepsius, Magnus, Reichensperger, Friedberg, hohe Beamte und Militärs habe ich oft dort gefunden. Mit dem Grafen Schwerin und seinen Gesinnungsgenossen stand er in beständigem Verkehr. Das Angenehmste war, wenn man — wozu er sich stets geneigt zeigte — an einem Abend über die politischen Angelegenheiten sich mit ihm unterhalten konnte. Mit den einflußreichsten Personen mehr oder weniger nahe bekannt, von dem Könige hochgeschätzt, von der Königin in ihren vertrauten Umgang gezogen, wußte er immer mehr als sich aus den Zeitungen erfahren ließ. Man hat ihm wohl den Vorwurf gemacht, er habe 1859 als Unterstaatssekretär im Ministerium des Auswärtigen gleich seinem Chef, dem Herrn von Schleinitz, nicht zu raschen, kräftigen Entschlüssen gelangen können. Ich weiß nicht, ob man diesen Vorwurf aufrecht erhalten wird, wenn man liest, was er selbst in seinen „Denkwürdigkeiten" darüber sagt (Deutsche Revue, Herbst 1901). Über die gegenwärtige politische Lage urteilte er mit Ernst und Billigkeit, wenn auch vielleicht mit zu großer Schärfe gegen Bismarck, dem er nach seiner früheren amtlichen Tätigkeit sich nicht gerade verbunden fühlte. Mit Reichensperger, mit dem Grafen Schwerin und anderen Abgeordneten konnte ich auch nach dem Schluß der Sitzungen wiederholt zusammentreffen; zuweilen gab eine Begegnung auf der Straße Anlaß zu einem längeren Gespräch. Gern erinnere ich mich eines Abends bei Herrn von Bernuth, wo außer mir noch der Graf Schwerin, Alfred von Auerswald, Gruner und Friedberg zugegen waren. Die angeregteste Unterhaltung währte bis nach Mitternacht; später begleitete ich Herrn von Auerswald noch an sein Haus und hörte mit Vergnügen, wie er sich der gemeinsamen Tätigkeit mit meinem Vater in den Provinzialausschüssen der vierziger Jahre erinnerte.

Was die Unterhaltung bei Bernuth am 20. April am meisten angeregt hatte, war die Gefahr des Krieges, die nunmehr immer drohender heraufstieg.

Der Gasteiner Vertrag vom 14. August hatte den Gegensatz zwischen Österreich und Preußen nicht dauernd beseitigen können. Österreich widerstrebte der Vergrößerung des deutschen Nebenbuhlers durch Schleswig-Holstein, Preußen konnte einen unabhängigen deutschen Mittelstaat in seiner nächsten Nähe nicht dulden. Die Bedingungen, die es dem Herzog Friedrich auferlegen wollte, wurden von diesem nicht zugestanden, aber die Thronrede vom 15. Januar erklärte mit bestimmten Worten, Preußen werde das Pfand bis zur Befriedigung seiner gerechten Ansprüche festhalten. Und Bismarck hatte am 3. Februar, als er gegen den Vorwurf Stellung nahm, die äußere Politik sei ihm Mittel für die innere, sehr deutlich betont, ihm seien gerade umgekehrt die äußeren Dinge an sich Zweck und ständen ihm höher als die übrigen. Noch vor Ende des Monats trat das Zerwürfnis schon in dem Depeschenwechsel zwischen Wien und Berlin schärfer hervor; aber ich erinnere mich, daß zu Anfang März Herr von Bonin und Graf Schwerin den Gedanken an Krieg noch weit von der Hand wiesen. Bald darauf machten aber die auffällige Ankunft des italienischen Generals Govone in Berlin, die Schritte Österreichs und Preußens am Bundestage und die militärischen Rüstungen von beiden Seiten nur zu deutlich, daß man einem Kriege Deutscher gegen Deutsche entgegengehe. Wie die Gefahr stieg, so vermehrte sich auch in Berlin wie in den Provinzen der Unwille gegen die preußische Politik und gegen den Mann, den man nicht mit Unrecht als den Urheber dieser Verwicklungen bezeichnete. Nach allem, was geschehen, war es begreiflich genug, daß man ihm fort und fort die Absicht zuschrieb, durch folgenschwere Vorgänge das Interesse von den inneren Angelegenheiten nach außen abzulenken und sich dadurch aus der Verlegenheit zu befreien, in welche der immer schärfere, unlösbare Konflikt mit der Volksvertretung ihn versetzt hatte. Aus diesem Grunde und weil man ihm überhaupt so wenig traute, fanden auch die Andeutungen einer Bundesreform zunächst nur geringen Anklang. Wohin ich kam, also in sehr verschiedenen Kreisen, selbst auf dem Ministerium, wurde der Krieg als das Schlimmste bezeichnet. Nur einmal in einer Gesellschaft bei dem Professor Firmenich — er feierte gerade an diesem Tage, 2. April, nach 26jähriger Arbeit die Vollendung seines großen Werkes „Germaniens Völkerstimmen" — hörte ich, daß ein geheimer Rat und ein General, wie bei den inneren Wirren, auch bei dem äußeren Konflikt die Partei Bismarcks nahmen. Denn, wenn einmal an einem Abend bei Herrn von Gruner, 5. April, ein Adjutant des Kronprinzen den Krieg für unvermeidlich, ja, wie die Dinge lägen, sogar für wünschenswert erklärte, so maß er doch gleichzeitig dem Grafen Bismarck die Schuld bei. Daß Gruner mit dieser Seeräuberpolitik, wie er sie wohl nannte, scharf ins Gericht ging, brauche ich nicht zu sagen. Von den Personen, die am 20. April bei Herrn von Bernuth sich zusammenfanden, war vielleicht mit Ausnahme des Herrn von Auerswald keiner, der die Politik und die Ansprüche Preußens nicht mißbilligt hätte. Später hörte ich, daß der Graf Schwerin mit der Erklärung der Altliberalen zu Halle vom 26. April durchaus nicht einverstanden sei. Kundgebungen zugunsten des Friedens folgten seit Ende März eine der andern; Vereine, städtische Gemeinden, Handelskammern wetteiferten in immer stärkeren Ausdrücken. Beinahe die einzige Ausnahme bildete am 15. März die kriegerische Erklärung des Magistrats und der Stadtverordneten von Breslau. Der Widerwille steigerte sich bis zur heftigsten Erbitterung, als am 4. und 8. Juni das stehende Heer, am 10. auch die Landwehr mobilisiert und dadurch unzählige Familien in Sorge und Not versetzt wurden. Selten ist ein Mensch in Deutschland heftiger geschmäht, ja verflucht worden als Graf Bismarck. Am 7. Mai gegen ½6 Uhr, als ich die Linden herunterging, begegnete mir in der Nähe der Friedrichstraße ein Trupp von Schutzleuten und Soldaten, die einen Gefangenen abführten. Wenig weiter an der Schadowstraße stand eine dichte Menschenmenge, darunter ein Mann, der in heftiger Aufregung erzählte, eben habe man in seiner Nähe auf Bismarck einen Revolver abgefeuert, der Graf sei aber ganz ohne Verwundung davon gekommen. An einer Anschlagsäule konnte man noch die Spuren einer fehlgegangenen Kugel wahrnehmen. Bald wurde auch der Mörder genannt, ein junger Mensch, Blind, Sohn des bekannten Demokraten in London. So verlockend es scheinen konnte, des Urhebers so großen Unheils plötzlich entledigt zu werden, so hätte doch in dem Augenblicke, da man von der Tat hörte, der Abscheu vor dem Frevel jedes andere Gefühl überwiegen sollen. Sicher ist aber, daß in den nächsten Tagen öfter beklagt wurde, daß Blind fehlgeschossen, als daß er geschossen habe. Nach einem Briefe Blinds an seine Freunde in Stuttgart war er, ohne noch an den Mord zu denken, von dort abgereist. Erst als er überall die Klagen über den Krieg und Bismarck als den einzigen Urheber bezeichnen hörte, ist ihm plötzlich der Entschluß gekommen, sein Vaterland durch eine rasche Tat vom Verderben zu befreien. Durch den Tod, den er sich selbst gab, hatte er schon am nächsten Tage sein Verbrechen gesühnt, und so konnte man sich der Teilnahme für den Unglücklichen nicht erwehren. Nach der anderen Seite mochte man wieder bedauern, daß ein Mann von der unvergleichlichen Begabung und Charakterstärke des Grafen Bismarck solche Eigenschaften zum Unheil Deutschlands betätige. „Ich muß gestehen", schrieb ich am 29. Mai meiner Mutter, „daß mir sein Benehmen gegenüber dem Mordversuch bewunderungswürdig erscheint. Nicht gerade wegen der Ruhe und Kaltblütigkeit, die er gezeigt hat. Aber das gänzliche Enthalten von jeder Prahlerei, jeder Ostentation, jedem Versuche, ein solches Ereignis zu persönlichem Vorteil auszubeuten, ist in der Tat ein großartiger Charakterzug." Im übrigen teilte ich durchaus den Abscheu vor dem Kriege, von dem das deutsche, nicht weniger das preußische Volk erfüllt war. Schleswig-Holstein hätte ich freilich von Anfang an am liebsten mit Preußen vereinigt, jedenfalls in einem Verhältnis gesehen, das Preußen volle Sicherheit gewährte. Aber die Art, wie man den Herzog Friedrich, den man jahrelang als den einzig Berechtigten verherrlicht hatte, jetzt plötzlich sogar mit Hilfe der Kronsyndici jedes Anrechts für verlustig erklärte, wollte mir nicht in den Sinn. In den Akten, die ich gerade jetzt auf dem Archiv bearbeitete, hatte ich immerfort den Beweis vor Augen, wieviel Unheil die Zwietracht zwischen Österreich und Preußen über Deutschland gebracht hatte. Wie hätte ich nicht wünschen sollen, daß sie sich einigen möchten! Und daß an dem Zerwürfnis, soweit das bestehende Recht in Betracht kam, Preußen die Hauptschuld trug, konnte man nicht wohl in Zweifel ziehen. Eine durchprüfende Reform der Bundesverfassung war freilich von Preußen weit eher als von Österreich zu erwarten; die Schritte Preußens beim Bundestage gaben dafür den Beweis, aber wenn sie gelangen, so waren sie durch den Ausschluß Österreichs und der edlen deutschen Stämme, die es bewohnten, teuer, vielleicht zu teuer bezahlt. Kam es zum Kriege, so mußte man allerdings den Sieg Preußens wünschen, denn seine Niederlage hätte für Deutschland unabsehbares Unglück, voraussichtlich den Verlust des linken Rheinufers zur Folge gehabt. Ich trug auch in mir das beinahe sichere Gefühl, daß der Krieg sich zum Vorteil Preußens wenden würde. Was ich in Berlin und in Wien beobachten konnte, hatte mir die Überlegenheit des preußischen Staatswesens über das österreichische vor Augen gestellt. Bei der diplomatischen und militärischen Aktion der letzten Jahre hatten sich die Tatkraft, die Energie des leitenden Ministers wie der Generale gegenüber der Unentschlossenheit und Verwirrung auf der Gegenseite aufs neue im glänzendsten Lichte gezeigt. Dazu kam die Haltung der Bevölkerung. Nichts war törichter als die leidenschaftlichen Äußerungen der Wiener Zeitungen. Statt hervorzuheben, daß man den Krieg nicht gegen das preußische Volk führe, sondern gegen eine Fraktion, die in Preußen beinahe ebenso verhaßt sei wie in Österreich, ergingen sie sich in wütenden Schimpfreden gegen das preußische Volk, als hätten sie es darauf abgesehen, den Krieg in Preußen populär zu machen. Der preußischen Presse und dem preußischen Volke wird man das Zeugnis geben, daß sie sich in dieser schweren Krisis musterhaft benommen haben, und gerade die Billigkeit und Ruhe, mit der sie jetzt die strittigen Fragen beurteilten, gaben eine Bürgschaft, daß sie auch in den Zeiten der Entscheidung Mut und Festigkeit bewähren würden. Bei alledem blieb der Erfolg zweifelhaft; es war zu befürchten, daß Deutsche gegen Deutsche in unentschiedenem Ringen ihre Kräfte verzehrten und daß dann Frankreich im gelegenen Zeitpunkte eintreten werde, um eine längst begehrte Beute als Entgelt für Beistand oder durch Drohungen zu erzwingen. Bis zum Ende des Mai schwankte man zwischen Sorge und Hoffnung noch hin und her. Der von Napoleon in Vorschlag gebrachte Kongreß zu Paris schien sogar noch einmal zu einem Ausgleich den Weg zu bahnen. Aber bald schwand mit der Ablehnung von seiten Österreichs auch diese Aussicht, und die durchschlagende Zirkulardepesche Bismarcks vom 4. Juni gab der österreichischen Regierung schuld, von Anfang an den Krieg gewollt zu haben, vielleicht in der Absicht, den österreichischen Finanzen durch preußische Kontributionen oder durch einen „ehrenvollen" Bankerott Hilfe zu verschaffen [1]). An diesem und den nächsten Tagen sah man die Garden sich zum Ausmarsch durch die Straßen von Berlin bewegen, herrliche Regimenter, die mit Stolz und Freude erfüllen mußten, hätte man das Gefühl unterdrücken können, daß sie gegen Deutsche ins Feld zogen. Die Stimmung blieb noch dieselbe. Ich möchte die Äußerungen nicht wiederholen, die man damals aus dem Munde hochstehender, preußisch-patriotischer Männer vernehmen mußte. An einem dieser Tage, ich denke es war am 12. Juni, trat ich nach der Arbeit aus dem Ministerium auf den Wilhelmsplatz. Hier traf ich mit Friedberg zusammen. Wir gingen durch die Wilhelmstraße den Linden zu. Vor dem Tore der österreichischen Botschaft bemerkten wir den Grafen Karolyi, im Begriff, Berlin zu verlassen. Friedberg hatte selbst zwei Neffen beim Heere; er war so erregt, daß er vor dem Ministerium des Äußern die geballte Faust drohend gegen das Zimmer Bismarcks erhob. An demselben Tage las man aber im Staatsanzeiger den von Preußen in Frank-

[1]) Schultheß 1866, S. 74.

furt vorgelegten Entwurf der Bundesreform, der doch manchen in Norddeutschland gehegten Wünschen entgegenkam. Zwei Tage später, am 14. erzeigte der Bundestag nach Österreichs Antrag Preußen den unschätzbaren Dienst, die Mobilisierung der Bundesarmee zu beschließen. Man hat die Gültigkeit des Bundesbeschlusses angefochten, weil einer der für die 16. Kurie stimmenden Gesandten seine Vollmachten überschritten habe. Mit Unrecht, denn wenn auch die 16. Kurie mit Nein stimmte, blieb doch dem österreichischen Antrag die Mehrheit. Aber welche Torheit, gerade das zu tun, was der Gegner wünschte, sich ohne die nötige Vorbereitung, ohne festen Plan einem plötzlichen Angriff auszusetzen, da es doch in dem Belieben der Abstimmenden lag, den Bundesbeschluß zu verzögern, den Gegner hinzuhalten und den günstigen Augenblick zu erwarten! Zwei Tage später rückten preußische Truppen in Sachsen, Kurhessen und Hannover ein. Es zeigte sich, wieviel ein kräftiger, rasch entschiedener Wille vermag, wenn Fassungslosigkeit und Verwirrung ihm gegenüberstehen. Der Gefangennahme des Kurfürsten von Hessen folgte die Gefangennahme der Hannoveraner bei Langensalza und die Einnahme Frankfurts. Auch in Böhmen rückten drei preußische Heere ohne Widerstand ein; unbegreiflich erschien die Zögerung der Österreicher. Seit dem 27. Juni verdrängte eine Siegesnachricht die andere. In wenigen Tagen hatte sich die Lage völlig verändert und dementsprechend auch die Stimmung der Bevölkerung.

Mit dem Ausbruch des Krieges war ein Alp von der Brust genommen; man fühlte, daß man sich dem Staat, dem man angehörte, der Regierung, der die Leitung zustand, mit allen Wünschen, mit ganzer Kraft anschließen müsse. Personen, die noch wenige Tage früher wie Verzweifelte sich ausdrückten, sahen jetzt voll Siegeshoffnung alles im hellsten Lichte und in dem Staatsmann, den sie noch kurz vorher verwünscht hatten, den weitsichtigen Leiter, ja den beglückenden Reformator Deutschlands. Aber man kann nicht sagen, daß die Äußerungen der Siegesfreude über das richtige Maß hinausgegangen wären. Ein lauter Jubel brach erst hervor, als am Morgen des 4. Juli die Nachricht von der Schlacht bei Königgrätz sich verbreitete. Die Häuser wurden mit Fahnen geschmückt, eine Depesche des Königs, an den Säulen angeschlagen, meldete die alle Erwartungen übersteigenden Ergebnisse; von der Rampe des Königlichen Palais verlas ein Adjutant noch einige Nachträge. Gewiß war diese Entscheidung und besonders der Umstand, daß sie so rasch eintrat, nicht bloß für Preußen, sondern auch für Deutschland das am meisten Wünschenswerte. Gleichwohl konnte ich zu einem ungemischten Gefühl von Freude nicht gelangen, denn von beiden Seiten hatte deutsches Blut den Sieg bezahlen müssen. Wieviele Verbindungen waren zerrissen, wieviele Wunden nach beiden Seiten geschlagen worden! Auch die Neugestaltung der Dinge lag noch im Dunkeln;

in jedem Augenblicke konnte die Einmischung Frankreichs erfolgen. Diese Besorgnis wuchs, als man am 5. Juli vernahm, Österreich habe Venetien an Frankreich abgetreten und die Vermittlung des Kaisers nachgesucht. Gruner erhielt dabei ein schmeichelhaftes Zeugnis für seinen politischen Weitblick; denn er hatte abends vorher in dem Zirkel der Königin gerade diese Wendung vorausgesagt.

Der 4. Juli hatte auch für mich persönlich eine Entscheidung gebracht. Bismarck hatte am 8. Mai das Abgeordnetenhaus aufgelöst, wohl in der Erwartung, daß in der verfassungsmäßigen Frist von 60 bis 90 Tagen bis zu den Neuwahlen und zur Berufung des neuen Landtages die Lage sich zu seinen Gunsten würde verändert haben. Aus meinem früheren und einem anderen Wahlkreis erhielt ich Anfragen, ob ich ein Mandat wieder annehmen würde. Ich hatte nicht durchaus abgelehnt, aber erklärt, daß ich in keinem Falle als Kandidat der Regierung gelten wollte. Die Folge war, daß unter dem Eindruck der neuen gewaltigen Ereignisse der Landrat Jansen gewählt wurde. Die nötigen archivalischen Arbeiten waren beinahe beendigt, der Aufenthalt in Berlin zu dieser Jahreszeit keine Annehmlichkeit, um so weniger, als die Stadt, was mich freilich nicht anfocht, seit mehreren Wochen in der Cholera einen wenig behaglichen Gast erhalten hatte. Für Sonntag, den 1. Juli, war ich zu Hansemanns eingeladen, mußte aber absagen. Als ich am folgenden Tage mich entschuldigen wollte, fand ich das ganze Haus leer; der Kutscher war am Samstag abend erkrankt und schon am Sonntag eine Leiche. Darauf war die ganze Familie eilig in den Harz ausgewandert. Als ich ungefähr um dieselbe Zeit Reichensperger zu besuchen gedachte, öffnete mir seine Tochter die Tür mit den Worten, daß in der Nacht der Mieter des unteren Stockwerkes von der tückischen Krankheit hinweggerafft worden sei. Durch das Entgegenkommen des Assessors von Derenthal erhielt ich meine archivalischen Exzerpte bald zurück. Am 14. Juli konnte ich die Stadt, in der ich fünf so ereignisvolle Monate durchlebt hatte, verlassen. Bewegung in reiner Bergluft sollte mich erfrischen. Am 18. Juli stand ich auf dem Brocken, tags darauf gelangte ich durch das Ilsetal auf die Harzburg. Erinnerungen an die sächsischen Kaiser, an Goethe und Heine begleiteten mich. Am Abend des 22. war ich wieder in Bonn.

Auf der Reise im Harz und in Braunschweig war mir aufgefallen, wie wenig sich die Bevölkerung durch die preußischen Siege gewinnen ließ; in Münster fand ich eine kühle, aber doch zugunsten Bismarcks wesentlich veränderte Stimmung. Merkwürdig, daß in Bonn Ansichten und Urteile weit leidenschaftlicher als in Berlin zum Ausdruck kamen. Besonders Simrock sprach mit solcher Heftigkeit und Schärfe über die Südstaaten und das Schicksal, das sie verdienen sollten, daß ich das erste und einzige Mal in meinem Leben in einen beinahe unfreundlichen Wortwechsel mit ihm geriet. Zu meiner unsäglichen Freude machten die Präliminarien von Nikolsburg und die sich anschließenden Verhandlungen dem Blutvergießen ein Ende. Und jetzt kam auch für die inneren Verhältnisse Preußens ein Friedenswerk zur Ausführung, das man nicht weniger freudig begrüßen durfte. Am 5. August wurde der Landtag einberufen. Die Thronrede äußerte sich in würdigen Worten über die kriegerischen Erfolge und über die günstige finanzielle Lage, entschuldigte das Verfahren der Regierung in der budgetlosen Zeit mit der unabwendbaren Notwendigkeit; „die Staatsausgaben", erklärte der König ausdrücklich, „welche in dieser Zeit geleistet worden sind, entbehren der gesetzlichen Grundlage, welche der Staatshaushalt, wie ich wiederholt anerkenne, nur durch das nach Art. 99 der Verfassungsurkunde alljährlich zwischen meiner Regierung und den beiden Häusern des Landtags zu vereinbarende Gesetz erhält." Der König hofft, „daß der Regierung dafür die Indemnität, um welche die Landesvertretung angegangen werden soll, erteilt und dadurch der bisherige Konflikt um so sicherer beseitigt werde, als die Neugestaltung der Verhältnisse eine Minderung der Lasten herbeiführen werde." Es war im Grunde dasjenige, was der am 22. Februar abgelehnte Reichenspergersche Antrag verlangt hatte, ein großes und weises Zugeständnis des Königs. Wenn es nicht erfolgte, so wurde das Rechtsgefühl des Volkes nicht beruhigt, und die Grundlage unseres Verfassungsrechtes blieb erschüttert, ja es war zweifelhaft, ob selbst unter den jetzigen Verhältnissen der Friede mit der Volksvertretung sich herstellen lasse. Denn die am 4. und 8. Juli vorgenommenen Wahlen hatten zwar eine große Zahl konservativer Mitglieder in das Abgeordnetenhaus geführt, aber die frühere Mehrheit war noch immer die Mehrheit geblieben; es zeigte sich, als bei der Wahl des Präsidenten auf Forckenbeck 170, auf Schwerin 22 und auf den Konservativen v. Arnim-Heinrichsdorf 136 Stimmen fielen. Unzweifelhaft war die Wahl Forckenbecks die glücklichste, die man treffen konnte. Seiner geschickten, taktvollen Leitung verdankte man nicht zum wenigsten, daß die noch vorliegenden Schwierigkeiten in einer für alle Teile befriedigenden Weise gelöst wurden. Dem Abgeordnetenhaus wird man aber nicht den Vorwurf eines zu raschen Meinungswechsels machen dürfen, wenn es die Hand der Versöhnung, welche die Regierung darbot, bereitwillig annahm und mit Vertrauen und Hingebung den Absichten des leitenden Staatsmannes sich anschloß. Denn zunächst hatte der rasche Sieg die schlimmsten Besorgnisse, die man vor dem Kriege hegen mußte, beseitigt. Dann hatte aber auch Graf Bismarck durch die geniale Leitung der diplomatischen Aktion, durch die Festigkeit, mit welcher er die Einmischung Frankreichs zurückwies und durch die beispiellose Mäßigung, die er Österreich und den Mittelstaaten gegenüber zur Geltung brachte, seine Befähigung als Staatsmann, sein Recht auf das Vertrauen und die Dankbarkeit des deutschen Volkes so sehr wie irgend jemand bewährt. Immer mußte man noch besorgen und bedauern, daß die deutsche Nationalität in Österreich, von Deutschland politisch getrennt, gegen slavische und magyarische Übergriffe nur mühsam sich werde behaupten können. Aber die Möglichkeit einer Versöhnung war wenigstens nicht ausgeschlossen und für das gesamte übrige Deutschland eine staatsrechtliche Einigung, eine nationale Entwicklung, wie man sie seit Jahrhunderten vergeblich ersehnt hatte, in sichere Aussicht gestellt. Das Ziel, das man zu erstreben, der Weg, den man einzuschlagen habe, konnte für den Freund des Vaterlandes nicht länger zweifelhaft sein.

Ich selbst stand mit der Politik jetzt nur durch die Zeitungen in Verbindung. Auch konnte mir nichts erwünschter sein als Ruhe und Zurückgezogenheit, um die in Berlin gesammelten Archivalien zu verwerten. Mein Gesichtskreis war durch die preußischen Korrespondenzen außerordentlich erweitert; erst jetzt ließ sich die Stellung der beiden deutschen Mächte zu Frankreich und zueinander deutlich erkennen. Mit steigendem Interesse und innerer Befriedigung wurden die Arbeiten betrieben, und selbst während eines Besuches in der Heimat im Oktober nicht unterbrochen. Mein Verkehr war auf ganz wenige Freunde beschränkt. Mit Vergnügen las ich Anfang November mit Bernays die Korrekturbogen seiner Schrift über die Textkritik Goethescher Werke. So vergingen November und Dezember in stiller, stetiger Arbeit, und nach langer Zeit konnte ich mir am Schlusse eines Jahres einmal wieder sagen, daß es, zwar nicht ausschließlich, aber doch ohne Unterbrechung einer und derselben Arbeit gewidmet worden sei. Auch während der ersten Monate des folgenden Jahres empfand ich es als ein Glück, ruhig und ungestört meiner Arbeit leben zu können. Mein Buch näherte sich dem Abschluß. Ich konnte die Reinschrift beginnen; nur drückte mich der Gedanke, daß ich in den Archiven Frankreichs, der dritten beteiligten Großmacht, mir noch keinen Aufschluß geholt hatte. Um so lieber folgte ich einer Einladung nach Paris, welcher zudem noch andere Umstände besonderen Reiz verliehen. Im Frühling 1867 sollte dort die dritte große Weltausstellung eröffnet werden. Zum preußischen Kommissar war der Geheimrat Herzog, ein einflußreicher Beamter des Handelsministeriums, ernannt. Mein Bruder Wilhelm war als Ehrenkommissar ihm beigegeben, und seit länger als einem Jahre mit den Vorbereitungen beschäftigt. In Berlin auf dem Handelsministerium hatte ich mehrmals mit großem Lobe von seiner Tätigkeit reden hören. Mit Herzog war ich im Hansemannschen Hause bekannt geworden. Von Magnus wußte ich, daß er im April Paris zu besuchen gedachte; auch Elisabeth Ney wollte zugegen sein, wenn mehrere ihrer Skulpturen auf der Ausstellung einen Platz erhielten. Graf von der Goltz, der Oberst des in Bonn stehenden Husarenregiments, später Flügeladjutant Kaiser Wilhelms I., gab mir abermals ein Empfehlungsschreiben an seinen Bruder, den Botschafter, der mit so ausgezeichnetem Geschick im Herbst 1866 für die preußischen Ansprüche die Zustimmung Napoleons III. erwirkt hatte. Jetzt hatte er mit einer nicht weniger schwierigen Aufgabe sich zu befassen. Nach den weitgehenden Zugeständnissen an Preußen hegte Napoleon doppelt lebhaft den Wunsch, Luxemburg zu erwerben. Mit Holland war die Einigung erreicht, als Bismarck dazwischentrat. Das Mißvergnügen, ja die Erbitterung der Franzosen erreichte einen hohen Grad; einen Zusammenstoß zu verhüten, bedurfte es der äußersten Behutsamkeit.

Am 7. April morgens kam ich in Paris an; die Vegetation war schon weit vorgerückt; aus dem Zimmer, das mir in der neuen schönen Wohnung meines Bruders angewiesen wurde, blickte ich auf grünende Gesträuche und einen herrlich blühenden Kastanienbaum. Bei dem Frühstück fand ich Magnus, am Mittagstische Herzog und den Botschaftssekretär von Radowitz. Mit dem Fortgange der Ausstellung war man sehr zufrieden, aber voll Besorgnis für die politische Lage. War auch die Kriegsgefahr für den Augenblick beseitigt, die Verhältnisse blieben doch so gespannt, daß ein Zusammenstoß schwer vermeidlich schien; jeden Tag, meinte man, könnten Ereignisse eintreten, welche die Gesandtschaft nötigten, Paris zu verlassen. Wie groß Aufregung und Erbitterung in Paris waren, davon erhielt ich mehrmals Beweise. Bei meinem früheren Aufenthalt war ich, wie erinnerlich, mit dem Staatsrat Chassériau bekannt geworden. Auch jetzt besuchte ich ihn in seiner prächtigen Wohnung am Vendôme-Platze. Er war der freundlichste alte Herr, den man sich denken konnte; Behagen, Wohlwollen und Güte sprachen aus seinem Gesichte. Aber als auf Luxemburg die Rede kam, bemerkte ich ein sonderbares Funkeln der Augen und ein Zucken in seinen Zügen. Plötzlich fuhr er auf, ergriff mit der linken Hand krampfhaft einen meiner Arme, hielt mir die rechte Hand drohend vor das Gesicht und erging sich in leidenschaftlichen Reden. Es sei unerhört, daß man Frankreich an einer so gerechten Erwerbung hindern wolle; wenn die Preußen in Luxemburg blieben, so werde er selbst, trotz seiner sechzig Jahre, zu der Flinte greifen, und wenn er 50 Söhne hätte, würde er sie für die Ehre seines Vaterlandes opfern. Ich suchte ihn zu beruhigen, und das Gespräch nahm wieder einen freundlichen Gang. Aber unversehens kam es wieder auf den gefährlichen Punkt, und noch einmal wiederholte sich, sogar in verstärktem Maße, der frühere Auftritt. Ich blieb nun auch meinerseits die Antwort nicht schuldig, konnte aber doch in gutem Einvernehmen mich von ihm verabschieden. Er begleitete mich durch eine lange Reihe von Zimmern bis zur Treppe. Als ich heruntersteigen wollte, gab er mir noch einmal die Hand und wiederholte, es sei entsetzlich, daß zwei Völker, bestimmt, sich zu fördern und zu unterstützen, im Kriege sich zerfleischen sollten. „Embrassons-nous!“ rief er aus und drückte mich an seine

Brust, wobei ihm die Tränen über die Wangen liefen. Mir ist dieser Ausdruck südländischer Lebhaftigkeit unvergeßlich und mehr rührend als komisch in der Erinnerung geblieben.

Mein Hauptaugenmerk mußte darauf gerichtet sein, zum Archiv des Ministeriums des Auswärtigen Zutritt zu erlangen. Dafür leistete mir ein hoher Beamter des Ministeriums, ein Freund meines Bruders, Herr De Clercq, der die Sammlung der Verträge Frankreichs herausgegeben hatte, wirksamen Beistand. Er selbst führte mich zu Herrn Prosper Faugère, dem Direktor des Archivs, und schickte mir den Entwurf einer Eingabe, die ich an den Minister des Auswärtigen, Marquis de Moustier, zu richten hatte. Auch der Botschafter versprach, als ich mich ihm vorstellte, mein Anliegen dem Minister und allenfalls dem Kaiser, der ja wissenschaftlichen Arbeiten ein so reges Interesse zuwandte, zu empfehlen. Aber bis zur Entscheidung mußte einige Zeit vergehen; ich suchte sie, so gut als möglich, auf der Nationalbibliothek und — freilich ohne großen Vorteil — auf dem kaiserlichen Archiv zu nutzen. Von meinen früheren Bekannten war Rendu auf einer Inspektionsreise im Süden begriffen. Als ich in Montalemberts Wohnung anfragte, hörte ich, daß er schwer krank darniederliege und keinen Besuch empfangen könne. Die Concierge des großen Hauses, Rue de Bac, eine Hannoveranerin, fand aber Gelegenheit, über die Gewalttaten der Preußen in ihrem Vaterlande sich zu beklagen. Nach einiger Zeit ließ der Graf mich bitten, meinen Besuch zu erneuern; ich wurde jetzt in ein Vorzimmer geführt, in welchem der frühere Minister de Falloux und der Herzog von Broglie warteten. Bald trat die Gräfin herein mit Tränen in den Augen und sagte, daß ihr Gemahl sich sehr übel befände und schwerlich jemanden empfangen könne. Etwas später meldete aber eine barmherzige Schwester, daß wir alle zugleich eintreten sollten. Der Graf lag auf einem Ruhebette, sehr bleich und die Spuren der Krankheit auf seinem Gesichte, war aber frischen Geistes und beteiligte sich lebhaft an der Unterhaltung. Von dem Kaiser und seiner Regierung sprach er mit der größten Verachtung; den Krieg wünschte er nicht, so wenig er Bismarck und Preußen zu lieben schien. Als die beiden Herren sich entfernt hatten, hielt er mich noch eine halbe Stunde zurück und erkundigte sich nach seinen Freunden und den literarischen Erscheinungen in Deutschland. Für alles zeigte er Interesse und volles Verständnis; nur schienen mir seine Urteile schroffer und einseitiger als in früherer Zeit. Ich verließ ihn mit dem traurigen Gefühl, ihn zum letzten Male gesehen zu haben. Doch erst am 13. März 1870 hat ihn der Tod von seinen Leiden erlöst und vor dem Unglück, den Krieg und den Ausgang des Konzils erleben zu müssen, bewahrt.

Gegen den Kaiser fand ich in den meisten Kreisen, in die ich gelangte, dieselbe Abneigung wie bei Montalembert. Es war beinahe nur Chassériau, der mit warmen Worten die Begabung und besonders die Herzensgüte des Kaisers pries. Was man ihm nicht verzieh, war offenbar die Nachgiebigkeit gegen Preußen. Man empfand, es sei ein mächtiger Nachbar emporgekommen und könne Frankreich den Platz streitig machen. Dazu kamen die zweifelhaften Folgen der Erhebung Italiens und die üblen Nachwirkungen des Unternehmens in Mexiko. „Je crois qu'il tombe", sprach de Rozière unumwunden aus; über Luxemburg und den Krieg äußerte er sich sehr verständig; Emile de Girardin, den Redakteur, der damals am lautesten für den Krieg lärmte, nannte er eine verächtliche Kanaille; er wolle an der Börse gewinnen. Wie früher für meine kanonistischen Arbeiten, so interessierte sich de Rozière jetzt auch für meine neuen Wünsche. Er versprach, mich mit Mignet bekannt zu machen, der als vormaliger Direktor des Archivs des Ministeriums mir nützliche Auskunft werde geben können. Da Mignet in einem sehr freundlichen Billet geantwortet hatte, daß er uns erwarte, führte mich de Rozière selbst zu dem berühmten Historiker und damals ständigen Sekretär, d. h. Vorsitzenden der Akademie. Wieder muß ich mich einer außerordentlich liebenswürdigen Aufnahme dankbar erinnern. Mignet hatte einmal für den schönsten Mann in Frankreich gegolten; noch jetzt in seinem 71. Jahre hatte seine Erscheinung eine seltene Anmut bewahrt, und seine Rede entsprach durchaus dem, was der Stil des Schriftstellers erwarten ließ. Er bezeichnete mir sogleich die Bände des Archivs, die für mich die wichtigsten wären. Ich konnte ihm sagen, daß ich seine Geschichte der Revolution schon als Gymnasiast in meinen Besitz gebracht hätte. Er erzählte, gleichzeitig mit ihm habe auch sein Freund Thiers zu schreiben angefangen. Thiers war aber damals noch so unbekannt, daß der Verleger neben seinem Namen noch einen anderen auf dem Titel genannt wissen wollte. Man verfiel auf einen Herrn Baudin, der sich durch einige brauchbare Schulkompendien hervorgetan hatte. Aber schon für den Titel des zweiten Bandes erschien diese Protektion als überflüssig. Ein Gespräch über Krieg und Frieden war auch hier unvermeidlich. Gereiztheit gegen Deutschland trat dabei durchaus nicht hervor, aber wieder eine, wie mir schien, zu weitgehende Geringschätzung der kaiserlichen Regierung.

Über der Sorge, wie die Benutzung des Archivs zu ermöglichen sei, blieben die Anregungen, die Paris noch sonst bot, nicht unbeachtet. Die Ausstellung trat dabei nicht in den Vordergrund. Als ich sie kurz nach meiner Ankunft zum ersten Male besuchte, erschien sie mir wie ein großer Jahrmarkt, unfertig, ungeordnet, unter den zahlreichen Bauwerken trat keine bedeutende architektonische Linie hervor. „Je trouve cela abominable", soll der Kaiser beim ersten Anblick ausgerufen haben. Später nahm sie freilich eine andere Gestalt an, aber mir fehlten Kenntnisse und Zeit, um die einzelnen Abteilungen nach Verdienst zu würdigen. In der preußischen zog die Kruppsche Riesenkanone mit den kolossalen Geschossen die Aufmerksamkeit auf sich. Die Pariser ahnten wohl nicht, daß sie vier Jahre später mit diesen metallenen Ungeheuern eine wenig erfreuliche Bekanntschaft machen sollten. Am meisten interessierte mich die künstlerische Ausstellung und darin die Werke, aber im eigentlichen Sinne die sieben Sachen meiner Freundin Elisabeth Ney. Sie hatte eine Gruppe ausgestellt, „Die Genien des Todes und des Schlafes", die großen Beifall verdiente und nicht entbehren mußte, zugleich eine Anzahl lebensvoller Büsten, darunter die von Schopenhauer, Garibaldi und Bismarck. Man dürfte wohl fragen, wo eine zweite, weibliche Hand zu finden sei, die solche Werke hervorbringen könne. Im täglichen Verkehr, bei Wanderungen in der Ausstellung, in den Sammlungen des Louvre traten Anmut und künstlerische Unbefangenheit ihres Wesens, ihr treffendes Urteil, ihr tiefes Empfinden in der anziehendsten Weise hervor. In der Gesellschaft erwies man ihr manche Aufmerksamkeit. Ihr Vater, Sohn eines Steinmetzen in Saarbrücken, war ein entfernter Vetter des Marschalls Ney. Es war auch die Rede davon, daß sie dem Kaiser (als Verwandte des Prinzen von der Moskwa) vorgestellt werden sollte.

Nach der Ankunft Herzogs waren die geschäftlichen Angelegenheiten der Ausstellung ganz auf ihn übergegangen. Aber das Haus meines Bruders blieb ein Mittelpunkt für den geselligen Verkehr. Eines Abends waren die deutschen Kommissare und Sachverständigen bei ihm eingeladen, und man traf schon Vorbereitungen, einen Teil des Gartens zu überdachen und dadurch eine Halle für ein Fest herzustellen, das freilich erst nach meiner Abreise, zu Ehren und unter Teilnahme des Kronprinzen im Juni stattfand. Ich erwähne noch ein Fest, das der damals so mächtige Minister Rouher am 27. April für die Pariser Gesellschaft, und insbesondere für die an der Ausstellung Beteiligten veranstaltete. Die weiten Säle seiner Amtswohnung, in dem von Napoleon III. angebauten Flügel der Tuilerien, nahmen sich prächtig genug aus; aber der Gesellschaft fehlte die Farbenpracht, weil nach französischem Brauch kein Offizier in der Uniform, sondern alles im schwarzen Anzug erschien. Musikalische Genüsse sollte eine, ich glaube, siamesische Musikbande gewähren; brachte es aber nicht einmal zu einem Achtungs- oder Achtsamkeitserfolg. Überhaupt brauchte der Musikfreund damals in Paris nicht gerade Übersättigung zu fürchten; ein concert spirituel in der Charwoche kam nicht über Mittelmäßigkeiten hinaus, nur an der italienischen Oper entzückte Adelina Patti, damals noch im Anfange ihrer Laufbahn, durch den unvergleichlichen Liebreiz und die vollendete Technik ihres Gesanges. An der großen Oper kam neben Meyerbeers „Afrikanerin" ein neues Werk Verdis zur Aufführung, „Don Carlos", eine höchst unerfreuliche Leistung, in welcher der Komponist den heimatlichen und seinen eigenen Überlieferungen untreu, den Spuren

Meyerbeers zu folgen suchte. Für den Text hatte Schiller einiges hergeben müssen, doch wurde der Prinz zuletzt durch den Geist Carls V. gerettet, und wer kann sagen, wohin? entführt. Ein Autodafé kam in so charakteristischer Weise zur Darstellung, daß ein Kritiker in der Revue des deux mondes behauptete, man habe den Geruch gebratenen Menschenfleisches zu spüren geglaubt. Großen Genuß gewährte mir aber ein musikalischer Abend bei dem Korrespondenten der Kölnischen und vieler anderer Zeitungen, Szarvady, bei dem ich durch meinen Jugendfreund, den Cellisten Valentin Müller, eingeführt war. Was die Hausfrau, und vor allem Joseph Joachim einzeln oder im Zusammenspiel leisteten, wird jedem, der es vernehmen konnte, für lange Zeit unvergeßlich geblieben sein.

Bei dem Feste Rouhers hatte ich neben mehreren Pariser Gelehrten auch Herrn Faugère wiedergefunden. Aber diese Begegnung war nicht notwendig, um mich zu erinnern, daß ich den Hauptzweck meiner Reise, den Zutritt zu dem Archiv des Ministeriums des Auswärtigen, noch immer nicht erlangt hatte. Als ich zwei Tage darauf mir eine Anfrage erlaubte, war der Empfang wenig freundlich. Herr Faugère erklärte, die verfügbaren Plätze im Arbeitszimmer seien besetzt, und von seiten des Ministers die Genehmigung meines Gesuches noch nicht angelangt. Höchstens wollte er sich dazu verstehen, mir auf genau formulierte Anfragen einen schriftlichen Bescheid zu erteilen. Einige brauchbare Notizen für die Briefe Napoleons, die ich ihm mitteilte, stimmten ihn etwas freundlicher; aber alles, was ich erlangte, war, daß ich am nächsten Tage einen der von Mignet bezeichneten Bände zwar nicht benutzen, doch einmal ansehen könne. Auch am 30. April war der Empfang noch wenig versprechend. Aber wir gerieten doch in ein längeres Gespräch; er erzählte von seinen in der Tat vortrefflichen Arbeiten über Pascal und von seiner Absicht, die Briefe der Frau Roland herauszugeben. Zum Glück kamen mir aus Goethes Prosasprüchen und Annalen die zwei Stellen über Madame Roland in den Sinn. Ich übersetzte sie aus dem Gedächtnis, und ich könnte glauben, der Geist der vorzüglichen Frau sei mein Fürsprecher gewesen. Denn Herr Faugère war von diesem Augenblicke an wie umgewandelt, und ich durfte nach Belieben in dem Foliobande der Baseler Korrespondenzen, den er mir vorlegte, mich umsehen. Möglich, daß um diese Zeit von seiten des Ministers oder sogar des Kaisers ihm eine Äußerung über die Benutzung des Archivs zugekommen war. Als ich am nächsten Tage mich wieder einstellte, empfing er mich mit den Worten: „In unserem Arbeitszimmer ist, wie ich Ihnen schon sagte, alles besetzt. In meinem Zimmer würden Sie, wie Sie gestern gesehen haben, immerfort gestört werden. Wollen Sie aber hier nebenan in meinem Speisesaal Platz nehmen, so will ich Ihnen die Bände, die Sie gebrauchen, dort hinbringen lassen." Ich erwiderte, daß keine Speise mir angenehmer sein könne, und muß noch immer mit Dankbarkeit mich erinnern, wie wohlwollend und bereitwillig Herr Faugère allen meinen Wünschen entgegenkam. In dem kühlen, luftigen Raume konnte ich in den Morgenstunden und bis fünf oder sechs Uhr nachmittags, also reichlich doppelt solange wie in dem Archivzimmer arbeiten. Zuerst beschäftigten mich die Verhandlungen in Basel und die Versuche geheimer Agenten, wie des Marquis Poterat; daran schlossen sich die Berichte Caillards, des ersten Gesandten des revolutionären Frankreich in Berlin, endlich ein Band über Leoben und Campo Formio. Die wichtigeren Stellen brauchte ich nur anzuzeichnen, weil Herr Faugère mir eine Abschrift versprach. Um einen Tag verschob ich meine auf den 7. Mai festgesetzte Abreise und mußte deshalb auf der preußischen Botschaft mich entschuldigen, weil ich Depeschen, die ich bis an die preußische Grenze mitnehmen sollte, nicht befördern konnte. Aber mit dem Bewußtsein, das Nötige erlangt zu haben, nahm ich am 8. Mai nachmittags von Herrn Faugère Abschied; wenige Stunden später verließ ich Paris voll Dankbarkeit für meinen Bruder und vieles freundliche, das ich in der französischen Hauptstadt erfahren hatte.

---

9. Kapitel.

Der Norddeutsche Reichstag.

Beinahe unmittelbar vom Bahnhof eilte ich am Morgen des folgenden Tages in den Hörsaal, um der Amtspflicht genug zu tun. Daß die Unruhen der letzten Jahre mein jugendliches Aussehen noch nicht verändert hatten, konnte ich einige Tage später bemerken, da ich als Mitglied der neugebildeten Prüfungskommission fünf Kandidaten der Auskultatur in Köln gegenübertreten sollte. Der Amtsdiener wollte mich trotz meiner Reklamationen durchaus in das Zimmer der zu prüfenden Studenten statt in das Richterzimmer verweisen.

Die Hauptarbeit des Sommers bestand darin, die in Paris gesammelten Exzerpte sowie die Abschriften, die ich nach einigen Wochen ohne jede Kostenberechnung von Herrn Faugère erhielt, in das Manuskript zu verarbeiten, und das Ganze für den Druck fertig zu stellen. Am 26. Juli war ich soweit gekommen, daß ich mit Gustav Markus, dem Besitzer der von seinem Vater gegründeten hochgeachteten Verlagsbuchhandlung, einen wenn nicht vorteilhaften, so doch anständigen Vertrag abschließen konnte. Vier Wochen später begann der Druck.

Vielleicht war es dieser Fortschritt, der mich bewog oder verleitete, einem Vorsatz untreu zu werden, den ich bis dahin allen Anfechtungen gegenüber festgehalten hatte. Es war nicht so leicht als ich dachte, von dem politischen Leben ganz und gar sich abzuwenden. Von Februar bis April hatte der konstituierende Reichstag die Verfassung des Norddeutschen Bundes mit den Regierungen vereinbart, ein Werk, das damals nicht allen Wünschen entsprach, an dem einzelnes der Form oder dem Inhalte nach sich aussetzen ließ, das aber in seiner Gesamtheit von einem wunderbaren Scharfblick für das Notwendige, Nützliche und Durchführbare zeugte. Siebenunddreißig Jahre hat es bestanden, es hat die segensreiche Entwicklung dessen, was es nur andeuten konnte, gestattet; wenn einmal hundert Jahre seit der Entstehung vergangen sind, werden dankbare Nachkommen des Geburtstages mit freudigem Stolze sich erinnern.

Auf Grund dieser Verfassung waren für den Herbst die Wahlen für den ersten Norddeutschen Reichstag ausgeschrieben, und schon seit dem Juni erhielt ich Anfragen, ob ich ein Mandat annehmen würde. Auf alle hatte ich abschlägig geantwortet, obgleich die eine aus dem Wahlkreis Kempen noch zweimal wiederholt wurde. Gerade am 22. August erging aber eine vierte Anfrage so dringend, freundlich und vielversprechend, daß ich nicht widerstehen konnte. Es wurde dann doch ein Gegenkandidat aufgestellt, aber vor Ende des Monats erfuhr ich, daß meine Wahl gesichert und am 4. September, daß sie erfolgt sei. Gleichzeitig wurde der Reichstag schon für den 10. September berufen; so blieb nichts übrig, als alle anderen Pläne aufzugeben. Wenige Stunden vor der Eröffnung des Reichstages traf ich in Berlin ein. Der erste Gang war auf das Schloß. Welch ein Unterschied, wenn man sich an den Schluß des Landtags im Februar 1866 erinnerte! Eine zahlreiche, glänzende Versammlung aller Parteien hatte sich im Weißen Saale eingefunden, auf der Tribüne waren alle Plätze eingenommen, und der Thronsessel, damals verhüllt, blieb nicht lange unbesetzt, denn der König, begleitet von den Ministern und den Bevollmächtigten des Bundesrats, trat herein. Zum erstenmal vernahm ich aus nächster Nähe diese wohlklingende, edle, herzgewinnende Stimme, doppelt wirksam in dem Munde eines Königs, dessen hohe, ehrfurchtgebietende Gestalt von dem Glanz so großer Erfolge umleuchtet wurde; sie hat mich immer erinnert an Goethes Worte über Corona Schroeter: „Lieblich fließt der weiche Ton, der sich ums Herz ergießt.“ Der König konnte mit Genugtuung auf die allseitige Annahme der Bundesverfassung, auf den Abschluß des neuen Zollvereins hinweisen; er konnte für den Reichstag eine Reihe wichtiger Vorlagen in Aussicht stellen, die er als einen Ausbau des durch die Bundesverfassung begründeten Werkes und in Wahrheit als eine Arbeit des Friedens bezeichnete. In diesem Sinne wurde sie auch von allen Seiten aufgefaßt. Bei der Ausgangstür aus dem Saale wollte ich im Gedränge dem alten Wrangel den Vortritt geben, da ein General überall vorangehe. Aber er schob mich vorwärts, indem er scherzend hinzusetzte: „Geh'n Sie nur weiter! Der König braucht keine Generals mehr. Er sagt ja, er will nur Friedenswerke machen." Auch der Sitzungssaal des Reichstages zeigte sich ganz anders, als die unerfreulichen Räume des Abgeordnetenhauses im vergangenen Jahre. Die Versammlungen waren in das Gebäude des Herrenhauses verlegt worden. Die Räume, nicht prächtig, aber würdig und wohnlich, erwiesen sich für eine parlamentarische Verhandlung überaus bequem; die Bibliothek bot erwünschte Hilfsmittel und der ausgedehnte, mit herrlichen Bäumen bestandene Park eine angenehme Erfrischung. In der Versammlung zeigte sich eine Zahl hervorragender Persönlichkeiten, wie sie wohl seit dem Frankfurter Parlament in Deutschland nicht vereinigt waren. Die Konservativen zählten unter ihren Gesinnungsgenossen jetzt oder etwas später den Prinzen Albrecht, und, wie die Freikonservativen, mehrere Standesherren und eine lange Reihe gräflicher und fürstlicher Mitglieder, die drei Generale Moltke, Roon und Steinmetz und nicht wenige Minister und Beamte des höchsten Ranges. In der konstitutionell-bundesstaatlichen Fraktion fanden sich, wie in dem konstituierenden Reichstag Personen zusammen, die nicht ohne Bedenken in die neue Ordnung sich gefügt hatten, einige sächsische und holsteinische Abgeordnete, Reichensperger, Mallinckrodt, auch Windthorst, nachdem er von einer Reise nach Wien zurückgekehrt war. In die nationalliberale Fraktion, jetzt die stärkste und gegen achtzig Mitglieder zählend, waren bedeutende Abgeordnete aus der Fortschrittspartei, wie Forckenbeck und Lasker, übergetreten; auch Graf Schwerin und Simson schlossen sich ihr an; Miquels vorzügliche Begabung trat bald hervor. Immer zählte auch die Fortschrittspartei parlamentarisch tüchtig geschulte Mitglieder wie Duncker, Löwe, Hoverbeck, Waldeck. Eine katholische Fraktion hatte sich nicht zusammengeschlossen; die Sozialdemokraten waren nicht zahlreich und nicht einig genug, um eine Fraktion zu bilden, obgleich drei später oft genannte Führer der Partei, Bebel, Liebknecht und Schweitzer, dem Reichstag angehörten. Alle diese Parteien, wenn auch im einzelnen vielfach voneinander abweichend, stimmten doch nach der übergroßen Mehrheit in ihren Ansichten soweit überein, daß ein ruhiger, für die Entwicklung der Verhältnisse wahrhaft nützlicher Meinungsaustausch zwischen ihnen stattfinden konnte. Gerade das ist es, was den Verhandlungen des Norddeutschen Reichstags im Vergleich zu den früheren und späteren Versammlungen einen so erfreulichen Charakter gegeben, was sie, ich möchte glauben, fast bei allen Mitgliedern in so angenehmer Erinnerung erhalten hat.

Was meine Wünsche betrifft, so gingen sie dahin, man möge die durch preußische Tatkraft und Umsicht gewonnenen Vorteile so gut als möglich benutzen, in dem neuen Bunde eine starke einheitliche Staatsgewalt mit möglichst liberalen Einrichtungen herstellen, die engsten Beziehungen zu den süddeutschen Staaten aufrecht erhalten und mit Österreich zum Vorteile seiner deutschen Bewohner wieder ein leidliches Einvernehmen gewinnen. In dem, was für die Zukunft beabsichtigt wurde, hätte ich mich meistens den Nationalliberalen, in einzelnen Fragen, besonders bei dem Rückblick auf frühere Verhältnisse, aber auch andern Fraktionen, sei es nach rechts oder links, anschließen mögen.

Für die Freiheit des Entschlusses war es angenehm, daß unter dem Namen „Freie parlamentarische Vereinigung" eine Fraktion sich gebildet hatte, die ihren Mitgliedern von vornherein keine bestimmten Verpflichtungen auferlegte, sondern nur eine freundschaftliche Beratung der hervortretenden Fragen, freilich im allgemeinen von liberalen Grundsätzen ausgehend, ermöglichen sollte. Herr von Bockum-Doelffs, später Professor Hänel, Kammerpräsident Kratz aus Köln, Domprobst Holzer aus Trier und noch mehrere rheinische Abgeordnete gehörten zu ihren Mitgliedern. Mehr als fünfzehn hat sie wohl niemals gezählt, und wir mußten es als eine Begünstigung betrachten, daß man uns anheim gab, einen der acht Schriftführer in Vorschlag zu bringen. Infolgedessen wurde ich am 17. September in der vierten Sitzung gleich den übrigen sieben Schriftführern, freilich mit der geringsten Stimmenzahl, in das Bureau des Reichstages gewählt, nachdem vorher die drei Präsidenten des konstituierenden Reichstags, Simson, der Herzog von Ujest und v. Bennigsen für die nächste Legislaturperiode in dieselbe Würde wieder eingesetzt waren. Das Amt des Schriftführers, wenn auch auf den Inhalt der Verhandlung ohne Einfluß, gab doch manches zu tun. Zwei Schriftführer zur Rechten des Präsidenten hatten in jeder Sitzung das Protokoll anzufertigen, das freilich, da die stenographischen Berichte weit genauere Auskunft gaben, von niemand gelesen wurde. Zwei andere zur Linken führten die Rednerliste, daneben hatte man mit dem Präsidenten über Mehrheit oder Minderheit bei den Abstimmungen zu entscheiden, bei namentlichen Abstimmungen den Aufruf vorzunehmen, die stenographischen Berichte zu überwachen, bei der Ordnung und Einrichtung des Hauses dem Präsidenten behilflich zu sein. Der größte Vorteil war, daß man von dem Gesamtbetrieb der Geschäfte, von manchem, was nicht in die Öffentlichkeit gelangte, Kenntnis erhielt und infolge der gespannten Aufmerksamkeit, mit welcher man den Verhandlungen folgen mußte, auch das, worauf es ankam, richtiger beurteilen lernte. Mir war es insbesondere eine Freude, mit dem Präsidenten Simson, den ich so hoch verehrte, jetzt in steten geschäftlichen Verkehr zu treten und mich während der langen Sitzungen in nächster Nähe von seinem angeborenen Recht auf den Präsidentenstuhl zu überzeugen. Denn zum Präsidenten war er geschaffen. Ich erinnere mich nicht, daß er ein einziges Mal bei der Fragestellung, bei der Ordnung der oft verwickelten Verbesserungsanträge fehlgegriffen und ebensowenig, daß er einen nötigen Ordnungsruf versäumt oder einen unberechtigten erteilt hätte. Die Würde seines Benehmens, der Ernst und zugleich die Milde, wenn er an die Versammlung oder den einzelnen eine Mahnung richtete, verfehlten niemals ihre Wirkung, und es ist gewiß nicht zum wenigsten ein Verdienst des Präsidenten, daß es während der ganzen Zeit des Norddeutschen Reichstages zu keiner seinem Ansehen nachteiligen Szene kam. Die Wahl des Präsidiums konnte erst am 17. vorgenommen werden, weil erst an diesem Tage die Hälfte der Abgeordneten, 149, als rechtsgültig gewählt anerkannt und dadurch die Versammlung beschlußfähig geworden war. Die Prüfung der Wahlen beschäftigte deshalb die Abteilungen, dann das Plenum in den ersten Tagen. Dabei hatte ich sogleich am 12. September mit einer Wahl mich zu befassen, die bis zum Schlusse der Session immer von neuem von sich reden machte. In dem Wahlkreise Mecklenburg-Strelitz hatte der Kammerherr von Oertzen nach Angabe der Wahllisten nur 9 Stimmen über die absolute Mehrheit erhalten. Proteste waren nicht eingegangen, und die Abteilung ließ im Einverständnis mit dem Berichterstatter, Herrn von Seydewitz, die Gültigkeit der Wahl vorschlagen. Ich hatte aber als Korreferent schon bemerkt, die mecklenburgischen Wahllisten seien im Gegensatz zu allen übrigen so nachlässig und ungenau angefertigt, daß sie ein sicheres Urteil gar nicht ermöglichten. Als am folgenden Tage in der Sitzung der Abgeordnete Moritz Wiggers (Berlin) den Antrag stellte, die Wahl wegen mehrerer Unregelmäßigkeiten, die man ihm mitgeteilt hatte, zu neuer Prüfung an die Abteilung zurückzuverweisen, schloß ich mich aus dem angegebenen Grunde dem Antrage an, der auch nach längerer Erörterung genehmigt wurde. In einem bald darauf eingehenden Protest des liberalen Wahlkomitees wurde dann, wie es schien, mit Recht geltend gemacht, daß die Wahllisten nicht lange genug ausgelegen hätten und daß an zwei Orten der Wahlkommissar, insbesondere der Graf Hahn auf Basedow, einen ungesetzmäßigen Einfluß auf die ihm untergebenen Wähler ausgeübt habe. Infolgedessen wurde auf meinen Antrag am 14. in der Abteilung, am 16. im Plenum die Wahl beanstandet, bis die Wahrheit oder Unwahrheit der im Protest behaupteten Tatsachen bewiesen worden sei. (Stenographische Berichte 1867 S. 37.) Es verging aber noch geraume Zeit mit fruchtlosen Korrespondenzen, obgleich Herr Wiggers unermüdlich mich mit Nachrichten versorgte, welche das ungesetzmäßige Verfahren der mecklenburgischen Regierung in das klarste Licht stellten. Erst am 23. Oktober, zwei Tage vor dem Schluß des Reichstags, kam die Wahl in der Abteilung nochmals wieder zur Sprache; kurz vorher hatte sich aber herausgestellt, daß sogar die Zahlenangaben in den amtlichen Berichten über die Wahl unrichtig waren. Herr von Oertzen hatte in Wahrheit nicht 9 Stimmen über die absolute Mehrheit, sondern 19 Stimmen unter derselben erhalten. Neben diesem peremtorischen Nichtigkeitsgrunde hätte es der übrigen gar nicht einmal bedurft. Auf meinen Antrag wurde die Wahl einstimmig für ungültig erklärt; es kam sogar in Frage, ob man nicht den Gegenkandidaten, den Gutsbesitzer Pogge, der bei einer Neuwahl wirklich in den Reichstag gelangte, schon jetzt als rechtmäßig gewählt betrachten müsse. Man entschied sich aber der alten Praxis gemäß für die Nichtigkeit der Wahl. Und so geschah es auch am Nachmittag im Plenum. Bis dahin, also so gut wie die ganze Session hindurch, hatte Herr von Oertzen einen Platz im Reichstag eingenommen und bei den Abstimmungen sich beteiligt. Der Wahlkreis war diese ganze Zeit hindurch ohne berechtigten Vertreter geblieben, ein offenbarer Mißstand, der sich aber schwer beseitigen läßt. Denn man kann nicht wohl einen Abgeordneten erst dann, wenn seine Wahl geprüft und für gültig erklärt wurde, zu den Sitzungen zulassen. Aber das Richtigste wäre doch, daß jemand, dessen Wahl mit triftigen Gründen bestritten wird, bis zur Entscheidung Urlaub nähme.

Die erste eigentliche Verhandlung des Reichstags bestand in der Beratung einer Adresse, die, aus einer Vereinbarung der Konservativen, Freikonservativen und Nationalliberalen hervorgegangen, einer großen Mehrheit sicher war. Die Hauptpunkte waren der Dank für die bisher errungenen Erfolge einer wahrhaft deutschen Politik und der Wunsch einer nationalen Vereinigung mit den Südstaaten. In einer eindrucksvollen Rede hob Bismarck hervor, daß die Regierungen in diesem Wunsche keineswegs die Aufforderung zu einem beschleunigten Verfahren, sondern nur die Zustimmung zu den Grundsätzen erblickten, die er in einer Zirkulardepesche vom 7. September ausgesprochen hatte. Jeder Druck solle vermieden werden; wenn aber die Gesamtheit Deutschlands, der Süden wie der Norden, die Vereinigung verlangten, dann werde kein deutscher Staatsmann mutig oder kleinmütig genug sein, sie hindern zu wollen. Reichensperger wollte in einem Verbesserungsantrag den Dank auf die allgemeine Annahme der Reichsverfassung durch die Einzelstaaten beschränken, indessen den ersten Satz der Adresse brauchte man nicht als einen die Süddeutschen verletzenden Dank für den Krieg von 1866 aufzufassen. Von den Mitgliedern meiner Fraktion wurde der Adresse am 24. September ohne Anstand zugestimmt, und ich hatte mit den Mitgliedern des Bureaus das Original der Adresse zu unterzeichnen, das dem König von Simson am 3. Oktober auf der Burg Hohenzollern überreicht wurde. An die Adreßdebatte schloß sich am 27. September die Beratung und Feststellung des Budgets für 1868, das nun zum erstenmale bedeutende Ausgaben für die dem Reiche zugewiesenen Angelegenheiten umfaßte, während eine nachträgliche Vorlage für die zweite Hälfte des Jahres 1867 nur 89 763 Taler für die Bundesbehörden und den Reichstag verlangte. Meinungsverschiedenheiten wurden leicht ausgeglichen; man sah, daß die Regierung wie die Parteien oder wenigstens die Mehrheit des Hauses dauernde Gegensätze zu vermeiden wünschten. So war es auch bei den wichtigen Gesetzen, die noch die Beratung des Budgets unterbrachen oder ihr folgten: den Gesetzen über die Verpflichtung zum Kriegsdienste, über Freizügigkeit, über Post- und Konsularwesen, über Aufhebung der Zinsverbote, über das Salzmonopol u. a. Am meisten weckte das erstgenannte die Erinnerung an frühere leidenschaftliche Kämpfe, obgleich die Regierung von den 22 Verbesserungsvorschlägen der Kommission nur drei als unannehmbar bezeichnet hatte. Damit der am 14. vormittags verteilte Bericht drei Tage, wie es die Geschäftsordnung forderte, in den Händen der Mitglieder gewesen sei, hatte man zum erstenmal eine Abendsitzung für den 17. anberaumt. Die Verhandlung war schon dadurch in eine etwas schwüle Atmosphäre gerückt; denn die Hitze im Saale stieg unter der Einwirkung der Gasflammen bis zum Unerträglichen. Zuerst verlas der einzige dänische Abgeordnete für Nordschleswig Kryger eine Art von Protest, daß man die deutsche Kriegsverfassung auf Landesteile ausdehne, die in Gemäßheit des Prager Friedens mit Dänemark wieder vereinigt werden sollten. Seine lange Auseinandersetzung mußte von dem Präsidenten zuerst unterbrochen, endlich abgeschnitten werden. Später brachte Liebknecht eine lange Reihe wütender Tiraden gegen alles, was in den letzten Jahren geschehen war, die Auflösung des Deutschen Bundes, den Krieg, die Zerreißung Deutschlands, die Abtrennung von Luxemburg und den neuen Bund. Durch das Murren und Lachen auf der Rechten ließ er sich nicht stören und hielt sich gerade soweit unter der Linie, daß der Präsident zu einer eigentlichen Zurechtweisung keine Veranlassung fand. Endlich kam er zum Schluß mit der frechen Behauptung, der Reichstag sei nur das verhüllende Feigenblatt des Absolutismus, verbeugte sich gegen den Präsidenten und zog ab unter dem stürmischen Lärm der Rechten, während Simson, sehr erzürnt, ihm den Ordnungsruf nachsandte. Gleich nachher meldete sich bei mir der sozialdemokratische Abgeordnete von Schweitzer zum Wort und zwar für die Vorlage; es war, wenn auch sonderbar, doch allenfalls erklärlich, da Herr von Schweitzer auch bei der Aufhebung der Wuchergesetze für das Gesetz, aber, wie er sagte, „aus Bosheit" dafür gestimmt hatte. Der Präsident glaubte jedoch, ich müsse mich geirrt haben und nannte bei der Verlesung der Rednerliste Herrn von Schweitzer unter denen, die gegen die Vorlage sich zum Wort gemeldet hätten. Eine Berichtigung von seiten Schweitzers blieb nicht aus und erregte, da man seiner früheren Äußerung sich erinnerte, die Heiterkeit des Hauses. Am folgenden Tage, als er zum Wort gelangte, zeigte es sich, daß er weder für noch gegen das Gesetz, sondern nur gegen seinen Feind Liebknecht sich erklären wollte; er und seine Freunde, sagte er, seien zwar mit den inneren Zuständen unzufrieden, wollten aber nicht, wie Liebknecht den Norddeutschen Bund zerstören, sondern freiheitlich gestalten; sie ständen innerhalb, jener außerhalb des neugebildeten Vaterlandes.

Der § 6 der Vorlage führte in dieser Sitzung zu lebhaften Erörterungen. Er sprach der Regierung das Recht zu, die nach der dreijährigen Dienstzeit zur Reserve Beurlaubten einzuberufen, insoweit die jährlichen Übungen, notwendige Verstärkungen oder Mobilmachungen die Einberufung erforderten. Ein Amendement des Abgeordneten von Hoverbeck wollte diese Befugnis auf den Fall der Mobilmachung oder der Kriegsbereitschaft beschränken. Sowohl Moltke als Bismarck machten dagegen sehr triftige Gründe geltend: Deutschland würde in einem solchen Falle durch Einberufung eines einzigen Reservisten legal seine Absicht, Krieg zu führen, aussprechen und aussprechen müssen. Die Reden machten nicht den Eindruck, den sie verdienten. Als ich sie später gedruckt las, mußte ich mir selbst zum Vorwurf machen, für das Hoverbecksche Amendement gestimmt zu haben. Es vereinigte übrigens nur 81 gegen 165 Stimmen, und mit noch größerer Mehrheit wurde das ganze Gesetz angenommen.

Mit Befriedigung konnte der König beim Schlusse der Tagung am 26. Oktober aussprechen, daß alle Hoffnungen, mit welchen er den Reichstag willkommen geheißen, sich erfüllt hätten. In einer ergebnisreichen Session habe der Reichstag auf den verschiedensten Gebieten der Gesetzgebung Einrichtungen festgestellt, welche nicht bloß in sich selbst eine hohe Bedeutung hätten, sondern auch die leitenden Gesichtspunkte für ferner zu schaffende Einrichtungen deutlich vorzeichneten. Das war auch das Gefühl, mit dem die Abgeordneten voneinander Abschied nahmen. Selten hat eine zum erstenmal berufene Versammlung in so kurzer Zeit so bedeutende Ergebnisse erzielt.

Auch für mich persönlich waren die in Berlin verlebten Wochen nicht fruchtlos gewesen. Das Amt des Schriftführers gab, wie ich erwähnte, Veranlassung zu Beziehungen, die andernfalls sich nicht so leicht würden geboten haben. Am 24. September wurde mit einigen anderen Abgeordneten der gesamte Vorstand des Reichstags von Bismarck zu Mittag eingeladen. Der erste und zweite Präsident hatten den Platz zu seiner Rechten und Linken; von Simson wurde ich ihm vorgestellt und konnte jetzt mündlich meinen Dank für die erleichterte Benutzung des Staatsarchivs im Sommer 1866 erstatten. Höflicher und verbindlicher als er hätte ein Gastgeber seine Gäste nicht behandeln können. Er war noch nicht von dem Glanz umstrahlt, der ihn nach dem französischen Kriege und im späteren Alter umleuchtete. Aber es war schon damals ein beneideter Vorteil, den unmittelbaren Eindruck seiner Persönlichkeit zu gewinnen. Zehn Tage später traf ich ihn wieder bei einem von Delbrück veranstalteten Mittagessen, kam sogar in eine längere Unterhaltung mit ihm. Seine Gesundheit ließ damals vieles zu wünschen; die übermäßige Anstrengung der letzten Jahre war nicht ohne Nachwirkung geblieben. Es sei ihm zuweilen, sagte er, als würde ihm ein glühendes Eisen über den Kopf gezogen. Früher, als Deichgraf, habe er täglich mehrere Stunden zu Pferde gesessen; in jener Zeit habe er sich wohl gefühlt; aber die sitzende Lebensart, in eingeschlossener Luft, sei ihm unerträglich. In der Tat glaubte er, dem französischen Kriege, der ihn wieder häufig aufs Pferd brachte, in späteren Jahren eine wesentliche Kräftigung zu verdanken.

Mit Herrn von Savigny wurde ich gleich in den ersten Sitzungen des Reichstages und bald näher bekannt. Am Tische Bismarcks, wo man sich die Plätze wählen konnte, machte er mich zu seinem Nachbar; an Stoff zu eingehenden Gesprächen fehlte es niemals. Er lebte damals noch in der Erinnerung an die weltgeschichtlichen Akte, an denen er 1866 persönlich beteiligt war. Hatte er doch am 14. Juni in der Bundesversammlung zu Frankfurt im Namen Preußens die Auflösung des Bundes erklärt und im Herbst durch sein taktvolles versöhnliches Benehmen um die Bildung des Norddeutschen Bundes und die Herstellung guter Beziehungen zu den Südstaaten sich wesentliche, anerkannte Verdienste erworben.

Während des konstituierenden Reichstags war er preußischer Bundeskommissar. Es scheint, daß er damals den Wunsch hegte und daß man ihm Aussicht machte, er könne Kanzler des Norddeutschen Bundes werden. Als Bismarck dieses Amt, das mehr und mehr in seiner Wichtigkeit erkannt wurde, mit dem Amte des preußischen Ministerpräsidenten in seiner eigenen Hand vereinigte, trat, wie es scheint, zwischen ihm und Savigny eine Erkaltung ein. Bismarck selbst hat in einer berühmten Rede am 5. März 1878 darauf hingedeutet, daß diese Vereinigung ihn einen Freund gekostet habe. Äußerlich war das Verhältnis in der Zeit, von der ich rede, noch ein freundliches, aber Savigny machte kein Hehl daraus, daß mit Bismarck nicht wohl auszukommen sei; er dulde nur Werkzeuge um sich, deshalb ziehe er, Savigny, sich mehr und mehr zurück. Auch Windthorst war, wie ich erwähnte, aus Wien zurückkehrend, in den Reichstag eingetreten. Niemand konnte mit ihm reden, ohne den Eindruck einer ganz ungewöhnlichen Begabung und recht im Gegensatz zu der Kurzsichtigkeit seiner Augen eines durchdringenden Scharfblicks zu erhalten. Immer hat er sich mir gegenüber von der größten Liebenswürdigkeit gezeigt; aber unsere Ansichten gingen zu weit auseinander, als daß ich ihm näher gekommen wäre. Was hätte er für Deutschland leisten können, wenn er statt als Gegner im Verein mit Bismarck an der rechten Stelle gestanden hätte!

Über den neuen wurden die älteren Beziehungen nicht vernachlässigt. Gar zu viel durfte ich mich aber auf gesellschaftlichen Verkehr nicht einlassen. Der Reichstag nahm täglich viele Stunden in Anspruch, andere wurden durch den Druck meines Buches gefordert; man schickte mir die Druckbogen nach Berlin, und ich habe es stets als eine wichtige und zugleich sehr angenehme Pflicht betrachtet, dem Kinde, ehe es in die Welt gestoßen wird, noch einmal eine prüfende Sorgfalt zuzuwenden. Nicht selten konnte ich bei der letzten Durchsicht glückliche Veränderungen vornehmen, zuweilen sogar Fehler verbessern, die mir, wären sie geblieben, die Freude an meirer Arbeit würden verbittert haben. Auf dem Archiv bot mir ein vor kurzem angestellter junger Beamter, Dr. Paul Hassel, jederzeit freundlichen Beistand; so durfte ich auch nach dieser Seite wohl zufrieden sein, als ich am 26. Oktober, am Schlusse des Reichstages, Berlin verließ und nach kurzem Aufenthalt bei meiner Mutter zwei Tage später wieder in Bonn eintraf.

* * *

Hier wurde neben den Vorlesungen die Arbeit fortgesetzt, obgleich die Gefahr einer Unterbrechung bald wieder hervortrat. Zu dem Abgeordnetenhause, in das nun auch die 80 Abgeordneten der neuen Provinzen eintreten sollten, waren für den 7. November neue Wahlen ausgeschrieben. Mehrere Anerbieten, insbesondere eins aus dem Orte, den ich im Reichstage vertrat, hatte ich abgelehnt, gleichwohl las ich am Abend des Wahltages mit Erstaunen in den Zeitungen, daß ich in meinem früheren Wahlkreise Erkelenz-Heinsberg gewählt worden sei. Am folgenden Tage gab ein Brief des Landrats Jansen die Aufklärung, man sei bis kurz vor der Wahl in Verlegenheit gewesen und habe sich dann auf mich geeinigt. In der Tat hatte ich außer 11 zersplitterten Stimmen alle übrigen 332 erhalten. Gewiß war es erfreulich, ein solches Zeichen des Vertrauens zu erhalten. Gleichwohl konnte ich nicht annehmen, um so weniger, als am folgenden Tage ein Schreiben des Wahlkommissars, Geheimrat Förster, aus Kempen mit einiger Empfindlichkeit das Befremden äußerte, daß ich ein Mandat, das ich vorher in Kempen abgelehnt habe, nunmehr anderswo annähme.

Um so eifriger wurde nun der Druck des Buches bis zum Ende des Jahres und in den ersten Monaten des neuen Jahres betrieben. Eine angenehme Überraschung soll hier nicht unerwähnt bleiben. In Berlin hatte ich einen Abend mit dem Marburger Professor Ernst Hermann verlebt, dem verdienstvollen Verfasser einer Geschichte Rußlands, die als die erste eigentlich wissenschaftliche Darstellung noch für lange Zeit Grundlage und Ausgangspunkt für verwandte Forschungen bleiben wird. Der letzte Band seines Werkes hatte ihn bis auf die Zeit der französischen Revolution geführt und zu um fassenden Nachforschungen auf den Archiven in Berlin und London veranlaßt. Gerade wollte ich einen Korrekturbogen in die Druckerei zurückschicken, auf dem ich das Bedauern aussprach, einen Zweifel bezüglich der englischen Politik nicht lösen zu können, als ich von Hermann unerwartet eine Anzahl von Urkunden aus dem Londoner Archiv erhielt, darunter eben diejenigen, die den erwünschten Aufschluß gaben. Am 22. Februar waren die letzten Seiten des Buches gedruckt, das mich seit dem Oktober 1865 beschäftigt, wenigstens nie ganz losgelassen hatte. Nach kurzem Zwischenraum wandte ich mich wieder den Peltzerschen Briefen zu; ich beschloß, sie jetzt zur Herausgabe fertig zu stellen, vielleicht in einem Gefühle von Dankbarkeit für den Einfluß, den sie auf die Richtung meiner Studien ausgeübt hatten, wenngleich mir doch zuweilen Zweifel aufstiegen, ob ich meinen Urgroßvater als den richtig führenden Leitstern oder als verlockendes Irrlicht zu betrachten habe. Denn wenn auch mein eben vollendetes Buch wertvolles Material enthielt, zudem mit staats- und völkerrechtlichen Fragen in vielfacher Berührung stand, so führte es mich doch von dem Felde meiner juristischen Fachwissenschaften weit auf das Geschichtliche hinüber. Für meine Laufbahn wäre gewiß das Vorteilhafteste gewesen, wenn ich mich begnügt hätte, die in Berlin, Wien und Paris gesammelten Ergebnisse und Urkunden zusammenzustellen und dann von dieser Exkursion in den mir amtlich zugewiesenen Kreis zurückzukehren. Aber die Ausdehnung meiner Forschungen über die ganze Revolutionszeit mußte mich eine lange Reihe von Jahren beschäftigen, und ich hatte mir die Aufgabe gleich zu Anfang noch erschwert, indem ich eine Beurteilung der historischen und insbesondere der polemischen Literatur in meine Darstellung verwob. Ich folgte dabei einem Drange meines Herzens, denn mit tiefem Leidwesen hatte es mich immer erfüllt, daß der Gegensatz, der 1866 Österreich und Preußen zu den Waffen rief, auch in der geschichtlichen Literatur in bezug auf frühere Jahrzehnte, insbesondere das Zeitalter der französischen Revolution, eine Stelle und in den schwärzesten Beschuldigungen der Gegenseite einen Ausdruck gefunden hatte.

„Erwägt man", sagte ich in der Einleitung des Buches, „welchen Schatz ein Volk in seiner Geschichte bewahrt, so kann man den Nachteil, der für uns daraus entstand, kaum hoch genug anschlagen. Was anderen Nationen als die wichtigste Quelle der Einigung, als die wirksamste Förderung des nationalen Bewußtseins dient, sollte bei uns gebraucht werden, um uns noch heftiger untereinander zu entzweien." Ich war der erste und bis dahin der einzige, der zugleich österreichische und preußische Archive benutzt hatte; ich durfte annehmen, daß dadurch ein billiges und unparteiisches Urteil erleichtert würde, und daß bei genauer Kenntnis der Beweggründe auch die Tatsachen in milderem Lichte erscheinen würden. Keineswegs ging meine Absicht dahin, die traurigen

Zustände jener Zeit, das Ungeschick und die Fehler der Kabinette zu verhüllen; aber ich wählte doch als wahren Ausdruck meiner Überzeugung das Motto aus der „Antigone" des Sophokles: „Nicht mitzuhassen, mitzulieben bin ich da." Immer ließ sich aber, wenn man zwischen streitenden Parteien seinen Weg suchte, voraussehen, daß man auf der einen oder anderen Seite, vielleicht auf beiden anstoßen würde. Vornehmlich hatte ich zu dem dreibändigen Werke Alfred von Vivenots über den Herzog Albert von Sachsen-Teschen, sodann zu Sybels Geschichte der Revolutionszeit und Häussers Deutscher Geschichte Stellung zu nehmen. Mit den husarenartigen Angriffen Vivenots konnte ich mich leicht abfinden; vielleicht hatte er mir noch etwas zu danken, denn während Sybel seinem Buche jeden Wert und jede Bedeutung absprach, hatte ich neben den augenscheinlichen Mängeln doch auch richtige und treffende Gedanken, besonders in den mitgeteilten Urkunden manches wertvolle anerkannt. Häusser war am 17. März 1867 gestorben; bei ihm war also doppelte Vorsicht nötig, damit man einem verehrten Toten nicht zu nahe trete. Einige Sorge machte mir nur, daß meine Ergebnisse zu den Ansichten Sybels häufig in Widerspruch standen. Wir lebten an derselben Universität, er war der einflußreichste Führer einer großen Zahl von Schülern, Fach- und Parteigenossen, und gerade in der Geschichte der Revolutionszeit hatte er seine glänzende schriftstellerische Begabung und vor kurzem in einem Streit mit Ernst Hermann über die Politik Kaiser Leopolds II. seine Neigung zu einer bitteren, nicht weniger persönlichen als sachlichen Polemik an den Tag gelegt. Aus vielen Gründen mußte mir daran gelegen sein, einen Schriftsteller von seiner Bedeutung nicht zu verletzen; aber ich stellte mir vor, er würde unsere literarische Kontroverse ungefähr wie das Scharmützel zwischen Lerse und Götz von Berlichingen betrachten, aus welchem später sogar eine Waffenbrüderschaft hervorging. Im persönlichen Verkehr, auch als ich ihm im April 1867 in Paris begegnete, kamen hin und wieder verschiedene Ansichten zum Ausdruck; aber nie anders als in dem Tone einer freundlichen Unterredung. Ich hatte ihm bereitwillig meine Berliner Auszüge aus der Korrespondenz des preußischen Gesandten Sandoz-Rollin mitgeteilt und hätte es gern gesehen, daß er, wie ich ihm einmal vorschlug, die Aushängebogen meines Buches vor der Veröffentlichung gelesen hätte. Als dann, ich weiß nicht, auf welchem Wege, aus der Druckerei ein Korrekturbogen in seine Hände gelangte, ließ ich, da er sich durch einen Satz verletzt fühlte, sogar einen Karton drucken. Eines der ersten fertigen Exemplare, die mir zukamen, wollte ich ihm selbst überbringen und gab es, da ich ihn nicht zu Hause traf, in seiner Wohnung ab, nicht ohne Hoffnung einer freundlichen Erwiderung. Wie groß war meine Überraschung, als das Exemplar mir am 16. März zurückgeschickt wurde mit vier Zeilen, die jeden ferneren Verkehr, also auch jede

Verständigung unmöglich machten. Selten habe ich eine so bittere Enttäuschung erlebt. So wenig ich eine ruhige wissenschaftliche Erörterung gescheut hätte, so unfähig fühlte ich mich für eine persönliche Streitigkeit, bei welcher die Wahrheit selten, die Streitenden niemals gewinnen. Günstige Urteile, die mir gleich in den ersten Tagen von anderer Seite von Personen, auf die ich großen Wert legte, zukamen, konnten den bösen Eindruck nicht verwischen. Es war ein glückliches Zusammentreffen, daß die bevorstehende Eröffnung des Reichstags mich nach wenigen Tagen in eine andere Luft und Umgebung rief. Am 23. März befand ich mich in Berlin.

Die ersten Tage waren zwischen der Hauptstadt und Potsdam geteilt. Mein Schwager, der Regierungsrat Schmedding, war im März 1868 gestorben. Meine Schwester traf Vorbereitungen, ihren Wohnsitz anderswo zu nehmen. So hatte der schöne Kreis, der bis vor zwei Jahren in Berlin vereinigt war, schon wieder einen für mich unersetzlichen Verlust erlitten, wenn auch der alte Herr von und Zurmühlen stets noch immer einen Mittelpunkt für die westfälischen und rheinischen Bekannten bildete.

Jedoch der Reichstag forderte sein Recht. Die Ernennung der acht Schriftführer war diesmal von den großen Fraktionen in Anspruch genommen, aber ich wurde in die Petitionskommission gewählt, d. h. in die am meisten beschäftigte, wenn nicht die wichtigste der vier damals bestehenden Kommissionen. Auch die Zahl der Regierungsvorlagen war so beträchtlich, daß man nicht ohne Aufwand von Zeit und Mühe mit dem Inhalt sich bekannt machen konnte. Wenn schon damals von dem Müßiggang der Abgeordneten gesprochen wurde, so war dazu gegenüber einem gewissenhaften, an einer Kommission beteiligten Mitgliede sicher keine Veranlassung. Noch im Laufe des April erledigte der Reichstag trotz der zwölftägigen Unterbrechung durch das Osterfest vom 4. bis zum 15. wichtige Gegenstände endgültig oder wenigstens in der Vorberatung. Zurückgewiesen wurde am 2. April ein Antrag Waldecks auf Diäten für die Abgeordneten, zu meinem Bedauern, aber mit vollem Recht. Denn es war gewiß nicht rätlich, die eben erst festgestellte Verfassung sobald in einem wichtigen Punkte wieder abzuändern. Ein Antrag Laskers wünschte durch ein Reichsgesetz die Redefreiheit der Abgeordneten, wie sie für den Reichstag formuliert war, auch für die parlamentarischen Versammlungen aller Einzelstaaten festzustellen. Er erlangte eine bedeutende Mehrheit; sogar Bismarck zeigte sich geneigt, den Wünschen der Antragsteller für Preußen entgegenzukommen[1]). Doch mußte man ihm Recht geben, wenn er sich weigerte, sämtlichen Bundesregierungen, vielleicht gegen ihren Willen, ja vielleicht nach ihrer Ansicht über die Kompetenz des Bundes hinaus, das Privilegium der Redefreiheit aufzuzwingen, jedenfalls war es vorteilhafter für die reichsgesetz-

[1]) Vgl. Stenogr. Bericht 1868, S. 85.

liche Anerkennung des Grundsatzes, den Abschluß des deutschen Strafgesetzbuches zu erwarten. Allgemeine Zustimmung fand ein Antrag Aegidis, durch internationale Verhandlungen die Unverletzlichkeit des Privateigentums im Seekriege herbeizuführen; auch Delbrück, der Präsident des Bundeskanzleramts, sprach sich durchaus zugunsten des Grundsatzes aus. Und wenn der Beschluß zunächst keinen greifbaren Erfolg hatte, so war es doch erfreulich, daß das neue Staatsgebilde gleich zu Anfang den Weg des Rechtes und des Fortschritts einschlug. Alle diese Verhandlungen wurden in einer Weise geführt, die man musterhaft nennen dürfte. Ein scharfer, ja leidenschaftlich bewegter Ton machte sich nur einmal bei der erneuerten Vorlage eines Staatsschuldengesetzes vernehmlich: Miquel, einflußreiches Mitglied der nationalliberalen Fraktion, hatte am 22. April eine schon im vorigen Jahre beigefügte Klausel wiederholt, der Reichstag solle die mit der Verwaltung der Schulden beauftragten Beamten im Falle eines Vergehens gerichtlich belangen können[1]). Es war ein erster Versuch, die in der preußischen Verfassung zugesagte, in der Konfliktszeit schmerzlich vermißte Verantwortlichkeit der Minister in bezug auf den Bundeskanzler und zugleich für untergeordnete Beamte zu verwirklichen. Der Antrag hatte zudem — und dies wurde besonders hervorgehoben — unmittelbare Bedeutung, weil die im Vorjahre zugunsten der deutschen Marine bewilligte Anleihe von 10 Millionen Talern, insbesondere der für 1869 in Aussicht genommene Betrag von 3 500 000 Talern vor der Erledigung des Bundesschuldengesetzes sich nicht aufnehmen ließ. Aber Bismarck wies sogleich mit der größten Entschiedenheit die Klausel zurück. Sie würde, führte er aus, jeden untergeordneten Beamten — der Kreisrichter mußte dabei öfter als nötig als Schreckbild erscheinen — veranlassen, die Anweisungen der vorgesetzten Behörde auf ihre Rechtmäßigkeit zu prüfen und die Auflösung aller Disziplin zur Folge haben. Twesten hatte hervorgehoben, daß die Regierung 1866 25 Millionen — in Wahrheit 22 — in Darlehensscheinen, d. h. in Papiergeld, ungesetzmäßig erhoben habe, und daß gegen ähnliche Vorfälle eine Garantie nötig sei. Bismarck bemerkte dagegen: für ein solches Verfahren, das der Kreisrichter würde verurteilt haben, und für das später die Indemnität verlangt worden sei, verdiene die Regierung den Dank des Landes. Wäre es nicht möglich gewesen, so stände man jetzt, im engsten Anschluß an die öffentliche Meinung der Jahre 1862—1866, unter den Ordonnanzen des Frankfurter Bundestages. Der alte Konflikt trat noch einmal ins Leben; denn als eine Mehrheit von 131 Stimmen — darunter Simson, Reichensperger, Forckenbeck — gegen 114 den Antrag Miquels angenommen hatte, zog Bismarck sogleich die Gesetzesvorlage vom 24. März zurück[2]), und man mochte sich fragen, ob jetzt die Marine, wie vordem das Landheer, eine neue Zeit des Konfliktes hervorrufen würde.

[1]) Vgl. Stenogr. Bericht 1868, S. 143.

[2]) Vgl. Stenogr. Bericht 1868, S. 164.

Mit lebhafter Teilnahme war ich diesen Verhandlungen gefolgt, obgleich daneben ein persönliches Interesse mich in Anspruch nahm. Vor der Abreise aus Bonn hatte ich mein Buch Georg Waitz nach Göttingen geschickt, an dessen Urteil mir ganz besonders gelegen war. Schon am 30. April erhielt ich in Berlin eine Antwort, deren Mitteilung man hier gestatten möge, da sie für die Beurteilung des Folgenden nicht ohne Bedeutung ist.

Waitz schrieb: „(Göttingen, den 29. April 1868) Hochverehrter Herr College! Durch die gütige Übersendung Ihres schönen Buches über die Geschichte der Jahre 1792—97 haben Sie mir eine nicht geringe Freude gemacht, und ich danke Ihnen herzlich dafür. Ich habe lange kein Buch mit so viel Befriedigung und Vergnügen gelesen, Inhalt und Form sind gleich sehr ansprechend. Wie Sie wohl voraussehen konnten, stimme ich in allen wesentlichen Punkten mit Ihnen überein, oder vielmehr hat meine Gesamtansicht der damaligen Zustände und Ereignisse durch Ihre Mitteilungen und Ausführungen die erwünschteste Bestätigung, Ergänzung und Richtigstellung im Einzelnen empfangen. Namentlich erscheint Thugut hier allerdings in günstigerem Lichte als in dem auch ich ihn bisher sehen konnte, und die Verhandlungen in Leoben und Campo Formio haben ja überhaupt durch Sie zuerst Aufklärung erhalten. Dabei bestätigt sich, was ich schon öfters ausgesprochen, daß die Regierungen, hier die österreichische, in der Tat durch die Öffnung ihrer Archive, die Mitteilung der authentischen Nachrichten, nur gewinnen, indem regelmäßig die ungünstigste Auffassung zuerst sich verbreitet. Es tut mir leid, daß Häusser das Erscheinen Ihres Buches nicht mehr erlebt hat, er würde der Erste gewesen sein, aus demselben mannigfache Förderung zu entnehmen; die Art und Weise, wie Sie seinem Werk haben Gerechtigkeit wiederfahren lassen, hat mir besonders wohl getan. Sein Streben war ehrlich auf historische Wahrheit gerichtet; sich dabei ganz von Vorliebe und Abneigung frei zu machen, ist am Ende keinem gegeben. Rühmlich kann ja Niemand die Politik jener Tage finden, wie sie von Friedrich II. und Joseph getrieben, von ihren schwachen Nachfolgern beibehalten, von Napoleon zu den äußersten Konsequenzen fortgetrieben ist. Man muß, wie manchmal in der Geschichte, zufrieden sein, wenn aus dem Übel und Unrecht nachher Gutes erwachsen, und das ist ja wohl der Hauptunterschied zwischen Preußen und Österreich, daß dies Italien, jenes neben Polen doch besonders Deutschland im Auge hatte.

Der Redaktion der Forschungen wird es sehr angenehm sein, etwas von den Resultaten Ihrer archivalischen Forschungen veröffentlichen zu können. Ich hoffe vor Allem, daß Sie dieselben in Wien fortsetzen und uns so weitere Aufklärungen zu bringen Gelegenheit finden.

Hochachtungsvoll und ganz ergebenst

G. Waitz."

Diese Äußerung, wenn auch vielleicht die wertvollste, war keineswegs die einzige ihrer Art. Franz Löher in München ging so weit, mir zu schreiben:

„Das ist ein Werk — wenn ich das geschrieben hätte, möchte ich alles übrige von mir, mit sehr kleinen Ausnahmen, für immer in meinem Pulte begraben wissen. Ihre Arbeit ist ein großes Verdienst um Deutschland, durch alle Zeilen blickt westfälische Redlichkeit und echtes deutsches Gefühl der roten Erde. Häusser, das glaube ich auch, hätte das Buch gern anerkannt."

Auch der schon damals sehr angesehene Lehrer des Staatsrechts, Hermann Joh. Friedr. Schulze in Breslau, ließ mir durch seinen Kollegen, Professor Gitzler, damals Mitglied des Reichstags, so überschwängliche Lobeserhebungen übermitteln, daß ich sie hier nicht wiedergeben kann. Sie wiederholten aber meistens nur, was mir alle Tage mündlich gesagt wurde. Ich konnte nicht in den Reichstag eintreten, ohne von zwei oder drei Personen der verschiedensten Parteien Glückwünsche zu erhalten. Gespräche mit einem neuen Bekannten begannen gewöhnlich mit dem Bemerken, daß er das Buch gelesen habe oder lesen wolle. Mehr als einmal wurde ich auf der Straße als Verfasser angeredet. Mein Bruder Franz, der damals in Berlin seine Studien fortsetzte, erzählte von ähnlichen Interpellationen. Der bayrische Maximiliansorden sollte mir zu teil geworden sein. Die Zeitungen blieben nicht zurück, besonders ein Artikel des Dr. Potthast im Berliner Fremdenblatt erregte Aufsehen, und ich konnte mich, ohne den unendlichen Abstand zu vergessen, doch an die Worte Byrons erinnern: „I awoke one morning and found myself famous." Das Buch traf, so wenig ich bei der Abfassung daran gedacht hatte, in einen günstigen Zeitpunkt. Der Streit zwischen Österreich und Preußen war zugunsten Preußens entschieden. Die Notwendigkeit und damit die Neigung, die Ereignisse früherer Zeiten einseitig als Entscheidungsgründe vorzuführen, war geschwunden oder doch gemindert. In den Wünschen der meisten lag es, daß die Erbitterung, aus welcher der Krieg hervorgegangen war, einer versöhnlichen Stimmung Platz mache, und schon das Sophokleische Motto meines Buches ließ erkennen, daß es einer solchen Stimmung entgegenkam. Diesem Umstande hatte ich wohl zu danken, daß mir schon am 15. April von dem Grafen Bismarck das folgende Schreiben zukam:

„Berlin, den 15. April 1868. Eurer Hochwohlgeboren haben mir unterm 29. v. Mts. ein Exemplar Ihres neuesten Werkes: „Die diplomatischen Verhandlungen während der Revolutionszeit" überreicht und mit dieser ebenso wertvollen wie interessanten Gabe den Wunsch verbunden, daß dieselbe dazu beitragen möchte, einer unbefangenen für Preußen und Deutschland gleicherweise förderlichen Auffassung unserer Geschichte den Weg zu bahnen.

Ich teile nicht nur diesen Wunsch, sondern hege auch die Hoffnung, daß der Geist, in welchem das verdienstliche Buch geschrieben ist, ihn der Erfüllung zuführen werde. Mit dieser Hoffnung spreche Ich Euerer Hochwohlgeboren zugleich für die mir durch Übersendung des Buches erwiesene Aufmerksamkeit meinen verbindlichsten Dank aus.

(gez.) v. Bismarck."

Gewiß bin ich weit entfernt zu glauben, der Ministerpräsident habe in jenen bewegten Tagen die Zeit gefunden, sich mit meinem Buch zu beschäftigen. Immerhin mußte ihm aber ein Mann, dem er Vertrauen schenkte, einen günstigen Bericht erstattet haben, aber einige Zeit später hörte ich während einer Sitzung des Reichstags aus seinem eigenen Munde, daß er das Buch jetzt gelesen habe und mit dem Inhalt durchaus zufrieden sei.

Selbst bei meiner vorgesetzten Behörde hatte dieser schriftstellerische Erfolg, wie es schien, einigen Eindruck gemacht, und meine Aussichten auf eine gesicherte Stellung in Bonn gefördert. Diese Aussichten waren nicht die besten. Der Lehrstuhl für Kirchenrecht war einstweilen noch durch Ferdinand Walter besetzt und für die Zukunft nach manchen Anzeichen nicht mir zugedacht. Für die Professur des Staatsrechts, welche mir von allen die am meisten erwünschte gewesen wäre, war nach Perthes' Tode (25. November 1867) Aegidi berufen. Dieser hatte aber gewünscht, beinahe zur Bedingung seiner Annahme gemacht, daß ich gleichzeitig befördert würde. Auf dem Ministerium sprachen mir jetzt die Herren Lehnert und besonders Olshausen ihre volle Befriedigung über den Inhalt des Buches, auch über die Behandlung der strittigen Punkte aus. Der Minister hatte sich durch alles, was ihm zu Ohren kam, veranlaßt gefunden, den Präsidenten Kratz um Mitteilung des Gitzlerschen Briefes zu ersuchen, und, was weit wichtiger, auch Ranke um ein schriftliches Gutachten zu bitten. Dieser hatte, wie ich erst weit später erfuhr, längere Zeit gezögert, aber dann doch in einer für mich sehr günstigen Weise sich geäußert.

Nähere Beziehungen zu dem großen Meister historischer Kunst waren ein höchst erfreulicher Gewinn, den das Buch mir einbrachte. Er hat seit jener Zeit und bis in seine spätesten Jahre nicht aufgehört, mir sein Wohlwollen zuzuwenden; vielleicht bemerkte er in meinen Schriften das Bestreben, mir die klare, umsichtige, billige Auffassung anzueignen, die seinen eigenen Darstellungen einen so hohen Reiz verleiht. Wenn ich ihm gegenüber die Ansicht aussprach, daß Goethesche Sinnesart und Ausdrucksweise auf seinen Stil von Einfluß gewesen seien, so war er damit wohl zufrieden. Wenn ich ihn in seinem Hause aufsuchte oder auf dem Rückwege vom Archiv begleitete, stets erhielt das Gespräch einen bedeutenderen Inhalt. Wie oft habe ich bedauert, daß ich seinen Rat, die in Wien gesammelten Aktenstücke sogleich zu veröffenlichen, nicht befolgte. In einer großen Gesellschaft in dem altmodischen Hause auf der Wilhelmstraße, das er seit langer Zeit und bis zu seinem Tode bewohnte, stellte er mich George Bancroft vor, dem damaligen Gesandten, und noch immer unübertroffenen Geschichtsschreiber der nordamerikanischen Union. Bancroft stand damals auf der Höhe seines diplomatischen Ruhmes. Seit früher Jugend mit deutschen Verhältnissen vertraut, seit Mai 1867 Gesandter in Berlin, hatte er am 22. Februar die berühmten Verträge über die Staatsangehörigkeit der Auswanderer zum Abschluß gebracht, die, nach ihm benannt, so vielen Mißhelligkeiten ein Ende machten. Auch er begann ein Gespräch mit den Worten, daß mein Buch auf seinem Tische liege und lud mich für den nächsten Sonntagabend zu sich ein. Ich fand bei ihm Pertz und Berthold Auerbach mit seiner Frau, der Abend verging unter angeregten Gesprächen, und wir verließen das Haus in so heiterer Stimmung, daß Auerbach, obwohl es schon elf Uhr geschlagen hatte, mit seiner Frau und mir noch einen Einfall bei unserem gemeinschaftlichen Freunde, dem Musikdirektor Emil Naumann, in Vorschlag brachte; hier begann eine neue Unterhaltung, und Auerbach konnte sich noch an einem Vortrag des Liedes der Irma aus seinem Roman „Auf der Höhe" erfreuen. Das vor drei Jahren erschienene Werk war damals noch in frischer Erinnerung, und der Stolz des Verfassers, der nicht aufhören konnte, von dem Eindruck, den es allerorten hervorgerufen habe, zu erzählen. Nicht wenige Leser hatten ihm in Briefen den Ausdruck ihrer Begeisterung und Rührung zukommen lassen; er fand es beinahe befremdlich, wenn man gestehen mußte, daß man ihm nicht auch habe schreiben wollen.

Tags darauf — oder vielmehr an demselben Tage — wurde das Zollparlament eröffnet.

Es war das bedeutendste Ereignis des Frühlings. Um 12 Uhr war der Weiße Saal dicht gefüllt von den Mitgliedern des Bundesrats, den Abgeordneten und hohen Beamten; auf der Tribüne hatte die Königin mit zahlreichen Damen Platz genommen. In der Thronrede wies der König hin auf die Macht des nationalen Gedankens, durch welchen der Zollverein über den größten Teil Deutschlands sich ausgedehnt habe. Er nannte die Aufgaben des Parlaments und gab seinen Hoffnungen für die Zukunft Ausdruck. Ein großer Erfolg war schon durch das Zusammentreten des Parlaments erreicht, und es zeigte sich recht deutlich, wie richtig Bismarck die Lage beurteilt hatte, wenn er den förmlichen Eintritt der Südstaaten in den Norddeutschen Bund nicht beschleunigt, sondern der ruhigen, aber unausbleiblichen Entwicklung der Verhältnisse überlassen hatte. Noch nicht zwei Jahre waren verflossen, und Abgeordnete der Staaten, die im blutigen Kampfe gegeneinander gestanden hatten, Abgeordnete von ganz Deutschland sollten in der preußischen Hauptstadt friedlich miteinander tagen. War auch die Zuständigkeit des Zollparlaments zunächst beschränkt, man brauchte sie nur zu erweitern, um ein deutsches, oder, wie man wohl sagte, ein Vollparlament zu erhalten. Soviel hatte man erreicht, trotz mancher Gegenströmungen bei den Regierungen und der Bevölkerung, ohne daß Österreich, ohne daß Frankreich einen Widerspruch erheben konnten. Aber Napoleon mag es jetzt abermals bereut haben, daß er, dem Scheinbild der Mainlinie vertrauend, Preußen einen so gewaltigen Gebietszuwachs gestattet hatte. Daß von den süddeutschen Abgeordneten die große Mehrheit den Krieg und die Ereignisse des Jahres 1866 noch nicht vergessen hatten, daß sie, wie man wohl sagte, „zum Einspringen in den Käfig des Norddeutschen Bundes" noch nicht geneigt waren, konnte man weder verübeln, noch befremdlich finden. Daß sie kamen, war genug. Sah man doch unter ihnen sogar Moritz Mohl, den eifrigsten Gegner preußischen Wesens; er mochte sich jetzt mit eigenen Augen überzeugen, ob seine Prophezeiung, die Abgeordneten würden als Emissäre des Preußentums in ihre Heimat zurückkehren, in Erfüllung ginge. Um diese Wandlung herbeizuführen, gebot die einfachste Klugheit, den süddeutschen Brüdern so freundlich als möglich zu begegnen, aber den leisesten Schein einer Zudringlichkeit oder Vergewaltigung zu vermeiden. Dazu war auch die übergroße Mehrheit der Abgeordneten gewillt. Wenn bei den bayerischen und württembergischen Wahlen Unregelmäßigkeiten gerügt und die Abstellung dem Bundesrate empfohlen wurde, so ging man doch nur vereinzelt über die Grenzen einer sachgemäßen Erörterung hinaus. Eine wirkliche Gefahr trat erst ein, als der Adreßentwurf eines vordringlichen hessischen Abgeordneten namens Metz, den zehn badische und hessische Kollegen unterstützten, eingebracht wurde. Darin wurde unverhüllt mit Berufung auf die Thronrede die Überzeugung ausgesprochen, daß die Macht des nationalen Gedankens die vollständige Einigung Deutschlands sowie die seit Jahrzehnten erstrebte und von allen Regierungen anerkannte nationale Vertretung für alle Zweige des öffentlichen Lebens, also den Eintritt der Südstaaten in den Nordbund, herbeiführen werde. Mochte man auch diese Überzeugung teilen, so war doch ganz gewiß für den Augenblick nichts mehr als eine solche Adresse das Mittel, in der Versammlung die heftigsten Gegensätze hervorzurufen und gerade dem Ziele, das man im Auge hatte, Hindernisse zu stecken. Zwei Tage später nahm ich bei Duncker an einem Mittagessen teil, das zu Ehren der süddeutschen Abgeordneten Völk und Stauffenberg veranstaltet war. Duncker begrüßte die Gefeierten mit einem Trinkspruch, den Völk sehr anmutend erwiderte. Keinem war die Adresse genehm; man überlegte, wie man ihr begegnen könne, und da mit Ausnahme der Antragsteller auch im Parlament die große Mehrheit dieser Ansicht war, wurde die Gefahr glücklich vermieden. Die Zeitungen enthielten damals täglich Berichte über Besprechungen der Fraktionen, aber keine führte zu einer Einigung; dagegen traten mehrere motivierte Tagesordnungen hervor. Am Verhandlungstage, am 7. Mai, sagte der Berichterstatter Bennigsen in verständigen, versöhnlichen Worten, was man für die Adresse sagen konnte. Auch der zweite Berichterstatter, der bayerische Freiherr von Thüngen, enthielt sich jedes verletzenden Wortes und bat nur, man möge nicht durch die Adresse aus dem Rahmen der Verträge hinaustreten. Sicher wäre aber nun eine leidenschaftliche Verhandlung gefolgt, hätten ihr nicht mehrere Anträge auf einfache Tagesordnung vorgebeugt. Nachdem ein Redner, Blankenburg, in mehr als nötig spottenden und sarkastischen Worten, der Heidelberger Professor Bluntschli in etwas breiter und lehrhafter Weise sich gegen die Adresse ausgesprochen hatten, wurde der Antrag auf einfache Tagesordnung mit 186 gegen 150 Stimmen angenommen, und man darf nicht glauben, daß diese 150 Stimmen etwa für die Adresse sich hätten entscheiden wollen; mehr als die Hälfte würden bei Ablehnung der einfachen Tagesordnung, wie die Mitglieder meiner Fraktion, für eine motivierte Tagesordnung sich ausgesprochen haben, welche von einem Führer der Freikonservativen, dem Herzog von Ujest und den süddeutschen Abgeordneten Frh. v. Roggenbach, Völk und Feustel eingebracht, in der Berufung des Zollparlaments das Unterpfand für die Fortentwicklung nationaler Institutionen erblickte.

Ein für allemal ließen aber die jetzt unterdrückten Herzensergießungen sich doch nicht beseitigen. Elf Tage später gelangten sie dennoch auf die Tribüne, aber nur teilweise und deshalb weniger schädlich, man konnte sagen: durch ein Hinterpförtchen. Bei der dritten Lesung der Schlußberatung des Handelsvertrags mit Österreich hatte Bamberger auf die üble Lage der hessischen Weinbauern aufmerksam gemacht und damit den Antrag verknüpft, der Bundesrat möge bei der hessischen Regierung auf eine Herabsetzung der von ihr erhobenen Weinsteuer hinwirken.

Der übereifrige Moritz Mohl, der Führer der süddeutschen Fraktion, sah schon darin eine Überschreitung der Kompetenz und einen Eingriff in die Rechte der hessischen Regierung, und als in der folgenden lebhaften Erörterung die Besorgnis geäußert wurde, Frankreich könne eine solche Kompetenzüberschreitung zum Vorwand einer Einmischung nehmen, erhob sich Bismarck zu einer seiner gewaltigsten Reden. „Sie werden mir das Zeugnis geben," rief er den Süddeutschen zu, „daß ich und meine Kollegen auf das sorgfältigste alles vermieden haben, was uns der Vermutung aussetzen könnte, als wollten wir auf die süddeutschen Herren irgendeine Pression, auch nur die leiseste Überredung, ausüben, damit sie sich dazu hergeben möchten, die Kompetenz des Zollparlaments zu erweitern." Er berief sich auf die Zirkulardepesche vom 7. September 1867, welche die Selbständigkeit Süddeutschlands in keiner Weise gefährde. Selbst wenn sie den Wunsch einer Annäherung aussprächen, müßte er so motiviert werden, daß er auf beiden Seiten gleich günstige Aufnahme fände. Sie halten uns für viel empressierter als wir es sind. „Aber", schloß er, „wenn ich mich so gegen das Bestreben jeder Kompetenzerweiterung verwahre, so muß ich auch jedem Bestreben, die vertragsmäßige Kompetenz des Zollvereins zu vermindern, entgegentreten. Ob ein solches Streben hier vorliegt, lasse ich noch unentschieden; dem Herrn Vorredner aber und allen, die dasselbe Thema mit ihm behandeln, gebe ich zu bedenken, daß ein Appell an die Furcht in deutschen Herzen niemals ein Echo findet."

Nach diesen durch die Lage durchaus berechtigten Äußerungen war es aber unmöglich, die bei der Adreßdebatte eingedämmte Redeflut zurückzuhalten. Redner über Redner meldeten sich zum Worte: Lasker, Löwe, Waldeck, Camphausen, der württembergische Minister Neurath, Wagener. Wenn sie der Berechtigung des Bambergerschen Antrages einige Worte widmeten, so kam doch vorwiegend das Gefühl zum Ausdruck, von dem in der Tat, mit Ausnahme einer Fraktion, alle Mitglieder beseelt waren: das Zollparlament sei nur der Anfang einer Entwicklung, die zur Vereinigung des Südens mit dem Norden führen müsse.

Was von der Gegenseite zuerst von Bebel und Liebknecht, dann von den Süddeutschen Roßhirt, Probst, Hofmann, endlich von Windthorst dagegen vorgebracht wurde, wollte nicht viel bedeuten. Einen gewissen Eindruck machte es nur, als ein Herr Blissing in gereiztem Tone sich beklagte, daß man die Süddeutschen als Sündenböcke behandelte, die nach Bismarcks Behauptung an politischer Bildung um 30 Jahre hinter den Norddeutschen zurückständen. Dringend mußte man wünschen, gerade aus dem Munde eines Süddeutschen ein versöhnendes abschließendes Wort zu hören. Da betrat in später Stunde Joseph Völk, in seiner Heimat, dem bayerischen Schwaben, gewählt, und in der bayerischen Kammer seit vielen Jahren tätig, die Tribüne[1]), der er sich bis auf diesen Tag mit Absicht ferngehalten hatte. Mit Berufung auf seine Heimat bestritt er der süddeutschen Fraktion das Recht, sich ausschließlich als Süddeutsche oder als Schwaben zu bezeichnen, und erbot sich zu dem Beweise, daß ihr zwar durch die Einteilung der Wahlkreise die Mehrheit der Mandate, aber nicht die Mehrheit der abgegebenen Stimmen zugefallen sei. Die Norddeutschen bat er dagegen, nicht zu vergessen, daß die Stimmung und die Teilnahme des Südens für die staatliche Entwicklung Deutschlands keine gleichgültige Sache sei. In warmen, zum Herzen dringenden Worten gab er dem Wunsch, der Hoffnung und der Überzeugung Ausdruck, daß das spröde norddeutsche mit dem weicheren süddeutschen Element zusammenrinnen und daß aus den gegenwärtigen Gegensätzen die langersehnte, unabweisliche Einigung des Vaterlandes hervorgehen werde. Noch würfen sich zwar einzelne mit Schneebällen, aber der fortschreitende Frühling werde dafür

[1]) Stenogr. Bericht 1868, S. 279.

sorgen, daß zum Schneeballen bald das Material ausgehe. Als er nachdrücklich mit den Worten schloß: „Jetzt ist Frühling geworden in Deutschland", brach ein Sturm des Beifalls hervor, beinahe von allen Seiten; selbst die Annahme des Bambergerschen Antrages wurde nicht mehr als der Sieg einer Partei empfunden. Völk war mit einem Male nicht bloß in Berlin ein populärer Mann geworden; der Schluß seiner Rede wurde zum geflügelten Wort; wohin man kam, hörte man von Völk und dem Frühling reden, und wie Ewald von Kleist als den Sänger konnte man ihn als den Redner des Frühlings bezeichnen.

Auf die wirtschaftlichen Entscheidungen des Parlaments habe ich nicht näher einzugehen; unbedeutend darf man auch nach dieser Seite seine Tätigkeit nicht nennen. Der Handelsvertrag mit Österreich und eine damit verbundene wesentliche Zollermäßigung, sowie die Handelsverträge mit Spanien und dem Kirchenstaat wurden genehmigt, das wichtige Gesetz über die Besteuerung des Tabaks zum Abschluß gebracht; wenn eine Erhöhung der Tabaksteuer nicht bewilligt und durch die Verweigerung der Petroleumsteuer auch die von der Regierung angebotene Herabsetzung des Zolltarifs vom 1. Juli 1865 wieder rückgängig wurde, so waren dadurch die finanziellen Wünsche der Regierung zurzeit allerdings nicht befriedigt, aber eine Einigung für die Zukunft nicht ausgeschlossen. Man konnte die Bedeutung dieser Verhandlung nicht richtiger schätzen, als in den schlichten Worten der Thronrede, durch welche der König am Nachmittag des 23. Mai das Parlament entließ. Mit vollem Recht durfte er sagen, daß die beendigte Session dazu gedient habe, das gegenseitige Vertrauen der deutschen Stämme und ihrer Regierungen zu kräftigen und manche Vorurteile zu zerstören oder zu mindern.

Dazu hatte man auch in anderer Weise beigetragen. Berlin war schon lange und für alle eine gastliche Stadt. Die süddeutschen Gäste hatten es offiziell und im freundschaftlichen Verkehr erfahren können. Am 28. April war das ganze Parlament zum Mittag auf das Schloß geladen. Ich selbst — wenn ich dies hier einschieben darf — hatte damals die Ehre, den Majestäten vorgestellt zu werden. Der König sagte nur einige Worte über Bonn, die Königin etwas mehr. Herr von Bernuth meinte, sie habe mit mir über mein neues Buch sich unterhalten; in Wahrheit hatte sie sich nach meinem Bruder Wilhelm erkundigt, dessen Tätigkeit bei der Pariser Weltausstellung sie mit größtem Lobe bedachte.

Die eigentlichen Verbrüderungsfeste drängten sich aber, nachdem schon die Rede Völks das Eis gebrochen hatte, in die letzten Tage des Parlaments. Der Abschluß wurde beschleunigt, weil die bayerischen Abgeordneten am 25. Mai das 50jährige Bestehen ihrer Verfassung in München feiern wollten. Den Anfang machte am 21. Mai ein festliches Frühstück auf der Börse, die ja durch die Wirksamkeit des Zollparlaments am nächsten berührt wurde. Natürlich suchte auch hier der Geist, der die Verhandlungen durchweht hatte, einen Ausdruck. Bismarck brachte den süddeutschen Brüdern einen Scheidegruß; sie möchten, sagte er, die Überzeugung mit nach Hause nehmen, daß sie in Berlin Bruderherzen finden werden für jegliche Lage des Lebens. Der zweite Präsident des Parlaments, der spätere Reichskanzler Fürst Hohenlohe, dankte im Namen der Süddeutschen und versprach die Vereinigung der deutschen Stämme, ein Versprechen, das dann von Völk, der jetzt bei keiner Kundgebung mehr fehlen durfte, wiederholt wurde. Eine wirkliche, ja die höchste Steigerung der festlichen Stimmung trat aber ein, als der bayerische Abgeordnete Marquard A. Barth zuerst in nicht gerade geschickter Weise an die großen Folgen des Krieges von 1866 erinnerte und dann dem Grafen Bismarck als dem Manne der zweiten Hälfte des Jahrhunderts ein Glas weihte. Ein Gefühl stolzer Befriedigung mag den Gefeierten erfüllt haben bei dem endlosen Jubel, der durch den Saal ging. Daß ein Mann von denen, die ihm zugejubelt hatten, zwei Jahre später verflucht wurde, dafür gibt es Beispiele genug; aber für den umgekehrten Fall ist Bismarck, wenn nicht das einzige, so doch das merkwürdigste Beispiel der Weltgeschichte.

Ein Abendfest, das von einem städtischen Komitee im Tivoli vor dem Halleschen Tore veranstaltet wurde, war ein Echo des vorigen Tages. Dann folgte am 23. morgens die letzte Sitzung, nachmittags der Schluß im Weißen Saale, für den Abend hatte das Kronprinzliche Paar nach Potsdam eingeladen. Der Garten vor dem neuen Palais war von unzähligen Lampen erhellt; auf der Rampe vor dem Schlosse — das Bild steht noch deutlich vor meinen Augen — hatte die junge Kronprinzessin Platz genommen, in vollem Glanze fürstlicher Hoheit; man wurde ihr durch Herrn von Patow, dem Kronprinzen durch einen militärischen Hofbeamten vorgestellt; um ½11 Uhr brachte uns ein Extrazug wieder nach Berlin. Schon eine Stunde später mußte man auf dem Hamburger Bahnhof sich eingefunden haben, wenn man die Einladung zu einer Festfahrt nach Kiel und Hamburg nicht versäumen wollte. Der Gedanke dieses Festes war, wie man sagte, von dem Präsidenten der Bank, v. Dechend, der auch die Einladung des kaufmännischen Komitees zuerst unterzeichnet hatte, ausgegangen; die Eisenbahnverwaltung hatte Sonderzüge gestellt, die Admiralität versprach Aufnahme und Bewirtung auf der Flotte, und die Besichtigung der jugendlichen deutschen Seemacht in Kiel galt auch als eigentlicher Zweck der Fahrt; dabei mag der Gedanke, das Herz der Abgeordneten durch den Anblick der Flotte zu erwärmen und bei der bevorstehenden neuen Verhandlung über die Marinevorlage willfähriger zu machen, mitgewirkt haben. Ich habe immer wenig Talent gehabt, aus solchen herdenweise genossenen Vergnügen Vorteil zu ziehen; aber aus den beiden folgenden Tagen sind doch schöne Eindrücke mir geblieben: der Anblick der von der Frühlingssonne bestrahlten waldumgebenen Bucht von Kiel, die mit Flaggen und Wimpeln reich ausgestatteten Schiffe, die Matrosen auf den Raaen, eine Fahrt auf der „Gefion" über den Leuchtturm bis auf die hohe See, dann ein Mahl in Bellevue, wo wieder in verschiedenen Sälen die Ströme der Beredsamkeit zum Preise der jungen Seemacht sich ergießen konnten. Am Abend führte uns noch ein Festzug in die hellerleuchteten Straßen von Hamburg, die uns für die Nacht und den nächsten Tag als Gäste aufnahm. Heine hätte wohl manches, was er über die Stadt an der Elbe geschrieben hat, zurückgenommen, hätte er miterlebt, was uns tags darauf geboten wurde. Den frühen Morgen benutzte ich zu einem Spaziergang nach Ottensen, der übrige Teil des Tages verging unter Freuden- und Ehrenbezeugungen verschiedener Art; man wurde auf der Börse bewillkommnet und gespeist, konnte die merkwürdigen Gebäude der Stadt, die prächtige Anlage des Hafens besichtigen, daran schloß sich nachmittags eine Fahrt die Elbe hinab, an den prächtigen Landhäusern und Blankenese vorüber bis nach Stade, wo in den Sälen zweier atlantischer Dampfer das Festmahl eingenommen wurde. Am deutlichsten steht aus diesem Tage in meiner Erinnerung das Bild eines großen Mannes, des Generals Moltke, wie er ernst und schweigsam, an die Hinterwand einer Kajüte gelehnt, mit seinem gewaltigen Feldherrnauge die Umgebung überblickte, und das Bild einer liebenswürdigen Frau, der Gemahlin des Reichstagsabgeordneten Hans Köster, die ich als Sängerin schon oft im Opernhause bewundert hatte. Besonders erfreulich war dann, wie die süddeutschen Abgeordneten sich jetzt vollkommen unter ihren norddeutschen Kollegen heimisch fühlten. Wenn der Wein die Zungen löste, so hat er auch zur Verbindung der Herzen beigetragen, und man durfte glauben, daß durch die Reden und Unterredungen der letzten festlichen Tage die deutsche Einigung nicht weniger gefördert sei, als durch die Verhandlungen im Parlament.

Um 9 Uhr abends legten wir in Hamburg wieder an, am Dienstag, den 26. früh, war ich wieder in Berlin.

Es folgt nun ein Bericht über die Verhandlungen des Reichstags, bei denen Hüffer unmittelbar beteiligt war. Die Verhandlungen betrafen: a) eine Petition Bernsteins zur Ausrüstung einer Expedition zwecks Beobachtung der am 18. August eintretenden Sonnenfinsternis, b) eine Petition um Errichtung eines Konsulats in North-Shields, c) eine Petition Sternbergs, die in mehreren Staaten des Norddeutschen Bundes bei der Eidesleistung der Juden üblichen Förmlichkeiten abzuschaffen, d) den Antrag des Landrats von Hagke: der Bundeskanzler solle ersucht werden: 1. die zur Wiederherstellung eines deutschen Reichsarchivs erforderlichen Schritte zu tun, und 2. dahin zu wirken, daß die öffentlichen Archive der zum Norddeutschen Bunde gehörigen Staaten diejenigen Reformen erhalten, welche den wissenschaftlichen und den nationalen Bedürfnissen entsprechen.

Es ergibt sich aus diesen Verhandlungen, so fährt Hüffer im Anschluß an seinen Bericht fort, welche Stellung ich im Reichstage einnahm; ich wurde meistens herangezogen, wenn es sich um wissenschaftliche Fragen handelte, und dies bot eine Entschädigung dafür, daß jemand, der keiner der vier großen Fraktionen angehörte, auf die bedeutenden politischen Fragen schwerlich durchgreifenden Einfluß gewinnen konnte.

Gleich den meisten Abgeordneten hätte ich mit dem 20. Juni die wegen Staub und Hitze verrufene Hauptstadt verlassen können. Aber ich habe mich niemals beeilt, Berlin den Rücken zu wenden; es war mir seit meinen Studienjahren ein angenehmer Aufenthalt, und ich wäre gern bereit gewesen, ihn zum dauernden zu machen. In keiner Stadt zählte ich so viele und so nahe befreundete Personen, in keiner habe ich so sehr die Vorteile eines angeregten, durch geistige Interessen belebten Umganges empfunden. Anregende Begegnungen gerade aus den letzten Monaten habe ich schon mehrfach, aber doch nur zum kleineren Teile erwähnt.

Aus dem Kreise der Abgeordneten muß ich noch Löwe (Calbe) nennen, den Reichsregenten des Jahres 1849. Das Berliner Obertribunal hatte ihn zu lebenslänglichem Zuchthaus verurteilt, und er mußte dann 11 Jahre im Auslande, in England und Amerika verbringen, bis ihm die Begnadigung des Jahres 1860 den Weg in die Heimat wieder öffnete. Aber er hatte sich freigehalten von der Bitterkeit und den überspannten Ansichten, die so häufig in der Verbannung gezeitigt werden. Immer war es eine Freude, sein billiges, verständiges Urteil zu hören, selbst wenn man es nicht in allen Stücken teilte. Mein Buch hatte er seinem vertrauten Freunde, dem Justizrat Lehwald, zum Geburtstag geschenkt mit einer Widmung, die auch dem Verfasser zur Ehre gereichte. — Bei Pertz fand ich mehrmals zwei junge Italiener. Der eine, Genala, wurde später Minister der öffentlichen Bauten, der andere, Guido Padelletti, rasch zum Professor des römischen Rechts an der Universität in Rom befördert, aber leider durch frühen Tod einer glänzenden Laufbahn entrissen. Er war einer der liebenswürdigsten Menschen, die mir jemals begegnet sind. Während seiner Studien in Berlin hatte er sich ganz in deutsches Wesen eingelebt, wie er denn auch mit einer Deutschen, der Tochter des bekannten Philologen Zumpt, sich vermählte. Am meisten hätte ich gewünscht, auch Jaffé bei Pertz zu begegnen. Aber so oft ich mit ihm zusammentraf, hatte seine Erbitterung sich noch gesteigert. Es war dahin gekommen, daß Pertz dem ausgezeichneten Gelehrten, trotz einer Ministerialverfügung, den

Zutritt zu den Büchersälen der Bibliothek untersagte, sogar die Entleihung der Bücher erschwerte. Ich zweifle nicht, daß Jaffé mit Recht über vieles sich beklagte; aber unter den Folgen des Streites hatte er selbst am meisten zu leiden; seine Gesundheit wurde erschüttert, das seelische Gleichgewicht durch die ständige Aufregung gestört. Ich erinnere mich, daß ich von einem Spaziergange, der uns von Charlottenburg bis Spandau an die Seen geführt hatte, mit großer Sorge zurückkehrte[1]).

Kurz vor meiner Abreise führte mich ein Bekannter zu Fräulein Saling, einer Dame, die, im Alter von 83 Jahren noch geistesfrisch, eine bemerkenswerte Tätigkeit für katholische und menschenfreundliche Bestrebungen entwickelte. Einer reichen jüdischen Familie entstammend, hatte sie durch Geist und Schönheit in Berlin und Wien in der Gesellschaft eine hervorragende Stellung eingenommen. Während des Wiener Kongresses wurde sie von Friedrich Wilhelm III. einmal bei einer Polonaise geführt; scherzend sagte der König, es sei an der Zeit, nach Berlin zurückzukehren, sonst verlöre sie das Bürgerrecht. „Majestät", antwortete sie rasch, „ich nehme Sie beim Wort, sorgen Sie, daß wir Juden in Berlin das Bürgerrecht erhalten." Auch mit dem Fürsten Ligne war sie genauer bekannt. Er war ebenso unreinlich als witzig. Einmal nahm man ihm in ihrem Zimmer eine Laus vom Rock. Er sagte bedauernd, „Ah voilà c'est justement mon pou favori". Noch in Wien verlobte sie sich mit dem portugiesischen Gesandten und wurde vielleicht ihm zu Liebe katholisch. An dem Tage, der zur Vermählung bestimmt gewesen war, erhielt sie die Nachricht von seinem Tode. Bis ins tiefste erschüttert, wollte sie zuerst in ein Kloster gehen und zog sich lange Zeit von jeder Gesellschaft zurück. Später lernte sie Goethe in Karlsbad kennen. Als ihm am Brunnen über mehrere Personen hinweg ein volles Glas gereicht wurde, fiel etwas von dem heißen Wasser auf ihre Hand. „Non dolet", erwiderte sie auf seine Entschuldigung. Er griff das Wort auf, es folgte eine dauernde Bekanntschaft, und sie hatte die Ehre, öfters von ihm geführt zu werden. Von so mannigfaltigen Erlebnissen wurde in einem mehr als einstündigen Gespräch manches angedeutet. Sie war sehr freundlich und verlangte schon bei dieser ersten Begegnung, ich solle sie „Tante" nennen, eine Ehre, die ich mit ihrem wirklichen Neffen Paul Heyse geteilt haben würde.

Der Hauptgrund, der mich in Berlin zurückhielt, lag aber darin, daß ich für die literarische Fehde, die mir bevorstand, auf dem Archiv noch einige Notizen sammeln mußte. Mein Buch war schon deshalb, weil es zu den politischen Strömungen in einer Beziehung stand, in den Zeitungen rasch zu einer Besprechung gelangt. Levin Schücking hatte in der Kölnischen, Löwe

[1]) Hüffers Besorgnisse waren leider nur zu begründet. Jaffé endete später (3. April 1870) durch Selbstmord.

in der Berliner Volkszeitung, Potthast im Fremdenblatt, Oppenheim in der Nationalzeitung, Trauttwein von Belle im Magazin für die Literatur des Auslandes, viele andere mir Unbekannte in anderen Zeitungen, z. B. in der Kreuzzeitung darüber geschrieben; beinahe ohne Ausnahme günstig sowie mit Anerkennung der Unparteilichkeit und des gemäßigten Tons auch der polemischen Teile. In den Preußischen Jahrbüchern führte Kluckhohn, ein Schüler Häussers, gerade als Beweis für die Vorzüge seines Lehrers an, was ich Gutes von ihm gesagt hatte, während er die von mir angedeuteten Mängel nicht in Abrede stellte. Einzig Ottokar Lorenz äußerte mit der Offenheit, die ich stets an ihm geschätzt habe, sein Mißfallen, und als mein Verleger Marcus mich Mitte Mai in Berlin besuchte, hörte ich, daß Herr v. Sybel mit einer Gegenschrift eifrig beschäftigt sei. Am 19. Juni erhielt ich die vorläufige Bestätigung in einem kurzen Artikel der „Historischen Zeitschrift". Er war aber mehr geeignet, mich zu beruhigen, als mich aufzuregen. Denn neben Vorwürfen allgemeiner Art fand sich nur eine einzige sachliche Ausstellung, die sich leicht als unbegründet nachweisen ließ. Acht Tage später folgte aber die eigentliche Gegenschrift, 250 Seiten, einigermaßen gegen Vivenot, aber doch zum größten Teile gegen mich gerichtet. Man wird es kaum glaublich finden, aber ich erinnere mich bestimmt, daß ich sie mit vollkommener Ruhe las, obgleich mir doch wenige Schriften vor Augen gekommen waren, in denen mit solcher Heftigkeit so bittere Beschuldigungen gegen einen Fachgenossen, gegen einen in derselben Gesellschaft verkehrenden Kollegen vorgebracht wurden. Aber durch die persönlichen Anschuldigungen fühlte ich mich nicht getroffen. Ich fand Ansichten mir zugeschrieben und dann widerlegt, die ungefähr das Gegenteil der meinigen waren; in anderen Fällen glaubte ich zu bemerken, daß der Angriff sich leicht aufzudeckende Blößen gab: „Es freut mich, daß Sie die Sache so auffassen", sagte mir Ranke, als wir zwei Tage nachher bei der Rückkehr von dem Archiv die Linden hinabgingen.

Das Beste wäre gewesen, das Material für eine kurze Widerlegung rasch zusammenzustellen und dann die freien Monate zur Fortsetzung meiner archivalischen Arbeiten in Berlin und Wien zu benutzen. Leider traten persönliche Angelegenheiten entgegen. Am 3. August stand das 50jährige Jubiläum der Universität bevor, und für meine Beförderung schien eine Wendung einzutreten. Der Minister war kurz vorher zum ersten Male freundlich auf meine Verhältnisse eingegangen. Von dem Buche, sagte er, habe er viel Gutes gehört. Er bot mir für wissenschaftliche Reisen eine Unterstützung an und hätte wohl noch mehr bewilligt, wäre ich deutlicher mit der Sprache herausgegangen. Herr Lehnert, der einflußreiche Minsterialdirektor, erklärte mir bald nach dem Schluß des Reichstags, er werde auf meine Beförderung antragen (23. Juni) und Olshausen meinte, bis zum

Jubiläum werde alles in Ordnung sein. (25. Juni.) Unter solchen Verhältnissen glaubte ich, in Bonn nicht fehlen zu dürfen, und entschloß mich, am 30. Juni Berlin zu verlassen. Am nächsten Morgen machte ich in Göttingen Halt, um Waitz und dem Staatsrechtslehrer Zachariä mich vorzustellen. Sybels Schrift war dort schon bekannt, bei Waitz lag sie auf dem Tische; aber ich wurde auf das freundlichste aufgenommen. Nicht weniger in Marburg, wo mich mit Ernst Hermann die gemeinsame Gegnerschaft gegen Sybel verband.

Aber die Temperatur veränderte sich, als ich wieder nach Bonn gelangte. Herr v. Sybel gehörte zu den angesehensten Lehrern der Universität; die Zahl seiner Freunde, Anhänger und Schüler war groß, dem Kurator stand er sehr nahe, er war in diesem Jahre zum Rektor gewählt, also zugleich der Leiter des bevorstehenden, für die Hochschule so bedeutsamen Jubiläums. Es erschien beinahe als eine Vermessenheit, daß ein außerordentlicher Professor gegen einen solchen Mann in solcher Stellung und gegen sein bedeutendstes Werk tiefer greifende Widersprüche erhob.

War es da zu verwundern, wenn die Ausführungen Sybels, in so bestimmtem Tone vorgetragen, bei vielen unbedingten Glauben fanden? Ich mußte bemerken, daß sie selbst auf einige meiner näheren Bekannten größeren Eindruck gemacht hatten, als ich erwartete. Zwar erhielt ich auch in Bonn von vielen Seiten entschiedene Zustimmung. Gerade als ich ankam, erschienen nicht bloß in den Kölnischen Blättern, sondern auch aus den ganz entgegengesetzten Lagern, z. B. in den Leipziger „Grenzboten" recht günstige Beurteilungen meines Buches. Aber es war eine üble, mir öfters nachteilige Eigenschaft meines nicht heiter angelegten, selbstquälerischen Wesens, in dem, was mich betraf, vor allem die ungünstige Seite herauszusuchen und einen schwarzen Punkt schärfer als die ganze hellere Umgebung ins Auge zu fassen. Ich war darin das Gegenteil meines jüngeren Bruders Franz, der, von Schopenhauerschen Ansichten ausgehend, den Weltenbau und das gesamte menschliche Dasein als Unheil und Elend verurteilte, dagegen den Kreis, der ihn unmittelbar umgab, immer im günstigsten Lichte sah, während ich den Glauben an „die beste der möglichen Welten" nie verlor, dagegen an mir selbst und dem, was ich erlebte, immer etwas auszusetzen hatte. Dazu kam noch die mir angeborene und durch meinen Gesundheitszustand gesteigerte, ja mir aufgenötigte Abneigung gegen alles, was man Zank und Streit nennen mußte. Mehr als einmal habe ich im Hochgebirge und auf der Eisenbahn in Gefahr des Lebens geschwebt; mehrmals mußte ich mich ärztlichen Operationen unterziehen, bei denen das Augenlicht und noch vor kurzem das Leben auf dem Spiele stand. Aber niemals habe ich dabei, zuweilen zum Erstaunen anderer, Ruhe und Besonnenheit verloren oder auch nur bis zum entscheidenden Augenblick meine gewohnte Beschäftigung unterbrechen lassen. Aber ein Wortwechsel, ja ein paar unfreundliche Worte, eine Rezension oder ein Zeitungsartikel, vor allem das Gefühl, einen Fehler oder eine Ungeschicklichkeit begangen zu haben und verdient oder unverdient der Mißbilligung anderer ausgesetzt zu sein, diese, vielleicht ganz geringfügigen, Ursachen konnten mich tage-, ja wochenlang in den unerfreulichsten Gedankenkreis versetzen. Ja, sie konnten mir einen Gedanken aufzwingen, aus dem nichts, was ich vornahm, mich zu befreien vermochte. Es war, als wenn auf eine Saite des Klaviers, die man angeschlagen hat, der Dämpfer nicht zurückfällt, so daß die Saite durch die folgenden Takte mißtönend weiterklingt. Im Grunde war meine Lage nicht unvorteilhaft. Anschuldigungen, wie sie gegen mich erhoben wurden, hätten jemandem, der sich auf dergleichen verstand, Gelegenheit geboten, seine Person und seine Qualitäten in das hellste Licht zu setzen. Die Kölnische Zeitung vom 10. Juli brachte freilich eine Anzeige des Sybelschen Buches mit starken Ausfällen gegen das meinige. Aber die Redaktion hatte ihnen durch eine Anmerkung die Spitze abgebrochen und erbot sich, von meiner Seite eine Gegenerklärung aufzunehmen. Indessen mochte ich den wissenschaftlichen Streit nicht in einen Zeitungskrieg verwandeln. Auch zu einer kurzen, raschen Abfertigung, die für mich und mein Empfinden das Rätlichste gewesen wäre, kam es nicht; ich verwickelte mich in eine neue, übergründliche Untersuchung der streitigen Punkte und verlebte in einer wenig behaglichen Stimmung die Wochen bis zum Jubiläum. Am Vortage der Feierlichkeiten erhielt ich vom Minister die Antwort, daß man von meiner Beförderung zur ordentlichen Professur Abstand nehmen müsse. Der Bescheid konnte mich nicht mehr überraschen. Man hatte ungefähr gleichzeitig mit meiner Abreise aus Berlin ein Gutachten der Bonner juristischen Fakultät eingefordert; es konnte, da die Berufung Aegidis kurz vorher erfolgt war, nicht wohl anders lauten, als daß zu einer neuen Berufung kein Bedürfnis vorhanden sei. Dazu kam, daß bei dem Aufsehen, das durch den Streit erregt war, meine Beförderung als eine Beleidigung meines Gegners wäre aufgefaßt worden, die man dem Rektor der Universität zur Zeit des Jubiläums nicht wohl bieten konnte. Die Jubiläumstage vom 2.—4. August, das Fest im Kleyschen Garten, die eigentliche Feier am 3. August in der Universitätskirche, das Mittagessen und der Kommers in Poppelsdorf und zum Schluß die Rheinfahrt nach Rolandseck sind damals in den öffentlichen Blättern und öfters in späteren Schriften ausführlich dargestellt worden. Es war für mich in diesen Tagen ein nicht gerade behagliches Gefühl, als erklärter Gegner unseres Hauptes betrachtet zu werden, das, wie jeder anerkennen mußte, in der Erfüllung seiner Aufgabe nichts zu wünschen ließ. Ein guter Freund fühlte sich verpflichtet, mir förmlich zu kondolieren, als die Rede Sybels in der Aula allgemein und auch von seiten des Königs den verdienten Beifall erhalten hatte. Mancher mochte mich mit dem geschundenen Marsyas oder ähnlichen Figuren vergleichen, obgleich ein halboffizieller Artikel des preußischen Staatsanzeigers mir die Ehre erwies, mich unter den Zierden der Universität aufzuführen.

Das Fest war vorüber; manche mir werte Teilnehmer, darunter mein Onkel Alexander Kaufmann, Padelletti, der als Vertreter einer italienischen Universität erschienen war, hatten Abschied genommen; einige Tage später, sobald der Entwurf meiner Gegenschrift zu einem vorläufigen Abschluß gekommen war, eilte ich in meine Heimat, wo mir diesmal alles gute und freundliche zu Hause, in der Stadt und besonders in der Akademie entgegenkam. Meine Mutter hatte mir, wonach ich solange mich gesehnt hatte, auf unserem Landsitze einen Aufenthalt bereitet, welchen bald mein Bruder Franz mit mir teilte; des Nachmittags fuhr sie, allein oder von Befreundeten begleitet, hinaus, um die schönen Abendstunden in Wald und Garten mit uns zu verleben. Nichts schien mir geeigneter, nach der Unruhe und den Stürmen der letzten Monate Erfrischung und Erheiterung zu gewähren. Aber gerade jetzt wurde ich, wie drei Jahre früher, von einem Kopf- und Augenleiden befallen, das sich von Tag zu Tag steigerte; man machte die schwere Luft Westfalens dafür verantwortlich, und ich kam zu dem Entschluß, vorerst im bayerischen Gebirge Erholung zu suchen, später in Wien meine Arbeiten fortzusetzen. Ende August reiste ich über Bonn nach München, das ich zum Ausgangspunkt verschiedener Ausflüge nahm. Der erste führte mich nach Berchtesgaden, an den Königssee und nach Salzburg. Bei der Rückkehr fand ich in München Elisabeth Ney. Sie hatte durch ihre Arbeiten die Gunst des Königs und ein Atelier, wie sie nur wünschen konnte, im Schloß erlangt. Ein Standbild, das die idealen Formen des jungen Fürsten in glücklichster Weise wiedergab, Büsten mehrerer ausgezeichneter Gelehrten, bewiesen, daß ihre künstlerischen Fähigkeiten immer reicher sich entwickelten. Ihre Freundlichkeit war dieselbe wie im Frühling des vergangenen Jahres; sie bewog auch ihren Freund Montgomery, mich auf einer mehrtägigen Wanderung ins Gebirge an den Kochel- und Walchensee und nach Partenkirchen zu begleiten. Zum drittenmal verließ ich München am 17. September, um, da ich jetzt Gesellschaft wünschte, Karl Stumpf in Innsbruck aufzusuchen. Er hatte sich, seit wir uns in Berlin und Frankfurt sahen, als unermüdlicher Urkundenforscher und -Sammler einen Namen gemacht. Seine Verbindung mit der Tochter Louis Brentanos 1862 machte ihn zum glücklichen Ehemann und Vater. Aus dem Fenster seiner schönen Wohnung ließ er mich auf seine anmutige kleine Tochter blicken, die im Garten spielte. Ficker war abwesend, aber Stumpf freundlich genug, für eine Gebirgswanderung seine Begleitung anzubieten. Am 19. September fuhren wir über den Brenner nach Sterzing und erstiegen bei herrlichem

Wetter den Jaufen. Oben in einer Höhe von 6000 Fuß überfiel uns ein Unwetter; in der elenden Hütte war unseres Bleibens nicht; in der Nacht, als der Sturm einigermaßen nachließ, nahmen wir, von zwei Führern mit Laternen begleitet, den Abstieg nach Walten; in der mit Rauch gefüllten Küche der Dorfschenke waren Gäste um das Herdfeuer versammelt, in größerer Zahl als Betten zur Verfügung standen. Aber in der Wohnung des Kuraten verschaffte uns der Name des Innsbrucker Professors Aufnahme und Bewirtung. Am nächsten Sonntagmorgen begleiteten wir unseren freundlichen Gastherrn in die Kirche. In der Messe bei der Wandlung ertönte von der Orgel das Menuett aus Mozarts „Don Juan", ohne die naive Andacht der Dorfbewohner zu stören. Gegen Mittag, als das Wetter sich aufklärte, ging es über St. Leonhard durch das Passeierthal an Hofers Gasthof „Zum Sande" vorbei nach Meran. Stumpf wollte die Nacht nicht an dem Sammelpunkt so vieler Kranker verbringen; er eilte noch bei Mondschein zwei Stunden weiter nach Schloß Lebenberg; ich folgte ihm am anderen Morgen, und die mittelalterliche, wohnlich eingerichtete Burg auf der Höhe, hinauf und hinab den weiten Ausblick in das herrliche Tal gewährend, bot uns für sechs Tage bei wechselndem Regen und Sonnenschein einen beneidenswerten Aufenthalt. Stumpf kehrte am 26. an den häuslichen Herd zurück; ich wäre gern nach Italien hinabgestiegen, aber ein erneutes Unwohlsein ließ es nicht zu. Ich erinnere mich noch einer letzten unvergleichlichen Mondnacht in der Nähe von Kaltern; die laue Luft war von Blumendüften geschwängert, aus einem Rebengarten zu dem nicht ganz nahen Kirchhof hinüber tönte, abwechselnd und sich Antwort gebend, langgezogen, klangvoll, der Gesang der Grillen, wie ich nie im Leben ihn wieder hörte. Am folgenden Tage nahm ich von Bozen den Rückweg nach Innsbruck; den Plan, nach Wien zu gehen, mußte ich aufgeben, auch auf einen Landaufenthalt bei meinem Bruder in der Nähe von Paris verzichten. Am Abend des 5. Oktober sah ich in meiner engen Zelle in Bonn die Lampe freundlich wieder brennen und mochte wie Faust erwarten, daß es auch in meinem Busen wieder helle werde.

Die Ärzte waren aber mit meinem Befinden keineswegs zufrieden; sie verlangten, ich sollte für den Winter meine Vorlesungen aufgeben und sogar eine Orts- und Luftveränderung vornehmen. Der ersten Forderung fügte ich mich, obgleich mit großem Widerstreben, denn meine Vorlesungen waren mir stets nicht bloß eine Pflicht, sondern eine Freude. Der zweiten gab ich eine veränderte Form. Ich nahm in der Tat eine Ortsveränderung vor, aber eine Ortsveränderung auf geistigem Gebiete, wie sie schon mehr als einmal mir ein wirksames Heilmittel gewesen war. Ich hatte in früherer Zeit die englische Sprache nur im Selbstunterricht mir anzueignen versucht; jetzt fand ich eine tüchtige Lehrerin und mit der beinahe unbegrenzten Fähigkeit, Neues in mich aufzunehmen, die mir damals noch eigen war, versenkte ich mich in die historische und poetische Literatur der Engländer. Eine gute Literaturgeschichte gab's noch nicht; den meisten Nutzen gewährte Chambers, welcher das mittelmäßige Werk von Gätschenberger das beste, was es enthielt, entnommen hatte. Dazu kamen die geistvollen Bemerkungen Chateaubriands, die mich mehr als die phrasenreiche Literaturgeschichte Taines befriedigten. Shakespeare kannte ich in beiden Sprachen; jetzt vertiefte ich mich mit steigender Bewunderung in Miltons „Verlorenes Paradies", gab ihm sogar den nächsten Platz nach Shakespeare, obgleich die Poesien Byrons, seine Persönlichkeit, seine Schriften und die biographischen Mitteilungen über sein Leben mich unwiderstehlich anzogen. Immer ist es mir als eine Verirrung des Geschmacks erschienen, daß man Shelley und sogar Talente zweiten Ranges diesem großen, das ganze menschliche Dasein poetisch gestaltenden Dichter gleichzustellen sucht. Um an Wordsworths langatmigen Erzeugnissen Vergnügen zu finden, müßte man auch, wie es manchem Engländer nachgerühmt wird, tagelang bei der Angelrute das Anbeißen eines Fisches mit Geduld erwarten können. Auch Macaulays und Lord Mahons Werke über englische Geschichte wurden verschlungen. Daneben Goldsmiths unsterblicher „Vicar" mit neuem Vergnügen angehört. Ich lebte sehr einsam, konnte ungestört, beinahe vom Morgen bis in die Nacht an dem neuen unerschöpflichen Born mich erquicken. Darüber vergingen aber zwei Monate, und jetzt ließ der Gedanke sich nicht mehr zurückdrängen, daß ich die im August aus der Hand gelassenen Fäden wieder aufnehmen müsse. Aber zunächst waren es die Peltzerschen Briefe, die mich in das alte Fahrwasser zurückgeleiteten; erst nachdem sie für den Druck ungefähr fertiggestellt waren, nahm ich den Entwurf meiner Erwiderung auf den Angriff Sybels wieder zur Hand, die mich nun drei Monate unausgesetzt beschäftigen sollte.

Mit Vergnügen bemerkte ich, daß meine produktiven Fähigkeiten während der langen Pause sich nicht vermindert, sondern eher gestärkt hatten. Gewöhnlich erwachte ich am frühen Morgen; noch vor dem Aufstehen strömte mir eine Fülle von Gedanken zu; ich wunderte mich oft über den glücklichen Ausdruck und wurde so hochmütig wie der König Nebukadnezar. Einige Stunden später mochte ich mich freilich mit dem Prinzen in Heines „Prinzessin Sabbat" vergleichen, der nach dem Festtage wieder in einen Hund verwandelt wird, und zu Mittag hielt ich mich vielleicht für bestimmt, wie der vorgenannte König, gleich einem Ochsen Gras zu fressen. Aber die Arbeit rückte vor. Mein Vetter August von Druffel, der damals in Wien seine Urkundensammlung für das Konzil von Trient vorbereitete, verschaffte mir wertvolle Auszüge und Notizen aus dem Staatsarchiv. Wertvolles Material erhielt ich auch von einer Seite, von der ich sie am wenigsten erwartete. In meinem

Buche war ich Herrn von Vivenot, seiner Schreibweise und seinen Ansichten vielfach mit starken Worten entgegengetreten, und ein Gefühl persönlicher Gereiztheit wäre bei ihm leicht genug erklärlich gewesen. Immer konnte es ihn aber angenehm berühren, daß ich ihn nicht, wie Sybel es tat, als unzurechnungsfähig und seine Schriften als wertlos betrachtete, sondern von seinen Archivalien und seinen Ansichten manches als wichtig und zutreffend anerkannte. Durch Druffel, mit dem er auf dem Wiener Staatsarchiv häufig zusammentraf, hatte er mir am 1. August ein ausführliches Schreiben gesandt, in dem er besonders seiner feurigen Liebe für Deutschland und das deutsche Kaisertum Ausdruck gab und dann eine Verbindung gemeinsamer Arbeit in Vorschlag brachte. Er wollte die Urkunden sammeln, ich sollte sie mit ihm veröffentlichen und dann verwerten. So manches vorteilhafte auch darin liegen mochte, seine ungestüme Heftigkeit gegen den Staat, dem ich mit voller Überzeugung angehörte, waren mir doch zu sehr entgegen, als daß ich hätte auf sein Anerbieten eingehen können. Ich ließ ihn das in meiner Antwort empfinden; er erwiderte aber am 4. September, daß wir doch bei wissenschaftlichen Forschungen uns unterstützen könnten, bot mir seine reichen Sammlungen zur Benutzung an und schickte am 29. November die Druckbogen seines neuen Werkes „Thugut, Clerfait und Wurmser", die für meine Untersuchungen wesentliche Anhaltspunkte boten. Es wäre töricht gewesen, soviel freundliches zurückzuweisen. Mit der Verzweiflung des Deutsch-Österreichers, von Deutschland getrennt zu sein, konnte ich zudem vollständig sympathisieren. So entstand eine Verbindung, die bis zu seinem frühen Tode mir nur Erfreuliches gebracht hatte, und wenn die Gelehrtengeschichte nur zu häufig von Neid, Rachsucht und gleich unedlen Leidenschaften berichten muß, so mag ich um so lieber auch einen Zug des Gegenteils erwähnen. Als er mit Berufung auf eine Äußerung Sybels in der Vorrede seines Buches drucken ließ, ich stimme mit allen seinen Ansichten überein, mußte ich dagegen Einspruch erheben, und er war sogleich bereit, dem anstößigen Satze auf einem Karton die mir zusagende Fassung zu geben. Im März, als ich in meiner Schrift die dritte Teilung Polens zu behandeln hatte, schickte er mir die darauf bezüglichen Depeschen Thuguts, und ich konnte mit ihrer Hilfe das wichtige Ereignis richtiger und genauer darstellen, als bis dahin möglich war. Durch alles dieses wuchs die Schrift nach Inhalt und Umfang über den ursprünglichen Rahmen hinaus. Mitte April war ich zum Abschluß gelangt. Der Druck hatte schon einen Monat früher begonnen; aber bei meiner üblen Gewohnheit, auf den Korrekturbogen zahlreiche Veränderungen vorzunehmen, war die Fertigstellung der 250 Seiten noch nicht ganz vollendet, als ich in der ersten Hälfte des Mai Bonn verließ, um für den Norddeutschen Reichstag nicht zu spät zu kommen.

Die literarischen Gegensätze waren indessen in der Presse noch mehrmals zum Ausdruck gekommen. In den Heidelberger Jahrbüchern hatten der österreichische Historiker Professor Koch, in der Wiener Neuen Freien Presse vom 16. Oktober Heinrich Laube für mich Partei genommen. Was dieser, in Österreich wie in Deutschland so angesehene Schriftsteller über mich sagte, war mir besonders wertvoll, weil es — wie ich nicht zweifeln konnte — mit dem Urteile seines Stiefsohnes, des Professors Haenel, übereinstimmte. Dagegen standen so bedeutende Blätter, wie die Preußischen Jahrbücher, die Nationalzeitung und Zarnckes Zentralblatt, auf der Seite meines Gegners. Aber wie hätte jemand, der neue Ansichten vortrug, nicht auf Widerspruch rechnen müssen! Und gewiß war es eine sehr erfreuliche Anregung, daß die Akademie meiner Vaterstadt Münster mich am 3. November 1868 zum Ehrendoktor der Philosophie ernannte.

Einige Erlebnisse des Winters muß ich noch erwähnen. Schmerzlich empfand ich das Abscheiden Welckers, des Freundes und Hausgenossen der mir so nahestehenden Familie Naumann. Er hatte schon seit einer Reihe von Jahren seine Vorlesungen aufgegeben, und ein zunehmendes Augenleiden machte ihm den Beistand fremder Augen unentbehrlich; diesen erhielt er durch einen jungen Rheinländer, den später als Generalkonsul in Athen ehrenvoll genannten Heinrich Lüders. Am 13. Dezember bei einem Besuche sagte mir Frau Naumann, Welcker sehe dem Tode entgegen und sehne sich danach. „Wie lange dauert es", seufzte er, „daß die Seele von dem Körper sich trennen kann! Denken Sie meiner, wenn ich abgeschieden bin, mein Geist wird, wenn es erlaubt ist, bei Ihnen verweilen." Am 17. Dezember endete der Tod seine Leiden und bewahrte ihn vor der bei längerem Leben drohenden Erblindung. Auch im Kreise meiner Familie hatte ich einen Verlust zu beklagen. Am 31. Dezember stand ich in Aschaffenburg an dem noch offenen Sarge der jüngsten Schwester meiner Mutter. Meine Tante war, wie ich erwähnte, mit dem Buchhändler Krebs in Aschaffenburg verheiratet; ich habe mit ihr und ihren drei Stieftöchtern und der befreundeten Familie Brentano schöne, heitere und bewegte Stunden in der Stadt und den anmutigen Parkanlagen der Umgebung verlebt, Stunden, von denen manches sich sagen ließe, wäre es nicht ausschließlich Recht und Neigung des Dichters, sein Herz in gebundener oder ungebundener Rede zu erschließen. Nach Bonn zurückkehrend, hörte ich, daß Bernays schwer erkrankt sei; ernstliche Sorgen waren bald beschwichtigt, aber ich hatte ihn noch mehrere Wochen hindurch im Hospital zu besuchen; darin lag wenigstens der Vorteil, daß das herzliche Verhältnis früherer Tage sich wieder herstellte.

Neben dieser alten muß ich aber eine neue Verbindung erwähnen, die für zwanzig Jahre meinem Leben eine wesentliche Bereicherung bot. Man erinnert sich meines Besuches bei Alfred v. Reumont im August 1852. Häufig hatte ich ihn in späteren Jahren nennen und als Schriftsteller und Diplomaten rühmen hören. War er doch der wirksamste Vermittler deutschen und italienischen Geisteslebens und trotz seiner Anhänglichkeit an das alte Italien mit den edelsten Begründern der neuen Zustände durch Wissenschaft, Verehrung und Freundschaft verbunden. Wie groß war meine Freude, als ich ihm am 15. November unerwartet in Bonn wieder begegnete! Er hatte sich damals in seiner Vaterstadt Aachen niedergelassen, war zum Begräbnis einer Jugendfreundin nach Bonn gekommen. Wir folgten zusammen dem Sarge und sogleich traten zahlreiche Berührungspunkte, persönlicher und wissenschaftlicher Art, hervor. So war ich hocherfreut, als ich, bald nach meiner Heimkehr im Oktober 1868, einen Besuch von ihm erhielt. Er war nach Bonn übergesiedelt und gerade beschäftigt, sein stattliches Haus in der Auguststraße am Hofgarten mit Gemälden, Büsten und Marmorwerken zu schmücken, die er in Italien erworben hatte. Er war unverheiratet geblieben; mit ihm kamen zwei Schwestern. Die ältere, Elvira, von mehr als gewöhnlichem Verstande, leitete als treue Stütze ihres Bruders das Hauswesen; die zweite, Emma, war von einer Herzensgüte, die ihre Anwesenheit jedem erfreulich machte. Bei einem langen Spaziergang, den wir bald nachher unternahmen, stellte sich leicht heraus, daß wir noch viele Wege miteinander gehen würden. Ich finde unter meinen Papieren zahlreiche Zettel von seiner Hand, in denen er mich seit dem Anfang des nächsten Jahres an seinen Tisch lud. Bald machte er aber zur Regel, daß ich ihm schreiben müsse, wenn ich ausnahmsweise an einem Sonntag nicht kommen könne. So wurde es auch zehn Jahre bis zu seinem Scheiden von Bonn gehalten. Er war nicht eigentlich geistreich zu nennen, aber von einem hellen, scharfen Verstande, von dem feinsten Gefühl für Kunst und Literatur und von unermeßlichem Wissen. Es trat in seiner Rede wie in seinen Schriften hervor und ist seinem Stile einigermaßen nachteilig geworden, weil er in die Sätze mehr hineinzwängte, als sie eigentlich zu fassen vermochten. Noch hervorstechender waren die Billigkeit, Milde und Unparteilichkeit, womit er Gegenwart und Vergangenheit, auch gegnerische Ansichten und Handlungen beurteilte. Schriftsteller, denen eine solche Auffassung unverständlich ist, haben ihm wohl höfische Nachgiebigkeit zum Vorwurf gemacht. Mit Unrecht; er hielt fest an seinen Grundsätzen, und ich bin überzeugt, er hat dem Großherzog von Toskana, König Friedrich Wilhelm IV. und dem Kaiser Wilhelm, wenn es darauf ankam, seine Gedanken nicht vorenthalten. Die Erinnerungen aus seiner diplomatischen Wirksamkeit, an den freundschaftlichen Verkehr nicht nur mit Fürsten und Staatsmännern, sondern den vorzüglichsten Schriftstellern und Gelehrten Italiens erhöhten den Reiz der Unterhaltung, die bald vom Alltäglichen zu bedeutenderen Gegenständen sich hinwandte. Bei der Übersiedlung nach Bonn hatte er wohl an nähere Beziehungen zur Universität gedacht; der feinsinnige Bluhme, selbst mit Italien durch so manche Beziehungen verbunden, äußerte den Gedanken, man möge Reumont zum Honorarprofessor machen; er wäre dann der würdige Nachfolger Niebuhrs geworden. Aber zu einer Annäherung kam es nicht; seine zarte Gesundheit beschränkte ihn im geselligen Verkehr beinahe ganz auf sein eigenes Haus, und man glaubte in seinem Benehmen etwas förmliches und verschlossenes zu finden. Dagegen hielt er durch wiederholte längere Reisen nach Italien die Beziehungen zu den dortigen Freunden, besonders dem Marchese Gino Capponi und der fürstlichen Familie Rospigliosi aufrecht. Alljährlich wurde er im Herbst von der verwitweten Königin Elisabeth auf einige Wochen nach Stolzenfels eingeladen, von auswärtigen Freunden besuchte ihn wohl der eine oder andere in Bonn.

Mit Reumont war in mehr als einer Beziehung zu vergleichen Graf A. de Circourt, Staatsmann und Diplomat, Schriftsteller und Gelehrter, befreundet mit den berühmtesten seiner Zeitgenossen in Frankreich und Italien. Lamartine nannte ihn „eine lebende Weltkarte der menschlichen Kenntnisse". Prescott gedenkt seiner mit dem größten Lobe in der Vorrede der Geschichte Philipps II. Ich habe früher erwähnt, daß ich 1863 durch meinen Bruder ihm vorgestellt und in seinen Salon eingeführt wurde [1]). An meinem Buch und an der Art, wie es über Italien und Frankreich sich aussprach, hatte er Interesse genommen. Ich erhielt damals mehrere Briefe von ihm; auch in einer Zeitschrift hat er etwas darüber veröffentlicht. Ich war ebenso überrascht wie erfreut, als er mich jetzt auf seine Besitzung bei St. Cloud einlud und mir zugleich mitteilte, daß er demnächst auf einige Tage nach Bonn kommen werde. Am Ostersonntag, den 28. März 1869, traf er ein und blieb bis Mittwoch abend. Ich führte ihn auf den Kirchhof, auf den Kreuzberg und in die weitere Umgebung der Stadt; einen Abend verlebten wir bei Bluhme, mit dem er schon in Paris bekannt geworden war, einen Mittag bei Reumont, wo in einem Gespräche über französische Gelehrte eine staunenswerte Kenntnis persönlicher und literarischer Beziehungen hervortrat. Man brauchte nur einen Namen zu nennen, um von Circourt mit einer Fülle interessanter, meistens seiner eigenen Erinnerung entstammenden Nachrichten überschüttet zu werden. So erwähnte ich einmal, noch unter dem Eindruck der Schriften Byrons, seine letzte Liebe, die Gräfin Guiccioli; auch mit ihr war Circourt bekannt, schon in den dreißiger Jahren, als sie nach Byrons Tode als geschiedene Frau in Florenz lebte. Er kam dann nach Venedig zu

---

[1]) Vgl. über ihn und seine Gemahlin Sigismund Münz, Römische Reminiscenzen und Profile, Berlin 1900, S. 208 f.

ihrer Freundin, der Gräfin Albrizzi, lebhaft äußerte er einmal sein Bedauern, daß die Geliebte Byrons sich in eine so zweifelhafte Stellung gebracht habe. Die Gräfin nahm seinen Arm, führte ihn in ein Zimmer, wo vier Herren Whist spielend am Tische saßen, darunter ein Mann von abschreckender Häßlichkeit mit einem Augenschirme: „Ecco il conte Guiccioli", sagte sie, „ora dite che volete". Nach Guicciolis Tode heiratete die Witwe den Marquis Boissy, französischer Poet, einen der reichsten Grundbesitzer Frankreichs. Auch er war gestorben, aber die Marquise lebte noch, jetzt ungefähr 70jährig, in Paris. Vor zehn Jahren war sie noch von seltener Schönheit. Sie hatte sich ganz dem Spiritismus ergeben, hielt täglich Gespräche mit Byron und ihrem zweiten Gemahl. Byron lenkte einen Planeten, Boissy bewegte sich in niederen Sphären. Einmal gab Byron ihr den Rat, italienische Staatspapiere zu kaufen. Als das Geschäft sich sehr unvorteilhaft erwies, glaubte sie, Guiccioli, der sich noch als Geist umhertrieb, habe Byrons Stimme angenommen, um sie zu täuschen. Von der freiheitlichen Bewegung Italiens wollte sie nichts wissen. Sie konnte über dem Königreich Italien das Großherzogtum Toskana nicht vergessen.

Ein andermal fiel das Gespräch auf Heine, sein Gedicht, die Schlacht von Hastings und weiter auf Augustin Thierrys Geschichte der Normannen in England, das Werk, welchem Heine bekanntlich das Hauptmotiv seines Gedichtes entnommen hat. Auch dieser hochbegabte Geschichtsschreiber gehörte zu Circourts Freunden. Bekanntlich war er blind und gelähmt, und als wäre das des Unglücks noch nicht genug, wurde seine Frau von seinem literarischen Gehilfen verführt und starb infolge der Aufregungen, die dies unglückliche Verhältnis mit sich führte. Thierry war in völliger Unwissenheit geblieben; erst seine, Mignets und Heines Freundin, die Prinzessin Belgiojoso, war so unvorsichtig, ihm, um ihn zu trösten, klar zu machen, daß er nicht viel verloren habe. Aber sie brachte ihn dadurch ganz zur Verzweiflung. Auf einige Zeit nahm sie ihn mit sich in ihre Wohnung, verließ ihn aber, um eine Reise in die Türkei zu unternehmen, und er starb nicht lange nachher.

Wenn diese und ähnliche Mitteilungen Circourts die Gedanken in die Fremde führten, so knüpfte einige Tage früher ein Gespräch, das mir noch wohl erinnerlich ist, an das Nächstliegende an. Im Naumannschen Hause traf ich am Mittagstische den preußischen Legationsrat von Steffens, später Kammerherrn und Mitglied des Herrenhauses. Er war Vivenots Vetter, sehr für ihn eingenommen und äußerte schon deshalb sein lebhaftes Interesse für die literarischen Kontroversen und meine Anteilnahme. Von dem Zerwürfnis zwischen Bismarck und Savigny war er genau unterrichtet. Beide und mit ihnen der Sohn Bettinas, Sigmund v. Arnim, waren in den vierziger Jahren als Referendare bei der Regierung zu Aachen beschäftigt und ver kehrten viel in dem Hause des Oberforstmeisters v. Steffens. Der junge Steffens streifte als Student mit Bismarck des öfteren in den Wäldern bei Aachen umher. Bismarck gab damals den Regungen einer überschäumenden Jugend nach, war aber ein rascher und gewandter Arbeiter und in den Sitzungen immer fertig. Steffens Vater pflegte von ihm zu sagen, er werde es sehr weit oder zu gar nichts bringen.

Daß der erste Fall sich ereignet habe, hätte ich mit eigenen Augen wieder beobachten können, wenn ich in den schon eröffneten Reichstag sogleich eingetreten wäre. Aber mein Befinden und der Wunsch, die Gegenschrift vorerst zum Abschluß zu bringen, veranlaßten mich, zunächst bis Ostern, dann sogar bis Pfingsten um Urlaub nachzusuchen.

Erst am 20. Mai war ich wieder in Berlin. Nach so langem Zögern hätte ich eigentlich keinen so guten Empfang verdient, als er mir zuteil wurde. Das scharfe Auge unseres Präsidenten hatte mich gleich beim Eintritt in den Saal von seinem hohen Sitze aus bemerkt; kurz darauf brachte mir einer der Saaldiener einen Zettel, auf dem mit Bleistift geschrieben die Worte standen: „Willkommen im Reichstag! Simson.“ Auch andere Abgeordnete ließen mich durch freundliche Äußerungen erkennen, daß die literarische Fehde mir bei ihnen nicht geschadet habe.

Der Reichstag, schon am 4. März eröffnet, hatte vor Pfingsten eine lange Reihe von Gesetzesvorlagen, Anträgen und Petitionen erledigt oder — und zwar zum größeren Teile — in erste oder zweite Beratung genommen. Die meisten bezogen sich auf Gewerbe, Handel und Verkehr; man hatte Post- und Telegraphenverträge, auch einen Vertrag über literarisches Eigentum mit Italien, einen Vertrag über Freizügigkeit der Militärpflichtigen mit Baden genehmigt und schon am 17. März eine neue Gewerbeordnung in Beratung genommen. Durchgängig hatten Regierung und Reichstag sich im Einklange befunden.

In einem Falle, bei dem ein bedeutsamer Gegensatz hervortrat, muß ich jetzt — ich weiß nicht, ob ich vor 33 Jahren so klug gewesen wäre — dem Bundeskanzler vollständig recht geben. Die Abgeordneten Twesten und Graf Münster hatten einen Antrag auf Errichtung verantwortlicher Bundesministerien eingebracht. Er war zahlreich unterstützt und fand sogar die Mehrheit der Stimmen, wurde aber am 16. April mit Entschiedenheit von Bismarck zurückgewiesen. Die halb unterdrückte Bitterkeit, heitere Ironie und staatsmännische Überlegenheit machte seine Rede zu einem parlamentarischen Meisterstück. Es war gewiß eine notwendige Entwicklung, daß man im Laufe dreier Jahrzehnte, nachdem die Kraft eines Riesen nicht mehr ausgereicht hätte, ungefähr zu einem Äquivalent wirklicher Ministerien gekommen ist. Aber nichts hätte weniger förderlich sein können, als gleich zu Anfang Grundzüge der kaum festgestellten Bundesverfassung zu verändern, und den Mann, der nicht weniger durch Takt und Mäßigung, als durch Scharfblick und Willensstärke sein Werk der Vollendung entgegenführte, in der freien Bewegung zu hindern. Delbrück, der Kluge, Schlichte, niemals Vordringliche, war recht eigentlich der Mann, um als Präsident des Bundeskanzleramts das Beamtenwesen des Reiches in die richtigen Wege zu lenken. Daß Bismarck die Organisation wesentlich auf seine eigene Person berechnete, darf ihm nicht zum Vorwurf gereichen. Auch die Steinsche Reform, die Neuordnung der Ministerien im Jahre 1808, läßt deutlich genug erkennen, daß sie gerade unter dem persönlichen Einflusse ihres Urhebers zur vollen Wirkung gelangen sollte.

Ganz einverstanden waren die Regierungen und der Reichstag bei der Beratung eines endgültigen Wahlgesetzes und des Haushaltsetats für 1870, soweit er die Ausgaben betraf. Auf beiden Seiten zeigte sich das Bestreben, eine freie Entwicklung und alles, was der Bildung, dem Verkehr, der öffentlichen Wohlfahrt zum Vorteil gereichte, zu fördern. Aber woher sollten die Mittel genommen werden? Hier bei dem zweiten Teile des Etats, in dem es sich um die Einnahmen handelte, trat ein tiefgreifender Gegensatz hervor. Für die Bedürfnisse der Marine war eine Erhöhung der 1867 festgesetzten Anleihe von 10 auf 17 Millionen ohne Anstand bewilligt [1]) worden. Aber noch immer waren die Einnahmen des Bundes so wenig ausreichend, daß für den Etat von 1870 ein Defizit von 25 Millionen Talern durch Matrikularumlagen der einzelnen Bundesstaaten zu decken blieb; auf Preußen fielen gegen 20 Millionen. Eine solche Ausgabe konnte dauernd um so weniger ertragen werden, als sich die preußischen Finanzen durch den Krieg und den wirtschaftlichen Niedergang, den die politische Spannung der folgenden Jahre verursachte, keineswegs günstig gestaltet hatten. Schon im Jahre vorher hatte der preußische Finanzminister v. d. Heydt — was man ihm sehr verübelte — zur Deckung kein besseres Mittel gefunden, als den Verkauf der im Besitze des Staates befindlichen Köln-Mindener Eisenbahn-Prioritäten. Da eine Verminderung der Militärlasten, so erwünscht sie den meisten Mitgliedern des Reichstags gewesen wäre, der Bundesregierung nicht angenehm war, da auch die Erhöhung der direkten Steuern einstweilen unmöglich erschien, wurde dem Reichstag eine ganze Reihe indirekter Steuern auf Wechselstempel, Braumalz, Schlußscheine der Börse, ferner Wegfall der Portofreiheiten und, als wichtigste und einträglichste Einnahmequelle, eine Erhöhung der Branntweinsteuer vorgeschlagen, aber ohne Zusammenhang in längeren Zwischenräumen, ganz den Vorschriften Machiavellis entgegen, daß der Regent eine unangenehme, gewaltsam eingreifende Maßregel stets mit einem Schlage zur Ausführung

[1]) Sten. Ber. vom 13. und 24. April, 11. Mai 1869.

bringen solle. Dagegen war nun in den Maitagen ein heftiger Widerstand laut geworden, und gerade, als ich in den Reichstag eintrat, sollten die entscheidenden Verhandlungen beginnen. Am 21. Mai kam ich noch gerade rechtzeitig, um an der Schlußabstimmung über das Wahlgesetz und die Errichtung des obersten Handelsgerichts in Leipzig teilzunehmen. Die Beratung der Gewerbeordnung zog sich noch durch einige Sitzungen hin, aber auch sie wurde am 29. Mai beinahe einstimmig angenommen und dadurch der gewerblichen Entwicklung bis auf unsere Zeit eine neue Grundlage gegeben. Auch einige finanzielle Vorteile wurden der Regierung durch die Annahme der Wechselstempelsteuer und des Gesetzes über die Portofreiheit gewährt.

Aber das, worauf es hauptsächlich ankam, die Erhöhung der Branntweinsteuer, begegnete am 29. Mai einem vernichtenden Widerspruch. Von der einen Seite wollte man dem Arbeiter einen Genuß nicht verteuern, von der anderen den größeren, mittleren und kleineren Gutsbesitzern den Verdienst ihrer Brennereien nicht verringern. Bei der zweiten Lesung vereinigten sich nur 15 gegen 202 Stimmen zu ihren Gunsten. Moltke hatte sich heroisch unter die kleine Schar gewagt, während sein Waffenbruder Steinmetz sich zur Opposition gesellte. Als der Urheber der Vorlage, von der Heydt, ein schüchternes „Ja" abgab, brach das Haus, grausam genug, in ein lautes Gelächter aus[1]). Am 5. Juni hatte die Schlußabstimmung kein besseres Ergebnis[2]). Man fühlte, daß der Finanzminister nach solchen Vorgängen sich nicht lange mehr halten würde.

Es fragte sich, ob von anderer Seite für die fehlgeschlagene Hoffnung ein Ersatz zu erlangen sei. 2 Tage vorher am 3. Juni war das Zollparlament eröffnet worden, nicht durch den König, nicht einmal durch den Bundeskanzler, der erkrankt war, sondern durch Delbrück, der in seiner einfachen, schlichten Weise die Thronrede verlas.

Die hauptsächlichsten Vorlagen waren ein neues Zollgesetz, ein neuer Zolltarif, der gleich dem des vorhergehenden Jahres das Petroleum mit einem Zoll von 15 Sgr. für den Zentner belegte, dagegen den Zoll auf geformtes Eisen auf 17½ Sgr. für den Zentner herabsetzte, endlich ein Gesetz über die Besteuerung des Zuckers, welches den Eingangszoll auf jede Art ausländischen Zuckers steigerte und zugleich die einheimischen Zuckerrüben einer erhöhten Steuer von 8 Sgr. für den Zentner unterwarf. Die Verhandlungen wurden ruhig und sachlich, ohne sonderliche Erregung oder Begeisterung geführt; nur gegen Ende der Session versuchte der hessische Ab-

---

[1]) Irrig wird von Schultheß 1869, S. 91, dieser Vorgang auf den 31. Mai, von Sybel VII, 121, die Abstimmung auf den 1. Juni verlegt.

[2]) Vgl. Sten. Ber. 1869, S 1295.

geordnete Metz, wie im vergangenen Jahre, den Staub aufzuwirbeln, indem er einem an sich unbedeutenden Antrage einen Angriff gegen seine Regierung einmischte. Aber der Fürst Hohenlohe brach dem Antrag die Giftzähne aus; er bewirkte, daß man von der Motivierung Abstand nahm, die, wie er treffend bemerkte, sein „ästhetisch-diplomatisches Gefühl" verletze[1]).

Was die eigentlichen Verhandlungen angeht, so hatte das neue Zollgesetz, als es am 18. Juni zur Annahme gelangte, eine Reihe von Veränderungen erhalten, die von den Regierungen meistens als Verbesserungen anerkannt wurden. Auch die Zuckersteuer wurde am 21. Juni angenommen und dadurch eine neue, nicht unerhebliche Einnahme in Aussicht gestellt. Stärkere Gegensätze erregte aber der Zolltarif, besonders in den beiden, schon früher angedeuteten Bestimmungen. Die Herabsetzung des Zolls für geformtes Eisen war den Freihändlern nicht genügend; sie verlangten, daß das Roheisen unter die steuerfreien Einfuhrartikel aufgenommen würde[1]). Die Schutzzöllner, insbesondere die Besitzer von Eisenwerken, für welche der Abgeordnete Stumm als Wortführer auftrat, wollten von einer Herabsetzung der Eisenzölle überhaupt nichts wissen. Am gefährlichsten für die Regierungsvorlage war aber ein Antrag, der von dem bayerischen Abgeordneten Marquard Barth ausging und von 45 Abgeordneten, darunter so einflußreichen, wie der Herzog von Ujest, Graf Münster, Rothschild, Völk, Kardorff, mit kluger Berechnung auch von Stumm unterstützt wurde. Er zielte dahin, die Entscheidung zu verschieben; der Bundesrat sollte ersucht werden, durch Unterhandlungen mit den kontinentalen Nachbarstaaten auf eine gemeinschaftliche Ermäßigung der Eisenzölle hinzuwirken. Dagegen erhob sich Delbrück bei der Beratung am 15. Juni. In einfachen, aber den treffendsten Worten führte er aus, daß Verhandlungen mit den Nachbarstaaten kein Ergebnis versprächen. Daß jede Entscheidung besser und für Handel und Industrie weniger nachteilig sei, als die Ungewißheit, die Unmöglichkeit, mit ruhiger Voraussicht auf sicherer Grundlage geeignete Maßregeln zu treffen. Die Worte waren von durchschlagender Wirkung; es geschah, was ja selten geschieht, daß die zweifelhafte oder gar entgegengesetzte Ansicht einer Versammlung durch eine Rede sich bestimmen ließ. Mit 130 gegen 104 Stimmen wurde die Vorlage der Regierung angenommen. Kurz nach der Sitzung fand im Hansemannschen Hause ein Mittagessen statt, an welchem Delbrück, v. d. Heydt, Rothschild, Otto Camphausen und andere namhafte Vertreter der Industrie und der Finanzen teilnahmen. Auch hier trat die Nachwirkung der Rede noch hervor, und Delbrück konnte mit berechtigter Befriedigung die Glückwünsche zu seinem Erfolge entgegennehmen.

[1]) Vgl. Sten. Ber. des Zollparlaments 1869, S. 205.

[1]) Über den Antrag von Hennig und Genossen vgl. Drucks. Nr. 17. Sten. Ber. S. 52.

Weniger glücklich war die Regierung, als am 21. Juni bei der Schlußberatung des Tarifs noch einmal die Petroleumsteuer zur Verhandlung kam. Sie war, wie im vorigen Jahre, auch während der jetzigen Session in zweiter Lesung am 16. Juni abgelehnt worden[1]. Aber Bismarcks vertrauter Freund, Herr von Blanckenburg, hatte für die dritte Lesung den Antrag eingebracht, die Vorlage der Regierung wiederherzustellen. Bismarck selbst, obwohl bis dahin durch Unwohlsein dem Parlamente ferngehalten, befürwortete den Antrag, aber nicht geschickter als der Antragsteller. Statt neue und wichtige Gründe vorzubringen, ergingen sich beide in sarkastischen und ironischen Ausfällen gegen angebliche Vorkämpfer der Humanität. „Ich werde jedesmal", sagte Bismarck, „von einem gewissen Bedauern ergriffen, wenn ich gefühlvolle Klagen zu hören bekomme über den armen Mann, der sein Petroleum, sein Augenlicht, seine Intelligenz, der sein Pfeifchen Tabak besteuert sehen soll, aus demselben Munde, der sein Ja zur Besteuerung von Mehl, von Brot, unter Umständen von Feuerungsmaterial, von Fleisch und Salz ganz ohne Gewissensbedenken auf Kosten desselben armen Mannes ausspricht." Aber er mußte sich von Lasker, dem beredtesten Gegner der Steuer, eine schlagende Abfertigung gefallen lassen. Lasker konnte mit Recht darauf hinweisen, daß er bei früheren Beratungen nicht auf gefühlvolle Klagen sich beschränkt, sondern den volkswirtschaftlichen Standpunkt im Auge behalten habe, und daß es wahrlich nicht die Liberalen seien, die zur Besteuerung von Mehl, Holz, Brot usw. Ja zu sagen pflegten. Mit 157 gegen 111 Stimmen wurde die Petroleumsteuer verworfen, und demnächst mit 139 gegen 129 Stimmen — die süddeutsche Fraktion stimmte jetzt mit den Konservativen — der ganze Tarif angenommen[2].

Nach der Erklärung Bismarcks war freilich vorauszusehen, daß die Regierungen den Tarif, dem die Petroleumsteuer entzogen war, nicht genehmigen würden. Immerhin konnte man glauben, daß durch die Beratungen manche Aufklärung gewonnen und der Weg zu einer künftigen Einigung wenigstens erleichtert sei.

Die dem Zollparlament unterbreiteten Vorlagen waren nunmehr erledigt; der Reichstag hatte schon am 5. Juni durch die Ablehnung der Branntweinsteuer sein letztes Wort gesprochen. So konnten nach einer kurzen Sitzung vom 21. Juni beide Versammlungen am Nachmittag des 22. Juni in einem Akt geschlossen werden.

Der König sprach zwar in seiner Thronrede eine unbedingte Befriedigung aus, gab aber doch dem Zollparlament gegenüber der Hoffnung Ausdruck, daß die Verschiedenheit der Meinungen bezüglich des Zolltarifs mit der Zeit

[1] Vgl. Sten. Ber. des Zollparlaments 1869, S. 139.

[2] Vgl. Sten. Ber. des Zollparlaments 1869, S. 224 u. 232.

ihren Ausgleich finden würde. Dem Reichstag gegenüber äußerte er seine Freude über die wichtigen, durch das einmütige Zusammenwirken der verbündeten Regierungen mit der Volksvertretung erreichten Ergebnisse. Er verweilte insbesondere bei der Vollendung des ersten deutschen Kriegshafens, bei dem Aufschwung, der für die deutsche Marine durch die Erhöhung der bewilligten Anleihe gesichert sei. Damit verband sich freilich das Bedauern, daß über die zur Verminderung der Matrikularbeiträge vorgeschlagenen Maßregeln eine Einigung nicht erzielt worden sei.

Alles in allem nahm man den Eindruck mit, daß man in den letzten Monaten den Zielen der nationalen Entwicklung um ein Beträchtliches sich genähert habe, und daß es nach einem damals öfter gebrauchten Ausdrucke gelungen sei, auch das Innere des großen Gebäudes, das in den Umrissen vor drei Jahren aufgeführt wurde, in manchen Teilen wohnlicher zu gestalten.

Für mich war der Schluß des Reichstags jetzt so wenig wie im vorigen Sommer eine Veranlassung, Berlin zu verlassen. Der Wunsch, meine archivalischen Arbeiten wirksam zu fördern, konnte sogar erst jetzt der Erfüllung näher kommen. Die ersten Exemplare meiner Erwiderung auf Sybels Gegenschrift waren mir am 4. Juni zugekommen. Das Buch führte den Titel „Die Politik der deutschen Mächte im Revolutionskriege". Ich hatte das Gefühl, meine Ansichten und Behauptungen ausreichend verteidigt zu haben und wurde darin durch wertvolle Äußerungen von verschiedenen Seiten bestärkt. Nur da, wo ich es am meisten gewünscht hätte, war der Eindruck kein günstiger gewesen. Auf dem Archiv, an dessen Spitze 1867 nach Lancizolles Abgang Max Duncker getreten war, begegnete ich allerlei Schwierigkeiten, die keineswegs geeignet waren, den Fortgang meiner Arbeiten zu beschleunigen. Mit Vergnügen erinnere ich mich indessen der gesellschaftlichen Anregungen, die der mehr als zweimonatliche Aufenthalt in Berlin auch jetzt wieder mit sich brachte.

Jeden Samstagabend während der Parlamentszeit waren die Abgeordneten und eine auserlesene Gesellschaft in die schönen, wenn auch nicht gerade prächtigen Räume des Ministeriums des Auswärtigen eingeladen, wo Bismarck, seine Gemahlin und seine Tochter den Gästen freundlich entgegenkamen. Unter vielen bedeutenden Persönlichkeiten ist mir Graf Benedetti, der später so viel genannte französische Botschafter erinnerlich, in dem Augenblicke, als er sich Herrn von Bernuth vorstellte. Mehr klein als groß, wohlbeleibt, mit klugen, aber nicht gerade bedeutenden Gesichtszügen machte er eher den Eindruck eines Kaufmannes als eines so hochgestellten Diplomaten. Auch die Abgeordneten der Fortschrittspartei unterließen nicht, sich dort einzufinden. So sah ich einmal Löwe mit Bismarck in einem eifrigen Gespräch. Löwe empfing mich zuweilen auch in seinem Hause. Eingehend erzählte er wohl von seinem Aufenthalt in Amerika und England und von den Genossen seines Exils, die er nicht hart und unbillig, aber doch nicht ohne Strenge beurteilte. Er lobte Kinkels edlen Charakter, nannte ihn aber einen Phantasten ohne die notwendigsten Kenntnisse. Schurz erschien dagegen als ein Mann von kaltem, scharf berechnendem Verstande. Recht charakteristisch war die Äußerung eines ebenso liebenswürdigen wie exaltierten Demokraten Struve, desselben, den ich im August 1865 als Direktor der Heilanstalt in Rheinfelden getroffen hatte. Er meinte, wenn er sich mit Löwe versöhne, sei der Sieg der Demokratie in Europa entschieden. Neben diesen Äußerungen sei noch ein überraschend günstiges Urteil Waldecks über einen Freund meines väterlichen Hauses, den Finanzminister des Jahres 1848 und späteren Oberpräsidenten von Westfalen, v. Düesberg, erwähnt. Waldeck stellte ihn sehr hoch; er habe seit 1848 alle liberalen Einrichtungen begünstigt und gegen die Partei der Junker aufrecht erhalten. Zum Unglück sei er 1848 schon Minister gewesen, sonst hätte er nach den Märztagen den Staat auf die rechten Wege leiten können.

Franz Dunckers Haus war noch immer Sammelpunkt einer angenehmen Gesellschaft; am 1. Juni erhielt ich von der liebenswürdigen Frau einige Zeilen: „Wer weiß, ob ich Sie sehe, um Sie gelegentlich bitten zu können, für Freitag (4.) Nachmittag und Abend sich nicht zu versagen. Wir wollen meines Mannes Geburtstag, je nach dem Wetter, im Garten, im Grunewald, oder im Saal so heiter als möglich mit wenigen guten Freunden feiern." Am 4. hieß es aber: „Wir haben alle Pläne für heute wegen der Erkrankung unseres 88jährigen Papas daran geben müssen." Es trat jedoch eine Besserung ein, denn am 11. erhielt ich bereits wieder eine Einladung zu gemeinschaftlichem Besuche des Wallnertheaters. Aber die Tage des Achtundachtzigjährigen waren gezählt. Am 15. Juli schied er aus dem Leben; seine Gattin, die ihm 58 Jahre zur Seite gestanden hatte, war um drei Monate ihm vorausgegangen; an Philemon und Baucis mußte man unwillkürlich bei ihrem Anblick denken. Obgleich zwei seiner Söhne, Alexander und Franz, als namhafte Buchhändler tätig waren, hatte er die berühmte Firma Duncker und Humblot an Karl Geibel in Leipzig übertragen. In der Geschichte des deutschen Buchhandels bleibt sein Name unvergeßlich. Ranke war durch die Todesnachricht tief ergriffen: „Ich habe mit ihm den Weg durch das Leben gemacht", sagte er.

Vielleicht am häufigsten verkehrte ich in jener Zeit bei Gruner; selten verging eine Woche, in der ich nicht wenigstens ein- oder zweimal, teils allein oder mit anderen, einen Mittag oder Abend in seinem Hause verlebte. Öfters traf ich dort Curtius und Lepsius und Eduard Magnus, einzelne Male auch Ranke, Reichensperger, Windthorst und Schleiden und den Historiker Dr. Arndt. Die Gespräche waren nie ohne bedeutenden Inhalt; der Wunsch für Deutschlands und Preußens Ruhm und Größe konnte nicht lebhafter als hier geäußert werden. Bismarcks Politik und Benehmen wurden dagegen öfters nicht ohne Bitterkeit beurteilt. Gruner, der vordem in Frankfurt und Berlin mit ihm in amtlichem Verkehr stand, hatte, wie manche andere, unerfreuliche Erinnerungen noch nicht überwunden. Der Mann, mit dem ich am liebsten verkehrte, war aber Eduard Magnus. Trotz des Unterschieds der Jahre darf ich unser Verhältnis wohl Freundschaft nennen. Es liegt eine ganze Reihe von Zetteln aus der letzten Hälfte des Juni vor mir, die beinahe Tag für Tag einen Gruß, einige freundliche Worte, einen Vorschlag zum Spaziergang oder einer Zusammenkunft mir überbrachten. Wieviele angenehme Stunden habe ich in seinem Künstlerheim an der Anhalter Straße verlebt, wieviel bedeutende Erinnerungen wußte er in seiner anmutigen Weise zu beleben! Nicht allein als Maler, sondern auch musikalisch begabt, der Freund Mendelssohns und so vieler Künstler und Künstlerinnen, hatte er jetzt einen jungen Musiker, namens Krause, in seinen Umgang gezogen, und es war eine Freude, wenn seine siebzigjährige, noch immer wohlklingende Stimme sich auch einmal in einem Liede vernehmen ließ. Immer noch liegt mir im Sinne: „Que le temps dure", dieser Anfang eines Rousseauischen Gedichtes, dem der Dichter auch die stets auf drei Tönen verweilende Melodie gegeben hat.

Es war meine Absicht, die archivalischen Arbeiten, sobald ich in Berlin zu einem leidlichen Abschluß gekommen sei, in Wien fortzusetzen; aber nach vielen Monaten angestrengter Tätigkeit bedurfte ich in den heißen Sommertagen einer Erfrischung, und der Wunsch, noch einige Zeit mit Magnus zu verleben, lenkte die Wahl auf einen Ort nicht zu weit von Berlin. Wir verabredeten einen Aufenthalt von drei Wochen in Heringsdorf an der Ostsee, wo Magnus eine Schwägerin und einen kleinen Neffen finden sollte. Am 4. August führte mich die Eisenbahn nach Stettin, die Oder nach Swinemünde, dann ging der Weg durch schönen Wald an der Eiche vorüber, wo die Kronprinzessin im Sommer 1866 ihren aus dem Felde heimkehrenden Gemahl erwartete. Heringsdorf, der jetzt so vielbesuchte Badeort, stand damals noch in den Anfängen. Den wenig verlockenden Namen hatte es erst von Friedrich Wilhelm IV. erhalten. Nur ein einziger wenig empfehlenswerter Gasthof bot einem Teil der Fremden ein Unterkommen. Ich fand es in einem einfachen Fischerhäuschen. Die Ostsee machte nicht den gewaltigen Eindruck der Nordsee; aber für die Bäder war der Wellenschlag ausreichend, und welch ein entzückendes Gefühl, wenn man in der Morgenfrühe, von herrlichen Baumkronen überschattet, den Blick auf die sonnenbeglänzte endlose Wasserfläche richten konnte! Waldungen des schönsten Laubholzes erstreckten sich weiter als die längste Wanderung dicht am Meere oder landeinwärts. Höher gelegene Aussichtspunkte gewährten einen Überblick über Wald und See; es war ein

Aufenthalt so anmutig, wie man ihn nur wünschen konnte. Magnus hatte versprochen, möglichst bald zu folgen. Am 6. abends fand ich ihn im Gasthofe und die nächsten drei Wochen führten uns täglich zusammen. Er hörte gern, wenn ich ihm im Walde aus dem Gedächtnis die schönsten Gedichte deutscher und fremdländischer Poeten, besonders Goethes und Heines, hersagte. Auch für Gottfried von Straßburg, den ich als literarischen Reisegefährten mitgenommen hatte, suchte ich seine Teilnahme zu gewinnen; daneben bildete eine Schrift, die er herausgeben wollte, öfters den Stoff der Unterhaltung. Neue Bekanntschaften anzuknüpfen, lag nicht in meinen Wünschen, dagegen konnte ich eine alte erneuern. Ich habe früher erzählt, wie enge die Familie Sethe in den dreißiger Jahren in Münster mit der meinigen verbunden war. Mit dem ältesten Sohne Heinrich hatte ich als Kind den ersten Schreibunterricht geteilt. Der Vater, Christian Sethe, war als Provinzialsteuerdirektor in Frankfurt a. d. O. gestorben. Die Mutter, eine treue Freundin meiner Mutter, war das verehrte Haupt der Familie. Sie besaß in Heringsdorf ein schönes, damals wohl das schönste Anwesen. Das Haupthaus wurde während der eigentlichen Badezeit vermietet, aber ein Nebengebäude bot auch für einen zahlreichen Familienkreis genügende Räumlichkeiten. Söhne, Töchter und Enkel kamen und gingen. Wie erfreulich war es, Erinnerungen aus dem Kindesalter zu erneuern; mit Vorliebe wendete sich dann das Gespräch auf die Düsseldorfer Zustände am Anfang des Jahrhunderts und auf die Verbindung Christian Sethes mit Heinrich Heine. Dabei stellte sich heraus, daß zahlreiche Manuskripte des Dichters, Jugendgedichte und insbesondere sehr merkwürdige Jugendbriefe sich im Besitze der Frau Sethe befänden; und es entsprach nur den freundlichen Gesinnungen, die sie so oft meiner Mutter und mir bezeigt hatte, daß diese unschätzbaren Papiere, wenn ich sie einmal benutzen wollte, mir zur Veröffentlichung angeboten wurden. Nicht mit Unrecht fand ich in diesem Anerbieten das wichtigste Ergebnis meines Aufenthalts in Heringsdorf, als ich am 26. August mit Magnus nach Berlin zurückkehrte.

Noch in den letzten Tagen war mir von Ritschl und Laube, denen ich meine Verteidigungsschrift zugeschickt hatte, eine Einladung nach Leipzig zugekommen, die mich nicht weit von dem geraden Wege nach Wien abführte. Ritschl fand ich so kräftig und geistesfrisch wie jemals in Bonn, auch wohlgelaunt, sowohl am Mittagstisch wie spät abends in einem Kaffeehaus, wo nach dem Theater mehrere Freunde sich zusammenfanden. Er hatte sich in Leipzig einen Wirkungskreis geschaffen, wie er einem so hervorragenden Lehrer und Gelehrten geziemte. Seine Stellung an der Universität und zu den Behörden war die angenehmste, gleichwohl verlautete in seinen Reden noch immer eine sehnsüchtige Rückerinnerung an Bonn und der Ingrimm gegen seine Widersacher. Von Laube, den ich am Morgen besucht hatte, war ich für den Nachmittag eingeladen. Die kurze, gedrungene Gestalt mit kaum ergrauendem Haar, die ans Slavische gemahnende Gesichtsbildung, die klugen, scharf beinahe trotzig blickenden Augen deuteten sogleich auf eine tatkräftige selbständige Persönlichkeit. Den angenehmsten Eindruck machte seine Frau, die als Witwe des Professors Hänel 1836 ihm vermählt war. Klug und feinsinnig, ratend und vermittelnd hatte sie die Prüfungen und Erfolge ihres Gatten geteilt und nicht selten ihm die Wege geebnet. Wie Ritschl sehnte sich auch Laube in eine frühere Stellung zurück, nach Wien, wo er 18 Jahre — bis 1867 — das Burgtheater mit großem Erfolg geleitet hatte. Beinahe niemand, sagte er, habe seine Entlassung gewünscht. Der Kaiser selbst sei nur durch eine Intrigue verhindert worden, sie noch im letzten Augenblick wieder rückgängig zu machen. Das Gespräch bezog sich fast ausschließlich auf das Theater und dramatische Schriftsteller; Kleist und Grillparzer waren seine Lieblinge, für die er ja auch so vieles getan hatte; Grillparzers Bildnis hing in seinem Schlafzimmer. Seit einem Jahre lag nun die Leitung des Leipziger Stadttheaters in seiner Hand. Abends — es war Goethes Geburtstag — sah ich aus seiner Loge den Faust; die Aufführung durfte man gelungen nennen, ohne daß ein besonderes Talent hervorgetreten wäre.

Über Dresden und Prag, wo die eigentümliche Pracht der Stadt und die herrliche, an Lyon erinnernde Lage mich zwei Tage zurückhielten, kam ich am 2. September nachmittags nach Wien.

Mein Augenmerk mußte diesmal darauf gerichtet sein, die Verhandlungen des Rastatter Kongresses, sodann den Zusammenschluß der zweiten Koalition und die Vorbereitung zu dem neuen Kriege gegen Frankreich kennen zu lernen, also insbesondere das Verhältnis Österreichs zu Rußland oder vielmehr zu den wechselnden Entschlüssen und den Launen Paul I. Hätte ich die Arbeit in meiner Weise, Urkunde für Urkunde exzerpierend, angefangen, so würde sie die ganze Zeit meines Wiener Aufenthalts in Anspruch genommen haben. Aber hier lernte ich die Freundschaft Vivenots schätzen. Er hatte von den Korrespondenzen der Jahre 1796—99 trefflich ausgewählte, vollständige Abschriften genommen, die er bereitwillig in Wien und später in Bonn mich benützen ließ; so konnte ich, jener großen Aufgabe überhoben, mit kurzen Einblicken in die Zeit Katharinas II. und Paul I. mich begnügen und mich fast ausschließlich mit den massenhaft vorliegenden Rastatter Korrespondenzen beschäftigen. Das Wichtigste, die Korrespondenz Thuguts mit dem von Petersburg nach Rastatt berufenen Gesandten des Kaisers, Grafen Ludwig Cobenzl, und mit dem von Österreich zum Kongreß deputierten Grafen Lehrbach lag bis Mitte Oktober in leidlich vollständigen Exzerpten vor, den ganzen Urkundenschatz lange nicht erschöpfend, aber doch genug, um für die Verhandlungen in Rastatt und Selz der Darstellung eine sichere Grundlage zu gewähren.

Auch zu persönlichem Verkehr bot das Archiv manche angenehme Veranlassung. An seiner Spitze stand jetzt Arneth, und die leichtere Benützung, die man ihm verdankte, hat auch eine größere Zahl fremder Gelehrter an diese Fundgrube geschichtlichen Wissens geführt. Gleich als ich anlangte, traf ich Ernst Hoffmann und meinen Bonner Kollegen Arnold Schäfer mit seiner Frau, ein Paar, das unzertrennlich vereint, wie Odoardo und Gildippe, im Arbeitszimmer des Archivs den Kampf mit einem Heer von Aktenstücken heldenmütig und glücklicher als die von Tasso besungenen Beiden bestand. Später kam Wattenbach. Ich erinnere mich, daß er mich sogar zu einem mir ganz ungewohnten Frühstück in einem als „Schwarzes Kamel" berufenen Hause verführte. Den nützlichsten und zugleich einen sehr angenehmen Verkehr bot die stattliche Wohnung Vivenots an der Beatrixgasse. Er selbst mit seiner liebenswürdigen Gemahlin aus der rheinischen Familie Englert, sein Vater ein ausgezeichneter Arzt, sein Bruder ein befähigter Professor der Medizin, bildeten einen Mittelpunkt, an den eine Anzahl von Freunden sich anschloß. Von den Beamten des Ministeriums des Auswärtigen hatte Meysenbug sich zurückgezogen, Biegeleben war weniger zugänglich, aber Max von Gagern zeigte sich frisch und wohlwollend wie fünf Jahre früher. Es war eine Freude, diesen durch und durch ehrenhaft und redlich denkenden Mann über die politischen Angelegenheiten reden zu hören. Er beurteilte die veränderte Lage mit hellem Verstande und durchaus ohne den Übereifer, dem man nicht selten bei Konvertiten begegnet. Auf Vivenots Betreiben mußte ich mich dem Grafen Beust, dem Reichskanzler und jetzigen Chef des Archivwesens, vorstellen. Er empfing mich freundlich, aber ohne daß es zu einem eingehenden Gespräche gekommen wäre. Aus seinem Wesen, dem Blick seines Auges sprach eine regsame Geistestätigkeit, aber man erhielt nicht den Eindruck einer hervorragenden, in sich abgeschlossenen Persönlichkeit. Sogar seinem höchsten Gönner, dem Erzherzog Albrecht, hatte Vivenot viel von meinen Arbeiten erzählt; am 13. Oktober teilte er mir mit, der Erzherzog wolle mich am nächsten Tage sprechen. Vom Archiv führte mich Vivenot durch die langen Gänge der Hofburg in den Palast, der dem Erzherzog eingeräumt war. Da eben eine Besprechung mit dem Kriegsminister stattfand, hörte ich unterdessen von dem Adjutanten manches über die militärischen Erfolge und persönlichen Verhältnisse des Erzherzogs. Nach dem Tode seiner Gemahlin im Jahre 1864 lebte der Erzherzog ganz zurückgezogen; den größeren Teil des Palastes hatte er seinem jüngeren Bruder überlassen; von den beiden Töchtern war die eine vermählt, die andere, seine Lieblingstochter, am 6. Juni 1867 achtzehnjährig, durch den schrecklichsten Tod ihm entrissen; ein zu Boden geworfenes Schwefelhölzchen hatte am Putztisch ihre Kleider entzündet. Der Erzherzog — 1817 geboren — machte den Eindruck eines kräftigen, aber doch schon ergrauenden Fünfzigers; das Gesicht hatte durchaus den habsburgischen Typus; es erinnerte mich an Tizians Porträt Kaiser Karls V.; ein Zucken der Unterlippe mochte er von seinem Vater, dem Erzherzog Karl, geerbt haben. Sehr freundlich empfing er mich, sprach auch von meinen Schriften, von meinen jetzigen Arbeiten auf dem Archiv und über die Zeit der französischen Revolution, wie er denn überhaupt für Geschichte ein lebhaftes Interesse zu haben schien. Ein ausgeprägt militärischer Charakter machte sich in seinem Äußern nicht bemerkbar. Zwei Tage später sah ich ihn zum zweiten Male. Vivenot hielt im Militärkasino einen Vortrag über die Niederlage Korsakows in der zweiten Schlacht bei Zürich am 25. September 1799. Der Erzherzog, viele Generale und andere Offiziere, auch Arneth und Biegeleben waren unter den Zuhörern. Als der Erzherzog mich bemerkte, sprach er mit dem F. Z. M. von Hendel, der sich darauf erbot, mich durch die Räume des Instituts zu begleiten. Wir verweilten in der prächtig ausgestatteten Bibliothek. Selbst in Berlin, erzählte mir der freundliche Herr, vermisse man ein solches Institut wie das Kasino; das sei ihr Stolz, da doch in Preußen soviel für die Ausbildung des Militärs geschehe. Der Erzherzog sprach mit mir über den Vortrag, den er in einzelnen Punkten berichtigte. Mit Unrecht, sagte er, habe Vivenot behauptet, der Kaiser Paul habe Suworow den Österreichern als Heerführer aufgedrängt; man habe ihn im Gegenteil darum angegeangen, er habe gesagt: „C'est un fou, je m'en lave les mains." Am 18. Oktober wurde ich zum Mittagessen eingeladen; ich fand noch Arneth, Vivenot, den Professor des Staats- und Völkerrechts Leopold Neumann, noch einen Hofrat und die Adjutanten. Die Unterhaltung war lebhaft und ungezwungen, meistens auf historische und literarische Dinge gerichtet. Der Erzherzog zeigte sich als Kenner, erzählte auch manches von seinen eigenen Erlebnissen. Nach Tisch führte er uns in mehrere Räume seiner Wohnung, zeigte uns in seinem Schlafzimmer die Gemälde berühmter Generale, dann schöne Büsten der Königin Maria Antoinette und der Erzherzogin Marie Christine, der verehrten Tante und Pflegemutter seines Vaters; vor dem lebensgroßen Porträt der so früh ihm entrissenen Tochter konnte er seine Rührung kaum verbergen.

Von der europäischen Politik war, soviel ich mich erinnere, nicht die Rede, auch nicht von dem Besuche unseres Kronprinzen, der am 7. Oktober auf der Durchreise von Ägypten, in Wien verweilt und gerade mit dem Erzherzog freundlich verkehrt hatte [1]). Es freut mich, daß ich von den diplo-

[1]) Vergl. Sybel VII, 81. Sonderbar, daß Stosch, der den Kronprinzen begleitete, in seinen Denkwürdigkeiten, wo er von dem österreichischen Hofe redet, den Erzherzog nicht erwähnt.

matisch-militärischen Verhandlungen mit Napoleon, an denen der Erzherzog so vielfach beteiligt war, nichts wissen konnte. Dagegen kamen die Bonner Verhältnisse zur Sprache; schon bei Tische und noch mehr auf einem Spaziergange mit Arneth und Neumann wurde mir gesagt, ich müsse bald, jedenfalls bei der nächsten Vakanz, nach Wien berufen werden. Hätte ich selbst mit Entschiedenheit diesen Wunsch gehegt, so wäre jetzt die Zeit gewesen, auf die Erfüllung hinzuwirken; aber dazu konnte ich mich nicht entschließen, so wenig auch in Bonn unter Mühlers Regiment für mich zu hoffen war. Preußen zu verlassen, wäre mir jetzt wie später, wenn ich den juristischen Ausdruck gebrauchen darf, als eine Art von capitis deminutio erschienen. So wenig mir alles, was man dort vor Augen hatte, als vortrefflich und liebenswürdig vorkam, jederzeit habe ich doch das Gefühl gehabt, daß alles in allem Preußen der am besten organisierte und sogar für eine freie Entwicklung vorteilhafteste Staat sei.

Es wäre aber undankbar gegen das schöne Land, in dem ich mich eben aufhielt, wollte ich nicht der schönen Ausflüge gedenken, zu denen die reizvolle Umgebung Wiens einlud.

Eine dieser Wanderungen führte mich auf den Kahlenberg. Man begreift, warum es in einem Gedichte Grillparzers heißt: „Nur wenn vom Kahlenberg usw." Nach Osten schweift der Blick über die Türme Wiens und die herrlich bebaute, von der Donau durchzogene Ebene hinweg bis zu den ungarischen Gebirgen, nach Süden bis zu den steirischen Alpen. In den Wäldern, an den Wiesen, wo die Herbstzeitlose in weißer und blauer Blüte stand, verweilte ich bis zum späten Abend. In der Stadt wurden die Lichter angezündet, deutlich ließen die feurigen Linien den Zug der großen Straßen erkennen. Beinahe im Dunkeln stieg ich nach Nußdorf hinab; unten wurde es wieder hell, glänzend stand der Mond gerade über dem Einschnitt zwischen dem Leopolds- und Kahlenberg. Die Luft war mild und weich, ein leiser Wind ging durch die Rebengelände, an denen noch die schwarzen Trauben prangten. Gesegnete Weinländer, für die der Herbst die schönsten Früchte verspart, wenn anderswo die leeren Felder nichts mehr zu bieten haben! Das antwortende Zirpen der Grillen erinnerte mich an die Mondnacht auf dem Kirchhof zu Kaltern, wo ich gerade ein Jahr vorher einem ähnlichen Wechselgesang gelauscht hatte. Dort wie hier umgab mich die Natur mit unvergleichlichem Reiz; aber in mir war es dunkel, und nichts hätte ich weniger erwartet, als daß ich in Jahresfrist mit neuem Mut und mit dem Gefühl, der schlimmsten Hindernisse Herr zu sein, einen solchen Abend erleben würde. Und so erneuerte ich den Vorsatz, in glücklichen Tagen mich nicht zu überheben und in Widerwärtigkeiten nicht zu verzweifeln.

Am 20. Oktober verließ ich Wien und war am 21. wieder in Bonn, um

4 Tage später meine Vorlesungen anzufangen. Daneben beschäftigte mich die Fortsetzung der diplomatischen Verhandlungen und die Verwertung der in Berlin und Wien gesammelten Archivalien. Auf den Antrag eines Buchhändlers, die Fortsetzung der Schlosserschen Weltgeschichte zu übernehmen, konnte ich nicht eingehen. Zahlreiche gedruckte und noch mehr schriftliche Beurteilungen meiner letzten Schrift kamen mir zu. Sie hätten mich erfreut, wäre nicht der Streit an sich so wenig erfreulich gewesen. Daß auch Stimmen von der andern Seite laut wurden, konnte mich nicht befremden und nach dem, was sie enthielten, nicht beunruhigen. Mitte Dezember erschien eine Gegenerklärung Sybels in der Historischen Zeitschrift. Ihr Ton war aber von dem der früheren wesentlich verschieden, und gegen meine letzten Ausführungen brachte sie so wenig erhebliches, daß sie mir eher als Zugeständnis denn als neuer Angriff erschien. Den Plan, nochmals zu antworten, konnte ich ohne Selbstüberwindung aufgeben. Allmählich bequemte sich auch unser persönlicher Verkehr wieder den gewöhnlichen Formen kollegialer Beziehungen an. Und wenn ich in die folgenden Jahre übergreifen darf: es kamen Augenblicke, in denen wenig an einer wirklichen Aussöhnung fehlte. Am 7. August 1870 lasen wir, dicht nebeneinanderstehend, am Tor der Universität den Anschlagzettel, der die Siegesnachricht von Wörth bekannt machte. Für zwei Deutsche wäre es ein schöner Anlaß gewesen, sich die Hand zu reichen, und ich glaube, hätte ich ihm die meinige dargeboten, er würde sie nicht zurückgewiesen haben. Später erhielt ich noch zwei Briefe von ihm; der erste enthielt eine Anfrage bezüglich der rheinischen Farben, der zweite die Einladung zu einer Versammlung. Im 4. Bande seiner Revolutionsgeschichte (S. 632) erkannte er die Zuverlässigkeit meiner Auszüge aus den Depeschen Cobenzls ohne Rückhalt an. Aber zu einer offenen Aussprache kam es niemals, um so weniger, als er 1875 an die Spitze der preußischen Archive von Bonn nach Berlin berufen wurde. Die liberalen Grundsätze, die namentlich durch seinen Einfluß für die Benutzung des Geheimen Staatsarchivs zur Geltung gelangten, sind dann auch mir wesentlich und ungeschmälert zugute gekommen.

Wenn ich jetzt nach Jahren auf diesen Streit, der doch auf mein Leben nicht ohne Einfluß geblieben ist, zurückblicke, so geschieht es mit einem gemischten Gefühle. Ich glaube noch jetzt, daß die Fragen, um die es sich handelte, eine wissenschaftliche Erörterung verdienten, ja erforderten, daß ich bei dieser Erörterung nicht im Nachteil geblieben bin und die für den literarischen Verkehr gebotenen Grenzen nicht überschritten habe. Aber ich bin weit entfernt, mein Benehmen als klug oder als das beste anzusehen. Einem älteren Kollegen, einem so hervorragenden Gelehrten gegenüber hätte meine Schrift an mehr als einer Stelle milder und verbindlicher sich ausdrücken, ja eine eigentliche Polemik besser vermeiden sollen; vielleicht hätte es der Sache und unzweifelhaft dem Verfasser zum Vorteil gereicht. Denn die Folgen des Streites habe ich, wie man schon gesehen hat, sogleich und noch mehr in den nächsten Jahren, ja Jahrzehnten empfinden müssen. In einem gesellschaftlichen Kreise, wo persönliche Verbindungen so wirksam, ja entscheidend sind, war es kein geringer Nachteil, als der erklärte Gegner eines Mannes zu gelten, der durch Stellung und Persönlichkeit so weitreichenden Einfluß besaß und so zahlreiche Schüler, Freunde und Verehrer zählte; ja mein eigenes Gefühl hat darunter gelitten; Herr v. Sybel war nicht der Gegner, dem man nach einem Zusammenstoß gleichgültig den Rücken wendet, um ihn zu vergessen. Man hörte ihn fort und fort nennen, mußte ihm für unbestreitbare Leistungen und Verdienste erkenntlich sein. So sonderbar es klingen mag: wenn seine Art, persönliche, wissenschaftliche und politische Streitfragen zu verfechten, meiner innersten Natur widersprach, so habe ich doch zu keiner Zeit ein Interesse, ja eine gewisse Vorliebe für ihn unterdrücken können. Alles in allem haben diese Erlebnisse den mir angeborenen Abscheu gegen Zank und Hader nur verstärkt.

Im übrigen nahm der Winter einen ruhigen Verlauf; einige Sorge erregte nur, was man von den Verhandlungen und Absichten des am 8. Dezember in der Peterskirche eröffneten Konzils vernahm. Den liebsten Umgang bot mir Reumont, mit dem ich regelmäßig am Sonntag, gewöhnlich noch ein oder zweimal in der Woche und während seiner Erkrankung in der zweiten Hälfte des Januar täglich zusammen war. Gern hätte ich die Weihnachtsferien in meiner Heimat verlebt; aber leidende Augen hielten mich solange zurück, daß ich nur fünf Tage, vom 4. bis 8. Januar, mich des herzerquickenden Umgangs mit meiner Mutter erfreuen konnte. Sie klagte, daß ihr Freundeskreis in Münster immer kleiner würde; gerade in letzter Zeit hatte er jedoch einen Zuwachs erfahren. Eine Anverwandte der mit meinen Eltern schon lange befreundeten Familie Theissing hatte bei dem Musikfest im November durch ihre herrliche Stimme und eine ungewöhnliche Befähigung für den Vortrag die Zuhörer in Erstaunen gesetzt, war dadurch mit meiner Mutter bekannt geworden und ihr bald nahe getreten. Ich hörte sie zweimal, oft genug, um zu wünschen, sie noch öfter zu hören.

Die Vorlesungen begannen und schlossen damals später als jetzt; erst Mitte März konnte ich die meinigen zum Abschluß bringen. Bei der Annahme des Mandats hatte ich mir vorbehalten, daß sie durch die Teilnahme am Reichstage nicht beeinträchtigt werden dürften. Gleichwohl konnte ich nicht ohne Unbehagen von den Verhandlungen lesen, die während meiner Abwesenheit in Berlin stattfanden. Der Reichstag war am 14. Februar eröffnet. Wichtige Vorlagen gingen ihm schon in den ersten oder den bald folgenden Sitzungen zu. Die Abgeordneten Wagner (Altenburg) und Planck hatten am 30. März 1868 den Antrag auf Erlaß eines deutschen Strafgesetzbuches gestellt. Unerwartet schnell näherte sich der allgemein geteilte Wunsch der Erfüllung;

ein Entwurf, vornehmlich durch den Geheimen Rat Friedberg ausgearbeitet, war unter dem Vorsitze des Justizministers Leonhardt von ausgezeichneten Juristen durchberaten, am 31. Dezember 1869 dem Bundeskanzler überreicht und vom Bundesrate dann mit einigen Änderungen angenommen worden. Er bildete jetzt die wichtigste Vorlage für den Reichstag. Dazu kamen, in Ausführung des durch die Reichsverfassung festgestellten Indigenats und des Gesetzes über die Freizügigkeit, Gesetze über Erwerb und Verlust der Bundes- und Staatsangehörigkeit und den Unterstützungswohnsitz, sowie ein Vertrag mit Baden über wechselseitige Gewährung der Rechtshilfe. Die Vorteile dieses Vertrags konnten niemandem zweifelhaft sein, gleichwohl führte er in der Sitzung vom 24. Februar zu einer lebhaften Erörterung. Er gab, und deshalb gehe ich hier darauf ein, zu einer Meisterrede Bismarcks die Veranlassung. Lasker und einflußreiche Mitglieder der nationalliberalen Fraktion ließen nicht ab von dem übereilten Streben, den ungesäumten Eintritt Badens in den Norddeutschen Bund herbeizuführen. Eine dahin gerichtete Erklärung wollten sie mit der Genehmigung des Vertrages verbinden. Nichts konnte dem Bundeskanzler unbequemer sein, da es die Gegner in Süddeutschland reizen, Bayern und Württemberg verstimmen mußte, vielleicht den Krieg mit Österreich und Frankreich herbeiführte. Diese wichtigsten Gegengründe durfte Bismarck nicht einmal in einer öffentlichen Besprechung geltend machen. Aber überzeugend setzte er auseinander, wie rücksichtslos und unpolitisch es sei, daß man ihn, den Reichskanzler, ohne vorgängige Verabredung mit einem solchen Ansinnen behellige. Weit vorteilhafter könne Baden für das endliche Ziel, die Vereinigung des Südens, in seiner jetzigen Stellung wirken, als wenn man es getrennt von den andern Südstaaten in den Bund aufnehme. Dies alles war so augenscheinlich, daß es selbst den Antragstellern einleuchtete; sie zogen ihren Antrag zurück unter dem Vorgeben, ihr Ziel, die Absichten des Reichskanzlers kennen zu lernen, sei durch die Erörterung erreicht.

Für das Strafgesetzbuch war in der ersten Beratung am 22. Februar eine verständige Anordnung getroffen. Für die Einleitung und den ersten Teil, in dem die allgemeinen Grundsätze enthalten sind, ferner für die sieben ersten Abschnitte des zweiten Teils (§§ 78—144), in denen die politischen Verbrechen und Vergehen behandelt werden, sollte eine Schlußberatung im versammelten Hause stattfinden. Die übrigen Abschnitte (VIII—XXIX, §§ 145—360), für welche eine eigentlich juristisch-technische Beurteilung durch einen kleineren Kreis von Sachverständigen sich empfahl, wurden an eine Kommission verwiesen. In der zweiten Vorberatung, am 28. Februar, erregte sogleich das erste Wort der Einleitung die lebhafteste, für das ganze Schicksal der Vorlage bedeutsame Verhandlung. Indem es unter den Strafen eines Verbrechens auch die Todesstrafe aufführte, brachte es die seit einigen Jahrzehnten in den meisten Kulturländern so vielfach erörterte Frage, ob die Todesstrafe überhaupt noch statthaft sei, zur Erörterung. Man wird den stenographischen Bericht noch heute mit Interesse lesen. Die Für- und Gegengründe wurden in zwei Sitzungen klar, eingehend, aber doch nicht mit überflüssiger Breite einander entgegengestellt. Am eifrigsten und mit großem Talent trat Lasker für die Abschaffung ein, und die große Mehrzahl des Hauses war derselben Ansicht. Bismarck erklärte freilich, die Regierungen würden auf diese Veränderung ihrer Vorlage nicht eingehen und Preußen müsse das ganze Gewicht seines Ansehens für die Beibehaltung der Todesstrafe einsetzen. Gleichwohl wurde die Abschaffung am 1. März mit 118 gegen 81 Stimmen beschlossen.

Leichter wurde die Einigung über einen anderen, bis dahin vielumstrittenen Gegenstand. Der Abschnitt über die Gründe, welche die Strafbarkeit ausschließen, bot die geeignete Veranlassung, den Versuch zugunsten der Redefreiheit der Abgeordneten zu wiederholen. Twesten, seit 1865 der persönlich beteiligte Vorkämpfer dieser wichtigen Frage, lag jetzt an einer schweren Krankheit darnieder, der späten Nachwirkung jenes unseligen Zweikampfes mit dem General v. Manteuffel. Aber er hatte nicht unterlassen wollen, im Verein mit seinem Freunde Lasker, den er zugleich zu seinem parlamentarischen Vertreter machte, den Antrag zu stellen, die Bestimmungen des Art. 30 der Verfassung des Norddeutschen Bundes sollten zugunsten der Landtagsmitglieder aller einzelnen Staaten in dem Strafgesetzbuche wiederholt werden. Der Antrag blieb auch jetzt nicht ohne Widerspruch, erhielt aber schon nach der Art, wie Bismarck sich früher geäußert hatte, die große Mehrheit der Stimmen[1]). Und so war nun auch diese Angelegenheit — seit Jahren Ursache heftiger Aufregungen — endlich zur Ruhe gebracht (St. Ber. 1870 S. 226 ff.).

Bei der Beratung des Hochverrats, Landesverrats und der übrigen politischen Verbrechen waren es wieder die Ausführungen Laskers und ein Antrag des Abgeordneten Meyer-Thorn, welche eine Milderung der Strafen erzielten. Man war noch mit diesen Abschnitten des Strafgesetzbuches beschäftigt, als ich am 18. März in das Haus eintrat (St. Ber. S. 371). Die Beratung über das Strafgesetz, obwohl sie wie ein roter Faden durch die ganze Session vom ersten bis zum letzten Tage sich hindurchzog, war keineswegs die einzige geblieben. Unter manchem, was hier nicht erwähnt werden kann, war am 10. März das wichtige Gesetz über die Staatsangehörigkeit in zweiter Lesung zur Annahme gelangt. Die Beratung des Staatshaushaltetats war in

[1]) Bei der dritten Beratung wurde dann später festgesetzt, der einzufügende Paragraph und eine dem Zwecke nach mit ihm verbundene Bestimmung über die Straflosigkeit wahrheitsgetreuer Kammerberichte sollten am Schlusse des allgemeinen Teils ihre Stelle finden.

Angriff genommen; voraussichtlich konnte er erhebliche Schwierigkeiten nicht verursachen. Der preußische Finanzminister v. d. Heydt hatte, nachdem seine Entwürfe so völlig gescheitert waren, im November seine Entlassung genommen [1]), und sein Nachfolger Otto Camphausen hatte in der preußischen Finanzverwaltung eine so günstige Wendung herbeigeführt, daß man auch für den Haushaltsetat des Bundes von der Forderung neuer Steuern absehen konnte.

Dagegen wurde gerade jetzt eine Vorlage in der Presse wie in den Kreisen des Abgeordnetenhauses besprochen. Infolge vielfach geäußerter Wünsche hatten die Regierungen am 21. Februar ein Gesetz über das Urheberrecht an Schriftwerken und künstlerischen Erzeugnissen vorgelegt. Als es am 24. März zur zweiten Beratung kam, traten sogleich bezüglich der Grundprinzipien die verschiedensten Ansichten hervor. Die Regierungsvorlage erkannte in den §§ 1, 3, 8 dem Urheber eines Schriftwerkes oder dessen Erben und Rechtsnachfolgern das ausschließliche Recht der mechanischen Vervielfältigung zu, welches bis 30 Jahre nach seinem Tode dauern sollte. Der in praktischen Dingen sehr erfahrene Abgeordnete Braun (Wiesbaden) wollte dagegen die Vervielfältigung gegen eine dem Urheber zu entrichtende Tantieme freistellen, Professor Ewald aus Göttingen den Urheber und die Verwandten innerhalb gewisser Grade berechtigen, Wehrenpfennig die Schutzzeit auf 20 Jahre beschränken; nach Dunckers Antrag sollte die Frist wenigstens 10 Jahre nach dem Tode des Urhebers, 40 Jahre nach dem Erscheinen des Werkes, aber höchstens 30 Jahre nach dem Tode des Autors dauern (Drucks. Nr. 56 II). Nach langen Debatten wurde am 26. März die Regierungsvorlage angenommen, zugleich stellte sich aber deutlich heraus, daß für den Inhalt, insbesondere die technischen Teile des umfangreichen Gesetzentwurfs, die Vorberatung in einer Kommission, von der man anfangs absehen wollte, unerläßlich sei. In diese Kommission, die aus 14 Mitgliedern bestehen sollte, wurde ich gewählt. Den Vorsitz führte Graf Münster, nicht ungeschickt, ohne jedoch für das, worum es sich handelte, besondere Einsicht an den Tag zu legen; Vertreter der Regierung war der Geheime Postrat und spätere Professor Dambach, der die Vorlage, die er selbst entworfen hatte, mit vieler Sachkenntnis und sehr angelegentlich, man könnte sagen mit einer gewissen Ängstlichkeit, verteidigte. Die Entscheidung gab häufig, nicht immer in angenehmen Formen, aber scharfsinnig und durch seine Erfahrungen als Leiter des preußischen Preßbureaus und Redakteur der Preußischen Jahrbücher unterstützt, der Abgeordnete Wehrenpfennig. Das Protokoll hatte ich zu führen, obgleich in den St. Ber. S. 521 Hänel als Schrift-

---

[1]) Der Minister hat darüber Aufzeichnungen hinterlassen, die aber erst 50 Jahre nach seinem Tode veröffentlicht werden sollen.

führer genannt wird. Vom 28. März bis zum 8. April fanden täglich Sitzungen statt, also im ganzen 12, die zuweilen bis tief in die Nacht sich ausdehnten. So gelang es, mit der Durchberatung bis zu dem Tage fertig zu werden, an welchem die Osterferien ihren Anfang nahmen. Zum Berichterstatter war der Abgeordnete Wehrenpfennig ernannt. Man glaubte, mit einem mündlichen Bericht sich begnügen zu können, aber am 21. April, in der ersten Sitzung nach dem Ablauf der Osterferien, trat sogleich der dringende Wunsch nach einem schriftlichen Bericht hervor, ein Wunsch, um so leichter zu erfüllen, als eben ein längerer Zeitraum bevorstand, in welchem die Sitzungen des Reichstags ausfallen mußten.

Denn an demselben 21. April wurde das Zollparlament zum dritten Male eröffnet. Seine Aufgabe sollte darin bestehen, die schon zweimal mißlungene Feststellung eines neuen Zolltarifs endlich zustande zu bringen. Die Regierungen ließen jetzt die Petroleumsteuer fahren, nahmen aber zugleich das Anerbieten einer Erniedrigung des Reiszolls, die man auf 1 Million Taler geschätzt hatte, zurück und verlangten eine Erhöhung des Zolls auf Kaffee, die man auf 1 400 000 Taler, also 500 000 Taler höher als die Petroleumsteuer, schätzte. Zuerst waren die Aussichten auf Erfolg sehr gering. Am 4. Mai wurde der Zoll auf Kaffee abgelehnt, der Reiszoll und der Zoll auf Baumwollengarne und -gewebe gemindert. In süddeutschen Zeitungen setzte man schon mit Schadenfreude auseinander, daß die Verhandlungen des Zollparlaments zum dritten Male erfolglos bleiben würden. Dagegen regte sich aber der Widerstand der nationalgesinnten Parteien. Der Abgeordnete v. Patow, in Finanzsachen so oft bewährt, suchte einen Vermittlungsantrag zustande zu bringen. Den Regierungen wurde der Kaffeezoll, den Freihändlern eine Herabsetzung der Reis- und der Eisenzölle, den Schutzzöllnern eine Erhöhung des Zolls auf Baumwollengarne und -gewebe zugestanden. Nur die süddeutsche Fraktion und die Fortschrittspartei weigerten ihre Zustimmung. Am 6. Mai wurde, nachdem Delbrück seine Zustimmung erklärt hatte, der neue Zolltarif zustande gebracht, so daß am selben Tage der Schluß des Parlaments erfolgen konnte. Am 9. Mai nahm dann der Reichstag seine Sitzungen wieder auf. Ich befand mich an diesem Tage nicht mehr in Berlin.

Mehr noch als die Bonner Vorlesungen drängten zur Abreise die ungünstigen Nachrichten über das Befinden meiner Mutter, von deren Grund oder Ungrund ich mit eigenen Augen mich überzeugen wollte. Am 30. April abends langte ich in meiner Heimat an; meine Mutter fand ich leidend, aber doch nicht in dem Maße, daß es ernste Besorgnisse erregt hätte. In langen Gesprächen zeigte sie das lebhafteste Interesse für alles, was mich, meine Geschwister und ihre Berliner Freunde anging. Sie drängte sogar, daß ich in Bonn ja nichts versäumen dürfe, und da auch der Arzt einstweilen keine Gefahr erkennen wollte, trennten wir uns mit der Verabredung, daß ich die Pfingstferien in Münster verleben würde. Kaum einen Tag in Bonn, wurde ich am Morgen des 3. Mai durch einen Brief in Sorge versetzt und erhielt kurz darauf durch ein Telegramm die Nachricht, daß meine Mutter drei Minuten nach Mitternacht an einer Herzlähmung verschieden sei. Ich wurde, als die Unglücksbotschaft mir zukam, von einem Unwohlsein befallen, das mir an diesem und am folgenden Tage eine Reise unmöglich machte. Erst am 5. Mai konnte ich in Münster eintreffen, und am Nachmittag sah ich den Sarg, der meine Mutter einschloß, in die Gruft senken. Es war der härteste, der schwerste, der schmerzlichste Schlag, den ich in meinem Leben erlitten hatte. Seit 10 Jahren hatte ich jeden Gedanken mit ihr geteilt, ihre mütterliche Liebe und Sorge war unerschöpflich; für meine Arbeiten, meine Stellung an der Universität zeigte sie zuweilen ein noch lebhafteres Interesse als ich selbst; niemals fehlte mir ihr Rat und, was mehr ist, er hat mich, so weit ich mich erinnere, niemals auf falsche Wege geleitet. Jetzt war es mir, als hätte ich den Faden, der mich durch das Labyrinth leiten konnte, aus der Hand verloren, als sei das Geländer abgebrochen, das mich vor dem Abgrund schützte. Wie verödet erschien mir das elterliche Haus und wie einsam die eigene Wohnung, als ich am vierten Tage nach Bonn zurückkehrte! Meine Mutter besaß in seltenem Grade Neigung und Geschick, sich anderen teilnehmend und hilfreich zu erweisen; man erkannte es aus den Briefen, in denen Freunde und Fernstehende ihr Hinscheiden beklagten. Tröstlich war mir in dieser trüben Zeit, daß Magnus vom 25. Mai bis 1. Juni in Godesberg verweilte. Die Pfingstwoche führte mich wieder auf 4 Tage in die Heimat, wo ich die hinterlassenen Schriftstücke meiner Eltern ordnete. Es war ein Genuß, aber ein gefährlicher Genuß, da er den Schmerz und das Gefühl erneuerte, etwas unwiederbringliches, unersetzliches verloren zu haben.

Was mich von diesen Gedanken gewaltsam losriß? „Der Trübsal süße Milch, Philosophie!" Für den Sommer hatte ich neben dem deutschen Staatsrecht eine Vorlesung über Rechtsphilosophie angekündigt. So war ich genötigt, mich eingehend, wie ich schon lange gewünscht hatte, mit philosophischen Studien zu beschäftigen. Dabei war es aber wieder die Geschichte der Philosophie, die mich vornehmlich anzog. Die philosophischen Lehrgebäude, mochten sie nun von Plato, Spinoza, Cartesius, Leibniz, Kant, Schelling oder Hegel den Namen tragen, erschienen mir mehr als geistvolle Gedankenspiele denn als Grundlage dauernder, unumstößlicher Wahrheiten. Freilich bietet ihr Studium nichtsdestoweniger unschätzbare Vorteile, indem es die Gedanken an strenge Zucht und logische Folge und psychologischen Scharfblick gewöhnt. Jene ausgezeichneten Geister schienen mir einigermaßen Alchimisten vergleichbar, die zwar das Gold und den Stein der Weisen nicht fanden, aber bei dem Suchen Medizin und Naturwissenschaften durch wichtige Beobachtungen und Entdeckungen bereicherten. Mein eigentlicher Lehrer war mein früherer Kollege Ueberweg in seiner Geschichte der Philosophie, und oft habe ich dankbar dieses ebenso sonderbaren als bedeutenden Mannes gedacht, eines früheren Elementarlehrers, dann langjährigen Privatdozenten und einer im täglichen Benehmen beinahe lächerlichen Persönlichkeit, dessen Lehrbuch aber in mehreren neuen Auflagen noch heute, lange nach seinem Tode, unentbehrlich ist.

---

10. Kapitel.

Der Krieg von 1870 und die nachfolgenden Jahre.

Während ich aber solchen Studien und den schmerzlichen Regungen eines tief verletzten Herzens mit voller Geistesruhe nachzugehen wünschte, waren am Horizont zwei dunkle Wolken, die eine langsam, die andere plötzlich drohend, aufgestiegen: die Verhandlungen des vatikanischen Konzils und die Gefahr eines Krieges mit Frankreich. Für beide bedarf es, um mich darüber auszusprechen, eines kurzen Rückblicks.

Nach dem, was ich im Sommer 1867 in Paris erlebte, konnte ich mich nie der Befürchtung entschlagen, daß es einmal zu einem Zusammenstoß zwischen Frankreich und dem geeinigten Deutschland kommen würde. Frankreich, bis 1866 unzweifelhaft die leitende Macht auf dem Kontinent, hatte seitdem eine Demütigung nach der anderen erfahren. Die Vermittlung zwischen Österreich und Preußen hatte dem Kaiser nicht einmal einen Gewinn an Achtung eingetragen. Alle Wünsche einer Gebietserweiterung hatte Bismarck vereitelt, die Erwerbung Luxemburgs rückgängig gemacht. Als Zugeständnis an das Napoleonische Nationalitätsprinzip hatte man die Rückgabe Nordschleswigs an Dänemark in den Prager Frieden aufgenommen; aber sie gelangte nicht zur Ausführung. Mit bitteren Empfindungen mochte der Kaiser erkennen, wie kurzsichtig er gehandelt hatte, als er den großen Machtzuwachs Preußens sich gefallen ließ gegen die beinahe wertlose Bedingung, daß die süddeutschen Staaten einstweilen in den Norddeutschen Bund nicht eintreten würden. Denn daß eine notwendige Entwicklung dahinführen müsse, war vorauszusehen. Die im März im Norddeutschen Reichstag geführten Verhandlungen über die Aufnahme Badens hatten gerade deshalb in Paris einen so üblen Eindruck gemacht, weil Bismarck, so bestimmt er auch dem voreiligen Drängen Laskers entgegentrat, doch die endliche Vereinigung des Südens mit dem Norden als den sicheren Abschluß der ganzen Entwicklung bezeichnete. Erfüllte sich dies, so erhielt Frankreich an seiner Ostgrenze einen mächtigen, vielleicht übermächtigen Nachbar; gerade das war es, was man dem Kaiser schon 1867 noch weit mehr als die Einigung Italiens zum Vorwurf machte. Nachdem so der Zündstoff jahrelang angehäuft war, bedurfte es nur eines Funkens, um ihn in Brand zu setzen. Aber niemand hätte doch, als die Kandidatur des Erbprinzen von Hohenzollern für den schon mehrmals vergeblich ausgebotenen spanischen Thron hervortrat, eine so furchtbare Explosion erwartet. Bekanntlich gab der Erbprinz, nachdem er zu wiederholten Malen das Anerbieten abgelehnt hatte, am 20. Juni seine Zusage; König Wilhelm hatte nicht als König von Preußen, sondern als Familienhaupt eine nach den Familienverträgen nicht notwendige Zustimmung erteilt. Nach allem, was über die Vorverhandlungen bisher zutage gekommen ist, muß man begreiflich finden, daß die französische Regierung sich gekränkt fühlte, und unerklärlich bleibt noch immer, wie das Hohenzollernsche Fürstenhaus abgehalten wurde, dem bis dahin befreundeten Napoleon von einem für Frankreich gewiß nicht unwichtigen Entschlusse vorgängige Kenntnis zu geben. Hätte die französische Regierung sich darüber auf diplomatischem Wege beschwert und gegen die Thronfolge des Erbprinzen Einspruch erhoben, so hätte sie England, Rußland und Österreich auf ihrer Seite gehabt und ohne Zweifel ihr Ziel erreicht. Unentschuldbar waren aber die drohenden und beleidigenden Ausfälle, die der Herzog von Gramont am 6. Juli in der französischen Deputiertenkammer gegen Preußen richtete. Sie ließen sogleich das Ärgste befürchten; denn man mußte annehmen, ein Minister des Auswärtigen würde keine solche Sprache führen, wenn der Krieg nicht beschlossene Sache sei. Vor allem in den zunächst betroffenen Rheinlanden war die Unruhe groß. Niemand hatte in Preußen an den Krieg oder an eine so nahe Gefahr gedacht: der König verweilte im Bad Ems, Bismarck in Varzin, Moltke und mehrere Minister auf ihren Gütern oder auf Reisen. Dagegen hörte man aus Paris von Tag zu Tag sich steigernd die leidenschaftlichen Ausbrüche des Preußenhasses in den Kammerreden und auf der Straße. Groß war die Erbitterung gegen den Friedensstörer, daneben wurde freilich auch die Meinung laut, man hätte der französischen Regierung rechtzeitig Nachricht geben und nicht wegen eines zweifelhaften Vorteils die Gefahr eines solchen Kriegs heraufbeschwören sollen. Beinahe allen fiel wie dem Könige Wilhelm „ein Stein vom Herzen", als am 13. die Nachricht sich verbreitete, der Erbprinz von Hohenzollern habe auf die Thronfolge verzichtet, der Friede sei gesichert. Nur ein junger Elsässer, Eduard Schuré, ein Freund der Familie Naumann, mit dem ich damals gern verkehrte, wollte diesem Frieden nicht trauen. Er meinte, man wolle in Paris den Krieg und werde in der einen oder anderen Weise Mittel finden, ihn zum Ausbruch zu bringen. Nur zu bald zeigte sich, wie richtig er vorausgesehen hatte. Die Verzichtleistung des Erbprinzen erfüllte tatsächlich die Wünsche Frankreichs und schloß, was man auch sagen mochte, den diplomatischen Rückzug Preußens in sich. Statt sich mit diesem Erfolg zu begnügen, beging Gramont die Torheit, an den König neue ungereimte Forderungen zu stellen, eine Garantie gegen hohenzollernsche Ansprüche in aller Zukunft, einen demütigenden Brief an den Kaiser. Mit Blitzesschnelle ergriff der ihm so weit überlegene Gegner die Gelegenheit, für die plumpen Ausfälle in der französischen Kammer sich zu rächen, die Franzosen ins Unrecht zu setzen und gegen den Störer unserer Ruhe, den neidischen Gegner deutscher Macht und Selbstständigkeit, die Hochflut patriotischer Gefühle aufzuregen. Am Morgen des 14. wurde die berufene Emser Depesche über die Vorgänge des 13. bekannt. Man kann nicht sagen, daß sie den Sinn der Worte, die König Wilhelm hatte telegraphieren lassen, wesentlich veränderte. Sie war keine Fälschung, auch keine Eigenmächtigkeit, zu welcher der Minister nach den Worten des Königs nicht berechtigt gewesen wäre; aber mit genialer Meisterschaft hatte sie, nach Moltkes Ausdruck, die Chamade in eine Fanfare verwandelt, und die Art der Veröffentlichung machte nun auch dem französischen Kaiser einen Rückzug schwer. Sie verscheuchte, wie man jetzt weiß, in Paris die letzten Friedensgedanken; am 15. Juli wurde die Mobilmachung des Heeres und dadurch tatsächlich die Kriegserklärung von Gramont und Leboeuf vorgeschlagen, vom Kaiser nicht ohne Sträuben genehmigt und vom gesetzgebenden Körper mit Jubel aufgenommen. Die Antwort aus Berlin konnte nicht ausbleiben. Am Morgen des 16. war ich früh nach Heisterbach gegangen, um nach den ununterbrochenen Aufregungen der letzten Tage einmal wieder frei zu atmen. In der anmutigen Umgebung konnte man sich ungestört seinen Gedanken überlassen. Aber gleich nach Mittag kam von Bonn der Professor Knoodt mit der Nachricht, daß in Deutschland die Mobilmachung angeordnet sei. Wenig später versammelten sich Studenten, die schon einberufen waren, zu einer Abschiedsfeier. Bei der Heimkehr fand ich auf dem Tische ein Telegramm des Reichskanzleramts mit der Aufforderung, mich am Dienstag, den 19., in Berlin einzufinden. Nachdem ich am Montag vor ehr wenigen Zuhörern meinen Vorlesungen einen notdürftigen Abschluß gegeben hatte, trat ich die Reise an. Im Eisenbahnzug fand ich meinen Vetter August Druffel, der sich in Münster stellen wollte, auf dem Kölner Bahnhof mehrere rheinische Abgeordnete. In Magdeburg stieg Peter Reichensperger in den Wagen; er hatte eine Badekur in Biarritz unterbrochen, noch gerade rechtzeitig, um ohne Anstand über die französische Grenze zu gelangen. Um ½11 Uhr waren wir in Berlin, um 12 Uhr im Weißen Saal. Schon der Anblick der Versammelten bewies, daß etwas Großes sich ereignen würde. Ein lebhafter Meinungsaustausch zwischen Personen aller Stände und Parteien zeugte gleichmäßig von dem Zorn über die freche Herausforderung, von einer richtigen Schätzung der Gefahr, aber auch von dem Vertrauen, sie zu überwinden, von dem festen Willen, alle Kräfte für das Wohl und die Ehre Deutschlands einzusetzen. Nun nahte der königliche Zug. Die Thronrede, kurz und einfach, sprach in ernsten, würdigen Worten nur aus, was jeder fühlte. Daß Worte, die von Herzen kommen, zum Herzen gehen, traf sicherlich in diesem Augenblicke zu. Neben mir stand Forckenbeck, ein gewiß nicht rührseliger Mann, aber dicke Tränen rollten ihm, wie vielen anderen, über die Wangen. Der König selbst war so erregt, daß er die Thronrede kaum zu lesen vermochte. Schon bei den ersten Worten zitterte seine Stimme, mehrmals mußte er mit der Hand sich die Tränen von der Wange wischen.

Die Begeisterung, mit der die königlichen Worte aufgenommen wurden, übertrug sich auf den Sitzungssaal, wo sich bald nach 2 Uhr der Reichstag versammelte. Ohne Zeitverlust wurden die notwendigen Förmlichkeiten erledigt. Nach Bismarcks Mitteilung, daß der französische Geschäftsträger Le Sourd eben die förmliche Kriegserklärung überreicht habe, brach von allen Seiten ein lauter Jubel hervor. Dann setzte man gleich auf den nächsten Morgen die Beratung einer Regierungsvorlage, die eine Anleihe von 120 Millionen Taler forderte und eines Antrags, der die Gründung von Darlehenskassen und die Ausgabe von Darlehensscheinen bis zum Betrage von 30 Millionen vorschlug. An den beiden folgenden Tagen kam dann alles für den Krieg erforderliche zum Vollzug. Eine Adresse an den König wurde angenommen, die Geldmittel bewilligt, die §§ 17 und 20 des Gesetzes über die Staatsangehörigkeit, welche im Kriegsfalle die Rückberufung der im Auslande verweilenden Wehrpflichtigen gestatteten, sogleich in Kraft gesetzt, die Einstellung des Zivilverfahrens gegen die im Felde Stehenden angeordnet, endlich das Mandat der Abgeordneten, das Anfang September ablief, für die Dauer des Krieges, aber nicht über den 31. Dezember 1870[1]) hinaus, verlängert. Um die Möglichkeit einer zweiten und dritten Beratung zu gewinnen, hielt man am Mittwoch zwei, am Donnerstag sogar drei Sitzungen, deren Dauer nach Minuten zählte, denn alles wurde mit der größten Ruhe, ohne heftige oder leidenschaftliche Reden, meistens durch einfache Abstimmung erledigt. Nur die Verlängerung des Mandats fand Widerspruch bei der Fortschrittspartei, und auch darin lag ein Vorteil, denn es zeigte, daß die Beschlüsse nicht kopflos und übereilig, sondern mit ruhiger Überlegung gefaßt wurden. Denselben Eindruck machten die Gespräche und Mitteilungen der Abgeordneten, die vor oder zwischen den Sitzungen in den Räumen des Reichstagsgebäudes oder in den schattigen Gängen des Gartens ihre Sorgen und Hoffnungen austauschten. Verglich man diese Verhandlungen und was außerhalb des Reichstags geschah mit der überreizten Leidenschaft des gesetzgebenden Körpers, der Theater und der Boulevards

[1]) So in den Stenogr. Ber. S. 16, dagegen steht in den Verhandlungen des Reichstags (Aktenstück Nr. 14) 1871.

in Paris, so erhielt man schon eine starke Bürgschaft für den guten Ausgang; niemals fielen beschimpfende Worte, weder gegen die Nation noch gegen einen einzelnen. Der Schluß der Session wurde ohne jeden theatralischen Anstrich im Sitzungsgebäude durch Bismarck im Auftrage des Königs ausgesprochen, und in wenigen würdigen Sätzen brachte dann Simson die Wünsche und Hoffnungen für den Verlauf des Krieges zum Ausdruck. Wie im Mai, freilich in anderer Weise, konnte sich jeder Teilnehmer dem beglückenden Gefühle hingeben, daß etwas großes geschehe und daß „der große Moment" diesmal nicht ein „kleines", sondern ein seiner würdiges Geschlecht gefunden habe. Noch im Sitzungssaale hatte ich am 20. einen Brief meines Freundes Rendu erhalten, in welchem er nachweisen wollte, die bedrohlichen Übergriffe Bismarcks hätten Frankreich zum Kriege genötigt. Darauf war kein großes Gewicht zu legen, aber bei der Abstimmung über die 120 Millionen fühlte ich doch, wieviel lieber ich das Geld zu anderen Zwecken bewilligt hätte als gegen eine Nation, in der so manche treffliche Männer mir lieb und verehrungswürdig waren und deren Interessen, richtig aufgefaßt, mit den unsrigen gar nicht im Widerspruche standen. Für jetzt blieb aber nichts zu wünschen als die möglichst rasche glückliche Beendigung des Feldzuges. Wie mehrere Abgeordnete, hatte ich mich für die Dauer des Krieges der Regierung zur Verfügung gestellt, auch mit Delbrück und Herrn v. Keudell darüber gesprochen. Schon deshalb war es nötig, nach dem Schluß des Reichstages noch einige Zeit in Berlin zu verweilen. Auch war es interessant genug, von einem großen Mittelpunkte aus die Entwicklung der vielverschlungenen Ereignisse zu verfolgen. War doch zu dem einen großen Streitpunkt am 18. Juli noch ein zweiter gekommen, die Entscheidung des vatikanischen Konzils über die Unfehlbarkeit des Papstes. Lange Zeit konnte ich aber nicht warten, denn wenn ein französisches Heer übermächtig in die Rheinlande einbrach, mußte ich wünschen, in der Heimat zu sein. Am 28. Juli 6 Uhr morgens reiste ich von Berlin ab. Bis nach Oschersleben im Harz hatte die Fahrt keine Schwierigkeiten, der Wagen war nicht überfüllt, die Hitze erträglich. Später wurde aber der Zuzug immer stärker, auf dem Bahnhof in Braunschweig war das Gedränge unentwirrbar, und so blieb es weiter bei jeder Station, wo der langsam sich bewegende Zug einen Aufenthalt nahm. Die Nacht und den folgenden Morgen mußte ich im Wagen zubringen, erst am Mittag erreichte ich Köln und am Abend auf einem von Soldaten gefüllten Dampfschiff meine Heimat. Die gespannteste Aufmerksamkeit mußte dem nunmehr täglich zu erwartenden Beginn der Feindseligkeiten sich zuwenden. In Bonn sprachen Aufregung, Sorge und Erbitterung jetzt wie im Jahre 1866 noch lebhafter sich aus als in der Hauptstadt. Die Universität stand verödet, zahlreiche Studierende waren zu den Fahnen geeilt. Der Generaloberst v. Loë erzählte noch in späten Jahren gern von der Begeisterung und den opferfreudigen Anerbietungen, die ihm, als dem Obersten des damals in Bonn stehenden Regimentes der Königshusaren von der studierenden Jugend dargebracht wurden. Im Verein der rheinischen Altertumsfreunde trat ein patriotischer Kollege mit dem Antrage hervor, den französischen Kaiser, den man zum Danke für freundliche Förderung rheinischer Gelehrten und wegen seiner Geschichte Julius Caesars voreinst zum Ehrenmitglied ernannt hatte, dieses für ihn gewiß unschätzbaren Ehrentitels für verlustig zu erklären. Die langsame Zusammenziehung, die planlosen Bewegungen des französischen Heeres beschwichtigten zwar die ärgsten Besorgnisse, immer mußte man aber gewärtig sein, daß der Feind die Grenzen überschreite; dazu kam die grundlose Befürchtung, daß gepanzerte Kriegsschaluppen von Straßburg her den Rhein hinabfahren und die anliegenden Städte beschießen würden. Die Besetzung Saarbrückens schien dann in der Tat ein unerfreulicher Anfang, obgleich die heldenmütige Ausdauer der kleinen preußischen Besatzung und das prahlerische Aufbauschen des geringfügigen Scheinerfolges in den französischen Zeitungen die deutsche Kriegsführung in ein weit günstigeres Licht stellten als die französische. Am 4. August machte ich mit Bernays einen Spaziergang nach unserem kleinen Familiengut in Mondorf; ich erinnere mich, daß wir auf dem Rückwege lebhafte Besorgnisse austauschten. Am anderen Morgen trat er freudestrahlend in mein Zimmer mit der Nachricht von dem Siege bei Weißenburg. Von nun an reihte sich eine Siegesnachricht an die andere, und wenn auch die Erfolge in der Umgebung von Metz mit furchtbaren Opfern erkauft werden mußten, so war doch jede Gefahr für die Rheinlande nunmehr verschwunden; mit freudigem Stolze konnte man auf die Leistungen eines solchen Heeres, mit sicherer Hoffnung auf den Ausgang des Krieges blicken.

Mittlerweile traten die Nachwirkungen der vatikanischen Beschlüsse vom 18. Juli immer bedeutsamer hervor, und wie den französischen Imperator für den Streit der Waffen, mußte man mit noch weit größerem Recht den Papst für den Streit der Meinungen verantwortlich machen. Nur eine seltene Vereinigung guter und übler Eigenschaften konnte eine Persönlichkeit in solcher Weise zur Entwicklung bringen und nur eine lange Folge außerordentlicher Ereignisse ihr Gelegenheit bieten, sich in solcher Weise zu betätigen. Ohne gründliche Vorbildung war der junge Mastai-Ferretti nicht aus innerer Neigung, sondern infolge seiner schwankenden Gesundheit aus der päpstlichen Nobelgarde in den geistlichen Stand getreten. Mehr als gewöhnliche Fähigkeiten, eine gewinnende Liebenswürdigkeit, gute Verbindungen erhoben ihn rasch zu den höheren kirchlichen Würden, und die liberale Bewegung, die nach dem Hinscheiden Gregors XVI. sogar in das Kardinalskollegium Eingang fand, führte ihn auf den päpstlichen Stuhl. Gewiß mit den besten Absichten, aber ohne rechte Überlegung und mit einer starken Neigung, seine Persönlichkeit in den Vordergrund zu stellen, hatte er die italienischen Freiheitsgedanken begünstigt. Als dann die Geister, die er entfesselt hatte, sich nicht mehr zügeln ließen, als er seine Hauptstadt verlassen mußte und nur unter dem Schutze französischer Truppen zurückkehren konnte, hatte er, recht in der Art von Menschen, die nicht nach festen Grundsätzen, sondern nach persönlichen Empfindungen handeln, dem ganz entgegengesetzten System sich zugewendet und die Gedanken einer unbegrenzten Machtfülle, die sich auf politischem Gebiete nicht verwirklichen ließen, um so eifriger auf dem kirchlichen zur Geltung gebracht. Der Syllabus und die Enzyklika (8. Dezember 1854) setzten ihn in schroffsten Gegensatz zu den notwendigsten Anforderungen des heutigen Staatslebens, das Dogma von der unbefleckten Empfängnis und die Heiligsprechung des Petrus Canisius bezeugten seine Vorliebe für den Jesuitenorden, dessen geistiger Einfluß den Vatikan beherrschte. Bekanntlich gehörte zu den Sätzen, die der Orden am eifrigsten verfocht, auch die Lehre von der Unfehlbarkeit und der allgemeinen Episkopalgewalt des Papstes. Und was konnte den Neigungen gerade eines Papstes wie Pius IX. schmeichelhafter sein? Schon bei dem Dogma des Jahres 1854 war zu der Entscheidung des Papstes nur eine nachträgliche, schwer zu verweigernde Genehmigung der Bischöfe hinzugetreten, und es ließ sich voraussehen, daß noch weitere Schritte auf diesem Wege folgen würden. Aber es überstieg doch alle Befürchtungen, daß dem Konzil in einer Zeit, wo so vieles zu erwägen, so manches zu verbessern war, keine andere Aufgabe als diese Erweiterung päpstlicher Machtbefugnisse zugewiesen wurde. Und wie aufdringlich, mit welcher Gewaltsamkeit wurde dieses Ziel gerade von der Stelle, wo man die größte Zurückhaltung sich hätte auferlegen, den leisesten Schein eines Zwanges hätte vermeiden sollen, verfolgt! Schon die Zusammensetzung, die Berufung aller Weihbischöfe und vieler kleinerer Prälaten widersprach dem Herkommen. Aber das Ärgste war eine Geschäftsordnung, welche jede freie, eingehende, des Gegenstandes würdige Beratung unmöglich machte. Verwies sie doch jede Vorentscheidung von einiger Wichtigkeit an Kommissionen, die willkürlich der Leitung solcher Prälaten unterstellt wurden, deren man völlig sicher zu sein glaubte. Vielleicht in keiner parlamentarischen Versammlung der Welt war jemals die Freiheit der Rede in solchem Maße verkümmert worden, und wenn der französische Konvent sich etwa noch Ärgeres zu schulden kommen ließ, so hatte er doch wenigstens nicht behauptet, vom heiligen Geist inspiriert zu sein. Trotz aller dieser Gewaltmittel war das ersehnte Ziel doch nicht erreicht. In der eigentlich bedeutenden Abstimmung vom 13. Juli 1870, welche allein die Meinung der Versammlung zu klarem Ausdruck brachte, hatten in bezug auf die vorgelegte Formel nur 451 Mitglieder mit „Ja", 62 mit „Ja" unter nicht zutreffenden Bedingungen, 88 mit „Nein", also in Wahrheit 150 Stimmen mit „Nein" gestimmt; und diese 150 Stimmen repräsentierten nach Umfang und Bedeutung der Diözesen einen weit größeren Teil der katholischen Christenheit als die 451 Stimmen, von denen nicht wenige nur eine kleine italienische Stadt vertraten. In Wahrheit hätte damit die Unfehlbarkeit als abgelehnt betrachtet werden sollen: denn es war doch von jeher der anerkannte Grundsatz, ein Konzil solle nur feststellen, was aller Orten, zu allen Zeiten, von allen geglaubt worden sei, und wer konnte das auf Grund einer solchen Abstimmung von der Unfehlbarkeit behaupten? Aber Erwägungen dieser Art war Pius IX. unzugänglich. Selbst als die Bischöfe der Minderheit in einer Audienz ihm die inständige Bitte aussprachen, von seinem Vorhaben abzustehen, als der Mainzer Bischof v. Ketteler ihn fußfällig anflehte, blieb er unbewegt. Aber nun geschah das Unglaubliche, das Unfaßbare, wenn nicht das Herz des Menschen zu gleicher Zeit der verschiedensten Regungen fähig wäre. 115 Bischöfe, Männer von tadellosem Wandel, die für ihr Bekenntnis die ärgsten Drohungen eines weltlichen Oberen, ja den Märtyrertod nicht gescheut hätten, besaßen nicht den Mut, einem solchen Papste gegenüber ihre Überzeugung auszusprechen. Am Tage vor der endgültigen Abstimmung, am 17. Juli, unterzeichneten sie eine Erklärung, daß die Ehrfurcht vor dem Oberhaupt der Kirche ihnen verbiete, Opposition zu machen, daß sie aber bei ihrer früheren Abstimmung verharrten. Danach verließen sie Rom und den Platz, den Ehre und Pflicht ihnen angewiesen. Diese schmachvolle Flucht ließ dann auf dem Konzil jeden Widerspruch verstummen; am 18. Juli wurden die Dekrete über die Unfehlbarkeit und die allgemeine Episkopalgewalt des Papstes von 547 gegen 2 Stimmen angenommen.

Es fragte sich, was die Folge sein werde. Wenn die protestierenden Bischöfe auf ihrem Widerspruche beharrten, so ließ der Beschluß des Konzils mit guten juristischen Gründen sich anfechten. Man kann sich denken, wie die Vorgänge in Rom von der protestantischen Presse und Literatur aufgenommen wurden. Aber auch eifrige Katholiken aus den Kreisen der Geistlichkeit und nicht weniger der Laienwelt fühlten sich zu einer Äußerung gedrängt, vor allem Mitglieder der theologischen Fakultäten. Die Bewegung, welche auf der Gelehrtenversammlung in München eifrige Anhänger, aber auch lebhaften Widerspruch gefunden hatte, war seitdem nicht eingeschlafen; sie verehrte in Döllinger ihr geistiges Haupt und hatte ein neues Organ in dem Bonner Theologischen Literaturblatte erhalten, das von dem Begründer, Professor J. H. Reusch, ebenso besonnen und umsichtig als mit umfassender Gelehrsamkeit geleitet wurde. Als mit der Berufung des Konzils am 29. Juni 1868 die Befürchtungen stiegen, steigerte sich auch der Streit der Meinungen, und es war besonders die damals noch in Augsburg erscheinende Allgemeine Zeitung, welche ihnen den schärfsten Ausdruck gab. Nachdem im Herbst 1869 der Janus — wie man mit Recht annahm, unter dem Einflusse Döllingers — die Entwicklung und unberechtigte Ausdehnung der päpstlichen Herrschaftsgedanken dargestellt hatte, erschienen im Laufe des folgenden Jahres die „Briefe vom Konzil" von Quirinus, welche die Intriguen und das gewaltsame Vorgehen zugunsten der Unfehlbarkeit ins ungünstigste Licht stellten. Aus Laienkreisen fand damals vor allem eine in Koblenz im Mai 1869 entstandene Adresse verdiente Beachtung. In schönen und würdigen Worten legte eine große Zahl achtungswerter, ihrer Kirche ergebener Männer dem Bischof von Trier ihre Wünsche für das bevorstehende Konzil, für das Verhältnis der Kirche zum Staat, die theologische Bildung der Geistlichen, die Schulen und die Bücherverbote ans Herz. Die Unfehlbarkeit wurde nur mittelbar insofern berührt, als die Unterzeichner ihren Gegensatz gegen die herausfordernden Behauptungen der Civiltà cattolica nicht verhehlten. Daß ein Mann wie Montalembert seine unbedingte Zustimmung zu dieser Adresse aussprach, mußte ihre Bedeutung erhöhen.

So sehr diese Bewegungen mein Interesse erregten, so lebhaft ich ihnen Erfolg wünschte, so konnte ich mich doch verhältnismäßig nur wenig daran beteiligen. Denn zunächst war ich durch die große politische Entwicklung, den Reichstag und meine historischen Arbeiten in Anspruch genommen; dann war auch mein Verhältnis zur katholischen Dogmatik derart, daß ich mich nicht wohl öffentlichen Erklärungen anschließen konnte, die gewöhnlich mit den weitestgehenden Glaubensbekenntnissen anhoben. Unerträglich war es mir, das innerste Heiligtum des Herzens in Zeitungsblättern der Öffentlichkeit und dem Tagesgeschwätz preiszugeben. Endlich war, was von den sogenannten liberalen Katholiken ausging, wenn auch an sich vollkommen begründet, doch nicht immer folgerichtig, sobald man sich auf den dogmatischen Standpunkt stellte, den sie selbst einzunehmen behaupteten. Selbst bei ihren juristischen und geschichtlichen Folgerungen konnte ich ihnen nicht immer recht geben. Ich finde in meinem Tagebuche eine lange Auseinandersetzung über den Janus, die wohl damals als Rezension hätte veröffentlicht werden können. Sie schließt sich zwar im ganzen seiner Darstellung an, verweilt aber auch bei den zahlreichen Übertreibungen, Einseitigkeiten und unbegründeten Vorwürfen dieses in damaliger Zeit und später unmäßig gepriesenen Buches. Von der Unfehlbarkeit hatte ich seit frühester Jugend, nach dem, was ich im Religionsunterricht und in dem vortrefflichen Overbergschen Katechismus hören und lesen konnte, nur geglaubt, daß sie eine „protestantische Verleumdung" sei. Lange konnte ich deshalb, so dringend auch die Anzeichen wurden, mir nicht vorstellen, daß ein Konzil sie als Dogma proklamieren werde. Daneben mußte ich mir sagen, daß die praktische Bedeutung und die Gefahren dieses wie des damit in Verbindung stehenden Dogmas nicht entfernt so bedeutend seien, wie sie in leidenschaftlichen Zeitungsblättern geschildert wurden. Was mich am meisten empörte, war das gewaltsame Verfahren, die Unterdrückung selbst der bestberechtigten Einwendungen auf dem Konzil. Mit Vergnügen hatte ich deshalb auch eine Adresse an Döllinger unterzeichnet, die ihm als dem Vorkämpfer gegen eine lange Reihe von Ungerechtigkeiten Dank und Verehrung aussprach.

Als ich Ende Juli aus Berlin nach Bonn zurückkehrte, war die Aufregung über die Konzilsbeschlüsse dort so groß, daß selbst der Lärm des Krieges sie nicht übertäubte. Von den widerstrebenden Bischöfen hatte sich, soviel ich weiß, noch keiner ausgesprochen; in den Kreisen der Universität und meiner näheren Bekannten wurden die Vorgänge in Rom einstimmig bedauert und verurteilt. Am 14. August begab sich eine Anzahl von Bonnern, darunter die Professoren Kampschulte, Knoodt, Bauerband, Loersch, ich denke auch Schaaffhausen, La Valette und manche andere nach Königswinter, um dort mit gleichgesinnten Koblenzern das, was geschehen könne, in Beratung zu nehmen. Man kam überein, eine öffentliche Erklärung zu erlassen. Ich hatte mich nur auf dringendes Zureden angeschlossen, mehr aus Pflichtgefühl als aus innerer Neigung; ich weiß nicht, warum man mich gleichwohl mit der Formulierung der Erklärung beauftragte. Als ein Verdienst möchte ich wohl ansprechen, daß ich von leidenschaftlichen Expektorationen abriet und als Kanonist die Erklärung auf den einzigen Punkt richtete, der für den Widerspruch gegen die Konzilsbeschlüsse festen Halt bot. Ein anerkannter Grundsatz des kanonischen Rechtes war, daß als Dogma nur erklärt werden könne, was aller Orten von allen geglaubt werde. Zeugen und Autorität dafür waren einzig die Bischöfe. Da nun 150 oder noch am Tage vor dem Beschluß 115 Bischöfe in gegenteiligem Sinne entschieden hatten, so konnte das, was am 18. geschah, nicht als rechtmäßiger und verbindlicher Beschluß eines Konzils anerkannt werden. Dies schlug ich vor zu erklären und darauf die Erklärung zu beschränken; man konnte dann erwarten, was die Bischöfe tun würden. Mit dem ersten Teil meines Vorschlages waren die Versammelten einverstanden, aber zu meinem Bedauern war dies einem gewiß sehr wohlmeinenden, aber nicht gerade weitsichtigen Herrn aus Koblenz nicht genug. Er brachte es dahin, daß dem ersten Satze noch eine förmliche Verwerfung der Konzilsbeschlüsse beigefügt wurde. Ob eine so weit gehende Verurteilung zu den Befugnissen einer nicht eben großen, nur aus eigener Autorität zusammengetretenen Zahl von Laien gehöre, ob sie eine weitgehende Billigung finden würde, war zum mindesten zweifelhaft. Nicht sehr befriedigt kehrte ich nach Hause zurück mit dem Wunsche, allen theologischen Zänkereien von jeher ferngeblieben zu sein; wenn ich am anderen Tage die Erklärung unterzeichnete, so geschah es hauptsächlich in dem Gefühle, daß man Gefährten, mit denen man einmal eine Sache angefangen habe, nicht verlassen dürfe und daß man gegen ein Unrecht, wie es in Rom begangen worden sei, sich offen aussprechen müsse.

Einige Tage später traf ich mit den meisten meiner Geschwister noch einmal im elterlichen Hause zusammen. Wir hatten im Mai verabredet, daß die ganze Einrichtung drei Monate lang unverändert bleiben sollte. Aber jetzt ließen Ausräumung und Teilung sich nicht länger verschieben, und es zeigte sich nun, welch ein Übermaß von urväterlichem Hausrat, neuen und neuesten Mobilien, Büchern, Bildern und Kunstgegenständen jeder Art seit mehr als 100 Jahren von meinem Urgroßvater, meiner Großmutter, meinem Vater, dann von meinen Mutter in dem alten, großen Gebäude zusammengebracht war. Wieviel liebe Erinnerungen knüpften sich an manche oft unscheinbare Dinge, die, aus dem Zusammenhange gerissen, jetzt ihren Hauptwert verloren! Lebhaft empfand ich dabei den Vorteil der großen adeligen Familien, in denen durch eine Stiftung der Hauptbestand des Vermögens in einer Hand vereinigt und auf die kommenden Geschlechter übertragen wird. Wenn meine Ideen in mancher Beziehung eine demokratische Richtung nahmen, bin ich doch stets für Fideikommisse eingetreten. Die Erhaltung des Namens und der Stellung der Familie, die Aufbewahrung und das Zusammenbleiben der kostbarsten Familienerinnerungen kann den Nachgeborenen den Verzicht zugunsten des Stammhalters erleichtern, und der gemeinsame, festbegründete Mittelpunkt bietet auch den Minderbegünstigten eine Zuflucht im Falle der Not und einen Rückhalt, wenn er sich auf eigene Füße stellen will. Wie sehr hat Italien durch die Aufhebung des Rechts der Erstgeburt, durch die Zersplitterung des großen Grundbesitzes sich geschadet, und wie vortrefflich bewährt sich das englische System, das immer nur dem Erstgeborenen die Ausnahmestellung zuerkennt, während die jüngeren Brüder und die weibliche Nachkommenschaft die Verbindung der Familie und des Titelträgers mit der Gesamtbevölkerung aufrecht erhalten! Für uns lag etwas tröstliches wenigstens darin, daß eine Teilung unter 13 Geschwister auch nicht den Schatten einer Uneinigkeit hervorrief. Meine Mutter hatte durch unermüdlichen Briefwechsel mit jedem einzelnen alle Geschwister und noch einige der nächsten Verwandten in steter Verbindung gehalten. Um diesen Vorteil jetzt, da der Mittelpunkt fehlte, nicht zu verlieren, beschlossen wir, daß jeder am Ende jeden Monats dem ältesten Bruder über seine Erlebnisse Nachricht geben solle. Diese Erlebnisse wurden dann am 1. des folgenden Monats zu einer Familienzeitung vereinigt, welcher wir den Namen unserer Mutter „Julia" beilegten. Sie hat 25 Jahre bestanden, vielleicht einzig in ihrer Art; die Geschichte des deutschen Zeitungswesens von Wuttke weiß wenigstens neben ihr kein anderes Beispiel aufzuführen.

Wie schwer war es, jetzt für immer von dem väterlichen Hause Abschied zu nehmen! Solange als möglich, verweilte ich auch nach der Abreise der Geschwister in den vereinsamten Räumen, in der Umgebung, an die sich so viele liebe Erinnerungen knüpften, mit der Ordnung von Briefen und Papieren beschäftigt, aus denen der Geist vergangener Zeiten sprach. Diese Zeit war abgeschlossen, und als ich das alte Heim verließ, kamen mir die Schlußverse [1]) von Miltons „Verlorenem Paradies" in den Sinn:

The world was all before them, where to choose
Their place of rest, and Providence their guide.

Wirklich war mir gerade jetzt zur Erholung eine Fußreise dringend angeraten, nur wollte ich eine durchgreifende Entscheidung auf dem Schlachtfelde vorerst erwarten. Gleichzeitig mit meinem Eintreffen in Bonn erhielt man aber dort die Nachricht von der Schlacht bei Sedan, der Kapitulation des französischen Heeres und seines Kaisers, ein unermeßlicher Erfolg, wie die Geschichte aller Zeiten kaum einen ähnlichen verzeichnet. Welches deutsche Herz mußte nicht höher schlagen! In die Schmähungen gegen den Kaiser konnte ich dagegen nicht einstimmen: eher regte sich mein Mitgefühl. Sein Wesen hatte mir immer eine gewisse Sympathie eingeflößt. War er doch außer dem König von Sachsen der einzige Monarch, der für wissenschaftliche Dinge ein wirkliches Verständnis besaß. Gerade die Befreiung Italiens, sein unsterbliches Verdienst, war der erste Schritt auf der Bahn, die zu seinem Sturze führte. Ein tragisches Geschick lag auch darin, daß er, der weniger als seit Jahrhunderten eine französische Regierung unserer nationalen Entwicklung sich abgeneigt gezeigt hatte, jetzt zuerst die schwere Hand des geeinigten Deutschlands empfinden mußte. Was sich später vollkommen bestätigt hat: daß er den Krieg lieber vermieden als begonnen hätte, schien mir schon damals wahrscheinlich. Wenn sein Minister Ollivier von sich behauptet hatte, er ginge mit leichtem Herzen in den Krieg, so konnte ein Rheinländer jetzt in der Tat mit erleichtertem Herzen wenigstens eine Reise antreten. Der dritte Tag führte mich abends nach Offenburg, in eine kleine freundliche Stadt, wo allenfalls Hermann und Dorothea gewohnt haben könnten. Wie hatten sich die Verhältnisse jetzt geändert! Aus den oberen Fenstern des Gasthofs bemerkte ich den Feuerschein in der Gegend des auf dem linken Ufer nahe gelegenen Straßburg, sah auch einzelne Kugeln einen feurigen Halbkreis am nächtlichen Himmel beschreiben und hörte dann nach langem Zwischenraum den Schall dem Blitze folgen.

Gerade einen Monat später sollte ich mich mit eigenen Augen in Straßburg von der Wirkung dieser Kugeln überzeugen. Ich hatte inzwischen einen schönen Teil der Schweiz durchwandert, in Luzern Frau v. Schwartz bei ihrem Bruder begrüßt, in Bern von der Terrasse des Doms die Alpenansicht bewundert. Am Thuner See kam ich in ein Gespräch mit einem Bauern, der eine auffallende Vorliebe für die deutschen Waffen und, man könnte sagen, einen Ingrimm gegen die Franzosen hervortreten ließ. Woher dieser Ingrimm? Sein Vater hatte in dem Schreckensjahre 1798, als die Franzosen Bern über-

[1]) Nicht eigentlich Schlußverse. Vgl. Par. Lost XII, 646 f.

fielen, in dem Verzweiflungskampfe am Grauholz mitgefochten. Erst vor 10 Jahren war er, 87 jährig, gestorben. Am 16. September stieg ich von Interlaken nach Mürren hinauf, in der Hoffnung, von da auf den Gipfel des Schildhornes zu gelangen. Abends an der Wirtstafel erzählte einer der Gäste sehr anschaulich von einem Sanitätszuge, der den deutschen Verwundeten in den Hospitälern von Gorze Hilfe brachte. Am nächsten Morgen, vor die Haustüre tretend, fand ich denselben Erzähler im Begriffe, in das Tal hinabzusteigen. Ich lernte in ihm den Professor Karl Mendelssohn-Bartholdy aus Freiburg kennen, und das Ergebnis unserer Unterredung war die gemeinsame Besteigung des Schildhornes. Der Tag hielt, was der herrliche Morgen versprochen hatte: die Rundsicht von dem Gipfel, der eine Höhe von 9000 Fuß erreicht, war rein und unbewölkt. Eine mehrstündige Wanderung über ewigen Schnee verbindet beinahe wie ein gemeinschaftlicher Waffengang. Dazu kamen persönliche Berührungspunkte. Mendelssohns literarische Untersuchungen hatten sich wie die meinigen auf den Rastatter Kongreß gewendet; während eines Semesters hatte er meine Kontroverse mit Sybel den Übungen in seinem historischen Seminar zugrunde gelegt. Vor 7 Monaten war ihm seine liebenswürdige junge Frau durch den Tod entrissen, während ich meine Mutter betrauerte. Wir beschlossen, unsere Wanderung gemeinsam fortzusetzen, zunächst über Grindelwald nach Meiringen. Als wir am Abend des 19. in den Gasthof „Zum Ochsen" eintraten, war das erste, was mir auffiel, ein Porträt Felix Mendelssohn-Bartholdys, das eine Dame aus Dresden „dem treuen Führer Mendelssohns" geschenkt hatte. Darunter lagen, in roten Saffian gebunden, Mendelssohns Reisebriefe. Es fand sich, daß der Besitzer des Gasthofs eben jener Peter Michel war, der dem berühmten Meister im Jahre 1831 als Führer diente und in den Briefen oft so freundliche Erwähnung findet. Man begreift, wie sehr er sich freute, den Sohn eines so verehrten Mannes nun bei sich aufzunehmen. Der Weg führte uns weit über die Grimsel in das Rhonetal; von Münster wieder zum Eggischhorn hinauf und über Bel Alp nach Brieg hinab. Auch in diese Gegenden erstreckte der Krieg seine Wirkungen, denn die sonst so zahlreich besuchten Gasthöfe waren menschenleer; nur auf dem Eggischhorn hauste ein Engländer, der, wie wir vom Wirte hörten, über Tage in dem nahen Bettensee Forellen angelte und abends stundenlang seiner Frau aus dem „Common Prayer-Book" und der Bibel vorlas. Von beidem erhielten wir einen Beweis, da er uns für den Abendtisch eine Forelle schickte und bis tief in die Nacht einen einförmigen Vortrag hören ließ. Von Brieg das Rhônetal hinab bis nach Visp blieben wir noch zusammen, dann mußte geschieden sein, Mendelssohn zog nördlich über den Rawylpaß nach Bern, ich stieg südlich der Visp entgegen nach Zermatt hinauf. Auch hier war kein Fremder mehr zu finden; aber die Erinnerung an meine Mutter begleitete mich und wie in früheren Tagen schilderte ich unwillkürlich ihr in Gedanken die Eindrücke, welche diese unvergleichliche Gebirgswelt — groß, erhaben, furchtbar wie keine andere — in mir erweckte. Es folgten noch schöne Tage am Genfer See; am 7. Oktober suchte ich Mendelssohn in Freiburg auf und wandte mich, da ich ihn nicht traf, am anderen Morgen gegen Straßburg, die viel besungene, am 28. September den Deutschen wieder gewonnene Stadt. Bis Offenburg war ich im Wagen allein; hier erwarteten aber unzählige Menschen den Zug, um nach Straßburg zu kommen; auch an den früheren Tagen waren ganze Scharen dahingeströmt. In Appenweier ein ähnliches Gewühl. Von da bis Kehl fuhr ich mit einem Kreisgerichtsrat Wedekind und seiner Frau, mit denen ich bald bekannt wurde; sie wollten ihren Sohn, den jüngsten, erst 15jährigen Freiwilligen der Armee in der Umgegend von Straßburg besuchen. Als Herr Wedekind das letzte Mal in Straßburg war, folgte er einer Einladung des Präfekten zu einem Ball; denn man hielt gute Nachbarschaft. Mit dem Bombardement war er wenig einverstanden. Als er über das Pfeifen des Windes in den Telegraphendrähten klagte, bemerkte ein junges Frauenzimmer, welches neben uns saß, das sei doch erträglicher als das Pfeifen der Kugeln, wie sie es viele Tage in Straßburg habe hören müssen. Sie war eine Kölnerin, hatte aber 13 Jahre in Straßburg gelebt und die Stadt erst mit den Schweizern verlassen. Schreckliches erzählte sie von den Leiden der Belagerten. Man durfte sich nicht aus den Kellern auf die Straße wagen; in einer Pension wurden sechs kleine Kinder getötet. Unterdessen waren wir in Kehl angelangt. Vom Bahnhofsgebäude war kaum noch eine Spur übrig, aber eine Unzahl von kleinen Karren und Wagen aller Art hatte sich angesammelt, um die Menge der Reisenden nach Straßburg zu führen und bewegte sich, bald gefüllt, in unabsehbarem Zuge durch das Feld und die Straßen von Kehl. Die Stadt war ein Bild der Zerstörung, mehrere Straßen lagen in Trümmern. Sonderbar hatte auch hier wieder der Zufall gespielt, einzelne Häuser, z. B. das Café Français, waren wohl erhalten, alles ringsum völlig verwüstet. Über den Rhein fuhren wir auf der Schiffbrücke; daneben an der Eisenbahnbrücke war der Bogen, den die Franzosen gesprengt hatten, noch nicht wieder hergestellt. Auf der Sporeninsel standen noch einige Überbleibsel der herrlichen Allee, die schon Goethe rühmt. Etwas weiter waren die Bäume von den Franzosen gefällt und nur die traurigen Stümpfe zur Seite des Weges stehen geblieben. Später zeigten sich die Spuren der großen Überschwemmung; alle Gärten waren verwüstet, auf dem Kirchhof die Grabmäler durcheinander geworfen. Durch die Porte d'Austerlitz kam man in die Stadt, zunächst auf die Place d'Austerlitz. Von dieser, der südlichen Seite hatte die Stadt am wenigsten gelitten. Auf den Straßen bis zum Domplatz war manches zerstört, aber das meiste in leidlichem Zustande geblieben, und ich hoffte schon, die Schilderungen des Straßburger

Elends würden sich als übertrieben erweisen. Im Dom sah es übler aus; das Dach war niedergebrannt, die schönen Glasfenster arg verletzt, an dem nordöstlichen Turm mehrere Figuren und Baldachine zertrümmert. Auch in der Thomaskirche war der Schaden nicht gering. Ich besuchte den bejahrten Professor Reuß, dem ich Empfehlungen eines Bonner Kollegen zu überbringen hatte. Als protestantischer Theolog stand er deutscher Bildung und deutschem Wesen am nächsten; aber die Zerstörung seiner Vaterstadt hatte auch ihn mit Ingrimm erfüllt. Er meinte, wenn man gleich nach der Schlacht bei Wörth einige Regimenter gegen Straßburg geschickt hätte, so würde man die Stadt wahrscheinlich durch einen Handstreich haben nehmen können; so sehr sei alles in Bestürzung und Unordnung gewesen. Man habe anerkannt und erkenne es noch jetzt, daß der Krieg ohne Grund von Frankreich angefangen sei und wolle von dem kaiserlichen Regiment nichts wissen. Hätte man die nationalfranzösischen Beamten fortgeschickt, so würde die Bevölkerung die Einverleibung in Deutschland vielleicht ohne hartnäckigen Widerstand sich haben gefallen lassen, jetzt aber durch das grausame Bombardement sei alles verändert. Der Sohn R. E. Reuß, der bekannte französische Historiker, den ich eigentlich zu besuchen wünschte, hatte bei der Löschmannschaft Dienste getan und war tags vorher, sehr angegriffen, in die Schweiz abgereist. Die Zahl der Getöteten aus dem Bürgerstande gab Reuß auf 300 an [1]).

Im „Rebstock", dem bekannten deutschen Wirtshaus, traf ich einen Landsmann, den Baumeister Pflaume aus Köln, der sich das Eiserne Kreuz verdient hatte. Auch er meinte, die Beschießung der Stadt habe die Übergabe wenig gefördert; der Kommandant habe kapituliert, als die Festungswerke zerstört waren, ohne auf die übrigen Beschädigungen der Stadt viel zu achten. Nach dem Essen führte mich der Weg an den Trümmern der gänzlich niedergebrannten Bibliothek vorbei. Es ist traurig, daß man sie nicht schonen konnte und unbegreiflich, daß man nicht wenigstens die kostbarsten Manuskripte unter der Erde in Sicherheit brachte. Auf der Kommandantur löste ich für einen Taler eine Erlaubniskarte zum Eintritt in die Zitadelle; hier war kein Haus unversehrt geblieben; man begreift nicht, wie die Besatzung sich so lange Zeit halten konnte. Die gewölbten Kasematten waren wenig umfangreich und zur Aufbewahrung des Pulvers bestimmt; die Soldaten mußten Gräben ziehen, um einigermaßen Schutz zu finden. Gleichwohl sind viele umgekommen. Aber den vollen Greuel der Verwüstung sah ich erst, als ich von der Zitadelle durch die Stadt mich dem Steintor näherte. Bei der Zitadelle konnte man sich mit dem Gedanken beruhigen, daß nur ein Gebäude, für den Krieg bestimmt, dem Schrecken des

---

[1]) Nach neueren Angaben sollen 1700 Zivilpersonen getötet oder verwundet worden sein.

Krieges erlegen sei; aber hier war die Stätte des friedlichsten, bewegtesten Lebens in einen Schutthaufen verwandelt. Rauch und Brandgeruch drang noch aus den Ruinen hervor; Trümmer an Trümmern, soweit das Auge reichte; zuweilen war ein Schornstein oder eine einzelne Wand stehen geblieben oder gar in einer Fensternische ein paar Blumentöpfe. Der Eindruck war entsetzlich. Kaum konnte man die deutsche Fahne, die vom Münster wehte, mit dem Gefühl der Siegesfreude ansehen. In einer Zeitung hatte ich gelesen, Deutschland habe wie eine Mutter die entfremdete Tochter wieder in ihre Arme gezogen; was man sah, erinnerte mehr an die Klauen eines Raubtiers. Unterdessen war es beinahe 6 Uhr, dunkel und regnerisch geworden. Ein kleiner Wagen brachte mich wieder nach Kehl; bei der Brücke wurde man durchräuchert; die etwa vorhandenen Keime ansteckender Krankheiten sollten zerstört werden. In Kehl herrschte ein schreckliches Gedränge auf dem offenen, unbeleuchteten Bahnhof; mit Mühe erhielt ich einen Platz im Wagen. Aber in Karlsruhe war um 12 Uhr kein Unterkommen zu finden, nicht einmal im Wartesaale des Bahnhofes auf dem Sofa oder auf dem Boden ein Eckchen frei. Ich war froh, um 5 Uhr die Reise nach Heidelberg und am nächsten Tage nach Bonn fortsetzen zu können.

Nach so vielen wechselnden Eindrücken, die seit einem halben Jahre auf mich einstürmten, wäre mir eine Zeit der Ruhe und Sammlung erwünscht gewesen. Aber daran war nicht zu denken; dauerte doch der Krieg mit ungeschwächter Heftigkeit fort. Der Tag von Sedan hatte die eine, die Übergabe von Metz die andere Hälfte (27. Oktober) der französischen Streitkräfte in deutsche Gewalt gebracht; die rheinischen Städte, auch Bonn, füllten sich mit französischen Kriegsgefangenen. Über den Ausgang des Krieges konnte man nicht mehr im Zweifel sein; aber wie lange mochte es noch dauern, bis eine so mächtige, kriegsgeübte, die nationale Ehre so hoch haltende Nation sich dem Willen des Siegers beugte!

Nicht bloß von der Tapferkeit sondern auch von der Ausdauer und Entsagungsfähigkeit der Pariser erhielt ich damals durch einen Nächststehenden deutlich sprechende Beweise. Mein Bruder Wilhelm hatte Paris bald nach dem Ausbruch des Krieges verlassen, aber ein etwas jüngerer Bruder, Leopold, der nicht lange vorher mit dem Handlungshaus des älteren das eigene verbunden hatte, wollte die durch den Krieg bedrohten geschäftlichen Interessen nicht ohne Obsorge lassen und blieb deshalb auch während der Belagerung in Paris. Er konnte bleiben, weil er während eines langen Aufenthaltes in New York das Bürgerrecht der Vereinigten Staaten erworben hatte. Ja, er lebte sogar unter ungewöhnlich günstigen Verhältnissen. Der nordamerikanische Gesandte Washburne, damals auch als Schützer deutscher Interessen viel genannt, war in das Haus meines ihm nahe befreundeten Bruders gezogen, da seine Wohnung in den Elysäischen Feldern im Bereiche der feindlichen Kugeln lag; in dem

Portefeuille der nordamerikanischen Gesandtschaft durften sogar Briefe meines Bruders an seine nächsten Angehörigen befördert werden. Gleichwohl hatte er, besonders in der letzten Zeit der Belagerung, vielfache Entbehrungen auszuhalten; ein dauerndes Leiden wurde noch in späten Jahren darauf zurückgeführt.

Unterdessen schlugen die Dekrete vom 18. Juli einen immer weiteren Wellenkreis. Rom war am 20. September von den Italienern in Besitz genommen, das Konzil, nachdem es länger als 3 Monate nur noch ein Schattendasein geführt hatte, am 20. Oktober auseinandergegangen. Aber die Erwartung, daß die Minderheit der Bischöfe ihren Widerstand fortsetzen werde, hatte sich nicht erfüllt. Gerade an den beiden bedrohtesten Punkten, in München und Köln, hatten die Erzbischöfe von Scherr und Melchers gleich nach der Rückkehr aus Rom dem von dem Papste sanktionierten Beschluß der Mehrheit sich unterworfen. Mit wenigen Ausnahmen folgten ihnen die deutschen und österreichischen Bischöfe im Laufe des Septembers oder Oktobers. Neun in Fulda versammelte Bischöfe suchten die Gläubigen in einem Hirtenbrief über die Ergebnisse des Konzils zu beruhigen, wie ein Jahr vorher ein Hirtenbrief aus demselben Orte die Sorgen für das, was bevorstände, zerstreuen wollte. Der übergroßen Mehrheit nach war die Bevölkerung den Vorschriften ihrer Bischöfe gefolgt; aber auch die Gegner der Unfehlbarkeit waren noch nicht verstummt. In München, Bonn, Breslau hatten Mitglieder der theologischen Fakultäten, daneben Professoren und angesehene Laien, einen bestimmten, ja erbitterten Widerspruch erhoben. Ein Streit hatte begonnen, dessen Dauer und Umfang noch nicht abzusehen war. Vorerst beschäftigte er mich weniger als man vielleicht erwarten sollte, denn ich empfand eine unüberwindliche Abneigung, in theologische und dogmatische Kontroversen mich einzumischen, erkannte auch, wie schon erwähnt, den neuen Dogmen — wenigstens tatsächlich — keine so große Bedeutung zu, als ihnen, sei es von Freunden, sei es von Gegnern, beigemessen wurde. Was mich empörte, war die Art, wie man diese Dogmen auf dem Konzil zur Annahme gebracht hatte, und der rasche Wechsel der Überzeugungen, den einzelne Bischöfe nicht bloß sich selbst sondern auch ihren Diözesanen zumuteten. Weit mehr interessierte mich die Entwicklung unserer politischen Verhältnisse, die aus dem Kriege notwendig hervorgehen mußte. Lebhaft bedauerte ich, daß ein Augenleiden mich verhinderte, an der letzten kurzen Session des Norddeutschen Reichstages vom 24. November bis 10. Dezember teilzunehmen. Was schon lange mit Sicherheit vorauszusehen, von einigen voreilig gefordert, von allen sehnlich gewünscht war, hatte die Gewalt der Ereignisse unaufhaltsam herbeigeführt; der Krieg hatte die Blutbrüderschaft des Südens mit dem Norden besiegelt. Wie gern hätte ich den Beschlüssen zugestimmt, durch welche der Reichstag den zuerst mit Hessen und Baden, dann mit Bayern und Württemberg eingegangenen Verträgen am 9. Dezember seine Zustimmung erteilte. Ärgerlich, daß man mich in den Zeitungen nicht als beurlaubt, sondern irrtümlich als fehlend bezeichnete, konnte ich mir eine berichtigende Erklärung in der Kölnischen Zeitung nicht versagen. Und wie glücklich würde ich mich gepriesen haben, hätte das Los mich den 30 Abgeordneten zugesellt, welche in Begleitung ihres Präsidenten dem neuen Deutschen Kaiser ihre Glückwünsche überbringen durften! Es war die Krönung des Gebäudes, an welchem der Reichstag während dreier Jahre mit redlichem Eifer gearbeitet hatte, und nicht ohne Grund wurde in der Eröffnungsrede hervorgehoben, wenig gesetzgebenden Versammlungen sei eine solche Tätigkeit vergönnt gewesen, wie diejenige, welche jetzt zum Abschluß gebracht sei.

Der Schluß des Reichstages bezeichnet zugleich das Ende meiner Teilnahme an parlamentarischen Versammlungen. Mehr und mehr hatte ich mich überzeugt, daß eine akademische und eine parlamentarische Tätigkeit auf die Dauer sich nicht vereinigen ließen. Dazu kam, daß die Wahlen für das Abgeordnetenhaus nicht ohne Rücksicht auf die vatikanischen Beschlüsse und die weltliche Herrschaft des Papstes in stark konfessionellem Sinne ausfielen. Zu einer katholischen Fraktion, die man im Norddeutschen Reichstage nicht gekannt hatte, waren sogleich mehr als 60 Abgeordnete zusammengetreten. Um so größeren Wert mußte ich auf meine akademische Wirksamkeit legen. Aber auch dafür waren die Aussichten wenig günstig, so ungünstig, daß ich einen Ruf nach Österreich, wenn ich ihn damals erhalten hätte, schwerlich würde ausgeschlagen haben. In Wien hatten sich zu dieser Zeit eifrige Freunde, nicht zum wenigsten Vivenot, für mich bemüht, und nach der Erledigung eines Lehrstuhls für Kirchenrecht hatte die Fakultät mit 9 von 15 Stimmen dem Minister Stremayr mich vorgeschlagen. Es wurde dann doch Friedrich Maassen von Graz berufen, und ich wäre verblendet gewesen, wenn ich nicht selbst die Berufung dieses ausgezeichneten Gelehrten, des Meisters kirchenrechtlicher Quellenforschung, als die beste, ja die allein richtige anerkannt hätte. Es war mir freilich eine Berufung an eine andere österreichische Universität, nach Graz oder nach Innsbruck, in beinahe sichere Aussicht gestellt, aber durch einen Personalwechsel im Kultusministerium wurden auch diese Aussichten, was ich nicht einmal sehr bedauerte, wieder in das ganz Ungewisse gerückt.

Der Winter von 1870 auf 1871 war vielleicht der unbehaglichste, den ich erlebte. Im Oktober hatte ich eine neue Wohnung im Hofgarten, gerade neben dem Hause Reumonts bezogen. Der Eigentümer war zu den Waffen gerufen, das Haus stand leer bis auf die wenigen von mir bewohnten Zimmer, die bei der andauernden strengen Kälte sich kaum erwärmen ließen. Der Siegesnachrichten, die aus der Ferne herüberklangen, konnte man auch nicht recht froh werden; denn der Krieg hatte eine Dauer erreicht, einen Umfang und Charakter angenommen, daß die nationale Siegesfreude mit dem Schauder menschlichen Gefühls nicht immer leicht sich abfinden konnte. Daneben erhitzten sich immer widerwärtiger in der Nähe die Streitigkeiten über die vatikanischen Beschlüsse; fort und fort wurden sie mit der Leidenschaft, ja der Gehässigkeit geführt, die den religiösen und konfessionellen Gegensätzen von jeher eigen gewesen ist. Ich habe keine Neigung, hier darauf einzugehen, wüßte auch nicht viel mehr darüber zu sagen, als man damals in den Zeitungen lesen konnte. Ein großer Übelstand war, so weit ich urteilen kann, daß für die Rheinlande der Erzbischof Melchers die maßgebende Persönlichkeit war, ein Mann von unverbrüchlicher Pflichttreue, der für das, was er für recht hielt, kein Opfer würde gescheut haben, aber ohne jedes Verständnis, daß man wissenschaftliche Überzeugungen nicht wie einen Handschuh wechseln und das Ergebnis einer redlichen Forschung nicht ohne weiteres einer kirchlichen Autorität opfern könne. Die Professoren Hilgers, Reusch und Langen waren musterhafte, ihrer Kirche treu ergebene Priester; hätte der Erzbischof sich mit ihren weitgehenden Zugeständnissen begnügt, so wäre es in Bonn und vielleicht auch in München nicht zu einem offenen Bruch gekommen und der katholischen Kirche viel Unheil und Mißhelligkeiten erspart geblieben. Mir gingen die seelischen Leiden Langens, den ich damals öfters sah, sehr nahe, nicht weniger die Art, wie der Erzbischof von München gegen Döllinger und seine Gesinnungsgenossen verfuhr. Andererseits mußte ich doch bedauern, daß ich Männern, die ich so hoch schätzte, und die so viel richtiges sagten, in den letzten Schlußfolgerungen nicht zustimmen konnte. Denn unleugbar hatten die Einwendungen gegen die Gültigkeit der Beschlüsse nunmehr, da alle Bischöfe, ohne eine einzige Ausnahme, den Widerstand aufgaben, ihren Halt verloren. Es ist ein anerkannter katholischer Grundsatz, daß Glaubenslehren nicht bloß durch Beschluß eines Konzils sondern ebensowohl durch allgemeine Zustimmung der berechtigten Organe, also der Bischöfe, zu Dogmen erhoben werden können. Das im Jahre 1854 festgestellte Dogma von der unbefleckten Empfängnis gab dafür einen noch in frischer Erinnerung lebenden Beweis. Dem, was am 18. Juli beschlossen war, konnte man die dogmatische Verbindlichkeit absprechen, da damals ein so beträchtlicher Teil des Episkopats seine Zustimmung verweigerte; aber jetzt, da der Widerstand aufgehört hatte, war die Gültigkeit der beiden Dogmen nicht kraft eines Konzilsbeschlusses, sondern kraft einer allgemeinen Zustimmung, so weit ich urteilen kann, unbestreitbar. Man konnte solche Vorgänge bedauern, von einem freien Standpunkte aus strenge beurteilen oder verurteilen, aber wenn man, wie es meistens in den Gegenerklärungen mit besonderem Nachdruck geschah, mit Berufung auf das Tridentinische Konzil von einem katholischen Standpunkte ausging, mußte man auch die Folgerungen anerkennen; darin liegt gerade die Stärke und die Schwäche des Katholizismus, daß der einzelne seine Persönlichkeit und seine Ansichten der Allgemeinheit und einem als unfehlbar angesehenen Lehramt unterordnet. Ich hatte, wenn ich mich nicht täusche, schon auf der Versammlung in Königswinter am 14. August auf die Möglichkeit dieses Ausgangs und das Unabweisliche dieser Folgerung hingewiesen; jetzt, nach 30 Jahren, wird sie, glaube ich, nur von wenigen noch in Abrede gestellt. Es blieb nun ein dreifacher Weg: überzeugte Katholiken mußten auch den neuen Dogmen gläubig beipflichten, selbst wenn sie vormals anderer Meinung gewesen waren; ganz ungerecht ist es deshalb, von Charakterlosigkeit, Schwäche und Heuchelei zu reden; es war nur eine notwendige Konsequenz des Prinzips. Zudem, wenn auch ein unbefangener historischer Forscher schwerlich zur Annahme der päpstlichen Unfehlbarkeit gelangen wird, so war sie doch kein Dogma, für das sich nicht vom katholischen Standpunkte aus ebensoviel, ja noch mehr wie für manche andere Dogmen hätte sagen lassen. Zum Beweise braucht man nur daran zu erinnern, daß Petrus Ballerini, einer der freimütigsten Theologen des 18. Jahrhunderts, der wirksamer als irgendein anderer die Fälschung der pseudoisidorischen Dekretalen aufdeckte, ein großes Werk zugunsten der Unfehlbarkeit und der allumfassenden bischöflichen Gewalt des Papstes herausgab. Wollte man aber die Folgerungen nicht anerkennen oder gerade in Folgerungen, die zu einem solchen Ergebnis führten, einen Grund für die Verwerflichkeit des Ausgangspunktes und des ganzen Systems finden, so konnte man von der katholischen sich zur evangelischen Kirche wenden oder, wenn Mittel und Teilnehmer nicht fehlten, eine neue Religionsgemeinschaft bilden. Für mich waren alle drei Wege nicht gangbar; ich schlug noch mehr als früher meinen eigenen Weg ein, suchte das religiöse Gefühl in mir zu stärken und zu beleben, den religiösen Gedanken, wo sie hervortraten, nach meinen Kräften Vorschub zu leisten, den Frieden der Konfessionen zu fördern, der Kirche, in der ich geboren und aufgewachsen war, soweit es meinen Überzeugungen entsprach, mich nützlich zu machen, im übrigen aber mein freies Urteil mir zu wahren, dogmatische Formeln und theologisch-konfessionelle Bekenntnisse auf sich beruhen zu lassen.

Natürlich gewährten gerade in solcher Stimmung meine wissenschaftlichen Arbeiten die beste Zuflucht. Ein juristisches Gutachten für die Stadt Neuß nahm einige Zeit in Anspruch; vor allem und beinahe unausgesetzt beschäftigte mich die Fortsetzung meines historischen Werkes und die Einordnung der gesammelten Archivalien. Am 13. April kam Vivenot, durch seine Beteiligung bei dem Eschweiler Bergwerk an den Rhein gezogen, auf einen Tag nach Bonn. Er brachte mir einen gewaltigen Stoß von Papieren, die Folge der Korrespondenzen zwischen Wien und Petersburg von 1792 bis Ende 1799, und gestattete mit wahrhaft freundschaftlicher Uneigennützigkeit ihre Verwertung. Ich verwandte die folgenden Wochen unausgesetzt zur Anfertigung genauer Auszüge, die später um so größeren Wert erhielten, als die von Vivenot gesammelten Abschriften nach seinem Tode verschwanden und niemals wieder aufgefunden wurden. Daneben mußte ich aber, um zu einiger Vollständigkeit zu gelangen, Studien auf dem Berliner Archiv fortsetzen, auf dem Londoner neu beginnen. Ich hatte zu diesem Zwecke für das nächste Halbjahr Urlaub erbeten; aber die Nachwirkungen des Winters, angestrengte Arbeiten und die tiefgehenden Eindrücke des letzten Jahres hatten ein Kopfleiden, das mich in jener Zeit beinahe niemals ganz verließ, so sehr gesteigert, daß ich mich entschließen mußte, die mir vergönnte freie Zeit, statt zu einem Besuch der Archive, zur Erholung zu verwenden. Von meiner jüngsten Schwester begleitet, wandte ich mich am 10. Mai nach dem Oberrhein. Zehn Tage in dem anmutig gelegenen Auerbach machten mich mit den schönsten Punkten der Bergstraße bekannt, zehn andere in Baden-Baden erneuerten angenehme Erinnerungen aus dem Jahre 1856. Ein günstiger Einfluß auf mein Befinden machte sich aber erst bemerkbar, als wir am 1. Juni nach Badenweiler gelangten. Schon im September des vorigen Jahres auf dem Weg in die Schweiz hatte mich die Anmut dieses von Gott gesegneten Erdenfleckes bei einer kurzen Wanderung entzückt, und ich hatte mir das Versprechen gegeben, sobald als möglich für längere Zeit dahin zurückzukehren. Die Aussicht von der Terrasse des alten Schlosses über die Rheinebene auf die Vogesenkette, der Blick von den Höhen des Blauens auf die weithin sich erstreckenden, wie die Wogen des Meeres bewegten Baumwipfel, die Spaziergänge im Park, in den Wäldern und auf den Wiesen, denen eine balsamische Luft, mild und erfrischend wie keine andere, entströmte, boten immer neuen Genuß, Eisenbahnen und die Einflüsse eines modernen Badelebens störten noch nicht die idyllische Ruhe; man fand Menschen, wenn man sie suchte, ohne durch ein lästiges Gewühl behelligt zu werden. Im vorigen September war ich in Oberweiler Jakob Venedey begegnet, der dort nach vielen Erlebnissen ein „Rasthaus", d. h. eine Pension, gegründet hatte, die unter der Leitung seiner tätigen Frau für den Unterhalt der Familie vorteilhafter wurde als die Schriftstellerei des Mannes. Er begleitete mich auf der ersten Wanderung; der Eindruck seiner Persönlichkeit entsprach der Vorstellung, die seine Schriften erweckten. Freimütig, stark demokratisch und voll glühender Begeisterung für das deutsche Volk, dem zu Ehren sein ältester Sohn den Namen „Michel" trug, sprach er sich aus, nicht ohne treffende Urteile, das Beste wollend, aber doch in seinen Reden wie in seinem äußeren Erscheinen an die jüngeren Angehörigen deutscher Universitäten erinnernd. Immer war es interessant genug, ihn von seinen Erlebnissen in Paris, von seiner Verbindung mit Börne, seinen Streitigkeiten mit Heine erzählen zu hören. Äußerungen über den Krieg und ein Artikel „Vae victoribus" in der Wiener Neuen Freien

Presse hatten die Nachbarschaft gegen ihn aufgebracht; zur Rache, meinte er, habe man einen neu errichteten Pavillon in seinem Garten in Brand gesteckt. Wenige Monate nachdem wir uns trennten, am 8. Februar 1871, war er gestorben; jetzt hatte ich nur noch auf Wunsch der Frau seine nachgelassenen Papiere zu ordnen, die neben einigen noch nicht gedruckten Versen interessante Autographen enthielten.

Von Niederweiler, wo er sich angesiedelt hatte, stieg öfter Ludwig Nohl, der bekannte Musikschriftsteller, hinauf; ich hatte ihn schon als Studenten nebst seinem Bruder, einem sehr begabten Architekten, im Hansemannschen Hause kennen gelernt. Er war damals mit seinen Arbeiten über Beethoven beschäftigt, hatte auch die Präkonisierung Wagners schon zu seiner Lebensaufgabe gemacht; später, als die Badegäste sich gemehrt hatten, hielt er wöchentlich in dem Kurhause eine Vorlesung über die Entwicklung der Musik. Die Kritik hatte ihn wegen seiner übereiligen und übergroßen Produktion hart angelassen; er äußerte sich darüber mit Verachtung. Ich zweifle nicht, daß die Sorge für eine zahlreiche Familie — darunter vier heranwachsende Knaben — ihm öfters die Feder in die Hand gedrückt hat; aber Kenntnisse, Sammlerfleiß und Sammlerglück und eine überzeugte Begeisterung für die Ansichten, die er übereifrig zum Ausdruck brachte, wird, wer ihn näher kannte, ihm nicht absprechen. Insofern wird ihm das Urteil Robert Eitners in der Allgemeinen Deutschen Biographie nicht gerecht.

Das beste Mittel gegen Abspannung und Überreizung hatte ich schon mehrmals darin gefunden, daß der Geist einem ganz neuen Ideenkreis sich zuwendet. Bei meiner Vorliebe für die romanischen Sprachen war ich mit der Literatur der Franzosen, Italiener, Spanier und Portugiesen einigermaßen bekannt geworden; gänzlich fehlten mir noch die Provenzalen, für deren Literatur doch schon Friedrich Diez durch einige Äußerungen in seinen Vorlesungen und durch meisterhafte Übersetzungen in dem jungen Studenten eine ahnungsvolle Verehrung hervorgerufen hatte. Aus Bonn ließ ich mir die notwendigen Hilfsmittel, insbesondere die Sprachlehre und das Lesebuch von Karl Bartsch kommen, und es gelang mir, freilich nicht ohne Mühe, der schwierigen Sprachformen soweit Herr zu werden, daß ich die Gedichte verstehen und übersetzen konnte. Die Stunden, in denen es geschah, bleiben mir in angenehmster Erinnerung. Eine halbe Stunde von Badenweiler, in der Nähe von Haus Baden, das damals von einem einsamen, man sagt, etwas griesgrämigen Besitzer bewohnt wurde, befand sich ein geräumiger Schuppen, an den Seiten frei, nur von einem Holzdach überdeckt, der, zuweilen zum Aufenthalt vierfüßiger Tiere und ihrer Treiber dienend, gewöhnlich leer stand. Dahin pflegte ich, als die Hitze im Juni und Juli drückend wurde, gleich nach dem ersten Frühstück mit meinen Büchern auszuziehen. Gegen Mittag konnte ich auf der nahen

Besitzung Milch und Brot erhalten, so daß ich erst gegen Abend zu der eigentlichen Mahlzeit nach Badenweiler zurückkehrte. Im Waldesgrün, in der Einsamkeit, die nur durch den Gesang der Vögel unterbrochen wurde, und bei jenem eigentümlichen, tausendstimmigen Geräusch, das, dem siedenden Wasser vergleichbar, doch keine einzelne Stimme unterscheiden läßt, fanden die Gedichte Marcabruns, Peire Vidals, Bertrans de Born und anderer Meister der gaya scienzia für ihre Aufnahme die beste Vorbereitung. Alles in allem konnte ich doch nicht sagen, daß meine Erwartungen vollständig erfüllt seien; an literarischer Einsicht und Kenntnis fühlte ich mich außerordentlich gefördert, auch durch manches poetische Erzeugnis angeregt, erfreut, gerührt, aber einem Lyriker, wie unserem Walther, war ich nicht begegnet.

Auch was sonst aus der Außenwelt in die Idylle des Schwarzwaldes eindrang, erregte gemischte Gefühle. Der Krieg zwischen Frankreich und Deutschland war zu Ende, aber mit Greueln noch ärgerer Art war die Pariser Kommune gefolgt. Mit Stolz und Freude konnte man von der Höhe einen großen Teil des Elsaß überblicken, das, durch Gewalt und Übermut dem geteilten Reiche geraubt, dem geeinigten Deutschland wieder verbunden war. Mit Unrecht beriefen sich die Franzosen demgegenüber auf das Prinzip der Nationalität, denn es kann nicht einem einzelnen abgesonderten Teile, sondern es mußte der gesamten Nation zustehen, über das, was sie als ihr nationales Besitztum betrachtete, die Entscheidung zu treffen. Weniger erfreute mich die Besitznahme von Metz; ich habe niemals ein Gefühl der Freude oder des Stolzes empfinden können, wenn man einem fremden Volk den Fuß auf den Nacken setzte. Metz war seit Jahrhunderten eine französische Stadt und seiner Lage nach mehr zur Sicherung der französischen Hauptstadt als der deutschen Grenze bestimmt. Der Wunsch meines Herzens wäre gewesen, daß Luxemburg, die vormals unüberwindliche Festung, wieder an Deutschland falle, Metz mit dem, was in seiner Umgebung französisch redete, hätte dann bei Frankreich verbleiben können. Hätte sich ein wahrer Frieden und eine aufrichtige Einigung der beiden großen Nationen durch die Rückgabe von Metz erreichen lassen, ich würde keinen Nachteil für Deutschland darin gefunden haben. Aber in dieser Bedingung lag auch der Gegensatz; denn konnte man hoffen, daß sie erfüllt würde? Voraussichtlich würden die Franzosen die erste günstige Gelegenheit für ihren Rachekrieg doch benützt und in dem Besitz von Metz nur eine Erleichterung ihrer Pläne gefunden haben. Metz in deutschen Händen galt so viel wie 100000 Mann zugunsten des Friedens, und insofern ließ die deutsche Forderung sich rechtfertigen.

Eine Erquickung war es, alle diese Fragen mit Mendelssohn zu besprechen, als er mich am 25. Juni besuchte; einige Wochen später konnte ich in Freiburg sein inniges, leider durch den Tod der Gattin so sehr getrübtes Familienleben kennen lernen. Beim Eintritt in die Wohnräume fiel mir, wie im vorigen Jahre im Wirtshause in Meiringen, ein Porträt Felix Mendelssohns auf. Eduard Magnus hatte es gemalt und auch die Frau des Komponisten und den Sohn als neunjährigen Knaben verewigt. Auch ein Porträt Goethes, das er dem jungen Felix schenkte, kam mir zu Gesicht, dazu noch manches, was der Professor bald darauf in dem anmutigen kleinen Buche „Goethe und Felix Mendelssohn" veröffentlicht hat. Abschriften aus dem Berner Staatsarchiv, die er mich nach Badenweiler mitnehmen ließ, führten mich für einige Tage wieder zu den lang unterbrochenen Arbeiten über die Revolutionszeit zurück.

Den schönen Wochen in Badenweiler folgten seit dem 7. August Wanderungen in der Schweiz, zu deren Mittelpunkt ich Luzern machte. Man wird die Wahl begreiflich finden, wenn ich gestehe, daß diese Stadt für mich damals gewissermaßen den magnetischen Pol bezeichnete. Die Sängerin, welche ich am 4. Januar im Hause meiner Mutter zuerst gesehen und gehört und seitdem niemals aus der Erinnerung verloren hatte, verweilte jetzt in Luzern bei einer verheirateten Schwester, und wenn ich vom Blauen oder von Bürglen am fernen Horizont die Berner Alpen aufsteigen sah, war es mir ein erfreulicher Gedanke, daß die Stätte, die so Wertes in sich schloß, noch innerhalb meines Gesichtskreises gelegen sei. So folgte nun ein Aufenthalt auf dem Rigi, dann eine Wanderung nach Engelberg und über Engstlenalp in das Haslital und an den Gießbach, bis zuletzt in der nächsten Nähe von Luzern der Gütsch einen anmutigen, durch die angenehmste Geselligkeit belebten Aufenthalt gewährte. Auf der Heimreise nahm ich noch Gelegenheit, in Rastatt Schloß und Park und andere für meine Studien bedeutende Örtlichkeiten kennen zu lernen, und in Aschaffenburg erlangte ich auf dem Dalbergschen Familienarchiv Einblick in den sehr interessanten Briefwechsel, den ein Mitglied der Familie von Gagern, der Vater des bekannten Diplomaten und der Großvater Heinrichs von Gagern als ritterschaftlicher Gesandter in Rastatt mit dem Ritterhauptmann Freiherrn von Dalberg geführt hatte.

Am 9. September war ich wieder in Bonn. Was ich hier von den Streitigkeiten über die Unfehlbarkeit hörte, ließ mich wahrlich nicht bereuen, ihnen fern geblieben zu sein. Wieviel Zerwürfnisse, Klatsch und Zwischenträgereien, wieviel brave tüchtige Menschen in ihren religiösen Überzeugungen beunruhigt, in ihren wissenschaftlichen Arbeiten gestört! Ohne Not, ohne Zweck war dem staatlichen wie dem kirchlichen Leben ein Nachteil zugefügt, der in mancher Beziehung noch bis heute nicht wieder ausgeglichen ist. Der Professor Kampschulte, freilich schon lange leidend, fühlte unter dem Einflusse beständiger Aufregungen seine Lebenskraft mehr und mehr dahinschwinden. Für den Winter war ihm ein Aufenthalt im Süden empfohlen, und ich begleitete ihn am 3. Oktober mit schweren Sorgen an die Eisenbahn. Mitte Oktober kam

Franz Xaver Kraus auf einige Zeit nach Bonn. Ich hatte ihn vom 20. bis 25. August in Engelberg täglich gesehen. Er war schon damals in sehr gedrückter Stimmung; während des Konzils hatte er in Rom mit bedeutenden Persönlichkeiten beider Parteien verkehrt. In der Hauptsache bestätigte er, was man in den Briefen vom Konzil von Quirinus gelesen hatte; jetzt sah er sich auch durch unerfüllbare Zumutungen, die von Gegnern der Unfehlbarkeit an ihn gestellt wurden, in Unruhe und Sorgen versetzt. Ich gehe nicht weiter auf diese Gegensätze ein, weil ich nicht unmittelbar in Mitleidenschaft gezogen wurde und noch in der Erinnerung mir nichts widerwärtiger ist. Das wirksamste Mittel, das geistige Gleichgewicht zu erhalten, waren meine Vorlesungen, in denen ich, ohne auf irgend jemanden Rücksicht zu nehmen, das, was mir das Richtige schien, zum Ausdruck brachte. In meinen kirchenrechtlichen Vorlesungen, die damals übrigens von keinem Theologen besucht werden durften, entwickelte ich einen Gedankengang, der sich bei mir niemals verändert hat, und den ich auch noch jetzt für den richtigen halte.

Erfreulicher war es, in den staatsrechtlichen Vorlesungen die Begründung und Entwicklung der neuen Reichsgewalt darzustellen, welche durch den Kaisertitel auch äußerlich den der inneren Bedeutung entsprechenden Abschluß gewonnen hatte. Erst mit dem Beginn des neuen Jahres kehrte ich wieder zu den Verhandlungen der Revolutionszeit zurück. Ich exzerpierte die Depeschen Cobenzls aus Petersburg aus den Jahren 1798 und 1799 nach den Abschriften Vivenots (der Schluß der Hefte ist vom 18., 26. und 30. März datiert), sodann die Korrespondenzen des Freiherrn von Gagern aus Rastatt, die ich aus dem Dalbergschen Archiv in Aschaffenburg erhalten hatte. Zugleich belebte sich der im vorigen Jahre vereitelte Plan, die archivalischen Arbeiten in Berlin und Wien wieder aufzunehmen. Am 7. April befand ich mich wieder in der Hauptstadt, jetzt nicht mehr in der bevorrechtigten Stellung eines Reichstagsabgeordneten. Gleichwohl zähle ich die folgenden Monate, bei fleißiger Arbeit und guter Gesundheit in anregender Geselligkeit verlebt, zu den angenehmsten, deren ich mich erinnere. Auf dem Archiv beschäftigten mich vornehmlich die Korrespondenzen von Sandoz-Rollin und seines Nachfolgers Lucchesini. Angenehm war es, in den Arbeits- und in den freien Stunden mit Ernst Hermann zusammenzutreffen; von Zeit zu Zeit stellte sich Ranke ein. Mehrere Wochen saß ich an der Seite Droysens.

Auch mit Mitgliedern des Reichstags kam ich in vielfache Berührung; Mitgliedern der linken Seite, darunter mehreren Süddeutschen, begegnete ich im Dunckerschen Hause, Mitgliedern verschiedener Fraktionen, auch des neugebildeten Zentrums, bei Herrn v. Gruner. Die vornehme, alles unedle verabscheuende Gesinnung des Hausherrn, sein Gerechtigkeitsgefühl, sein billiges, treffendes Urteil mußte jeden für ihn einnehmen. Die eben jetzt beginnenden Maßregeln des Staats gegen die katholische Kirche fanden keineswegs seinen Beifall. Und in der Tat, wenn man die Verhandlungen des Reichstags, wie sie durch konfessionelle Gegensätze verbittert wurden, mit der maßvollen, erfolgreichen Wirksamkeit des Norddeutschen Reichstages verglich, so konnte man sich schwerer Sorgen für die Zukunft nicht erwehren. Einen besonderen Reiz des Aufenthalts darf ich nicht unerwähnt lassen. Meine junge Freundin verweilte jetzt bei ihrer in Berlin verheirateten Schwester; an Gelegenheit zu häufigen Begegnungen fehlte es nicht, auch nicht, als die Familie im Juni eine ländliche Wohnung bei Haselhorst bezog und das benachbarte Tegel mit seinen Seen und Waldungen die hergebrachte Verleumdung, als sei die Mark aller landschaftlichen Schönheit bar, oft genug widerlegte.

Leider folgte so manchem erfreulichen doch ein trüber Abschluß. Mit keinem meiner Berliner Freunde hatte ich auch jetzt wieder so häufig verkehrt als mit Eduard Magnus. Der lebhafte Geist, die körperliche Beweglichkeit des nunmehr 73-jährigen waren bewunderungswürdig. Eine Schwäche der Hand hielt ihn ab, seine Kunst noch selbst zu üben, aber von seinem dauernden Interesse zeugten die Schriften über Polychromie und die Holbeinsche Madonna. Wir begegneten uns zwei- oder dreimal in jeder Woche, und der Verkehr wurde noch erleichtert, als ich Anfang Juli aus dem unaufhörlichen Getöse der Dorotheenstraße in die damals noch wenig belebte Königgrätzerstraße Nr. 27 flüchtete. Eine beinahe idyllische Wohnstätte in Berlin! Meinem Fenster gegenüber eröffnete eine kleine Tür den Zugang zu dem prächtigen, bis an die Wilhelmstraße ausgedehnten Park des Prinzen Albrecht. Damit stand in Verbindung der ebenso weite Garten des Kriegsministeriums, und da Herr v. Roon einem früheren Kollegen des Norddeutschen Reichstags den sonst nicht ganz leichten Eintritt gestattete, so konnte ich von meiner Wohnung durch prächtige Gartenanlagen an die Ecke der Leipziger- und Wilhelmstraße gelangen, um von da meinen Weg in das Archiv fortzusetzen. Und wie anmutig warfen bei dem Strahl der Morgensonne die ragenden Bäume des Parks ihre Schatten in mein Zimmer! Magnus' Wohnung in der Askanischen Straße war nur wenige Minuten von der meinigen entfernt; zuweilen klopfte er schon in der Frühe an mein Fenster, um mich zu einem morgendlichen Spaziergange aufzufordern. Er hatte — ich weiß nicht genau, in welchen Tagen — eine eilige Reise nach Süddeutschland unternommen, um als Preisrichter die Entwürfe für das Denkmal des Generals von Werder zu besichtigen. Nach der Rückkehr fühlte er sich nicht wohl. Der Tod seines Neffen Viktor ging ihm sehr nahe. Am Abend des 22. Juli unternahm er, trotz der drückenden Hitze, eine Eisenbahnfahrt zu seinen Verwandten nach Görlitz. Am 29. kam er sehr ermüdet zurück; wir aßen zusammen, und ich bat ihn vergebens, sich Ruhe zu gönnen. Er wollte aber durchaus der eben verwitweten Nichte in Potsdam

Nachricht geben, und ich begleitete ihn bis an den Bahnhof. Sehr unwillig äußerte er sich über das Kultusministerium, das er um Erlaubnis gebeten hatte, ein Bild der Wagnerschen Galerie kopieren zu lassen; vier Monate hatte man gar nicht, und jetzt, auf pedantische Gründe hin, abschlägig geantwortet. Am 31. Juli zeigte er mir den Entwurf einer Erwiderung, der ihm aber nicht gefiel, und bat mich, einen anderen abzufassen; wir verweilten noch längere Zeit in dem prinzlichen Park, und er begleitete mich bis an das Potsdamer Tor. Als ich ihm morgens am 2. August den Entwurf überbrachte, war er leidend, aber gegen Abend wieder hergestellt; das Schreiben hatte er inzwischen mit einigen Veränderungen abgehen lassen. Unter heiteren Gesprächen wurde es 9 Uhr. Aber zwei Tage später war sein Zustand verschlimmert; er lag auf dem Sofa an Magenkrämpfen leidend, sehr schwach. Dies Unwohlsein sei der Nagel zu seinem Sarge, sagte er, ohne doch, wie man aus anderen Äußerungen entnehmen konnte, an eine nahe Gefahr zu glauben. Ich selbst, als ich ihn verließ, ahnte nicht, daß ich ihn zum letzten Male gesehen hatte. Als ich am nächsten Tage fragte, hatten die Ärzte jeden Besuch verboten; zu dem Magenleiden hatte sich noch ein Augenleiden gesellt, der grüne Star, jetzt auf dem rechten Auge, wie er früher schon einmal das linke bedroht hatte. Am 6. wurde eine Operation vorgenommen mit gutem Erfolge, doch verboten die Ärzte jeden Besuch. Ein Zufall verhinderte mich, am 7. wieder nachzufragen, und als ich am 8. August mich gerade auf den Weg machen wollte, stand der Diener vor meiner Tür und berichtete, sein Herr sei morgens 7½ Uhr verschieden. Ich eilte in das Haus, die Leiche lag auf dem Bette im Schlafzimmer, der Ausdruck war ruhig und edel, auch am Tage darauf noch wenig verändert. Selten hat ein Trauerfall mich so tief bewegt. Ich schrieb einen kurzen Nachruf für die Nationalzeitung; eine vortreffliche Charakteristik gab der Geistliche in der Leichenrede am 11. August, ehe wir den Toten zur letzten Ruhestätte geleiteten.

Am 20. August verließ ich Berlin und nahm den Rückweg über Paderborn, Soest und Arnsberg, um die Spuren meines Urgroßvaters Peltzer und die Örtlichkeiten aufzusuchen, die er in den für mein Leben so bedeutungsvollen Briefen beschreibt. Gleich an der Wirtstafel wurde ich mit dem Nachkommen eines der Herren bekannt, die mit meinem Urgroßvater befreundet waren. Er führte mich zu dem genauesten Kenner Arnsbergischer Geschichte, dem Gymnasialprofessor Pieler, und beide Herren begleiteten mich dann auf einer Wanderung durch die Stadt, zur Abtei Wedinghausen, dem jetzigen Gymnasialgebäude. Das Grab meines Urgroßvaters war nicht aufzufinden, aber manches, was an seine Person und seine Erlebnisse erinnerte. Die Aussicht von der Höhe in das Ruhrtal erfreute mich nicht weniger wie vor 30 Jahren, da ich sie als 13 jähriger Knabe zum ersten Male sah; mein Urgroßvater hatte recht, sie den rheinischen zu vergleichen.

Am Abend des 23. August war ich in Bonn, aber schon am 6. September auf dem Wege nach Wien. In Regensburg befand ich mich wieder auf dem historischen Boden meiner Arbeiten, als ich das Gebäude des Reichstags und die Säle durchwanderte, in denen die „Heiligen Römischen Reichs Deutscher Nation-Perioden" Jahrhunderte lang sich hingezogen hatten. Die nächsten Tage über Passau, Gmunden und Ischl nach Aussee und höher hinauf nach Alt-Aussee. In ganz Deutschland findet diese wunderbare Vereinigung von Wald und Wiesen, See und Hochgebirge vielleicht nicht ihresgleichen; nur Badenweiler braucht wohl den Vergleich nicht zu scheuen. Arneth hatte diesen Ort seit einigen Jahren, und er hat ihn dann für Jahrzehnte zu seinem Sommeraufenthalt gewählt; nichts konnte mir erwünschter sein, als daß ich dem nunmehrigen Direktor des Wiener Staatsarchivs auf dem Rückwege nach Aussee durch einen Zufall, wie ich deren viele zu verzeichnen hätte, mitten im Felde begegnete. Wie es Menschen gibt, die im Spiele andauernd ein so entschiedenes Glück oder Unglück haben, daß es mit ihrer Person verknüpft erscheint, so ist es mir, der ich im übrigen einer Begünstigung von seiten Fortunas mich nicht rühmen kann, mehr als ein Dutzend Mal geschehen, daß ich den, den ich eben zu treffen wünschte oder mit dem ich mich in Gedanken beschäftigte, plötzlich auf der Straße einer großen Stadt oder im Hochgebirge oder im Eisenbahnwagen vor mir sah.

Gerne folgte ich am nächsten Tage einer Einladung in die von Arneth gemietete Villa am nördlichen Ufer des Sees. Ich traf ihn, wie er seiner einzigen Tochter einen Gesang Dantes erläuterte. Ein langer Spaziergang in die benachbarten Waldungen machte mich auch mit den geheimeren Schönheiten dieser wunderbaren Landschaft bekannt, und die Gespräche mit dem verehrten und liebenswürdigen Manne ließen recht deutlich erkennen, welche Vorteile der historischen Forschung durch seine Berufung in eine so einflußreiche Stellung erwachsen waren. Am 15. September abends kam ich nach Wien. Von meinen Bekannten waren die meisten noch in der Ferne; aber Laube, der das Theater in Leipzig bald wieder aufgegeben hatte, leitete jetzt als geborener Herrscher im Reiche Thalias das von ihm neu gegründete Wiener Stadttheater, das mit der Hofburg um den Preis ringen konnte. Einmal in jeder Woche war in seiner Wohnung großer Empfang, bei welchem die vorzüglichsten Zierden der Bühne ihrem Herrn und Meister huldigten, auch namhafte Personen der Schriftsteller- und Beamtenwelt sich einfanden. Jetzt wie in Leipzig hatte ich ihm für manche Freundlichkeit zu danken und konnte mehrmals aus seiner Loge im Theater einer bemerkenswerten Vorstellung zusehen. Von den Darstellern reichten einzelne, besonders Herr Robert und Fräulein Schratt, weit über das Gewöhnliche hinaus; Bewunderung erregte das vortreffliche Zusammenspiel. Laubes Bearbeitung des Demetrius konnte mich nicht entzücken. Interessant und ein Ereignis für die Theaterwelt war die erste Aufführung eines neuen Dramas von Paul Lindau, „Maria Magdalena", kein Meisterwerk, aber nicht ohne gute Einfälle. Die Titelrolle wurde von dem damals vielgenannten Fräulein Helene Dönniges gegeben, das kurz vorher, freilich nur für einige Jahre, mit dem tüchtigen und verständigen Schauspieler Friedmann sich vermählt hatte. Das Stück war ihr, wie man zu sagen pflegt, auf den Leib geschrieben, selbst die Farbe ihrer hellblonden Haare blieb nicht unerwähnt. Ihre Begabung erwies sich ausreichend, wenn auch nicht gerade hervorragend. Nach der mit vielem Beifall aufgenommenen Vorstellung versammelten sich Schauspieler, Direktor, Dichter und einige Freunde im Keller des Hotel Munsch, auch Adolf Wilbrandt mit seiner späteren Gattin, Fräulein Baudius, waren anwesend. Zum erstenmal befand ich mich in einer Gesellschaft dieser Art, die ich nach den Schilderungen im „Wilhelm Meister" mir wenig zutreffend vorgestellt hatte und brachte eine angenehme Erinnerung nach Haus. Durch Joseph Weilen, mit dem ich bei Laube bekannt wurde, lernte ich auch die Einrichtungen und die Vorübungen der Theaterschule kennen. Den Empfangstagen bei Laube verdankte ich auch die Bekanntschaft eines liebenswürdigen alten Herrn, des Dr Preiß, und seiner nicht weniger liebenswürdigen Gemahlin, einer Schwester des Malers Angeli. Herr Preiß, ein tüchtiger Arzt, Vorstand des Wiener Doktoren-Kollegiums, hegte das lebhafteste Interesse für alles, was mit dem Theater und der Literatur in Verbindung stand. So hatte er auch Grillparzer nahe gestanden und lebte jetzt in ununterbrochenem Verkehr mit Katharina Fröhlich, der edlen Freundin des Dichters, und ihren beiden Schwestern. Am 6. Oktober führte er mich in das Haus auf der Spiegelgasse 21 zu den drei liebenswürdigen Schwestern, welche dem Dichter, der nicht gerade leicht zu behandeln war, bis zu seinem Tode am 21. Januar 1872 die liebevollste Pflege und zugleich das Schönste, was er für Geist und Herz bedurfte, zuteil werden ließen. Katharina, bejahrt, war noch immer eine überaus anziehende Erscheinung. Man brauchte nur in ihr Antlitz, in ihr Auge zu blicken, um zu begreifen, daß sie einen großen Dichter begeistern konnte. Sie führte mich in die Räume, die der Dichter bewohnt hatte, wenn ich mich recht erinnere, drei Zimmer, ein Empfangszimmer, ein kleineres, in dem die Bibliothek stand, und ein größeres nach der Spiegelgasse, zugleich Schlaf- und Wohnzimmer. Ich bewahre noch eine Photographie, die Katharina mir schenkte. Auf einem Tische befanden sich zahlreiche Bücher philosophischen Inhalts: Kant, Hegel, Schopenhauer, dazu lateinische und griechische Klassiker und spanische Dichter, auf dem Flügel die Manuskripte, nach denen die Gesamtausgabe seiner Werke (10. Bd. Stuttgart 1871) bearbeitet war[1]).

Auf dem Archiv beschäftigte mich wieder vornehmlich die kaum übersehbare

[1]) 5. vermehrte Auflage, besorgt von A. Sauer, daselbst 1892.

Korrespondenz des Rastatter Kongresses, und ich war noch lange nicht fertig, als der Anfang des Wintersemesters mich nach Bonn zurückrief.

Einige Tage vor meiner Abreise hatte Herr von Stremayr mich auf das Ministerium beschieden und mir in einer längeren Unterredung angedeutet, man wünsche mich nach Österreich zu ziehen. Bestimmte Zusagen wurden aber von seiner Seite nicht gemacht und von der meinigen nicht begehrt, und ich hatte es um so weniger zu bedauern, als die Aussichten in Bonn sich günstiger gestalteten. Am 17. Januar war Herr v. Mühler aus dem Amte geschieden; von seinem Nachfolger Falk durfte ich eine unbefangene Würdigung der allgemeinen und meiner eigenen Verhältnisse erwarten. Walter war durch die Jahre und ein Augenleiden genötigt, seine Vorlesungen einzustellen, Aegidi nach 3 Jahren, im April 1871, aus der Fakultät wieder ausgeschieden, um in den persönlichen Dienst Bismarcks zu treten. Ich glaube wohl sagen zu dürfen, daß nach der Besetzung der verschiedenen juristischen Fächer und nach der in der Rheinprovinz herrschenden Stimmung meine Beförderung als die nächstliegende erscheinen mußte. Dieser Ansicht war auch die Bonner Fakultät, welche sich am 27. November 1872 einstimmig zu meinen Gunsten aussprach und von ihrer Ansicht nicht abging, obgleich es nicht unbekannt war, daß für den Lehrstuhl des Kirchenrechts Professor v. Schulte von Prag nach Bonn berufen sei. Eine Unterredung mit dem Kurator am 6. Dezember ließ mir aber keinen Zweifel, daß er das Gutachten der Fakultät an den Minister mit einem Bericht begleitet hatte, der die Wirkung wieder aufheben mußte. Meine Anwesenheit in Berlin schien mir unerläßlich; am Nachmittag wohnte ich noch dem Begräbnis Kampschultes bei, der vor kurzem sterbend aus Montreux zurückgekehrt war. Am nächsten Morgen war ich auf der Eisenbahn, und diese Fahrt hat in der Tat für mein Leben entschieden. Denn der Bericht des Kurators ließ das Gutachten der Fakultät als eine leere Förmlichkeit erscheinen, von welcher die Urheber selbst keine Wirkung erwarteten, und es hätte demzufolge nur als schätzbares Material zu den Akten wandern müssen. Glücklicherweise verweilten zwei Mitglieder der Fakultät als Mitglieder des Herrenhauses in Berlin; sie bezeugten den wahren Sinn des Schriftstücks bei meinem früheren Kollegen Achenbach, der, vor kurzem als Unterstaatssekretär in das Kultusministerium berufen, freundschaftliche Gesinnungen mir damals und bis zu seinem Tode bewahrt und bewährt hat. Am Abend des 9. und während einer langen Unterredung mit dem Minister erhielt ich zwar keine bestimmte Zusage, konnte mich aber überzeugen, daß ich mit einem wohlwollenden, billig urteilenden Vorgesetzten zu tun hatte. Und für mich ereignete sich einer der seltenen Fälle, in denen ich über meine eigenen Angelegenheiten kräftig und unumwunden mich äußerte. Am folgenden Abend nach einer anregenden Gesellschaft bei Gruner — von den Gästen sind mir noch Ranke, Graf Usedom,

August Reichensperger, Domprobst Holzer und der Sekretär der Kaiserin, Dr Brandis, erinnerlich — konnte ich Berlin mit dem Gefühl, nicht ganz vergebens gekommen zu sein, verlassen. Die Ungewißheit dauerte noch einige Wochen, aber am 27. Januar 1873 erhielt ich von Achenbach die Nachricht, man werde mich dem Könige zum ordentlichen Professor vorschlagen, und am 21. Februar meldete er, daß der König zwei Tage vorher die Ernennung vollzogen habe. Der Erste, der mich am 8. März, als die Ernennung durch die Zeitungen bekannt wurde, in meiner Wohnung besuchte, war Friedrich Diez. Auch sonst erhielt ich von vielen Seiten Beweise, daß etwas geschehen sei, was man schon lange erwartet habe. Ich selbst konnte mir sagen, eine wesentliche Verbesserung sei für mich eingetreten, denn wenige Stellungen sind so unbequem wie die eines außerordentlichen Professors, der lange auf seine Beförderung warten muß, besonders, wenn er fort und fort Entscheidungen treffen soll, die, schon an sich schwerwiegend, auch für seine Laufbahn in Betracht gezogen werden. Das hatte ich noch vor kurzem empfunden, als um Weihnachten eine Allokution des Papstes als Beschimpfung der preußischen Regierung oder gar des Königs angesehen und an zahlreichen Orten durch Adressen und Gegenerklärungen beantwortet wurde, auch in Bonn, wo sogar eine Volksversammlung zu diesem Zweck berufen wurde. Unterzeichnete ich, so konnte eine Rücksicht auf meine Beförderung unterlegt werden, unterzeichnete ich nicht, so schrieb man mir Ansichten zu, die ich nicht teilte. Um mir zu helfen, nahm ich zu einem Mittel meine Zuflucht, das ich nur äußerst selten angewandt habe. Ich brachte in einer Vorlesung meine Ansichten, die für keine Partei sehr schmeichelhaft waren, zum Ausdruck und schrieb einem Kollegen unserer Fakultät einen nicht bloß für ihn bestimmten Brief. Die Wirkung war, wie ich wünschte; und hier sei überhaupt bemerkt, daß die Regel: „Reden ist Silber, Schweigen ist Gold!" sich für keinen weniger bewährt hat als für mich. In einem langen Leben hat mich, soweit ich mich erinnere, niemals gereut, gesprochen zu haben, während Scheu und Ungeschick, meinen Ansichten Ausdruck zu geben, mich oft an das Mißgeschick erinnerte, in das der „tumbe" Parzival durch seine unzeitige Schweigsamkeit verwickelt wurde.

Am 14. März führte mich Haelschner, als Dekan, in die Fakultät ein; verehrten, zum Teil ausgezeichneten Männern war ich dadurch gleichgestellt, von denen mehrere, Sell, Walter, Haelschner, Bluhme, meine Lehrer gewesen waren. Ich konnte mir nicht verhehlen, daß in meinem Wesen, meinen Neigungen, meinen Interessen manches war, was eigentlich nicht in eine juristische Fakultät gehörte. Um so eifriger nahm ich mir vor, meinen amtlichen Verpflichtungen treulich nachzukommen. Für die Vorlesungen bedurfte es keines Vorsatzes; denn sie waren mir stets nicht bloß eine Pflicht, sondern eine Freude gewesen. Angenehm war mir aber, daß infolge der eigentümlichen Verhältnisse, unter denen meine Berufung vor sich ging, ein Lehrauftrag für bestimmte Vorlesungen mir nicht, wie es gewöhnlich geschieht, erteilt wurde. Man mochte erwarten, daß ich nach wie vor über Kirchenrecht, Staatsrecht und Rechtsphilosophie vortragen würde; aber die in den Statuten geforderte katholische Professur für Kirchenrecht wurde nicht mir zugewiesen. Den Protesten, die noch in neuester Zeit gegen einzelne sogenannte konfessionelle Professuren laut wurden, kann ich nur eine bedingte Berechtigung beimessen; aber für mich war es eine Beruhigung, daß mir die Verpflichtungen, die mit einer solchen Übertragung sich verbinden konnten, nicht auferlegt wurden.

---

11. Kapitel.

Reise nach Wien (1873), England (1873) und Italien (1874).

(Leider ist dieses Kapitel in Hüffers Manuskript Fragment geblieben. Ich hatte es nach den erhaltenen Aufzeichnungen und Tagebuchblättern vervollständigt, begnüge mich aber, aus äußeren Gründen — um den Umfang des Buches nicht allzu sehr zu vergrößern —, hier eine kurze Skizze des Inhalts zu geben.)

In Wien galt Hüffers Haupttätigkeit den Rastatter Archivalien auf dem vormals erzkanzlerischen Archiv. Daneben vernachlässigte er aber auch seine freundschaftlichen Verbindungen nicht. Karl Schrauf, die Dichterin Barbara Elisabeth Glück (Betty Paoli), den Freiherrn v. Gagern, dem die Leitung der im Mai zu eröffnenden Internationalen Ausstellung übertragen war, hat er damals häufig gesehen. Auch hatte er Gelegenheit, sich mit dem nächstgeborenen Bruder des Dichters Heine in einer Gesellschaft auszutauschen.

Der darauf folgende Sommer brachte dann die Veröffentlichung zweier Hüfferschen Arbeiten:

1. Rheinisch-westfälische Zustände während der französischen Revolution (in den „Annalen des Historischen Vereins für den Niederrhein").

2. Briefe Napoleons von 1796—1797 (in den „Mitteilungen der Wiener Akademie").

Was Hüffers Reise nach England veranlaßte, war in erster Linie die Absicht, durch die Benutzung des archivalischen Materials in London die Forschungen über die diplomatischen Verhandlungen zu ergänzen. Hierzu kamen Einladungen seines jüngsten Bruders Franz, der als Schriftsteller und Musikreferent für die Times sich in London eine geachtete Stellung erworben hatte und namentlich durch seine Verheiratung mit einer Tochter des Malers

Ford Madox Brown in engere Verbindung mit künstlerischen und literarischen Kreisen der englischen Metropole getreten war. Durch Vermittlung des Grafen Münster gelang es Hüffer, Zutritt zu dem Public Record Office zu erhalten. Ehe er aber noch seine Arbeiten aufnehmen konnte, führte ihn eine Reise nach der Isle of Wight, wo er köstliche Tage des Wanderns und Lagerns im Freien bei herbstlich mildem Wetter verlebte. Über Portsmouth und Winchester, wo die gewaltige Kathedrale sein Interesse erregte, geht die Reise nach London zurück. Auf dem Record Office gelingt es ihm, von hilfsbereiten Beamten unterstützt, über die Beziehungen Englands zu Rußland und Österreich vor dem Beginn und im Verlaufe des Krieges der zweiten Koalition sich Klarheit zu verschaffen. Daneben versäumt er nicht, sich mit Land und Leuten näher bekannt zu machen. Die Bibliotheksverhältnisse im Britischen Museum finden seine uneingeschränkte Bewunderung. Staunend steht er vor den Elgin Marbles und der Westminster Abbey. — Auf den Straßen fällt ihm der Unterschied zwischen den hochgewachsenen Leuten normannischer und den gedrungenen Gestalten angelsächsischer Abkunft auf. Die eigenartigen Sitten des Insellandes erregen zu wiederholten Malen sein Befremden. Im Drury Lane wohnt er einer Aufführung von „Antonius und Kleopatra" bei, dessen Aufmachung als Ausstattungs- und Spektakelstück ihn erregt. Von namhaften Männern lernt er Ford Madox Brown, Mr. Appleton, den Herausgeber der „Academy", und Swinburne kennen, „einen kleinen Mann mit lebhaften Zügen, an allen Gliedern beständig zuckend, die Sätze stoßweise, wie Raketen, von sich stoßend". Über Canterbury und Dover kehrt er dann kurz nach Mitte Oktober nach Bonn zurück.

Während des Winters und Frühlings erfüllt ihn unausgesetzt der Gedanke an ein eigenes Heim an der Seite jener Frau, der seit langer Zeit seine Liebe gehörte. Im August versetzt ihn der plötzliche Hingang des ihm so treu ergebenen Vivenot in tiefe Trauer. Gegen Mitte des Monats macht er einen Ausflug nach Franken, wo er mit Frau v. Schwartz zusammentrifft, mit der er ein Wiedersehen in Italien verabredet. Die Aussicht, seinen Bruder Wilhelm, der sich in Rom niedergelassen hatte, wiederzusehen, half zweifellos den Entschluß zu dieser zweiten italienischen Reise fördern.

Die Reise begann am 3. September 1874. Hüffer besuchte zunächst die elsaß-lothringischen Schlachtfelder des letzten großen Krieges. Die noch überall sichtbaren Spuren der Verwüstung lösten wehmütige Gefühle in ihm aus. Dann wandte er sich über Nancy und Lunéville nach Neufchâtel und von hier über Lausanne und Genf nach Chamonix. Dort wird er sich im Angesichte des Mont Blanc, das Herz erfüllt von schönen Gedanken, der Herrlichkeit der Alpenwelt wieder voll bewußt. Die Reise durch Savoyen führt ihn an jene Stätten, die durch Rousseaus Andenken geweiht sind.

Bei einem Besuch der Grande Chartreuse bewundert er „die herrliche und anmutige Umgebung, ganz wie Rousseau sie geschildert hat". Über den Besuch der Charmettes meldet das Tagebuch folgendes: „Etwa eine halbe Stunde vor dem Tore, der Weg und der Ort selbst noch ganz so, wie Rousseau ihn beschreibt. Auch im Innern noch vieles erhalten. Das früher von Rousseau bewohnte Zimmer ist über dem Eingang. Das Haus gehört jetzt einer in Chambéry ansässigen Familie. Der obere Stock nicht sichtbar; aus dem Gang kommt man in ein geräumiges Zimmer, dann in einen Gartensaal, der die ganze Breite des Gebäudes einnimmt; von dem alten Mobilar noch vieles erhalten, schönes Porträt der Frau v. Varens. Eine beinahe 80jährige Frau, die im Hause wohnte, wußte noch manches zu erzählen. Im Garten herrliche Aussicht, milde erquickende Luft; Fülle des Obstes und der Reben; Rosen und Blumen jeder Art. Aus dem Garten geht man einige Stufen hinunter in eine Platanenallee; alles ganz wie es Rousseau geschildert. Man würde sich nicht wundern, wenn man ihm plötzlich im Garten begegnete. Nur die Kastanien auf den Höhen der anderen Seite des Weges sind leider abgehauen. Erfreuliche Stunden. Auf dem Wege, den Rousseau beschreibt, oben durch den Weinberg hinaus an den Höhen vorbei nach Chambéry".

Auch hier sind die Gedanken des Reisenden der Erinnerung an den großen Toten geweiht. Er verweilt an der Grabstätte der Frau v. Varens (gestorben 1762) auf dem Kirchhof. Auf der Bibliothek exzerpiert er einen Aufsatz über die in dürftigsten Verhältnissen gestorbene Frau. Er meditiert über Rousseaus Charakter, der „von Undankbarkeit nicht frei zu sprechen" ist. Auch des Dichters Testament zugunsten der Frau v. Varens läßt er sich auf der Bibliothek zeigen. In der Vorstadt Vézin sucht er das Haus auf, wo „die Gründerin der glücklichen Stunden Rousseaus, ihres Paradieses beraubt", ihre letzten kummervollen Tage verlebte. Dann zieht es ihn zum zweiten Male nach den Charmettes. „Ich dachte", so meldet das Tagebuch, „nachmittags abzureisen; aber die Anmut des Ortes war so außerordentlich, die Erinnerung so mächtig, daß ich blieb und einen Tag in Italien opferte. In Rousseaus Zimmer, im Gartensaal die Confessions gelesen; welchen Einfluß übt ein großer Schriftsteller! Er steigert sich in geometrischer Progression und wirkt unmittelbar auch auf die spätesten Nachkommen, während doch die größten Eroberer und Staatsmänner mit den veränderten Zuständen von ihrer Bedeutung verlieren müssen. — Den ganzen Tag oben im Saale, im Garten unter denselben Bäumen, unter denen schon Rousseau Schatten gefunden hatte. Käme er wieder, er fände wenig verändert! In dem Fremdenbuch auf dem Tische neben enthusiastischen Aussprüchen der Bewunderung manches, das ihn fast wieder in seinen trüben Ansichten bestärkt hätte."

Über den Charakter der Savoyarden macht Hüffer interessante Bemerkungen: „Sie vereinigen schweizerische Tüchtigkeit und französische Grazie. Das Land hat viele bedeutende Männer hervorgebracht. Es hat eine besondere Geschichte vermittelt zwischen drei Staaten. Für Frankreich könnte es nur nützlich sein, wenn man seine besondere Entwicklung nicht verkümmert. Die Sympathien für Frankreich sind seit dem unglücklichen Kriege in den unteren Ständen erloschen. Man klagt über die hohe Abgabe, gesteht übrigens, daß die Regierung manches für das Land getan und insbesondere die Wege verbessert habe."

Auf dem bequemen Wege über den Mont Cenis gelangt der Reisende nach Italien. Er empfindet nichts von dem berauschenden Gefühl, das sonst das Absteigen von den Alpen zu begleiten pflegt. Das Land, das er verlassen, erscheint ihm schöner als die Gegend, in die er hinuntersteigt. In Turin macht er die erste Station. Auch diese Stadt findet er wenig italienisch. Die geraden Straßen und großen Plätze, „meistens nur dadurch unterschieden, daß in der Mitte einem Infanteristen oder einem Kavalleristen eine Statue errichtet ist", vor allem aber auch die Physiognomie und das Benehmen der Bewohner erinnern ihn an Berlin und preußisches Wesen. Übrigens glaubt er zu erkennen, daß in Piemont eine wirkliche Anhänglichkeit an die regierende Familie („vielleicht hier einzig in Italien") besteht. Er erklärt diese Erscheinung damit, daß das regierende Haus durch viele Jahrhunderte sich erhalten hat, und mit dem Volke verwachsen ist.

Am 24. September gelangte er über Alessandria, wo er, um das Schlachtfeld von Marengo (14. Juni 1800) zu besichtigen, einen kurzen Aufenthalt nimmt, nach Novi, dessen Lage ihn entzückt: „Am Fuße einer schönen Hügelkette, gerade wo das Gebirge aus der unendlichen lombardischen Ebene aufsteigt, liegt Novi, ein sehr hübscher Ort mit alten Palästen und Villen, viel besucht von Genuesern während der heißen Monate." Er verlebt einen angeregten Abend auf der monderhellten Terrasse seines Gasthauses in Gesellschaft zweier Italiener, die mit ihm auf das Wohl Deutschlands anstoßen. Auch bei dieser Gelegenheit entringt sich ihm wieder das Bekenntnis: „Kein anderes Volk ist so liebenswürdig im Umgang."

Die Besichtigung des Schlachtfeldes unternimmt er unter Führung eines äußerst freundlichen Kanonikus. Die Fahrt dorthin gibt ihm noch einmal reichlich Gelegenheit, die Anmut der Gegend zu bewundern. Sein Begleiter schildert die Schönheiten der Landschaft mit solchem Enthusiasmus, daß er gar nicht bemerkt, wie eine Schar geflügelter Ameisen mit wütender Gier über die Reisenden herfällt. „Das war", so bemerkt das Tagebuch, „der eigentlich liebenswürdige Patriotismus, den man nur bei Südländern, besonders bei Italienern findet — Goethe fand ihn bei dem Kutscher, der beim Anblick des Golfes von Neapel in ein Freudengeschrei ausbrach — die natürlich hervortretende Freude — ohne Überhebung, ohne Vergleichung mit anderen Ländern und Völkern — daß Gott den Boden, den sie bewohnen, so herrlich geschmückt und so überschwänglich gesegnet hat."

Am folgenden Tage geht die Reise weiter über das Gebirge nach Genua. „Von der Höhe", so heißt es in seinen Aufzeichnungen, „öffnet sich die Aussicht auf das Meer, und mehr und mehr treten neue Täler und Villen hervor. Die Flüsse sind leider beinahe ausgetrocknet. Aber die Vegetation von südlicher Pracht. Jetzt hat man das Gefühl nach Italien zu kommen." Der Besichtigung von Genua ist der nächste Tag gewidmet. Er findet wenig hübsche Gesichter. Die aus den zahlreichen Stockwerken der Häuser ausgehängten Kleider- und Wäschestücke erregen seine Bewunderung. „Die Straßen", so notiert er, „zum Teil so enge, daß die gegenüber Wohnenden aus den Fenstern sich die Hände reichen können. Durchaus nicht für den Lebensgenuß sind diese engen, dunkeln Straßen angelegt, in welche nur selten die Sonne einen Blick werfen kann, sondern für ein sparsames, tatkräftiges, betriebsames Volk. Dabei tritt auch der aristokratische Charakter der Stadt hervor; nur wenige konnten sich Paläste bauen, die sie dann auch um so herrlicher schmückten."

Am 27. gelangt der rastlos Weiterstrebende über Chiavari und Sestri nach Spezia. Während der Fahrt genießt er die herrlichsten Ausblicke auf die See über die fruchtbaren Gelände. Auch die Lage von Sestri entzückte ihn. Ein Bad in dem wundervoll klaren Meereswasser entringt ihm den Ausruf: „einige Augenblicke, in denen man wieder die Schönheit der Welt empfinden könnte". Von Sestri nach Spezia gelangt er auf einem kleinen Dampfboot. Er bewundert die schöne Küste, während im Westen die Sonne hinter Wolken ins Meer sinkt. Bei hellstem Mondenschein fährt er in den Golf von Spezia ein, während ihn vom festlich belebten Strande Musik und farbige Lichter grüßen. Nachts erfährt er zum ersten Male, wie unangenehm die italienischen Moskitos werden können, während er am folgenden Tage in Lerici eine köstliche Probe von italienischem Schmutz bekommt. Das Tagebuch sagt darüber: „Die Lage ist in der Tat unvergleichlich, aber noch unvergleichlicher der Schmutz. In meinem ganzen Leben, auf allen meinen Reisen habe ich dergleichen nie gesehen: Wenn einmal der Guano von Peru verbraucht ist, er könnte den Mangel ersetzen. Straßen, Plätze, Vorsprünge der Häuser, der Weg bis hinauf zur Ruine des Kastells und die inneren Räume: alles ist mit Schmutz bedeckt. Ich konnte die kleinen italienischen Städte im allgemeinen nicht schmutziger finden als die deutschen und französischen; in La Spezia und Sestri sah es sehr leidlich aus. Man möchte glauben, in Lerici habe eine fremde Völkerschaft sich angesiedelt, denn die Unordnung und Unreinlichkeit der Einwohner entspricht ganz dem Anblick der Straßen. Ich sehnte mich nach meinem Bade, aber bis in das Wasser hinein reichte der Schmutz und der üble Geruch." Der wundervolle Weg nach Sarzana entschädigt den Reisenden für das, was er in Lerici erduldet. Sarzana beschreibt er als schöne, stille, reinliche Stadt, wo er nach den „Greuelszenen von Lerici" den Segen eines wohlgeordneten Gemeinwesens lebhaft empfindet.

Dann geht der Weg weiter nach Viareggio, wo er den Abend in angenehmen Gesprächen auf dem mondbeschienenen Molo verbringt. Auch den folgenden ganzen Tag schwelgt er im Genuß des Meeres, der für ihn, wie das Tagebuch gesteht, immer etwas unwiderstehliches hat. Frühmorgens nimmt er ein erquickendes Seebad, dann macht er eine lange Fahrt auf dem Meere, die er nachmittags wiederholt. Während dieser Nachmittagsfahrt sieht er ein heftiges Gewitter über den Wellen sich entladen. Abends verweilt er wieder bei Mondenschein am Strand und auf dem Molo.

In Pisa gelangt Hüffer wieder auf den Boden, den er schon im Jahre 1852 betreten hatte. Die alten Erinnerungen sind noch ganz frisch. Von hier geht es über Lucca nach St. Pancrazio, wo ihn sein Bruder Wilhelm, dessen Großmut er die erste Reise nach Italien verdankte, freundlich empfängt.

Am folgenden Tag macht er einen Ausflug nach dem Pachthof Matraja, der einen Teil der Lucchesinischen Besitzungen bildete und kürzlich von seinem Bruder gekauft worden war. Er genießt dort das Schauspiel einer italienischen Weinlese. Die dabei beobachteten alten Gebräuche erregen in hohem Maße sein Interesse. Nachdem er am 2. Oktober die zum Lucchesinischen Besitz gehörige Villa Cavallari besucht und sich dort an der herrlichen Aussicht und Vegetation erfreut hatte, wandert er zwei Tage später nach Sans Souci oder Palmata, der Villa des Herrn v. Grabau, auf der er vor 22 Jahren so glückliche Tage verlebt hatte Das Tagebuch berichtet darüber: „Natürlich kam sie mir jetzt, da ich sie mit so vielem anderen, was ich seitdem gesehen, vergleichen mußte, viel weniger prächtig vor als in der Erinnerung. Sie erscheint in der Tat den Palästen Wilhelms und Schwartzes gegenüber wie ein einfaches deutsches Landhaus, aber sie hat auch etwas eigentümlich wohnliches und heimliches. Die Aussicht ist unvergleichlich. Blühende Frau und Kinder. Ludovico, der früher kaum beachtet wurde, ist nun der einzige, der den Namen und das Geschlecht fortsetzt. Die ganze Gegend hier, wo das Gebirge anhebt, mit Villen bedeckt. Wo wäre eine herrlichere Lage zu finden? Das Land ist in Wahrheit ein großer Garten."

Man begreift es, daß Hüffer mit wehmütigen Gefühlen den Ort wiedersah, in dem er vor länger als zwei Jahrzehnten das erste volle Aufleben der Jugend gefühlt hatte. Auch der nächste Morgen findet ihn noch in gedrückter Stimmung: „Wenn das Leben nicht glücklich sein kann, muß man es wenigstens nützlich zu machen suchen. Aber „Freude, schöner Götterfunken", was kann man noch leisten, wenn du für immer verloren bist?" Nachmittags entschließt er sich zu einem nochmaligen Ausflug nach der Villa Cavallari, wo er das Glück hat, die Papiere Lucchesinis zu finden. Von einem alten Fattore erhält er einen ausführlichen Bericht über Lucchesini und seinen ungeratenen Sohn. Hierauf macht er mit seinem Bruder einen Ausflug nach Lucca, dessen Kunstschätze er genau besichtigt. Auf dem Heimwege, der über Ponte a Mariano geht, beobachtet er mit großem Interesse die Vorrichtungen, die zur sorgfältigen Ausnützung des Wassers von den Ansiedlern getroffen sind. Er berichtet bei dieser Gelegenheit von Urkunden aus dem 16. Jahrhundert, in denen der Abfluß des Wassers für die tiefer liegenden Villen kontraktlich bestimmt wird.

Am nächsten Morgen wird der Ausflug nach Lucca wiederholt. Hüffer hebt den angenehmen Eindruck der Stadt hervor, die „nicht elegant, aber wohlhabend, reinlich und anmutig" ist. Mit Interesse betrachtet er die vielen Leute auf den Straßen — fast ausschließlich Landbewohner — unter denen er viele hübsche Gesichter wahrnimmt. Von den Sehenswürdigkeiten der Stadt erregen seine Aufmerksamkeit in ganz besonderem Maße das zu einem Markt umgestaltete alte Amphitheater, die Bibliothek des Kapitels, über dessen Schätze er sachkundigen Bericht gibt, und die Kirchen St. Giovanni und St. Michele mit dem schönen Bilde von Filippino Lippi.

Als Kuriosum erwähnt er, daß er in der besten Restauration für 60 Cent. ein Beefsteak gegessen habe und daß man in dem Ort für 80 Fr. monatlich anständig leben könne.

Es zeugt für Hüffers Leistungsfähigkeit in jener Zeit, daß er nach einem solch gut ausgenützten Morgen am Nachmittage noch Lust hatte, nach Pisa zu fahren. Auf dem Wege trifft er mit einer Schauspielergesellschaft zusammen. Ein Mitglied fragt sogleich nach Bismarck und meint, es sei ein großer Verlust für die Deutschen, wenn sie ihn verlören. Im Pisaner Dom ergibt er sich dann ganz dem Eindruck dieses eigentümlichen Kunstwerkes. „Glückliche Zeit!" so ruft er begeistert aus, „die so etwas schaffen konnte". Insbesondere erscheint ihm die Kanzel von Niccolo Pisano im Baptisterium als ein Wunder der Kunst.

Über den Besuch im Campo Santo berichtet das Tagebuch folgendermaßen: „Es ist ein Glück nicht nur für die Toten, sondern auch für die Lebenden, darin Eingang zu finden. Einen ähnlichen Friedhof hat die Welt nicht mehr. Mit den einfachsten Mitteln ist das Herrlichste erreicht. Rosen, einige Zypressen, die Arkaden ohne allen Zierat. Kränze eines frischen Begräbnisses, eines Professors der Pisaner Universität, lagen in einer Halle. Jetzt wird nur noch Bevorzugten das Begräbnis gestattet. Die Bilder an der Südwand sind besser erhalten als die an der Nordwand. Der Trionfo della morte jetzt nicht mehr dem Orcagna, sondern dem Sienesen Lorenzetti zugeschrieben. Unter den drei Reitern, deren Pferde vor den Leichen zurückscheuen, Castruccio und Ludwig der Bayer; auf der anderen Seite die unvergleichlichen Fresken des Benozzo Gozzoli. Weinlese: der Knabe tritt die Trauben gerade so, wie ich es in Matraja sah. Zahlreiche Monumente: L'Inconsolabile, Catalani, Cavour und andere. Man möchte tagelang und im Mondschein hier verweilen."

Am Morgen des 7. Oktober genießt Hüffer in der Gesellschaft des geliebten Bruders eine herrliche Wanderung, die sie von ihrem Wohnplatz aus die Höhen empor bis zu einem einsamem Hofe führt. Begeistert preist er die entzückende Fernsicht. Aber auch für Charakter und Leben, Lage und Stimmung der Bevölkerung hat er Auge und Sinn, wie folgender Eintrag des Tagebuches beweist: „Die Wohnungen der Bauern sind meistens groß, geräumig, nicht unreinlich. Ihre Verhältnisse auf diesem fruchtbaren, gesegneten Boden könnten beneidenswert erscheinen. Die Pachtzinse sind nicht hoch; meistens erhält der Bauer für die Bewirtschaftung den halben Ertrag. Die Verträge bestehen zum Teil schon nach Jahrhunderten. Doch ist die Kunst, den Acker zu bauen und den Wein zu bereiten, wenig fortgeschritten. Die Bauern wissen nicht zu sparen, legen bei günstigen Ernten nichts zurück und müssen dann in schlechten Jahren sich kümmerlich durchschlagen. Die Gesinnung ist meistens noch sehr konservativ, die Zahl der Kirchen übergroß, der Priester in gutem Ansehen. An den Festen und kirchlichen Angelegenheiten nimmt jeder Bauer persönlichen Anteil, davon zeugte eine Fehde zwischen San Pancrazio, der Taufkirche, und einer kleinen Gemeinde in Saltocchio. Erstere hatte das Recht, daß nach dem Charfreitag zuerst in ihrer Kirche wieder geläutet wurde. Dieses Recht war von Saltocchio nicht respektiert worden, deshalb heftige Erbitterung in beiden Ortschaften. Prozessionen, die früher gemeinschaftlich abgehalten waren, gingen nun getrennt, und da das Tabernakel den Saltocchianern gehörte, fand sich San Pancrazio in Verlegenheit; aber statt aus diesem Grunde Frieden zu machen, wurde nun ein Prachtstück eines Tabernakels für 6000 Francs angeschafft, und es sind nicht die Geistlichen, sondern gerade die Bauern, die darauf bestehen, daß man der heimatlichen Ehre dieses Opfer bringen müsse."

Aber nicht bloß die Landbevölkerung erregt des Reisenden Interesse. Den Nachmittag jenes Tages widmet er Besuchen bei den Gutsnachbarn eines Bruders, über deren Verhältnisse, Lebensgewohnheiten und gesellschaftliche Beziehungen er mancherlei anmerkt. Namentlich über das Schloß der gräflichen Familie Bernardini enthält das Tagebuch bemerkenswerte Notizen.

Am nächsten Tage fährt Hüffer mit seinem Bruder nach Florenz. Die Fahrt durch die köstliche Landschaft erfreut und entzückt ihn: „Herrliches Land bis Pescia, der Garten des Gartens. Alles mit Wein und Öl(bäumen) und hoch hinauf mit Kastanienwäldern bedeckt. Villen, Schlösser, auch die Wohnungen des Landvolkes überaus reizend. Bei Pistoja herrlicher Blick in die Apenninen. Die Linien des Gebirges von ernstem, großartigen Charakter. Man sieht weithin, wie die Eisenbahn das Gebirge hinansteigt. In kühnen

Bauten haben die Italiener von jeher das Außerordentlichste geleistet. Nach Pistoja verliert die Gegend an Reiz, weil die Berge der Vegetation entbehren. Man könnte glauben, die Lucchesen hätten für Wasser und Waldung einen ganz eigenen Sinn besessen, der ihren Nachbarn nicht im gleichen Maße eigen war. Viel mag auch in der Natur des Gebirges gelegen sein, aus welchem ungeheuere Felsen hervorragen. Man macht jedoch Versuche die Berge zu bewalden oder wieder zu bewalden; hinter La Doccia, nicht weit von Florenz, sieht man eine alte Majolikafabrik, dem Marchese Ginori gehörig, der Berg dahinter ist zum Teil schon recht merklich bewaldet. Die Zypressen scheinen sich am besten für den Anfang zu eignen. Nicht weit hinter Pistoja auf der Höhe die alte Burg, wo Philipp Strozzi 1537 gefangen wurde. Sehr langsame Fahrt. Gegen 3 Uhr hatten wir den Blick in das herrliche Tal von Florenz. Domkuppel und der Glockenturm sind die Wahrzeichen."

In Florenz angelangt, macht Hüffer eine lange Wanderung durch die Stadt, die ihm viele Freude bereitet. Vieles von dem, was er sieht und bewundert, ist ihm noch von seinem ersten Besuche her in guter Erinnerung. Insbesondere weiden sich seine Augen an der Prachtgestalt des Perseus.

Den Abend verbringt er im Theater Palliano, wo er Verdis neue Oper „Aida" hört. Die Ausstattung und Szenierung erregt seine Bewunderung. Die Musik findet er leidlicher als die des „Don Carlos", den er 1872 in Paris gehört hat. Trotzdem glaubt er, daß es für Verdi vorteilhafter gewesen sei, bei dem italienischen Stil zu bleiben, als teils Meyerbeer, teils die Zukunftsmusiker nachzuahmen.

Hüffers Aufenthalt in Florenz dauerte bis zum 19. Oktober. Er hatte auf dem Archiv zu tun, wo man ihm in liebenswürdigster Weise entgegenkam und in kurzer Zeit eine Arbeitsgelegenheit einräumte. Aber vor allen Dingen galt auch jetzt wieder seine Aufmerksamkeit den Werken der Kunst. Das Tagebuch enthält das Bekenntnis: „Der Weg zu den Akten, selbst zu interessanten, ist schwer in Florenz." Da ihm Florenz von seiner ersten italienischen Reise her bereits ziemlich gut bekannt war, brauchte er jetzt bei seinen Besichtigungen nicht systematisch zu Werke zu gehen. Er beschränkte sich auf das, was seinem Geschmack besonders zusagte. In den Uffizien verweilt er lange bei den Bildern von Boticelli, besonders bei der Madonna mit den Engeln. Höher noch schätzt er die Madonna des Cimabue (1270), die auf ihn, wie er gesteht, immer den größten Eindruck gemacht hat. Er vergleicht sie der Pallas Athene von Velletri, „die man recht wohl neben der Venus von Milo sehen kann". Auch die Fresken Ghirlandajos in S. M. Novella erregen sein besonderes Interesse. Ghirlandajos „Anbetung der Könige" in der Kirche der Innocenti preist er als des Meisters „schönstes Bild".

Vor der Grabkapelle Michelangelos in St. Lorenzo steht er tief ergriffen:

„Zum ersten Male", so heißt es im Tagebuch, „von der Größe dieser Schöpfungen einen recht deutlichen Eindruck erhalten." In den Kapellen der Peruzzi und Bardi besichtigt er die Fresken Giottos, deren Schönheit er rühmt. Als er in Or S. Michele die herrlich verzierten Fenster sieht, preist er „den Zunftgeist glücklich, der ein solches Haus besaß". Unmittelbar darauf besucht er San Marco, wo das Kruzifix von Giotto und Fra Bartolomeos Bild seine Aufmerksamkeit erregen. Das letztere scheint ihm „würdig, von Raphael gemalt zu sein". Ausführlich berichtet das Tagebuch über einen Besuch in der Accademia delle belle arti, wo er „ein Übermaß der herrlichsten alten Bilder findet". „Man weiß nicht, wohin man sich wenden, wie man enden soll. Einen Tag könnte man vor jedem Bilde verweilen. Glückselig die Menschen, die mit dem Studium dieser herrlichen Werke ihr eigenes Leben verschönen können! Glückseliger, die so etwas hervorbringen konnten! Man begreift an diesem Ort, wie man sich den Himmel als ein seliges Anschauen der Gottheit vorstellen konnte; denn es ist nicht abzusehen, wie man in dem Anschauen dieser göttlichen Schönheit ermüden sollte." Von den Bildern, die ihn besonders gefesselt haben, führt das Tagebuch folgende an: Madonna von Giotto, ein herrliches Bild von Gentile da Fabriano, Verocchios „Taufe Christi", Fiesoles „Jüngstes Gericht" und „Die Anbetung des göttlichen Kindes in der Waldeinsamkeit" von Filippo Lippi, dessen erste Fassung er schon in Berlin bewundert hatte.

Es fällt auf, daß es vor allen Dingen die präraphaelitische Kunst ist, die Hüffers Interesse und Bewunderung erregt, wie er ja auch bei seinem Besuche des Campo Santo in Pisa „die unvergleichlichen Fresken des Benozzo Gozzoli" bewundert hatte, und merkwürdig! Gerade jene Plätze, die auf Ruskin, den Entdecker der präraphaelitischen Kunst, so nachhaltig gewirkt, scheint auch Hüffer besonders zu lieben.

Mit warmen Worten berichtet er von seiner Wanderung aus der Porta Romana über den Viale dei Colli und San Miniato zum Piazzale Michelangiolo und weiterhin über den Ponte Vecchio nach Hause. „Keine Stadt der Welt", so ruft er aus, „hat einen solchen Spaziergang!" Kurze Zeit darauf weilt er zum zweiten Male in San Miniato, das er bei herrlicher Abendbeleuchtung in seiner ganzen Schönheit genießt.

Es erscheint uns natürlich, wenn ein solch aufrichtiger Bewunderer der Ursprünglichkeitskunst der Quattrozentisten an den Werken der neuen Kunst verhältnismäßig wenig Gefallen findet. Nachdem er in der Accademia delle belle arti sich an den Bildern der Alten erfreut hatte, entschließt er sich schweren Herzens zum Übergang in die Säle der Neueren: „Wie wenig lohnte es! Unter den neueren Skulpturen finden sich einige sehr schöne Arbeiten, aber von den Bildern waren wenige auch nur mittelmäßig. Der Fehler liegt nicht, wie so oft bei den Malern anderer Völker, in einer schlechten Manier, einem

Haschen nach Effekt, sondern in absoluter Impotenz. Das Ganze macht in der Tat einen erbärmlichen Eindruck. Die unfertige Technik des 13. Jahrhunderts ist leicht erträglich; aber hier besitzt man alle Regeln der Technik, ohne sie irgend nutzen zu können. Nicht, daß so elende Bilder gemalt werden, aber daß man sie in eine öffentliche Galerie stellt, wo sie durch die Vergleichung mit der früheren Zeit sich selbst vernichten, muß billig in Erstaunen setzen." Auch sonst enthalten Hüffers Aufzeichnungen aus jener Zeit manchen Gedanken über Bedeutung und Entwicklung der Kunst. Die Besichtigung der Fresken von Masaccio und Filippino Lippi regt ihn zu folgender Betrachtung an: „Man begreift leicht, wie sie auf die Entwicklung der Malerei so entscheidenden Einfluß äußern konnten. Hier wurde mir recht einleuchtend, welcher Unterschied der Begabung dadurch bezeichnet wird, daß jemand einen Schritt vorwärts tut oder auf der Reise sich hält, die schon ein anderer erreicht hat. Die Menge des Schönen und Vortrefflichen ist in Florenz unübersehbar, und doch sind es nur ganz wenige Werke, die den Fortschritt zu einer neuen Entwicklung bezeichnen. Von Cimabue, Giotto, Masaccio, den Fresken Ghirlandajos könnte man vielleicht zu den höchsten Schöpfungen Raphaels gelangen. Aber wer kennt die geheimnisvollen Gesetze der Entwicklung? Vielleicht ist es notwendig, daß erst eine Menge gleicher Bildungen sich ansammle, bis der Fortschritt zu einer neuen, höheren Bildung möglich wird."

Bei der Besichtigung der Skulpturen in den Uffizien äußert er sich folgendermaßen: „Bei dem ersten besten Sarkophage erkennt man, daß die Alten für das Relief das richtige Gefühl besaßen, was den Neueren so oft fehlt. Es mag dies überhaupt durch der größeren Ausbildung der Skulptur und der Malerei in der einen und anderen Zeit bedingt sein. Lange im Niobidensaale; die Gruppe im ganzen gehört nicht zu dem, was ich besonders liebe; unübertrefflich ist die Gestalt der Mutter und der Tochter, die sich anschmiegt; aber die gewaltsamen Gebärden, die heftigen Bewegungen der übrigen Kinder, die fliegenden Gewänder scheinen mir für die Skulptur nicht der günstigste Gegenstand."

Als er die Skulpturen des Glockenturms und die Bronzetüren des Baptisteriums genauer betrachtet hat, meint er: „Das Urteil der Welt hat die Worte Michelangelos bestätigt, und doch habe ich niemals bei dem Anblick eine ganz vollkommene Befriedigung empfunden. Bei aller Feinheit und Anmut scheint diese Skulptur sich auf ein Feld zu wagen, das sie besser der Malerei überließe."

Man braucht sich nicht zu wundern, wenn ein Mann mit so selbständigem und gut fundiertem Urteil an der Art und Weise, wie der Durchschnittsreisende die Kunstwerke besichtigt und sich durch Reisehandbücher führen läßt, wenig Geschmack findet. „Wir verderben uns", sagt er, „durch die Reisehandbücher manchen Eindruck, schwächen ihn wenigstens ab, indem wir uns vorher sagen lassen, was wir sehen und sogar empfinden sollen."

Hüffers zweiter Aufenthalt in Florenz war auch wertvoll um mancher persönlichen Beziehungen willen, die er dort pflegen oder anknüpfen konnte. Eine der interessantesten Persönlichkeiten, mit denen er damals in Beziehung trat, war Peruzzi, der Schöpfer des modernen Florenz und Präsident des Circolo Philologico. Der ausgezeichnete Mann ließ es sich nicht nehmen, Hüffer selbst auf einem Rundgang durch die Stadt zu begleiten. Bei einer Abendgesellschaft zu Ehren Thiers' lernt er Peruzzis Frau näher kennen und schätzen. Auch wird ihm dort Dr. Franchetti vorgestellt, der bei seinen Studien für die Geschichte Italiens während der Zeit der französischen Revolution mit Hüffers Schriften vertraut geworden war.

Die Rücksicht auf den bevorstehenden Anfang des Wintersemesters zwang Hüffer am 20. Oktober die Rückreise nach Deutschland anzutreten. Der Abschied von Florenz wurde ihm schwer. In dem Gedanken, sich wieder nach Norden wenden zu müssen, beschlich ihn ein trauriges Gefühl; doch war er in der Lage, seine Rückreise auf italienischem Boden mehrfach unterbrechen zu können und eine Reihe neuer interessanter Eindrücke zu sammeln. Bologna war der erste Haltepunkt. Er empfängt von der Stadt einen günstigeren Eindruck als vor 22 Jahren und ist geneigt zu glauben, daß die Veränderung der Regierung außerordentlich günstig gewirkt habe. Besonders interessieren ihn die Werke der jungen Bologneser Schule. Er erinnert sich bei der Besichtigung an die Beschreibungen Goethes und findet seine Abneigung gegen all diese Martyrien vollkommen berechtigt. „Es ist durchaus charakteristisch," so heißt es im Tagebuch, „daß sich der restaurierte Katholizismus in der Darstellung dieser Greuelszenen gefällt, während die naive Kunst des Raphael die heiteren und anmutigen Szenen vorzieht und zugleich in Schönheit, Ernst, Großartigkeit der Auffassung den Neueren weit voransteht." Dem Volksleben wendet er auch hier wieder seine Aufmerksamkeit zu. Abends ist er Zeuge eines politischen Gespräches in einem Café, wo ein Italiener behauptet, die Deutschen hätten nur einen großen Politiker gehabt, Bismarck. Hüffer knüpft daran die Bemerkung: „Daß doch den Menschen immer das Gewaltsame am meisten imponiert!"

Von Bologna ging die Reise über Modena und Mantua weiter nach Verona, wo er auf der Bibliothek die berühmte Handschrift Dantes besichtigt. Modena charakterisiert er als freundliche, wohlgebaute Stadt; Mantua gefällt ihm weniger. Das Tagebuch enthält folgenden Eintrag: „Wäre Virgil nicht in Mantua geboren, er hätte es gewiß nicht zu seiner Heimat gewählt; denn Stadt und Umgebung haben wenig, was einen Dichter anziehen könnte." Aber auch hier kommt er wieder auf seine Rechnung, denn „Giulio Romano lernt man nur in Mantua kennen".

Im Eisenbahnzug nach Verona trifft er einen Mann, der in der Schlacht von Custozza (21. Juni 1866) gefochten hatte. Der Veteran macht ihn darauf aufmerksam, daß über das Hauptwerk der verfallenen Festung jetzt die Eisenbahn geht. „Selten", schreibt Hüffer, „habe ich eine Nachricht mit größerem Vergnügen gehört. Wie man sonst den Pflug über zerstörte Städte führte, so mag der Dampfwagen diese Zwingburg der Barbarei einer ewigen Zerstörung gewidmet haben."

Mit einem zweitägigen Aufenthalt in Verona kamen die Eindrücke und Erlebnisse der zweiten italienischen Reise zu einem harmonischen Abschluß. Hüffer bekennt selbst: „Besser hätte ich den Aufenthalt in Italien nicht beschließen können. Verona kann man immer nach allem sehen, wie alles wahrhaft eigentümliche neben dem Größten. Die Stadt hat einen ganz eigenen Charakter, eigene Geschichte, eigenes Leben. Wie die Physiognomie der Berge und Menschen, so ist auch die der Stadt charakteristischer als anderswo."

Mit unermüdlicher Frische widmet er sich der Besichtigung der Kirchen und Paläste. Am folgenden Tage steht er besonders früh auf, um „den letzten Tag in Italien möglichst zu verlängern". Der freundliche, wohltuende Eindruck des vorhergehenden Tages erhält und bestärkt sich. „Nur wenige Städte," so meint er, „auch in Italien, bieten eine solche Menge interessanter, wirkungsvoller Ansichten." Vor allem fesselt ihn St. Zeno, von dem er eine anschauliche Beschreibung gibt. Vor der Fassade bewundert er die alten Skulpturen aus der Geschichte Theoderichs; aber als „das Bedeutendste von allem Bedeutenden" in Verona preist er die Arena. „Das Innere", so berichtet das Tagebuch, „noch ganz erhalten. Die äußerste Ringmauer beinahe ganz abgetragen, nur die Bogen übrig. Außerordentlich bedeutender Eindruck! Man weiß, wie bei Volksversammlungen Gefühl und Wille des einzelnen durch die Gesamtheit gekräftigt und getragen werden. Aber im Saale, in der Ebene sieht der einzelne immer nur die Nachbarn. Hier konnten 60 000 Menschen einander sehen und sich der geschlossenen Einheit bewußt werden. Von den höchsten Reihen konnte man deutlich alles, was auf der Arena vorging, gewahren. Herrliche Aussicht von der Höhe auf die Stadt und Umgebung".

Als Letztes und Bestes hatte sich Hüffer die Besichtigung der Villa Giusti aufgespart. Von der mehrere hundert Fuß hohen Stätte schaute er noch einmal lange über Stadt und Land in die unermeßliche Weite, von der milden Herbstluft umweht. Er erwartet den Sonnenuntergang und den aufsteigenden Mond, bis er wieder talwärts steigt. „Lebe wohl, Italien!" so ruft er ergriffen aus; „auch diesmal hat es meine alte Liebe herrlich belohnt; nicht eine einzige unerfreuliche Erinnerung habe ich mitzunehmen".

12. Kapitel.

1874—1878.

Es war kein erfreulicher Wechsel, aus dem Ideenkreis der zweiten italienischen Reise wieder in die Bonner Verhältnisse versetzt zu werden. Die kirchlichen Streitigkeiten, nunmehr durch die staatliche Einmischung verschärft, hatten den widerwärtigsten Charakter angenommen. Nahe Befreundete standen sich grollend oder argwöhnisch gegenüber. Als ich einmal Simrock im Hofgarten begleitete, begegnete uns Reumont; kaum, daß die beiden Männer mit dem unfreundlichsten Gesicht den Hut gezogen hatten. Bald wurden auch meine nächsten Angehörigen betroffen [1]).

Mir war es nach meiner Auffassung der Verhältnisse nicht möglich, der einen oder anderen Partei unbedingt mich anzuschließen; um so freier gab ich in meinen Vorlesungen meinen Ansichten Ausdruck. Öfters beschäftigte mich auch der Plan, meine Gedanken über den sogenannten Kulturkampf zu einem Buche zu verarbeiten; aber er kam, was ich noch jetzt bedauere, nicht zur Ausführung, weil er mich zu weit von meiner Hauptaufgabe, der Fortsetzung des Werkes über die Revolutionszeit, würde abgelenkt haben. Der Hauptgrund lag wohl darin, daß man sich nicht leicht zu einer öffentlichen Kundgebung entschließt, wenn man nicht eine große Partei hinter sich hat und in ihrem Namen reden kann. Es sei mir gestattet, meine Auffassung, wie ich sie während einer langen Reihe von Jahren im Anschluß an die Entwicklung und die Veränderung der Ereignisse meinen Zuhörern vorgetragen habe, hier in den Hauptzügen zum Ausdruck zu bringen; läßt sie doch eine Grundrichtung meines Wesens und zugleich die Art erkennen, wie ich zur Richtigstellung der Ansichten, wenn auch nur in einem beschränkten Kreise, beizutragen versuchte.

Man hat wohl behauptet, der Streit stehe zu dem Konzil gar nicht in näherer Beziehung; er würde auch ohne das Konzil ausgebrochen sein. Allerdings waren im preußischen Abgeordnetenhaus und in der Presse gegen die fortdauernde Erstarkung und Ausdehnung der katholischen Kirchengewalt schon in den 60er Jahren recht feindselige Stimmen laut geworden, aber sie waren nicht durchgedrungen, sondern hatten sich — man braucht nur an den Angriff Gneists gegen die Klöster zu erinnern — als vergeblich erwiesen und nicht zur Ehre der Angreifer sich gewendet.

---

[1]) Hüffers Aufzeichnungen enthalten auch eine genauere Darstellung des Falles Kaufmann, der ihn als Neffe des Betroffenen besonders nahe anging. Der verdiente Bonner Oberbürgermeister war bei seiner dritten Wiederwahl von der Regierung nicht bestätigt worden. Die Angelegenheit wirbelte in Bonn tatsächlich viel Staub auf.

Auch das ist nicht meine Ansicht, daß der Staat zu Besorgnissen und zur Einmischung gar keine Veranlassung gehabt habe. Die praktische Bedeutung des Dogmas der Unfehlbarkeit ist allerdings weit übertrieben worden, theoretisch konnte jedoch das unbedingte Recht des Papstes, über die Moralität einer Handlung zu entscheiden, eine Gefahr für den Staat in sich schließen. Vor allem kamen aber in Betracht die fortschreitende Entwicklung zum kirchlichen Absolutismus und die maßlosen Ansprüche der Civiltà Cattolica in Beziehung auf das Verhältnis zwischen Staat und Kirche, die auch in Deutschland zahlreiche Anhänger fanden. Dagegen sich vorzusehen, mußte nicht nur als ein Recht sondern auch als eine Pflicht des Staates erscheinen. Der Weg war gewiesen: Gesetze über die Zivilehe und den Austritt aus der Kirche konnten dem Laien gegen geistliche Übergriffe Schutz gewähren, der Einfluß des Staates auf die Schule gesteigert werden. Nicht bloß das, auch auf eigentlich kirchlichem Gebiete konnte der Staat auf die Erziehung und Bildung der Geistlichen, die geistliche Disziplinargewalt, die Vermögensverwaltung einwirken und auf die Besetzung der kirchlichen Ämter höheren Einfluß als schon die Bulle de salute animarum einräumte, zu gewinnen suchen. Ich halte einen solchen Einfluß des Staates nicht für nachteilig, in der katholischen Kirche noch weniger als in der evangelischen, denn in der evangelischen Kirche ist der Einfluß des Laienelementes ohnehin stark genug, in der katholischen wurde es durch die Hierarchie fort und fort zurückgedrängt. Als Vertreter desselben konnte der Staat nützlich wirken. Aber hier muß er anerkennen, daß er nicht als Herr auftreten, sondern nur durch Vereinbarung seine Wünsche zur Geltung bringen kann. Die katholische Kirche kann weitgehende Zugeständnisse machen und hat sie gemacht, wie es die neuen Konkordate beweisen, aber sie wird immer an dem Anspruch festhalten, daß sie als eine neben dem Staat, nicht durch den Staat und unter dem Staat bestehende Ordnung ein Gebiet besitze, in das keine fremde Gewalt eigenmächtig eingreifen darf. Ich vermag darin keinen Nachteil für den Staat zu erkennen. Eher könnte es als ein Vorteil gelten, daß in einem Staatswesen eine Institution bestehen kann, die in sich selbst einen festen Halt hat und dadurch auch zur Befestigung alles anderen beiträgt.

Wäre man von solchen Grundsätzen ausgegangen, hätte die Regierung, als eine Macht über den streitenden Parteien, wohlwollend und billig für die Herstellung des Friedens sich bemüht, so wäre ein günstiges Ergebnis, wie ich glaube, nicht ausgeblieben. Die Bischöfe, inmitten so mancher Schwierigkeiten, hätten gewiß gerne die dargebotene Hand der Regierung ergriffen, und ich zweifle nicht, daß man alle Zugeständnisse, die am Schlusse des Streites übrig geblieben waren, gleich im Anfange hätte erreichen können. Leider geschah das Gegenteil. In rascher Folge, ohne daß man nur den Versuch einer Einigung mit den Bischöfen gemacht hätte, ergingen die Anordnungen gegen die katholische Kirche: die Aufhebung der katholischen Abteilung im Kultusministerium, der Kanzelparagraph, die Ausweisung der Jesuiten, das Schulaufsichtsgesetz, die Anerkennung der Altkatholiken. Niemand hätte tadeln können, wenn man den Altkatholiken nach so großen Härten, die sie erfahren hatten, eine würdige unabhängige Stellung gesichert hätte. Aber zu bestimmen, ob eine kirchliche Korporation in den Kreis der katholischen Kirche gehöre, war nicht die preußische Gesetzgebung, sondern allein die kirchliche Behörde befugt. Auch die Neuordnung der Verhältnisse sollte ausschließlich auf dem Wege der Gesetzgebung, also nicht zum wenigsten unter dem Einflusse der erregten parlamentarischen Majoritäten, bewerkstelligt werden. So hatte, als die Kampfgesetze vom 11. bis 14. Mai 1873 erschienen, auf beiden Seiten die Erbitterung schon einen Grad erreicht, der auf eine friedliche Einigung nur geringe Hoffnung übrig ließ.

Es wäre Unrecht, wollte man die Gesetze in allen einzelnen Bestimmungen als verwerflich und unannehmbar bezeichnen. Das Gesetz vom 14. Mai über den Austritt aus der Kirche hat sich bis heute in unveränderter Geltung behauptet; auch in den Verordnungen über die Vorbildung der Geistlichen, die Bildungsanstalten, die Anwendung der Disziplinargewalt war unzweifelhaft manches zweckmäßige und verständige enthalten. Wenn das Gesetz vom 11. Mai die willkürliche Absetzung und Versetzung der Hilfspfarrer untersagte, so brachte es nur einen alten kanonischen Grundsatz wieder zur Geltung, der durch die sonst so verrufenen organischen Artikel zugunsten der Bischöfe verletzt war. Auch das, was den eigentlichen Stein des Anstoßes bildete, die Anzeigepflicht und das Widerspruchsrecht der Regierung gegen die Anstellung unliebsamer Pfarrer, war in einer Reihe von Konkordaten, in Bayern, Österreich, Baden, Württemberg von der Kurie genehmigt worden. Daraus folgt ein Doppeltes: mit Unrecht wurde von kirchlicher Seite damals oft behauptet, die Anzeigepflicht sei etwas unerhörtes, unerträgliches, das die Kirche unmöglich zugestehen könne. Aber ebenso unrecht war es, wenn man die Weigerung der Bischöfe der preußischen Regierung gegenüber als einen Ausfluß von Halsstarrigkeit und Übelwollen bezeichnete, denn man vergaß, daß in anderen Staaten die Zugeständnisse der Kurie auf Vereinbarungen beruhten, während in Preußen alles einseitig durch den Staat festgestellt werden sollte. Dazu kam, daß in den Gesetzen nicht wenige Bestimmungen den kirchlichen Behörden als bedenklich, hart und unbillig erscheinen mußten. Die Bestimmungen über den kirchlichen Gerichtshof waren derart, daß, wie bei den französischen Revolutionsgerichten, Anklage und Verurteilung beinahe gleichbedeutend erschienen. Immer konnte es für die Bischöfe zweifelhaft sein, ob es rätlicher sei, unter Protest nachzugeben oder ihre Mitwirkung ganz zu weigern, und ich habe in jenen Jahren öfters den Wunsch nicht unterdrücken können, daß sie für das Erstere sich entscheiden und dadurch einem schweren

Kampfe, einem Übermaß von Unheil, wenn nicht für immer, doch wenigstens für die nächste Zeit ausweichen möchten. Aber sehr schwer hätte dieser Ausweg ihnen werden müssen. Man muß in Erwägung ziehen, mit welcher Schärfe und Rücksichtslosigkeit von der Gegenseite vorgegangen war. Wer konnte versichern, daß nicht nach einer ersten Nachgiebigkeit noch stärkere Zumutungen an sie gestellt werden könnten? War einmal das Prinzip in seinem Umfange als berechtigt anerkannt, so ließ das Endziel sich gar nicht mehr berechnen. So geschah es denn, daß sie die Befolgung der Gesetze und jede Teilnahme an ihrer Ausführung verweigerten. Und nun trat erst das Unheil dieses unseligen Streites in seiner vollen Stärke hervor. Das Gesetz verhängte eine große Zahl von Geldstrafen von solcher Höhe, daß sie sich bald als unausführbar erweisen mußten. Auch vor dem Kulturkampf waren katholische Geistliche nicht oft in der Lage, Geldstrafen von mehreren hundert, ja tausend Talern zu wiederholten Malen entrichten zu können. Den Fall einer allgemeinen Widersetzlichkeit der Bischöfe hatte man gar nicht vorgesehen; als sie erfolgte, mußte man sie durch neue Strafbestimmungen zu brechen suchen; Geldstrafen waren unanwendbar oder nicht ausreichend; man griff zu Maßregeln wie Internierung, Gefängnis, Ausweisung, Verlust des Bürgerrechts — Strafen, die zu dem Vergehen in gar keinem Verhältnis standen, die nur dazu dienen konnten, das Strafgesetz und die Quelle, von der es ausging, in der öffentlichen Meinung herabzusetzen. Durch das Sperrgesetz wurde dem Geistlichen, der nicht eine vorgeschriebene Erklärung abgeben wollte, der Gehalt, zu dem der Staat verpflichtet war, entzogen; man stellte ihn also vor die Frage, etwas durch sein Gewissen verbotenes zu tun oder einen Geldverlust zu erleiden. Und man mußte doch katholische Geistliche schlecht kennen, wenn man glaubte, sie würden, vor eine solche Frage gestellt, einen Augenblick im Zweifel bleiben, was sie zu wählen hätten. Das Ärgste war wohl, daß man den Gemeinden und den Patronen das Recht gab, aus eigener Macht einen Pfarrer zu berufen, falls der Bischof eine erledigte Stelle nicht nach dem Willen des Staates besetzte. Ich habe es stets für die Aufgabe eines akademischen Lehrers gehalten, den Studierenden Liebe und Verehrung für die Gesetze ihrer Heimat einzuflößen, aber niemals konnte ich ohne Widerwillen, ja ohne Schamröte von solchen Ausschreitungen legislatorischer Willkür reden.

Was mir in dieser trüben Stimmung noch besonders zu Herzen ging, waren die Ansichten, die in den mir am nächsten stehenden Kreisen laut wurden. Vorzügliche Männer, die mir wohl durch eine billige, unbefangene Auffassung schwieriger Verhältnisse besondere Verehrung eingeflößt hatten, zeigten in diesen konfessionellen Streitigkeiten für Härte und Rücksichtslosigkeit keine Empfindung, ermunterten wohl gar durch öffentliche Erklärungen die Regierung, auf dem eingeschlagenen Wege fortzufahren. Man erhielt leider einen neuen

Beweis, daß nichts so sehr, wie konfessionelles Gezänk das Zartgefühl abstumpft und die Stimme der Billigkeit zum Schweigen bringt. Ein Glück war nur die Haltung der katholischen Bevölkerung. Man könnte sagen, was zur Zeit des Konzils verfehlt war, wurde jetzt wieder ausgeglichen. In einer Reihe von Jahren, in denen nach einem Ausdruck Mallinckrodts „das Knirschen des inneren Menschen" immer aufs neue erregt wurde, kam es doch zu keiner einzigen ungesetzlichen oder tumultuarischen Äußerung weder im Parlament noch in Volksversammlungen. Aber daneben eine unbeugsame Festigkeit, von den Grundsätzen, die man einmal für die rechten hielt, nicht abzuweichen.

Was sollte geschehen? Offenbar hatte man die Intensität des katholischen Gefühls ganz und gar unterschätzt. Man befand sich auf einer schiefen Ebene; die Konsequenz hätte gefordert, immer stärkere Maßregeln zu ergreifen, freilich mit der sicheren Voraussicht, daß sie ebensowenig wie die früheren fruchten, sondern das Unheil nur vergrößern würden. Zum Glück erkannten ein Regent wie Kaiser Wilhelm, ein Staatsmann wie Bismarck und ein Papst wie Leo XIII. rechtzeitig, welchen Gefahren man entgegenging. Zwei Mordversuche gegen die Person des Herrschers ließen in einen Abgrund blicken. Laut und ohne Scheu suchte die Sozialdemokratie an den Grundfesten des Staates zu rütteln. Man mußte wohl einsehen, daß man die Wirksamkeit der katholischen Kirche in dem Organismus des Staates nicht entbehren könne und daß die eingebildeten Gefahren der Infallibilität dem Staate niemals so nachteilig sein würden als die Zerrüttung der kirchlichen Zustände und der Streit mit den kirchlichen Gewalten ihm schon geworden war. So ergriff man gerne die Hand der Versöhnung, die der neue Papst schon am Tage seiner Thronbesteigung darreichte, auch er in der deutlichen Erkenntnis, daß ein starrer Gegensatz gegen die staatliche Gewalt für die Kirche verhängnisvoll werden müsse. Damit war der Weg der Vereinbarung, den man gleich anfangs hätte einschlagen sollen, wieder geöffnet. Die Gegensätze konnten allmählich einen Ausgleich finden, wenn auch noch eine Reihe von Jahren verging, ehe die Gesetze der Jahre 1886 und 1887 eine neue Grundlage herstellten, auf welcher ein freundlicher, gegenseitig fördernder Verkehr sich entwickeln konnte. Überblickte man am Schlusse den Verlauf des 15 jährigen Streites, so empfing man gewiß keinen erfreulichen Eindruck. Zu dem Aufgebot der Mittel in der leidenschaftlichen Anstrengung stand das Ergebnis in keinem Verhältnis. Wie viel segensreiche Einrichtungen waren besonders auf dem Gebiete des kirchlichen Vereinswesens zerstört worden; und wer beschwichtigte den Sturm der Gemüter, die durch einen so langjährigen leidenschaftlichen Streit erregt waren? Von der langen Reihe von Kampfgesetzen war nur wenig übrig geblieben. In bezug auf die Vorbildung der Geistlichen hatte man sogar den kirchlichen Behörden Zugeständnisse gemacht, die über das Wünschenswerte hinausgingen. Was unter den Gesetzen nützlich oder wenigstens brauchbar war, wie das Gesetz über den Austritt aus der Kirche und dasjenige über die Vermögensverwaltung der katholischen Gemeinden, hätte auch ohne einen so erbitterten Kampf sich erreichen lassen. Ein großer Vorteil lag nach meiner Ansicht darin, daß man von keiner Seite eines entschiedenen Sieges sich rühmen durfte. Wäre der Staat, etwa infolge besonderer Verhältnisse, zum Nachgeben gezwungen worden, so wären voraussichtlich die Ansprüche von der Gegenseite zu ihrem eigenen Nachteile über alles Maß hinausgegangen; hätte dagegen die Kirche den Ansprüchen des Staates und allen Eingriffen in ihr inneres Leben sich fügen müssen, so wäre dadurch eine Einwirkung des Staates als berechtigt anerkannt worden, die mit den Grundbestimmungen unserer Verfassung über die Freiheit des geistigen und religiösen Lebens nicht in Übereinstimmung stand. Die Kirche hatte die Vorschriften der Maigesetze bis zu einem gewissen Grade anerkannt, der Papst hatte insbesondere die vom Staat geforderte Anzeigepflicht der Pfarrer genehmigt, wobei dann nur das Absonderliche hervortrat, daß diese Forderung, welche den heftigsten Gegensatz hervorgerufen und bei den Verhandlungen des Ausgleichs bis zuletzt als das schwierigste Hindernis sich erwiesen hatte, in den späteren Jahren ungefähr ebenso große Nachwirkungen hervortreten ließ als das Dogma von der Infallibilität, d. h. daß man, wenige einzelne Fälle abgerechnet, niemals von einer Geltendmachung reden hörte. Einen großen Schritt der Versöhnung, der Nachgiebigkeit hatte dagegen die Regierung getan, indem sie die Verhandlungen mit dem Papst und das Ergebnis derselben als die Grundlage ihrer parlamentarischen Vorlagen der Jahre 1886 und 1887 anerkannte. Denn wenn auch die neuen Verhältnisse scheinbar auf Staatsgesetzen beruhten, so waren sie doch in der Tat auf die Verhandlungen mit dem Oberhaupt der Kirche begründet. Man hatte also den Weg der Vereinbarungen, den man von Anfang an nicht hätte verlassen sollen, wieder eingeschlagen. Von keiner Seite hatte man Veranlassung, von einem Triumph oder einem Canossa zu reden. —

Unterdes war der Fortsetzung des Werkes über die Revolutionszeit auch in literarischen Arbeiten eine nicht ungefährliche Konkurrenz erwachsen.

Im Dezember 1873, wesentlich, um mich aus einer trüben, sorgenvollen Stimmung zu befreien, hatte ich die Jugendbriefe Heines vorgenommen und auf Grund derselben das Verhältnis des Dichters zu seinem Freunde Christian Sethe in einem Aufsatze dargestellt. Die Manuskripte Heinescher Gedichte mit ihren zahlreichen Verbesserungen gaben dann Gelegenheit, seine Art zu arbeiten, die Feinheit seines Gefühls für Metrik und sein unermüdliches Bestreben, die höchste Vollendung dichterischen Ausdrucks zu erreichen, zu veranschaulichen.

Am 24. Juni 1874 hielt ich in Heines Vaterstadt in einer Versammlung des Historischen Vereins einen Vortrag über des Dichters Jugendzeit. Die erbitterten Streitigkeiten über Heine und Heinedenkmal waren damals noch nicht angeregt. Was ich sagte, wurde freundlich aufgenommen. Die angenehmste Überraschung war aber, daß am Schluß des Vortrages ein bejahrter Herr aus dem Kreise der Hörer hervortrat und sich mit sichtlicher Bewegung als Joseph Neunzig zu erkennen gab, als den vielgenannten Jugend- und Universitätsfreund Heines, den ich auch in meinem Vortrag mehrfach erwähnt hatte. Er gab sogleich und auch später noch aus seiner Erinnerung wertvolle Mitteilungen über sein Verhältnis zu dem Dichter. Meinen Aufsatz bot ich Rodenberg an für die damals von ihm geleitete Zeitschrift „Der Salon". Er antwortete mir aber, er wünsche ihn nicht für das schon dem Untergang verfallene Blatt, sondern für die in der Entstehung begriffene „Deutsche Rundschau" zu verwenden, die im Oktober ins Leben treten sollte. In dem zweiten Heft der Zeitschrift, im November 1874, erschien denn auch der Aufsatz über Heine und Sethe; im Maiheft des nächsten Jahres folgten die entweder neu oder mit den Varianten herausgegebenen Gedichte. Rodenberg hat mir öfters versichert, daß die Heineschen Briefe vor allem die Anerkennung und rasche Verbreitung der neuen Zeitschrift begründet hätten. Das Studium Heines lag damals noch in den Anfängen, wenn auch Adolf Strodtmann durch die Biographie und die Herausgabe der Schriften wie der Briefe wirksam vorgearbeitet hatte. Aber das größte Problem in Heines Leben, seine leidenschaftliche Neigung zu Amalie Heine — Therese wurde damals noch nicht genannt — wurde erst jetzt aus dem Dunkel in ein helles Licht gestellt und durch die Varianten zu den Gedichten vielleicht zum erstenmal Wert und Bedeutung einer wissenschaftlich-kritischen Ausgabe der Werke erwiesen. Die Verleger der Rundschau zeigten sich bald zu einer Sonderausgabe bereit. Diese wurde aber durch wesentliche Ergänzungen beinahe auf den doppelten Umfang gebracht. Von Herrn Fay aus Köln hatte ich dafür die Briefe Heines an den Musikverleger Michael Schloß erhalten. Heines Universitätsverhältnisse wurden aus den Bonner Akten klargelegt. Dies führte dann dazu, die Beziehungen zu seinem Studienfreunde und späteren Gegner J. B. Rousseau und die Schicksale des durch eigene Schuld so tief gesunkenen Mannes darzustellen. Von ganz besonderem Werte war mir ein Beitrag Karl Hillebrands, eine Mitteilung, wie er als junger, flüchtiger Student in Paris dem todkranken, aber geistig noch immer frischen Dichter als Hilfsarbeiter gedient hatte. Dazu kam eine längere Einleitung, in welcher über Heines dichterische Bedeutung und noch mehr über Persönlichkeit und Charakter, ich denke nicht ganz vergebliches, geäußert wurde. In dieser Gestalt erschien das Buch im Herbst 1877 unter dem Titel: „Aus dem Leben Heinrich Heines"[1]). Es hat in einer langen Reihe von Auf-

[1]) Jetzt liegen die gesammelten Aufsätze Hüffers über H. Heine in der neuen hübschen Ausgabe von E. Elster vor. (Berlin 1906.)

sätzen bis in meine letzten Jahre eine Fortsetzung erhalten. Nachdem einmal der erste Schritt in das Gebiet der Literaturgeschichte getan war, konnte er nach meinen Neigungen und meiner ganzen Entwicklung nicht der einzige bleiben. Schillers jüngster Sohn, Ernst v. Schiller, hatte sich als Landgerichtsrat in Bonn mit einer Verwandten meiner Familie, der verwitweten Frau v. Mastiaux, verheiratet. Er gehörte, auch als er als Appellationsgerichtsrat nach Köln versetzt war, zu den vertrautesten Freunden des Kaufmannschen Hauses. Meine Mutter war die innigste Freundin seiner von ihm so hoch verehrten Stieftochter Therese; sie hatte interessante Autographen aus dem Nachlaß seines Vaters von ihm zum Geschenk erhalten: einen Brief von Herder, der die Anfänge des Xenienstreites hervortreten läßt, Bruchstücke aus dem „Demetrius", das einzige, noch vorhandene vollständige Blatt der Phädra-Übersetzung, sowie einen Brief Goethes an Lotte Schiller. Es lag nahe, diese merkwürdigen Stücke mit einem Kommentar zu versehen und dann auch dem Frühverstorbenen eine biographische Darstellung zu widmen, die durch Familienerinnerungen und Mitteilungen von Alfred Nicolovius eine Bereicherung erhielten. Ich glaube, daß diese Charakteristik auch nach dem sehr ausführlichen Buch von Carl Schmidt über Ernst v. Schiller ihren Wert behalten hat; sie beschäftigte mich schon im Herbst und Winter 1874; bis sie zum Druck kam, vergingen freilich noch mehrere Jahre[1]).

In den Kreis unserer klassischen Dichter leitete mich um diese Zeit auch ein Rheinländer, der dem größten unter ihnen sehr nahe gestanden hatte. Zu Anfang 1875 wurde ich mit Frau Mathilde Boisserée, der Witwe Sulpizens, bekannt. Fein gebildet, von würdigen und zugleich angenehmen Formen, lebte sie ganz der Erinnerung an ihren Gemahl.

In einem starken Bande hatte sie die Korrespondenz Sulpizens mit Goethe veröffentlicht, in einem zweiten Bande den Anfang einer Selbstbiographie, Aufzeichnungen über die mit Goethe verlebten Tage und eine große Zahl von Briefen namhafter Personen. Freilich ließ die Ausgabe vieles zu wünschen, obgleich als Berater Anton Springer hinzugezogen war. Schon unsere erste Unterredung ging über das Gewöhnliche hinaus und ließ mich bemerken, daß es ihr nicht unlieb sein würde, wenn ich ihrem Gemahl eine literarische Arbeit widmete. Gerade zu derselben Zeit wurde ich von einem Vorstandsmitglied des Historischen Vereins für den Niederrhein, dem Assessor Richard Pick, um einen Beitrag für die von ihm neubegründeten „Westdeutschen Monatshefte" gebeten. Ich versprach ihm einen Aufsatz: „Goethe und Sulpiz Boisserée" und kannte länger als einen Monat kein anderes Interesse als die Geschichte der Kölner Malerschule und des Kölner Domes. Der Aufsatz eröffnete

[1]) Hüffers Arbeit erschien in der „Deutschen Revue" (1885) X, 2 S. 203 ff.

im April 1875 die „Westdeutschen Monatsblätter“ [1]). Er ist nicht das Schlechteste, was ich geschrieben, aber er erinnerte mich nur zu sehr an eine Vorlesung des Professors Schlüter in Münster, welcher die Geschichte der Philosophie von Kant bis Hegel behandeln sollte, aber nur bis zu Cartesius gelangte; denn mein Aufsatz brach ab mit dem Jahre 1810, als die Verbindung Boisserées mit Grote eben erfolgen sollte und hat niemals eine Fortsetzung erhalten; in der Pickschen Zeitschrift wurde nur noch ein merkwürdiger Brief Eberhards von Goethe an Boisserée über den Besuch der Familie Brentano in Köln im Jahre 1810 veröffentlicht. Gleichwohl blieb diese Arbeit für mich nicht ohne Nachwirkung. Meine Beziehungen zu Frau Boisserée wurden bald so freundschaftlich, daß sie mir den literarischen Nachlaß ihres Mannes, soweit er nicht an die Bonner Universitätsbibliothek und nach Köln gelangte, vermachte, insbesondere die zahlreichen Kollektaneen und die Aufzeichnungen der von Friedrich Schlegel im Jahre 1804 den Boisserées gehaltenen Vorlesungen. Leider wurde mir das vielleicht wertvollste Stück entwendet: der französische Entwurf Friedrich Schlegels für die literargeschichtlichen Vorträge, die Frau v. Staël sich von ihm halten ließ. Meinerseits erwirkte ich von den städtischen Behörden in Bonn die Herstellung der Tafel, welche an dem Hause der Poppelsdorfer Allee Nr. 13 den Aufenthalt der Brüder Melchior Sulpiz und Boisserée zur Zeit ihres Ablebens bezeugt [2]). Später veröffentlichte ich in der Kölnischen Zeitung einen Aufsatz, der ungerechte Vorwürfe gegen Boisserée zurückwies und darauf hinwirkte, daß eine der neuen Straßen in Köln nach ihm benannt würde.

Schon durch die Tagebücher Boisserées wurden meine Gedanken fort und fort auf Marianne v. Willemer hingelenkt, und wie oft hatten sie sich schon vorher mit der liebenswürdigen Frau beschäftigt! Als ich einmal mit Janssen einer Vorstellung des „Titus“ von Mozart beigewohnt hatte, wurde er beim Hinaustreten von einer freundlich blickenden Dame angeredet. „Wie oft, meinen Sie wohl“, sagte sie, „daß ich den „Titus“ schon gehört hätte? Sagte ich tausendmal, so wäre es zuviel, sagte ich hundertmal, so wäre es zu wenig“. Die Art, wie sie sich ausdrückte, der Ton ihrer Stimme, die Anmut ihres Wesens ist mir bis heute in Erinnerung geblieben, um so mehr, als ich hörte, daß wir die durch Goethes Liebe verklärte Suleika des west-östlichen Divans vor uns gesehen hatten. Noch immer muß ich bedauern, daß ich die Gelegenheit vorübergehen ließ, mich ihr vorzustellen, was mir durch Böhmers

---

[1]) Der ursprüngliche Titel lautet: „Monatschrift für rheinisch-westfälische Geschichtsforschung und Altertumskunde“.

[2]) Die Inschrift lautet: In diesem Hause beschlossen ihr der Kunst geweihtes Leben Melchior Boisserée 14. Mai 1851, Sulpiz Boisserée 2. Mai 1854.

oder Janssens Vermittlung leicht geworden wäre. Nicht unbekannt blieb mir, daß die Verse:

„Vor die Augen meiner Lieben,
Zu den Fingern, die's geschrieben,
Zu der Brust, der sie entquollen,
Diese Blätter wandern sollen"-

nicht, wie man allgemein annahm, an Frau v. Stein, sondern an Frau v. Willemer bei Rücksendung ihrer Briefe gerichtet waren. Diesen Briefwechsel mit Goethe bewahrte sie als kostbaren Schatz, von dem sie ohne Rührung nicht reden konnte. Die Herausgabe nach ihrem Ableben wollte sie Janssen übertragen. Dieser mochte, wohl in Anbetracht seines geistlichen Standes, nicht darauf eingehen und brachte seinen Kollegen am Frankfurter Gymnasium, Theodor Creizenach, in Vorschlag, der auch als der berufenste Herausgeber sich erwies [1])

Als das schöne Buch im Sommer 1877 erschien, bat mich Rodenberg die Besprechung in der „Deutschen Rundschau" zu übernehmen, und, einigermaßen mit dem Gefühl, mich für die frühere Versäumnis zu entschädigen, ging ich gerne auf seinen Vorschlag ein. Für den Aufsatz, der freilich erst 1878, im Juliheft der „Rundschau" erschien, kamen mir die Erzählungen Böhmers über Clemens Brentano, Willemer und die Anfänge Mariannens in Frankfurt zustatten, desgleichen, was mir Brentanos Neffe, Georg Frhr. v. Hertling, damals Privatdozent in Bonn, aus Familienpapieren mitteilte. Am 13. September 1877, als mich mein Weg für einen Tag nach Frankfurt geführt hatte, bot sich Gelegenheit zu einem anregenden Meinungsaustausch mit Creizenach. Sein jugendlicher Sohn, jetzt Professor der Literaturgeschichte in Krakau, führte mich längs des Mains etwa in einer Stunde nach der Gerbermühle. Es ist ein Landsitz, anmutig am Main gelegen, das vorliegende Wohnhaus nur durch die mit herrlichen, hochwipfeligen Bäumen bewachsene Terrasse vom Flusse getrennt, herrschaftlich, aber einfach, ohne jeden Schein von Luxus, der einem ähnlichen Besitztum in unseren Tagen nicht fehlen würde. Bewohnt wurde es von zwei Fräulein v. Humbracht. Die eine, Schriftstellerin und Freundin Simrocks, führte uns durch die Zimmer, die sich, der Außenseite entsprechend, wohnlich, behaglich, aber einfach und durchaus bürgerlich darstellten. Erinnerungen an die früheren Bewohner fanden sich nur wenige: die Bäume am Flusse würden wohl manches erzählen können, was nicht in den Briefen steht. Leider hatte sich die Umgebung des Landsitzes in den letzten Jahren nicht verschönert. Häuser waren entstanden, mehrere hundert Bäume noch in letzter Zeit gefällt worden, so daß die zurückliegende Mühle nebst dem Wasserhof und dem Park von der Prosa des erwerblichen Lebens umgrenzt wur-

[1]) Vgl. den Briefwechsel zwischen Goethe und Marianne von Willemer. 2. Aufl. Stuttgart 1878.

den. Immer versetzte das, was geblieben war, lebhaft in eine Zeit, wo die Poesie diesen Erdenfleck mit ihren hellsten und lieblichsten Strahlen erleuchtet hatte.

Rodenberg hatte mich auch ersucht, die Erinnerungen meiner letzten italienischen Reise in der „Rundschau" mitzuteilen. Ich konnte mich aber nicht entschließen, soviel von mir selbst zu reden. Dagegen brachte ich das eingehende, auch wissenschaftlich wertvolle Reisehandbuch von Theodor Gsell Fels in der „Rundschau" zur Anzeige und stellte dabei klar, daß der vielbesprochene Besuch Bonapartes auf den Borromäischen Inseln nicht wenige Tage vor der Schlacht von Marengo, sondern im Sommer 1797 stattgefunden hat. Noch eine andere Arbeit führte mich nach Italien. Karl Hillebrand wünschte einen Beitrag für das neubegründete Jahrbuch „Italia". Ich verwandte die in Florenz gesammelten Archivalien zu einem Aufsatz über die Villa Medici, die jetzt so herrlich erblühte französische Akademie für bildende Kunst. Freilich wurde der Besitz gewonnen durch eine Reihe von Gewalttätigkeiten, die den Übermut und die Rücksichtslosigkeit der französischen Herrschaft in dem unterworfenen Italien, insbesondere dem Scheinkönigtum Etrurien, in das grellste Licht stellen.

Über diesen literargeschichtlichen Abschweifungen wurde doch die Hauptaufgabe, die Fortsetzung des Werkes über die Revolutionszeit, nicht aus dem Auge gelassen. Freilich, bis die gesammelten Materialien durchgesehen und geordnet waren, verstrich eine unbillig lange Zeit. Erst im Mai 1875 war ich zu einem gewissermaßen klaren Entwurf des Ganzen gelangt. Es sollten jetzt die Verhandlungen des Rastatter Kongresses und die Bildung der zweiten Koalition zur Darstellung kommen. Dabei mußte ich aber bald erkennen, daß in den Lauf der diplomatischen Verhandlungen auch die großen Ereignisse der Zeit zu verflechten seien. Mit Eifer wurde von jetzt an die Ausarbeitung betrieben, so daß noch im Sommer die Verhandlungen des Kongresses bis zur Abtretung des linken Rheinufers und dem Beschluß der Säkularisation zur Darstellung kamen. Eine Reise, die ich im Herbst 1875 nach Holland unternahm, sollte mir nicht nur den Gebrauch der Seebäder in Scheveningen ermöglichen, sondern mich im Haag mit den Korrespondenzen holländischer Gesandten und Agenten bekanntmachen. Ich nenne nur die Berichte des Diplomaten und Generals Kinkel aus Berlin, die mir für eine spätere Zeit vielfach zustatten gekommen sind. Auf die Erlebnisse dieser Reise habe ich hier nicht ausführlicher einzugehen. Große, das Herz bewegende Eindrücke hat sie in mir nicht hinterlassen. Aber das Land zeugt allerorten von der tüchtigen, verständigen Sinnesart seiner Bewohner. Mehr oder minder wiederholt sich dasselbe Bild in den meisten Städten mit Ausnahme des Haags. Straßen, Kanäle, Menschen zeigen eine gemessene Gleichförmigkeit. Herrliche Mondscheinnächte verbrachte ich am Strand von Scheveningen, aber auch das Meer wirkte hier nicht so überwältigend wie bei Norderney und Ventnor. Der Meeresboden ist bis auf eine weite Strecke vom Ufer seicht, so daß nicht einmal kleine Schiffe sich nähern können. Darin liegt vielleicht die Ursache, daß man die Wellen nicht in gewaltigen Zügen von fern her wie eine lange Mauer sich heranwälzen, sondern in kleinere Gruppen sich zerteilen sieht. Zuweilen schien es, als würde in einem ungeheuren Gefäße das Wasser wild durcheinander geschüttet. Man hat Böses von den Trekschuiten gesagt und sie mit dem phlegmatischen Charakter der Holländer in Vergleich gebracht. Aber der vorgespannte Jager bewegt die Fahrzeuge durchaus nicht so langsam als man sich vorstellt, und die Bewegung könnte für den Reisenden nicht bequemer sein. Oft gestattet auch der Kanal — ich erinnere mich an die Fahrt vom Haag nach Delft — den Einblick in Teile des Landes, die dem Reisenden nicht nur von der Eisenbahn, sondern auch auf der Landstraße verborgen bleiben. Wieviel wäre von den Kunstsammlungen zu sagen, wenn man auch nur auf Rembrandt sich beschränken wollte. Neben seinen Werken kommen die Gruppenbilder von Franz Hals in Harlem nicht aus der Erinnerung, wobei man nur bedauern muß, daß eine so unvergleichliche Kunst nicht auf einen ansprechenderen Gegenstand als die wenig bedeutenden Gesichtszüge alter Frauen verwendet wurde.

Gleich nach der Heimkehr am 18. September wurden die Arbeiten wieder aufgenommen und bis zum Herbst 1876 fortgesetzt. Nur eine kurze Unterbrechung durch eine Reise nach Berlin im April 1876 muß ich erwähnen. Durch meinen Bruder Alfred trat ich mit verschiedenen Mitgliedern der Zentrumspartei in Berührung. Auch Janssen traf ich: er hatte zum erstenmal eine Wahl in das Abgeordnetenhaus angenommen, freilich nur für kurze Zeit, da er dem parlamentarischen Leben keinen Geschmack abgewinnen konnte. Wir verkehrten freundschaftlich wie in früheren Tagen; in bezug auf das Vorgehen der Regierung waren wir sogar derselben Meinung; im übrigen konnte doch eine Verschiedenheit der Ansichten nicht verborgen bleiben. Auch in das unerschöpfliche Lob, das ihm von seinen Gesinnungsgenossen für die kurz darauf erscheinende „Geschichte des deutschen Volkes" zuteil wurde, konnte ich nicht in dem Maße, wie ich wünschte, und wie er vielleicht erwartete, einstimmen. Von protestantischer Seite waren so zahlreiche einseitige Darstellungen der Reformationszeit erschienen, daß es sich als ein Vorteil betrachten ließ, wenn einmal eine entschieden katholische Auffassung, gestützt auf ein ungewöhnlich reiches Quellenmaterial, hervortrat. Insofern kann man dem Werke von Janssen ein bedeutendes Verdienst nicht absprechen, nur darf man darin keine unparteiische Geschichte erblicken. Am wenigsten sagte mir die Methode zu, nach welcher der Verfasser sein eigenes Urteil hinter den Zitaten und Quellenstellen zurücktreten läßt; denn die Auswahl und Gruppierung von Zitaten ermöglicht den Beweis nicht nur für die richtigen, sondern auch für die verkehrtesten und ganz entgegengesetzten Ansichten. Lebhaft in Erinnerung ist mir eine Unterredung mit Leopold v. Ranke am Tage meiner Abreise. Ich mußte ihm von Reumont erzählen. Eingehend sprach er dann über die Biographie und die Memoiren Hardenbergs, die ihn damals beschäftigten. Einen antidiluvianischen Arnim im größten Stil nannte er den Minister, der nach seinem Ausscheiden aus dem Ministerium im Jahre 1807 ganze Stöße von Akten mitnach Riga genommen hatte, um die große Rechtfertigung seiner amtlichen Tätigkeit vorzubereiten.

Im Herbst 1876 verzichtete ich auf eine längere Reise und begnügte mich mit einem kurzen Besuch meiner Vaterstadt sowie einigen Ausflügen auf rheinischem Gebiet. Ein doppelter, kurzer Aufenthalt in Godesberg (13. bis 25. August, 5. bis 9. September) brachte mich in Berührung mit dem schon damals berühmten, in der Folge so hoch gefeierten Hans v. Bülow. Er suchte im Kurhaus am Stahlbrunnen Erholung von einem Schlaganfall, dessen Folgen in seinen Bewegungen und seiner Sprache noch erkennbar waren. Das Unheil hatte den energischen, unaufhaltsam zum Ziele strebenden Mann getroffen, als er auf einer Rundfahrt durch Amerika 4 Wochen lang beinahe täglich in einem Konzerte seine Kräfte bis zum äußersten anstrengte und in den Zwischenpausen, von Schweiß triefend, in einem eiskalten Bade für den zweiten Teil sich zu erfrischen suchte. Ein schroffes, zurückhaltendes Wesen schien zuerst jede Annäherung auszuschließen, aber nachdem das Eis einmal gebrochen, war es eine Freude, mit ihm zu verkehren. Eine Prachtausgabe der Werke Edgar Poes in mehreren Bänden, die man in Amerika ihm geschenkt hatte, führte er mit sich und machte mich auf einige der vorzüglichsten Gedichte aufmerksam.

In Godesberg war das Manuskript des 1. Bandes im Entwurf zu Ende gebracht; in den letzten Monaten des Jahres wurde die Reinschrift angefertigt und zugleich der zweite Band in Angriff genommen. Er sollte die Entstehung der zweiten Koalition zur Darstellung bringen, also insbesondere die Persönlichkeit und Regierungsweise Pauls I., die Bemühungen Österreichs, ihn für die Koalition zu gewinnen, ferner den Fortgang der revolutionären Bewegung in Europa, den Ausbruch des Krieges in Neapel, die Verträge der Koalition, die letzten Verhandlungen und das blutige Ende des Rastatter Kongresses. Auch diese Arbeit wurde beinahe ohne Unterbrechung bis in den September 1877 hinein fortgeführt und dem Abschluß nahe gebracht.

Man weiß, wie sehr die Ansichten über den Rastatter Gesandtenmord auseinandergingen, wie man auf der einen Seite der österreichischen Regierung, Thugut, dem Grafen Lehrbach, den Szeklern und sogar der Königin Caroline von Neapel, auf der anderen dem Direktorium, den Emigranten und Bonaparte die Mordtat zur Last legte. Mendelssohn hatte kurz vorher die Verdachtsgründe gegen die Emigranten stark hervorgehoben, Helfert ihm zugestimmt, Sybel aus den Protokollbüchern des Kriegsarchivs mehrere bis dahin unbemerkte Notizen veröffentlicht, welche einen Zusammenhang zwischen dem Überfall der Gesandtschaft und Anordnungen österreichischer Militärbehörden erkennen ließen. Um zu voller Klarheit zu gelangen, war es notwendig, auch aus den Akten des Wiener Kriegsarchivs eine selbständige Anschauung zu gewinnen. So entschloß ich mich zur Reise. Am 15. September morgens war ich in Wien, eine Stunde später auf dem Staatsarchiv, und Archivrat Felgel hatte die Freundlichkeit, mich zu dem damaligen Direktor des Kriegsarchivs Obersten v. Sacken, zu führen, der auf meinen Wunsch bereits vorbereitet war. Schon um 11 Uhr lagen die gewünschten Akten vor mir. Unmittelbaren Beistand durfte ich von dem Obersten Rothauscher und dem Hauptmann v. Gömöry erbitten. Ich begann mit der Durchsicht alles dessen, was auf den Rastatter Kongreß sich bezog, sei es in den sorgfältig gearbeiteten Protokollbüchern, d. h. den Inhaltsangaben, sei es in den Feldakten, d. h. den in den Protokollen namhaft gemachten Schriftstücken selbst. Dabei bestärkte sich mir bald eine schon früher gewonnene Vermutung, daß man den Mord und die Wegnahme der Gesandtschaftspapiere streng unterscheiden müsse, daß die Wegnahme durch die österreichischen Militärbehörden angeordnet, die Mordtat dagegen von noch unbekannten Tätern ausgeführt worden sei, vielleicht nicht ohne Einfluß der in der österreichischen Armee so zahlreichen Emigranten. Man wird später sehen, wie diese Ansichten sich teils bestätigten, teils veränderten. Von den Ereignissen des Jahres 1799 wandte ich mich zu dem italienischen Feldzug des Jahres 1800 und fand schon damals den merkwürdigen Bericht über die Schlacht von Marengo, den ich erst im Jahre 1900, in Verbindung mit einer später aufgefundenen älteren Fassung veröffentlichte. Auf dem Staatsarchiv machte ich mich inzwischen mit den Verhandlungen des Lunéviller Friedens, den Vorträgen Thuguts an den Kaiser aus dem Jahre 1800, Berichten aus Neapel und anderem, was mir fehlte, bekannt. Freundlicher Förderung durfte ich mich auf beiden Archiven in gleichem Maße erfreuen. Nur einmal erhob sich auf dem Kriegsarchiv ein Bedenken. Seit langer Zeit war bekannt, daß Papiere, die über den Gesandtenmord Klarheit verbreiteten, aus den Akten entfernt und dem Forscher entzogen seien. Sybel hatte nach seinen Erkundigungen mitgeteilt, die Papiere seien vernichtet worden. Ich erfuhr aber schon durch Helfert und Hauptmann v. Gömöry, daß sie im Privatkabinett des Kaisers aufbewahrt würden. Es war freilich gewagt, zu meinen Gunsten eine Ausnahme zu erwarten, aber Arneth hatte mir versprochen, sich bei dem mächtigen Generaladjutanten des Kaisers, Herrn v. Beck, für mich zu verwenden, und am 9. Oktober war er einverstanden, daß ich selbst einen Gang auf die Generaladjutantur unternähme, die auf einem der inneren Höfe der Hofburg dem Staatsarchiv gerade gegenüberlag. Herr v. Beck verhielt sich zuerst durchaus ablehnend; der Kaiser selbst habe befohlen, die Papiere in dem Kabinett niederzulegen und sie dem Druck zu entziehen. Als ich ihm die Lage der Dinge auseinandersetzte, wurde er zugänglicher. Ich hatte den Eindruck, daß er, falls es von ihm abhinge, meinen Wunsch erfüllen würde. Natürlich konnte er mir nur versprechen, mit dem Kaiser über die Sache zu reden. Ohne große Hoffnung, aber doch mit dem Gefühl, daß nichts verdorben sei, kehrte ich zu Herrn v. Arneth zurück. Aber 4 Tage später sah ich auf dem Kriegsarchiv, ohne den Grund zu ahnen, wenig freundliche Gesichter, und der sonst so wohlwollende Oberst Rothauscher sagte mir mit Bitterkeit, ich hätte durch mein eigenmächtiges Vorgehen der Direktion einen großen Verdruß bereitet; von der Generaladjutantur sei ein Verweis erteilt, daß man mir von dem Dasein der geheimgehaltenen Papiere Kenntnis gegeben habe. Ich glaubte mich hinreichend gerechtfertigt durch die Erwiderung, daß Arneth mich zu meinem Gange angeregt und daß Helfert, ohne ein Geheimnis daraus zu machen, mir von den Papieren die erste Nachricht gegeben habe. Aber am 15. und 16. Oktober fehlten die gewohnten Akten, am 17. wurden sie mir mit einer Einschränkung vorgelegt; erst am Tage darauf gelang es mir in einer längeren Unterredung, den gütigen und liebenswürdigen Herrn v. Sacken von dem einfachen Hergang zu überzeugen, so daß dann bis zu meiner Abreise das alte freundliche Verhältnis wiederkehrte.

Blieb auch der eine Wunsch unerfüllt, so konnte ich doch mit dem Ergebnis meiner Arbeiten auf dem Kriegs- und Staatsarchiv zufrieden sein und bei einem Aufenthalt in der Kaiserstadt kamen nicht allein die Archive in Betracht. Bei Laube fand ich wieder freundliche Aufnahme. In seiner Loge im Stadttheater sah ich zwei seiner Dramen: „Monaldeschi" und „Graf Königsmarck" und hätte nur gewünscht, daß der dramatische Gehalt dieser Werke in gleichem Maße ein Lob verdient hätte, wie es seiner unvergleichlichen Leitung des Theaterwesens zuzumessen war. Da mir auch Herr Löhner, der Direktor des Burgtheaters, Einladungen zu der ersten Vorstellung des „Macbeth" und Hebbels „Judith" zugehen ließ, hatte ich die beste Gelegenheit, die damals auf der Höhe stehende Kunst der Frau Wolter zu bewundern. Aus alter Erinnerung konnte ich von allem, was ich gesehen, nur Frau Krelinger ihr gleichstellen. Das Andenken an einen großen dramatischen Dichter erneuerte jedesmal ein Blick in das Antlitz und das seelenvolle Auge seiner Freundin Katharina Fröhlich. Betty Paoli, die ich mehrmals in ihrer Wohnung und bei Laube sah, hörte mit Interesse von dem Inhalte meiner Schrift über Heine, deren Korrekturbogen ich gerade damals zu verbessern hatte. Vor meiner Abreise brachte auch das Ende der Ferien mehr als einen Freund nach Wien zurück. Nenne ich Aschbach, Arndts, Gagern, Lorenz, Sickel, Zeißberg, Druffel, Thausing, Vering, so ist damit gesagt, daß es an Gelegenheit zu wissenschaftlichem Gedankenaustausch nicht fehlte.

Am 25. Oktober war ich wieder in Bonn. Nachdem das auf dem Kriegsarchiv Gesammelte in den früheren Entwurf aufgenommen war, konnte das Werk als abgeschlossen betrachtet werden. Am 17. Dezember übernahm Markus, wie für den 1., so auch für den 2. und 3. Band der diplomatischen Verhandlungen den Verlag. Am 6. Januar 1878 lag der erste Korrekturbogen vor mir und der Druck wurde in rascher Folge fortgesetzt, bis er im März eine Unterbrechung erlitt. Ich war mit dem 14. Bogen zu dem durch Bernadotte in Wien veranlaßten Auflauf gekommen. Die darauf bezüglichen Aktenstücke hatte ich 1867 in Paris auf dem Ministerium des Auswärtigen nicht einsehen können. Auch über die Wirksamkeit der französischen Gesandten in Rastatt blieb noch manches nachzutragen. Zu einer Reise war ich damals leicht entschlossen; am Morgen des 3. April traf ich in der Hauptstadt des nun nicht mehr kaiserlichen, sondern republikanischen Frankreichs ein. Wieviel hatte sich seit 1867 verändert! Mein Bruder Wilhelm, bei dem ich in früheren Jahren Aufnahme fand, hatte die Stadt verlassen, wo nach dem Kriege Bekannte, sogar Freunde, ihm entfremdet waren; mein Bruder Leopold hatte sich mit seiner Familie jetzt dauernd dort niedergelassen. So fehlte es nicht an einer behaglichen Unterkunft, aber wie würde man auf der Bibliothek und auf dem Archiv den Deutschen behandeln? Ganz unverändert fand ich am folgenden Tage Herrn Faugère; sogar von dem Kaiser, dem Kriege und seinen Folgen war ohne Heftigkeit die Rede, aber der Zugang zum Archiv des Ministeriums erschien noch schwieriger als vor 11 Jahren. Ein neues Reglement des Herzogs Decazes teilte die Papiere in drei Klassen. Bis 1715 sollten sie ohne Anstand, bis 1795 nur auf besonderen Beschluß einer Kommission und von da ab nur ausnahmsweise vorgelegt werden. Es war also ein Gesuch an den Minister des Äußeren Waddington zu richten, und, obgleich unser Botschafter, Fürst Hohenlohe, der spätere Reichskanzler, in der freundlichsten Weise seine Vermittlung versprach, schien der Erfolg doch sehr ungewiß. Für das Nationalarchiv war gleichfalls ein Gesuch an den Direktor notwendig. Auf der Nationalbibliothek kam es mir vor allem darauf an, von den Memoiren des französischen Direktors Larevellière-Lépeaux Kenntnis zu erhalten. Diese wichtige Quelle, schon von Thiers flüchtig benutzt, war von einem Nachkommen des Direktors zum Abdruck gebracht, aber nur in einem einzigen Exemplar in die Nationalbibliothek gelangt; alle übrigen wurden wohlverpackt an dem Druckorte in Nantes zurückgehalten, man sagte wegen der gar zu heftigen Ausfälle gegen den Direktor Carnot. Aber auf der Bibliothek war bei der ersten Anfrage nichts zu erreichen, und nun trat der üble Umstand ein, daß am Montag den 7. April Bibliothek und Archive bis nach Ostern, d. h. bis zum 21. April, geschlossen wurden. Es blieb also nichts zu tun, als auf die schleunige Beförderung meines Gesuches an den Minister hinzuwirken. Am 9. April machte ich dem Baron Bourgoing, einem Mitglied der Kommission, meinen Besuch. Er war der Nachkomme des von Napoleon öfters verwendeten Diplomaten gleichen Namens und gerade damals mit einer Histoire diplomatique der Revolutionszeit beschäftigt.

Von dem freundlichen, einfachen Manne wurde ich sehr gut aufgenommen; auf seinem Schreibtisch lag mein Buch mit zahlreichen Anmerkungen von seiner Hand, aber den Zugang zum Archiv des Ministeriums des Auswärtigen hielt er für überaus schwierig, weit schwieriger als im Jahre 1867. Die Auslassungen Sybels über Frankreich hatten zudem verstimmend gewirkt. Auch die Hoffnung auf eine andere Vermittlung schlug fehl. Bei meiner letzten Anwesenheit in Paris hatte mir ein Freund meines Bruders Wilhelm, ein Mann in hoher Stellung im Ministerium des Auswärtigen und von edelster Gesinnung, mit Rat und Tat beigestanden. Aber auf meine Anfrage, ob ich mich ihm wieder vorstellen dürfe, erhielt ich mit deutlicher Hinweisung auf die veränderte politische Lage eine abweisende Antwort, und es blieb nichts übrig, als auf jede Beziehung zu dem deshalb nicht minder verehrten Manne zu verzichten.

Ein kleines Zeichen der Volksstimmung erhielt ich auch, als ich mit einem jungen Neffen einen Spaziergang durch das Boulogner Holz machte. Wir saßen in lebhaftem Gespräch auf einer Bank, vor uns die Reste des Schlosses von St. Cloud, das bekanntlich durch die Kugeln der Kommune in einen Trümmerhaufen verwandelt war. Plötzlich wies aus einer Anzahl vorbeigehender Arbeiter jemand mit heftiger Gebärde auf uns hin mit dem Ausruf: „Voyez ces misérables Prussiens qui ont brûlé le château de St. Cloud!“ Ich überzeugte mich, daß mein Bruder nicht ohne Grund mir geraten hatte, an öffentlichen Orten niemals deutsch zu reden. Im übrigen muß ich sagen, daß sich Freunde und Bekannte wohlwollend und liebenswürdig, wie vordem, erwiesen. Von Rozière wurde ich wie ein alter Freund aufgenommen, nicht weniger von der Familie Rendu, obwohl sie den Krieg und seine Folgen schwer empfunden hatte. Rendus Schwiegervater war nachts, durch die Häscher der Kommune aufgeschreckt, aus einem Hinterfenster in das benachbarte Haus geflohen, aber doch gefangen und als Geisel festgehalten. Er entging dem Tode, aber der Eindruck des Erlebten ließ sich nicht verwischen; vor 1½ Jahren war er gestorben! Rendu selbst, im Äußeren gealtert, hatte auch von seiner Geistesfrische verloren. Seine Stellung als Abgeordneter war ihm unbehaglich; von Klerikalen und Bonapartisten gewählt, mußte er mit der Rechten für Anträge stimmen, die ihm innerlich widerstrebten. Pius IX. nannte er un fléau du catholicisme. Nur der alte, jetzt 89jährige Vetter, Emigrant der Revolutionszeit, war noch frisch wie vor 23 Jahren.

Zu Eduard Schuré kam ich, wenn nicht als Diplomat, so doch mit Friedensanträgen. Er hatte sich infolge des Krieges mit seiner ihm vorher so innig verbundenen Freundin, der alten Frau Naumann, überworfen. In ihrer gewohnten Lebhaftigkeit hatte sie ihm 1871 einen förmlichen Absagebrief geschrieben, der ihr, als der Krieg vorüber war, bei der großen Zuneigung für Schuré schwer auf dem Herzen lag. Aber Jahre waren ohne Annäherung vergangen; auf ihren Wunsch hatte ich endlich im März 1878 an Schurs über ihre Stimmung berichtet und von ihm am 18. März eine Antwort erhalten, die bei aller Versöhnlichkeit doch die Erinnerung an die erlittenen ungerechten Vorwürfe nicht ganz verbarg. Sie schrieb darauf einen Versöhnungs- und Entschuldigungsbrief, den ich persönlich überbringen sollte, den ich aber, da meine Abreise sich verzögerte, am 23. März durch die Post übersandte. Als ich am Tage nach meiner Ankunft zu Schurs kam, fand ich den in Bonn kaum dem Jünglingsalter Entwachsenen als einen kräftigen Mann, seit einer Reihe von Jahren mit einer liebenswürdigen Elsässerin verbunden, als geachteten Schriftsteller, der durch sein anmutiges Buch: „Histoire du Lied", durch seine Begeisterung und sein schon damals erfolgreiches Eintreten für die Wagnersche Musik seinen germanischen Ursprung nicht verleugnete. Er hatte sich, wie erwähnt, vor dem Kriege mit Heftigkeit gegen die Politik Napoleons III. ausgesprochen, aber durch den Ausgang fühlte er sich nun in seinen tiefsten Empfindungen verletzt. Denn seine liebste Hoffnung war, als Elsässer und zugleich als Franzose, fort und fort der geistigen Vermittlung zwischen Deutschland und Frankreich dienen zu können. Deshalb zerstörte die Abtretung des Elsaß die Grundlage seines Lebensplanes und gerade dies Gefühl, dem er 1871 öffentlichen Ausdruck gab, hatte den Zorn der Frau Naumann hervorgerufen. Über alles dieses äußerte er sich jetzt in der freien, liebenswürdigen Weise, die sein Wesen bezeichnete. Einen besonderen Dienst erwies er mir dadurch, daß er mich Tags darauf zu Gabriel Monod führte, der auf Grund seiner wissenschaftlichen Arbeiten und als Herausgeber der Revue historique schon damals unter den französischen Historikern in der ersten Reihe stand. Wie viele neue Beziehungen traten dabei hervor! Monods junge Gattin, die Tochter Herzens, des berühmten russischen Agitators, hatte ihre Erziehung durch Malvida v. Meysenbug erhalten, welcher später durch die „Memoiren einer Idealistin" (sie erschienen bereits 1876) und nicht bloß durch diese in weiten Kreisen Neigung und Verehrung zuteil wurden. Für die Familie Monods ist sie bis in das höchste Alter eine mütterliche Freundin geblieben; bis in ihre letzten Tage wurde ihr eine zärtliche Sorgfalt gewidmet, die vielleicht manche Mutter von ihren Kindern vergeblich erwartet. Beinahe jährlich unternahm das Monodsche Paar eine Reise nach Rom, um einige Wintermonate mit Malvida zu verleben. Und gerade, da ich dieses schreibe — Sommer 1903 —, liegen die Briefe Monods vor mir, in denen er der Trauer über das Hinscheiden und den Verlust der mehr als 80 jährigen Freundin in rührenden Worten Ausdruck gibt. Monods Schwägerin, Fräulein Herzen war mit Schücking und seinen Kindern befreundet; sie hatte, ich denke in London, von Frau Kinkel Musikunterricht erhalten. Gleich am folgenden Abend fand, ich weiß nicht aus welcher Veranlassung, bei Monod großer Empfang statt in französischer und italienischer Weise, die mir stets sympathischer war als die mit zu langen Tafelfreuden verbundene deutsche Geselligkeit. Der Gast hat nicht nur das Gefühl, daß er danken muß, sondern auch, daß er durch sein Erscheinen dem Hausherrn eine Artigkeit erweist. Mehr als 100 Personen kamen und gingen, standen oder bewegten sich nach Belieben, wenn sie es nicht vorzogen, für eine längere Unterhaltung Platz zu nehmen. Manche Berühmtheiten des Tages, auch deutsche Gelehrte, wie Sohm, Fournier, Boretius u. a., waren zugegen; une nouvelle invasion germanique, meinte jemand. Für mich war das Wertvollste die Begegnung mit Albert Sorel, den die französische und europäische Geschichtsschreibung jetzt zu ihren hervorragendsten Vertretern zählt. Er war schon seit längerer Zeit mit den Vorbereitungen zu seinem großen Werk „L'Europe et la Révolution" beschäftigt, hatte in der Revue historique mehrere Abhandlungen über die Anfänge der republikanischen Diplomatie veröffentlicht, so daß unsere Arbeiten für die erste Unterredung vielfache Berührungspunkte boten. Einige Tage später erhielt ich von ihm eine Einladung, den folgenden Sonntag, den 14. April, in Versailles bei ihm zu verleben. Schon die Fahrt dahin war eine Freude, gleicht doch die Umgegend von Paris einem Garten, der jetzt in der vollen, frischen Blüte des Frühlings stand. Als Sekretär des Senats, der damals noch in Versailles sich versammelte, hatte Sorel eine Wohnung in dem Schloß Ludwig XIV. Der Frühstückstisch bot das Bild einer glücklichen Familie, eines Glückes, das die Mächte des Krieges wohl verzögern, aber nicht verhindern konnten. Sorel war einer jungen Schlesierin nahe getreten; ehe es zur Verlobung kam, hatte der Ausbruch des Krieges Jahre hindurch die Liebenden getrennt; aber als der Sturm sich beruhigte, hatte auch die Liebe wieder ihren Weg gefunden. Frau Sorel folgte ihrem Gemahl nach Frankreich, wurde sogar von ihrer alten Mutter begleitet, und es war ein eigentümlicher Anblick, die beiden deutschen Frauen in den Gemächern walten zu sehen, die ehemals von Madame Dubarry bewohnt wurden. Die Schwester der Frau Sorel war an den Akademiker Schott in Berlin verheiratet. Wieviel Beziehungen wieder zwischen Deutschland und Frankreich, wie deutlich der Beweis von ihrer unzertrennlichen Verbindung und welcher Genuß, die Fragen alter und neuer Politik mit einem so hoch und edel denkenden Mann wie Sorel zu besprechen! Er mußte sich nachmittags zu einer Konferenz nach Paris begeben. Frau Sorel lud mich ein, unterdessen mit ihr und den beiden Kindern eine Fahrt durch den Park zu machen. Es war nicht wenig anziehend zu hören, wie die vortreffliche Frau über ihre Stellung in Frankreich, über die Verbindung deutscher und französischer Gefühle sich äußerte. Sie hatte ihren Gedanken in einer Novelle Ausdruck gegeben, in welcher, wenn ich nicht irre, eine Elsässerin ihre streitenden Empfindungen in Einklang zu bringen sucht, aber doch mit dem Rufe Vive la France den letzten Atem aushaucht. Leider hat sie selbst nur noch wenige Jahre das Leben ihres Gemahls verschönert.

Einige Tage, in denen eine Erkältung mich zu Hause hielt, benutzte ich, um eine Reihe von Schriften über die Belagerung von Paris und die Greuel der Kommune durchzusehen, darunter auch die Aussagen Thiers' und Jules Favres vor der Untersuchungskommission über ihre Tätigkeit. Alles, was Thiers sagte, war klar, bestimmt, ganz geeignet, sein Verfahren, besonders den Rückzug der Truppen, zu rechtfertigen. Die Aussagen Jules Favres breit, seine Person vordrängend, zuweilen in etwas weinerlichem Tone. Aufs tiefste hatte er den amerikanischen Gesandten Washburne beleidigt, indem er ihn, in wenigstens zweideutigen Worten, unerlaubter Verbindungen mit den Preußen zieh; Washburne hat ihn seitdem niemals wiedersehen wollen.

Am 23. April, Dienstag nach Ostern, wurde endlich die Nationalbibliothek wieder geöffnet. Ich fragte sogleich nach den Memoiren Lareveillères, erhielt aber zu meinem Ärger die Antwort, sie befänden sich beim Buchbinder. Als ich dann auf das Nationalarchiv eilte, konnte ich auch hier nur einige ganz unwichtige Aktenstücke erlangen. Zu meinem Troste hatte Faugère in seiner Wohnung für mich die Nachricht hinterlassen, die Kommission habe mein Gesuch bewilligt, am nächsten Tage könne ich die Arbeit anfangen. Aber in der nunmehr beschränkten Zeit würde ich nicht weit gekommen sein, wäre ich auf die offiziellen Arbeitsstunden beschränkt geblieben. Zum Glück wurde mir dieselbe Gunst wie vor 11 Jahren zuteil; Herr Faugère wies mir abermals seinen Speisesaal als Arbeitszimmer an. Den ganzen Tag bis abends 6 Uhr konnte ich die schon vorher zurückgelegten Bände der Archivalien durchgehen. War ein Band nicht gleich zur Stelle, so eilte der liebenswürdige Mann selbst, ihn aufzusuchen und herbeizuholen. Unter solchen Verhältnissen ließ sich in 11 Tagen schon etwas ausrichten. Zuerst wurden die Bände über die Sendung Bernadottes, dann der Briefwechsel der französischen Gesandten in Rastatt und Selz durchgesehen, die wichtigen Stellen angemerkt, damit sie später und zwar ohne Entgelt für mich abgeschrieben würden. Der Arbeit zuliebe mußte ich darauf verzichten, die Ausstellung noch in ihrer Vollendung zu sehen. Durch Vermittlung unseres Botschafters hatte ich die Räume schon am 28. April besichtigen dürfen. Man gewann den Eindruck, die neue Ausstellung würde, einmal fertig, alle früheren an Pracht, Reichhaltigkeit und Ausdehnung übertreffen; aber noch nichts hatte auch nur den Schein des Fertigen. Ein Wunder schien erforderlich, wenn bis zur Eröffnung am 1. Mai auch nur das Nötigste getan sein sollte. Aber es war mir nicht vergönnt, dieses Wunder mit eigenen Augen zu sehen. Die Stunden, in denen die Ausstellung geöffnet war, fielen genau mit der mir unentbehrlichen Arbeitszeit in der Bibliothek zusammen. Als gewissenhafter Bücherwurm war ich töricht genug, auf die Herrlichkeiten der Welt zu verzichten, um auf der Bibliothek einige 100 Buchseiten in den Memoiren Larevellières durchzusehen. Nach einem überaus freundlichen Gespräch mit Herrn Faugère wurde ich von einem Neffen an die Eisenbahn begleitet und fand mich am 5. Mai wieder in Bonn ein.

Ich durfte nunmehr glauben, meine Autorpflichten, soweit an mir lag, erfüllt zu haben. Rasch wurden die französischen Exzerpte in den alten Text eingefügt und die Arbeit nur im August durch eine Reise unterbrochen, von welcher noch ausführlicher zu reden ist. Gleich nach der Rückkehr im September nahm der Druck wieder raschen Fortgang, und am 31. Oktober erhielt ich die fertigen Exemplare des 1. Bandes.

Einige Monate vergingen, bis die Handschrift des zweiten Bandes, Anfang März 1879, in die Druckerei gelangte. Da ich jetzt sehr eingehend, in den beiden ersten Kapiteln sogar ausschließlich, die russischen Angelegenheiten zu behandeln hatte, empfand ich es als einen Mangel, daß ich, der russischen Sprache und sogar der Schriftzeichen unkundig, russische Quellen gar nicht oder nur mangelhaft benutzen konnte. Wenn auch für den Text der Urkunden regelmäßig das Französische gedient hatte, so kam doch für die Beigaben der Herausgeber die russische Sprache zur Anwendung. Besonders war das der Fall in der für mich unentbehrlichen bändereichen Sammlung, dem Archiv des Fürsten Woronzow von Peter Bartenjew. Die Erlernung einer neuen Sprache hatte für mich immer einen großen Reiz; so ließ ich mich auch durch die Schwierigkeiten nicht abschrecken, die das Russische dem Anfänger bietet. Nicht ohne Mühe brachte ich es dahin, die Schriftzeichen zu lesen und nachzubilden, die Namen und die gewöhnlichsten Wortformen mir verständlich zu machen. Durch eine glückliche Fügung wurde ich dann im März 1879 mit dem Professor August Boltz näher bekannt. Er hatte eine Reihe von Jahren als Lehrer an der Akademie des russischen Pagenkorps gewirkt und als gelehrter Kenner der indogermanischen Sprachen zahlreiche Lehrbücher verfaßt, welche die Vorteile der Robertsonschen Methode mit systematischer Gründlichkeit vereinigten; seiner russischen Grammatik wird noch jetzt schwerlich eine andere gleichkommen. Freundlich und hilfsbereit, wie er war, erbot er sich, mein Lehrer zu werden, und eine bessere Anleitung als von ihm hätte ich nicht erhalten können. Mit meinem Fleiß durfte er zufrieden sein, denn mit einer Art von Leidenschaft suchte ich die schwierigen Formen mir anzueignen, besonders da ich jetzt in dem neuen Idiom Schönheiten und einen Wohllaut entdeckte, den ich nicht erwartet hatte. Der mir völlig neue Einblick in den Aufbau und Reichtum einer slavischen Sprache, die Ähnlichkeit der russischen mit griechischen und deutschen Formen, welche die uralte Verwandtschaft bezeugt, die Erhaltung von sprachlichen Eigentümlichkeiten, die im Deutschen nur noch in vereinzelten Resten erkennbar sind, dazu eine Literatur, die im Roman, in Epik und Lyrik bereits Bedeutendes geschaffen hatte, boten immer neuen Reiz. Eines der wirksamsten Mittel, mich fortzubilden, fand ich darin, lyrische Gedichte auswendig zu lernen und fort und fort herzusagen. Vor allem war es die Anmut und das tiefe Gefühl Lermontows, die mich anzogen. Verwirrend wirkte die übergroße Zahl der Formen in der Deklination sowie die mangelhafte Ausbildung des Verbums und ermüdend die unmäßige Länge der Worte, die es schwer macht, sie dem Gedächtnis einzuprägen. Im Juli 1879 war ich doch dahin gekommen, daß ich russische Urkunden in der Ursprache lesen konnte, was mir schon für die damals vorliegenden Blätter und noch mehr in späterer Zeit zugute gekommen ist. Der Druck des Buches hatte inzwischen seinen Fortgang genommen. Im September hatte ich noch einmal Gelegenheit, im Haag für die Darstellung des Gesandtenmordes einige Ergänzungen zu sammeln. Dieses Kapitel verlangte noch bei der letzten Überarbeitung sorgfältigste Nachprüfung des gesamten Materials, aber im November konnte ich Vorrede und Inhaltsverzeichnis in die Druckerei geben, und Anfang Dezember lag der zweite Band des Werkes vor, das so großen — der Leser denkt vielleicht viel zu großen — Aufwand an Zeit und Mühe erfordert hatte.

Über die Aufnahme des Buches ist später zu reden. Vorerst habe ich über meine persönlichen Erlebnisse einiges nachzutragen. Als ich im Herbst 1874 aus Italien zurückkehrte, fand ich meine Schwester Emma, die Witwe des Appellationsgerichtsrats Goesen, mit einem Sohn und einer Tochter und meinen Bruder Alexander in einem wohleingerichteten Hause in der Lennéstraße. Meine Schwester war eine energische Frau von seltenem Verstande, stets bereit, sich anderen hilfreich zu erweisen, mein Bruder, ein Kaufmann, der in Indien und Genua ein beträchtliches Vermögen erworben hatte. Zu früh für sein Alter — er war 2 Jahre jünger als ich —, aber vielleicht zur rechten Zeit hatte er sich aus dem Geschäftsleben zurückgezogen; denn es geschah, als gerade der wirtschaftliche Niedergang jeden, der etwas erworben hatte, in Gefahr setzte, es wieder zu verlieren. Mein Umgang blieb nach wie vor auf wenige, aber bewährte Freunde beschränkt. Eine große Lücke riß der Tod Karl Simrocks. Bei dem mehr als Siebzigjährigen hatte sich seit einiger Zeit das Alter bemerkbar gemacht, ohne ihm jedoch die Frische des Geistes, die Heiterkeit im Verkehr zu rauben und eine noch immer weitgehende akademische und literarische Tätigkeit zu hindern. Sonntag, den 16. Juli 1876 — ich befand mich gerade im Garten meines Bruders — kam eine Freundin des Simrockschen Hauses mit der Nachricht, der Professor sei schwer erkrankt. Am Donnerstag, sogar am Freitag hatte er noch gelesen, war aber erschöpft nach Hause gekommen. Gleichwohl ließ er sich nicht abhalten, am Samstag noch einen Kandidaten zu prüfen, brach aber dabei fast zusammen. Am Sonntag war der Zustand schon sehr bedenklich, am Montag gab die Tochter etwas bessere Hoffnung;

er hatte sich sogar dazu aufgerafft, den Bericht über die am Samstag abgehaltene Prüfung zu erstatten, aber ohne ihn vollenden zu können. Große Freude machte ihm noch die Ankunft einer kleinen Enkelin aus Breslau, obgleich das Kind, als der bleiche kranke Mann es umarmen wollte, sich schreiend von ihm abwandte. Als ich am nächsten Tage 7 Uhr abends im Hause anfragte, hörte ich, der Tod sei vor einer halben Stunde eingetreten. Gerne hätte ich ihm ein literarisches Denkmal gesetzt, aber es blieb bei der Besprechung eines und des anderen seiner Werke. Dagegen habe ich mich, so gut ich konnte, bemüht, die Herstellung eines Denkmals in Erz oder Marmor anzuregen; freilich vergingen 27 Jahre, bevor dieser Wunsch zur Erfüllung gelangte.

So groß auch meine Verehrung für Simrock war, Beruf und literarische Arbeiten waren doch zu sehr verschieden, um uns dauernd in geistigem Verkehr zu halten. Das Glück einer solchen Verbindung verdanke ich für ein volles Jahrzehnt Alfred v. Reumont. Seit seiner Übersiedelung nach Bonn war unser Verhältnis von Jahr zu Jahr enger geworden. Als ich im Oktober 1874, erfüllt von den Eindrücken der italienischen Kunst, nach Bonn zurückkehrte, war gerade sein Werk über Lorenzo de' Medici erschienen. Ich übernahm die Besprechung in der „Allgemeinen Zeitung", und aufs neue war zu einem regen Gedankenaustausch Anlaß gegeben. Da ich in der Woche ein oder mehrere Male mit ihm zusammenkam, konnten auch alle Fragen des wissenschaftlichen, religiösen und politischen Lebens besprochen werden. Mehrere Kapitel meines Buches, die Aufsätze über Heine, Frau v. Willemer, die Villa Medici, durfte ich ihm aus der Handschrift vorlesen. Er war nicht leicht befriedigt und deshalb ein Lob aus seinem Munde um so wertvoller. Auch über seine Arbeiten hatte ich öfters noch vor dem Druck mich auszusprechen. Einzelne, z. B. die Aufsätze über die Verhandlungen des Grafen Carletti, über Lucchesini, über J. B. Rousseau und die „rheinische Flora", Alfieri im Elsaß wurden durch mich angeregt. Man hat wohl geklagt, der Umgang mit ihm sei nicht leicht gewesen. Ich habe es selber empfunden und wenn eine Verstimmung hervortrat, so waren Störungen seiner Gesundheit oder hin und wieder der Verlauf der öffentlichen, namentlich der kirchlichen Angelegenheiten die Ursache. Wenn ältere Freunde ihn besuchten, kam ihre Anwesenheit gewöhnlich auch mir zugute. In regem schriftlichen Verkehr stand er noch immer mit Ranke, mit dem er schon als 21-jähriger in Florenz zusammengetroffen war. Ranke war damals gerade aus Rom zurückgekehrt und mit den Vorarbeiten zur „Geschichte der Päpste" beschäftigt. Er lenkte die Studien seines jungen Freundes vornehmlich auf italienische Geschichte, und dankbar sprach Reumont von dem Einfluß seiner anregenden Persönlichkeit. Wenn ich später Ranke besuchte, galt seine erste Frage stets dem Bonner Freund. Hohen Wert legte er auf sein Urteil. Anfang August 1877 schickte er ihm die Korrekturbogen der

Abhandlung über Savonarola zur Durchsicht. Im Februar desselben Jahres hatte er ihn in einem längeren Briefe ersucht, für die „Allgemeine Deutsche Biographie" statt seiner den Artikel über Friedrich Wilhelm IV. zu übernehmen. Ich meinte, vieles spräche dafür, Reumont aber konnte sich nicht dazu entschließen. Er kenne, sagte er, nur das persönliche Leben des Königs, nicht die Regierungshandlungen und dürfe sich nicht auf ein neues Gebiet wagen. Demgemäß schrieb er an Ranke und Geibel, den Verleger der „Allgemeinen Deutschen Biographie". Später hat er dann in seinem Buche: „Aus Friedrich Wilhelms IV. gesunden und kranken Tagen" seine persönlichen Beziehungen zu dem Könige geschildert. Nichts konnte mir nach allem diesem weniger erwünscht sein, als der Plan einer Übersiedlung nach Aachen, der, wenn ich mich recht erinnere, zuerst 1877 hervortrat. Er hatte seinen Ursprung nicht sowohl in Reumonts eigenem Wunsche, als in den Wünschen der beiden Schwestern, welche an einen lebhafteren Verkehr mit der Familie und mit Freunden in der Vaterstadt übergroße Hoffnungen knüpften. Es geschah nicht nur aus Eigennutz, wenn ich dagegen sprach, aber vergebens; ein Bauplatz in Aachen wurde gekauft und die Mauern eines neuen Hauses stiegen empor. Am 17. März 1878 erfuhr ich mit Bedauern, das Haus in Bonn sei verkauft; am 1. Mai sollte die Übersiedlung erfolgen. Schon mit den Vorbereitungen meiner Reise nach Paris beschäftigt, mußte ich mich an den Gedanken einer plötzlichen Trennung gewöhnen. Als wolle man sich für die Zukunft entschädigen, sahen wir uns bis zum Tage meiner Abreise noch häufiger als sonst; ich bemerkte in seinem Wesen eine Innigkeit, ja eine Weichheit, die ihm sonst nicht gewöhnlich waren. Als ich am 5. Mai zurückkehrte, fand ich das Haus leer und erinnerte mich an die Wohnung, aus der man im August 1872 Eduard Magnus hinausgetragen hatte.

Zum Glück fehlte es nicht an einem Ersatz. Ich habe erzählen müssen, daß mein Wunsch, ein gleichgesinntes Herz mit dem meinigen zu verbinden, sich nicht so leicht, als ich gehofft hatte, erfüllen ließ. Er schien für immer vereitelt. Antonie nahm die Absicht, sich zur Sängerin auszubilden, wieder auf; Luise Reß, eine Meisterin der Gesangskunst, wurde ihre Lehrerin. Eine Altstimme von seltenem Wohlklang und Umfange, unermüdlicher Fleiß, unterstützt durch ein ausgesprochenes dramatisches Talent ließen einen glänzenden Erfolg erwarten, den das erste Auftreten zu Mainz mit Sicherheit verbürgte. Aber die Liebe hatte in dem äußeren Wirrsal ihre Fäden nicht zerreißen lassen, und eine zufällige, flüchtige Begegnung im Bonner Hofgarten, an der Stelle, wo jetzt das Simrock-Denkmal steht, brachte eine Wendung, die für das spätere Leben zweier Menschen entscheidend wurde. Nicht sogleich! Antonie, die den Sommer bei ihrer Nichte, Frau v. Pasetti-Angeli, in Wien verlebte, nahm für das folgende Jahr noch ein Anerbieten nach Riga an, und als ich sie im

August von Berlin nach Stettin und Swinemünde begleitet hatte, mußte ich das Schiff, das sie trug, in den Wellen der Ostsee aus dem Gesichtskreis verschwinden sehen. Aber es dauerte nicht lange, bis über das Meer eine unzerreißbare Kette zwei Herzen, die nicht voneinander lassen konnten, verband. Antonie kehrte im Frühjahr 1878 zu ihrer Verwandten nach Wien zurück. Ich mietete eine neue geräumige Wohnung in der schön gelegenen Villa am Rhein, die von meinem Lehrer und Freunde Bluhme erbaut und von seiner Witwe bis zu ihrem Tode bewohnt war, und als ich sie im Mai bezog, geschah es in der sicheren Voraussicht, daß ich sie nicht als Einsiedler bewohnen würde.

Antonie war unterdessen ihrer Nichte auf den Grieshof, eine ländliche Besitzung in der Nähe von Alt-Aussee, gefolgt. Einige Jahre früher hatte ich, wie man sich erinnert, einen Tag an diesem mit allen Reizen der Natur überreich ausgestatteten Erdenfleck verlebt. Schon damals, ohne daß ich ahnte, was er mir einmal werden sollte, war er mir wie ein Paradies erschienen. Es war Arneths Lieblingsaufenthalt; in der Kirche auf der Höhe am See lag seine Frau begraben; eine Inschrift erinnerte an die Anwesenheit König Friedrich Wilhelms IV. In dieser Kirche wurden wir am 21. August 1878, Antoniens Geburtstag, getraut; die liebevolle Nichte bereitete auf dem Grieshof die Hochzeit; ihr Schwager, Herr v. Pasetti-Friedensburg, später österreichischer Botschafter in Rom, schickte den Strauß für die Braut. Am Tische saßen neben uns nur die Mutter und drei liebliche Kinder; von dem üblichen Hochzeitslärm konnte man in dieser Umgebung absehen; aber am Vorabend erklangen zu Ehren des Brautpaares die Lieder der Steirischen Bauern und von den Bergen leuchteten die Freudenfeuer.

Die nächsten Tage wurden der herrlichen Umgebung Aussees, den Bergen und Seen, gewidmet, dann ging es durch das Enns- und Salzachtal nach Lend und am 27. weiter nach Gastein. Beinahe der erste, von dem wir dort einen Gruß erhielten, war Kaiser Wilhelm, der in einem einfachen zweispännigen Wagen im Walde uns entgegenfuhr. Bald darauf begegneten wir in dem Orte selbst auch dem Reichskanzler. Nie werde ich vergessen, wie der riesenhafte Mann, der sich damals mühsam bewegte, die Treppe des Badhotels hinaufstieg, mit der Rechten auf einen Stock, mit der Linken auf einen jungen Diplomaten gestützt. Bei jeder Stufe knickte er ein wenig zusammen; der schmächtige, kleine Herr ihm zur Seite nahm sich wie ein Spazierstock aus. In dem gegenüberliegenden Gasthof, dem Straubinger, den wir bewohnten, begegnete mir ein Mann, wie es schien von Alter und Sorgen gebeugt; erst als er vorübergegangen war, erkannte ich den Grafen Beust, den ich 9 Jahre früher in seinem Glanz in der Hofburg gesehen hatte. Mit welchen Gefühlen mag er, wenn der Zufall sie zusammenführte, seinen furchtbaren Gegner betrachtet haben!

Die Reise führte uns weiter nach Zell am See und nach Salzburg, dann über München, Augsburg, Stuttgart in rheinisches Land. Ich suchte sie möglichst instruktiv für meine Frau zu gestalten. Darum pilgerten wir zunächst auf die Weibertreu bei Weinsberg, dann nach Heilbronn, um das Käthchen und auf die Terrasse des Heidelberger Schlosses, um Suleika als Vorbild in Erinnerung zu bringen. Ich denke nicht ohne Erfolg, denn da ich heute, am 21. August 1903, 25 Jahre nach dem Hochzeitstage, diese Zeilen zu Papier bringe, werde ich mit dankerfülltem Herzen mir des Segens bewußt, den ihre Liebe und Treue, ihr nie versiegender heiterer Lebensmut und der Wohllaut ihrer Stimme über meine Tage gebracht haben.

Am 17. September wurden wir in Bonn freundlich empfangen, fanden uns bald in der schönen Wohnung behaglich eingerichtet, und es war nichts geringes, auf dem Balkon an der Seite einer geliebten Frau die Aussicht auf Strom und Gebirge zu genießen. Mein Leben nahm denn auch in seinen äußeren Beziehungen eine wesentlich veränderte Gestalt an. Bis dahin war ich dem geselligen Verkehr beinahe fern geblieben, jetzt hatte ich meine Frau in die akademischen Kreise einzuführen. Es war keine schwere Aufgabe, denn das Gewinnende ihrer Erscheinung, ihr ungezwungenes freundliches Entgegenkommen, das doch zur rechten Zeit des Selbstbewußtseins nicht entbehrte, kamen ihr überall zugute, und ihre herrliche Stimme, gehoben durch eine vollendete Kunst des Vortrags, erschloß ihr die Herzen. In der edelsten Weise machte sie von dieser Gabe Gebrauch, war stets bereit, sei es im eigenen oder in fremdem Hause, die Anwesenden zu erfreuen, bei festlichen Gelegenheiten den Chor oder eine Gesamtaufführung zu leiten, in Konzerten für wohltätige Zwecke mitzuwirken. Das reiche musikalische Leben Bonns gab dazu immer neue Veranlassung. Bei einem unserer Bekannten, dem Baurat Maertens, pflegten in den Wintermonaten regelmäßige Zusammenkünfte Künstler und Dilettanten zu vereinigen. Anregend wirkte bald nach unserer Verheiratung die Anwesenheit des Grafen Hochberg und im folgenden Jahre ein Besuch Gounods. Als der liebenswürdige französische Komponist meiner Frau eines Tages eine Arie aus seinem Faust begleitete, bemerkte er mit einigem Erstaunen, aber doch mit Zufriedenheit, daß sie eigenmächtig eine kunstvolle Kadenz eingelegt hatte. Auch in mir erwachte die musikalische Leidenschaft meiner Jugendjahre. Viele Stunden habe ich damals am Klavier verbracht; Harmonien und Motive flossen mir in Fülle zu; einiges nahm, wenn nicht auf dem Papier, doch unter meinen Fingern, dauernde Gestalt an. Es ist vielleicht ein Vorteil, daß mir die nötige Anleitung, zu komponieren, in der Jugend nicht zuteil geworden war, ich hätte mich sonst vielleicht auf eine neue Tätigkeit eingelassen, die ein lohnendes Ergebnis doch in keinem Fall herbeiführen konnte.

In meinem Tagebuch finde ich aus jener Zeit eine Menge von kleinen Ereignissen verzeichnet, darunter eine Reise, die mich mit meiner Frau im September nach Holland führte. Für das Leben ohne sonderliche Bedeutung, schließen sie sich doch in meiner Erinnerung zu einem erfreulichen Ganzen zusammen. Und als ich im Dezember das erste fertige Exemplar des 3. Bandes der diplomatischen Verhandlungen in die Hände meiner Frau legte, geschah es mit dem Gefühle, daß mein Leben in der Vergangenheit nicht ohne Ergebnis geblieben und für die Zukunft nicht ohne Hoffnung sei.

---

13. Kapitel.

1880—1890.

Die Aufnahme, welche das neue Werk in Deutschland, Österreich und Frankreich fand, die Urteile, die darüber laut wurden, konnten wohl zu einer Fortsetzung ermuntern. Reumont in der „Allgemeinen Zeitung", Albert Sorel in der „Revue historique" beschäftigten sich eingehend mit dem Inhalte, und in einem ausführlichen Artikel des Dizionario biografico degli scrittori contemporanei hob Augusto Franchetti 1879 die Bedeutung meiner Schriften für Italien hervor. Einen Entwurf des 4. Bandes hatte ich bereits 1879 zu Papier gebracht; mit der Ausführung wurde jetzt begonnen und zu diesem Zweck das Studium des Russischen eifrig fortgesetzt. Den Plan des Werkes konnte ich mit Reumont besprechen, als ich ihn im April 1880 zum erstenmal nach seiner Übersiedlung in Aachen besuchte. Ich fand ihn in seiner neuen, schön eingerichteten Wohnung eifrig mit literarischen Arbeiten beschäftigt, aber bitter klagend über geistige Vereinsamung. Mein Freund, der frühere Bonner Privatdozent Martin Philippson, den ich wenige Tage später in Brüssel aufsuchte, war dagegen durch seine Berufung an die dortige Universität in einen Mittelpunkt des regsten geistigen Verkehrs gesetzt. Im Herbst führte mich eine vierwöchentliche Reise nach Tirol durch das Ampezzotal nach Italien und über Triest nach Pola hinunter. Gleich nach der Rückkehr bezogen wir ein neues Heim im Hause an der Koblenzer Straße, in unmittelbarer Nähe des alten Zolls gelegen, von weiten Gärten und dem Hofgarten umgeben, mit der Aussicht auf den Rhein und das bergische Land, in den ersten Jahren, ehe sie verbaut wurde, auch auf das Siebengebirge; daß es 24 Jahre und noch heute mein Heim geblieben ist, darf ich als einen wesentlichen Vorteil meines häuslichen Lebens betrachten.

Die alten Arbeiten wurden auch in dem neuen Heim wieder aufgenommen;

ie waren aber seit längerer Zeit nicht die einzigen geblieben. Schon 1879, als 31 Jahre nach dem Tode der Dichterin die Werke Annettens von Droste dem freien literarischen Verkehr anheimfielen und die erste Gesamtausgabe, von ihrem Freunde Levin Schücking besorgt, bei Cotta erschienen war, hatte mich Rodenberg zu einem Aufsatz über die mir so werte heimatliche Dichterin angeregt. Aber ungewiß, ob ich etwas neues von Bedeutung würde sagen können, war ich auf den Antrag zunächst nicht eingegangen. Im Frühling 1880 erfuhr ich jedoch von einer Freundin meiner Frau, Fräulein Agnes Sprickmann, daß sich merkwürdige Jugendbriefe Annettens an ihren Urgroßvater Matthias Sprickmann, den bekannten Schriftsteller und Genossen des „Heins" im Besitze ihres Bruders befänden. Diese Briefe, von dem Besitzer, dem Amtsgerichtsrat Bernhard Sprickmann, mir zur Verfügung gestellt, waren von einem so eigentümlichen, man könnte sagen in der Literaturgeschichte einzigen Reiz, daß sie jedes Bedenken überwogen. Von Freunden und Verwandten der Dichterin erhielt ich, da der erste Schritt einmal getan war, nun noch manchen Beitrag und der Reiz der neuen Arbeit ließ sie raschen Fortgang nehmen. Im Oktober konnte ich das Manuskript an Rodenberg senden, der es im Februar- und Märzheft der „Deutschen Rundschau" zum Abdruck brachte. Die Abhandlung, die dem größeren Teil der Leser etwas ganz Neues brachte, blieb nicht ohne Wirkung. Die beiden Freunde der Dichterin, Christoph Bernhard Schlüter und Levin Schücking sprachen ihre Zustimmung aus, nicht weniger ein Brief Paul Heyses, der in der „Deutschen Rundschau" das schöne Sonett an Deutschlands erste Dichterin veröffentlicht hatte. Ein eifriger Verehrer der Dichterin, der Buchhändler Zimmer, wollte sogleich eine Separatausgabe veranstalten. Ich selbst ging aber noch weiter; ich hatte mich so sehr in das Denken und Sinnen der Dichterin eingelebt, die Anziehungskraft ihrer Persönlichkeit war so groß, und von mehr als einer Seite, insbesondere von den der Dichterin so nahestehenden Nichten, Fräulein Hildegund und Hildegard von Laßberg, kamen so freundliche Anregungen, daß ich mich entschloß, meine Abhandlung zu einer wirklichen Biographie Annettens zu erweitern. Nicht zum wenigsten aus diesem Grunde richteten wir im August unsere Ferienreise an den Bodensee. Am 25. konnten wir vom Hohentwiel den Hegau, das dichterische Gebiet Victor Scheffels, übersehen; am folgenden Tage betraten wir zum erstenmal das alte Schloß in Meersburg. Der Freiherr v. Laßberg hatte es 1838 für 10 000 Gulden gekauft. Für denselben Preis hätte er auch das neue Schloß kaufen können, einen Palast, der für jeden Fürsten einen würdigen Aufenthalt geboten hätte; eine Götterhalle hat Platen das Treppenhaus genannt, aus dem man auf die Terrasse tritt. Das alte Schloß hatten die beiden Fräulein v. Laßberg seit einigen Jahren einem Herrn v. Mayerfels verkauft, einem fleißigen Antiquarius, der wertvolle, nur nicht gerade sorgfältig gewählte Sammlungen angelegt hatte und seine Liebhaberei für Heraldik auch dadurch bekundete, daß er jede Stelle der Burg, wo es paßte oder nicht paßte, mit den bunten Farben seines Wappenschildes bemalte. Immerhin hielt er das Schloß in Ehren und gutem Bestande. Die beiden Fräulein v. Laßberg bewohnten mit ihrer Verwandten Betty v. Droste eine Reihe von acht geräumigen Zimmern im ersten Stock, die sie sich vorbehalten hatten, mit herrlicher Aussicht auf den See. Man wird ahnen, was den Hauptgegenstand unserer Unterhaltung bildete; in der Biographie Annettens habe ich ausführlich von den Eindrücken, die ich damals auf der Meersburg erhielt, von den Örtlichkeiten, den Manuskripten, den Porträts, die an die Dichterin erinnerten, gesprochen. Um 5 Uhr führte ein längerer Spaziergang mit Fräulein Hildegard zuerst zu dem von Annette angekauften Fürstenhäuschen, dann zu der Laßbergschen Gruft, in deren Nähe auch Annette neben ihrer Freundin Amalie Hassenpflug die letzte Ruhestätte gefunden hat; weiter ging es durch Rebengelände und Fruchtgärten in den Wald zu einer Bank mit Aussicht auf den Überlinger See, die der Dichterin häufig als Ruheplatz gedient hatte; den Rückweg nahmen wir am Saume des Waldes zu der „Schenke am See" oder vielmehr hoch über dem See, die so oft das Ziel ihrer Wanderungen mit Schücking war. Im Wald blühte unter der üppigen Vegetation auch westfälisches Heidekraut, dessen im Eingange der Schlacht im Lorner Bruch so anmutig gedacht wird. Und wenn man, um den Dichter zu verstehen, in des Dichters Lande gehen soll, so hat darauf der Bodensee neben Westfalen das beste Recht. Als wir am anderen Morgen von Konstanz aus den Besuch wiederholten, erneuerten und vertieften sich die Eindrücke des vorigen Tages. Auch von den zahlreichen Gästen, die auf der Meersburg freundlich aufgenommen waren, von Fürsten, Gelehrten, Schriftstellern, war vielfach die Rede. Victor Scheffel war den Bewohnern des Schlosses nicht bloß benachbart, sondern in entferntem Grade sogar verschwägert, aber nicht alles, was man von ihm hörte, lautete erfreulich. Die Mutter des Freiherrn v. Laßberg stammte aus der bayerischen Familie v. Malsen; die Enkelin ihres Bruders, Tochter eines vornehmen bayerischen Hofbeamten, wies lange Zeit alle Anträge zurück, weil sie den Vater nicht verlassen wollte; endlich fand Herr v. Malsen auf seinem Tische einen Brief von Victor Scheffel, der um die Hand der Tochter anhielt und so entschieden begünstigt wurde, daß der Vater die Einwilligung nicht weigern konnte. Gleichwohl war die Ehe keine glückliche; das Paar zog in die Schweiz; Scheffel ließ die Frau allein am Genfer See, war nicht einmal bei der Geburt des einzigen Kindes zugegen. Bald nachher trennten sie sich, die Tochter zog wieder zu dem Vater nach München, wollte durchaus nicht zu dem Dichter zurück, der sie im Rausch roh behandelt haben soll. Um sie zu nötigen, erbat er sich noch eine Unterredung in München und nahm, als diese fruchtlos blieb, der im Garten umhergehenden Amme das Kind aus den Armen und verließ die Stadt. Aber auch dieser Gewaltschritt blieb erfolglos; die Frau ließ sich nicht bewegen, sie lebte — 16 Jahre waren seitdem vergangen — einsam und früh gealtert in München.

Am Nachmittage war die Mainau das Ziel unserer Wanderung. Nach der Aufhebung des deutschen Ordens hatte sie mehrmals für unglaublich billigen Preis den Besitzer gewechselt, bis sie 1853 Eigentum des Großherzogs von Baden wurde. In freundlichere Hände hätte sie nicht geraten können. In den herrlichen Anlagen durfte man ohne jede Aufsicht frei sich bewegen, selbst in der nächsten Nähe des Schlosses an dem Tisch vorübergehen, auf welchem kurz vorher die Großherzogin ihre Handarbeit zurückgelassen hatte.

Noch manche angenehme Erinnerung hat diese Reise in mir zurückgelassen. Der Rheinfall von Schaffhausen zeigte sich in voller Pracht; in dem mir so lieben Bellerive bei Luzern konnten wir Frau v. Schwartz in der Familie ihres Bruders begrüßen, und in Bern lieferten Archive und Bibliothek willkommene Ausbeute.

Nach der Heimkehr wurden die Arbeiten über die Revolutionszeit mit Eifer wieder aufgenommen. Gleichwohl wunderte es mich beinahe, daß bis Ende Oktober das Kapitel über die Neapolitanische Republik zum Abschluß gebracht war; denn zu keiner Zeit wurde meine literarische Tätigkeit so vielfältig als in diesem Jahre in Anspruch genommen; die Anerbietungen häuften sich. Ich bin niemals darauf eingegangen, wenn sie nicht meinen Studien entsprachen. Immer blieb aber die Konkurrenz größer als wünschenswert. Für die Allgemeine Deutsche Biographie übernahm ich den Artikel über den letzten Kölner Kurfürsten Maximilian Franz; denn meine historischen Arbeiten hatten mich öfters auf ihn geführt, und dem Staatsarchiv sowie dem Archiv des Deutschen Ordens in Wien konnte ich manches neue, besonders über seine letzte Lebenszeit, entnehmen. Emil Friedberg wünschte eine Anzeige seiner Neuausgabe des kanonischen Gesetzbuches, zunächst des Gratianischen Dekretes. Ich verfaßte sie umso lieber, als meine kanonistischen Sammlungen für die Kritik des Textes hatten benutzt werden können, wie es die Vorrede in freundlichen Worten hervorhebt. Den Antrag Cottas, eine Biographie Heines zu schreiben, lehnte ich ab (17. August 1881), desgleichen den Antrag des Buchhändlers Löning in Frankfurt, den Text der Heineschen Werke mit einem Kommentar zu begleiten; denn eins wie das andere würde mich zu weit von meinem Wege abgeführt haben. Aber mit lebhaftem Interesse befaßte ich mich mit den Briefen Heines an seinen Freund Detmold, den späteren Reichsminister, die mir von meinem Kollegen Georg Freiherrn v. Hertling, einem Verwandten Detmolds, übergeben wurden. Bis zur Veröffentlichung vergingen freilich noch mehrere Jahre.

Was mich zunächst für längere Zeit beschäftigte, war der Nachlaß des vielberufenen Geh. Kabinettsrats Joh. Wilh. Lombard. Während meiner frühen Knabenjahre hatte sich die Witwe seines Sohnes, des Geh. Revisionsrats August Lombard mit ihren beiden Söhnen Johannes und Eduard von Berlin nach Münster gewendet. Sie war eine geistvolle, vornehme Frau mit lebhaftem Interesse für religiöse Dinge, ohne jeden Anflug konfessioneller Unduldsamkeit, bald enge befreundet mit dem Professor Schlüter und dem literarischen Kreis, der sich um ihn sammelte. Mit ihrem Freunde Lutterbeck hatte sie sich der Bewegung gegen das Unfehlbarkeitsdogma angeschlossen. Schon meiner Mutter hatte sie, als meine geschichtlichen Arbeiten bekannt wurden, zuweilen gesagt, sie besitze interessante Papiere ihres Schwiegervaters und würde sich freuen, wenn sie von mir benutzt und herausgegeben würden. In den 70er Jahren war sie von Münster zu ihrem jüngeren Sohne Eduard nach Köln gezogen. Jetzt ließ sie mich an frühere Äußerungen erinnern, und mit April 1881 befanden sich die nachgelassenen Papiere ihres Schwiegervaters in meinen Händen. Sie zogen mich unwiderstehlich an, da sie teils frühere Arbeiten ergänzten, teils den Ausblick in spätere Zeiten eröffneten. Mehrmals hatte ich im Sommer und noch am 30. September mit der 78 jährigen, aber noch immer geistesfrischen Frau an ihrem Krankenlager eingehende Unterredungen; am 17. November schloß sie für immer die Augen.

Wenn ich noch einige Artikel für die Allgemeine Deutsche Biographie und das Goethe-Jahrbuch erwähne, so wird man finden, daß es meiner literarischen Tätigkeit nicht an Abwechslung gebrach. Sie erscheint mir umso auffälliger, als ich niemals zwei Arbeiten zu gleicher Zeit betreiben konnte, sondern mich stets durch einen Gegenstand ausschließlich, wenn auch nur für wenige Tage, fesseln ließ. Dazu kam, abgesehen von meinen Vorlesungen, ein Doppeltes, das zu praktischer Tätigkeit aufforderte.

Seit ich im Frühjahr 1863 in den Vorstand des Historischen Vereins für den Niederrhein gewählt war, hatte ich mich zuweilen mehr als mir lieb war, mit den Angelegenheiten des Vereins beschäftigen müssen. Der bisherige Vorsitzende, der ehrwürdige, hochbetagte Pfarrer von Wachtendonk, war seit einer Reihe von Jahren erblindet; die eigentliche Leitung lag seitdem in den Händen des Professors Floß. Bereits früher war von seiner Persönlichkeit und meinem Verhältnis zu ihm die Rede. Seinen Anforderungen, obgleich sie mir nicht selten lästig wurden, war schwer zu widerstehen; denn seine unbegrenzte Herzensgüte und Aufopferungsfähigkeit drängten das Mißvergnügen, das er wohl erregen konnte, stets wieder zurück. Auch sonst hatte er sich sehr verdient gemacht. Unermüdlich war während des Kulturkampfes seine Tätigkeit, die Studierenden und die Fakultät zusammen und aufrecht zu erhalten. Wenn nicht ein völliger Zusammenbruch erfolgte, ist es gewiß nicht zum wenigsten seiner Tätigkeit zuzuschreiben. Er ist deshalb als einer der ärgsten Eiferer verschrien worden, obgleich ihm in der Tat nichts ferner lag als eine fanatische, rücksichtslos durchgreifende Starrheit. Wäre es nach seinem Sinne gegangen, so würden vermutlich die unheilvollen Streitigkeiten des Erzbischofs mit dem Bonner Theologen ganz vermieden worden sein. Aber es fehlte viel, daß Floß bei seinen Kollegen und selbst bei seinen geistlichen Vorgesetzten die verdiente Anerkennung gefunden hätte. Eine Szene wird mir unvergeßlich bleiben. Er hatte sich zu seinen zahlreichen Amtspflichten auch noch die Beurteilung theologischer Preisarbeiten aufbürden lassen, war aber, was bei ihm nicht selten war, mit der Arbeit nicht früh genug fertig geworden. Plötzlich erhielt er ein Schreiben des Erzbischofs, das ihn, den hochverdienten, bis zur Erschöpfung angestrengten Mann mit der Suspension bedrohte, wenn nicht bis zu einem nah bestimmten Tage die Arbeiten mit der Beurteilung wieder eingeliefert seien. Aber der ruhige, ehrerbietige und doch zugleich feste und würdige Ton seiner Antwort war ein leuchtendes Muster, wie ein katholischer Priester seinem Bischofe gegenüber eine schwere Prüfung zu bestehen weiß. Doch seine Kraft brach zusammen, am 2. Mai 1881 fand man ihn, von einem Schlagfluß getroffen, auf dem Boden seines Zimmers liegend. Nur unverständliche Laute konnte er noch äußern, als ich einige Stunden später an seinem Lager stand. Am 4. Mai morgens schied er aus dem Leben. Als rheinischer Bauernsohn hatte er sich die Grabstätte auf dem ländlichen Kirchhofe von Wormersdorf neben seiner Mutter ausgesucht.

Kurze Zeit vorher war auch der Stadtarchivar Leonhard Ennen, eines der tätigsten Vorstandsmitglieder, gestorben. Die Existenz des Vereins schien bedroht und die Sorge, ihn zu erhalten, fiel zum größten Teil mir zu. Damit verbanden sich dann Anträge, daß ich die Leitung des Vereins übernehmen solle; meine Arbeiten auf dem Gebiete rheinischer Geschichte und rheinischen Rechts mochten diesen Gedanken angeregt haben. Für mich war es kein leichter Entschluß, die neuen Pflichten auf mich zu nehmen, und wenn ich nach langen Besprechungen mich bereit erklärte, geschah es vor allem aus dem Grunde, weil keine andere geeignete Persönlichkeit zunächst sich finden ließ. Am 6. Juli auf einer Generalversammlung in Brühl wurde der frühere Vorsitzende zum Ehrenpräsidenten, ich selbst zum Vorsitzenden gewählt. Ein zweifaches Ziel hatte ich mir gestellt: den Veröffentlichungen des Vereins nach Form und Inhalt einen wahrhaft wissenschaftlichen Charakter zu geben, sodann aus dem Bereiche des Vereins, insbesondere von den Vereinsschriften, konfessionelle Zänkereien fernzuhalten. Ich darf hoffen, daß beides nicht mißlungen ist. Bei der ersten Wahl des Vorstandes in Brühl war es leider nicht möglich, die Berufung des städtischen Archivars in Köln, Professor Höhlbaum, durchzusetzen, und im Jahre 1885 regte ein Mitglied des Vereins die Wahl Johannes

Janssens zum Ehrenmitgliede an, in der kaum verhüllten Absicht, daß konfessionelle Streitigkeiten daraus entspringen sollten. Es gelang aber, üble Folgen dadurch zu verhüten, daß bei der nächsten Herbstversammlung in Aachen mit der Wahl Janssens die Wahlen von Georg Waitz und Alexander Kaufmann verbunden wurden. Da alle vier um die niederrheinische Geschichte sich unbestreitbare Verdienste erworben hatten, mußte jeder Schein einer konfessionellen Demonstration wegfallen. Mit Befriedigung kann ich, da diese Zeilen aufs Papier gelangen, auf eine 23 jährige Amtsführung zurückblicken und dankbar die Unterstützung hervorheben, die mir von Mitgliedern des Vorstandes, insbesondere Karl Lamprecht, Domkapitular Schnütgen, Archivdirektor Hansen, Dr. Hermann Cardauns u. a. zuteil wurde. Seit dem Jahre 1885 erlitt auch die Eintracht in den Vorstandssitzungen wie auf den Generalversammlungen nicht die leiseste Trübung.

Neben dem Vorsitz des Vereins war mir am 18. Oktober zum erstenmale das Dekanat der juristischen Fakultät übertragen worden, in welchem gerade in diesem Jahre eine nicht geringe Zahl nicht unwichtiger Angelegenheiten zur Erledigung kommen mußte. Von meinen Vorlesungen, welche bei der Neugestaltung des Reichsstaatsrechtes und bei der Entwicklung des Kulturkampfes einer durchgreifenden Umarbeitung bedurften, habe ich später zu reden.

Wenn ich mich zunächst den Lombardschen Papieren zuwandte und bald sogar den Plan einer biographischen Darstellung faßte, so lag der Grund nicht mehr in dem Interesse, das sie, für sich genommen, mir einflößten. Während meiner 2. italienischen Reise hatte ich, wie erwähnt, auf einer Villa bei Lucca die Lucchesinischen Papiere aufgefunden. Sie hätten meine Exzerpte aus dem Schriftenwechsel zwischen Berlin und Paris in den Jahren 1800/01 in der erwünschtesten Weise vervollständigt, und es lag nahe, sie für meine besonderen Zwecke auszubeuten. Ich zog es aber vor, sie der allgemeinen Benutzung zugänglich zu machen, und als ich Franchettis Geschichte Italiens seit 1789 zu besprechen hatte, gab ich dem Wunsche Ausdruck, daß die Papiere Lucchesinis für das geheime Staatsarchiv in Berlin erworben würden. Nicht lange darauf erhielt ich einen Besuch des Archivrats Paul Bailleu; er hatte im Auftrage der Archivverwaltung die Herausgabe der so überaus wichtigen Korrespondenz zwischen Preußen und Frankreich in den Jahren 1795—1806 übernommen. Der erste Band, die Zeit der Gesandtschaft Sandoz-Rollins bis Anfang 1800 enthaltend, sollte in nicht langer Zeit erscheinen; für die Fortsetzung, die Gesandtschaft Lucchesinis bis 1806, war Kenntnis und Benutzung der noch in Italien befindlichen Papiere unerläßlich. Ich gab, so gut ich konnte, Auskunft; es wurden infolgedessen Unterhandlungen mit dem Grafen Schlieffen, späterem Chef des Generalstabs, angeknüpft, und gerade im Herbst 1887 erfuhr ich, daß eine Übertragung der Papiere nach Berlin mit Sicherheit zu erwarten sei. Diese Papiere, die so vielfachen Aufschluß geben konnten, zur Ergänzung der Lombardschen Papiere zu benutzen, war ein erklärlicher Wunsch, und schon darin lag der Antrieb, in der Bearbeitung dessen, was mir bereits vorlag, eifrig fortzufahren. Ein vorzügliches Interesse, als besondere Episode, boten Lombards Briefe an seine Frau aus dem Feldzuge in der Champagne 1792, auf welchem er Friedrich Wilhelm II. als Sekretär begleitete. Ich übersetzte sie in der Absicht, sie einmal besonders herauszugeben. Zugleich erweiterte sich der Plan meiner Arbeit dahin, ein Lebensbild des Mannes, der durch seine Aufzeichnungen, wenn nicht meine Zustimmung, doch meine Teilnahme mehr und mehr gewonnen hatte, zu entwerfen und die Zeitverhältnisse, durch welche seine Tätigkeit bedingt wurde, zu schildern. Zur Ausführung dieses Planes waren aber genauere Nachforschungen auf Berliner Archiven und bei den Nachkommen verwandter und beteiligter Personen unerläßlich, und da zugleich die Übertragung der Lucchesinischen Papiere als nahe bevorstehend gemeldet wurde, so begab ich mich am 3. April 1882 nach Berlin. Das Archiv war nunmehr in ein besonderes Gebäude verlegt und der Leitung Sybels unterstellt. Welch ein Vorteil, wenn man den jetzigen Arbeitsraum mit dem Käfig im Schloßgebäude verglich! Auch von seiten der Archivbeamten, insbesondere Bailleus, und des Geheimrats Gollmert, der mit dem Hofmarschall Lucchesini noch bekannt und mit ihm in San Pancrazio gewesen war, wurde mir jede wünschenswerte Unterstützung zuteil. Lombards Aufzeichnungen, die Entwürfe seiner Briefe für den König waren nicht vollständig. Den Bericht über die Zusammenkunft mit Napoleon in Brüssel 1803 hätte man ausführlicher gewünscht. Immerhin bot das Archiv manches wertvolle; über die Familie und die Jugendjahre Lombards gaben die Kirchenbücher der französischen reformierten Gemeinde Aufschluß; persönliche Erinnerungen waren noch lebendig bei einer ihm verwandten, nunmehr 80 jährigen Dame, der Geheimrätin Heffter. Endlich erhielt ich auch von Ranke noch einzelne Aufklärungen; auch ohne diesen Vorteil würde mein Besuch bei ihm mir unvergeßlich bleiben. Seit dem Jahre 1877, also seit 5 Jahren, hatte ich ihn nicht gesehen, aber infolge seiner Beziehungen zu Reumont häufig von ihm reden hören. Der Wunsch, etwas genaues über Reumont zu erfahren, war vielleicht ein Hauptgrund, der mir, sobald ich ihm meine Ankunft in Berlin angezeigt hatte, gleich für den folgenden Nachmittag, den 10. April, eine Einladung eintrug, obgleich er nur selten noch Besuche annahm. Gleich an der Treppe sagte mir der Bediente, daß ich erwartet würde, und ich brauchte nur wenige Augenblicke in dem Empfangszimmer zu verweilen, bis er hereintrat. Ich fand ihn merklich verändert: ein uralter Mann, ganz zusammengeschrumpft. Die Gestalt verschwand beinahe in dem dunkelsamtnen Schlafrock, Haare und

Bart weiß und lang gewachsen, aber im Blick das alte Feuer und seine Rede so belebt, flüssig, ausdrucksvoll wie jemals. Er hatte nicht lange vorher eine damals noch sehr seltene Auszeichnung, die Würde des Wirklichen Geheimen Rats mit dem Exzellenztitel erhalten. Auf meinen Glückwunsch erwiderte er, sein bestes Glück sei, daß er arbeiten könne und daß seine Freunde ihm wohl wollten. Sehr eingehend erkundigte er sich dann nach Reumonts Befinden, sprach mit vollem Verständnis von seinen Arbeiten und mit großer Wärme von seinem Charakter. Von selbst richtete sich das Gespräch auf den Zweck meiner Reise. Durch die Memoiren Hardenbergs war Ranke mit den Persönlichkeiten, die auch mich jetzt beschäftigten, auf das genaueste bekannt geworden. Den Minister Haugwitz hatte er 1830 in Italien auf seiner Villa in der Nähe von Padua noch besucht. Über Lombard gab er ein billiges Urteil ab und verwies mich dabei auf das Zeugnis eines Zeitgenossen, des Geheimen Rats Le Cocq, der immer ärgerlich geworden sei, wenn man den sittlichen Charakter Lombards angegriffen habe. Er sprach dann von seinen eigenen Arbeiten, besonders von dem großen Werk über Hardenberg. Als es beendigt war, hatte er daran gedacht, eine deutsche Geschichte zu schreiben, aber die Entwicklung und der Untergang des Kaisertums boten zu wenig Reiz. Er wandte sich zur allgemeinen Geschichte; „eben", sagte er, „bin ich mit meinem Freunde Tacitus beschäftigt; er macht mir große Sorge, denn ich muß ihm widersprechen. Seinem Urteil über Tiberius kann ich nicht zustimmen." Länger als eine Stunde durfte ich bei ihm verweilen; leider zum letztenmal.

Von dem Grafen Schlieffen hatte ich unterdessen die Nachricht erhalten, daß die Lucchesinischen Papiere in den nächsten Tagen auf dem Archiv eintreffen würden, und am folgenden Sonntag, den 12. April, sah ich in dem Arbeitszimmer des Geheimrats Gollmert die lange Reihe der Kartons vor mir stehen. Schon ein kurzer Einblick in einige Bände ließ erkennen, daß eine neue Quelle ersten Ranges vorliege. Leider nahte der Zeitpunkt meiner Abreise heran, und man kann sich die Gefühle eines Geschichtsforschers vorstellen, der von solchen Schätzen sich losreißen soll. Zum Glück gestattete mir das Entgegenkommen der Archivverwaltung, daß ich an den beiden folgenden Tagen, dem 17. und 18. April, auch außer den gewöhnlichen Arbeitsstunden vom frühen Morgen bis zum Abend mit dem Inhalt der Kartons mich bekannt machen durfte. So gelangte ich wenigstens zu einer Übersicht des Inhalts und zu einer Vorstellung dessen, was sich ihnen entnehmen ließe. Wenn auch nicht alles, was ich suchte, hatte mir doch die Reise nach Berlin eine Fülle neuer Kenntnisse eingetragen und daneben wieviel neue, bedeutsame Eindrücke in den Galerien, wie manche Anregung bei den alten Freunden! In einer neuen, aber durchaus erfreulichen und ehrenvollen Stellung fand ich meinen Vetter Max v. Forckenbeck. Seit September 1878 war er in das Amt des Oberbürgermeisters von Berlin berufen, und von seinem Herrschersitz im Berliner Rathause verwaltete er ein Reich, das manches deutsche Fürstentum an Einkünften, Einwohnerzahl und Bedeutung weit überragte.

Was er von seinen Beziehungen zum Kaiser, zu Bismarck, zu den politischen Parteien und der Bevölkerung Berlins mitteilte, zeugte von dem Scharfblick, dem Takt, dem festen und würdevollen Benehmen, das man in seinem parlamentarischen Leben und besonders in der Leitung des Reichstages an ihm bewundert hatte. Auch der Geheime Archivrat Duncker bezeigte mir jetzt mehr Freundlichkeit als ich erwartete, sei es, weil meine letzten Bücher mich in seinem Urteil gehoben, sei es, weil die Beziehungen zu seinem Nachfolger sich verändert hatten. Hassels Stellung am Archiv war leider beinahe unhaltbar geworden. Durch manche Vorgänge gereizt, stand er beinahe im Begriff, sich mit einer Denkschrift gegen seinen Chef an die Öffentlichkeit zu wenden. Auf das dringendste riet ich ihm ab und glaube, dadurch den mir früher gewährten Beistand einigermaßen vergolten zu haben. Bei einem öffentlichen Streit würde die übergroße Mehrzahl seiner Kollegen sich gegen ihn erklärt und der fragliche Einfluß des Kronprinzen ihn nicht hinreichend geschützt haben. Schwerlich hätte sich ihm nicht lange nachher die ehrenvolle und lohnende Stellung an der Spitze der sächsischen Archive geöffnet. Hassel zeigte mir eine merkwürdige Aufzeichnung seines hohen Gönners: Biographien der sämtlichen Hohenzollerischen Regenten, in kurzen Worten, einer Art von Lapidarstil charakterisiert. Sie sollten zu Inschriften in dem beabsichtigten Campo Santo benutzt werden. Das Manuskript wurde zuerst Ranke zur Prüfung vorgelegt, der kein eigentliches Urteil abgab, sondern sich mit der Wendung entschuldigte, er preise Preußen glücklich, daß der Kronprinz sich mit solchen Arbeiten beschäftige. Duncker und besonders Hassel hatten dagegen an den Biographien manches auszusetzen, hielten sie für den Campo Santo nicht geeignet und machten den Vorschlag, sie für das Hohenzollernmuseum zu verwenden, wozu sie denn auch, so weit ich nach flüchtiger Durchsicht urteilen konnte, weit besser sich eigneten.

Nie habe ich die Vorzüge unseres rheinischen Klimas mehr als bei der Heimkehr empfunden. In Berlin trug noch alles einen rauhen, beinahe winterlichen Charakter, nur die Anfänge der Vegetation wagten sich hervor. Aber am Morgen des 19. April bei den Gärten von Brühl trat mir die volle Pracht des Frühlings entgegen. Zu einem Frühlingsfest wurde denn auch die Verheiratung des Professors Ludwig Pastor mit der einzigen Tochter meines Onkels Leopold Kaufmann. Zu der Hochzeit und der Vorfeier mußte ich, wie man damals nicht selten von mir forderte, außer den Trinksprüchen noch ein Festspiel beisteuern, das unter der geschickten Leitung meiner Frau seinen Eindruck nicht verfehlte. Ohne Unterbrechung wurden dann die Arbeiten über

Lombard fortgesetzt, nur daß die Briefe über den Feldzug in der Champagne mich zu einem Vergleich mit Goethes Campagne in Frankreich leiteten. Ein Aufsatz, für das Goethe-Jahrbuch bestimmt, wurde sogleich in den Grundzügen entworfen. Und da mir in diesem Jahre als Dekan die Abfassung eines akademischen Programms zur Feier des 3. August zufiel, so lag es nahe, für diesen Zweck den Lombardschen Nachlaß und das, was ich in Berlin gesammelt hatte, zu benutzen. So entstand das Programm: „Zwei neue Quellen zur Regierung Friedrich Wilhelms III. Lombard und Lucchesini". Es hat manche, die es lasen, angezogen und hätte auch in weiteren Kreisen Interesse erregen können, litten nicht solche akademische Schriften — die meinige war jedoch in deutscher Sprache verfaßt — unter dem Fluch, nicht gelesen zu werden. Nach angestrengten Arbeiten bot das geliebte Badenweiler für einige Wochen einen Ruhepunkt. Leider war das Wetter wenig günstig. Ein Ausflug nach Colmar und dem berühmten Aussichtspunkt der drei Ähren nahm infolge andauernden Regens ein rasches Ende, und als wir uns im September zur Heimkehr anschickten, verlangte meine Frau, daß ich vorerst dem so oft bewährten Jungbrunnen Italien noch einige Züge entnehmen solle. Eine rasche Fahrt führte mich an den Comer See. Manzonis „Promessi Sposi" waren meine Reisegefährten, und den Spuren des liebenswürdigen Paares folgte ich weiter nach Lecco, auf die Hochburg von Bergamo, nach Biaska und Mailand. Neue Eindrücke gewährten dann die unvergleichliche Fassade der Certosa, die Universität und die Kirchen von Pavia, so daß ich einen reichlichen Ertrag über die Alpen heimbrachte. Noch immer stand Lombard auf der Tagesordnung, die Biographie wurde fortgeführt und mehr und mehr mit einer Geschichte der Zeitereignisse verbunden. Die Briefe aus der Champagne, welche Richard Fleischer für die „Deutsche Revue" übernommen hatte, erhielten einen Kommentar und erschienen im Februar- und Märzheft 1883. Beinahe gleichzeitig brachte auch das Goethe-Jahrbuch den Aufsatz über die Campagne in Frankreich. Recht erfreulich war es, daß dabei die Treue und Glaubwürdigkeit der Goethe-Aufzeichnungen sich bewährte, und es konnte als Vorteil erscheinen, daß noch gerade zur rechten Zeit ein deutscher Historiker die kritische Sonde angelegt hatte, denn schon im nächsten Jahre erschien der große, vortrefflich gearbeitete Kommentar von Arthur Chuquet. Ich konnte dem Verfasser auf einige Fragen Auskunft geben. So entspann sich ein freundlicher, bald freundschaftlicher Verkehr, auf den ich seit mehr als 20 Jahren in herzlicher Freude zurückblicke. Auch das war ein Vorteil, daß von dem alten Freunde Bernays mir wieder ein Zeichen der Erinnerung zukam. Indem aber die Biographie Lombards ihren Fortgang nahm, mußte ich doch bemerken, wie manches mir noch fehlte. So entschloß ich mich, im April noch einmal nach Berlin zu gehen, um von den Lucchesinischen Papieren genauere Kenntnis zu erhalten. Da ich erfahren hatte, daß der Kronprinz, als er den Nachlaß Friedrich Wilhelms III. und seines Nachfolgers ordnete, Papiere über Lombard und das Kabinett gefunden habe und aufbewahre, beschloß ich, ihn um Beistand anzugehen. Dabei mag freilich der Wunsch mitgewirkt haben, dem edlen Fürsten, dem seit vielen Jahren Geist und Herz verehrungsvoll sich zuwandten, an welchen unwillkürlich unzählige meiner Gedanken schweigend sich gerichtet hatten, einmal persönlich mich zu nähern. Am 12. April war ich in Berlin auf dem Archiv; dem Kronprinzen hatte ich das Programm über Lombard und Lucchesini zugeschickt und um Erlaubnis gebeten, ihm die drei Bände der diplomatischen Verhandlungen überreichen zu dürfen. Schon am 14. April wurde ich zur Audienz beschieden. Als die Uhr 1 schlug, trat der Kronprinz in den Empfangssaal in einfacher Generalsuniform mit dem wohlwollenden, klugen Ausdruck, der allen, die sich ihm nähern durften, das Herz bewegte. „Ich schiele nach dem Tisch", sagte er nach der ersten Begrüßung, „Sie haben mir etwas hingelegt. Ich saß eben über Lombard; Sie schütteln wohl die Dinge aus dem Ärmel, ein, zwei, drei, vier Schriften. Mit Lombard habe ich mich auch beschäftigt. Wie sind Sie darauf gekommen?" Ich erwiderte, daß ich die hinterlassenen Papiere von seiner Schwiegertochter erhalten habe.

„Ich habe sie auch gekannt", sagte er, „und ihren Sohn Johannes in Bonn. Ist noch vieles vorhanden? auch über die Verhaftung? Es war eine Damenaffäre. Kennen Sie den Brief Lombards an den König, in welchem er sich beklagt, durch die Verhaftung sei er in seiner Ehre verletzt? Wenn Sie so weit kommen, wenden Sie sich an mich, ich werde sorgen, daß Sie ihn erhalten. Ich habe so manches über Lombard gefunden, weil ich zwei königliche Nachlasse zu ordnen hatte, den des Königs Friedrich Wilhelm IV. und den der Königin Elisabeth. Obgleich man es bei einer Dame nicht vermutet, fand sich gerade darin sehr vieles und verschiedenartiges". Er fragte dann nach meinem Buch über den Rastatter Kongreß, das ich ihm mitgebracht hatte, wie weit ich gehe, welche Quellen ich benutzt habe und wunderte sich, daß auch die Archive in Wien sich geöffnet hätten. Er sei durchaus dafür, daß nichts zurückgehalten würde und alles historisch merkwürdige an die Öffentlichkeit gelange. „Ich beschäftige mich auch gern mit historischen Schriften", sagte er, „aber es kommt mir zuviel dazwischen: Stadtbahn, Museum, Schulen, täglich etwas anderes. So habe ich auch, obgleich mit Widerstreben, aber wie der Berliner sagt: „Wenn schon, denn schon", für die Statuen der Brandenburgischen Fürsten im Hohenzollernmuseum Inschriften zusammenzustellen, in denen eine preußische Geschichte in den wichtigsten Ereignissen enthalten sein soll. Es ist aber schwer, den Lapidarstil anzuwenden, ich bin noch immer nicht fertig. Für Friedrich den Großen wollte ich anfangs nur den Namen, oder noch einen kurzen Zusatz, „den die Mitwelt und Nachwelt den Großen nannte". Aber Historiker, insbesondere Ranke, der mein Berater ist, waren anderer Meinung, weil die historische Folge der Ereignisse nicht unterbrochen werden dürfe". — Er kam dann auf Lombard zurück, zeigte sich erfreut, daß der Nachlaß so manches enthielte, worauf ich auf den weit wichtigeren Lucchesinischen Nachlaß hinwies. Ich mußte ihm sagen, wie ich ihn zuerst kennen gelernt, und wie er in das Staatsarchiv gekommen sei. Er meinte, der politische Nachlaß aller bedeutenden Männer müsse nach ihrem Tode in das Archiv kommen; die Familien möchten ihre Bedingungen stellen. Jetzt würde man das Mitnehmen solcher Papiere gar nicht gestatten, aber zu Anfang des Jahrhunderts sei der Standpunkt ein anderer gewesen. — Als er dann meinen Aufsatz über die Campagne in Frankreich im Goethe-Jahrbuch erwähnte, hob ich die Vorteile hervor, welche das Tagebuch seines Großvaters, des damaligen Kronprinzen für die Interpretation böte. „Ach", erwiderte er, „das aus dem Militär-Wochenblatt? Wir waren Knaben, als es erschien; es wurde damals von uns verschlungen".

Professor Prutz aus Königsberg wurde, nachdem eine Viertelstunde vergangen war, gemeldet. Der Kronprinz fuhr aber fort zu reden. Um einen Hauptzweck nicht zu verfehlen, nahm ich mir die Freiheit, zu erinnern, daß ich ihm von dem Jubiläum Reumonts geschrieben habe. „Ach, der ist ja unermüdlich", erwiderte er, „er war 1856 mein Führer in Rom, seitdem habe ich ihn nicht mehr gesehen. Zuletzt las ich in der „Allgemeinen Zeitung" den Aufsatz über den Herzog von Caetani. Den kannte ich auch; er war einer der geistreichsten Menschen; erblindet, aber noch immer voll Witz, man kam nicht aus dem Lachen, wenn er anfing, zu erzählen". — Noch einmal erwähnte er Lombard und mein Buch, nahm es vom Tisch und reichte mir die Hand zum Abschied. Gerade 20 Minuten war ich bei ihm gewesen. Von den Dingen, über die wir sprachen, wußte er mehr als die meisten Gelehrten. Gerne hätte ich noch zwei Stunden so weiter mit ihm geredet; an Stoff hätte es nicht gefehlt. Das Gespräch hatte einen rein sachlichen Charakter, ohne daß irgend eine persönliche Beziehung nur berührt wurde. Er war sehr freundlich, in gewisser Weise sogar vertraulich, hielt sich aber ganz in seiner Stellung. Witze zu machen, wie man ihm so oft vorwirft, zeigte er nicht die geringste Neigung. Durchaus machte er den Eindruck eines tüchtigen, wohlwollenden, verständigen Mannes. Als ich die schöne Treppe wieder hinabstieg, hatte ich das Gefühl, daß man für Deutschland keinen besseren Regenten wünschen könne.

Die Unterredung mit dem Kronprinzen war das bedeutendste Ereignis meines Berliner Aufenthaltes, aber wie wertvoll war es daneben, Tag für Tag mit Bailleu zu verkehren, der das, was ich selbst in den Urkunden gefunden hatte, nicht selten durch seine Sachkenntnis zu ergänzen wußte! Der Wert des Lucchesinischen Nachlasses hatte sich immer glänzender erwiesen. Die bedeutenden Persönlichkeiten der Zeit waren beinahe sämtlich darin vertreten.

Er enthielt sogar Stücke, von deren Existenz man Kenntnis hatte, die man aber gleichwohl vermißte. Es fehlte z. B. auf dem Archiv in dem Nachlaß des Jägermeisters v. Stein das Konvolut Nr. 24. Unter den Lucchesinischen Papieren fand sich ein Paket mit dieser Aufschrift. Bailleu erkannte es sogleich als das fehlende. Es enthielt den Briefwechsel Lucchesinis mit Stein. Auch von dem späteren Minister Stein, der 1792 zu Sendungen verwandt wurde, fanden sich Briefe.

Die Tagung des Reichstags gab Gelegenheit, manche der parlamentarischen Bekannten wieder zu treffen. Meinen Bruder Alfred und meinen Onkel Leopold Kaufmann fand ich unter den Abgeordneten des Zentrums, desgleichen Freiherrn v. Langwerth-Simmern, der mir seine Schriften zuzusenden pflegte und mich schon früher einmal in Bonn besucht hatte. Ich konnte seine Begeisterung für die welfische Herrschaft in Hannover und manche seiner politischen Ansichten nicht teilen. Aber stets habe ich die Treue bewundert, die ihn seinem alten Herrscherhause verbunden hielt, nicht weniger die mutige Festigkeit, mit der er für das, was ihm recht schien, eintrat. Gern suchte ich die alte Freundin Lina Duncker auf. Wieviel hatte sich seit unserer Reise im Engadin, seit 18 Jahren, geändert! Was war aus der glänzenden Geselligkeit des Hauses in der Potsdamer Straße geworden! Es war mir eine Beruhigung, eines Abends zugleich mit Wilhelm Scherer bei ihr eintreten zu können. Aber nach wenigen Jahren hat sie auch diesen treuen Freund verloren, und wie viele Enttäuschungen standen der vielgeprüften Frau noch bevor.

Mit dem, was ich in Berlin jetzt gesammelt hatte, konnte ich eine biographische Arbeit über Lombard zum Abschluß bringen, und es wäre wohl das Ratsamste gewesen, sich darauf zu beschränken und ohne Zögern die Ergebnisse meiner Nachforschungen zu veröffentlichen. Die üble Eigenheit meines Wesens, die ich schon erwähnte, trat hemmend entgegen. Sobald ich über die Persönlichkeit Lombards und die Streitfragen, die sich damit verknüpften, mir selber völlige Klarheit verschafft hatte, verloren sie für mich das treibende Interesse, und das Manuskript, das ihm gewidmet war, wanderte statt in die Druckerei in einen Winkel meines Schreibpultes. Nur ein Artikel in der „Allgemeinen Deuschen Biographie“ brachte wenigstens die Umrisse seines Lebensganges zustande. Dagegen wandte ich mich mit neuem Eifer, ja mit einer Art von Schuldbewußtsein, den so lange unterbrochenen Arbeiten über die Revolutionszeit wieder zu. Die Forschungen über die Neapolitanische Republik hatten zu einer eingehenden Darstellung geführt. Die Frage nach der Rechtsgültigkeit der Kapitulation zwischen Ruffo und den Republikanern vom 19. Juni 1799 hatte für mich vorzüglichen Reiz, wie mir denn immer die Verbindung juristischer und geschichtlicher Beziehungen besonders anziehend gewesen ist. Ich gedachte die Abhandlungen selbständig in dem Raumerschen Taschenbuche erscheinen zu lassen. Dazu war eine Überarbeitung erforderlich, und nach zwei Monaten angestrengter Tätigkeit erkannte ich nur zu sehr, wie manche Lücke nur durch den Beistand italienischer Fachgenossen ausgefüllt werden konnte. Augusto Franchetti brachte mich zuerst mit dem kenntnisreichen Professor Turiello in Neapel in Verbindung; dann auch mit dem Marchese Benedetto Maresca, den man bezüglich der Neapolitanischen Republik wohl als zur Zunft der Wissenden gehörig bezeichnen konnte; dieser vortreffliche Mann erfreute mich schon damals und in der Folgezeit, so oft sich Gelegenheit bot, durch wertvolle Mitteilungen mit einer Bereitwilligkeit, für die ich nicht warm genug danken kann. Im Juli sandte ich das Manuskript an den damaligen Herausgeber des Taschenbuches, Wilhelm Maurenbrecher, aber neue Mitteilungen aus Italien erforderten wieder eine Umarbeitung. Um zum Abschluß zu kommen, mußte ich den ganzen August in Bonn verweilen.

Zwei Ereignisse habe ich aus dem Laufe des Sommers noch zu erwähnen. Am 1. Juli wurde ich von der fürstlichen Familie nach Neuwied eingeladen, wo damals die Königin von Rumänien verweilte. Der König hatte mir seit den Vorlesungen im Sommer 1863 von Zeit zu Zeit und noch zuletzt, als er die königliche Würde annahm, Zeichen seines Wohlwollens gegeben, das mir jetzt auch in Neuwied zugute kam. Mit dem Hofmarschall Freiherrn v. Uslar fuhr ich den Berg hinauf, an Seegenhaus, der schönen Besitzung der Fürstin-Mutter vorüber nach Schloß Monrepos, dem Sommeraufenthalt der fürstlichen Familie. Die Gesellschaft war bereits versammelt; die Mahlzeit wurde in dem herrlichen Buchenwald eingenommen, der weithin über den Kamm des Gebirges sich erstreckt. Den Ehrenplatz bei Tisch hatte die alte Fürstin; ihr zur Seite, mir gerade gegenüber, saß die Königin, so daß ich von ihrer Erscheinung, ihrer Art zu reden und sich zu benehmen, den vollen Eindruck erhielt. Auch auf den, der nichts von ihrer Krone wußte, mußte sie den angenehmsten Eindruck machen. Mit großer Liebe sprach sie von den Rumäniern, ihrer Empfänglichkeit, ihrer poetischen Begabung. Ihrer Mutter bezeigte sie eine große Verehrung; sie wollte eine Novelle schreiben mit dem Titel: „Ce que dit ma mère". Nach Tisch trat ein Herr, der zur Rechten der Königin gesessen hatte, auf mich zu. Es war Herr Tachard, ein Elsässer, damals französischer Deputierter, der jetzt wegen seiner Bemühungen für die Neutralität des Elsaß öfters in den Zeitungen genannt wurde. Er fragte, ob ich mit Herrn Hüffer in Rom verwandt sei und gab dann, als ich das bejahte, eine enthusiastische Schilderung meines Bruders. Seit 35 Jahren gehöre er zu seinen genauen Freunden, er habe ihn schon in der Jugend in Paris und in Italien und in den letzten Jahren in Rom gesehen; die verschiedenen Parteien fänden einen Mittelpunkt in seinem schönen gastlichen Hause. Auch von unserer Familie wußte er manches; eben, sagte er, habe er der Königin von unserer Familienzeitung erzählt. Da dies alles mit ziemlich lauter Stimme vorgetragen wurde, machte es eine Art von Aufsehen. Die Königin trat hinzu, erkundigte sich nach manchen Einzelheiten, besonders nach der Familienzeitung. Die Anwesenheit des Herrn v. Roggenbach gab Gelegenheit zu einem eingehenden Gespräch über die Universität Straßburg; auch der Rastatter Gesandtenmord wurde erwähnt. Roggenbach hatte noch Personen gekannt, die mit dem Obersten der Szekler, Barbaczy, und anderen Beteiligten verkehrt hatten. Der Fürst führte uns dann in ein Nebenhaus, in welchem er sich ein Atelier eingerichtet hatte. Ein Bild der Königin, lebensgroß, in rumänischer Tracht, war wenig gelungen, recht hübsch dagegen ein Kopf in Rubensscher Manier. Am Nachmittag war eine Anzahl Kinder aus der Stadt eingeladen; Haydns Kindersymphonie wurde aufgeführt; Frau v. Uslar am Flügel dirigierte. Dann begab sich die verwitwete Fürstin mit der Königin, Herrn v. Roggenbach und anderen Gästen nach Seegenhaus; ich sollte mit dem Fürsten und der Fürstin einen Spaziergang durch den Park machen und dann mit Herrn v. Uslar nachkommen. Es war gegen 6½ Uhr, als wir Monrepos verließen. Der Hofmarschall hatte mir schon, als wir hinauffuhren, anvertraut, daß am 5. Juli zur Feier des Geburtstages der regierenden Fürstin ein von der Königin verfaßtes Festspiel aufgeführt werden sollte; ein schwedischer Hofkapellmeister, seit längerer Zeit in Seegenhaus anwesend, hatte die Musik dazu geschrieben. Dem Rhein brachten die Nebenflüsse Geschenke dar; als das liebste und beste erschienen die jüngsten Kinder der Fürstin; die Königin trat als Loreley auf, der Hofmarschall als Rhenus. In Seegenhaus sollte an diesem Abend noch eine Probe vorgenommen werden; es blieb aber kaum noch die Zeit dazu. Als wir eintraten, wurden wir von der verwitweten Fürstin in ein kleines Zimmer geführt; der Kapellmeister saß am Flügel; neben ihm, im Begriffe, ein Gesangstück vorzutragen, stand die Königin; sonst war niemand anwesend. Die rhapsodisch begleitende Musik des Kapellmeisters war ansprechend, ebenso die Melodie der von der Königin zu singenden Verse. Ihre Stimme war wohlklingend und zeugte von einer guten Schulung.

Leider drängte die Zeit, da ich den letzten Zug nach Bonn 8½ Uhr noch erreichen wollte; Herr v. Uslar begleitete mich im Wagen bis an die Station.

Aus Monrepos hatte ich die angenehmsten Erinnerungen mitgebracht. Alles zeugte von einem lebhaften Interesse für Kunst und Literatur und einem angeregten geistigen Verkehr. Um so trauriger war eine Nachricht, die mir einige Tage später zukam. Am 3. Mai hatte Reumont den Tag gefeiert, an welchem er vor 50 Jahren in Erlangen den philosophischen Doktorgrad erhalten hatte. Ich hatte ihm eine Adresse des Historischen Vereins für den Niederrhein zu überbringen. Wer den Jubilar an diesem Tage sah, wie er treffend und geistesfrisch den zahlreichen Deputationen aus der Nähe und Ferne seinen Dank aussprach, konnte dem 74-jährigen noch glückliche Jahre verheißen. Aber wie bitter wurde diese Hoffnung getäuscht! Trotz der vorgerückten heißen Jahreszeit hatte Reumont noch eine Reise nach Biarritz unternommen. Auf der Heimkehr in Paris, am 29. Juni, erlitt er einen Bluterguß in das rechte Auge. Mit den heftigsten Schmerzen traf er in Aachen wieder ein. Das rechte Auge war ganz unbrauchbar geworden, das linke seit langer Zeit geschwächt. In dieser Lage traf ich ihn, als ich ihm am 16. Juli, von der Generalversammlung des Historischen Vereins in Düren kommend, das Diplom eines Ehrenmitgliedes überreichte. Er trug sein Mißgeschick mit der zähen Ausdauer, die ihn in allen Prüfungen seines Lebens niemals verlassen hatte. Aber die Hoffnung auf Besserung war wenigstens noch nicht ganz geschwunden. Freilich, auf ein Dasein, auf Arbeiten und Erfolge wie in früherer Zeit durfte man nicht mehr rechnen, und nicht ohne schwere Sorgen sagte ich ihm Lebewohl.

Als Ziel meiner Ferienreise hatte ich die bayerischen Alpen in Aussicht genommen. Vorher dachte ich einer Einladung von Bernays in sein Haus nach München zu folgen. Aber die lange Zögerung, die der Aufsatz über Neapel verursacht hatte, ließ im September einen mehr südlichen Aufenthalt am Genfer See als vorteilhaft erscheinen. So lenkten wir, meine Frau und ich, unseren Weg zunächst in die Westschweiz, die ich seit der Wanderung im Herbst 1856 nicht betreten hatte. Der Kurort Magglingen über Biel bot einen erwünschten Aufenthalt und einen Mittelpunkt für lohnende Ausflüge. Besonders einer ist mir lebhaft in Erinnerung geblieben. Ich hatte mir vorgenommen, den höchsten Gipfel des Jura, den Chasseral, zu besteigen. Schon in der Frühe — ich war damals ein unermüdlicher Fußgänger — stieg ich an den See hinab; ein Weg von einigen Stunden führte mich an den Fuß des Berges, gegen Mittag gelangte ich durch hohen Wald, dann über Wiesen an das Wirtshaus auf dem Gipfel oder vielmehr auf dem Grat, denn nach Nordwesten, dem Immental zu, senkt sich schroff und steil eine Felswand hinab; es ist, als ob eine gewaltige unterirdische Kraft diesen Wiesengrund, nicht wagrecht, sondern auf der einen Seite mächtig emporgehoben hätte. Die Aussicht auf die Seen, die Berner Alpen, die Vogesen und bis in den Schwarzwald hinein war nicht ganz frei, aber das Sichtbare lohnend genug. Von dem plumpen Wirt war nicht einmal über den Abstieg in das Immental Auskunft zu erhalten. So geriet ich in das Geleit eines freundlichen, vierschrötigen Schweizers oder vielmehr in seine Hände, denn nach einer kurzen Strecke Weges riß er mich auf abschüssigen Fußwegen, durch Wiesen und Gestrüpp den mehr als 1000 Fuß hohen Abhang in vollem Lauf hinunter, mit einer Gewalt, die jeden Widerstand ausschloß. Erschöpft kam ich auf der ersten Abstufung des Berges an, und man hat später geglaubt, daß die gewaltsame Erschütterung auf das Augenleiden, von dem ich bald nachher befallen wurde, nicht ohne Einfluß geblieben sei. Von meinem Gewalthaber befreit, gelangte ich gegen 5 Uhr nach St. Imier, das volkreiche, betriebsame, stadtähnliche Dorf; ich konnte mich noch mehrere Stunden in der Umgebung umsehen und den Zug erwarten, der mich in später Abendstunde gegen 11 Uhr nach Biel zurückführte. Bei der großen Hitze mochte ich aber in der dumpfen Luft der Stadt nicht übernachten. Mit einem Führer, dessen Laterne die dunklen Waldpfade erleuchtete, stieg ich zum Kurort wieder hinauf, wo bis lange nach Mitternacht meine Frau, nicht ohne Sorgen, mich erwartet hatte.

Es war am 13. September. Wenige Tage später sah ich von dem Gipfel des Chamossaire über Aigle im Rhonetal auf den Genfer See hinab, und Ende September, als die Witterung schon kühler wurde, überblickten wir aus dem mir von alter Zeit so lieben Glion die Reize und Wunder der Natur, die man aus der „Neuen Heloise" kennt. Die Erinnerung an Rousseau hätte mich beinahe in ein gefährliches Abenteuer verwickelt. Ich wollte die Felsen von La Meillerie besuchen, wo so traurige Briefe geschrieben wurden. An einem herrlichen Morgen, dem 29. September, stieg ich nach Montreux hinab; ein Schiffer wollte mich verlocken, in einem Kahne quer über den See zu setzen, und es fehlte wenig, daß ich ihm gefolgt wäre. Ich entschloß mich doch, das Dampfschiff bis nach Vevey und Ouchy zu nehmen. Aber schon auf dem Wege verfinsterte sich der Himmel; der Wind kündete Regenschauer an, und kaum hatte das Schiff von Ouchy seine Fahrt quer über den See nach Evian angetreten, als der Sturm losbrach. Wellen spritzten über das Vorderteil des Schiffes, von einer derselben wurde ich völlig durchnäßt. Was hätte mich in dem Kahn des Schiffers erwartet? Vielleicht wäre es mir noch übler ergangen als St. Preux und seiner Geliebten auf der so herrlich beschriebenen stürmischen Fahrt. Als wir in Evian anlangten, hatte der Sturm nachgelassen, aber die Wellen spritzten noch immer weit über den mehrere Fuß hohen Quai. Auf dem schönen Wege an der Grande und Petite Rive vorbei, erinnerte der Wogenschlag noch immer an die Nähe des Meeres. Ganze Flotten von Fischerbarken liegen auf dieser Seite, die Netze sind weithin am Ufer ausgespannt, statt der Weinberge des nördlichen Ufers hat man beständig Alleen von Kastanien- und Nußbäumen zur Seite, die sich nicht selten zu Waldungen verdichten. Leider fing es bald an zu regnen; erst während ich nachmittags in La Meillerie in einer elenden Schenke Unterkunft suchte, klärte der Himmel sich wieder auf. Ich konnte zu der schön gelegenen Kirche hinaufsteigen, dann, freilich auf sehr beschwerlichen Wegen, über Felsen, die der Regen schlüpfrig gemacht hatte, bis zu der Klause Jean Jacques', von der man die von ihm so reizend beschriebene Aussicht auf Vevey und Clarens genießt.

Am 5. Oktober waren wir wieder in Bonn, 5 Tage später suchte ich Reumont in Aachen auf. Leider hatte seine Lage sich nicht verbessert, jede Hoffnung auf Heilung des rechten Auges war geschwunden. Noch sorgenvoller als im Juli reichte ich ihm beim Abschiede die Hand; ich hatte keine Ahnung, daß mein Los nur zu bald dem seinigen gleichen würde. Bei der Rückfahrt konnte ich noch im Eisenbahnwagen, beim Scheine der Laterne, einen Aufsatz über Lucchesini lesen, den ich von Reumont erhalten hatte. Aber 3 Tage später merkte ich beinahe zufällig, daß mein rechtes Auge, das ich bisher nur als kurzsichtig gekannt hatte, nicht mehr ausreichte, kleineren Druck zu lesen. Bald darauf trat auf dem linken Auge ein entzündlicher Zustand ein. Beunruhigt und verstimmt, ließ ich mich doch nicht hindern, am 22. Oktober eine Generalversammlung in Godesberg abzuhalten. Dabei darf ein kleines Vorkommnis wohl erwähnt werden. Seit einigen Jahren war häufig von der Burg Godesberg die Rede gewesen, dem letzten festen Platz, der für den Erzbischof Gebhard Truchseß auf dem linken Rheinufer sich gehalten hatte, bis die Mauern im Jahre 1583 durch Minen in die Luft gesprengt wurden. Am Morgen nach der Zerstörung sollte der Grundstein der Burg auf den Ruinen gefunden worden sein. Von älteren Schriftstellern und noch in dem kurfürstlichen Staatskalender von Vogel war sogar die Inschrift, welche die Gründung im Jahre 1210 bezeugte, mitgeteilt. Da aber alle Nachforschungen vergeblich blieben, hatte man endlich die Existenz des zweifelhaften Dokumentes ganz in Abrede gestellt. Im Herbst 1881, als wir die Fräulein v. Laßberg auf der Meersburg besuchten, wurde zufällig diese Frage berührt, und sogleich erklärte Fräulein Hildegard, in dem Museum des Freiherrn v. Mayerfels befinde sich ein mit einer Inschrift versehener Stein aus Godesberg. Es lag nahe, an den berufenen sogenannten Grundstein zu denken, und die Vermutung erwies sich bald als zutreffend: der Stein, nicht ein Grundstein, sondern eine Gedenktafel, war am Morgen nach dem Sturm auf den Trümmern gefunden und von dem Herzog Ernst von Bayern als Trophäe mit nach München genommen worden. Im Sommer 1799, nach dem Einzug der französischen Heere unter Moreau wurde das bayerische Kriegsmuseum seines Inhalts beraubt und zerstreut. So mag auch der Stein in die Irre gekommen sein, um endlich den Weg auf die Meersburg zu finden. Als nach dem Tode des Herrn v. Mayerfels seine Sammlung versteigert wurde, konnte ich den Stein zu einem mäßigen Preise kurzerhand erwerben, und gerade als ich aus Aachen am 10. Oktober zurückkehrte, hatte ich ihn abends in meiner Wohnung gefunden. Sorgfältig in Papier gewickelt nahm ich die merkwürdige, in ihrer Art einzige Urkunde zur Generalversammlung mit nach Godesberg. Zuerst hielt der Vizepräsident des Vereins einen längern und lehrreichen Vortrag über den Bau und die Schicksale der Burg. Als er geendet hatte, nahm ich das Wort, um über einen kleinen, aber interessanten Teil der Gebäude Auskunft zu geben. Ich sprach von dem Stein, von den wechselnden Nachrichten über ihn, von den Zweifeln an seiner Existenz, um so die Neugier meiner Zuhörer auf einen möglichst hohen Grad zu spannen. Plötzlich, als mir dies gelungen war, zog ich den Stein aus seiner Hülle hervor, der dann, bei der Rückkehr in seine alte Heimat, dem freundlichsten Empfang begegnete. Die Godesberger Versammlung gab für eine lange Zeit den letzten Anlaß der mich in eine größere Gesellschaft führte. Das Augenleiden steigerte sich eine helle künstliche Beleuchtung und alle abendlichen Ausgänge mußte ich vermeiden. Erst mit dem Anfang des nächsten Jahres trat eine Besserung ein, und nach einer langen Untersuchung am Morgen des 30. Januar erklärte der Arzt mich für geheilt, erlaubte sogar, am Abend bei Lampenlicht wieder zu arbeiten. Aber kaum hatte ich zu Hause einige Minuten geruht, als ich, die Augen öffnend, vor dem linken Auge schwarze Erscheinungen bemerkte, besonders eine, in Form eines Insekts, flog so deutlich hin und her, daß ich mit den Händen darnach zu greifen suchte. Am nächsten Morgen stellte sich heraus, daß im Glaskörper des linken Auges ein Blutgefäß gesprungen war; in günstigstem Falle konnte erst in einigen Monaten das Blut wieder aufgesogen werden. So war die Lage übler als jemals; jeder Gebrauch des Auges zum Lesen oder Schreiben untersagt; nur mit Mühe konnte ich die Vorlesungen zu Ende führen. Am 9. Januar veranstaltete der Bonner Frauenverein eine Vorstellung lebender Bilder. Ich war aufgefordert worden, einen Prolog und für jedes einzelne Bild einleitende Verse zu schreiben. Der Prolog wurde von meiner Frau, die Verse von Wilhelm Busch, jetzt Professor in Tübingen, dem Sohn unseres verewigten trefflichen Chirurgen gesprochen; aber ich selbst konnte nicht anwesend sein; erst am späten Abend erfuhr ich von den Heimkehrenden, daß Verse und Vortrag guten Eindruck gemacht hätten.

Meine Gesundheit hatte durch die lange Reihe trüber Erlebnisse einen Stoß erlitten. Ein Aufenthalt in Lugano verbesserte nichts, und im Mai war ich gezwungen, meine kaum begonnenen Vorlesungen wieder aufzugeben. Eine höchst erwünschte Auskunft war es da, daß Hermann Schaaffhausen, der treue, stets bewährte Freund, uns seinen Landsitz bei Honnef zum Aufenthalt anbot. Der herrliche Frühling kam uns bis Mitte Juni dort zugute. Was ich mir solange gewünscht hatte, den Genuß des Landlebens, wurde mir zuteil. Der öftere Verkehr mit dem Freunde und seinen liebenswürdigen Töchtern war eine Herzenserquickung, und die Kraft allheilender Natur erwies sich auch an mir nicht ganz vergeblich. Dagegen mußte ich erfahren, daß der graue Star auf dem rechten Auge bereits großen Fortschritt gemacht habe und voraussichtlich auch auf das linke sich erstrecken werde. Welchen Ersatz bot dafür ein Titel, der mir um diese Zeit verliehen wurde!

Mitte Juli nahmen wir wie im vorigen Jahre, nur freilich in nicht so gehobener Stimmung, unseren Weg in die Schweiz zuerst wieder nach Magglingen, Anfang August auf den Gurnigel, den zwischen Bern und dem Thuner See gelegenen vielbesuchten Kurort. Endlose herrliche Waldungen zogen sich von dem Badehaus auf den Gipfel des Berges, wo die weiteste Aussicht im Westen auf die Kette des Jura, im Osten auf den Thuner See und die umgebenden Gebirge sich eröffnete. Wer hätte für die Reize einer solchen Natur unempfänglich bleiben können? Aber niederdrückend wirkte stets der Gedanke, wie wenig bereits seit einem Jahre meine Arbeiten gefördert waren. Der Winter war in Unruhe und Sorgen vergangen. In Lugano und Honnef fehlte es an Büchern und einem Vorleser. In die Schweiz konnte ich mir als Gesellschafter und Reisezehrung nur die Briefe Heines an Detmold mitnehmen, dazu kamen Briefschaften Annettens v. Droste, die mir im Frühling 1883 von der Meersburg zugeschickt waren.

Dagegen entdeckte ich auf dem Gurnigel eine neue Geschichtsquelle, und zwar eine lebendige, frisch und kräftig sprudelnde.

Es war am 14. August, wir saßen an einer der großen Tafeln, die eben der Wirt, Herr Nationalrat Jacob * * * — König Jacob pflegte ich ihn zu nennen — mit prüfenden Blicken umwandelte, als mir ein Kellner die Mitteilung machte, der Reichsgerichtspräsident Simson sei angekommen, habe sich nach mir erkundigt und hoffe, mich nach Tisch zu sehen. Welche Freude, dem verehrten Manne nach 13 Jahren wieder zu begegnen! Mit dem ersten Augenblick stellte sich die alte Herzlichkeit wieder ein, auch meine Frau wurde freundlich begrüßt, und zum ersten Male konnte ich mit Mitgliedern seiner Familie mich bekannt machen. Simson hatte seit einigen Jahren seine zärtlich geliebte Frau verloren, aber er war das Haupt einer ausgebreiteten Familie. Die beiden unverheirateten Töchter Margarete und Elise waren mit ihm gekommen, zugleich zwei Schwiegersöhne, Amtsgerichtsrat Zacharias und Justizrat Wolff mit ihren Frauen. Der Freiburger Professor Bernhard Simson mit seiner Frau, einer Tochter des bekannten Predigers Jonas, wurden erwartet. Die 13 Jahre waren an Simson nicht vorübergegangen, ohne eine Spur zu lassen. Er war stark geworden; als er sich einmal wiegen ließ, ergab sich ein Gewicht von 109 kg. Aber er war noch immer beweglich genug, so daß er auch vor längeren Wanderungen über Berg und Tal nicht zurückscheute. Ganz unverändert waren seine geistige Frische und die Liebenswürdigkeit seines Wesens, die alles, was in seine Nähe kam, für ihn gewannen. In den Morgenstunden erledigte er die amtlichen Geschäfte des Reichsgerichts. Der übrige Teil des Tages war dem Umgang mit den Seinigen und der Erholung gewidmet. Vielleicht niemals bin ich jemandem begegnet, der so interessant und zugleich so anmutig zu erzählen wußte, und welche Fülle merkwürdiger Erlebnisse konnte er aus einer so reichen Vergangenheit mitteilen! Oftmals habe ich ihm ans Herz gelegt, er möge doch Erinnerungen für die Nachwelt niederschreiben. Aber darauf wollte er nicht eingehen. Er habe, sagte er, bei keinem der großen Ereignisse entscheidend mitgewirkt und würde zu viele Menschen verletzen, wenn er das Erlebte oder Beobachtete der Wahrheit getreu erzähle. Um so mehr freue ich mich, das, was ich von ihm hörte, großenteils noch am selben Tage aufgezeichnet zu haben. Es würde hier zu viele Seiten füllen, wird aber, wie ich hoffe, nicht verloren gehen.

Kein Tag verstrich in den nächsten Wochen, an dem wir nicht mehrere Stunden miteinander verlebten, teils auf der langen Terrasse vor dem Kurgebäude, teils auf ausgedehnten Spaziergängen. Immer wurde der Weg durch eine lebhafte Unterhaltung verkürzt. Meistens waren es Erinnerungen aus Simsons politischem Leben, aber auch aus seiner Jugendzeit, seine Beziehungen zu Goethe, Heine, Humboldt, was zur Anknüpfung der Unterhaltung diente. Der Präsident der Goethegesellschaft bewährte sich durch öftere Anführungen seines Lieblingsdichters. Als Gegengabe dieser reichen Mitteilungen konnte allenfalls der Gesang meiner Frau in Betracht kommen. Simson war begeisterter Freund der Musik, in Leipzig eifriges Mitglied der Bachgesellschaft. Mehrmals sah ich bei dem Gesang meiner Frau Tränen in seinen Augen, vor dem Scheiden schenkte er ihr eine Photographie, auf deren Rückseite er die Goetheschen Verse verzeichnet hatte:

Dort, wo alles wohlgelang,
Unter die Entzückten
Riß Dein herrschender Gesang
Mich, den Hochbeglückten.

Gurnigel, August 1884. Dr. Eduard Simson.

Der Verkehr mit Simson und den beiden Töchtern — die Anwesenheit der übrigen Verwandten beschränkte sich auf einige Tage — bildet in meiner Erinnerung doch die eigentliche Signatur und den Hauptreiz des Aufenthaltes, obgleich es auch sonst an interessanten Anknüpfungspunkten nicht fehlte. Nur einer sei erwähnt. Ein Herr Hodson Pratt überbrachte mir eine Empfehlungskarte des Herrn Tachard; er kam gerade von einem Kongreß der Friedensfreunde in Bern, und der Umstand, daß dieser Kongreß sich beinahe zu einem Kriege aller gegen alle entwickelt hatte, vermochte seinen Eifer nicht abzukühlen.

Für einen ewigen Frieden zu wirken, wäre ich jederzeit bereit gewesen. Da aber die nächsten Absichten des Herrn Pratt, gleich denen des Herrn Tachard, sich darauf richteten, daß Elsaß-Lothringen für neutral erklärt werde, so konnte ich ihm nicht verhehlen, daß mir dieses Projekt unter allen, die hervorgetreten seien, als das am wenigsten vorteilhafte erscheine.

Am 31. August in der Frühe brach Simson mit den Töchtern und dem Professor und seiner liebenswürdigen Frau nach Thun auf; meine Frau und ich schlugen wenig später den Weg über Bern nach Badenweiler ein, das mir beinahe zur Heimat geworden war. Den September über war das Wetter herrlich; ganze Tage konnte man wandernd oder ruhend im Freien zubringen. Erst jetzt fühlte ich mich wieder frisch und gestärkt. Auch das linke Auge zeigte sich zum Dienste williger; mit neuen Hoffnungen konnte ich in das Leben blicken. So wurde auch der Aufsatz über Heine und Detmold druckfertig an Rodenberg geschickt und die Arbeit über Annette v. Droste eifrig gefördert. Am 14. September erhielt ich aus Meersburg in einer großen Mappe den literarischen Nachlaß der Dichterin, so weit er mir nicht schon zugekommen war, darin die Manuskripte beinahe ihrer sämtlichen Werke. Für eine Biographie das wertvollste Material, das man sich wünschen konnte. Und wie eine solche Anregung lebhaft in den Ideenkreis der Dichterin versetzte, so erweckte sie auch den Wunsch, die Orte, an denen Annette die schönsten und die letzten Jahre verlebt hatte, noch einmal zu besuchen.

Eine achttägige Reise führte uns über St. Blasien auf die Meersburg und Schloß Heiligenberg und weiter an die schönsten Punkte des schwäbischen Meeres. Die angenehmsten Erinnerungen brachten wir zurück, aber noch immer war die Anziehungskraft Badenweilers so groß, daß wir den Aufenthalt bis gegen Mitte Oktober verlängerten.

Ich fühlte mich kräftig genug, um im Wintersemester und im darauffolgenden Sommer meine Vorlesungen über Kirchenrecht, Völkerrecht und Staatsrecht wieder aufzunehmen, aber die verminderte Brauchbarkeit meiner Augen ließ es bedenklich erscheinen, umfassende geschichtliche Arbeiten, die zudem archivalische Forschungen nötig machten, wieder aufzunehmen. So blieb ich zunächst bei den literarischen Arbeiten stehen. Vor allem war es Annette von Droste, die mich beschäftigte, und es muß mich Wunder nehmen, daß es meinen geschwächten Augen gelang, in den so schwer zu entziffernden Manuskripten der Dichterin mich heimisch zu machen. Daneben kamen die von Ernst Schiller stammenden Papiere nebst ihrem Kommentar in Betracht, die mich, wie erinnerlich, schon 10 Jahre früher beschäftigt hatten. Sie wurden jetzt zum Abdruck in der „Deutschen Revue" fertiggestellt[1]). Auch der Aufsatz über den letzten Kurfürsten Max Franz bedurfte, um in der Allgemeinen Deutschen Biographie erscheinen zu können, einer letzten Überarbeitung.

Für fünf herrliche Apriltage hatte mich ein Ausflug mit meiner Frau zuerst an die Germania auf dem Niederwald, weiter an das Lutherdenkmal in Worms und an die Dome von Worms und Speyer geführt. Recht deutlich trat mir dabei der Unterschied zwischen dem Denkmal auf dem Niederwald und dem Denkmal in Worms vor Augen. Die Germania, das Werk eines fleißigen, aber nicht hervorragend begabten Künstlers, geht nicht weit über das Schablonenhafte hinaus. Das Relief an der Vorderseite der Statue gleicht einer Parade, bei welcher zur Rechten und Linken des Kaisers die bedeutenden

[1]) Vgl. S. 287.

Personen ihrem Range gemäß auftreten. Sehr geschmacklos hat man die ganze erste Strophe der „Wacht am Rhein“ mit Donnerhall und Wogenprall in kleinen Buchstaben auf die Vorderseite in den Stein gemeißelt, während die beiden letzten Verse eine viel bessere Wirkung erzielt hätten. Das Luther-Denkmal zeigt sich dagegen als das Werk eines großen, eigenartigen Künstlers. Ich kenne kaum eine große monumentale Darstellung in Deutschland, die ihm gleichkäme. Die Zusammenwirkung der 12 großen Figuren ist vortrefflich und beinahe jede einzelne originell und für sich ein besonderes Kunstwerk; die Statue Luthers ist neben dem schönen Bilde von Lukas Cranach in der Kirche zu Weimar die einzige, welche mir zusagt. Vortrefflich ist der Gegensatz zwischen Philipp von Hessen und Friedrich dem Weisen, zwischen Huß und Savonarola; besonders Huß ist von einer ergreifenden Schönheit.

Die Ferienreise führte uns wieder in die Schweiz, jetzt an den Vierwaldstättersee, um am Nachmittage des 27. August auf Rigi-First mit Simson zusammenzutreffen. Er war wieder mit großem Komitat erschienen: zwei Töchter und zwei Söhne, der Professor und der Berliner Rechtsanwalt mit ihren Frauen begleiteten ihn. Seit dem vorigen Herbst hatte er vieles erlebt. Im März war er von einer schweren Krankheit, dann in Karlsbad, wo er Erholung suchte, von einem gefährlichen Unfall betroffen worden. Als er mit drei Töchtern auf dem engen Wege am Flusse, wo eigentlich kein Wagen fahren sollte, spazieren ging, kam ihm ein großer Zweispänner entgegen. Simson versuchte, nach der Seite des Flusses auszuweichen, Vorder- und Hinterrad gehen an ihm vorüber, aber eine hintere Ausbiegung des Wagens stößt ihn gegen die Brust, so daß er dreimal sich überschlagend den Abhang hinunterrollt. Bäuerinnen, die dort beschäftigt waren, hoben ihn auf; und, ohne die Fassung verloren zu haben, bemerkte er sogleich, daß er völlig unverletzt geblieben sei; nur bei seiner Tochter Elise hatte der Schrecken längere Nachwirkungen.

Unser Gespräch wandte sich diesmal meistens literarischen Interessen zu. Simson war am 20. Juni 1885 zum Präsidenten der neugegründeten Goethe-Gesellschaft gewählt worden. Er sprach von dem, was die Gesellschaft, die erste Versammlung und die Hauptbeteiligten anging, mit dem treffenden Urteil, das ihn nie verließ. Am 26. August konnten wir der Freude Ausdruck geben, daß wir an Goethes Geburtstag den Präsidenten der Goethegesellschaft unter uns sähen. Tags darauf brachte ich mehrere Stunden an seinem Bette zu, das er infolge der Anschwellung einer Fußader nicht verlassen durfte. Er erzählte von einer zweistündigen Unterredung mit dem Kronprinzen in Berlin. Gedrückter Stimmung hatte der Prinz über seine Stellung sich geäußert, seine Zeit sei vorbei, das Große, das er ersehnt habe, schon geschehen, so daß ihm nichts zu tun mehr übrig bliebe. Leider war unser Zusammensein von kurzer Dauer; nur die beiden Söhne traf ich 5 Tage später in Amsteg wieder, als sie aus dem Maderanertal zurückkehrten, in das ich hinaufsteigen wollte. Der übrige Teil der Reise war der Gotthardstraße, dem Urserental, der Furka und dem Gipfel des Gotthard gewidmet. Auf dem Rückwege erhielt Badenweiler den gewohnten Besuch, und mit frischer Kraft langte ich am 2. Oktober in Bonn wieder an. Ich hatte mich jetzt so innig in das Geistesleben Annettens v. Droste vertieft, so eingehend mit ihren Manuskripten beschäftigt, so umfangreiche Vorarbeiten für die Biographie getroffen, daß ich zu einem Abschluß kommen mußte. So wurde der Rest des Jahres und auch der kommende Frühling für die Biographie verwendet. Eine Reise nach Münster um die Mitte des April wurde wesentlich deshalb unternommen, um über Annette noch einige Einzelheiten ins Klare zu stellen. Meistens verkehrte ich in diesen Tagen mit Schückings ältestem Sohne, meinem Freunde Lothar und der letzten Gesellschafterin Schlüters, Fräulein Dehne. Sie sprach die Absicht aus, mir die nachgelassenen Papiere Schlüters, insbesondere was von Annette stammte, zu vermachen. Leider geschah es nicht. Nach ihrem Tode am 6. Februar 1887 wurden die Papiere in unverantwortlicher Weise verschleudert und niemals war es möglich, sie vollständig wieder zu vereinigen. Daß die beiden Fräulein v. Laßberg im April und Mai einige Zeit in Bonn verlebten, gab Gelegenheit, manches neue in Erfahrung zu bringen, sowie die Darstellung nach Ton und Farbe wahrer und lebendiger zu gestalten. Anfangs Mai konnte ich ihnen die letzten Hefte des Manuskriptes vorlegen. Schon vorher war ein Aufsatz über die Beziehungen Annettens zu Levin Schücking erschienen mit dem Nachweis, daß kein anderer auf ihre dichterische Entwicklung einen so bedeutenden Einfluß ausgeübt habe. Der Aufsatz sollte einen Nachruf für den mir so werten Landsmann bilden, der am 31. August 1883 aus dem Leben geschieden war. Das Erscheinen der Werke Annettens in der Ausgabe von Kreiten[1]) machte es nötig, dazu Stellung zu nehmen. Der Vergleich mit den in meinem Gewahrsam befindlichen Manuskripten der Dichterin ließ eine beträchtliche Zahl von Fehlern und Mißverständnissen hervortreten. Noch immer bleibt aber diese Ausgabe die einzige, welche wenigstens annähernd einen Anspruch auf Vollständigkeit erheben kann. Im Juli wurde das Manuskript zur Ansicht an Perthes geschickt. Einige kleinere Arbeiten dürfen unerwähnt bleiben.

Für die Ferienreise gab wieder die Schweiz und der Wunsch nach einem längeren Zusammensein mit Simson die Richtung. Wir hatten eine Begegnung in den Waldhäusern bei Flims verabredet, und nachdem ich so oft die westliche und die mittlere Schweiz besucht hatte, war es erwünscht, jetzt auch ein Stück des Ostens kennen zu lernen. Am 17. August kamen wir über den Züricher und längs des Wallenstädter Sees nach Chur und am folgenden Tage das obere

---

[1]) Münster 1884—87, 4 Bd.; 2. verbesserte Aufl. 1900.

Rheintal hinauf zu den Waldhäusern, wo wir Simson wieder im Kreise der Seinigen trafen. Er war weit frischer und beweglicher als im vorigen Jahr auf dem Rigi. In angenehmster Weise verlebten wir 12 Tage miteinander. Gewöhnlich führte uns schon der Morgen oder ein nachmittäglicher Spaziergang und regelmäßig der Abend mehrere Stunden zusammen. Wieder wie vor zwei Jahren auf dem Gurnigel erfreute ihn der Gesang meiner Frau; es traf sich gut, daß der Musikdirektor Volksland aus Basel mit uns bekannt wurde und seine Kunst teils als Begleiter, teils selbständig uns zugute kommen ließ. Simsons liebenswürdige Art sich mitzuteilen war dieselbe geblieben. Lebhaft erinnere ich mich besonders eines Tages, an dem wir gleich nach dem Frühstück auf der Terrasse mit der Aussicht auf den Flimser Stein auf- und abwandelten. In ununterbrochener Folge erzählte er, wie er an der Spitze der Gesandtschaft des Norddeutschen Reichstags dem Könige die Glückwünsche zur bevorstehenden Annahme der Kaiserwürde überbracht hatte. Ich glaube nicht, daß ein so eingehender Bericht jemals darüber gedruckt wurde. *Ich lasse die Aufzeichnung des Hüfferschen Tagebuches über die Erzählung Simsons hier wörtlich folgen:* Am 3. Dezember erhielt Simson von Delbrück, damals Präsident des Reichskanzleramts, ein Billet mit der Nachricht, eben sei die Mitteilung gekommen, daß der König von Bayern dem Könige die Kaiserwürde anbiete mit dem Bemerken, Simson sei der erste, der davon Mitteilung erhalte, damit sich das Goethesche Wort erfülle: was man in der Jugend wünscht usw. Es war etwa 8 Uhr abends. Um 11 Uhr erhielt Simson schon die Nachricht von Delbrück: aus Versailles sei telegraphiert, daß der Kaiser die Würde annehme und eine Deputation des Reichstags in Versailles empfangen würde. Offenbar war alles vorher vorbereitet. Die Deputation langte an einem Mittwoch in Versailles an, in 24 Extrapostwagen. Zum Empfang fand Keudell sich ein, bedauerte, daß Bismarck krank sei, er sehe keinen Ausweg, Simson zu sprechen. Simson bemerkte dagegen, er freue sich, einmal einen Ausweg angeben zu können, wo Bismarck keinen wisse, er werde Keudell sogleich zu Bismarck begleiten. Es war gegen 9½ Uhr abends, Simson glaubte nach etwa einer Stunde wieder abzukommen, aber die Unterredung dauerte bis nachts 2½ Uhr. Bismarck, stark erkältet, trank unaufhörlich ganze Flaschen Eau de Vichy, von welchem aber Simson seinen Hunger nicht sättigen konnte. Die ganze Situation wurde besprochen, insbesondere eine Differenz Bismarcks und des Kronprinzen, der die Zugeständnisse an Bayern und die Südstaaten durchaus mißbilligt hatte, weil er sie für zu weitgehend hielt und er nötigenfalls einen gewaltsamen Druck auszuüben geneigt war. Erst um 2½ Uhr fand Simson seinen halberstarrten Kanonier noch auf dem Wagen und suchte ihn für das lange Warten zu entschädigen. Bismarck hatte geäußert, möglicherweise würde die Deputation 2—3 Wochen in Versailles verbleiben müssen, über den Empfang sei noch gar nichts festgesetzt. Am Donnerstag und Freitag blieb Simson in steter Erwartung ohne irgendeine Nachricht. Erst am Samstag 8 Uhr morgens wurde er zu einer Audienz beim Kronprinzen eingeladen, der ihm mitteilte, daß der König am Sonntag die Deputation empfangen werde. Er suchte den Kronprinzen in der kleinen, von ihm bewohnten Villa auf, fand ihn wie gewöhnlich, stehend, mit dem Rücken gegen den Kamin gewendet, auf welchem eine Uhr stand, deren Zeiger allmählich über 9 Uhr sich hinaus bewegten. Die Lage wurde eingehend besprochen. Als das Gespräch sich dem Schluß näherte, dachte der Kronprinz, wie es seine Art ist, noch einmal schweigend über das Gesagte nach und sagte dann: „Ich will Ihnen nur sagen, daß auch Gegensätze hervorgetreten sind." Simson erwiderte: „Ich weiß davon, Königl. Hoheit, und nach der Maxime meines Vaters, welcher stets die Lehre gab, ehrlich währt am längsten, will ich gleich hinzufügen, daß ich der Meinung Ihres Gegners bin." „So," sagte der Kronprinz, „ja dann müssen wir uns setzen." Beide setzten sich und das Gespräch dauerte noch mehrere Stunden, da der Kronprinz ausführlich die Gründe seines Widerspruchs, welchen er übrigens aufgeben mußte, auseinandersetzte. Tags darauf war der sehr feierliche Empfang der Deputation im Schlosse, von welchem Simson mir früher erzählte.

Kurz darauf erfuhr Simson auch die Gründe, welche den Empfang zu verzögern drohten. Nachdem schon beschlossen war, eine Deputation des Reichstags nach Versailles kommen zu lassen, hatte besonders sich in der militärischen Umgebung des Königs ein Widerstand geregt; man hatte an die Deputation des Frankfurter Parlaments an Friedrich Wilhelm IV. erinnert; es war die Äußerung gefallen: „Was wollen die Kerle denn hier?" Von solchen Ansichten ausgehend, war beschlossen, dem Empfang der Deputation jeden offiziellen Charakter zu nehmen, allein der König in Begleitung seines persönlichen Adjutanten, des Grafen Lehndorff, sollte die Deputation empfangen. Noch am Mittwoch abend, als Simson mit Bismarck verhandelte, gab dieser unbestimmte Antworten, weil noch nichts entschieden war. Simson überreichte Bismarck die Anrede an den König, die er auf der Hinreise in Epernay verfaßt hatte. Er bemerkte, daß auf dem Tische Bismarcks ein Abdruck der Antwort Friedrich Wilhelms IV. an die Frankfurter Deputation lag. Gewiß wollte man jeden Anklang an diese Rede vermeiden. Jetzt trat aber der Rückschlag ein, man mußte finden, daß doch der Kronprinz an der Seite seines Vaters nicht fehlen dürfe, daß man auch die anwesenden deutschen Fürstlichkeiten nicht ausschließen könne, daß auch die Generale eine passende Umgebung bildeten, und daß dann auch Bismarcks Anwesenheit unerläßlich sei. So war der Empfang von der feierlichsten Art und von dem ganzen Prinzip des nicht offiziellen Empfanges blieb nur übrig, daß die Antwort, welche der

Kaiser verlesen wollte, ihm nicht von Bismarck, sondern vom Grafen Lehndorff überreicht wurde. Der Kaiser war so erregt, daß er zuerst vor Tränen die Buchstaben nicht erkennen und dann vor Schluchzen die Worte nicht aussprechen konnte. Später sah Simson aus dem Buche von Moritz Busch, daß die Worte „was wollen die Kerle hier" von Abeken an Bismarcks Tafel geäußert waren. Vor der großen Tafel nach dem Empfange überreichte der König selbst Simson den Stern zum roten Adler, aber in einem schon verbrauchten Kästchen, und es stellte sich heraus, daß man in Ermangelung eines anderen das Exemplar des Ordens genommen hatte, welches der König selbst einmal Abeken überreicht hatte. Der König sagte das später auch Simson, so daß dieser sich nicht weigern konnte, das ihm überreichte Exemplar dem ersten Eigentümer zurückzugeben. Am Dienstag war die Deputation beim Kronprinzen in dessen kleiner Villa zu Mittag geladen. Simson saß zur Rechten, Bismarck zur Linken des Kronprinzen. Der Kronprinz sagte Simson mit Bezug auf Bismarck: „Sie wissen, wir haben uns gestritten, aber ich habe ihn eingeladen, und Sie sehen, er ist gekommen."

Abends wurde Simson noch von Bismarck zu einem Spaziergang in den Gärten von Trianon aufgefordert; während sie gingen, fiel in der Nähe ein Schuß. Bismarck blieb stehen und griff tief in die Tasche des vom Kaiser von Rußland ihm geschenkten, prächtigen Pelzrockes, offenbar um einen Revolver herauszuziehen. Bald stellte sich aber heraus, daß keine Gefahr vorhanden war. Auf der Rückreise nahm man wieder Quartier in Epernay. Der reiche Champagner-Fabrikant entschuldigte sich, daß er nur, da ihm alles aufgezehrt sei, ein mageres Mahl anbieten könne. Der Frankfurter Rothschild sagte ärgerlich zu Simson, bei Tische auf die Suppe zeigend: „Das nenne ich doch keine potage." Genauere Nachrichten über die verschiedenen Strömungen in Versailles erhielt Simson aus dem Tagebuche des Kronprinzen, welcher ihm die auf jene Zeit bezüglichen Blätter mitteilen ließ. —

Am Nachmittage des 27. August trafen wir nach einer Verabredung in Salums zusammen, Simson mit seiner Familie auf einem kürzeren, meine Frau und ich auf einem Umwege. An hölzernen Tischen im Freien wurde Platz genommen, der schönste Blick in das Rheintal eröffnete sich mit südlichen Farben unter dem reinsten Himmel, in der erquickendsten Luft. Erfreulich war es auch, wie der jetzt 75jährige seine Körperfülle bergauf, bergab weiter als 1½ Stunden in die Waldhäuser zurücktrug. Von einer Abnahme der Kräfte war nichts zu bemerken. Nur seine Reden wurden zuweilen ernst. Mit tiefer Rührung sprach er stets von dem Verlust seiner Gattin, zuweilen auch von der Absicht, seine Stelle an der Spitze des Reichsgerichts aufzugeben, und ich meine, noch herzlicher als in früheren Jahren drückte er mir die Hand, als er am 29. August Abschied nahm.

Tags vorher war ein anderer Kurgast abgereist, mit dem ich in diesen Tagen gern verkehrt hatte. Ich erwähnte einen jungen Italiener Genala, der im Herbst 1874 im Circolo philologico in Florenz eine Berliner Bekanntschaft erneuerte und mir in der Gesellschaft eine so freundliche Aufnahme verschaffte. Er war seitdem Minister der öffentlichen Arbeiten geworden und suchte jetzt wegen seines Augenleidens mit seinem Sekretär die frische Luft der Schweizer Berge auf. Es war eine Freude, mit ihm von den Florentiner Freunden und italienischen Zuständen zu reden. Auch auf ihn übte die Persönlichkeit Simsons ihren Reiz aus. Mit dem Erfolg seines Aufenthaltes war er zufrieden. Leider erfuhr ich schon wenige Jahre später, daß er in noch rüstigem Alter gestorben sei. Einen der letzten Tage meiner Anwesenheit benutzte ich, um nach Ilanz in das Rheintal hinabzusteigen und von da flußaufwärts in die Gegend des Dorfes Panix zu wandern, das ich später so oft nennen mußte, als ich den verhängnisvollen Zug Suworows von Glarus über den Bündner Berg in das Rheintal beschrieb. Drei Tage später traten wir auf einem Umwege die Rückreise an. Ein großer Genuß war es, von Thusis aus die Via mala bis zu einem der bedeutendsten Punkte zu durchwandern. Ich weiß nicht, ob der Anblick ungeheurer Felsmassen irgendwo anders so gewaltig auf mich gewirkt hat. Tags darauf, lange vor Sonnenaufgang, wurden wir von einem Führer mit der Laterne von Parpan auf das Stätzer Horn begleitet, um aus einer Höhe von 2600 m einen beträchtlichen Teil des Rheintales und weite Landstriche vor Augen zu haben, die sich von Flims aus nur unvollständig überblicken ließen. Schon lange war es mein Wunsch gewesen, Karl Hilty, den Berner Professor, den Juristen, Historiker und geistvollen Schriftsteller persönlich kennen zu lernen, nachdem wir in den letzten Jahren zahlreiche Briefe gewechselt hatten. Er bewohnte während der Ferien das Schloß Werdenberg, die alte Feste, die schon in den Kriegen des Mittelalters und noch in der Revolutionszeit soviel genannt wurde. Ein früher Eisenbahnzug brachte uns von Ragaz nach Buchs und eine Wanderung von einer halben Stunde auf das Schloß. Der Burgherr und seine Gemahlin, eine Bonnerin, Tochter des Professors Gärtner, bereiteten uns den freundlichsten Empfang. Wenn Unzählige in den Schriften des edlen, feinsinnigen Mannes ein Labsal gefunden haben, so war es wohl ein besonderer Vorzug, ihn hier in seiner Häuslichkeit mit seinem einfachen, liebenswürdigen Wesen walten zu sehen. Das Schloß, oder vielmehr die Burg, war noch wohl erhalten. Eine Reihe von Zimmern hatte man ohne Prunk, aber durchaus wohnlich für die jetzigen Besitzer hergerichtet; der bei weitem größere Teil bildete ein Gewirre von Gängen, Treppen und Bauten, die zur Verteidigung dienten. Es mußte Wunder nehmen, daß in dem Kriege von 1799, wo gerade hier die Heere so oft aufeinander stießen, das Gebäude der Zerstörung entgangen war. Als wir im Halbdunkel eine

Treppe hinabgestiegen waren, öffnete Hilty eine Türe — was hatten wir vor Augen? In dem weiten, hohen Raume, nahe der Decke, einen Kranz von mehreren hundert Totenschädeln, in Reihen übereinander aufgestellt; es waren die Schädel von Soldaten, die im Schlosse und seiner Umgebung gestorben oder gefallen waren. Der Tag, durch anregende Gespräche und Spaziergänge in die überaus anmutige Umgebung abgekürzt, war nur zu rasch vergangen. Wir mußten uns nach Norden wenden. Aber Fahrten auf dem Bodensee, ein Besuch in Meersburg und ein zehntägiger Aufenthalt in Badenweiler standen uns noch bevor. Welch' angenehme Überraschung, als gleich beim ersten Spaziergang unerwartet zwischen den Hecken des Schloßberges Frau Rodenberg mit ihrer Tochter, bald auch der Ehemann zum Vorschein kamen; auf gemeinsamen Spaziergängen wurden gemeinsame Pläne besprochen, und von Badenweiler schickte ich jetzt dem Verleger die Vorrede zu einem Buche, das in seinen Anfängen auf Rodenberg zurückführte. Es war die Biographie Annettens v. Droste. Perthes in Gotha hatte den Verlag übernommen.

Nach der Rückkehr mußten in Bonn sogleich alte Fäden wieder aufgenommen werden. Im Sommer hatte der Professor Louis Ducros ein Buch unter dem Titel: „Henri Heine et son temps" erscheinen lassen, und Chuquet hatte mich um eine Anzeige in der „Revue critique" gebeten. Das Buch war nicht ohne Verdienst, aber voll von irrigen Angaben mit starken Ausfällen gegen Deutschland, deutsche Kultur, hin und wieder auch gegen mich gewürzt. Ich hatte mich, ich denke, weder hart noch ungerecht geäußert. Herr Ducros veröffentlichte in der „Revue critique" eine gereizte Gegenerklärung, die, wenn auch dem Inhalte nach sehr schwach, doch für mich gefährlich wurde, weil sie den Ton des beleidigten Nationalgefühls anschlug. Gaston Paris und Gabriel Monod standen, wie ich hörte, auf seiner Seite, und Chuquet, obwohl er mir zustimmte, war dadurch behindert. Ein sonderbares Zwischenspiel bot der Brief eines étudiant de Paris, der, ohne sich zu nennen, in harten Ausdrücken über Ducros sich ausließ und ihm insbesondere Plagiate an der Übersetzung Heinescher Gedichte von Gérard de Nerval zum Vorwurf machte. Ich empfand aber keine Neigung, den Streit besonders in einem französischen Blatte noch zu verbittern, und habe deshalb von der Mitteilung niemals Gebrauch gemacht. Ich begnügte mich, in einem Briefe an Monod die Irrtümer Ducros' und die Berechtigung meiner Ausführungen nachzuweisen. Diese Erwiderung, von Chuquet übersetzt, erschien dann in der Revue vom 14. Februar 1887 und beendete den Streit.

Die Biographie Annettens war inzwischen im Druck rasch gefördert. Aber welch schreckliche Überraschung, als ich die ersten fertigen Exemplare erhielt! Gegen Ende des Jahres hatte ich mit einem Teile des Manuskripts das reizende Jugendbildnis der Dichterin in einer trefflichen Nachbildung von der Künstlerhand des Fräulein Agnes Sprickmann nach Gotha geschickt; es sollte gleich neben dem Titel den Leser für Annette gewinnen. Statt dessen starrte mich ein Bild an, eigentlich für das letzte Kapitel bestimmt, die Nachbildung einer Photographie, auf welcher die Dichterin in ihrem 46. Jahre, ähnlich, aber keineswegs anziehend, beim ersten Blick beinahe abstoßend sich darstellte. Rasche Nachforschung führte zu dem Ergebnis, daß die vermißte Zeichnung bei der Ankunft in Gotha nicht bemerkt und unter die Makulatur geraten war. Das Porträt durch eine neue Nachbildung des Originals zu ersetzen, war nicht mehr möglich; so mußte das Buch in der ersten Ausgabe, statt den erwünschten Schmuck zu erhalten, mit einem Mangel, der gleich in die Augen fiel, in die Welt gehen. Mit der Aufnahme durfte ich gleichwohl zufrieden sein. Mehr als fünfzig Rezensionen liegen vor mir, darunter sehr eingehende und manche von Personen, deren Urteil ins Gewicht fiel. Als patriotischer Schweizer fühlte sich Hilty durch die Ausfälle Annettens gegen die Thurgauer Kutscher verstimmt, aber seine Anzeige im „Bund" war voll Anerkennung und feinem Verständnis. Am meisten erfreute die Zustimmung der beiden Nichten; hätten nur auch die beiden Freunde Annettens, Schlüter und Schücking, sich noch äußern können!

Wenn die Beschäftigung mit dem Leben einer so eigenartigen Dichterin nur Freude und Befriedigung gewährte, so war dagegen eine andere Arbeit, obgleich aus innerstem Drang hervorgehend, nur zu sehr von schmerzlichen Gefühlen begleitet. Ich erwähnte, daß ich Reumont im Oktober 1883 in Aachen aufsuchte. Er sah noch mutig in die Zukunft, obgleich die Hoffnung auf Heilung oder Besserung sich bereits sehr vermindert hatte. Bald verschwand sie ganz. Die Schmerzen wurden allmählich unleidlich; am 30. Mai des folgenden Jahres mußte der Augapfel herausgenommen werden. Aber selten hat sich das Überwiegen geistiger Kraft über Schmerz und Drangsale so glänzend bewährt als bei dem 74 jährigen, zart gebauten, von manchen Leiden heimgesuchten Manne. An demselben Tag, an dem die Operation vorgenommen wurde, diktierte er die Vorrede zu seinem Werke: „Aus Friedrich Wilhelms IV. gesunden und kranken Tagen". Auch in den beiden folgenden Jahren blieben Arbeitslust und Arbeitsfähigkeit ungemindert. Seine Briefe, einzig mit Hilfe des geschwächten linken Auges in den zierlichen, aber festen Schriftzügen zu Papier gebracht, bezeugen unter steten Klagen über körperliche Gebrechlichkeit ein immer neues Interesse für Wissenschaft, Kunst und die Entwicklung der politischen und kirchlichen Verhältnisse. Recht ungünstig lauteten die Nachrichten, die ich Frühling 1885 erhielt, aber als ich ihn im Oktober aufsuchte, fand ich ihn kräftiger als ich erwartete. Noch ein Jahr später schickte er den trefflich gelungenen Nekrolog seines Freundes Leopold v. Ranke, eine Schrift, die in keiner Weise darauf schließen läßt, daß der Verfasser die erste Hälfte der 70er Jahre bereits überschritten hatte. Aber auch seine Tage waren nunmehr gezählt. Seit der Weihnachtszeit fesselten ihn eine Reihe schlagartiger Anfälle an das Krankenlager und am 27. April 1887 schloß er für immer die Augen. In seinem Testamente hat er mir einige wertvolle Bücher und seinen literarischen Nachlaß vermacht, insofern er nicht seiner Familie, dem preußischen Geheimen Staatsarchiv, dem königlichen Hausarchiv und der Bonner Universitätsbibliothek zufallen sollte. In 11 großen Mappen und Kartons enthielt er einzelne Briefe und Berichte, Vorarbeiten und Nachträge zu seinen Schriften, auch drei umfangreiche Manuskripte: „Italien zur Zeit Dantes", „Italien während der französischen Herrschaft" und „Jugenderinnerungen". Die Veröffentlichung der beiden ersten Werke ließ sich nicht bewerkstelligen. Auch dem Druck der „Jugenderinnerungen" traten Hindernisse entgegen. Erst jetzt, an demselben Tage, an welchem diese Zeilen zu Papier gebracht werden, konnte auch die Aufzeichnung Reumonts über seine 21 ersten Lebensjahre auf den Büchermarkt gelangen. Ich erweiterte sie zu einem Lebensbilde, das auch über die wichtigsten Beziehungen Reumonts zu seinem Amtsgenossen, dem späteren Staatssekretär Hermann v. Thile, seinem bedeutendsten literarischen Freunde, Leopold v. Ranke, und zum Kaiserhause, insbesondere zur Königin Elisabeth und Kaiser Wilhelm, genauere Auskunft gibt. Dafür konnte denn eine Schrift benutzt werden, durch welche ich gleich nach dem Hinscheiden des verehrten Mannes eine Freundespflicht zu erfüllen suchte.

Einen treueren Freund wie Reumont habe ich im Leben selten gefunden, und ich darf glauben, daß in den letzten 20 Jahren wenige ihm so nahestanden wie ich. Deutlich empfand ich die Pflicht, ihm einen Nachruf zu widmen. In den letzten Tagen des Mai begann ich die Arbeit, und erst, als ich das Manuskript in die „Münchener Allgemeine Zeitung" geschickt hatte, trat ich am 17. August die Ferienreise an.

Nicht mit leichtem Herzen! Nur zu oft hatte ich, wenn von dem Augenleiden Reumonts zu reden war, an das eigene denken müssen. Während der Jahre 1885 und bis in den Herbst 1886 hatte sich der Zustand meines linken Auges nicht erheblich verändert, aber bald nach der Rückkehr aus der Schweiz trat eine merkliche Verminderung der Sehkraft ein. Das Drückende eines solchen Zustandes liegt nicht zum wenigsten in seiner Ungewißheit. Bis der Star zu einer Operation reif geworden sei, konnten nicht zu berechnende Jahre vergehen. Es gab freilich Mittel, eine künstliche Reife herbeizuführen, aber die Urteile der Ärzte über ihre Anwendung standen in vollem Gegensatze. So vergingen Winter, Frühling und Sommer 1887 in beständiger Ungewißheit und Unruhe. Gewiß war nur, daß das Leiden sich mehr und mehr verschlimmerte, obgleich ich mich erinnerte, noch im Sommer einmal drei Akte aus Goethes „Natürlicher Tochter" im Zusammenhang gelesen zu haben. Der Ferienaufenthalt, erst in Badenweiler, dann auf dem Bürgenstock und dann wieder in Badenweiler war denn auch wenig erfreulich. In angenehmer Erinnerung bleibt mir aber eine Begegnung mit Franz Xaver Kraus, der von Freiburg herüber gekommen war. Wie charakteristisch für den Gelehrten, den Theologen, den Diplomaten waren seine Gespräche! Mit dem Papst, dem Kaiser, dem Kronprinzen, dem Großherzog von Baden, den Bischofswahlen in Trier und Freiburg, mit seiner Freundin Lady Blennerhasset und dem Verfahren gegen die zweite Auflage seiner Kirchengeschichte habe ich nur zum Teil genannt, was zur Sprache kam. Am nächsten Tage auf der Heimreise erwiderten wir in Freiburg seinen Besuch. Wir fanden ihn in seinem stattlichen Hause mit Werken kirchlicher Kunst umgeben. Auch in die Hauskapelle traten wir und in das, was man beinahe das Allerheiligste des Hauses nennen konnte, in das Krankenzimmer seiner seit Jahren leidenden Schwester. Niemals sonst sah ich auf einem menschlichen Antlitz, in dem Blick eines irdischen Auges eine, ich möchte sagen, so himmlische Verklärung. Die Gestalt zeigte nur noch die Umrisse der Körperlichkeit und der leise Druck der Hand berührte wie ein leiser Hauch. Wenige Monate später ging sie ein in das Land, das, wie es schien, bereits vor ihrem Geiste lag.

Der wichtigste Gewinn der Reise war am 26. September in Wiesbaden eine Beratung mit Pagenstecher, dem berühmten, bei Operationen nicht übertroffenen Augenarzt. Nicht leicht wird man einem Menschen begegnen, der in solchem Maße Hoffnung und unbedingtes Vertrauen einflößt. Gleichwohl kam es noch nicht zu einer raschen Entscheidung. Pagenstecher erklärte zwar eine künstliche Reife des Stars für ungefährlich, wollte aber die Operation, die im ganzen etwa zwei Monate erforderte, lieber im Frühling als zu Beginn der rauheren Jahreszeit vornehmen.

Was blieb übrig als Geduld und der Versuch, den Winter nicht ungenutzt verstreichen zu lassen. Am liebsten wäre ich zur Geschichte der Revolutionszeit zurückgekehrt, aber dafür. besorgte ich, würden meine Augen und das gesamte Quellenmaterial nicht ausreichen. Leichter glaubte ich die Arbeit über Lombard bewältigen zu können, und am 22. Oktober wurde sie wieder aufgenommen. Aber bald empfand ich, daß ich nicht wie bisher mit einer bloß biographischen Darstellung mich begnügen dürfe. Um das Wesen und Wirken des Mannes zu begreifen, mußte man auch mit der Institution des Kabinetts, für welche sein Name vielleicht mehr als billig als Hauptträger genannt wird, mußte man mit ihrem Ursprunge, ihrer Entwicklung vertraut werden. Dann lenkte sich der Blick über die Katastrophe der Jahre 1806/07 hinweg zu der neuen Ordnung hinüber, welche Stein und Hardenberg ins Leben riefen. Mehr und mehr wurde ich durch die Arbeit angezogen. Rascher als die Verhältnisse erwarten ließen, schritt sie fort; über das Kabinett und die Entwicklung bis zum Kriege von 1806 erhielt ich neue wertvolle Dokumente aus Berlin; bei der Stein- und Hardenbergschen Gesetzgebung kam es mir besonders darauf an, den engen Zusammenhang und die Wechselwirkung zwischen den Institutionen und Persönlichkeiten deutlich zur Anschauung zu bringen. Die Bedeutung einer solchen Wechselwirkung hatte man eben jetzt, wenn nicht in der Reichsverfassung, doch in dem Gesetz über die Befugnisse des Reichskanzlers vor Augen.

So manches, was sonst geschah, mußte unwiderstehlich die Blicke auf unsere neueste staatliche Entwicklung lenken. Die große Rede Bismarcks vom 7. Februar für die Erneuerung des Septennats rief allerorten den lebhaftesten Beifall oder Widerspruch hervor. Ich stand durchaus auf Seiten der Regierung und war nahe daran, mich in den Zeitungen an dem Streite zu beteiligen. Dazwischen kamen dann, immer trauriger, immer trüber, immer besorgniserregender die Nachrichten über den Kronprinzen aus Italien und dann am 9. März von dem Ableben des Kaisers. Wie selten haben fürstliche Personen eine solche Veränderung der Stellung, eine solche Entwicklung zu den höchsten Stufen der Macht und des Ruhmes erlebt! Wie oft habe ich ihm heimlich Abbitte getan für die Meinung, die ich in der Jugend von ihm gehegt hatte! Vielleicht kein Mitglied des Königlichen Hauses war in meiner Vaterstadt bis 1848 und in diesem Jahre so wenig beliebt, so mißachtet, so ungerecht als Anhänger eines stumpfsinnigen, militärischen Mechanismus verschrieen. Und wie glänzend sind dann mit jedem Jahre mehr die seltenen Eigenschaften seines Charakters, seine beharrliche Tatkraft, seine liebenswürdige Bescheidenheit hervorgetreten! Es war wohl eine Freude, eine Genugtuung, daß der heldenmütige Kronprinz, auch er an bedeutenden Eigenschaften so reich, die Stelle, die ihm vorgezeichnet war, noch erreichte, daß er nicht, wie der englische schwarze Prinz, an der Schwelle des Thrones ins Grab sinken mußte. Aber die Hoffnungen, die man solange als möglich aufrecht zu erhalten suchte, waren bereits so sehr getrübt, versprachen nur so kurze Dauer, daß niemand mit unbesorgten Blicken in die Zukunft schauen konnte.

Mittlerweile hatte der Star weitere Fortschritte gemacht. Es mußte eine Entscheidung getroffen werden. Künstliche Reifung oder Warten? Darüber gingen die Urteile auseinander. Man hätte von Eisen oder von Holz sein müssen, um solchen Schwankungen gegenüber unempfindlich zu bleiben. Alles beraten und überlegen brachte es zunächst nur so weit, daß ich mich am Morgen des 3. April nach Wiesbaden auf den Weg machte, ich meinte, nur für einen Tag, um noch einmal die Ansicht Pagenstechers zu vernehmen. Im Gasthofe abgestiegen, dachten wir die Sprechstunde des nächsten Morgens zu benutzen. Als wir aber nachmittags auf der Taunusstraße an Pagenstechers Wohnung vorübergingen, sahen wir, ohne es zu erwarten, die Türe des Sprechzimmers geöffnet. Wir traten ein, und wenig später stand ich vor dem Manne, in dessen Hand mein Schicksal lag.

Niemals ist eine Konferenz für mich von größerer Bedeutung, von größerem Segen gewesen. Wie im vorigen Herbst empfand ich bei seinem ersten Anblick, bei den ersten Worten ein unbegrenztes Vertrauen, und als er in ruhiger Bestimmtheit äußerte, eine künstliche Reifung sei ratsam und möglichst rasch vorzunehmen, hörte jedes Schwanken auf. Ein Zimmer der Klinik wurde noch ausfindig gemacht, unsere spärlich gefüllte Reisetasche aus dem Gasthof dahingetragen. So erwarteten wir den kommenden Morgen. Was ich früher erwähnte, daß mich bei Prüfungen der schwersten Art, sobald der Entschluß gefaßt wurde, Ruhe und Besonnenheit nicht verlassen, bewährte sich jetzt. Als Pagenstecher am frühen Morgen die Runde durch seine Klinik machte, fand er uns zu seinem größten Erstaunen in beinahe heiterer Stimmung am Frühstückstisch; eine halbe Stunde später war die Operation der künstlichen Reifung am rechten Auge vollzogen. Sie besteht darin, daß die Linse bloßgelegt dem Druck eines metallenen Instrumentes ausgesetzt und der Leblosigkeit nahe gebracht wird, so daß sie dann, rascher als es sonst geschehen dürfte, aus dem Auge entfernt werden kann. Bald nachher lag ich mit verbundenen Augen, aber mit heiteren Gedanken im Bette — nach mehr als 4 Jahren endlich wieder ein Gefühl, man habe einen Schritt vorwärts getan. Der schwerste Teil der Operation, die Wegnahme der Linse, stand freilich noch bevor. Wieviele Zeit bis dahin vergehen würde, darüber äußerte der Arzt sich nicht bestimmt; nur andeutend war von etwa drei Wochen die Rede. Am 7. April durfte ich das Bett, am 12. das Haus für einige Zeit verlassen. Der nahe Neroberg mit seinen herrlichen Waldungen gab zu Wanderungen reichliche Gelegenheit. Auch die Lust zur Arbeit blieb nicht unbefriedigt. Ich hatte mir das Manuskript des Lombard aus Bonn kommen lassen. Auch der Besuch meiner Schwester Laura und lieber Freunde verkürzte mir die Zeit. Am Nachmittag des 24. erklärte Pagenstecher, der Star sei reif, morgen, gerade am Schluß der dritten Woche, solle die Wegnahme der Linse erfolgen. Auch diese verlief ohne sonderlichen Schmerz mit dem glücklichsten Erfolg, und als meine Frau nach peinlicher Erwartung aus dem Nebenzimmer zurückkehren durfte, gab man mir, wie bei der Voroperation, das Zeugnis, unmöglich könne ein Patient mehr Mut und Ruhe zeigen als ich. Die folgenden Wochen gehören zu den angenehmsten, deren ich mich erinnere. Was konnte erfreulicher sein, als drückender Sorgen enthoben, von Tag zu Tag die Zunahme der Sehkraft beobachten zu können! Der Mai wurde mir in der Tat zum Wonnemonat. Am 6. Mai war ich zum erstenmal im Garten Pagenstechers wieder im Freien. Alle Bäume und Gebüsche waren noch mit einem weißen Schein, wie mit Schnee überkleidet, aber bald wurde es einer der größten Genüsse, ein kräftiges Grün, überhaupt die Intensität der Farben, die mir während des letzten Winters mehr und mehr geschwunden war, wieder wahrnehmen zu können. Mit unbeschreiblichen Vergnügen konnte ich am 9. Mai auf den Teichen des Kurgartens die Bewegungen der Schwäne mit dem unbewaffneten rechten schon besser als mit dem linken Auge beobachten und vier Tage später den vollen Eindruck des Waldes mir verschaffen. Jeder Tag brachte dann eine neue Entdeckung. Es versetzte mich in Entzücken, als ich am 17. durch eine Öffnung der geballten Faust wie durch ein Fernrohr die Aufschrift des gegenüberliegenden Hauses deutlich erkennen konnte. Glänzend fiel dann am nächsten Tage die erste Leseprobe durch Brillengläser aus. Das erste, was ich las, war der Titel eines Buches über neugriechische Sprache, das der treue Freund Voltz mir gewidmet hatte, aber dann konnte ich auch die kleinste Schrift der bekannten Jägerschen Sammlung von Schriftproben lesen. Ein Vorteil, der großen Kurzsichtigkeit des rechten Auges entspringend, bestand darin, daß ich jetzt auch ohne Brille auf eine verhältnismäßig weite Entfernung die Gegenstände deutlich erkennen, also ungehindert zu Hause und im Freien mich bewegen konnte. Am Morgen des 26. konnte ich mit meiner Frau einen langen Spaziergang durch die Wälder antreten; vormittags gelangten wir auf die Platte; im vollen Glanze lag das weite herrliche Land vor unseren Augen. Auf Umwegen über die künstliche Fischzucht kehrten wir gegen Abend in die Stadt zurück. In den folgenden Tagen wurden mit äußerster Sorgfalt durch den geschickten Optikus Knaus, den Bruder des berühmten Malers, die Augengläser angefertigt und erprobt, am Nachmittag des 30. verlebte ich noch einmal herrliche Stunden im Wald voll Dank gegen Gott und den Künstler, der so Großes an mir getan hatte. Um 5 Uhr bestiegen wir den Zug, der uns noch am Abend nach Bonn führte.

Ein neues Leben lag vor mir, neue Kräfte konnten zur Verwendung kommen. Am 1. Juli, bei einem Besuch in Wiesbaden, erlaubte Pagenstecher, nach Belieben zu lesen, sogar bei künstlichem Licht. Brauchbar wie früher sind die Augen jedoch nie wieder geworden. Vor der Krankheit pflegte ich von 8 Uhr bis Mitternacht zu lesen; jetzt war mir für diese Zeit und sogar für die erste Morgenstunde der Beistand fremder Augen unentbehrlich, doch ich fühlte mich in gehobener Stimmung. Die Arbeit über Lombard wurde fortgesetzt. Auch gebundene Rede wurde mir leicht. Am 26. Juni wurde in der Beethovenhalle eine musikalische Trauerfeierlichkeit für Kaiser Friedrich veranstaltet. Der Prolog, den ich verfaßte, fand den Beifall der Anwesenden; auch die Großherzogin von Baden bezeugte in tief empfundenen Worten ihre Zustimmung. Die Versammlung der Anthropologen begrüßte ich auf Schaaffhausens Wunsch am 6. August. Für die Herbstreise hatten wir die Umgebung des Thuner Sees zum Ziele gewählt. Mitte August gelangten wir über Bern, Thun, Interlaken nach Beatenberg.

Welche Freude war es, die herrlichen Linien der Berner Alpen von Beatenberg und, hinaufsteigend, von dem Kamm des Niederhorns aus wieder mit voller Klarheit vor Augen zu haben! Bei einer einsamen Wanderung, die mich am anderen Ufer des Sees von Spiez über Frutigen nach Kandersteg in das Gasterntal führte, erinnerte ich mich, daß ich denselben Weg vor 32 Jahren zum erstenmal gemacht hatte, und freute mich, daß ich noch auf eigenen Beinen gehen und wieder mit klaren Augen sehen konnte. Erfrischt kehrte ich am 17. September nach Bonn zurück. Lange Ruhe durfte ich mir aber nicht gönnen. Der veränderte Plan, den ich dem Buche über Lombard gegeben hatte, erforderte über das Kabinett und die späteren Reformen genauere Kenntnis als ich sie bisher mir hatte verschaffen können. Vom 2. bis 10. Oktober verweilte ich deshalb in Berlin und konnte dank der freundlichen Unterstützung Bailleus von den entscheidenden Archivalien Kenntnis erhalten oder ihre Mitteilung verbreiten. Daneben fesselte mich der Streit um die Tagebücher des Kaisers Friedrich. Schon Simson hatte davon gesprochen, und was er davon gelesen hatte, nicht ungünstig beurteilt. Jetzt waren sie im Septemberheft der „Deutschen Rundschau" veröffentlicht. Man weiß, was folgte. Paetel, vor Gericht gestellt, hatte als Herausgeber Geffcken nennen müssen, der dann in Haft genommen wurde. Rodenberg war auf diese Nachrichten eiligst aus Italien nach Berlin zurückgekehrt, um in loyalster Weise seinen Teil an der Verantwortlichkeit zu übernehmen. Den Abend des 7. Oktobers, den ersten nach seiner Rückkehr, verlebte ich mit ihm. Noch ganz unter dem Eindruck des Geschehenen, sah er doch dem Kommenden mit ruhiger Fassung entgegen. Betrachtete man die Frage als Jurist, so konnte der Kaiser, als Erbe seines Vaters, gegen die Veröffentlichung Einspruch und sogar eine Zivilklage erheben, aber es lag kein Grund vor, eine große Staatsaktion heraufzubeschwören. Die Maßregeln gegen Geffcken erschienen aus persönlicher Rachsucht hervorgegangen, und was später folgte, empörte mich. Nichts war ungereimter als die Behauptung Bismarcks, das Tagebuch rühre nicht von Kaiser Friedrich her, und wie konnte der junge Kaiser diese amtliche, öffentliche Erklärung gestatten, die die Rücksicht gegen den kaum verstorbenen Vater so schwer verletzte? Niemand hätte ihm verübeln können, wenn er, vor die Wahl einer solchen Erklärung oder der Trennung von Bismarck gestellt, die letztere vorgezogen hätte! Die bösen Folgen sind auch für Bismarck später nicht ausgeblieben.

Die Generalversammlung des Historischen Vereins in Düsseldorf am 16. Oktober gab mir erwünschte Gelegenheit, liebenswürdige Züge aus den Universitätsjahren des Kaisers in Erinnerung zu bringen. In der Tat ist wohl niemals ein Bonner Student in den Kreisen der Universität und der Bürgerschaft so beliebt gewesen wie der spätere Kronprinz Friedrich Wilhelm. Er hatte viel im Hause Ferdinand Walters verkehrt, und noch in späteren Jahren benutzte er gern die Gelegenheit, seinem verehrten Lehrer seine dankbare Erinnerung zu beweisen. Als er 1877 seinen Sohn auf die Universität führte, ließ Walter, damals schon erblindet, sich entschuldigen, daß er sich nicht vorstellen könne: „Wenn er nicht zu mir kommen kann", sagte der Kronprinz, „muß ich zu ihm gehen". Er kam mit seinem Sohne, und sein Erscheinen wirkte wie ein Lichtstrahl in der Nacht, die den müden Greis umgab.

Nicht so rasch wie ich wünschte kamen die in Berlin gesammelten Archivalien zur Verwendung. Ich war im Winter durch zwei Privatvorlesungen, Kirchen- und Völkerrecht, in Anspruch genommen und zum Dekan gewählt. Neben den üblichen Amtsverrichtungen fiel mir die Aufgabe zu, eine Einigung zwischen den drei Romanisten Zitelmann, Krüger und Baron herbeizuführen. Man erinnert sich, daß Baron bei meiner Promotion in Breslau mein Opponent gewesen war. Ich schätzte seine Kenntnisse, seine Anhänglichkeit und mußte nur bedauern, daß er durch seine Sonderbarkeiten und seine Querköpfigkeit sich selbst den Lebensweg erschwerte. Lange Zeit mußte er in Berlin als Privatdozent und dann mit der Stellung eines außerordentlichen Professors in Greifswald sich begnügen. Später wurde er von da in eine ehrenvolle Stellung nach Bern gerufen, die er denn zur vollsten Zufriedenheit seiner Kollegen und seiner Zuhörer ausfüllte. Ein Mann wie Hilty hatte von seinen Fähigkeiten und seinem Charakter eine sehr gute Meinung. Gleichwohl fühlte er sich unbefriedigt. In der törichtesten Weise machte er seinem Neffen, dem späteren Kolonialdirektor Kayser, zum Vorwurf, daß er ihn verleitet habe, aus Deutschland in die Schweiz zu ziehen, und so oft wir, was mehrmals geschah, in der Schweiz oder in Badenweiler zusammentrafen, lag er mir an, auf eine Rückberufung nach Deutschland hinzuwirken. Dafür schien ein Weg sich zu öffnen, als nach der Berufung Bechmanns nach München die Stelle eines Romanisten neben Zitelmann erledigt wurde. Zum Nachfolger wurde freilich zunächst Krüger ernannt, aber das Ministerium stellte gleichzeitig an die Fakultät die Anfrage, ob nicht auch eine Berufung Barons sich empfehle. Die Abneigung, ich möchte sagen, das Vorurteil meiner Kollegen gegen Baron war aber so stark, daß man seine Berufung durchaus ablehnte, in so starken Worten, daß ich mich verpflichtet hielt, in einem Separatvotum für meinen Freund einzutreten. Daraus entwickelte sich denn — am Tage nach dem Tode Kaiser Wilhelms — eine Fakultätssitzung, stürmischer als ich jemals sie erlebte. Ich mußte mein Separatvotum zurückziehen, da es nach Lage der Verhältnisse mehr geschadet als genutzt hätte. Aber im Ministerium war die Stimmung für Baron so günstig, daß er trotzdem zum Professor in Bonn ernannt wurde. Im August machte mir Baron als Kollege in Beatenberg den ersten Besuch. Bei meiner kurzen Anwesenheit in Bonn und aus den Schweizer Zeitungen hatte ich bemerken können, wie ungern man ihn ziehen ließ. Man schrieb mir einen wesentlichen Anteil an der Berufung zu, hauptsächlich war sie auf Betreiben seines Neffen, des späteren Kolonialdirektors Kayser erfolgt. Immerhin mögen aber auch meine Äußerungen zur Kenntnis Althoffs gelangt und auf seine Entscheidung von Einfluß gewesen sein. Als Dekan fiel mir jetzt die Aufgabe zu, die Ansprüche der drei Romanisten auf das weite Feld des römischen Rechts in Einklang zu bringen; daß sie nicht leicht war, wird jedem einleuchten, der die schwer zu behandelnde Persönlichkeit Barons in Betracht zieht. Zuweilen erinnerte ich mich der schwierigen Fälle, die ich in der Geschichte der diplomatischen Verhandlungen hatte beschreiben müssen und suchte die Lehren, die sich daraus ziehen ließen, mir zunutze zu machen. Nach vielen Besprechungen wurde endlich am 7. Dezember ein Friedenstraktat auf Grundlage einer billigen Arbeitsteilung unterzeichnet. Am 21. Dezember hatte ich als Dekan den neuen Kollegen in die Fakultät einzuführen. Von allen Anwesenden wurde er mit einem Händedruck begrüßt, ein merkwürdiger Wechsel, wenn man die erregte Sitzung des 10. März in Vergleich stellte. Zu einem Zusammenwirken, wie es im Interesse der Studierenden und der Fakultät erwünscht gewesen wäre, ist es freilich niemals gekommen. Barons Charakter verbitterte immer mehr. Als er im Juni 1896 starb, war er vereinsamt; selbst mir verdachte er, daß ich nicht in allen Stücken für ihn Partei ergreifen konnte. Immer muß man erkennen, daß er als Lehrer eine bedeutende Wirksamkeit entfaltet und zahlreiche Studierende nach Bonn gezogen hat.

Erfreulicher als diese akademischen Diskussionen waren die Eindrücke, die ich der Versammulng der Goethegesellschaft in Weimar am 12. bis 14. Juni 1889 verdankte. Nach 3 Jahren sah ich Simson wieder, der in noch ungeschwächter Kraft in diesen literarischen Kreisen, wie vordem in den Parlamenten sich als Präsident bewährte. Die Festrede hielt Bernays über Goethes Farbenlehre. So manches, was wir in früheren Jahren besprochen, Äußerungen, die ich aus seinem Munde gehört zu haben mich deutlich erinnerte, fanden jetzt in seinem Vortrag eine Stelle. Seine unvergleichliche Gabe zu reden hatte noch in keiner Weise sich vermindert. In München hatte denn auch ein großer Kreis dankbarer Hörer sich um ihn gesammelt. Gleichwohl vertraute er mir, jetzt noch unter dem Siegel des Geheimnisses, er sei der akademischen Tätigkeit müde, werde sich von München vielleicht nach Karlsruhe zurückziehen, um ungestört sein großes Werk „Homer in der Weltliteratur" beendigen zu können. Leider wurde dieser Zweck, als die erste Hälfte seines Planes nach zwei Jahren zur Ausführung gelangte, doch nicht erreicht. Wieviel hätte ich zu sagen, wollte ich von alten und neuen Bekannten, von den Schätzen des Museums und des Goethe-Archivs, dem Park und einem Ausflug nach Jena berichten!

Die Rückreise gab mir Gelegenheit, den Inhaber der Duncker- und Humblotschen Buchhandlung, Herrn Geibel, auf seinem schönen Landsitz bei Friedrichsroda zu besuchen und den Verlag meines neuen Werkes mit ihm zu vereinbaren. Die Arbeiten über Lombard waren infolge der akademischen Tätigkeit, wenn auch zurückgedrängt, doch nicht aufgegeben worden. Um sie nicht zu lange zu unterbrechen, verzichtete ich auf eine längere Ferienreise, auch drängte es mich und meine Frau, unsere westfälische Heimat wieder zu besuchen. Ich wünschte, eine Schwester, deren Gesundheit Besorgnis einflößte, wiederzusehen und für die Hinterbliebenen meines Bruders Franz Verabredungen zu treffen. Seit dem Besuche, den ich ihm im Jahre 1873 abstattete, hatte seine Stellung mit jedem Jahre gewonnen. Als Musikreferent der „Times" hat er zehn Jahre hindurch bei allen musikalischen Fragen eine gewichtige Stimme abgegeben, zur Einführung Wagnerscher Musik in England erheblich beigetragen und mit unbestechlicher Gerechtigkeit die Leistungen einzelner Künstler beurteilt. Um sich vor jedem ungehörigen Einfluß zu bewahren, wies er nicht allein jedes Geschenk, mochte es auch nur in einer kleinen Aufmerksamkeit bestehen, sondern sogar jede persönliche Annäherung und die üblichen Besuche der Künstler, die er zu beurteilen hatte, unerbittlich zurück. Es war keine geringe Anerkennung, daß ihm, dem geborenen Deutschen, in dem nationalen Sammelwerke, das die 50jährige Regierung der Königin schildern sollte, der Abschnitt über die Entwicklung der Musik übertragen wurde. Aber ehe das Werk zum Abschluß kam, machte der Tod großen und schönen Hoffnungen plötzlich ein Ende. Eine Gesichtsrose, von der er im Januar befallen wurde, schien anfangs mehr unbequem als gefährlich; der ihm nahe befreundete Arzt Mackenzie, derselbe, der während der Krankheit Kaiser Friedrichs so oft genannt wurde, verließ ihn am Nachmittag des 19. Januar ohne Besorgnis. Wenig später trat eine Herzbeklemmung ein, und als der Kranke, sich aufraffend, das Bett verließ, sank er zu Boden und verschied. Zwei Söhne, kräftig herangewachsen, bemühen sich nicht ohne Erfolg, den ererbten Namen in der englischen Literatur einzubürgern.

Neben der Familie war es die heimatliche Dichterin, die mich am meisten beschäftigte. Ich war zu meiner jüngsten Schwester, die auf einer ländlichen Besitzung nicht zu weit von Rüschhaus den Sommer verlebte, hinausgezogen. Wanderungen an die Orte, die Annette mit Vorliebe erwähnt, belebten die Erinnerung. In Rüschhaus fand sich nicht, was ich 30 Jahre vorher noch gesehen hatte. Nach dem Tode des letzten Bewohners, Moritz v. Droste, hatte man den gesamten Hausrat versteigert. Im Oktober sollte das Haus von einem in Münster ansässigen Verwandten bezogen werden. Eben war man mit den Vorbereitungen beschäftigt. Die Bank im Garten, von der Annette öfters redet, war nicht mehr zu sehen. Lohnender erwies sich eine Fahrt von

Münster nach Hülshoff. Wie stattlich nahm der alte, echt westfälische Edelsitz, von zwei mächtigen Türmen beschirmt, von einem breiten Wassergraben umgeben, sich aus! Von der verwitweten Frau v. Droste und ihren anmutigen Töchtern wurde ich freundlich empfangen; auf dem Tische lag Annettens Biographie, in der man noch vor kurzem gelesen hatte. In dem großen Saale fand sich das bekannte Bild Annettens von Sprick, in dem Kabinett daneben das Jugendbildnis in einer wohlgelungenen Kopie von Agnes Sprickmann nebst anderen interessanten Familienporträts. Ich wurde zum Mittag eingeladen. Der Stammherr, ein hochaufgeschossener 17 jähriger junger Mann, fand sich bei Tische ein. Nach dem Essen führten mich die Damen von der Terrasse eine Treppe hinunter über eine Brücke in dem Garten in das nördlich gelegene sogenannte Sommerboskett, ein Gehölz mit prächtig sich wölbenden hallenartigen Laubgängen. Von da ging es längs des Schloßgrabens in das Winterboskett, dann durch die ehemals so prächtige, jetzt neu angepflanzte Eichenallee in große Waldungen. Zur Seite der Allee liegt die Schmiede, auf welche sich das in der Sammlung sehr abgekürzte Gedicht gleichen Namens bezieht. In dem Winterboskett muß die vielbesprochene Taxuswand sich befunden haben, wenn auch die Stelle sich nicht mehr genau bestimmen läßt. In der Bibliothek sah ich noch alte Manuskripte, in einem Stammbuch der Frau Werner Constantin, geb. Wendt-Papenhausen, hübsche Zeichnungen von Ludwig Grimm. Ich blieb bis gegen 4 Uhr. Von der Burg und ihren Bewohnern nahm ich den angenehmsten Eindruck mit. In ungefähr einer Stunde kam ich nach Hohenholte. Das schöne, für Annettens Familie so wichtige Stiftsgebäude war unbegreiflicherweise 1869 abgebrochen, von den Kurien nur eine noch erhalten. Aber dicht bei dem Orte gedieh noch der Wald, dem er seinen Namen verdankt. Eichen und Buchen, mächtige, schlank gewachsene Stämme, wie man sie sonst nur einzeln bewundert, in großer Zahl nebeneinander — ein Anblick, wie er mir selten zuteil wurde. Tags darauf konnte ich die vielfachen Erinnerungen an Annette bei einem Besuche in Sassenberg noch vervollständigen. Levin Schücking hatte ein altes Besitztum seiner Familie in dem kleinen Orte, obgleich es sich von Münster aus erst in drei Stunden erreichen ließ, zu seinem Lieblingsaufenthalte gemacht und seine Bücher, Korrespondenzen, Kunstwerke und Raritäten, wie er sie zu sammeln liebte, größtenteils dahin gebracht. Es war ein nicht großes, aber doch herrschaftlich gebautes Haus. Aus dem Saal führte eine Treppe in den weiten Obstgarten und weiter in die Waldungen, die schon von dem Bischofe Bernhard v. Galen mit Vorliebe unterhalten worden waren. Am Mittagstische nahmen mit mir mein Freund Lothar, seine liebenswürdige Gattin, seine Schwiegermutter, die Witwe des Militärschriftstellers Beitzke und seine drei Söhne, Lothar, Walther und Levin, Platz. Walther, der jetzige Professor, zeigte schon damals eine mir auffallende Gabe der Rede und Levin, der Dichter und Literaturhistoriker, ließ bemerken, daß die Muse der Dichtkunst ihm freundlich gesinnt sei. Auch hier fehlte es nicht an interessanten Porträts, unter den Schriftstücken konnte ich mir zahlreiche Manuskripte Annettens für eine spätere Ausgabe ihrer Werke anmerken.

Mit dem, was die Heimat mir so reichlich geboten hatte, dachte ich für die Ferien mich zu begnügen, aber in Bonn hatte ich doch das Gefühl, daß neue Eindrücke mir zuträglich sein würden. Von der Pariser Weltausstellung wurde Außerordentliches berichtet, und wenn auch Schaustellungen dieser Art mir im allgemeinen wenig behagten, hatten doch jetzt, nachdem ich seit 7 Jahren so selten in eine große Stadt gekommen war, Lärm und Getümmel für mich nichts abschreckendes. Mit Baron machte ich die Hin- und Rückfahrt, ohne daß wir uns in Paris zusammenhielten. Der Eindruck der Ausstellung war bedeutend und der Fortschritt seit 1878 unverkennbar. Wenn die Franzosen zeigen wollten, daß nach den Unglücksfällen von 1870 ihre Lebenskraft ungebrochen sei, so hatten sie ihren Zweck vollkommen erreicht. Zwei Drittel der ausgestellten Gegenstände waren französischen Ursprungs. Mich interessierten vor allem in der Ausstellung die vielen Erinnerungen an das Jahr 1789 und die Revolution. Meine Bekannten waren zum größten Teil abwesend. Einen angenehmen Mittag verlebte ich bei Monod, lernte auch die mütterliche Freundin des Hauses, Fräulein Malvida v. Meysenbug, kennen, die nach ihrer Gewohnheit einen Teil des Sommers bei der befreundeten Familie in Versailles verlebte. Die feinen geistvollen Züge zeigten noch keine Spur des Alters und das einfache anspruchslose Wesen nichts von den Eigenheiten, die man zuweilen schriftstellernden Frauen nachsagt.

Im Januar des folgenden Jahres konnte der Druck meines neuen Buches beginnen. Aber es hatte im letzten Jahre eine wesentlich veränderte Gestalt angenommen. Das in Berlin gesammelte Material hatte sich durch Zuschriften Bailleus und archivalische Auszüge meines jungen Freundes August Lang noch erheblich vermehrt. Die Kapitel über die Kabinettsregierung nach dem Ableben Friedrichs des Großen wurden infolgedessen umgearbeitet. Ein wichtiges Kapitel kam sogar neu hinzu; die Verteidigungsschrift Lombards, die matériaux pour servir u. a. m., hatten mich auf die politische Literatur der Jahre 1806—1810 geführt und weit über den ursprünglichen Plan hinaus zu einer eingehenden Darstellung angeregt; sie war mit Schwierigkeiten verbunden; die zum Teil seltenen Schriften von Cölln, Buchholz, Massenbach, Held, die Feuerbrände u. dgl. ließen sich nur mit Mühe beschaffen. Ich hatte den Titel dahin verändert, daß nicht mehr Lombard, sondern die Kabinettsregierung in Preußen zuerst genannt wurde. Auch deshalb war einzelnes genauer und ausführlicher als bisher zu behandeln, insbesondere die neueste Entwicklung in Betracht zu ziehen; sie mußte zum großen Teil durch persönliche Nachfragen klargestellt werden, die nur nach und nach sich erhalten ließen. Am Schluß des Sommersemesters 1890 war ich noch mit den Beilagen beschäftigt. Gleichzeitig nahmen mancherlei Zwischenfälle Aufmerksamkeit und Teilnahme in Anspruch. Am 17. März kündigten die Zeitungen den Rücktritt des Fürsten Bismarck an, nicht sowohl den Rücktritt als die Entlassung, und die Umstände, die sie begleiteten, waren derart, daß sie mich tief bewegten. Ich war kein unbedingter Bewunderer des Fürsten. Als Abgeordneter, besonders in den Fragen der inneren Politik, würde ich öfters seinen Ansichten nicht zugestimmt haben. Sein Verfahren im Kulturkampf, seine rücksichtslose Härte gegen Arnim und gegen alle, die er mit den Tagebüchern Kaiser Friedrichs in Verbindung brachte, ließen mich das Gegenteil von Sympathie empfinden; aber niemals konnte ich vergessen, wie sehr die Nation dem Manne verpflichtet war, der sie aus unwürdiger Schwäche zu Macht und Größe geführt hatte. Von Anfang an mußte man besorgen, ein junger Fürst von so ausgeprägter Selbständigkeit wie Wilhelm II. werde den gewaltigen Willen eines Bismarck neben oder über dem seinen auf die Dauer nicht ertragen. Aber hatte nicht sogar Ludwig XIV. den Einfluß Mazarins bis zum Tode des Kardinals sich gefallen lassen? Und er war ihm doch nicht entfernt in dem Maße wie die Hohenzollern Bismarck verpflichtet. Der Kaiser hatte eine unberechenbare Dankesschuld ererbt, und wenn ein Bruch erfolgte, so durfte er vor allem nicht als die Befriedigung eines persönlichen Wunsches erscheinen. Wie leicht und wieviel vorteilhafter wäre es gewesen, statt dessen eine Meinungsverschiedenheit bis auf einen Grad zuzuspitzen, daß Bismarck selbst, wie er so oft dem alten Kaiser gedroht hatte, seine Entlassung gefordert hätte! Jetzt haftet an dem Enkel für alle Zeit der Schein des Undankes und der Vorwurf, dem deutschen Volke auf eine Reihe von Jahren eine so unvergleichliche Kraft entzogen zu haben. Lebhaft teilte ich diese Gefühle, die auch in meiner Umgebung deutlich genug zum Ausdruck kamen, und die Fahnen, die wir am 1. April zu Ehren Bismarcks aufzogen, waren nur ein schwaches Zeichen für die Gefühle, die uns für den größten Staatsmann des Jahrhunderts beseelten. Gleich darauf trat auch das neue Regiment mit Maßregeln hervor, die den Gefühlen weiter Kreise und meinen Wünschen ganz besonders zuwider waren. Von jeher hatte ich die Erwerbung von Kolonien für die Erhaltung unserer neuen Machtstellung als durchaus notwendig betrachtet! Welcher Jammer, daß jährlich soviel Tausend ins Ausland ziehen mußten und nach wenigen Generationen fremde Nationen gegen uns verstärken! Um mit der unbegrenzten Expansionsfähigkeit Rußlands, Englands und Amerikas gleichen Schritt zu halten, bedurften wir eines Gebietes, auf welchem die Überfülle der deutschen Bevölkerung sicheren Boden gewinnen und dem Deutschtum sich erhalten konnte. Seit 6 Jahren war zwar nicht alles, was man wünschen mochte, aber doch ein guter Ausgangspunkt gewonnen. Was mußte man empfinden, wenn jetzt der Vertrag vom Juni 1890 den Engländern Sansibar und mit Witu das Land auslieferte, wo ein deutsches Kulturleben am leichtesten sich hätte entwickeln können? Und der Abschluß eines solchen Vertrages wurde dem Nachfolger eines Bismarck durch den schwarzen Adler gelohnt!

Auch für meine persönlichen Verhältnisse brachte das Jahr manches von Bedeutung. Nach dem Tode meines Schwagers Karl Wilde in Amsterdam nahm seine Witwe mit einer Tochter in Bonn ihren Wohnsitz. Am 26. März wurde Nicolovius begraben, dem ich in literarischen Dingen so manchen Aufschluß verdankte, und am 15. April mußte ich von Lamprecht Abschied nehmen, den man nach Marburg ziehen ließ, obgleich seine Wirksamkeit in Bonn und in der Gesellschaft für rheinische Geschichtskunde, sowie im Vorstande des Historischen Vereins für den Niederrhein ihn für die Rheinlande zu bestimmen schienen.

Vielleicht bot der bevorstehende Austritt Lamprechts Veranlassung, daß ich am 16. März in den Vorstand der Gesellschaft gewählt wurde. Vor 9 Jahren, bei ihrer Bildung, und noch späterhin hatte die Erinnerung an meine Streitigkeiten mit Sybel die Wahl verhindert. Jetzt erfolgte sie mit Einstimmigkeit, und das große Unternehmen des rheinischen Atlas, in dem gerade die Periode der französischen Herrschaft zur Darstellung kommen sollte, gab Gelegenheit zu einer nicht ganz nutzlosen Beteiligung. Wichtiger für mich war es, daß ich für eine Reihe von Jahren in akademische Ämter einzutreten hatte. Nachdem ich 1888/89 als Dekan unserer Fakultät auch dem Senate angehört hatte, wurde ich im Oktober 1889 als eines der vier freigewählten Mitglieder berufen. Es lag darin eine Art von Andeutung, daß man mich als künftigen Rektor im Auge behalte. Schon bei der Wahl des Jahres 1889, welche auf meinen verehrten Kollegen Pflüger fiel, war eine beträchtliche Zahl von Stimmen auf mich gefallen, und am 1. Juli 1890 wählte man mich zum Rektor. Es ist eine Ehre, die zum vollen Ausdruck akademischer Wirksamkeit gehört, aber zugleich eine Bürde, die für ein Jahr eine ausgiebige wissenschaftliche literarische Tätigkeit unmöglich macht. Im Jahre vorher hätte ich sie nicht wohl aufnehmen können. Jetzt aber, da das Buch, das mich solange beschäftigt hatte, dem Abschluß nahe war, konnte ich mit leichterem Herzen den neuen Obliegenheiten entgegensehen.

Auf der Ferienreise begleiteten mich gleichwohl noch die Korrekturbogen, und es war sehr erwünscht, daß ich dem Buche die Rektoratsrede nach ihrem Hauptinhalt entnehmen konnte. Mitte August fand ich mit meiner Frau auf dem Bürgenstock ein angenehmes Unterkommen und Personen, deren Unterhaltung nicht selten über das gewöhnliche Tagesgespräch hinausging. Vielleicht darf ich ein Beispiel anführen. Von Luzern aus besuchte mich der Redakteur einer Pariser Zeitung, Herr Fromm, und mit ihm ein französischer Legitimist, der Graf Béon, ein Mann in den mittleren Jahren, von feinen, einfachen Formen. Nicht ohne Bewunderung sprach er von dem Grafen Chambord. Jeder, der in seine Nähe gekommen sei, habe sogleich das Gefühl erhalten, vor einer außerordentlichen Persönlichkeit zu stehen; aber seine Frau und Personen seiner Umgebung hätten ihn zu Fehlern verleitet. Lebhaft bedauerte Béon, daß Graf Chambord 1873 nicht durch einen kräftigen Entschluß, etwa sein Erscheinen in der Kammer, eine Entscheidung herbeigeführt habe. Chambord war in der Tat nach Versailles gekommen und verweilte dort fünf Tage, ohne etwas auszurichten; Mac Mahon war ihm nicht gefällig. Béon stand damals in näherer Beziehung zu dem Baron Holstein, mit dem er öfters in England bei einem Verwandten des Lord Derby zusammengetroffen war. In Paris, über die Boulevards gehend, fühlte er plötzlich einen leichten Schlag mit dem Stock auf seiner Schulter. Sich umwendend, sah er Holstein, der ihm mit bedeutsamer Miene sagte: „Wenn Ihre Partei etwas tun will, so tun Sie es sogleich, verlieren Sie keine Zeit"! Béon ging zu seinem Freunde auf die englische Gesandtschaft. Auch dieser legte dem Vorfall bei der nahen Verbindung Holsteins mit Bismarck Wichtigkeit bei und forderte Béon auf, dem Grafen Chambord sogleich Nachricht zu geben. Béon eilte auch nach Versailles, konnte aber bei Chambord keinen Zutritt erhalten. Einige Jahre später, als er sich mit anderen französischen Legitimisten dem Grafen in dessen Schloß vorstellte, wagte er, sein Bedauern zu äußern, daß 1873 in Versailles nichts geschehen sei. Er meinte, Chambord hätte in die Nationalversammlung kommen sollen, und beteuerte, daß man ihn dort erwartet habe. Chambord geriet in große Aufregung, unwillig fragte er: „Vous voulez me donner des ordres?" Der Vertreter der Kölnischen Zeitung, Geh. Rat Dr Franz Fischer, hielt die Erzählungen Béons für durchaus glaubwürdig. Die Bekanntschaft mit diesem kenntnisreichen Manne, der über politische Personen und Angelegenheiten ebenso billig als scharfsinnig urteilte, ist mir bis zu seinem vorzeitigen Tode förderlich und erfreulich geblieben.

Ein Übelstand war nur die hereinbrechende kalte Witterung, die in dem Haupthause und nicht weniger in der Dépendance, die wir bewohnten, eine künstliche Erwärmung unentbehrlich machte. Warum man in der Schweiz so oft von Brandunglücken hört, wurde mir dabei wieder klar. Am 31. August, 1½ Uhr, waren wir allein in der Dépendance zurückgeblieben, während alle übrigen Gäste sich zur Mahlzeit in das Haupthaus begeben hatten. Plötzlich bemerkte meine Frau einen Brandgeruch, und ein durch das Haus sich verbreitender Rauch stellte das Vorhandensein einer Feuersgefahr außer Zweifel. Zum Glück war die Jungfer einer Hamburger Familie noch zurückgeblieben, sie wurde schnell in das Haupthaus geschickt, um die Gefahr zu melden, denn die schweizerischen Mägde und der alte Hausknecht hatten völlig den Kopf verloren. Erst nach langem Zögern kam der alte Mann mit einem kleinen Waschkrug, dessen Inhalt das Feuer löschen sollte, herbei. Aber noch rechtzeitig erschien Hilfe aus dem Hotel. Voran die Jungfer, ihr folgend der Hamburger Herr mit dem lauten Rufe: „Rosa, retten Sie die Diamanten meiner Frau"! Der Herd des Feuers war unterdessen entdeckt worden. Eiserne Röhren, die unter dem Fußboden heiße Dämpfe für die Heizung heranführten, hatten die unmittelbar anliegende hölzerne Bekleidung entzündet. Man mußte die Fußböden aufreißen, um des Feuers Herr zu werden. In einer halben Stunde war die Gefahr verschwunden. Eine kranke Dame, die man trotz der Kälte hatte ins Freie tragen müssen, mag den Schrecken und die Unbilden der Witterung schwer empfunden haben. Das Sonderbarste war nun, daß der Wirt meiner Frau, der er doch wahrscheinlich die Rettung seines Hauses zu danken hatte, sich keineswegs verpflichtet fühlte, sondern es beinahe übel nahm, daß die Gäste durch die Nachricht von der Gefahr in Aufregung versetzt worden seien.

Drei Tage später führte uns die Eisenbahn über den Gotthard nach Lugano und von dort, noch vor Sonnenuntergang, auf den Monte Generoso. Nach Süden öffnete sich der Blick auf die lombardische Ebene, nach Westen und Norden lag die Alpenkette vom Monte Viso bis zu den Berner Alpen vor uns. In der Mitte die Gruppe des Monte Rosa mit den Bergen, zu denen ich in Zermatt von der Nordseite hinaufgeschaut hatte. Es war das erste Mal, daß ich meine Frau nach Italien führte. Herrliche Eindrücke haben wir vom 12 tägigen Aufenthalt auf dem Monte Generoso, aus Varese, dem Lago Maggiore, dem Ortasee und aus Mailand mitgenommen. Bei der Rückkehr von Mailand an den See machten wir in Stresa Halt. Abends im Wirtshaus erinnerte uns ein schwarzer Hut mit dem Fabrikzeichen Freiburg im Breisgau an Kraus, und es dauerte nicht lange, bis der Besitzer unsere Vermutung bestätigte. Mit der Unterhaltungsgabe, die nur ihm eigen war, verkürzte uns dann Kraus die Abendstunden. Am anderen Morgen führte er uns in das Institut der ihm so nahe befreundeten Rosminianer, auch nach dem Tode des Meisters der eigentliche Sitz der Gemeinde. In Rosminis Sterbezimmer fanden sich zahlreiche Erinnerungsblätter, Manuskripte und Briefe; die Totenmaske mit seinen edlen Zügen diente dem Bildhauer Vela aus Lugano für die in der Kirche aufgestellte Statue Rosminis als vornehmstes Hilfsmittel. Am 24. waren wir wieder in Bonn. Noch immer blieb an den Beilagen des Buches ein und anderes zu verändern oder zuzusetzen, Vorrede und Namenregister in Ordnung zu bringen; aber im wesentlichen war die Arbeit getan, als am 18. Oktober das Jahr meines Rektorats begann.

14. Kapitel.

Rektorat.

Gleichwohl hatte ich nicht ohne Bedenken das Amt übernommen. Die Schwierigkeiten, die mein Augenleiden jedem öffentlichen Auftreten entgegenstellte, waren zu groß. Es zeigte sich gleich bei der Übernahme des Rektorats in der Aula. Bei der schlechten Beleuchtung des Saales konnte ich an dem trüben Tage das Manuskript meines Vortrags, selbst den Rektoreid, nur mit Mühe lesen. Nichts wäre irriger, als wenn man das Amt des Rektors als bloße Sinekure betrachten wollte. Viel hängt allerdings von Zufällen und den Persönlichkeiten ab, mit denen er zu verhandeln hat; immer nimmt aber, was übrig bleibt, ein beträchtliches Maß von Mühe und Zeit in Anspruch. Auf die Vermögensverwaltung, die Besetzung erledigter Stellen hat er mit oder ohne Senat freilich nur geringen Einfluß, aber wichtigere Einrichtungen und Veränderungen des wissenschaftlichen Betriebs und des Besitzes werden doch meistens seinem Gutachten und dem des Senats unterbreitet. Das Stipendienwesen ist vorzüglich vom Senat abhängig. Zahlreiche Berichte sind an die vorgesetzte Behörde zu erstatten. Den Geschäftsgang des ganzen Instituts hat er im laufenden zu erhalten. Daneben die zahlreichen geselligen Pflichten! Kurator, Kollegen, Senat, Pedelle, Beamte, Studenten, alle verlangen besondere Rücksichten. Zuweilen sind es nur geringfügige Dinge, aber sie erfordern Takt und Besonnenheit in mehr als gewöhnlichem Grade. So kam es, daß ich in den ersten Zeiten des neuen Amtes wenigstens 2 Stunden täglich auf dem Rektorat verweilte. Meine Antrittsrede am 18. Oktober war dem Großvater des Fürsten Bismarck, dem Geh. Kabinettsrat Anastasius Mencken, gewidmet. Die Wirkung wurde, wie gesagt, dadurch beeinträchtigt, daß an dem sehr dunklen Tage bei der schlechten Beleuchtung der Aula die Schriftzüge des Manuskripts für meine Augen schwer erkenntlich waren. Schon am 31. Oktober, als der 90. Geburtstag Moltkes durch einen Kommers in der Beethovenhalle gefeiert wurde, war ich aufs neue zu einer öffentlichen Rede verpflichtet. Mit Vergnügen nahm ich wahr, daß meine Stimme für den weiten Saal vollkommen ausreichte und daß jetzt wie früher im Reichstage jeder Anflug einer Befangenheit mir fremd blieb, wie ich denn überhaupt aus meinem ganzen Leben keines einzigen Falles mich erinnere, daß ich in einem öffentlichen Vortrage oder bei einem Trinkspruch den Faden verloren hätte.

Größeren Wert, als meistens bis dahin üblich gewesen war, legte ich auf die Ansprachen bei den Immatrikulationen. Ich habe immer gefunden, daß Worte dieser Art auf junge empfängliche Gemüter ihren Eindruck nicht verfehlen und ich glaubte, zu bemerken, daß zwischen der Studentenschaft und mir allmählich ein mehr als bloß formelles Verhältnis sich herausbildete. An Kaisers Geburtstag hatte meine Rede auf der Aula die Entwicklung des deutschen Kaisertums und die Einigung der deutschen Stämme zum Gegenstande. Am Abend vorher, bei dem Kommers in der Beethovenhalle, konnte ich mich darauf berufen, daß die Beziehungen zwischen der Studentenschaft und dem Rektor auf der Grundlage gegenseitigen Vertrauens nichts zu wünschen übrig ließen. Bald genug bot sich Gelegenheit, diese günstige Stimmung zum Vorteil der Universität zu verwerten. Seit langer Zeit ist Bonn die Fürstenuniversität. Prinzessin Viktoria und Prinz Adolf zu Schaumburg-Lippe, Schwester und Schwager des Kaisers, hatten hier ihren Aufenthalt genommen. Der Kaiser selbst hatte seine Studienjahre in Bonn verlebt und hielt sie in treuer Erinnerung. Schon Ende März verlautete, er würde Anfang Mai seine Schwester und die Universitätsstadt besuchen. Vorerst gab aber der Geburtstag der Prinzessin Viktoria am 12. April Veranlassung zu einem Besuche der Kaiserin Friedrich. Bei dem abendlichen Feste in der Villa Schaumburg hatte ich die Ehre, ihr vorgestellt zu werden, 22 Jahre nach jener ersten Vorstellung im Neuen Palais bei Potsdam. Ich erwähnte im Gespräch die Teilnahme, die Kaiser Friedrich meinem Buche über Lombard bezeigt hatte, und sie ging lebhaft darauf ein. Am folgenden Tag gab mir ein Brief des Grafen Eulenburg Nachricht über die bevorstehende Reise des Kaisers. Oberpräsident Nasse hatte dem Oberbürgermeister Doetsch sagen lassen, man solle in der Einladung Bonn als Universitätsstadt hervorheben. Es erschien also wünschenswert, daß auch die Studentenschaft und zwar als Gesamtheit hervorträte. Das war in Bonn keine leichte Sache wegen der seit Jahrzehnten dauernden Uneinigkeit zwischen Korps und Burschenschaften, die nichts gemeinschaftlich unternehmen wollten. Vor allem mußte eine Einigung herbeigeführt werden, und zwar zunächst bezüglich eines gemeinsamen Fackelzuges, den der Senat in seiner Einladung dem Kaiser angeboten hatte. Ich erschöpfte alle Mittel der Diplomatie, ließ es besonders bei den Immatrikulationen an Ermahnungen nicht fehlen, aber erst nach mehreren vergeblichen Unterhandlungen wurde am 29. April auf dem Rektoratszimmer zwischen zwei Deputationen der beteiligten Mächte eine Einigung erzielt. Unterdessen nahte die Ankunft des Kaisers heran; am 4. Mai sollte ein Fest der Stände in Düsseldorf die Huldigung der Provinz zum Ausdruck bringen. Am Morgen begab ich mich auf die Reise in Begleitung eines Pedellen, der jedoch weniger für mich als für den schweren, reich mit Gold besetzten samtnen Rektormantel zu sorgen hatte. Meine Einladungskarte berief aber zum Eintritt in das Ständehaus nur mich selbst. Meiner Begleitung wurde der Einlaß verweigert und in einiger Verlegenheit verhandelte ich am Tor, als zum Glück der Fürst von Wied, die große Treppe des Gebäudes hinabsteigend, mich bemerkte und meinen Amtsinsignien nebst dem Träger die nötigen Pässe verschaffte. Nach einem Gange durch die festlich geschmückte Stadt hatte ich am frühen Nachmittag im Ständehause mich wieder einzufinden und im Speisesaale auf dem mir bestimmten Platze die Ankunft des Kaisers zu erwarten. Diese verzögerte sich aber, ich denke, mehr als 1½ Stunden; dann wurden noch mehrere Personen zu besonderer Audienz berufen. Erst etwa 20 Minuten nach 4 Uhr traten eilig eine Anzahl Herolde ein, wenig später ein Schwarm von Kammerherrn, die man für Livréebediente hätte halten können, dann Solemacher, der Vorsitzende des Provinzialausschusses, als Vorgänger des Kaisers, endlich der Kaiser, begleitet von dem Fürsten von Wied und dem Prinzen von Schaumburg; zwischen beiden nahm er auch an der Tafel Platz; er sprach wenig; im Gesicht behielt er den strengen, auch auf seinen Bildern mir wenig sympathischen Ausdruck. Den Trinkspruch brachte der Fürst zu Wied aus; er ist kein Redner, sprach länger als nötig von den Schönheiten des Siebengebirges bei Abendbeleuchtung, doch fühlte man, daß alles, was er sagte, aus dem Herzen kam. Der Kaiser antwortete stehend, wie er auch stehend die Rede angehört hatte. Seine Stimme klang rauh, nicht gerade gewinnend; er sprach in kurzen, abgerissenen Sätzen, in dem eigentümlichen Kommandoton. Im weitern Verlaufe konnte man eine nicht unbedeutende Rednergabe erkennen, denn er stockte und versprach sich nie, fand stets das richtige Wort. Die Erinnerung an Bonn und die Studentenzeit verriet ein warmes Gefühl. Die Wünsche für den Frieden, das Versprechen, allen Berufszweigen gerecht zu werden, mußte man dankbar aufnehmen. Ganz unerwartet brach dann plötzlich in gesteigertem Ton die Wendung hervor: „Im Staate kann nur ein Herr sein! Der bin ich, und ich dulde keinen anderen neben mir. Wer mir in den Weg treten will, den zerschmettere ich!" Und darauf der sonderbare Schluß: „In diesem Sinne trinke ich auf das Wohl der Rheinprovinz!" Selbst in den Zügen der Militärpersonen in meiner Nähe bemerkte man den peinlichen Eindruck, den diese Worte hervorriefen. Jeder mußte sie auf den Streit mit Bismarck beziehen, vielleicht mit der Nachricht in Verbindung bringen, Bismarck sei in den Reichstag gewählt. Der Eindruck war so stark, daß Herr v. Lucanus im Laufe des Abends die anwesenden Zeitungskorrespondenten zu sich beschied mit der Bitte, die Rede mit einem wesentlich gemilderten Schlusse, den er ihnen vorlegte, zu veröffentlichen. Diese hielten mit Versprechungen nicht zurück, ließen sich aber nicht abhalten, auch die ursprüngliche Fassung mitzuteilen, und so brachte am nächsten Morgen die Kölnische Zeitung die Rede zuerst wie sie gehalten war, dann, wie man wünschte, daß sie gehalten wäre. Über die Festvorstellung „Barbarossa" und die lebenden Bilder in der Tonhalle kann man Rühmliches in den Zeitungen lesen. Erst nach 11 Uhr gelangte ich wieder an den Bahnhof, aber der den Festgästen versprochene Sonderzug war schon ½9 Uhr abgefahren; die verspätete Ankunft des Kaisers bei dem Festmahl hatte alle Vorkehrungen aus der richtigen Ordnung gebracht. Herr v. Mevissen hatte mich am Morgen eingeladen, abends 9 Uhr in seiner Wohnung bei der Feier in Köln sein Gast zu sein, aber der Kaiser selbst traf erst um 11 Uhr in Köln ein, und der Morgen graute beinahe, als ein lange verspäteter Zug mich gegen 3 Uhr wieder nach Bonn führte. Am folgenden Abend gegen 7 Uhr konnte man vom alten Zoll aus beobachten, wie der Kaiser am Landungsplatz der Dampfschiffe von den Behörden festlich empfangen wurde und sich dann in die Villa seines Schwagers begab. Hier wollte er den Fackelzug der Studentenschaft entgegennehmen. Vorher sollten der Kurator, der Rektor und die vormaligen Lehrer: Justi, Kekulé, Meyer, Wilmanns und Loersch in der Villa von ihm empfangen werden. Kurz nach 8 Uhr wurden wir durch den Flügeladjutanten eingeführt. Der Kaiser stand mit seiner Schwester Viktoria und dem Prinzen Schaumburg auf der Terrasse, die nach dem Garten führte, während man ihm unten eine Serenade brachte. Er allein trug seine rote Husarenkappe; alle anderen blieben unbedeckt. Zum Glück war der Abend warm und der Windhauch nicht scharf, sonst hätte Meyer, der stark erkältet war, übel genug fahren können. Der Kaiser gab jedem die Hand und sprach einige Sätze mit ihm. Dann stellten wir uns im Halbkreise um ihn her, und es begann eine Unterhaltung, deren Kosten beinahe ausschließlich der Kaiser trug. An Justi gewendet, sprach er von spanischen Bauten, kam dann auf seine Reisen in Italien und pries die Markuskirche in Venedig, die aber mit der Sophienkirche in Konstantinopel nicht zu vergleichen sei, diesem Prachtbau komme sogar St. Peter in Rom nicht gleich. Kein Gebäude habe größeren Eindruck auf ihn gemacht als diese weiten Hallen; die häßlichen Koransprüche auf der weißen Tünche könnten den Eindruck nicht stören. Ich erinnerte an das Werk von Salzenberg, der infolge eines günstigen Zufalls die von der Tünche zeitweilig befreiten Mosaiken abbilden konnte. Über den Charakter der Türken urteilte der Kaiser sehr günstig, aber die Beamten seien durch und durch korrumpiert; ein großer Mann könne den gesunkenen Staat noch einmal wieder zur Macht bringen; überhaupt habe der Islam noch eine große innere Stärke. Wahrscheinlich werde es in Afrika noch einmal zu einem furchtbaren Zusammenstoß kommen zwischen Islam und Christen, der für die Europäer sehr gefährlich werden könne, wenn sie sich nicht gegenseitig unterstützten. Ich antwortete, wie es nahe lag, man müsse wünschen, daß die Engländer das begreifen möchten. Von den Japanern meinte der Kaiser, sie hätten ihre Bildung überstürzt, die neuen Einrichtungen kämen wenigstens 100 Jahre zu früh; sie hätten ein Parlament, das beinahe ebenso oft widerspräche als das deutsche. In manchen Stücken seien die alten ehrlichen Chinesen ihm lieber. Ich erinnerte an den Japaner Jeschida, der in unserer Fakultät „mit größtem Lobe" promoviert hatte. Der Kaiser meinte, das seien Ausnahmen. Unterdessen hatten sich die Sänger durch den Garten entfernt, von der Straße her nahte der Fackelzug.

Wäre der Kaiser an diesem Abende, wie man gehofft und ihm angetragen hatte, auf einem allgemeinen Studentenkommers erschienen, es wäre ein Sturm der Begeisterung ausgebrochen, der auf allen deutschen Hochschulen seinen Widerklang würde gefunden haben. Leider erfüllte sich diese Hoffnung nicht. Dagegen besuchte der Kaiser noch am selbigen Abend für mehrere Stunden die Korpskneipe der Borussen und präsidierte am folgenden Abend dem Antrittskommers der vereinigten Korps. In einer schwungvollen Rede verbreitete er sich über die Bedeutung und die Ideale des Korpslebens, über seinen unvergleichlichen Wert für die Erziehung des einzelnen und die Heranbildung eines hervorragenden Beamtentums. Auch den studentischen Mensuren als Beweisen persönlichen Mutes und starken Willens wurde hohes Lob gespendet. Der Kaiser ließ an diesem Abend den ganzen Zauber seiner Persönlichkeit wirken; von endlosem Jubel wurden seine Worte begleitet. Wer aber die eifersüchtige Empfindlichkeit der studentischen Jugend kennt, wird ermessen, wie die dem Korpsleben fremd oder gar unfreundlich gegenüberstehenden Verbindungen durch solche Urteile aus höchstem Munde berührt wurden. Selten habe ich einen so raschen Umschlag der Stimmung erlebt; ich mußte meinen ganzen Einfluß aufbieten und benutzte insbesondere die Ansprache vor einer Immatrikulation, um zu verhindern, daß gleich in den nächsten Tagen unerfreuliche Gegenäußerungen sich hervorwagten.

Daß der junge Kaiser nicht nur studentische, sondern auch gesellschaftliche Erinnerungen treu bewahrte, konnten die Familien erfahren, mit denen er bei seinem früheren Aufenthalt freundschaftlich verkehrt hatte. Als ich mit Schaaffhausen am Abend des 6. zusammentraf, stand er noch völlig unter dem Eindruck des hohen Besuches. Der Kaiser hatte ganz den alten vertraulichen Ton angeschlagen, auch ein Glas Marcobrunner sich gefallen lassen. Er sprach seine Freude aus, daß alle in den 12 Jahren sich nicht verändert hätten. Als Schaaffhausen das gleiche von ihm behaupten wollte, erwiderte er: „Nein, ich bin alt geworden; meine Frau muß mir an jedem Morgen die grauen Haare ausziehen." Am Nachmittag des 7. hatte er unter anderen oder vielleicht hauptsächlich die ihm nahestehenden Familien: v. Sandt, Loersch, Schaaffhausen zu einer Rheinfahrt eingeladen, um sich einmal ganz in die alten Tage zurückzuversetzen. Gewiß war es ihm wenig gelegen, daß am Vormittag desselben Tages der alte Großherzog von Luxemburg, von Neuwied kommend, zu einem Besuch in Bonn eintraf. Er wurde ohne feierliches Zeremoniell zum Mittagessen in der Villa und zur Teilnahme an der Rheinfahrt eingeladen, ohne daß man auf dem Schiffe sonderlich von ihm Notiz genommen hätte. Der Kaiser saß die meiste Zeit mit zwei Borussen in studentischer Tracht auf einem Tisch, um ihn die Bonner Bekannten, mit denen er in der heitersten Laune scherzte, indem er an alte Erlebnisse erinnerte. Der Großherzog stand zeitweilig unbeachtet beiseite. Schaaffhausen knüpfte ein Gespräch mit ihm an. Er beteuerte seine Liebe zu Deutschland und zur deutschen Einheit, obgleich doch keiner ihr so große Opfer habe bringen müssen wie er. Schaaffhausen glaubte, diese Äußerungen dem Kaiser sogleich überbringen zu müssen, schon, um ihn an den Großherzog zu erinnern; aber der Kaiser ließ sich in seinen Gesprächen nicht stören. Nach der Rückkehr begleitete er den Großherzog, der über Köln nach Dessau weiterreiste, an den Bahnhof. Es fiel auf und wurde getadelt, daß er an der Seite eines deutschen Souveräns mit dem Borussenstürmer im Wagen saß. Zur Erklärung hörte ich später, daß er gar nicht auf eine Begleitung dieser Art sich vorbereiten konnte, da er der Meinung war, der Großherzog werde vom Schiff nach Neuwied zurückkehren.

Für den Frieden unter der Bonner Studentenschaft hatte die Anwesenheit des Kaisers immerhin das Gute, daß der Streit zwischen Korps- und Burschenschaften einen Abschluß gefunden hatte, so daß wenigstens in den äußeren Formen ein Zusammengehen möglich wurde. Der Kaiser selbst hatte auf dem Bonner Kommers sich dahin ausgesprochen, daß die Korps mit den Burschenschaften auf dem Fuße völliger Gleichheit verhandeln sollten. Dagegen war die Erbitterung über die Bevorzugung der Korps in der kaiserlichen Rede noch im Steigen. Gegenerklärungen wurden in Vorschlag gebracht, sogar ein Antrag, den dem Kaiser dargebrachten Fackelzug als nicht geschehen zu erklären. Auch außerhalb Bonns erregte die Sache weit mehr Aufsehen als sie verdiente. Aus Österreich, sogar aus Frankreich und der Schweiz wurden mir Zeitungsartikel zugeschickt. Auch der „Kladderadatsch" konnte sich spöttische Bemerkungen nicht versagen. Um wirkliche Nachteile zu verhüten, schien es mir unerläßlich, daß ich als Rektor im Auftrage des Kaisers eine beruhigende Erklärung über den Sinn der kaiserlichen Rede abgeben könne. So entschloß ich mich, am 15. Juni an Herrn v. Lucanus folgenden Brief zu richten:

„Hochzuverehrender Herr Wirklicher Geheimer Rat!

Ew. Exc. konnte ich zu meinem großen Bedauern am 4. Mai in Düsseldorf mich nicht vorstellen. Wie gern hätte ich den Dank für das so vielfach mir bezeigte Wohlwollen persönlich abgestattet! Dieses Wohlwollen ermutigt mich auch, die folgende Mitteilung vertrauensvoll zu unterbreiten:

Die große, jede Erwartung übersteigende Huld, welche S. M. der Kaiser unserer Bonner Universität zuzuwenden die Gnade hatte, hat hier — und wie konnte es anders sein? — eine tief gefühlte Dankbarkeit hervorgerufen. Nach dem Fackelzuge, welchen S. M. am Dienstag abend anzunehmen geruhten, war die Begeisterung der gesamten hiesigen Studentenschaft auf einen Punkt gestiegen, welchen sie seit der Stiftung der Universität vielleicht niemals erreicht hat. Sie sehnte sich nur nach einer Gelegenheit, in Wort und Tat zum Ausdruck zu gelangen.

Darf ich aber hinzufügen, daß diese gehobene Stimmung seit dem Mittwoch Abend bei dem weitaus größeren Teile der akademischen Jugend, welche nicht den Korps angehört, einer tiefen Niedergeschlagenheit Platz machte? Die jungen Leute besorgen, dem Herzen Sr. M. nicht so nahe zu stehen, wie ihre mehr begünstigten Studiengenossen, sie besorgen, daß ihre Lebensauffassung, ihr Verbindungswesen und noch manches, was ihnen äußerst wichtig erscheint, von ihrem kaiserlichen Herrn wenig geschätzt werde, daß sogar ihre volle Befähigung, ihre gleiche Berechtigung, dem Kaiser und dem Staate dereinst nützliche Dienste zu leisten, nicht außer Zweifel stehe. Offenbar hat man in die Worte, welche von Sr. Majestät an die versammelten Korps gerichtet wurden, eine Bedeutung hineingelegt, welche, soweit ich urteilen kann, durchaus irrig ist; zu wiederholten Malen habe ich denn auch versucht, jene unbegründeten Besorgnisse zu zerstreuen. Aber ich kann nicht verhehlen, daß es mir bisher nicht vollkommen gelungen ist, daß Auffassungen solcher Art in Bonn noch fortbestehen und von Bonn aus an den übrigen deutschen Universitäten sich verbreiten. Da nun die akademische Jugend nach Tausenden zählt, und jährlich durch Tausende neu ergänzt wird, so könnte es selbst für unser politisches Leben nicht ganz ohne Bedeutung scheinen, daß so viele junge Leute in einer für ihr Leben entscheidenden Epoche mit voller, heiterer Zuversicht zu ihrem geliebten, über alles verehrten Landesherrn aufblicken können.

Ein gnädiges kaiserliches Wort würde unzweifelhaft in den empfänglichen Herzen der Jugend wie ein leuchtender Sonnenstrahl die frühere Heiterkeit wieder herstellen. Vielleicht könnte es auch von guter Wirkung sein, wenn der Rektor der Universität Bonn berechtigt oder ermächtigt wäre, jene Besorgnisse als grundlose Mißverständnisse zurückzuweisen. Eine passende Gelegenheit würde sich leicht finden, z. B. gleich am nächsten Freitag bei einem Kommers zu Ehren des Geheimen Rats Trendelenburg in demselben Saale, welcher durch die Anwesenheit Sr. M. des Kaisers ausgezeichnet wurde. Aber wie dürfte ich wagen, auch nur durch eine Andeutung der höchsten Einsicht und Entscheidung vorzugreifen?

Ew. Exc. gebe ich verehrungs- und vertrauensvoll anheim, ob es möglich ist, den Inhalt dieser Zeilen an Allerhöchster Stelle zur Kenntnis zu bringen. Zur Abfassung hielt ich mich besonders verpflichtet durch die Huld, welche S. M. mir persönlich zu zeigen die Gnade hatten. Sollte ich den richtigen Weg verfehlt haben, so hoffe ich, daß die Reinheit und Treue meines dankbaren Pflichtgefühls mir Verzeihung erwirken werden.

Einem hohen Wohlwollen mich empfehlend, verharre ich

mit der ausgezeichnetsten Verehrung
Ew. Excellenz
gehorsamster usw."

Ich war mir wohl bewußt, daß der Brief ein Wagnis war, und hätte mich nicht gewundert, gar keine oder eine wenig gnädige Antwort zu erhalten. Wurde doch damals so oft gesagt und sogar durch Beispiele erhärtet, daß der Kaiser Bemerkungen, wie ich sie in meinem Briefe mir gestattet hatte, nicht gnädig aufzunehmen gewohnt sei. Deshalb war ich beinahe freudig überrascht, als nach wenigen Tagen eine liebenswürdige Antwort des Herrn v. Lucanus einlief.

Auf Grund dieses Briefes konnte ich sogleich das etwa noch fortglimmende Feuer zu dämpfen suchen, in dem ich mir eine weitergehende öffentliche Erklärung für den Schluß des Semesters vorbehielt.

Wie aber eine lebhafte und streitbare Jugend nur zu leicht geneigt ist, etwa vorhandene oder sogar nur mögliche Gegensätze auf die Spitze zu treiben und bis in die äußersten Konsequenzen zu erweitern, so hatte sich, als der Zwist zwischen den Korps und Burschenschaften glücklich zu Ende geführt war, sogleich ein neuer, beinahe noch schlimmerer Streit zwischen den verschiedenen Konfessionen angeschlossen. Es sollten, gerade weil Korps und Burschenschaften sich geeinigt hatten, nunmehr Statuten für die gesamte Bonner Studentenschaft festgestellt werden. Dabei bildeten aber die Vorschriften der katholischen Kirche über das kirchliche Begräbnis — Vorschriften, an die seit Jahrhunderten so viele widerwärtige Vorgänge sich knüpften — ein Hindernis; die katholischen Korporationen wollten sich nicht verpflichten, an dem Leichenbegängnis eines Gebannten teilzunehmen, eine Weigerung, um so unerfreulicher, als sie nur auf das Begräbnis zweier so vorzüglicher Männer wie der Professoren Reusch und Langen sich zu beziehen schien. Offenbar wären auch die katholischen Korporationen eines solchen Zwanges gern enthoben gewesen, sie glaubten aber doch, ihren Standpunkt festhalten zu müssen. So kam es, da gewiß auch andere Gegensätze sich geltend machten, in meiner Gegenwart mehrmals zu recht unerquicklichen Erörterungen zwischen den Vertretern beider Parteien. Ich konnte nur den Rat geben, niemand zu verpflichten, im Gegensatz zu seinen politischen und religiösen Grundsätzen etwas vorzunehmen, also in solchen Fällen eine Ausnahme zuzulassen und nötigenfalls die Entscheidung des Rektors oder des Universitätsrichters anzurufen. Aber ich unterließ nicht, an entscheidender Stelle darauf hinzuweisen, wie nachteilig es für die Korporationen selbst sein müsse, wenn man sie hindere, einem akademischen Lehrer die letzten Ehren zu erweisen. Zu meiner großen Freude erfolgte denn auch am 29. Juli ein Schreiben des Generalvikariats des Inhalts, daß nach dem Dahinscheiden eines Universitätslehrers schon diese Eigenschaft die Teilnahme der Studierenden an seinem Leichenbegängnis rechtfertige. Mit dieser Entscheidung zeigten denn auch die Vertreter beider Parteien sich einverstanden, so daß wenigstens der schwierigste Punkt für eine allgemeine Einigung kein Hindernis mehr bildete. Inzwischen wäre ich selbst beinahe in eine konfessionelle Streitigkeit verwickelt worden. Am 13. Juli war der Weihbischof Fischer auf einer Firmungsreise nach Bonn gekommen. Zu dem feierlichen Empfang war ich eingeladen und hatte keinen Anstand genommen, zu erscheinen, denn nach meiner Auffassung gehörte der Rektor einer paritätischen Universität keiner Konfession ausschließlich an, konnte deshalb an Feierlichkeiten beider Konfessionen sich beteiligen. Ich würde die Einladung zur Einweihung einer Synagoge vermutlich nicht ausgeschlagen haben. Meine Teilnahme aber erregte Anstoß, sie wurde als eine Verletzung der Parität aufgefaßt. Zum Glück fand ich bei den einflußreichsten Mitgliedern des Senats volle Billigung, und am 22. Juli, bei der Leichenfeier des Professors Fabri, bezeugte ich durch meine Teilnahme an dem gesamten kirchlichen Akte aufs neue meine Auffassung. Aber schon am folgenden Tage war wieder eine nicht ganz leichte Entscheidung zu treffen. Die katholischen Korporationen wollten durch einen Kommers den neuerwählten Bischof von Paderborn, Professor Simar, feiern; die Einladung nicht anzunehmen, wäre eine große Unhöflichkeit gewesen, die Annahme konnte wieder Klagen über Verletzung der Parität oder Bevorzugung der katholischen Korporationen zur Folge haben. Ich ließ mir deshalb vom Senat eine Vollmacht geben, dem Gefeierten die Glückwünsche des Senats auszusprechen. Nachdem ich des Auftrages mich entledigt und besonders die Verdienste Simars um das friedliche Verhältnis der Parteien hervorgehoben hatte, bemerkte ich, meine Worte richteten sich nicht nur an die Studierenden im Saale, sondern an die Allgemeinheit. Für mich gäbe es keine Bevorzugung, keine Parteien. Jeder Studierende ist mir ein gleichberechtigter Bürger unserer akademischen Republik. Ich erwähnte dann, daß die Anwesenheit des Kaisers langjährige Gegensätze in Eintracht verwandelt habe, und daß unter meinem Rektorat der akademische Janustempel endlich einmal habe geschlossen werden können. „Jetzt", schloß ich, „scheint es beinahe, als sollte er wieder geöffnet werden; aber ich hoffe und bin überzeugt, das ist nur ein rasch vorübergehender Zustand. Ist er überwunden, bauen wir um so glänzender einen Tempel der Konkordia." Die Zustimmung, welche diese Worte innerhalb und außerhalb des Saales fanden, läßt mich glauben, daß sie auf die Stimmung unter den Studierenden nicht ohne günstigen Einfluß geblieben sind. Leider hat dann der Friede doch nicht so lange gedauert, als man nach der Erklärung des Generalvikariats hoffen und wünschen durfte.

Die Kaiserfeste, die erwähnt wurden, blieben nicht die einzigen, an denen sich der Rektor zu beteiligen hatte. Feierlichkeiten fremder Universitäten, die Generalversammlung des Historischen Vereins in Bonn am 12. Mai, Jubiläen befreundeter Kollegen, dazu akademische Gesellschaften, die wir veranstalten, Einladungen, die wir annehmen mußten, bildeten eine fortlaufende Kette. Länger als ein Jahr oder 8 Monate hindurch wären Zerstreuungen dieser Art wenig erfreulich gewesen. Dazu kamen die regelmäßigen Arbeiten des Rektors und noch kurz vor dem Schluß des Semesters die Vorlage einer neuen Ferienordnung von seiten des Ministeriums. Von Anfang an verfehlt, nötigte sie mich zu mehrtägiger, ununterbrochener Arbeit, blieb aber endlich, in diesem Fall ein Vorteil ohne wirksames Ergebnis. Ich war froh, als ich um die Mitte August, wenn nicht freie, doch freiere Zeit erhielt. Zu wissenschaftlichen Arbeiten war ich, abgesehen von den Vorlesungen, nur selten, zu literarischen beinahe gar nicht gekommen. Am 19. August konnte ich, da mein Vorgänger mich vertrat, die Zeit für eine 14 tägige Reise in die Schweiz gewinnen. Am 8. September in der Frühe kehrte ich nach Bonn zurück, um schon am Abend des 9. an einer Versammlung des Juristentages teilzunehmen, der in diesem Jahre in Köln zusammentrat. Am folgenden Morgen, als ich wieder nach Köln fuhr, verspätete sich der Zug. Gerade in dem Augenblicke, als mein Name aufgerufen wurde, trat ich in den Saal, um dann sogleich von der Tribüne als Rektor der Bonner Universität die Versammlung zu begrüßen. An den Verhandlungen mich zu beteiligen, war für mich keine Veranlassung, aber zum Vizepräsidenten der Versammlung erwählt, fiel mir die Aufgabe zu, bei dem Festmahl im Zoologischen Garten am 12. den Trinkspruch auf den Kaiser von Österreich und die österreichischen Gäste auszubringen. Großen Beifall fand die Antwort des Wiener Rechtsanwaltes Jacques, mit dem ich mehrfach in angeregtes Gespräch geriet. Deutlich erinnere ich mich noch, wie der kleine lebhafte Mann am folgenden Tage bei der Festfahrt auf dem Rheine bei Remagen das Dampfschiff verließ und unter den Zurufen der Anwesenden, die er durch seine Haltung herausforderte, über die Landungsbrücke langsam und in Pausen sich nach dem Ufer bewegte. Nichts hätte ich weniger erwartet, als kaum ein Jahr nachher die Nachricht, er habe seinem Leben ein Ende gemacht.

Um die Ferienordnung nebst anderen akademischen Angelegenheiten zu besprechen, reiste ich am 23. September nach Berlin. Freundlicher als ich irgend erwarten konnte, zeigte sich Althoff, der Ministerialrat, der schon damals als die einflußreichste Kraft des Kultusministeriums erschien. Da er in dem Gasthof, in welchem wir abgestiegen waren, zu Mittag speiste, sah ich ihn schon deshalb beinahe täglich. Aber auch außerdem hat es mich oft in Erstaunen versetzt, wie der viel beschäftigte Beamte einem einzelnen Fremden soviele Zeit widmen konnte. Bis auf den heutigen Tag, auch nachdem seine Machtbefugnisse so außerordentlich sich vermehrt hatten, habe ich von ihm Freundliches erfahren, und wenn auch die Art seines Eingreifens zuweilen der freien Entwicklung des akademischen Lebens nicht förderlich war, blieb mir doch jederzeit der Eindruck, daß an Einsicht, Umsicht, unermüdlicher Tätigkeit und praktischem Sinn wenige seiner Vorgänger ihm gleichgekommen sind und von den Zeitgenossen keiner ihn erreicht haben würde. Mit Herrn v. Lucanus konnte ich die Bonner Verhältnisse eingehend besprechen. Simson trafen wir in seinem schönen Hause geistig ungebrochen, im Äußeren jedoch den Einfluß der Jahre deutlich verratend. Ein leichter Schlaganfall hatte ihn genötigt, von seinem Amte zurückzutreten. Ein Tag, sagte er, habe ihn zum alten Manne gemacht. Gruner war schon lange geschieden, aber mit manchem jüngeren Freunde, Lang, Wilhelm Bölsche, Bailleu, Philippson, Alfred Stern, Ludwig Geiger konnte ich angenehme Stunden verleben. Am 17. Oktober hatte ich meinem Nachfolger Strasburger, dem großen und feinen Kenner alles Wachstums, in der Versammlung der Professoren, am 18. in feierlicher Sitzung auf der Aula mein Amt zu übergeben, in dem vorhergehenden Bericht über meine Amtsjahre durfte ich nach der Anwesenheit des Kaisers auch erwähnen, ich sei zu der Erklärung ermächtigt, daß die vielbesprochenen Worte Sr. Majestät einen Grund zu der Mißdeutung, die sie erfahren hätten, nicht bieten könnten.

Werfe ich einen Blick zurück auf das Amt, so finde ich, daß es mich beinahe ein Jahr meiner wissenschaftlichen Tätigkeit gekostet hat, aber es hat nicht nur meine Stellung in den Augen meiner Kollegen und in weiteren Kreisen befestigt, sondern auch die Fähigkeit raschen Entschlusses in mir gefördert und meinem ganzen Wesen erhöhte Tatkraft und erhöhtes Selbstbewußtsein gegeben. So möchte ich allen, die ihr Leben unter Büchern zuzubringen gewohnt sind, wünschen und empfehlen, auch einmal in einer praktischen Tätigkeit, die sich nicht im Bereiche des Alltagslebens hält, ihre Fähigkeiten wecken und bewähren zu können.

---

15. Kapitel.

Die spätern Lebensjahre.

Wäre ich jetzt nur ungesäumt zu der großen Arbeit, die ich beinahe 7 Jahre unterbrochen hatte, zurückgekehrt! Daß es nicht geschah, muß ich mir für immer zum Vorwurf machen. Bei der Darstellung der Kabinettsregierung waren mir zwei Punkte aufgefallen, die zu einer besonders eingehenden Mitteilung anregten: die Namhaftmachung und Charakteristik der älteren Kabinettsbeamten und bei der Biographie Menckens seine diplomatische Tätigkeit in Stockholm. Aus seinen Berichten hatte mir mein junger Freund Lang, insbesondere was seine Vermittlung zwischen Ulrike, Friedrichs des Großen Schwester, und ihrem Sohne, König Gustav, betraf, zweckmäßige Auszüge gemacht. Nach beiden Richtungen entstand eine Abhandlung von mäßigem Umfange; sie forderten mehr Zeit und Mühe als ich erwartete. Die zweite, welche ursprünglich eine Episode in dem Leben Menckens bilden sollte, wurde mehr und mehr zu einer Darstellung des berufenen Streites zwischen der Königin Ulrike und ihrem Sohne, der für die Königin und später auch für den König, ja für ganz Schweden so verhängnisvolle Folgen nach sich zog. Bei beiden Abhandlungen gedenke ich gern des Beistandes, der mir von seiten eines jüngeren Kollegen zuteil wurde. Es war Reinhold Koser, der während meines Rektorats an Doves Stelle aus Berlin nach Bonn berufen war. Schon aus Berlin hatte er mich bei den Untersuchungen über die Kabinettsregierung mehrmals durch Nachrichten unterstützt. Besonders danke ich ihm, daß er mich mit dem vorzüglichen Kenner schwedischer Geschichte, Dr Fritz Arnheim, in Verbindung brachte, dessen Mitarbeit an dem Aufsatz über die Königin Ulrike mir von wesentlichem Vorteil wurde. Wenn auch die Herstellung des Textes in meiner Hand blieb, so ist doch von dem Material ein beträchtlicher Teil auf die umfassende Belesenheit Arnheims zurückzuführen. Aber bis dahin war der Herbst des Jahres 1893 herangekommen, und als literarische Früchte habe ich aus zwei Jahren nur die beiden Abhandlungen und einige Kleinigkeiten für das Goethejahrbuch zu erwähnen.

Schon bald nach seiner Ankunft war zwischen dem Kurator Gandtner und mir und noch mehr zwischen seiner und meiner Frau ein näheres Verhältnis entstanden, das sich während meines Rektorats zu einem freundschaftlichen steigerte. Er war ein echt preußischer Beamter, sorgfältig, pflichtgetreu, in den Geschäften wohl erfahren, allem Parteiwesen fremd, allen Intriguen, allen Klatschereien unzugänglich. Wenn er nicht alles erreichte, was man wünschte, und was er wünschte, so lagen die Hindernisse nicht zum wenigsten in den Verhältnissen und den unzureichenden Mitteln. Die Bedachung der beiden quadratischen Ecktürme der Universitätsgebäude, die nach dem Brande von 1777 nicht wieder hergestellt waren, hat er durchgesetzt, als eifriger Botaniker zum großen Teil auf eigene Kosten den Garten zwischen den Flügeln des Schlosses wieder zu einem wirklichen Ziergarten gemacht, auch im Hofgarten wenigstens Verbesserungen vorgenommen. Die Adresse zu seinem 70. Geburtstage am 9. März 1892 hatte ich im Auftrage des Senats verfaßt, und es lag nahe, den Abend in unserer Wohnung festlich zu begehen. Nach der Anweisung des Arztes sollte alles vermieden werden, was eine zu starke oder schmerzliche Erregung verursachen konnte. Meine Frau dirigierte einen Chor, der den bekannten Lobgesang: „Heil sei dem Tag, an dem Du uns erschienen!" mit den der Feier angemessenen Veränderungen vortrug und rezitierte dann, als kleines Mädchen verkleidet, ein Gedicht, das in kindlich scherzendem Tone die Verdienste des Kurators verherrlichte. Der Kurator antwortete auf den Trinkspruch, den ich bei Tisch auf ihn ausbrachte, mit einem ausführlichen Lebensabriß und einem für unser Haus sehr freundlichen Schluß. Die Vorschrift, der Feier einen heiteren Charakter zu geben, war vollkommen erreicht.

Um diese Zeit war ich selbst aber wieder von Sorgen befallen. Seit einigen Monaten wurde auf dem vom Star befreiten Auge, das bis dahin die volle Sehschärfe bewiesen hatte, eine Trübung und infolgedessen eine Abnahme der Sehkraft bemerkbar. Die Ursache lag darin, daß die in dem Auge zurückgebliebene Kapsel der Linse sich verdichtete. Pagenstecher hatte schon 4 Jahre früher darauf vorbereitet und die Beseitigung durch einen Einschnitt für gefahrlos erklärt; jetzt wünschte er aber, um gegen mögliche Zwischenfälle einen Rückhalt zu haben, auch das linke Auge vorerst vom Star zu befreien. Wieviel zweifelhafte Fragen, wieviel sichere Unannehmlichkeiten! Ich sollte die Arbeiten, die gerade damals in den richtigen Gang gekommen waren, für lange Zeit unterbrechen, vielleicht die Vorlesungen des Sommers aufgeben, für wenigstens 2 Monate den unerfreulichen Aufenthalt in einer Klinik zum zweiten Male erdulden. Aber dem bestimmten Rat eines solchen Meisters mußte man sich fügen. Am 13. April war ich mit meiner treuen Gefährtin wieder in der Klinik zu Wiesbaden untergebracht. Am 14. April wurde die künstliche Reifung der Linse herbeigeführt, am 5. Mai die Linse entfernt. Aber der Erfolg war dem der früheren Operation nicht gleich. Die Sehkraft des linken Auges stand weit hinter der des rechten zurück; und wenn auch Pagenstecher auf die Zukunft vertröstete, so trat ich doch am 9. Juni mit wenig frohen Aussichten den Rückweg an. Meine Hoffnung blieb auf die Nachstaroperation gerichtet, welche der Staroperation auf dem linken Auge zuliebe bis auf den Herbst verschoben war. Der diesmalige Aufenthalt in Wiesbaden ist mir denn auch keineswegs in so angenehmer Erinnerung geblieben wie die zwei Monate des Jahres 1888, obgleich die äußeren Verhältnisse in mancher Beziehung günstiger lagen; denn der Gebrauch des rechten Auges war mir die längste Zeit auch beim Lesen nicht ganz untersagt, und zu angenehmem Umgang bot sich mehrmals die Gelegenheit. Wenige Stunden nach meiner Ankunft begegnete ich Forckenbeck auf der Straße, und wir hatten sogleich eine lange Unterredung über Vergangenes und schwebende Tagesfragen. In den folgenden Tagen besuchte er mich in der Klinik, und bis zu seiner Abreise am 23. April fand sich auf Spaziergängen Gelegenheit, alte Erinnerungen zu erneuern und die großen Ereignisse der Gegenwart zu besprechen. Wie groß war also meine Bestürzung, als ich am 26. Mai aus der Zeitung erfuhr, der noch so lebensfrische und lebensfrohe Mann sei tags vorher an den Folgen eines Schlagflusses verschieden! Am 2. Mai erhielt ich in der Klinik den Besuch Gustav Mevissens; er verweilte mit seiner Frau bis zum 18. in Wiesbaden und der Verkehr mit diesem vorzüglichen, nach so vielen Seiten scharf- und tiefblickenden Manne brachte sowohl bedeutende Erlebnisse seines Lebens als auch nur ihm in dem wahren Zusammenhange bekannte Ereignisse früherer Jahre zur Mitteilung. Als ich am 7. Mai zum erstenmal nach der Operation die Augen wieder öffnen durfte, war der erste Gegenstand, den ich, freilich ohne ihn deutlich zu erkennen, bemerkte, ein prächtiger Azaleenbusch, den Frau v. Mevissen geschickt hatte, damit mir, wenn die Binde weggenommen würde, gleich etwas Angenehmes ins Auge fiel. Zwei Tage später ließ die Kaiserin Friedrich durch ein Telegramm sich erkundigen, wie die Operation ausgefallen sei. Die Veranlassung zu dieser Teilnahme rührte von der oben erwähnten Unterredung in der Villa Schaumburg her. Die Kaiserin hatte, wie ich erfuhr, an meinem Buche über die Kabinettsregierung und Lombard Interesse genommen und geäußert, daß sie bei der nächsten Anwesenheit in Bonn mich empfangen werde. 1892 wie im Jahre vorher gab der Geburtstag der Prinzessin Veranlassung zu einer Fahrt von Friedrichshof nach Bonn, und ich hatte tags vorher die Mitteilung erhalten, daß sie mich am Geburtstage im Laufe des Morgens empfangen werde. Um 11 Uhr fuhr ich in die Villa.

Wie leicht wird es den Großen, sich beliebt zu machen! Die freundliche Erkundigung ist mir bis heute in dankbarer Erinnerung geblieben.

Der Operation wegen waren die Vorlesungen bis zur Pfingstwoche ausgefallen, aber zahlreiche Zuhörer hatten mich erwartet und begrüßten mich, als ich am 13. Juni das Auditorium betrat, mit Freudenrufen, die mir aus jugendlichem Munde immer sehr erfreulich gewesen sind. Durch zugesetzte Stunden wurden die verlorenen wieder eingebracht; mit meinen jungen Freunden Lang und Sieper nahm ich die Arbeiten über den Krieg des Jahres 1799 wieder auf. Eine Zeitlang hatte ich im August wie im Frühjahr den Rektor zu vertreten. Im August konnte ich für einen Aufenthalt auf Bürgenstock und Seelisberg Zeit gewinnen. Erst Ende Oktober, als ich meine Vorlesungen schon angefangen hatte, machte die Rückkehr Pagenstechers es möglich, eine dritte Expedition nach Wiesbaden zu unternehmen. Am 27. Oktober wurde die Nachstaroperation vorgenommen; sie gelang, wie man nur wünschen konnte. Selten habe ich einen glücklicheren Augenblick erlebt, als da am Sonntag, den 30., die erste Leseprobe angestellt wurde; schärfer hatte ich niemals gesehen. Mit neuem Dank gegen den Meister langte ich am Mittwoch darauf in Bonn wieder an. Mit dem Anfange des neuen Semesters nahm meine

Tätigkeit im Senat, dem ich 4 Jahre angehört hatte, ein Ende. Als Erinnerung an das Rektorjahr hatte meine Frau sich eine Büste gewünscht; von unserem Meister Küppers ausgeführt, wurde sie am Weihnachtsabend ihr überreicht.

Das neue Jahr brachte mir nur zu bald zwei schwere Verluste. Am 26. Januar verschied plötzlich mein langjähriger Freund Hermann Schaaffhausen unerwartet. Wenige Tage vor seinem Tode hatte ich in einem Konzert mit ihm gesprochen. Er war einer der liebenswürdigsten Menschen, die mir im Leben begegneten, von einem wahrhaft edeln, wohlwollenden Herzen, immer bereit, anderen zu helfen und unermüdlich, seine Lieblingswissenschaft, die Anthropologie, und die Kenntnis der prähistorischen Entwicklung des Menschen zu fördern. Seine Verdienste wurden in den weitesten Kreisen anerkannt, vielleicht am wenigsten in seiner Fakultät, in welcher ihm manches unerfreuliche Erlebnis nicht erspart blieb. Sein feines, liebenswürdiges Wesen zeigte sich insbesondere bei den großen anthropologischen Zusammenkünften in den Hauptstädten Europas, wo man ihn mit seinem Freunde Virchow regelmäßig an die Spitze stellte. Nur 2 Monate nach seinem Hinscheiden, am 25. April, wurde mein Onkel Alexander Kaufmann von einem Schlagfluß getroffen, dem er am 1. Mai erlag. Seit 50 Jahren, schon als Knabe, hatte ich ihm sehr nahe gestanden. Seine dichterische Begabung, seine historischen Studien, seine Verbindung mit Simrock, Diez und anderen Männern, die ich hoch verehrte, boten immer neue Anknüpfungspunkte, und seine Vermählung mit Mathilde Binder, der begabten, feinsinnigen Dichterin, befestigte noch für mich ein Band, das der Tod nicht gelöst hat. Beiden Freunden setzte ich noch im Laufe des Frühlings ein literarisches Denkmal.

Als ich von dem Unfall meines Onkels Nachricht erhielt, war ich kurz vorher aus Paris nach Bonn zurückgekehrt. Der Wunsch, meiner Frau die belebteste, anmutigste Stadt der Welt zu zeigen, meinen Bruder Leopold und seine heranblühende Familie zu besuchen, waren die nächste Veranlassung, die mich vom 1. bis 18. April in die französische Hauptstadt führte. Einen Tag, der mir immer in angenehmster Erinnerung bleiben wird, verlebte ich in dem Hause Arthur Chuquets in Villemonble, einem jener Vororte, in denen die Reize eines ländlichen Aufenthaltes mit den Vorteilen der Hauptstadt sich vereinigen. Chuquets Häuslichkeit war nicht durch Kinder aber durch zwei junge Nichten belebt. Die Art, wie man mich, den Neuangekommenen, wie einen altbekannten Hausgenossen an einem Familienfeste teilnehmen ließ, klingt noch jetzt in meinem Herzen wieder. Auch Sorel und Monod zeigten wieder die alte Herzlichkeit. Eines Tages, als ich auf dem Archiv des Ministeriums des Auswärtigen arbeitete, wurde ich hinausgerufen und fand Eugène Rendu. Er war meinetwegen aus dem Vorort, wo er wohnte, nach Paris gekommen, hatte mich in unserem Gasthofe aufgesucht, in kurzer Zeit das Herz meiner Frau gewonnen und, nachdem er meinen Aufenthalt erfahren, die drei hohen Treppen zum Archiv nicht gescheut. Von seinem liebenswürdigen Wesen hatte er nichts verloren, aber er war stark gealtert und von mancherlei Sorgen gebeugt.

„Der Willkomm ist zu gleicher Zeit
Ein Lebewohl; wir scheiden heut'
Auf immerdar."

Die Heineschen Verse, die man in späterem Alter nur zu oft erleben muß, traten mir eindringlich vor die Seele, als ich ihm zum Abschiede die Hand reichte.

Es wäre undankbar, wollte ich nicht erwähnen, wie freundliche Förderung mir auf den Archiven zuteil wurde. Sorel hatte mir eine Karte für Herrn v. Rialle, den Direktor des Archivs im Ministerium des Auswärtigen gegeben. Hier wurde mir sogleich, ohne jede weitere Förmlichkeit, ein besonderer Platz angewiesen. Die Akten des Lunéviller Friedens lagen vor mir, so daß ich sie, wenn auch nicht ausreichend benutzen, doch für eine künftige Benützung durch mich oder andere vormerken konnte. Von Herrn de Rialle erhielt ich wieder eine Empfehlung für Herrn Servois, den Direktor des Nationalarchivs. Bei ihm kam mir noch zugute, daß er früher mit meinem Bruder Wilhelm freundlich verkehrt hatte. Aber wie hatten auch die Normen für die Benutzung des Archivs sich geändert! Während früher der Zugang selbst Franzosen, sogar einem Schriftsteller wie Thiers, verschlossen und der Inhalt ein Geheimnis blieb, konnte jetzt jeder Besucher den eingehenden gedruckten Katalogen, die im Lesezimmer auflagen, entnehmen, was von den Schätzen des Archivs ihm dienlich sei. Die uneigennützige Freigebigkeit ging sogar, ich möchte sagen, über das nötige Maß hinaus. Einem Beamten des Archivs war die Benützung archivalischer Papiere für eine schon angefangene Arbeit untersagt worden, weil ein Fremder diese Papiere in einer eigenen Schrift zu veröffentlichen wünschte. Mir wurden in dem Arbeitszimmer des Direktors die noch eingehenderen handschriftlichen Kataloge vorgelegt, ja ich erhielt sogar die seltene Vergünstigung, daß ein jüngerer Archivbeamter mich durch die endlosen inneren Räume begleitete. Bei den durch den Katalog für mich als wichtig angemerkten Kartons wurde Halt gemacht, und ich konnte mit eigener Hand die Faszikel für mich auswählen, an deren genauerer Kenntnis mir gelegen war. So wurde es möglich, in wenigen Tagen eine Kenntnis zu erlangen, die andernfalls wohl die Arbeit ebensovieler Wochen erfordert hätte.

Neben alten Freunden war auch eine neue Bekanntschaft mir sehr willkommen, Jules Legras, der feinsinnige Heine-Kenner. Kurz vor unserer Begegnung hatte ich mit meiner Frau das Grab des Dichters auf dem Montmartre besucht. Auf des einfachen Steins einfacher Inschrift Henri Heine lag ein Immortellenkranz. In seiner schlichten Größe wirkte das Grabmal vielleicht bedeutsamer als mit den prunkhaften Verzierungen, die man seitdem für unerläßlich hielt. Nach so viel freundlichem, das ich auch jetzt wieder erfahren hatte, konnte ich mich leicht genug in die Stimmung Heines den Franzosen gegenüber versetzen, und in dieser Stimmung trat ich am 18. April den Heimweg an. Aus den Erlebnissen des Sommers erwähne ich nur eine Reise nach Wertheim in der Pfingstwoche. Ich fand meine verwitwete Tante noch in Trauer versenkt; aber dennoch mit sicherer Hand ihre nicht ganz leichten Familienverhältnisse ordnend und zugleich als die treue Pflegerin meiner 83 jährigen Tante Auguste, die unter allen Leiden eines hoffnungslosen Siechtums eine bewunderungswürdige Geistesstärke bewahrt hatte.

In Bonn waren unterdessen seit dem Herbst des vorigen Jahres die Arbeiten über die Revolutionszeit wieder aufgenommen. Meine Aufmerksamkeit richtete sich auf den Feldzug der Engländer und Russen im Herbst 1799 gegen die batavische Republik. Dabei regte sich der Wunsch, frühere Arbeiten auf dem Haager Archiv zu ergänzen, und zumeist aus diesem Grunde begab ich mich zunächst in das holländische Seebad Domburg auf der Insel Walcheren. Ich hatte diesen Ort gewählt, weil hinter der Dünenreihe, die das Meer begrenzt, eine reich belebte Landschaft mit Feldern, Wald und parkumgebenen Landhäusern sich ausbreitet. Nach 13 Jahren, seit den Bädern am Lido, hatte ich zum ersten Male wieder den für mich unvergleichlichen Genuß, im Meere zu baden. Auch der Anblick des Meeres hatte nichts von seiner Zauberkraft verloren. Wäre mir die Dichtergabe Heines zuteil geworden, die Meergottheiten würden mir nicht weniger als ihm verpflichtet sein. Als ich bei der Rückfahrt in Vlissingen am 14. September auf der Landungsbrücke stand, war eben ein großer Dampfer im Begriff, nach England abzufahren. Ich konnte der Versuchung nicht widerstehen, das Schiff zu betreten und bereue noch jetzt, daß ich den Ausflug über den Kanal nicht improvisierte. Aber ein törichtes Pflichtgefühl veranlaßte mich zur Umkehr und zur Weiterfahrt nach dem Haag. Auf dem Reichsarchiv zeigte der Direktor dasselbe Entgegenkommen wie sein Vorgänger Van den Bergh. Es ist in der Tat eine erfreuliche Wahrnehmung, daß beinahe alle Archive nunmehr in dem Bestreben übereinkommen, ihre Schätze dem Forscher zugänglich und nützlich zu machen. Sehr willkommen war mir die Bekanntschaft eines jungen holländischen Gelehrten (Mendels), der eben ein wertvolles Buch über den General Daendels veröffentlicht hatte. Auch später für mich sehr wertvolle Beziehungen mit anderen holländischen Gelehrten nahmen jetzt ihren Ursprung. In dem Gasthof, den ich bewohnte, hatten auch mehrere Mitglieder des Kongresses für internationales Privatrecht Quartier genommen. Mit dem Züricher Professor Meili wurde ich bald näher bekannt. Professor Renault aus Paris führte mich ohne Umstände in eine der Eröffnung nahe Versammlung des Kongresses, um mir die persönliche Bekanntschaft v. Martens' zu verschaffen, mit dem ich schon seit einigen Jahren in brieflichem Verkehr gestanden hatte.

In neuem Glanze zeigten sich in Amsterdam in dem neuerbauten Kunstmuseum die alten, mir wohlbekannten Gemälde. Eine Fahrt durch den Hafen und das Y nach Zaandam zu dem Hause, in welchem Zar Peter als Pieter Baas seine Lehrzeit durchmachte, bildete einen guten Abschluß der in Holland teils erneuerten, teils neu empfangenen Eindrücke. Zudem hatte ich liebe Verwandte in Haarlem und Amsterdam aufsuchen können, einen stattlichen Familienkreis, der in einer Einwanderung aus Deutschland vor 150 Jahren seinen Anfang genommen hatte. Besser als alles war doch, daß am 21. September 11½ Uhr abends meine Frau mich in Bonn auf dem Bahnhof erwartete. Sie hatte während meiner Abwesenheit eine Kur in Homburg durchgemacht. Seit 13 Jahren waren wir nicht so lange voneinander entfernt gewesen.

Bis in den Sommer des folgenden Jahres finde ich in meinem Tagebuche nur seltene Eintragungen. Es mag sein, daß man in späterem Alter für äußere Vorgänge weniger empfänglich wird, da doch meistens nur die Eindrücke früherer Zeiten sich wiederholen. Zu meinem Bedauern verlor ich meinen mehrjährigen treuen Gehilfen August Lang. Seiner Habilitation in Bonn hatten sich Schwierigkeiten entgegengestellt. So nahm er einen Ruf als Dompfarrer in Halle an, wo er als Seelsorger und Schriftsteller, seit einigen Jahren auch als Privatdozent, in verdientem Ansehen steht. An seine Stelle trat Ernst Sieper, schon seit dem Rektoratsjahre mir ein fast täglicher Helfer und bald auch persönlich mir eng verbunden, jetzt Professor der englischen Sprache und Literatur in München. Von Einzelheiten könnte ich erwähnen, daß ich Ende März, auf Einladung Lamprechts, den Historikerkongreß in Leipzig besuchte und am 16. Mai im Namen des Historischen Vereins für den Niederrhein die Generalversammlung des Hansischen Geschichtsvereins in Köln zu bewillkommnen hatte.

Die Arbeiten für die Geschichte der Revolutionszeit waren unterdessen soweit geführt als das in meinem Besitz befindliche Material gestattete. Dabei stellte sich aber heraus, daß aus österreichischen Archiven noch manches nachzutragen sei. So befestigte sich der schon lange gehegte Plan, noch einmal eine beträchtliche Zeit in Wien, besonders auf dem Kriegsarchiv, zu arbeiten. Eine Reise durch Tirol, ein Besuch bei den Verwandten meiner Frau sollte sich damit verbinden. Eisenbahn, Dampfschiff und Stellwagen führten uns an und über den Bodensee, über den Arlberg und das Inntal hinauf, am 6. August nach Finstermünz. Vor Abend trat die ungeheure Pyramide des Ortlers bei St. Valentin über die weiten Wiesenflächen der Malser Heide uns entgegen, und am anderen Morgen in Trafoi stand dicht vor uns die ungeheure Felswand des Madatsch. Es war lohnend genug, in dieser Umgebung einige Tage zu verweilen; einer war der Besteigung des Stilffer Jochs gewidmet. An großartiger Schönheit wetteifert die Straße mit den Alpenübergängen, durch die der Weg mich bisher geführt hatte. Oben erreicht man die italienische Grenze und, wenig von uns entfernt, obwohl durch einen tiefen Abgrund getrennt, sahen wir einen Teil der italienischen Heeresmacht seine Leistungsfähigkeit produzieren. Auf der steilen, jenseits des Abgrunds sich erhebenden Schneewand stieg ein junger Bersaglieri-Leutnant hinauf, nachlässig, die Hände in den Hosentaschen, so sicher und bequem, als ob er auf dem Pflaster des Corso sich bewegte, bis er an dem Bergrücken verschwand, freilich nur, um bald in einiger Entfernung wieder sichtbar zu werden und den Abstieg mit derselben lässigen Bequemlichkeit wie den Aufstieg vorzunehmen. Das Suldental zeigte uns den Bergriesen von der anderen Seite. Nichts ist anmutiger, als auf dem Fußwege durch das Tal immer mit dem Seitenblick auf den Ortler nach Gomagoi hinabzuwandern und nichts trostloser, als die Fahrt die Etsch hinab durch den Vintschgau. Das breite Tal, von zwei mächtigen Bergzügen begleitet, erstreckt sich von Westen nach Osten, man möchte glauben, unter den günstigsten natürlichen Verhältnissen. Aber nur das südliche, nach Norden schauende Gelände war noch einigermaßen bebaut und bewaldet, die nördliche Seite ganz kahl, von der Sonne ausgedörrt, denn die Wälder waren ausgerottet. Der breite Talboden war versumpft und Überschwemmungen ausgesetzt; vor einigen Jahren hatte sich die Etsch ein neues Bett gesucht, große Pappel- und Weidenstämme standen mitten im Wasser, um zu verfaulen, frühere Wiesen waren mit Schlamm und Geröll überdeckt. Die Wohnungen in den spärlichen Ortschaften waren kümmerlich und schmutzig, die Menschen verwahrlost. Selten sah ich ein Gebiet so heruntergekommen wie diesen Vintschgau. Abends bei Schlanders bezeugten Reben, prächtige Nuß- und Kastanienbäume bereits die Macht der südlichen Sonne, die uns am folgenden Tage in Meran und Bozen und bei längerem Aufenthalt auf der Mendel ihre segenspendende, beinahe nie getrübte und dabei nie versengende Kraft empfinden ließ. Am 4. September führte uns der Weg über den Brenner nach Innsbruck, wo ich meinem Freunde Julius Ficker zu begegnen hoffte. Aber er befand sich, wie 26 Jahre früher, auf der Wanderung. Stumpf war lange tot, Pastor verreist. Ich mußte mich begnügen, meiner Frau Schönes und Merkwürdiges in der Stadt und ihrer Umgebung zu zeigen. Sonderbar, was mir von allem, was ich sah, am deutlichsten in Erinnerung blieb, ist das Bild des Tirolers Koch: das Zusammentreffen Macbeths mit den Hexen. Das weiße Pferd, das mit ängstlich ausgestrecktem Hals vor den Unholdinnen zurückschaudert, könnte ich, wenn ich Maler wäre, sogleich auf das Papier zeichnen. Am 6. September erwartete uns der freundlichste Empfang auf der Villa, die Frau v. Pasetti in der schönsten Lage oberhalb Ischl bewohnte. Wie viele teure Erinnerungen wurden wieder lebendig! Am 11. September pilgerten wir nach Alt-Aussee zum Grieshof, wo wir unseren Hochzeitstag gefeiert, zu der Kirche, wo wir getraut waren. In dem Wirtshaus am See trafen wir Arneth, der mich hier aufgenommen hatte, als ich vor 25 Jahren zum ersten Male hierherkam. Es ist erfreulich, wenn wir einen Ort, der uns lieb geworden ist, nach langer Zeit wieder besuchen können, ohne daß der Tod auf die schönsten Erinnerungen seine schwere Hand gelegt hat. Am Tage darauf ließ ein Ausflug an den Mondsee neue Reize in diesem herrlichen Lande entdecken.

Aber jetzt durften die Arbeiten, die einen Zweck der Reise bildeten, nicht länger verschoben werden. Meine Frau blieb noch in dem Kreise ihrer Verwandten; ich selbst befand mich am 14. September in Wien auf dem Staatsarchiv. Was mich hier anzog, waren Akten aus den Jahren 1799 und 1800, die Depeschen Starhembergs aus London, der Briefwechsel zwischen Thugut und Cobenzl in den ersten Monaten des Jahres 1800 und die Berichte der in Petersburg zurückbleibenden beiden österreichischen Agenten. Länger beschäftigte mich die ergebnislose aber doch sehr interessante Verhandlung Cobenzls mit dem Botschafter Kalitschew, um das Zerwürfnis zwischen Rußland und Österreich auszugleichen. Dazu kamen Cobenzls Berichte aus Paris nach dem Abschluß der Verhandlungen in Lunéville, endlich Briefe Thuguts an Jenisch und Dietrichstein, die sich auf seine Abdankung und seine späteren Lebensjahre beziehen. Die Beschäftigung mit diesen Akten zog sich bis in die letzte Woche des Oktobers hin, aber nicht so, daß sie mich ausschließlich in Anspruch genommen hätte. Denn meine Haupttätigkeit war diesmal den Akten des Kriegsarchivs, den Feldzügen von 1799 und 1800, gewidmet.

Schon am Morgen nach meiner Ankunft, am Vormittag des 14. September, eilte ich, mich anzumelden, und am folgenden Tage konnte ich mich dem Direktor Generalmajor Leander v. Wetzer vorstellen. Daß ich zu diesem vorzüglichen Manne in Beziehung trat, darf ich als eine der glücklichsten Fügungen meiner späteren Jahre betrachten. Vom ersten Augenblicke bezeigte er mir ein Wohlwollen, das freilich in seinem Wesen begründet lag, aber ich möchte doch glauben, mir in einem mehr als gewöhnlichen Maße zuteil wurde. Neben ihm muß ich den Obersten v. Duncker erwähnen, einen Offizier mittleren Alters, der aus preußischen in österreichische Dienste getreten war. Es war ein sonderbarer Zufall, daß ich mit allen Mitgliedern der ausgebreiteten Familie zum Teil durch ganz verschiedene Veranlassungen bekannt wurde. Mit dem alten Vater und seiner Frau, mit Franz und Lina Duncker, mit dem Direktor der Preußischen Archive, mit dem Syndikus und zweiten Bürgermeister von

Berlin, endlich mit dem Buchhändler Alexander Duncker. Alle Schattierungen des politischen Lebens, von der äußersten Rechten bis zur äußersten Linken, hatten in ihnen Vertreter gefunden.

Es kam für mich darauf an, die im Jahre 1877 vorgenommenen Arbeiten zu ergänzen, vorerst, was ich über den italienischen Feldzug von 1800 gesammelt hatte. Schon in den ersten Tagen fiel mir ein Manuskript in Kleinoktav von einer ganz unbekannten Hand in die Augen, das sich 1877 noch nicht bei den Akten befunden hatte. Es erwies sich bald als die Quelle oder vielmehr als die erste Gestalt des mir aus jener früheren Zeit so merkwürdigen Manuskripts über die Schlacht von Marengo. Einiges fehlte, was in der späteren Bearbeitung hinzugesetzt war; weit mehr wurde mitgeteilt, was die spätere Bearbeitung weggelassen hatte. Das Verhältnis der beiden Bearbeitungen zueinander, die Zeit der Abfassung, insbesondere die Person des Verfassers festzustellen, war eine nicht ganz leichte Aufgabe historischer Kritik, denn die Manuskripte wie die Akten des Archivs enthielten nicht den geringsten Fingerzeig. Nicht damals in Wien, sondern erst weit später erwies sich der nachmalige General Josef v. Stutterheim als Verfasser. Noch manche wichtige Dokumente über die Schlacht von Marengo und den vorhergehenden Feldzug kamen mir vor Augen. Die Ausbeute war so bedeutend, daß darauf eine neue quellenmäßige Darstellung des Feldzuges sich begründen ließ. Eine ausführliche Darstellung des Grafen Neipperg gab Nachrichten über die berufenen Präliminarien des Grafen St. Julien, und eine Aufzeichnung eines der tüchtigsten österreichischen Generale, des Prinzen Friedrich von Hohenzollern, enthielt merkwürdige Nachrichten über Belagerung, die Einnahme und den kurzen Besitz von Genua sowie über den zweiten Teil des italienischen Feldzuges im Herbst und im Winter bis zum Waffenstillstand von Treviso vom 16. Januar 1801. Weiter mußten die Archivalien über die Schlacht bei Hohenlinden und den folgenden, für Österreich so beklagenswerten Feldzug exzerpiert werden, und als Schlußarbeit in der zweiten Hälfte des Oktobers ergab sich die erneute Prüfung der Schriftstücke, welche den Abzug Suworows aus Italien im September 1799, die Einnahme des Gotthard, die Kämpfe im Muota- und Linthtal und den Rückzug über den Bündnerberg in das obere Rheintal betreffen. Auch hier war der Gewinn an neuen Aktenstücken und neuen Ergebnissen ein sehr erheblicher; er hätte sich nicht erreichen lassen, wäre mir nicht von seiten des Direktors und der Beamten des Archivs ein so überaus gütiger Beistand geleistet worden. Als Beweis und zugleich als Andeutung der kleinlichen Hindernisse, die mir so oft im Leben entgegenstanden, sei nur eins erwähnt. Seit dem 24. Oktober wurde das Arbeitszimmer des Archivs geheizt bis zu einem Grade, der den Aufenthalt oder wenigstens die Arbeit für mich ganz und gar unmöglich machte. Aber sogleich wußte Herr v. Wetzer Rat; in einem besonderen Zimmer, das noch nicht mit der südlichen Temperatur beglückt wurde, trat mir ein Beamter des Archivs seinen Platz ab, und ich konnte gerade die letzten Tage meines Aufenthalts mit mehr als gewöhnlichem Nutzen verwenden. Mit den Gefühlen tiefer Dankbarkeit nahm ich am 3. November von dem edlen Förderer meiner Arbeiten Abschied. Für diese wurde gerade am letzten Tage ein unerwartetes Ergebnis gewonnen. Länger als rätlich, bis in die letzten Tage des Oktobers hatte ich gezögert, auf dem Archiv des Erzherzogs Albrecht, der Albertina, mich vorzustellen. Auch hier verdankte ich nur dem überaus gütigen Entgegenkommen des Direktors Malcher, daß ich von den hier angesammelten Schätzen über das Jahr 1799, insbesondere von dem, was der Erzherzog Karl hier niedergelegt hatte, wenigstens einen Überblick gewann. Schon hatte ich Abschied genommen, als mir am frühen Morgen des Tages, der für meine Abreise bestimmt war, in den Sinn kam, daß das Kopialbuch des Erzherzogs vielleicht Nachrichten über den Rastatter Gesandtenmord enthalten könnte. Rasch eilte ich nochmals auf das Archiv und in der Tat, es fand sich das vertrauliche Schreiben des Erzherzogs an den Kaiser vom 18. Mai, das zum erstenmal einen sicheren Anhalt in einer nicht zu bezweifelnden Äußerung eines nahe Beteiligten und sicher Wohlunterrichteten gewährte.

Die Freude an alten und neuen Archivalien blieb auch jetzt in Wien nicht die einzige. Wie hatte sich die Stadt seit 17 Jahren erweitert und verschönert! Welche Reihe von Palästen, wenn man die Ringstraße von den neuen Museen und dem Maria-Theresia-Denkmal bis zur Votivkirche durchwandert! Beinahe zu ausgedehnt sind die Räumlichkeiten für die Zahl der Menschen schon bei Tage und besonders bei Nacht, wenn die sonderbare, noch immer bestehende Einrichtung des Sperrschlüssels die Straßen nach 10 Uhr entvölkert. Die Umgebung hat so große Vorzüge, daß sie einer Verschönerung nicht bedarf. Römische Erinnerungen hatten mich mit einem Redakteur der Neuen Freien Presse, Dr Siegmund Münz, in Verbindung gebracht. Eine Wanderung mit ihm in die Brühl, zum Husarentempel des Fürsten Liechtenstein rief mir die alte Wanderung im Herbst 1852 mit Redwitz und Gabriel Seidl ins Gedächtnis. Auf dem Staatsarchiv fand ich die alten Freunde und Gönner, den Vizedirektor Winter und Archivrat Schlitter und zu meiner Freude in nie versiegender Jugendfrische den Freiherrn v. Helfert. Zeißberg ließ mich die Einrichtung des ihm unterstellten paläographischen Instituts bewundern. Auch seinem jetzt gleichfalls schon geschiedenen Nachfolger, Engelbert Mühlbacher, trat ich näher, mit Büdinger konnte ich Bonner Erinnerungen aus dem Jahre 1848 erneuern. Eine Einladung Minors führte mich in die Versammlung des Vereins für neuere Literaturgeschichte, und an einer Versammlung, die wöchentlich im Dominikanerkeller stattfand, pflegten Wetzer, Mühlbacher, Huber, Zwiedineck-Südenhorst, Schlitter und andere Historiker sich zu beteiligen.

Sickel, den ich in Alt-Aussee verfehlt hatte, traf ich öfters nach den Archivstunden bei Tisch. Arneth kehrte am 10. Oktober zurück. Und für mich das wichtigste: die Familie Pasetti und mit ihr meine Frau war am 25. September in Wien eingetroffen. In ihrem gastlichen Hause fand auch der spätere Botschafter in Rom, Marco v. Pasetti-Friedensburg, den wir schon in Ischl getroffen hatten, zuweilen sich ein. Mehrmals berief uns der alte treue Freund Schrauf in eine Theaterloge, die, ich weiß nicht aus welchem Grunde, ihm, dem geistlichen Herrn, sowohl im Burg- als im Stadttheater zur Verfügung gestellt wurde. So konnte ich hören, welche kärglichen Reste Frau Materna als Walküre von dem früher so mächtig tönenden Organe behalten hatte. Frau Wolter war als Cleopatra und Maria Stuart noch immer bewunderungswürdig, wenn auch, besonders in der äußeren Haltung und Beweglichkeit, der Einfluß der Jahre sich bemerkbar machte. Unter seinen zahlreichen Ämtern bekleidete Schrauf seit vielen Jahren auch die Stelle eines Sekretärs und Vertrauensmannes bei einem der angesehensten und geistvollsten österreichischen Aristokraten, dem Grafen Wilczek. Er legte Wert darauf, daß ich gleichfalls dem Grafen näher träte, und der Graf war freundlich genug, mich an einem Morgen auf dem Archiv zu besuchen und mich auf sein im Bau befindliches Schloß Kreuzenstein und zu seiner Familie einzuladen. Ich brachte die angenehmsten Eindrücke von diesem Ausflug zurück, und so schied ich auch sechs Tage später, am Abend des 3. November, mit den dankbarsten Gefühlen aus der Kaiserstadt, wo ich während eines Aufenthalts von fast 2 Monaten nur Angenehmes und Förderndes erlebt, nur wohlwollende und freundliche Menschen getroffen hatte.

Am folgenden Mittag begrüßte ich in Wertheim meine beiden Tanten und sagte der ältesten, wie ich fürchtete, das letzte Lebewohl. Am Mittag des 5. war ich in Bonn und schon 2 Stunden später im Hörsaal.

Es kam jetzt darauf an, die in Wien gesammelten Archivalien zu ordnen, einzureihen und zu ergänzen. Auch dazu verschaffte das Wohlwollen des Generals von Wetzer die Mittel. Die Berichte über die Schlacht von Marengo, die Aufzeichnungen Neippergs und Hohenzollerns und ein Manuskript des Majors v. Thielen über den Krieg von 1799 in 6 Foliobänden, wurden nach Bonn geschickt, so daß ich in aller Ruhe mit dem treuen Beistand des Dr Moritz Müller, jetzt städtischen Bibliothekars in Aachen, druckfertige Abschriften oder Auszüge herstellen konnte. Freilich, Monate waren dafür erforderlich.

Als der Frühling nahte, war auch in mir ein Plan zur Reise gekommen, dessen Ausführung ein Jahr vorher nur widrige Verhältnisse gehindert hatten. Mein Bruder Wilhelm war, wie man sich erinnert, nach dem Kriege aus Paris nach Rom übergesiedelt. Seit 21 Jahren, als ich ihn auf seiner Villa bei Lucca besuchte, hatte ich ihn in Italien nicht gesehen. Und wie oft hatte ich mich nach

Rom gesehnt! Am 21. März, kurz vor Mitternacht in Bonn in den Wagen steigend, befanden wir uns schon am Nachmittag darauf in Mailand. Der Reichtum an Kunstwerken, der beinahe keiner Stadt in Italien fehlt, macht es möglich, bei jeder neuen Reise an einem noch nicht bekannten Haltepunkte neue Herrlichkeiten kennenzulernen. Für die Weiterfahrt hatte ich Parma gewählt. Nicht vergebens suchte ich das Grab Neippergs und einiges, was auf seine Wirksamkeit sich bezog. Aber den Hauptreiz bildeten in der Gemäldegalerie die Schöpfungen Correggios, den man nur in Parma in seiner ganzen Mannigfaltigkeit, Anmut und Größe kennen lernt. Am Vorabend meines 65. Geburtstages, kurz vor Mitternacht, kam ich zum zweiten Male in meinem Leben, nach 43 Jahren, wieder nach Rom. Man hat gesagt, das größte Glück des Lebens sei, Rom zu sehen, das zweitgrößte, Rom wiederzusehen. Andere haben das Verhältnis umgewendet. Ich kann nur sagen, daß ich am anderen Morgen in der Frühe mit unbeschreiblicher Freude die spanische Treppe nach Trinità de' Monti hinaufstieg und von der Terrasse des Pincio die Kuppeln und Paläste der Stadt übersah, die in der Jugend ein neues Leben in mir erweckt hatte. Ich würde mich ins Unendliche verlieren, wollte ich angeben oder gar schildern, was wir in den nächsten Wochen der unerschöpflichen Quelle edelster Eindrücke entnehmen konnten. Wenn für mich der Reiz des ganz Neuen, Unerwarteten wegfiel, so hatte ich dafür die Freude, meine Frau wie vor 2 Jahren in Paris, jetzt in noch höherem Maße in eine neue herrliche Welt einzuführen, und nach mehr als 20 Jahren konnte ich einmal wieder mit dem Bruder, der mir so nahe stand, der mir vor 43 Jahren den Weg nach Rom geöffnet hatte, in dauerndem Verkehr leben. Er zeigte sich noch immer, im Alter von 74 Jahren, als ein kräftiger, tätiger Mann, den Anregungen der Kunst wie der Natur zugänglich. Seine Stellung in Rom auf der deutschen Gesandtschaft, dem deutschen Künstlerhause und bei Hofe war die angenehmste, und er verdiente sie durch seine Bereitwilligkeit, nützliche Unternehmungen, Kunst und Künstler zu unterstützen und zur Verschönerung der Stadt, die ihm eine Heimat geworden war, beizutragen. Sein Haus mit dem Garten in der Via Nazionale, das er nicht im Stile der Paläste, aber in den edelsten Formen hatte erbauen lassen, wurde in Reisehandbüchern als eine Sehenswürdigkeit aufgeführt. Dem Terrain, das bis dahin verwildert gleich hinter seinem Garten zur Terrasse des Quirinals sich hinaufzog, hatte er ein würdiges Aussehen geben lassen. Stieg man von seiner Wohnung zu den Thermen Diokletians aufwärts und bog dann in die erste Straße links ein, so stand man vor dem Termini-Brunnen, einem Meisterwerk Domenico Fontanas, der, lange Zeit verwahrlost und mit dem Verfall bedroht, auf Kosten meines Bruders in früherer Schönheit wiedererstanden war. Am anderen Ende der Stadt, nicht weit von der neuen Tiberbrücke, bezeugt eine Inschrift auf der Piazza Cairoli, daß der Platz, eine Anlage in der Form der Londoner Squares, von meinem Bruder der Stadt Rom geschenkt worden sei und seine Ausstattung erhalten habe. Er sollte sogar nach ihm benannt werden, aber diese Ehre konnte das Selbstgefühl des S. P. Q. R. einem Nichtrömer doch nicht zugestehen.

Wie verschieden war der Eindruck der Stadt von demjenigen des Jahres 1852! Statt der majestätischen Ruhe jetzt das bewegte Leben einer europäischen Hauptstadt. Manchem mochte dieser Wechsel wenig erfreulich sein; das traurigste war, daß bei den bedrängten Verhältnissen der großen Familien nicht wenige Stätten edelster Erinnerung der Bauwut und Spekulation zum Opfer gefallen waren. Meine Schwägerin machte mit meiner Frau der Fürstin Ludovisi Boncompagni einen Besuch; der Palast lag ganz nahe der Stelle, wo einst die Villa Ludovisi, die schönste innerhalb Roms, sich erstreckt hatte. Aus einem Fenster auf einen Laubgang deutend, sagte die Fürstin mit wehmütigem Lächeln: „Das ist das Letzte, was von der Villa Ludovisi übriggeblieben ist". Beinahe noch mehr als das Alte, das verschwunden war, rief manches, was man neu erbaut hatte, traurige Empfindungen hervor. Wie in Florenz, hatte auch in Rom die Erhebung zur italienischen Hauptstadt eine grenzenlose Bauwut entfesselt. Ganze Häuserreihen stiegen empor, besonders vor Porta Pia und jenseits des Tiber, Gebäude von kolossaler Größe, in den rohesten Formen, selbst für Kasernen schauderhaft. Die Hoffnungen der Unternehmer blieben unerfüllt. Um die Mietssteuer für fertige Häuser nicht bezahlen zu müssen, ließ man die Bauten unvollendet. Unbewohnt, ohne Dach, mit offenen Fensterhöhlen starrten diese Fehlgeburten dem Beschauer entgegen. Aber freilich, man durfte auch nicht vergessen, wie Großes gegenüber der Armseligkeit früherer Jahre auf dem Forum, dem Palatin, dem Janiculus geleistet war, wie neue prächtige Straßen sich erhoben, das Bett des Tiber eingesäumt, alle Mittel modernen Verkehrs dem Fremden zur Verfügung gestellt und die Möglichkeit einer freien, geistigen Entwicklung eröffnet war. Und das Ergebnis des Ganzen konnte doch nur sein: ein unermeßlicher Fortschritt neben schwer zu vermeidenden Nachteilen, die nur hin und wieder eine feinere Hand und bessere Überlegung erfordert hätten. Der Umgang mit meinem Bruder, die Anwesenheit meines Jugendfreundes Valentin Müller und einiger deutschen Bekannten, vor allem der Wunsch, von den Herrlichkeiten des alten und neuen Roms mir möglichst viel als unvergängliches geistiges Besitztum anzueignen, bewirkten, daß ich mit römischen Gelehrten nur ganz selten in Verbindung trat. Auch auf der Vatikanischen Bibliothek und im Archiv kam es nur zu einem kurzen Besuch, um von den neuen Einrichtungen eine Anschauung zu gewinnen. An Rosers Seite feierte ich am 1. April im Deutschen Künstlerheim Bismarcks Geburtstag, hatte auch die Ehre, dem deutschen Botschafter, unserem jetzigen Reichskanzler, vorgestellt zu werden. Sickel lud uns ein zu einem Vereinsabend des österreichischen Instituts, führte mich auch zu der Gräfin Lovatelli, der ausgezeichneten Kennerin des Altertums, dem sie zahlreiche, von den vorzüglichsten Archäologen hochgeschätzte Schriften gewidmet hat. Von ihrer genauen Kenntnis unserer deutschen Verhältnisse konnte ich mich bald überzeugen. Die Erinnerung an ihren Bruder, den Herzog Gaetani, dessen Vorträge über Dante ich schon bei meinen ersten Besuchen in Rom bewundern konnte, gereichte mir zur Empfehlung. Ein Theater besuchten wir nur einmal, als wir in der Loge meines Bruders eine mittelmäßige Vorstellung des A basso porto von Leoncavallo anhörten. Die eigentlich interessante Vorstellung spielte sich weniger auf der Bühne als im Zuschauerraum ab. Der Tenorist, der im ersten Akt nur mit merklicher Anstrengung seine Rolle hatte durchführen können, ließ in der Pause erklären, daß er nicht imstande sei, eine durch seine Rolle ihm auferlegte Arie vorzutragen. Darauf wütendes Schreien und Pfeifen aus dem Parterre und besonders von den Galerien; Klatschende wollten dagegen für den Sänger Partei nehmen; der Direktor des Orchesters sah mit großer Seelenruhe dem Tumult zu, stieg von seinem Sitz herab, überließ sich einem, wie es schien keineswegs aufgeregten Gespräch mit den Mitgliedern des Orchesters oder mit einzelnen Zuschauern und wartete ab, ob der Sturm sich legen würde. Darüber verging aber Zeit; eine nochmalige Erklärung des Regisseurs hatte nur einen vermehrten Sturm zur Folge, und jemand, der an solche Szenen nicht gewöhnt war, mochte glauben, es würde zum Äußersten kommen. Endlich wurde dann doch der Vorhang wieder aufgezogen, der Sänger erschien, von der einen Partei mit Zischen und Pfeifen, von der anderen mit Händeklatschen begrüßt, versprach, er wolle leisten, was möglich sei, und sein Gesang, der ihm sogar reichen Beifall einbrachte, ließ in der Tat wenig von den Hindernissen bemerken, die ihn hätten entschuldigen sollen.

Mittlerweile war die Charwoche mit ihren Feierlichkeiten, waren die Ostertage vorübergegangen und die Mitte des April erreicht. Statt einen kurzen Urlaub zu nehmen und für eine Reise nach Neapel zu benutzen, bewog mich vielleicht übertriebenes akademisches Pflichtgefühl, schon jetzt an die Heimkehr zu denken. Dazu kam wohl die leider niemals erfüllte Hoffnung, den Weg nach Rom, der sich mir wieder eröffnet hatte, bald noch einmal einschlagen zu können. Am Abend des 17. waren wir in Florenz; erst hier umfing uns der Zauber des italienischen Frühlings, so ganz entsprechend dem Namen und dem Wesen der anmutigsten, blühendsten Stadt, die mir auf der Erde bekannt ist. Auch die Blütezeit der neueren europäischen Entwicklung vom 14. bis 16. Jahrhundert hat an keinem anderen Orte so vollkommen ihre Anmut und Größe entfalten können. Vier herrliche Tage verlebten wir dort, verschönert durch die Liebenswürdigkeit meines Freundes Franchetti. Eine Einladung der Frau Emilia Peruzzi nach Antella mußte ich leider ausschlagen, um für einen Aufenthalt in Pisa und Genua kurze Zeit zu gewinnen. Auf der anderen Seite der Alpen, am Rhein, war die Pracht des Frühlings nicht geringer als in Italien. In Karlsruhe fand ich Bernays in seiner schönen Häuslichkeit inmitten seiner so reich ausgestatteten Bibliothek. Die Unterredungen mit meinem Freunde Karl Obser versetzten mich wieder in die Interessen deutschen Gelehrtenlebens. Aber noch ganz unter der Nachwirkung italienischer Erlebnisse trafen wir in der Frühe des 25. wieder in Bonn ein.

Nur zu bald wurde die erfreuliche Nachempfindung zerstört. Schon in Florenz und weiter auf dem Rückwege hatte mich die Nachricht von einer Erkrankung meines Bruders beunruhigt. Am Morgen des 4. Mai schrieb man mir, die Gefahr sei vorüber. Aber noch ehe dieser Brief nach Bonn gelangte, hatte schon ein Telegramm gemeldet, daß mein Bruder am 5. verschieden sei. In seiner Vaterstadt Münster hatte er seinen Namen verewigt durch die Begründung einer orthopädischen Anstalt, die seitdem zu einer der ersten in Deutschland sich entwickelt hat. In Italien rühmten die Zeitungen mit warmen Worten, was er für Rom getan hat. Sie nannten ihn dann, wie in seinem Leben gewöhnlich „Barone Huffer". Bei der Freigebigkeit, mit welcher in Italien adelige Titel erteilt werden, würde es ihm nicht schwer geworden sein, seinem Namen eine Zierat dieser Art anzuhängen. Mehr als einmal erhielt er sogar von maßgebender Stelle ein Anerbieten; er wollte aber Herr Wilhelm Hüffer bleiben. Die Quasten seines Leichenwagens wurden nichtsdestoweniger von dem deutschen Botschafter und drei römischen Herzögen getragen. Auf mein Leben hatte er einen bedeutsamen, immer fördernden Einfluß ausgeübt. In den letzten Jahrzehnten hatten die Berührungspunkte sich gemindert, aber die Anhänglichkeit war geblieben und gerade durch meinen Besuch in Rom neu belebt worden. Die Erinnerung an den Abgeschiedenen verließ mich nicht während des Sommers, sie begleitete mich auch, wie vor 25 Jahren das Andenken an meine Mutter, im August nach Zermatt, wo ich den vollen Eindruck des Hochgebirges einmal wieder empfinden wollte. Trotz aller Reize des herrlichen Tales stiegen wir alsbald zu längerem Aufenthalt zu dem Riffelalphotel hinauf, und es dauerte nicht lange, bis wir vom Gorner Grat bei wolkenlosem Himmel das gewaltigste Panorama vor Augen hatten, das Europa bieten kann. Und welch ein Schauspiel, wenn der Vollmond über die lange Kette der Bergriesen sein Licht ergoß! Ausgedehnte Wanderungen vom Riffelalphotel, dann von Zermatt aus mit einem tüchtigen Führer unternommen, stehen noch lebhaft in meiner Erinnerung. Eine hätte ich beinahe teuer bezahlen müssen. Auf einer Felsentreppe, die als Abstieg zu einem Dorfe diente, glitschte der Alpenstock auf den glatten Steinen aus, und ich stürzte kopfüber eine lange Reihe von Stufen hinab. Erstaunt und zu noch größerem Erstaunen meines Führers dankte ich meinem guten Glücke, daß ich nach einem solchen Fall ohne die geringste Beschädigung mich erheben und meinen Weg fortsetzen konnte.

So großartig die Formen sind, die man in Zermatt vor Augen hat, an Schönheit stehen sie hinter den Linien des Berner Oberlandes zurück, die wir dann von der Höhe des Beatenbergs und von Thun aus bewunderten. Auf dem Heimweg erfreute mich in Bern eine lange Unterredung mit Hilty. Gern folgte ich seinem Rate, an der Versammlung der geschichtsforschenden Gesellschaft der Schweiz, die am Abend des 18. Septembers in Basel beginnen sollte, mich zu beteiligen. Meine Frau hatte schon am Morgen den Heimweg nach Bonn angetreten. Ich selbst konnte Bern erst um 6 Uhr verlassen und trat nach einigen Irrwegen erst gegen 10 Uhr in den Saal, wo ich mehr als 100 Teilnehmer versammelt fand. Erfreulich sind doch die gastlichen Gewohnheiten in der Gelehrtenrepublik. Ich brauchte mich nur dem Vorsitzenden vorzustellen, um sogleich als Gast einen Platz an der Tafel zu erhalten, wo man bis gegen Mitternacht unter angeregten Gesprächen verweilte. Anregend waren auch die Vorträge des nächsten Tages; an diese schloß sich ein Festmahl in dem vor der Stadt gelegenen Sommerkasino. Man hatte mir einen Platz an der Seite des Rektors der Universität, von der Mühll, angewiesen. Als Vorsitzender des Historischen Vereines für den Niederrhein konnte ich der Versammlung Grüße überbringen, die trotz der weiten Entfernung an Wärme ebensowenig verloren hätten wie der berühmte von Fischart besungene Breitopf, den die Stadt Zürich nach Straßburg sandte. An das Mittagsmahl schloß sich ein sehr hübsches Festspiel, von einem Gymnasialprofessor gedichtet, das die Verdienste Sebastian Münsters um die Kosmographie und Aegidius Tschudis um die Geschichte der Schweiz ins Licht stellte, ohne die Fälschungen, deren sie sich schuldig gemacht hatten, zu verhüllen. Dabei fand sich auch Gelegenheit, dem anwesenden Professor Aloys Schulte aus Freiburg, der die Fälschungen Tschudis zum Mißfallen und nicht ohne Widerspruch patriotischer Glarner nachgewiesen hatte, eine Huldigung darzubringen. Zum Schluß setzte mich noch ein Ausflug nach einem nahen, nunmehr in ein Wirtshaus verwandelten Wasserschloß in angenehmen Verkehr mit einem jungen, talentvollen Privatdozenten, Ulrich Stutz, der 8 Jahre später mein Kollege in Bonn geworden ist. Am nächsten Tage konnte ich eine Freundespflicht erfüllen. Viele Jahre hatte Frau v. Schwartz ihren Wohnsitz in Kreta beibehalten; nur von Zeit zu Zeit kehrte sie auf einige Monate unter die europäische Menschheit zurück. Aber im Frühjahr hatte eine unvorsichtig abgefaßte Stelle in einem Buche über den kretischen Tierschutzverein den französischen Konsul Blanc so schwer gegen sie aufgebracht, daß Verwicklungen der unangenehmsten Art, dazu ein Prozeß in Aussicht standen. So hatte sie, zudem von einem bedenklichen Unwohlsein betroffen, den Entschluß gefaßt, der von ihr so sehr geliebten Insel für immer oder doch für lange

Zeit Lebewohl zu sagen. Ihren Wohnsitz hatte sie in dem freundlichen Dorfe Ermatingen am Untersee in einer einfachen Pension aufgeschlagen. Hier fand ich sie am 20. September mit ihrer Gesellschafterin, einer schon bejahrten, aber noch rüstigen Dame. Sie war sehr gealtert; das Unwohlsein im Frühjahr, es scheint schlagartig, hatte die Energie ihres Denkens einigermaßen gemindert. Ganz unverändert waren ihre Güte und ihre Neigung, wohlzutun. Zwei Jahre früher war sie in Ermatingen mit acht Lehrerinnen eingezogen, denen sie auf ihre Kosten einen gesunden Sommeraufenthalt verschaffte. Noch ganz stand sie unter dem Eindruck des Prozesses, von dem sie bedroht war. Ich mußte mich sogleich mit den Akten, soweit sie vorlagen, bekannt machen, und gern versprach ich, so gut als irgend möglich, zur Zurückweisung der gegen sie gerichteten Angriffe und Ansprüche beizutragen. Die Wirtsleute, alle anwesenden Fremden waren ihr ergeben; mit einem ihrer Verehrer, einem Präsidenten aus St. Gallen, machte ich nach Tisch einen Spaziergang auf das benachbarte Schloß Arenenberg, das ich 1855 bei der ersten Reise in die Schweiz besucht hatte. Er konnte nicht aufhören, ihre Liebenswürdigkeit zu rühmen, während er doch ihre Verhältnisse und ihren Prozeß klar und nüchtern beurteilte. Nur zu schnell verging die Zeit, und wieder frage ich mich, warum ich nicht einen Tag zusetzte, statt gegen Abend eine Fahrt anzutreten, die mich am anderen Morgen nach Bonn führte.

Meine nächste Sorge war, ein für Frau v. Schwartz günstiges Gutachten zustandezubringen. Meine Freundin hatte, wie ich nicht in Abrede stellen konnte, in sehr unvorsichtigen Worten den plötzlichen Tod eines ihrer Bekannten auf Kreta so dargestellt, daß man den französischen Konsul Blanc für den Urheber, wenn nicht gar für den Mörder halten konnte. Sie war zu einer Ehrenerklärung bereit, aber es schien, daß man von der anderen Seite in unbilliger Weise eine Gelderpressung beabsichtigte und deshalb mit einer gerichtlichen Klage drohte. Frau v. Schwartz hatte schon den in Sachen des internationalen Privatrechts sehr angesehenen Züricher Professor Meili um Rat und Beistand gebeten. Meinerseits suchte ich meinen scharfsinnigen Kollegen Baron für die Angelegenheit zu interessieren und verfaßte ein Gutachten, das auch Baron unterzeichnete und welchem dann Meili sich anschloß. Es ist, wie ich glauben darf, bei späteren Erörterungen nicht ohne Einfluß geblieben. Das Ende war aber doch, daß Frau v. Schwartz, um einem drohenden Prozeß in Konstantinopel zu entgehen, ihren Gegner durch eine beträchtliche Geldsumme befriedigte. Das Gutachten für Frau v. Schwartz unterbrach nur auf kurze Zeit die Arbeiten, die ich seit der Rückkehr aus Wien, ich darf wohl sagen, so eifrig als möglich betrieben hatte. Was mich zunächst zur Darstellung reizte, war ein Nachtrag zur Geschichte des Rastatter Kongresses. Der Gesandtenmord war in den letzten Jahren Gegenstand vielfacher Erörterungen gewesen. Die ganz haltlose abenteuerliche Behauptung, Bonaparte habe von Ägypten aus die französischen Gesandten ermorden lassen, hatte ihrem Urheber, Professor Böhtlingk, eine Art von Namen gemacht, und als Karl Obser mit überzeugenden Gründen sich dagegen erklärte, zog er sich von seiten seines leidenschaftlichen Gegners eine Flut von Schmähreden zu. Es kam zu gerichtlichen Erörterungen, ja es fehlte wenig, daß ich als sogenannter Sachverständiger im Frühjahr 1895 eine Reise nach Karlsruhe hätte antreten müssen. Der Brief des Erzherzogs vom 18. Mai und was ich sonst aus der Albertina erhalten hatte, gab zum erstenmal einen sicheren Anhaltspunkt für die Beteiligung österreichischer Militärbehörden, Grund genug, die vielbestrittene Frage noch einmal in einer Abhandlung zu untersuchen, die im Juli und August 1895 in der Deutschen Rundschau erschien. Die Schrift hatte, wie die neuen Urkunden erwarten ließen, Interesse und meistens Zustimmung gefunden; auch in Wien waren die Behörden der Archive wenigstens nicht unzufrieden. Dagegen hatte Herr Böhtlingk, obgleich oder vielleicht weil ich seinen Namen in meinem Aufsatze nicht genannt hatte, in einem neuen Pamphlet gegen Obser auch meine Abhandlung in der ihm eigentümlichen Weise mit Schmähreden bedacht, die nicht ganz ohne Erwiderung bleiben durften. Meine Abhandlung erschien im Frühjahr 1896, erweitert und mit wörtlicher Beigabe der darin angeführten Urkunden, als besondere Schrift. Sie konnte die Streitfrage noch nicht völlig lösen, aber doch der Lösung beträchtlich näher bringen und hat vielleicht dazu beigetragen, die österreichischen Militärbehörden zu einer vollständigen Veröffentlichung zu veranlassen. Wäre nur diese Arbeit die einzige gewesen, die der Fortführung meines Hauptwerkes in den Weg trat! Als ich aus Italien zurückkehrte, fehlte es für das fällige Heft der Annalen des historischen Vereins durchaus an Beiträgen; ich selbst mußte eintreten. Von dem Grafen Ernst v. Mirbach-Harff waren mir aus dem Archiv in Harff, das für die Annalen schon manchen wertvollen Beitrag geliefert hatte, Archivalien anvertraut worden, welche zu den in früheren Jahren veröffentlichten Mitteilungen aus der Zeit der französischen Herrschaft, den Aufsätzen über Boosfeld und die Stadt Bonn, der Auswanderung der Rheinländer nach Westfalen, der Wirksamkeit des edlen Lezay-Marnésia in naher Beziehung standen. Ich verband sie unter dem Titel „Aus den Zeiten der Fremdherrschaft" zu einer Schrift, in welcher die Schicksale der Familie v. Lombeck-Gudenau den Mittelpunkt bildeten. Waren diese Arbeiten vor der Ferienreise beendet, so erwarteten mich nach der Rückkehr neue, und zwar amtliche Verpflichtungen. Am 18. Oktober 1895 war das Dekanat der juristischen Fakultät mir zum dritten Male zugefallen. Nur eine Woche später verschied der Kurator Gandtner. Er war schon seit einem Jahre unwohl, seit dem Frühling krank gewesen. Im September fand ich ihn etwas kräftiger als ich erwartete.

Aber die Hoffnung schwand nur zu bald; daß ich sein Hinscheiden lebhaft betrauerte, nicht bloß als einen Verlust für mich, sondern auch für die Universität, wird man nach dem, was ich früher von ihm sagte, begreiflich finden. An seine Stelle trat mit dem Anfang des neuen Monats als provisorischer Kurator der Geheime Oberregierungsrat Naumann, schon in seinem Äußeren den hohen preußischen Beamten deutlich verratend, aber im Umgang von den angenehmsten Formen, klug und einsichtig. Erst nach dem Ablauf eines halben Jahres folgte ein Mann, dessen Name bereits vielfach und mit Auszeichnung genannt war, Herr v. Rottenburg, der langjährige Vertraute des Fürsten Bismarck. Als Wirklicher Geheimer Rat und Exzellenz war er den Professoren im Range weit voraus, aber nach seinen Erlebnissen, seiner Begabung, seinen Kenntnissen brauchte er auf Äußerlichkeiten keinen Wert zu legen, und ich habe niemals bemerkt, daß er sie im Verkehr hätte hervortreten lassen. Hätte nur öfteres Unwohlsein, wodurch schon die Übernahme des Amtes verzögert wurde, nicht auch die Ausübung behindert! Nichts war mir anregender als eine Unterredung mit ihm über seine frühere Tätigkeit; er hielt nicht zurück mit den Erfahrungen, die er in seiner hohen amtlichen Stellung gesammelt hatte. Seinen Äußerungen bei akademischen Feierlichkeiten pflegte er gerne, besonders in späterer Zeit, einen lehrhaften, allgemein bedeutsamen Inhalt zu geben, zuweilen etwas ausführlich, aber niemals ohne wirklichen Gehalt, so daß sie dann noch, nicht zu seinem Mißvergnügen, in den Zeitungen vielfachen Nachklang erhielten.

Unter den Studierenden befanden sich in diesem wie im vorigen Jahre die beiden ältesten Söhne des Prinzen Albrecht, Friedrich Heinrich und Joachim Albrecht, Jünglinge von freiem, offenem, liebenswürdigem Charakter; in dem Major v. Arnstett und dem Leutnant v. d. Goltz besaßen sie Begleiter, wie man sie nicht bei allen Prinzen findet, aber allen wünschen möchte. Beide Brüder zeigten für Musik eine lebhafte Neigung, die bei dem jüngeren sogar in Kompositionen von nicht gewöhnlichem Talent sich betätigte. Meine Stellung als Dekan und das musikalische Talent meiner Frau führten mannigfache Berührungspunkte herbei, und nicht selten bot ein Abend auch den Prinzen Gelegenheit, von ihren Fortschritten im Gesang oder auf dem Violoncello einen Beweis zu geben. An einem Tage konnte ich ihnen auch auf dem Königlichen Schlosse in Berlin begegnen. Am 18. Januar waren seit der Erneuerung des deutschen Kaisertums 25 Jahre verflossen; zur Feier des Tages hatte der Kaiser alle Abgeordneten nach Berlin geladen, die früher oder später an einem Reichstag teilgenommen hatten. Als ich um ½11 Uhr den weißen Saal des Königlichen Schlosses betrat, war er schon zur Hälfte gefüllt. Manchem alten Bekannten aus der Zeit des Norddeutschen Reichstags konnte ich wieder die Hand reichen. Auf einer Bank im Nebensaal saß der alte Meyer-Bremen. Er zählte jetzt

86 Jahre, sagte, er habe aber doch den Tag nicht versäumen wollen. Nicht weit von ihm stand der Reichskanzler Fürst Hohenlohe in seiner Amtstracht, den Rock bis zum untersten Zipfel mit Orden besteckt. Der weiße Saal, mit Statuen und anderen Verzierungen geschmückt, hatte ein wesentlich verändertes Aussehen erhalten. Auf der Innenseite des Schloßhofes war beinahe in voller Länge ein Nebensaal angebaut, der durch mehrere Bogenöffnungen mit dem Hauptsaal in Verbindung stand. Der Thron konnte also nicht mehr wie vordem an dieser Seite einen Platz finden; er stand in der Mitte zwischen den Fenstern der gegenüberliegenden Wand. Gegen 11 Uhr kam von links her aus der Kapelle die Treppe hinab der kaiserliche Zug, voran etwa 30 Pagen und die Kammerherren, dann Minister, Bundesratsgesandte, der Kaiser mit der Kaiserin Friedrich, die Prinzen, darunter auch die beiden in Bonn studierenden — Prinz Friedrich Heinrich an Größe alle überragend. Der Zug bewegte sich an den Seiten des Saales bis zur Türe und in die Gemäldegalerie und kehrte in einer Viertelstunde, angekündigt durch Fanfaren, in etwas veränderter Ordnung aus der Galerie, wo er sich vermutlich geordnet hatte, in den Saal zurück. Wieder Pagen, Kammerherren, Ritter des schwarzen Adlerordens, sogenannter großer Vortritt, die Träger der Reichsinsignien, die Prinzen und der Kaiser, aber diesmal ohne Dame. Der Kaiser verlas stehend die vom Reichskanzler übergebene Thronrede. Der Eindruck war ähnlich wie bei dem Ständefest in Düsseldorf. Seine Stimme hatte auch jetzt nichts von dem Wohlklang, der den Worten Wilhelms I. sogleich den Weg zum Herzen öffnete, aber sie war fest, durchdringend, klar, so daß kein Wort unverständlich blieb. Die Rede enthielt nichts von außerordentlicher Wirkung; eindrucksvoll war es aber, als der Kaiser, nachdem er das geschriebene Blatt zurückgegeben hatte, eine Hand auf die Standarte des ältesten Garderegiments legte, das Gelöbnis, sich dem Reiche zu widmen, wiederholte und mit den Worten schloß: „Ein Volk, Ein Gott, Ein Reich". Bald, nachdem er geendet, setzte sich der Zug in der früheren Ordnung nach der Gemäldegalerie in Bewegung. In dieser Galerie, wo er seiner ganzen Länge nach sich entfalten kann, nimmt sich nach meinen Erinnerungen aus früheren Jahren diese Schaustellung weit prächtiger aus; der weiße Saal bildet keinen genügenden Raum zur Entfaltung; der scharfe Winkel der Ecke bewirkt, daß die Übersicht verloren geht. Dazu kommt, daß der Zug sich immer an den Fenstern vorbeibewegt, also die Zuschauer sich alle auf einer Seite befinden. Gegen 1/4 vor 12 war die Zeremonie beendet. Man blieb noch etwa 1/4 Stunde in den Räumen, um Statuen und Bilder zu betrachten, einzelne Bekannte zu begrüßen. Um 12 Uhr stand ich, den unbequemen Talar auf dem Arm, wieder am Portal; das Wetter war trübe; ein leiser Regen hinderte, von der Parade etwas zu sehen. Ich fuhr zu Simsons Wohnung. Er kehrte eben von einer Spazierfahrt im Tiergarten zurück und

empfing mich auf einem Ruhebett. Sein Äußeres war nicht sehr verändert, der schöne würdige Ausdruck des Gesichtes hatte nur wenig durch eine zunehmende Verschwommenheit gelitten. Er klagte auch nicht über sein Befinden, sagte aber, er bestehe aus zwei Teilen; vom Kopf bis zum Gürtel sei er gesund, vom Gürtel abwärts tauge er nichts mehr; die Beine wollten ihn nicht mehr tragen. Freilich trugen sie auch an einem Körper, der schon vor 12 Jahren ein Gewicht von 109 Kilogramm erreicht hatte, eine außergewöhnliche Last. Während wir noch meistens über persönliche und Familienangelegenheiten redeten, kam der Abgeordnete Puttkamer (Sorau), einer der 30 Abgeordneten, die Simson nach Versailles begleitet hatten; außer Simson waren von ihnen noch 9 am Leben. Puttkamer verabschiedete sich bald, ein anderer Besucher wurde nicht angenommen, aber ich mußte noch bleiben; Simson wollte mir, wie er sagte, einen Beweis geben, daß er noch stehen und gehen könne, was denn auch, nachdem er mit Mühe sich aufgerichtet hatte, leidlich sich bewerkstelligen ließ. Es war unterdessen 3 Uhr geworden. Mir blieb noch Zeit, Rodenberg zu besuchen und in das Haus meines Vetters Paul Kaufmann, wo ich freundliche Aufnahme gefunden hatte, zurückzukehren. Gegen 6½ Uhr war ich wieder im Schloß. Durch eine endlose Reihe von Zimmern, die zum Teil nur mäßig erleuchtet waren, gelangte ich in die Gemäldegalerie, die sich im Glanze elektrischen Lichtes prächtig genug ausnahm. Ein Kammerherr wünschte, man möge den bestimmten Platz an den Tafeln im weißen Saale aufsuchen; der meine wurde mir von meinem Tischnachbarn, Professor Dove aus Göttingen, gezeigt. Gegen 7 Uhr kam der kaiserliche Zug aus der Galerie in den Saal; der Stuhl des Kaisers stand ungefähr da, wo am Morgen der Thron gestanden hatte. Die Tafel, wie gewöhnlich, rasch, aber nicht übermäßig rasch bedient, dauerte etwas länger als eine Stunde. Gegen den Schluß sprach der Kaiser den Trinkspruch, den man aus den Zeitungen kennt, und etwa gegen ¼ nach 8 Uhr war der kaiserliche Zug aus dem Saale in die Galerie wieder eingetreten. Alles strömte nun in diesen einen, für die Zahl von mehr als 600 Personen doch nicht übergroßen Raum, so daß, besonders in der Nähe des Kaisers, ein starkes Gedränge entstand. Es hing nur vom Zufall ab, ob man einem Bekannten begegnete. Da zudem die Diener die Rückkehr der Wagen bereits auf 9 Uhr angesetzt hatten, so machte schon die Kürze der Zeit eingehende Gespräche unmöglich. Dem Fürsten Hohenlohe konnte ich mich vorstellen. Er erinnerte sich des Beistandes, den er 1878 in Paris mir zuteil werden ließ. Nach ½9 Uhr kam die Kaiserin, von einer Hofdame begleitet, in die Galerie und hielt nicht weit vom Kaiser entfernt Cercle ab. Ihre Gestalt war völlig verändert, schlank, zierlich, in ihren Bewegungen sehr anmutig. Der jüngere der in Bonn studierenden Prinzen wollte eben veranlassen, daß ich dem Kaiser, der nicht mit vielen Personen gesprochen hatte, vorgestellt würde, als die

Kaiserin auf diesen zutrat und ihn einlud, sich mit ihr zurückzuziehen, was denn auch nicht lange nach 9 Uhr geschah. Recht angenehm wäre es gewesen, wenn die Geladenen noch einige Zeit hätten versammelt bleiben können, um so mehr, als eine Vereinigung auch nur der sämtlichen Reichstagsabgeordneten an einem anderen Orte nicht vorgesehen war. Aber mit dem Weggange des Kaisers begannen sich auch die Säle zu leeren. Mit Herrn v. Loë stieg ich die langen Treppen hinab; er hatte am Morgen im kaiserlichen Zuge das Reichspanier getragen, eine Ehre, die ihm als dem zweitältesten preußischen General zugefallen war.

Die Stimmung in Berlin war, wie verschiedene Unterredungen mich bemerken ließen, weniger gehoben als in den Provinzen. Es fehlte an Zuversicht, man vermißte einen festen, sicheren Gang der Behörden. Der rasche, unerwartete Wechsel an hohen Stellen bewirkte, daß man ohne festes Vertrauen von Tag zu Tag lebte.

Angenehm überraschten am nächsten Tage die wertvollen Erwerbungen der Gemäldegalerie, und am meisten erfreute ein erneutes Zusammensein mit Simson. Ich fand ihn noch frischer als tags zuvor. Bei Tische waren noch zwei Töchter und ein Neffe zugegen. Er sprach viel und heiter über die Feste, Bismarck und den Kaiser. Noch immer war er Präsident der Goethegesellschaft. Für die Briefe Goethes an Frau v. Stein, die für 77 000 Mark angekauft waren, hatte er 5000 Mark beigesteuert; er hob aber hervor, daß er diesem Ankauf nicht besonders geneigt gewesen sei, weil er das Verhältnis nicht für ein reines halte, und weil die Nachkommenschaft der Frau v. Stein das Geldinteresse gar zu sehr habe hervortreten lassen. Als ich wieder, wie öfters, auf die Abfassung seiner Denkwürdigkeiten hinwies, äußerte er, sie würden ungeschrieben bleiben. Von seiner Tochter Elise hörte ich später, die Besorgnis, zu viel oder zu wenig zu sagen, sei für ihn so aufregend gewesen, daß er den Versuch habe aufgeben müssen. Mit seinem Aufenthalt in Schlangenbad war er zufrieden, hoffte, im Sommer dahin zurückzukehren und brachte wieder ein längeres Zusammensein in Vorschlag.

Bei einem kurzen Eintritt in das Reichstagsgebäude hatte ich den Abgeordneten Rickert getroffen und mit ihm verabredet, mit seiner Frau, vormals Geraldine Schücking, eine liebe Jugendbekanntschaft zu erneuern. Alsdann wollte er in dem Reichstagsgebäude mein Führer sein. Welch ein Unterschied, wenn man diese Prachträume mit der elenden Unterkunft verglich, auf die das preußische Abgeordnetenhaus noch in den 60er Jahren angewiesen war! Mich interessierte besonders die Bibliothek, die ich während eines Jahres im Norddeutschen Reichstag selbst zu beaufsichtigen hatte; keine Bequemlichkeit war außer acht gelassen. Ich hörte aber, daß Hitze und schlechte Luft infolge der Glasdecke während des Sommers unerträglich seien, und daß die weiten Entfernungen des Hauses der Bequemlichkeit Eintrag täten. Immerhin war es erfreulich, daß unsere verfassungsmäßigen Verhältnisse durch ein so prächtiges äußeres Zeichen eine Anerkennung erhalten hatten.

Da ich einmal von Festlichkeiten zu reden hatte, mag noch einiges dieser Art hier folgen. Für einen Abend der akademischen geselligen Vereinigung hatte Moriz Ritter, der Rektor, die Aufführung von Goethes „Jahrmarkt in Plundersweiler" angeregt. Meine Frau übernahm die Leitung des Theatralischen, ich verfaßte einen Prolog. Die Aufführung (8. Februar) hatte den besten Erfolg. Im Goethe-Jahrbuch und in anderen Zeitschriften fand dieser Versuch, den anmutigen Schwank in Szene zu setzen, Erwähnung.

Größere Bedeutung für mich hatte eine andere Festlichkeit. Am 29. Juni sollte in Königswinter ein Denkmal des Dichters Wolfgang Müller enthüllt werden. Nach der Ansicht derer, die am tätigsten dafür gewirkt hatten, des Regierungsrats Joesten und Emil Rittershaus', sollte nach der Ehrung des einen rheinischen Dichters einem anderen, Gottfried Kinkel, das gleiche zuteil werden. Zur Beteiligung an diesem Plane aufgefordert, hatte ich gern meine Unterstützung zugesagt, nur die Bedingung gestellt, daß vorerst die Errichtung eines Denkmals für Karl Simrock gesichert sein müsse. Seit Simrocks Tode hatte ich, so oft sich Gelegenheit bot, darauf hingewiesen, daß Vaterstadt und Heimat dem Manne, der nach seiner literarischen Bedeutung als das Haupt der rheinischen Dichterschule zu betrachten war, ein Zeichen der Dankbarkeit und Verehrung schuldig seien. Der richtige Zeitpunkt dafür schien jetzt gekommen oder, wenn er nicht benutzt würde, für immer verloren. Man ging mit dankenswerter Bereitwilligkeit auf den Plan ein, für den auch der Vertreter der Literaturgeschichte an der Bonner Universität, Professor Litzmann, eingetreten war. Der Verabredung gemäß flocht ich bei dem Festmahl in einem Trinkspruch auf die Stadt Königswinter den Wunsch ein, daß demnächst auch Karl Simrock ein Denkmal errichtet würde. Joesten trat sogleich mit dem Antrage hervor, ein Komitee zu bilden und Litzmann und mich zu Vorsitzenden zu wählen. Wir setzten aber durch, daß der gleichfalls anwesende Oberbürgermeister von Bonn mit uns die Sache in die Hand nehmen müsse. Von allen Seiten wurde mit lebhaften Zeichen des Beifalls Unterstützung versprochen. Unter dem 10. Juli luden Spiritus, Litzmann und ich für den 17. zu einer ersten Versammlung im Rathause ein. Ich eröffnete die Versammlung mit einer Ansprache, die auf die Berechtigung unseres Vorhabens, die Notwendigkeit, ein Komitee und einen geschäftsführenden Ausschuß zu bilden, hinwies und mit dem Wunsche schloß, daß der Oberbürgermeister den Vorsitz des Komitees übernehmen möchte. Herr Spiritus erklärte sich dazu bereit. Auch der von mir verfaßte und gedruckt vorliegende Aufruf wurde angenommen, neben dem größeren Komitee ein engerer geschäftsführender Ausschuß gebildet, und als dieser am 22. Juli sich zum zweiten Male versammelte, hatten sich für das Gelingen des Unternehmens bereits günstige Aussichten eröffnet.

Bei der Gedächtnisfeier deutscher Dichter war ich auch in den nächsten Jahren mehrfach beteiligt. Am 9. September wurde in Münster ein Denkmal Annettens v. Droste enthüllt, und die 100. Wiederkehr ihres Geburtstages am 12. Januar des folgenden Jahres gedachte die literarische Gesellschaft in Köln feierlich zu begehen. Ich hatte am 9. Januar den Festvortrag zu halten, und da Rodenberg ihn für die Rundschau wünschte, ergänzte ich ihn nicht unerheblich aus ungedruckten Briefen und poetischen Arbeiten der Dichterin. Es war mir, ich muß hinzusetzen, mit unsäglicher Mühe gelungen, das ergreifende Gedicht von der ächzenden Kreatur aus einem Manuskript zu entziffern, das selbst unter den Manuskripten Annettens als Geduldsprobe nicht seinesgleichen findet. Nicht lange nachher mußte ich sogar ein paar eigene Verse in die Öffentlichkeit geben. Vom 23. bis 27. Mai fand unter Joachims Leitung eines jener Feste statt, in denen die edelsten Erzeugnisse der Kammermusik zum Vortrag kamen. Ich wurde gebeten, einen Prolog zu verfassen. Da Brahms am 3. April verschieden war, wurde das Fest naturgemäß auch eine Trauerfeier zum Andenken des viel beklagten Meisters. Ich suchte dies in dem Prolog zum Ausdruck zu bringen, der eine gute Aufnahme fand, obgleich er von einem Mitglied des Kölner Stadttheaters, Herrn Bohnee, nicht so gut wie man hätte erwarten sollen, vorgetragen wurde. Ich habe aber öfters erfahren, daß Schauspieler den Unterschied zwischen einer freien Rezitation und einer theatralischen Deklamation nicht deutlich empfinden. Über Heine hatte ich in den letzten Jahren einige Aufsätze in der „Deutschen Rundschau" veröffentlicht, insbesondere die Briefe des Dichters aus der Berliner Zeit an seinen literarischen Freund, den späteren Geheimrat Keller. Eine neue Veranlassung, mich zu äußern, gab im Dezember 1897 der 100 jährige Geburtstag des Dichters und die Streitfrage nach dem Geburtsjahr. Rodenberg hatte mich um einen Aufsatz gebeten, und ich ging umso lieber darauf ein, als ich eben neue Gründe aufgefunden hatte, welche die vielbestrittenen Ansprüche der Jahre 1797 und 1799 zugunsten des ersteren entschieden. Die wiederholten Aussprüche Heines über eine Fälschung seines Geburtszeugnisses waren bis dahin ein Rätsel geblieben. Sie erklärten sich jetzt dadurch, daß seine Eltern, als sie ihn um zwei Jahre verjüngten, ihm die Erlaubnis zur Auswanderung nach Hamburg und die Befreiung vom preußischen Militärdienst erwirken wollten. Es kam dem Aufsatz zugute, daß der Verfasser zugleich Jurist und Historiker und ein warmer Freund des Dichters war. Von nah und fern erhielt ich jetzt zahlreiche Zeichen der Zustimmung, darunter eine von Frederic Heß, dem Redakteur der „California" in St. Francisco. Von rheinischen Eltern abstammend, konnte er aus Familienerinnerungen meine Angaben über Heines Knabenzeit bestätigen.

Professor Buchheim in London, der feinsinnige Kenner und Förderer Heinescher Poesie, sandte seine Arbeiten, und begeisterte Verehrer des Dichters in Czernowitz wollten mein Porträt in der Neujahrsnummer der Theater-, Kunst- und Literaturzeitung veröffentlichen, ein wohlgemeintes Anerbieten, dem ich aber nicht zustimmen konnte, weil ich zu den Kosten hätte beitragen müssen. Die Nachforschungen über Heines Knabenalter, die durch die Abhandlung für die „Rundschau" erfordert wurden, veranlaßten dann noch mehrere Artikel in der „Allgemeinen Zeitung" über Heines Gymnasialstudien und seine Lehrer, bei denen ich von meinem Freunde Julius Asbach, dem spätern Direktor des Gymnasiums, wirksam gefördert wurde.

Leider darf ich eine für mein Befinden wenig erfreuliche Wendung nicht unerwähnt lassen. Am Morgen des 18. April 1896 fühlte ich heftige Schmerzen im Unterleib, die sich während 10 Tagen wiederholten und steigerten, ohne daß die sorgfältigste Untersuchung ihre eigentliche Ursache feststellen konnte. Endlich wurden Nierensteine als Urheber des Unheils entdeckt, aber erst am 15. Mai konnte ich meine Vorlesungen aufnehmen, und es dauerte bis in den Sommer, ehe die Kräfte sich völlig wieder herstellten. Seit dem Scharlachfieber im Jahre 1854 war es die erste ernstliche Krankheit, die mich, abgesehen von dem beständigen Augenleiden, befiel. Um einer Wiederkehr des Übels vorzubeugen, hatte ich zuerst eine Kur in Homburg durchzumachen, die man in der frischen Luft der anmutigen Umgebung nicht als eine Beschwerde anzusehen brauchte. Am 29. August standen wir dann wieder auf dem Monte Generoso, der uns durch unseren früheren Aufenthalt so lieb geworden war. Das Wetter war nicht eben günstig. Erst die dritte Auffahrt vom Hotel Pasta bis zum Gipfel gewährte einen vollkommen freien Rundblick. Aber ein anregender Umgang fehlte nicht. Ein mailändischer Gelehrter, Ascoli, gründlicher Kenner des Altertums, mit deutscher Wissenschaft wohl vertraut, in Anerkennung seiner Leistungen zum Senator ernannt, war im Umgang von den liebenswürdigsten Formen. Und ein Freund meines Bruders Wilhelm, der Marchese San Giuliano aus Catania, den wir 6 Jahre früher hier getroffen hatten, verzehrte wieder seinen Mehlbrei zur Abwehr seiner Gichtschmerzen. Als eifriger Parlamentarier wußte er von den Parteien der Nationalvertretung, von der Verwaltung, der nationalen Stimmung und seinen Bestrebungen auf sozialem Gebiete zu erzählen. Gerade damals waren die Gerichte wieder mit einigen sizilianischen Mordtaten beschäftigt. Dies führte ihn zu einer Schilderung des Brigantenwesens seiner heimatlichen Insel. Es sei schwer abzuschaffen, meinte er, solange Sitten und Anschauungen des Volkes sich nicht änderten und solange es als Unehre gälte, Briganten zu verraten oder anzuzeigen. Einen eigentlichen Stand, der aus dem brigantaggio einen Lebensberuf machte, gebe es nicht mehr; das Gewerbe habe den früheren gewissermaßen ritterlichen Charakter verloren. In früherer Zeit sei das Wort eines Briganten unverletzlich gewesen; die meisten Gutsherren hatten sich durch ein Abkommen persönliche Sicherheit erkauft. Eine Begebenheit, die er im Anschlusse erzählte, ist wohl der Mitteilung wert. San Giulianos Vater war vor etwa 50 Jahren in eine Verschwörung gegen die Bourbonen verwickelt und mußte die Flucht ergreifen. Im Walde begegnete er einer ihm bekannten Bande von Briganten. „Ah, Eccellenza, Eccellenza!“ rief man ihm entgegen. Mit der größten Freundlichkeit und Verehrung wurde er behandelt und aufgefordert, bei ihnen gegen die verfolgenden Gendarmen eine Zuflucht zu nehmen. Zwei Monate verbrachte er in ihrer Höhle oder anderen Schlupfwinkeln. Er trug in einer Geldkatze 6000 Franken bei sich, aber niemandem fiel es ein, ihn zu berauben. Als er am Tage nach seiner Ankunft, mit einem einzigen Räuber in der Höhle zurückgeblieben, des Schlafes sich erwehrte, bat ihn sein Gefährte, ohne Besorgnis auszuruhen; er stünde mit seinem Leben für ihn ein und würde nicht dulden, daß man ihm ein Haar krümme. Stets wurde der Graf mit der größten Aufmerksamkeit behandelt und trennte sich erst von den Banditen, als sie nach einem heftigen Kampf mit der Gendarmerie sich zerstreuten. Später erzählte er wohl, selten habe er eine so angenehme Zeit verlebt, als jene zwei Monate. Manche Jahre nachher, als er längst begnadigt und verheiratet in Catania lebte, erhielt er von dem Anführer der Bande, ich meine Mazeo, einen Brief aus dem Gefängnis. Mazeo bat, der Graf möge sich für ihn verwenden und ihm jetzt vergelten, was er einst für ihn getan. Der Graf schrieb gleich an seinen Schwiegervater, den neapolitanischen Minister Fürsten von Cassaro; die Folge war, daß Mazeo nicht nur begnadigt, sondern auch auf einem der Güter des Fürsten als Aufseher angestellt wurde. So diente er treu und geschickt dem Fürsten und seinem Sohne, einem Onkel San Giulianos, beinahe 40 Jahre, verheiratete sich, erschlug aber im Alter von 80 Jahren seine Frau mit dem Flintenkolben. Vor Gericht behauptete er, die Frau sei durch den Hufschlag eines Maultieres getötet worden; er wurde aber überführt und beschloß sein Leben im Gefängnis. San Giuliano sagte, jetzt würde er dem Wort eines Briganten nicht mehr trauen.

Sehr dankbar war mir San Giuliano, als ich ihn mit dem Oberbürgermeister Zelle von Berlin bekannt machte, der einige Zeit nach uns mit seiner Schwester auf dem Monte Generoso eingetroffen war. Von diesem einsichtsvollen und kenntnisreichen Manne über deutsche Verhältnisse sich belehren zu lassen, war für den italienischen Deputierten von höchstem Wert Auch zwischen mir und dem Nachfolger Max Forckenbecks fanden sich zahlreiche Berührungspunkte. Es war eine Freude, mit ihm zu verkehren, der so anspruchslos in seinem Äußeren, so fein und treffend zu urteilen verstand. Dies Gefühl verstärkte sich noch, als wir am 16. September am Comersee in Bellaggio wieder zusammentrafen. Auch die Rückfahrt über den Gotthard machten wir gemeinsam. Ein Besuch in Karlsruhe bei Obser bildete den erfreulichen Abschluß der Reise; einige Stunden später, am Abend des 22., waren wir wieder in Bonn.

Ein nicht ungern befolgtes Gebot des Arztes führte mich in den Pfingstferien des folgenden Jahres auf 14 Tage nach Homburg; für die Herbstferien hatten wir den Axenstein über Brunnen gewählt, der mir aus dem Jahre 1891 in angenehmer Erinnerung geblieben war. Ein Ausflug nach Altdorf-Bürglen und in das Schächental führte auf die Wege Suworows, und ein freundlicher Besuch R. M. Meyers belebte die Erinnerung an Annette v. Droste, als deren feinsinniger Bewunderer er sich in einem geistvollen Aufsatze bei Gelegenheit des Zentenariums bewährt hatte. So angenehm wie belehrend war dann der tägliche Umgang mit dem holländischen Staatsminister Baron Mackay und seiner Familie. Nachdem er 4 Jahre, von 1888—1892, das Ministerium des Innern verwaltet hatte, nahm er noch jetzt im Rate der Königin und in den parlamentarischen Versammlungen eine sehr angesehene Stellung ein. Nahe Verwandtschaft verband ihn mit Mitgliedern des englischen Hochadels. So war es sehr willkommen, als wir zu Stachelberg im Linthtale mit dem vorzüglichen Manne wieder zusammentrafen. Eine rasche Fahrt führte uns am 12. September nach Zürich und am nächsten Tage über den Bodensee nach München. Unser Besuch galt der Schwester meiner Frau und den beiden Töchtern, von denen die jüngere, Martha v. Viebahn, ihr schönes Talent für Malerei dort ausbildete. Frau v. Pasetti mit zwei Töchtern hatte zu der Zusammenkunft sich eingefunden; für einige Tage kam auch ihr Schwager Mario, der jetzt die Stellung eines österreichischen Botschafters in Rom erhalten hatte, die er 7 Jahre zur großen Zufriedenheit seiner wie der italienischen Regierung bekleidet hat. Wie erfreulich war es dann, in der Glyptothek und in der alten Pinakothek nach 19 Jahren alte Freunde wiederzufinden, und wieweit blieben hinter diesen in unvergänglicher Farbenpracht erglänzenden Meisterwerken die meisten Erzeugnisse neuerer Kunst zurück, die man in der Internationalen Kunstausstellung im Glaspalast vereinigt hatte! Immerhin blieb es interessant, Stil und Auffassung bei den Künstlern verschiedener Nationen vergleichen zu können. Wir verweilten, bis die Glocke um 6 Uhr aufforderte, den Saal zu verlassen. Mit uns war nur noch ein einziger kleiner Mann geblieben, der langsam sich bald da, bald dorthin wendend, soweit als möglich vorgebeugt, durch ein Glas die Gemälde betrachtete. Erst als er sich entfernte, erkannte ich Adolf Menzel, den 81 jährigen.

Am 20. September, einige Tage vor meiner Frau, war ich wieder in Bonn. An wissenschaftlichen, an geselligen Vereinigungen fehlte es im Winter und Sommer nicht. Ich erwähne nur den mehrtägigen Besuch der Kaiserin Friedrich, die mir seit ihrer Anwesenheit in Bonn im Jahre 1891 so manche Zeichen gnädigen Wohlwollens gegeben hatte. Am Abend des 6. April 8 Uhr wurde ich in die Villa Schaumburg zu Tisch geladen. Man hatte mir einen Platz neben der Kaiserin gegeben. Der Unterredung, die sich nach Tisch im Salon fortsetzte, werde ich stets mit Vergnügen mich erinnern. Es kam mir zugute, daß unsere Ansichten sich in völliger Übereinstimmung befanden. Der Krieg zwischen Griechenland und der Türkei nahm damals noch ein lebhaftes Interesse in Anspruch. Die Kaiserin, auch persönlich nahe beteiligt, bedauerte, daß man ihren Schwiegersohn, den Kronprinzen von Griechenland, der es nicht verdiene, so hart beurteilt habe. Sie war ganz der Meinung, die ich so oft vor dem Kriege ausgesprochen hatte: man hätte Kreta den Griechen geben sollen, um dadurch den Ausbruch des Krieges zu verhüten. Der Sultan würde sich schwerlich widersetzt haben, und es sei eine ganz willkürliche Behauptung, daß die Vereinigung mit Griechenland Bulgarien und Serbien gegen die Türkei gewaffnet haben würde. Mit Wärme hob die Kaiserin ihre Beziehungen zur Universität als Tochter, Witwe, Mutter, Schwiegermutter von Bonner Studenten hervor, und ich konnte mit voller Überzeugung ihr erwidern, daß niemals ein Bonner Student bei der Bürgerschaft so beliebt gewesen sei wie der spätere Kaiser Friedrich. Gleich der Kaiserin Augusta war sie mit der französischen Literatur, auch mit einigen französischen Schriftstellern, meistens sozialpolitischen, bekannt. Von der neuesten deutschen Literatur hatte sie wenig gelesen, nicht einmal Hauptmanns „Versunkene Glocke". Von Nietzsche wollte sie gar nichts wissen. Gegen Treitschke, der ihren Vater heftig angegriffen, ihm sogar das Recht abgesprochen hatte, über deutsche Angelegenheiten zu urteilen, war sie sehr erbost. In allem, was sie sagte, zeigten sich nicht gerade ungewöhnliche Kenntnisse, aber eine klare Auffassung und treffendes Urteil, eine leichte und richtige Art sich auszudrücken. Man würde sich gern mit ihr unterhalten haben, auch wenn der Reiz der Majestät nicht hinzugekommen wäre. Auch in der Folgezeit erhielt ich noch mehrfache Zeichen ihres Wohlwollens, und mit schmerzlicher Teilnahme mußte ich nur zu bald von den qualvollen Leiden hören die schon 3 Jahre später ihrem Leben ein Ziel setzten.

Von nachhaltiger Bedeutung hätte für mich der erste internationale Kongreß der Historiker werden können, der sich im August im Haag versammelte. Mir war eine Vereinigung dieser Art seit langer Zeit sympathisch gewesen. Meine Verbindung mit zahlreichen Gelehrten des Auslandes, meine Studien, die mich so häufig über die Grenzen Deutschlands hinausführten, ließen mich hoffen, auf der Versammlung ein oder anderes, was mir am Herzen lag, anregen oder fördern zu können. Man hatte mich aufgefordert, in das vorbereitende Komitee einzutreten und auf dem Kongreß einen Vortrag zu halten. Mit Vergnügen hatte ich zugesagt, aber ein Unwohlsein, von dem ich im

August befallen wurde, nötigte mich — ich kann nicht verhehlen, zu meinem großen Bedauern — von der Fahrt nach dem Haag abzusehen und bei der unmäßigen Hitze meine Ferienreise wieder in die Schweiz zu richten.

Auch auf dem Axenstein blieb die ungewöhnlich heiße Witterung unbequem. Um die Zeit nicht zu verlieren, diktierte ich meiner Frau den Anfang der vorliegenden Erinnerungen, die in den folgenden Jahren fortgesetzt wurden, wenn einer anderen Arbeit Hindernisse entgegentraten. In dem nahen Axenfels fand ich meinen Jugendfreund Franz Wüllner mit seiner Frau. Er hatte die Mitte der 60er überschritten, aber die Kraft jugendlicher Jahre bewahrt und erfreute sich jetzt neben den eigenen an den Erfolgen seines Sohnes, der als Sänger und Rezitator endlich den Weg zur höchsten Ausbildung seiner Begabung gefunden hatte. Das Nachhaltigste für mich war aber ein zweitägiger Besuch Karl Lamprechts, denn er war es, der mir für meine Arbeiten über die französische Revolutionszeit einen namhaften Verleger in Vorschlag brachte. Ich habe von diesen Arbeiten, die mich seit so langer Zeit beschäftigten, in den letzten Jahren nicht geredet; aber man sieht aus dem, was ich eben sagte, daß sie niemals außer acht gelassen wurden, und Herr v. Wetzer hatte, wie erwähnt, die Freundlichkeit, umfangreiche Quellenschriften zur Benutzung nach Bonn zu schicken. Sie wurden nicht bloß abgeschrieben, sondern auch mit Einleitung und Anmerkungen versehen. Zahlreiche Abschriften, die ich in Wien anfertigen ließ, brachten zudem den vollständigen Wortlaut der Urkunden, die ich im Herbst 1894 nur in kurzen Exzerpten mir angemerkt hatte. Da sie aus einer genauen Kenntnis der Ereignisse hervorgingen, durfte ich hoffen, aus einer unübersehbaren Zahl von Einzelstücken das wahrhaft Wichtige herausgegriffen zu haben. Je mehr nun die Bedeutung des gesammelten Materials vor die Augen trat, um so näher lag der Gedanke, es möglichst bald gedruckt in die Öffentlichkeit zu geben, um dadurch für die Geschichte der Feldzüge der Jahre 1799 und 1800 eine Grundlage zu schaffen. Das darstellende Werk wurde freilich nicht außer acht gelassen, aber die Hauptarbeit mit verändertem Plane seit dem Herbst 1895 auf die Herausgabe zweier Quellenbände gerichtet. Für Werke dieser Art einen Verleger zu finden, war jedoch nicht ganz leicht. Um so lieber ging ich auf den Vorschlag Lamprechts ein, mich an einen so bedeutenden Verleger wie B. G. Teubner in Leipzig zu wenden. Schon am 23. September waren wir zu einer Einigung gelangt. Der Druck begann im Dezember 1898 und wurde im Juni einige Zeit unterbrochen, als ich mit einigen neu erschienenen russischen Werken zur Erläuterung der auf Rußland bezüglichen Quellen mich bekannt machen mußte. Ungefähr die Hälfte des 1. Bandes lag bis zum Ablauf des Semesters gedruckt vor.

Es war wenigstens ein Anfang, ja sogar ein Erfolg. Hätte nur die Katastrophe meines Lebens sich nicht gar zu rasch angeschlossen! Aber vorerst habe ich noch einige Vorkommnisse der früheren Monate zu erwähnen.

Für die Reise nach dem Haag sollte mich einigermaßen die Versammlung des Geschichts- und Altertumsvereins schadlos halten, die sich vom 2. bis 5. Oktober 1898 unter der Leitung Bailleus in meiner Vaterstadt Münster vereinigte. Allzusehr brauchte ich auch nicht zu bedauern, daß ich an dem Haager Kongreß nicht hatte teilnehmen können, denn nach allem, was darüber verlautete, war er weder zahlreich besucht, noch geschickt geleitet worden. Man bedauerte, daß mit leeren Förmlichkeiten die beste Zeit verloren worden sei, und daß der Leiter, Herr de Maulde, seine Persönlichkeit zu sehr in den Vordergrund gestellt habe. Die deutsche Geschichtswissenschaft war, man muß sagen, nicht ohne eigenes Verschulden, durchaus nicht in dem Maße, wie ihr gebührte, zur Geltung gelangt. Immer war ein Anfang gemacht, für den man Herrn de Maulde hätte dankbar sein sollen. Ich war noch im Laufe des Kongresses von Arenstein aus mit ihm in Verbindung getreten. Er war auf meine Wünsche und Ansichten bereitwillig eingegangen, und da das Hauptergebnis des ersten Kongresses in dem Beschlusse bestand, daß die internationalen historischen Kongresse als dauernde Einrichtung bestehen und von nun an alle 2 Jahre abgehalten werden sollten, so wurde ich von Herrn de Maulde aufgefordert, in das Zentralkomitee zur Vorbereitung des nächsten Kongresses einzutreten. Sehr angesehene Persönlichkeiten aus verschiedenen europäischen Nationen hatten sich zum Eintritt bereit erklärt. Im Juni 1899 wurde das Verzeichnis in den Annales d'histoire internationale veröffentlicht. Von Deutschen waren neben Herrn v. Sicherer und mir Erdmannsdörffer und Herr v. Weech genannt. Mit den beiden letzteren war aber Herr de Maulde, der auch in Paris Gegner hatte, nicht ohne seine Schuld bereits in Streit geraten. Gerade nachdem ich am 22. Juni meine Einwilligung gegeben hatte, erhielt ich am 23. Briefe Erdmannsdörffers und v. Weechs. Sie äußerten, daß sie ohne ihren Willen dem Komitee als Mitglieder zugesellt wären, erklärten öffentlich ihren Austritt und wünschten, daß ich dasselbe täte. Dazu fand ich jedoch keine Veranlassung; besonders da ein gegen Herrn v. Maulde erhobener Vorwurf, er habe durch einen Artikel der „Münchner Allgemeinen Zeitung" Unwahrheiten verbreiten wollen, als ganz grundlos erwiesen war. Ich blieb aus diesen und anderen Gründen mit Sicherer in dem Komitee und tat das Mögliche, den Streit, wenn nicht ganz beizulegen, wenigstens zu mildern und ihn nicht zu deutlich öffentlich hervortreten zu lassen. Freilich, die schönen Hoffnungen, die den Beginn des Unternehmens begleitet hatten, waren nach so unliebsamen Vorgängen nur zu sehr gemindert.

Über eigenmächtige Verwendung meines Namens hätte ich selbst nicht weniger als jene beiden Herren mich beklagen können. Der Baron Alberto

Lumbroso in Rom, der eifrige Forscher und Bibliograph auf dem Gebiete napoleonischer Geschichte, versuchte, ein internationales Komitee zu bilden, das sich die Zentenarfeier der Schlacht von Marengo am 14. Juni 1800 zur Aufgabe machen sollte. Er forderte auch mich zum Beitritt auf. So freudig ich die Freiheit und Unabhängigkeit Italiens begrüßt hatte, sagte es mir doch nicht zu, eine Schlacht zu feiern, die in Wahrheit nur eine Frendherrschaft an die Stelle der anderen setzte. In diesem Sinne antwortete ich auch Lumbroso. Gleichwohl wurde ich in ausländischen und sogar in deutschen Zeitungen wiederholt als Mitglied dieses Komitees genannt, das übrigens seine Absichten niemals zur Ausführung brachte.

Dagegen konnte ich nicht ablehnen, als mein Freund Fastenrath mich aufforderte, bei den Kölner Blumenspielen, die von ihm ins Leben gerufen wurden, das Amt eines Preisrichters zu übernehmen. Allerdings lag die Besorgnis nahe, und der Vorwurf ist wohl ausgesprochen worden daß es sich um eine Beförderung des poetischen Dilettantismus handle. Aber man darf erwidern, daß wir 1900, nicht 1800 schreiben. Während vor 100 Jahren Unzählige in Versen sich versuchten und ihre aufdringliche Kunst zum besten gaben, überwiegen jetzt andere Interessen nur zu sehr, und gewiß darf es als ein Verdienst gelten, in weiteren Kreisen in einer Stadt wie Köln das Interesse für poetische Leistungen geweckt zu haben. Seit Jahren bestehen nunmehr die Blumenspiele; die Beteiligung hat sich gesteigert; bedeutende Schriftsteller sind in den Kreis der Bewerber getreten; und im Auslande, in Spanien und Südfrankreich, hat man mit dem lebhaftesten Beifall gleichartige Bestrebungen auf germanischem Boden begrüßt.

Je weiter man in den Jahren vorrückt, um so mehr muß man auch des Goetheschen Ausspruchs sich bewußt werden: Lange leben, heißt vieles erleben und vieles überleben. Schon in früheren Jahren hatte ich nur zu oft durch einen schwarz umränderten Brief und noch öfter aus einer Zeitung erfahren müssen, daß jemand, dem ich irgendwo näher gestanden hatte, aus dem Leben geschieden sei. Bernays und wieviele andere Namen hätte ich zu nennen! Von meinen drei noch übrigen Brüdern war der jüngste, Alexander, seit längerer Zeit leidend, aber seine kräftige Natur raffte sich stets wieder auf. Noch am 13. April hatte ich ihn ohne drängende Besorgnisse verlassen, und ich war völlig überrascht, als am Morgen des 16. eine weinende Dienerin die Nachricht brachte, mein Bruder sei am Morgen tot im Bette gefunden worden. Damals ahnte ich freilich noch nicht, daß ich am 15. August meinen ältesten Bruder Eduard in Münster, am 23. August meinen Bruder Alfred in Paderborn verlieren und von neun Brüdern der einzig überlebende sein würde. Am 2. Mai gratulierte ich Simson zum 70jährigen Doktorjubiläum und schon am Morgen darauf traf die Nachricht ein, daß der treffliche Mann kurz nach Mitternacht verschieden sei. An demselben Tage erhielt ich die Nachricht von dem Tode der unvergeßlichen Freundin, Frau v. Schwartz, und wenig fehlte, daß das Schwerste von allem über mich gekommen wäre.

Wir waren im Begriff, zur Hochzeit einer Nichte nach Wien abzureisen, als meine Frau von einer Influenza befallen wurde, die sich bald zu einer heftigen Lungenentzündung steigerte. Alles, was man in solcher Lage an Sorgen, Furcht, steigender und getäuschter Hoffnung erleben muß, hatten wir zu erfahren. Als mein Bruder starb, lag meine Frau noch schwer krank darnieder. Erst am 9. Mai konnte sie bei warmem Wetter sich auf einige Augenblicke in den Garten wagen. Um die geschwächten Kräfte wieder herzustellen, verlangte der Arzt einen Aufenthalt in Baden-Baden und höher im Gebirge. Am 16. Juni brachte ich sie zur Bahn, am 27. führte mich der Eilzug nach Karlsruhe zu einer Unterredung mit Weech und Obser und am späten Abend nach Baden-Baden. Fünf Tage inmitten der vollen Pracht des Frühlings, zu Fuß und zu Wagen die schönsten Punkte jenes gesegneten Tales aufsuchend, verlebten wir miteinander Tage reinsten ungetrübten Genießens und froher Hoffnung — die letzten dieser Art, die mir beschieden waren.

Das Semester ging zu Ende. Sobald als möglich dachte ich meine Frau, jetzt in dem Kurort Hundseck, wieder aufzusuchen. Für den Spätherbst dehnten meine Pläne sich nach Wien, sogar bis nach Konstantinopel aus. Der Koffer stand bereits gepackt. Die Hitze war groß; gewöhnlich gab mir am Abend ein Bad im Rhein Erquickung. Auch am 30. Juli dem Wasser entstiegen, bemerkte ich, daß über dem rechten Auge feurige Halbkreise sich bildeten, jedoch rasch wieder verschwanden; bis nach 11 Uhr blieb ich am Schreibtisch. Aber am anderen Morgen störten mich Flocken vor dem rechten Auge, wie sie bisher mir nur vor dem linken erschienen waren. Der Arzt hielt sie für unbedeutend. Am Tage darauf hatten sie sich verstärkt. Am dritten Tage gewann ich noch über mich, die Vorlesungen, als wäre nichts geschehen, zum Abschluß zu bringen. Am vierten hatte das Gesichtsfeld sich verengert, am Morgen des fünften Tages, dem 3. August, wurde mir, obgleich die kleinste Schrift noch lesbar blieb, verkündet, eine rasch fortschreitende Netzhautablösung werde das Auge bald völlig unbrauchbar machen.

Es war der schwerste Schlag, den ich im Leben erfahren hatte. Das verlorene Auge war das einzige, das ich zum Lesen und Schreiben benutzen konnte. Das linke Auge hatte sich nach der Operation im Jahre 1892 bald wieder mit einer so starken hornartigen Decke überzogen, daß ich nur ungewisse Umrisse zu unterscheiden vermochte. Mit einem Schlag sah ich mein Leben völlig verändert, und von dem, was ihm bisher den höchsten Reiz gegeben hatte, wenig erhalten. Ich erinnere mich nicht, nach der Erklärung, die ich vernehmen mußte, ein Zeichen der Aufregung gegeben oder ein Wort des Schreckens geäußert zu haben. Nach der Entfernung der Ärzte beschäftigte ich mich damit, meine Angelegenheiten für das, was bevorstand, in Ordnung zu bringen, blickte zuweilen auf die Pracht der Gärten, die mir nie mehr in ungetrübter Klarheit erscheinen sollte. Am Nachmittage wurde mir dann vor das rechte Auge eine schwarze Binde gelegt, mit der freilich sehr unwahrscheinlichen Aussicht, daß der Druck den Fortgang der Netzhautablösung aufhalten könne. Abends setzte ich mit meinem Beistand, einem jungen Esthländer, jetzt Archivar in Reval, Greiffenhagen, wie es auch sonst geschehen wäre, die Beschäftigung mit den russischen Aktenstücken fort. Als ich nach einer unruhigen Nacht noch im Halbschlummer lag, fühlte ich eine weiche Hand auf meiner Stirn. Es war meine Frau, der ich nicht die ganze Wahrheit mitgeteilt hatte, die aber beim ersten Anschein einer Gefahr herbeieilte, um die Tage, die wir heiter im Schwarzwald zu verleben hofften, auch jetzt, nachdem sie sich in Tage des Leids verwandelt hatten, mit mir zu teilen. Über die nächsten Wochen gehe ich rasch hinweg. Täglich, wenn die Binde gewechselt wurde, mußte ich die Fortschritte des Übels gewahren; meine Hoffnung richtete sich auf die eine Nachstaroperation am linken Auge und man begreift, daß ich sie nur dem Meister, dessen Kunst sich schon so oft an mir bewährt hatte, anvertrauen mochte. Sobald als möglich, am 19. August, traten wir die Reise nach Wiesbaden an. Am 24. wurde die Operation vorgenommen, man glaubte, mit gutem Erfolg, aber am nächsten Tage zeigte sich bei der Leseprobe ein wenig günstiges Ergebnis. Ich sah nur undeutlich und konnte in den Schlangenwindungen der Zeilen nur einzelne Buchstaben erkennen. Am folgenden Tage war die Probe günstiger, aber am 29., nachdem man nicht ohne Anstrengung geeignete Augengläser versucht und gewählt hatte, stellte sich plötzlich, bei einem Spaziergang im Kurgarten ein beängstigender Nebel ein. Noch mehrere Wochen mußte ich in der Klinik verweilen, und als ich am 19. September nach Bonn zurückkehrte, konnte ich mir nicht verhehlen, daß ich neben dem ganz unbrauchbaren ein krankes Auge heimgebracht hatte.

Ein tiefer Einschnitt war in meine Lebensbahn gemacht, die Empfindung eigentlicher Lebensfreude, einer kräftigen ungestörten Wirksamkeit für immer geschwunden. Nach allen Seiten Hindernisse und Beschränkungen, alle Lebensfreuden verkümmert, gerade die höchsten und reinsten am meisten, denn der Verkehr mit der Natur konnte doch nur durch ein vollkräftiges Auge vermittelt werden, und der Verkehr mit den größten und edelsten Geistern aller Zeiten läßt sich nur unterhalten, wenn man unabhängig von fremdem Beistand nach eigenem Belieben bei ihren Werken verweilen, rückschlagend und blätternd das, was uns am meisten verspricht, vor die Augen und vor die Seele führen kann. Was mir blieb, war die Liebe meiner Frau und einiger Freunde und der Wunsch, Arbeiten, seit langer Zeit begonnen, länger als billig verzögert, zur

Vollendung zu führen. Aber war dies möglich mit einem Auge, das kaum für Minuten zum Lesen oder Schreiben ausreichte? Was sollte aus dem eben im Druck befindlichen Quellenwerke werden? Ich hatte in Wiesbaden mit Hilfe meiner Frau und Ernst Siepers die eingehenden Korrekturbogen druckfertig gemacht, aber noch mehr als die Hälfte war rückständig und gerade in dieser Hälfte blieb noch manches zu ergänzen, manche Stücke mußten mit den Originalen verglichen werden, kurz noch manches blieb zu tun, das ich selbst in diesem Herbst vorzunehmen beabsichtigt hatte. In dieser Not trat rettend Herr v. Wetzer ein, der mir seit dem Tage des Unheils die freundlichste Teilnahme bewiesen hatte. Er brachte mich mit einem Manne in Verbindung, dem ich für fördernden wissenschaftlichen Beistand mehr als irgend jemandem in meinem Leben verpflichtet bin. Möge er, wenn ihm einmal diese Zeilen vor Augen kommen, einen Lohn finden in dem Gefühle, einem schwer Bedrängten die Fortführung einer wissenschaftlichen Lebensarbeit ermöglicht zu haben. Hauptmann Oscar Criste hatte schon durch eine Reihe von Schriften sich gerade mit dem Kreis meiner Untersuchungen gründlich vertraut gezeigt und kurz vorher im Auftrage des Kriegsarchivs die bis dahin zurückgehaltenen Papiere über den Rastatter Gesandtenmord herausgegeben. Was konnte mir willkommener sein, als daß gerade er von Herrn von Wetzer die Genehmigung oder den Auftrag erhielt, meinen Arbeiten jeden wünschenswerten Beistand zu gewähren! Unermüdlich und mit nie sich verändernder Güte, hat er zu so vielen anderen Aufgaben auch diese übernommen, und wenn ich in den letzten Jahren noch ein oder anderes zum Abschluß bringen konnte, so mußte ich beinahe stets Oscar Cristes mit Dankbarkeit dabei gedenken. Am 19. Oktober 1899 erhielt ich von ihm den ersten Brief und säumte nicht, meine Wünsche zum Ausdruck zu bringen. Die Aktenstücke wurden ihm zum Teil zur Vergleichung mit den Originalen nach Wien geschickt, auch auf den Korrekturbogen, deren Durchsicht er übernahm, einzelne Stellen verglichen. So konnte der Druck mit der Zuversicht fortgesetzt werden, daß keine Verstöße sich einschleichen würden. Vielleicht noch wirksamer war seine Tätigkeit für das Manuskript des 2. Bandes, das ich ihm Anfang 1900 nach Wien schickte. Man kann denken, wie sehr die Hoffnung, das Werk noch einmal vollendet zu sehen, auf mein Befinden und meine Stimmung wirkte. Ende Oktober hatte ich meine Vorlesungen wieder begonnen und konnte sie ohne Unterbrechung in diesem wie im nächsten Semester zu Ende führen. Die Augen, obgleich sie fort und fort zu Besorgnissen Veranlassung gaben, erlitten doch keine wirkliche Verschlimmerung; im Frühling und Sommer ließ sich sogar eine geringe Vermehrung der Sehkraft auf dem linken wie auf dem rechten Auge bemerken. Deshalb brauchten wir auch dem geselligen Leben nicht ganz fernzubleiben. Bei der Feier der Blumenspiele in Köln hatte ich den Trinkspruch auf die Königin des Festes auszubringen.

Auf einem Familientage, der am 24. Juni in Königswinter stattfand, fiel mir, als dem Senior der Familie, die Aufgabe zu, die Anwesenden zu begrüßen. Ich richtete meinen Trinkspruch an die Dame Concordia.

An meinem 70. Geburtstag, am 24. März 1900, hatte ich noch nicht die Empfindung, daß Lebensmut und Arbeitskraft gebrochen seien, und warum sollte ich verhehlen, daß die Zeichen der Teilnahme, die weit über mein Erwarten aus der Nähe und Ferne mir zugingen, mich erfreut und gehoben hatten?

Am 23. Juli erhielt ich die ersten fertigen Exemplare des ersten Bandes der Quellen. Eine darstellende Arbeit über den Feldzug Suworows in die Schweiz in den Mitteilungen des Instituts für österreichische Geschichte hatte bereits im voraus eine Reihe merkwürdiger Urkunden verwertet.

Der Druck des zweiten Bandes hatte bereits begonnen und wurde nicht unterbrochen, als ich den Plan des vorigen Jahres zur Ausführung brachte und mit meiner Frau in Hundseck, dann in Baden-Baden mehrere Wochen verweilte.

Noch am 30. August von Hundseck aus konnte ich das Vorwort der ersten Abteilung des 2. Bandes an Teubner schicken, denn es schien auch mit Rücksicht auf das Zentenarium vorteilhaft, die neuen, auf die Schlacht von Marengo bezüglichen Berichte des Generals Jos. v. Stutterheim, des Grafen Neipperg, die Mitteilungen des Prinzen von Hohenzollern über den Feldzug in die Riviera, die Belagerung Genuas und den Winterfeldzug in Italien als besondere Abteilung erscheinen zu lassen; noch vor dem Ende des Oktobers, nur einige Wochen, nachdem der erste Band in den Buchhandel gegeben war, erschien diese erste Abteilung des zweiten Bandes. Und an dem folgenden, welcher die Aktenstücke über den Feldzug in Italien und die zweite Hälfte des Feldzuges in Deutschland enthielt, wurde während der letzten Monate des Jahres 1900 und bis in den Sommer des folgenden Jahres ununterbrochen gearbeitet. Eine wesentliche Erweiterung erhielt diese Abteilung dadurch, daß Criste die auf die Schlacht von Hohenlinden bezüglichen Berichte der einzelnen österreichischen Generale teils selbst abschrieb, teils für mich abschreiben ließ. Andere merkwürdige Berichte aus dem bayerischen Kriegsarchiv konnten durch das Entgegenkommen seines Vorstehers, des Obersten Erhard, teils zum ersten Male veröffentlicht, teils nach ihrer Herkunft geprüft werden. Wie den Berichten über Marengo, so wurde auch den Urkunden über Hohenlinden eine Einleitung vorgesetzt, welche die literarische Bearbeitung, die Streitfragen und die wesentlichen Gesichtspunkte, die den neuen Quellen sich entnehmen ließen, ins Licht stellte. Noch vor dem Beginn der Ferien, Ende Juli des Jahres 1901, war der Druck des Bandes nahezu beendigt. Die für den Buchhandel ungünstige Zeit verzögerte freilich das Erscheinen, aber am 28. Oktober 1901 hielt ich doch den 2. Band des Werkes, das mich seit dem Jahre 1897 unablässig beschäftigt hatte, in Händen. Nach so langer Zeit, nach so vielen Hindernissen konnte ich das Ergebnis immerhin als einen Erfolg, ja als einen durch Mühe und Fleiß verdienten Erfolg betrachten. Für meinen Namen in der Wissenschaft ist es in der Tat von Bedeutung geworden. Aber das Befinden des Verfassers hatte in dem letzten Jahre wieder Veränderungen erfahren, die ein Gefühl froher Befriedigung nicht aufkommen ließen. Bis in den Sommer 1900 war der Zustand meiner Augen seit der Operation des vorigen Jahres im wesentlichen unverändert geblieben. Immer war ich noch imstande, eine und die andere Seite eines guten Druckes selbst zu lesen. Aber inmitten der Wanderungen im Schwarzwald machte sich wieder eine vermehrte Trübung bemerkbar, und wenn ich abends zu dem geliebten Gestirn des Wagens hinauf sah, konnte ich mich des sorgenvollen Zweifels nicht entschlagen, ob ich des herrlichen Anblicks noch längere Zeit mich erfreuen würde. So wurde der Aufenthalt in Baden-Baden in seinem Reize gemindert, doch ließ ich mich nicht abhalten, meine Vorlesungen über deutsches Staatsrecht anzufangen. Wenn nicht heiteren, so doch ungebeugten Mutes trat ich in das neue Jahr und ich sage zugleich in das neue Jahrhundert; denn trotz allerhöchster Verfügung habe ich niemals begreifen können, daß ein Jahrhundert vor dem Abschluß des 100. Jahres zu Ende ginge. Ich mußte mir sagen, daß ich nicht lange in den neuen Zeitraum hineinblicken würde und beneidete Jugend und Mittelalter, die einer großen Entwicklung mit eigener Kraft und Teilnahme entgegengingen. Gleich beim Beginn machte mir freilich das neue Jahrhundert kein freundliches Gesicht. Der Wagen stand vor der Tür, der uns zur Neujahrscour zu Magnifizenzen und Exzellenzen führen sollte, als sich bei mir als Gratulanten plötzlich die nicht mehr unbekannten Nierensteine meldeten. Mit ihnen vereinigten sich bald andere Leiden verwandter, aber noch schlimmerer Art, mit denen ich den Leser nicht zu unterhalten gedenke.

Der Immatrikulation des Kronprinzen am 24. April konnte ich beiwohnen, aber verzichten mußte ich am Abend auf den Kommers im Beethovensaale und deshalb auch auf die Kaiserrede über die Entwicklung Deutschlands, die einen Sturm der Begeisterung entfesselte und den Beweis gab, wie eine ähnliche Kundgebung 10 Jahre früher hätte wirken können.

Nicht ohne Mühe konnte ich am 22. Mai die Leitung einer Versammlung des Historischen Vereins in Godesberg übernehmen, und eine Pfingstfahrt nach Baden-Baden vom 24. bis 31. Mai verlor durch die große Hitze zu viel von ihrer Annehmlichkeit. Meine Reisepläne waren bereits sehr bescheiden geworden. Als Ferienkurort ließ ich mir statt der Schweiz Schlangenbad gefallen. Noch manche Erinnerungen an Simsons dreimaligen Aufenthalt fand ich hier lebendig. Den Freiherrn Langwerth v. Simmern traf ich als Kurgast, hätte auch bei besserem Befinden mit den großen reich gefüllten

Weinkellern in seiner reichsritterschaftlichen Stammburg in Eltville mich bekannt machen können. War der Aufenthalt in Schlangenbad an Abwechslungen nicht reich, so erfreute es um so mehr, in der Heimat liebe Jugenderinnerungen zu beleben. Freilich von alten Freunden waren nur wenige noch übrig, von so vielen Brüdern war ich der einzige Überlebende, aber eine neue Generation, zahlreich, tatkräftig, mit frohen Hoffnungen blühte empor. Auch das Landgut, auf welchem ich so frohe Jugendtage verlebt hatte und dessen Veräußerung ich niemals hatte verwinden können, war wieder in den Besitz eines Neffen gekommen; Bäume und Sträucher, die ich als zarte Sprößlinge gekannt und gepflegt hatte, standen in kräftigem Wachstum, Vorbilder des jungen Geschlechtes, das neben ihnen heranwuchs. Leider wurden diese erfreulichen Eindrücke gleich nach der Rückkehr nach Bonn getrübt. Ein neues Augenübel raubte dem linken Auge den größten Teil der Sehkraft, die es bei der letzten Operation zwei Jahre früher erhalten hatte. Auch andere Leiden traten mit vermehrter Stärke auf, und es war einiger Mut erforderlich, unter solchen Verhältnissen eine neue, große Arbeit zu beginnen. Die Wahl konnte nicht zweifelhaft sein. Nach der Herausgabe zweier Quellenbände galt es jetzt, die Darstellung, die auf ihrem Grunde beruhte, folgen zu lassen: zunächst die Geschichte des Jahres 1799, aber nicht bloß in ihrer kriegerischen, sondern auch in ihrer politischen Gestalt. Im Entwurfe, ja zu einem beträchtlichen Teil in der Ausführung, war sie vorhergegangen; man erinnert sich, wie lange sie mich beschäftigt hatte; einzelne Kapitel reichten bis in den Anfang der 80er Jahre zurück. Es läßt sich denken, wie sehr sie ihre Gestalt verändern und bei dem gewaltigen Fortschritt der Literatur Zusätze und Erweiterungen erhalten mußten. Von anderen, unentbehrlichen Kapiteln war zudem nicht einmal ein Anfang vorhanden; wie manches blieb also noch zu tun! Aber was konnte mir in meinen Bedrängnissen einen Halt, was konnte dem Leben noch einigen Reiz gewähren, als die Arbeit, als der Wunsch und die Hoffnung, halbfertige Ergebnisse, an welche die Mühe und Kraft vieler Jahre gewendet war, doch noch zu einem lohnenden Abschlusse zu bringen! Zum Glück fehlte es auch nicht an einer wirksamen Unterstützung. Von seinem Lehrer Erich Schmidt war mir Dr. Franz Schultz, ein junger Literarhistoriker, warm empfohlen worden, so daß eine Einigung nicht schwer wurde, und mit raschem Verständnis versetzte er sich in den Ideenkreis, in dem meine Arbeiten sich bewegten. Die Neubearbeitung des Manuskripts war in mancher Beziehung ebenso schwierig wie eine ganz neue Darstellung, doch waren wir im Februar 1902 über die ersten Kapitel hinausgekommen, als ein mächtiges Halt geboten wurde. Das Leiden, von dem ich am ersten Tage des neuen Jahrhunderts befallen wurde, hatte langsam und allmählich rascher zugenommen, und am 24. Februar erklärte mir der Meister chirurgischer Kunst, Geheimrat Schede, daß eine Operation nötig und nicht länger zu verschieben sei. Nach dem, was ich früher sagte, wird man begreifen, daß die Nachricht mich nicht aus der Fassung brachte. Mit Ruhe erledigte ich, was für einen äußersten Fall zu erledigen war, daneben die kleinen Angelegenheiten des Tages.

Am 27. Februar vormittags begleitete meine Frau mich in das Johannis-Hospital. Als ich aus einer Narkose, die 2½ Stunden gedauert hatte, wieder erwachte, fand ich mich ohne erhebliche Schmerzen in dem Bette des Krankenzimmers. Es lautet sonderbar, wenn ich sage, daß die folgenden Wochen im Hospital mir beinahe in angenehmer Erinnerung geblieben sind; ich möchte sie mit der Zeit nach der ersten Staroperation in Wiesbaden vergleichen. Das Gefühl, es gehe nach langem Niedergange wieder aufwärts, überwog alle übrigen. Dann überstieg der Erfolg und die rasche Besserung in der Tat die Erwartung. Worte und Zeichen der Teilnahme gingen mir aus der Nähe und Ferne zu, Dr. Schultz erfreute mich durch die Widmung seines Buches über Joseph Görres; meine treue Frau und meine Schwester Laura unterließen nichts, was die Lage eines Kranken erleichtern kann. Am 3. Tage konnte ich wieder frei und zusammenhängend denken, am 7. mit den Lebenserinnerungen mich befassen, die in solcher Lage gerade die richtige, nicht zu anstrengende Beschäftigung bilden. Am 13. machte ich, gestützt auf meine Frau und die Wärterin, einige Schritte im Zimmer, und als mich am 22. März der Wagen einer befreundeten Dame wieder vor die Tür meines Hauses getragen hatte, vermochte ich sogar einige Zeit mich im Garten aufzuhalten und die zwei Treppen zu meiner Wohnung ohne Mühe hinaufzusteigen. Auf den Wunsch, meine Vorlesungen im Sommer wieder aufzunehmen, mußte ich freilich verzichten; aber zur Arbeit fühlte ich mich wieder fähig und geneigt, doch ehe ich die Arbeiten über die Revolutionszeit wieder aufnahm, hielten mich die Lebenserinnerungen noch drei Monate fest; ich hatte von den Jahren 1865/71 zu reden, in welchen ich an parlamentarischen Versammlungen teilgenommen hatte. Dafür durfte ich mich nicht ausschließlich auf mein Gedächtnis und die Aufzeichnungen des Tagebuches verlassen, ich mußte die Literatur, besonders die stenographischen Berichte, zurateziehen. Eine Fahrt nach Düsseldorf zur Industrieausstellung machte mich in einer Nachbildung mit den Kolossen unserer Marine bekannt und gab mir nach langem Zwischenraum wieder Gelegenheit, einmal eine Gemäldeausstellung zu besuchen. Von den ausgestellten plastischen Kunstwerken ist mir vor allem Klingers Beethoven in der Erinnerung geblieben, gewiß ein bedeutendes Kunstwerk, aber ein Kunstwerk, das den Widerspruch noch mehr als den Beifall herausfordert. Im Verhältnis zu dem übergroßen Sessel erscheint der Körper viel zu klein, besonders wenn man bedenkt, daß ein weltbezwingender Übermensch dargestellt werden soll; sind doch die beiden Engelköpfe, welche die Stuhllehne abschließen, beinahe halb so groß wie der

Kopf Beethovens. Von der Rückseite ist nur der Sessel sichtbar, und der Adler zu Füßen des Meisters ist eine Steinmasse ohne Leben und Bewegung.

Es wäre wohl rätlich gewesen, bald eine Sommerfrische aufzusuchen, aber ich wünschte, vorher durch die gerade damals viel empfohlenen elektrischen Lichtbäder der fortschreitenden Verschlimmerung meiner Augen vorzubeugen, und erst, als ich nicht ohne Erfolg am 16. August das 19. Bad genommen hatte, ging ich, von meiner Frau und Dr. Schultz begleitet, für zwei Wochen in die Wälder des Taunus, d. h. auf den Neroberg bei Wiesbaden, dann für drei Wochen auf den Sonnenberg über Luzern. Der eine wie der andere Aufenthalt wurde mir eine Wohltat, meine Körperkräfte waren soweit hergestellt, daß ich zu Fuß die Platte ersteigen und auf dem Sonnenberg und am Vierwaldstättersee meine Wanderlust befriedigen konnte. Auch ein lange gehegter Wunsch ging jetzt in Erfüllung. Lange hatte ich es als eine Lücke empfunden, daß mir das große vielgerühmte Heldengedicht Firdusis ganz unbekannt geblieben war. Herr Dr. Schultz hatte mir öfters von der ältesten deutschen Übersetzung des Firdusi durch Görres gesprochen. Darin lag wohl der Anlaß, daß wir die Schacksche Übersetzung mit auf die Reise nahmen. Schon die ersten Abschnitte übertrafen meine Erwartungen, und je weiter wir lasen, um so höher stieg meine Begeisterung. Wenige Dichterwerke haben in meinem Leben solchen Eindruck auf mich gemacht als dieses; Homer und den Nibelungen stelle ich es an die Seite. Doppelt ergreifend wirkt der Schatz rein menschlicher Empfindungen, ja eine der christlichen verwandten Lebensauffassung, wenn sie aus der Umhüllung mohammedanischer Formen hervorbricht! Und wie lebhaft erinnern einzelne Motive an Verwandtes in der deutschen Heldensage! Büßt doch Rustam, der edelste Held, wie Siegfried durch den Mordanschlag verräterischer Verwandter sein Leben ein.

Den Rückweg nahmen wir über Straßburg. Wie lebhaft erinnerte ich mich des Eindrucks, den ich im Herbst 1870 bald nach der Einnahme von den in Trümmern liegenden Straßen empfangen hatte und zugleich jenes Tages im Herbst 1853, an dem ich zum erstenmal von der Hornisgrinde die, wie man damals annehmen mußte, Deutschland für immer entfremdete Stadt in der Ferne liegen sah! Was damals niemand mehr zu hoffen wagte, jetzt war es geschehen. Eine rein deutsche Neustadt war in dem prächtigen Straßenzuge von der Universität bis zum kaiserlichen Schloß entstanden, und auch in der Altstadt fand ich deutsches Wesen weit kräftiger entwickelt, als ich erwartete. Ich erinnere mich nicht, ein einziges französisches Wort gehört zu haben. Auch die Schilder der Läden waren beinahe ausschließlich deutsch. Nur in der Bauart der Häuser war noch der französische Charakter der letzten Jahrhunderte bemerkbar. Getrübt wurde der Aufenthalt auf Sonnenberg durch die Nachricht von dem Tode einer uns sehr lieben Nichte, und am selben Tage las ich in der

Bonner Zeitung, daß Franz Wüllner gestorben sei. Wir waren seit Jahrzehnten uns nicht eben häufig begegnet, aber eine Jugendfreundschaft hat das mit den Familienbanden gemein, daß sie, unabhängig von äußeren Ereignissen, auch ein langes Getrenntsein überdauert. Auch mir selbst trat das letzte Schicksal wenigstens nahe. Meine Frau war zum Troste ihrer Schwester nach München gereist. Nicht ganz wohl, wollte ich doch die Freude, sie bei der Rückkehr am Bahnhofe, am 15. Oktober, zu empfangen, nicht entbehren. Eine Stunde später lag ich krank zu Bett, von einer starken Erkältung befallen, aus der sich bald eine heftige Lungenentzündung entwickelte. Erst nach zwei Monaten konnte ich wieder einen Gang ins Freie wagen, und die frühere Kraft und Gesundheit habe ich niemals wieder erlangt. Nur die geistigen Fähigkeiten erlitten noch keine wesentliche Verminderung. Selbst während der Krankheit blieb nur selten ein Tag für meine Arbeiten ungenutzt; in die Darstellung der neapolitanischen Republik wurden die zahlreichen neu hervorgetretenen Quellen hineingearbeitet, die Schlacht bei Novi durch die Urkunden, welche Criste übermittelt hatte, erst zu voller Deutlichkeit gebracht. Dabei traten neue Pläne für die Zukunft hervor. Schon in den 60er Jahren, bei den Forschungen auf dem Gebiete des rheinischen Kirchenrechts, hatte ich mich eingehend mit den Statuten des Kölner Domkapitels beschäftigt. Ich dachte nun durch Vermittlung der Gesellschaft für rheinische Geschichtskunde die wichtige kanonistische Rechtsquelle zur Veröffentlichung zu bringen. Der Plan, wie ich ihn dem Vorstande unterbreitete, wurde genehmigt, und wenn auch geeignete Kräfte für die Herausgabe nicht sogleich sich finden ließen, so darf man doch versichert sein, daß das Unternehmen einmal zur Ausführung gelangen wird. Gemeinschaftlich mit Hermann Cardauns dachte ich dann die Briefe Annettens v. Droste herauszugeben. Vorbereitungen, die ich schon in den 80er Jahren getroffen hatte, konnten ergänzt und erweitert werden. Freilich mußte man sich zunächst doch mit dem Satze trösten, daß aufgeschoben nicht aufgehoben sei. Zum Abschluß kam ein Aufsatz über die Schlacht von Marengo für den internationalen Kongreß der Historiker in Rom. Er wurde von Professor Simonsfeld verlesen und sollte einigermaßen einen Ersatz dafür bieten, daß ich dem Kongreß, wie ich so sehr gewünscht hätte, nicht beiwohnen konnte. So eifrig als möglich wurde dann die Arbeit an dem Hauptwerke weitergeführt, so daß beim Beginne der Sommerferien, die ich leider für mich nicht mehr als Ferien bezeichnen konnte, der erste Band und beinahe dreiviertel des zweiten druckfertig vorlagen. Als Ort der Sommerfrische war zunächst wie im vorigen Jahre der Neroberg gewählt.

Zwei bedeutsame Tage konnte ich hier begehen. Am 17. August die 50 jährige Wiederkehr des Tages, an dem ich in Breslau zum Doktor der Rechte promoviert war, am 21. August Antoniens Geburtstag und zugleich den Tag, an dem ich sie vor 25 Jahren an den Altar geführt hatte.

Von den zahlreichen Adressen und Briefen waren manche, die über die herkömmlichen Formeln hinaus eine warm empfundene Teilnahme und ein freundliches Verständnis für das, was ich gewollt oder versucht hatte, in viel zu schmeichelhaften Worten bezeugten. Die philosophische Fakultät Bonn bedauerte, mir die Würde eines Ehrendoktors der Philosophie nicht verleihen zu können, weil ich sie schon besäße; im Auftrage der juristischen Fakultät überreichte Ernst Landsberg als eigene Schrift die ersten Abschnitte seines großen Werkes über das Recht des bürgerlichen Gesetzbuches, das später auch in seiner Gesamtheit mir zugeeignet wurde. Besonders angenehm berührte mich die Äußerung in einem Schreiben meines Kollegen Ritter über meine vermittelnde und ausgleichende Tätigkeit; nicht ohne Anstrengung und ohne Opfer hatte ich manchmal diese ausgeübt.

Gedenktage, in späterem Alter begangen, werden in der Regel nicht weniger von ernsten als von frohen Gedanken begleitet sein. Ernste Gedanken fehlten auch nicht an unserem Hochzeitstage; sie würden sich noch vermehrt haben, hätte ich ahnen können, daß ich von den drei Schwestern, die mir geblieben waren, die älteste, mir so innig verbundene, schon im Herbst verlieren würde. Aber mußte ich es nicht als eine glückliche Fügung preisen, daß ich 25 Jahre an der Seite einer solchen Gattin erlebte, daß wir noch jetzt an dem Rauschen des Waldes, dem Zauber der mondbeglänzten Landschaft und dem frischen Schlage unserer Herzen uns erfreuen und erquicken konnten? Gleich nach der Rückkehr vom Neroberg wurden die Arbeiten wieder aufgenommen. Vielleicht niemals in meinem Leben habe ich trotz aller Hindernisse mich so unablässig mit innerem Trieb bemüht das, was noch zu tun blieb, zu einem Abschluß zu bringen. Auch lag der stärkste Sporn nicht in dem Gedanken, daß der Mann mit der Hippe hinter mir stände. Gleich beim Erwachen pflegten, wie ich mich aus dem Jahre 1869 erinnerte, die Gedanken zurückzukehren, mit denen ich am Abend vorher eingeschlafen war, und gerade in diesen Morgenstunden fand ich mich zu klarem Denken und richtigem Ausdruck am meisten befähigt.

Mit Dr. Schultz wurde die letzte Bearbeitung des Hauptwerkes fortgesetzt. Seine Tätigkeit als Privatdozent nötigte uns, die gemeinsame Arbeit allmählich zu beschränken und mit dem neuen Jahre ganz aufzugeben. In seine Stelle trat in demselben Maße schon seit dem Sommer Dr. Alfred Herrmann, durch seine wertvolle Dissertation über die Schlacht von Marengo mir empfohlen und in den Kreis meiner Arbeiten eingeführt. Mit ihm wurden die noch rückständigen Kapitel in Angriff genommen. Die Abschnitte über die neapolitanische Republik hatte ich zu einer besonderen Abhandlung für die Revue Historique umgearbeitet. Mitte September erhielt ich die Korrekturbogen einer französischen Übersetzung aus Paris; es war aber beinahe eine Woche angestrengter Arbeit erforderlich, um den richtigen Sinn herzustellen und nötige Ergänzungen einzuschieben. Überaus wertvoll war mir dabei die Hilfe eines jungen Franzosen, des Marquis de Vitrolles, Enkels des bekannten Parteigängers Ludwigs XVIII. aus dem Jahre 1814, der damals in Bonn staatswissenschaftliche Studien betrieb. Dazu kam etwas ganz Neues. Reumont hatte mir, wie erwähnt, ein Manuskript, eine Aufzeichnung seiner Jugenderinnerungen aus den Jahren 1808 bis 1829 hinterlassen, Lange hatte ich gewünscht, sie herauszugeben und war sehr erfreut, als ich dafür den Beistand des Dr. Ferdinand Schroeder in Koblenz gewann, der eine druckfertige Abschrift herstellte und durch eine Reihe von Anmerkungen bereicherte. Mittlerweile war aber der ursprüngliche Plan des Werkes über die ursprüngliche Absicht hinausgewachsen. Es drängte mich, meinem verewigten Freunde ein Denkmal zu stiften und sein Charakterbild nach den teils mir vorliegenden, teils erreichbaren Quellen zu entwerfen. In dieser Gestalt sollte das Buch als Festschrift dienen für das im nächsten Frühling bevorstehende 50 jährige Jubiläum des hist. Vereins. Schon deshalb war also keine Zeit zu verlieren. Und nun die Hauptsache. Am 9. Dezember hatte die Firma Friedrich Andreas Perthes in Gotha den Verlag meines neuen Werkes übernommen. Es erhielt als selbständige Veröffentlichung den Titel: „Der Krieg des Jahres 1799 und die zweite Koalition"; denn, obgleich in Wahrheit eine Fortsetzung der „Diplomatischen Verhandlungen aus der Zeit der französischen Revolution", war doch diese Bezeichnung selbst als Gesamttitel dem Inhalt keineswegs entsprechend. Gleich mit dem unterzeichneten Vertrag wurden auch die ersten Teile des Manuskripts nach Gotha geschickt und am letzten Tage des Jahres erhielt ich den ersten Korrekturbogen. So geschah es, daß ich eine Last in das neue Jahr hinübertrug, wie ich sie bisher niemals getragen hatte: zwei Schriften in Druck befindlich, dazu die Bearbeitung und Weiterführung zweier Manuskripte.

An Fleiß hat es denn auch in den nächsten Monaten nicht gefehlt. So rasch und so weit die Kräfte reichten, wurde an der Schrift über Reumont gearbeitet. Ein Vorwort stellte meine persönlichen Beziehungen ins Licht. Den Jugenderinnerungen schloß sich eine Darstellung des vielbewegten Lebens an. Dabei konnte ich den Nekrolog aus dem Jahre 1887 zugrunde legen, aber erheblich erweitern und ergänzen, denn von einem Neffen Reumonts, dem Landrat Alfred Reumont, war mir ein überaus reiches Material, die Familienbriefe, die Briefe der Königin Elisabeth, Kaiser Wilhelms I., der Kaiserin Augusta und anderer bedeutender Persönlichkeiten übergeben worden. Dazu kam die ganz unbenutzte, ausgebreitete Korrespondenz, die Reumont der Bonner Bibliothek und einzelnes, was er mir selbst vermacht hatte. Mitte Juni kamen die ersten Exemplare in den Buchhandel und nach dem, was mir mündlich und brieflich und in Zeitungen über das Buch gesagt wurde, durfte ich hoffen, daß es kein ganz unwürdiges Denkmal für den verewigten Freund geworden sei.

Es konnte zugleich als Festschrift und als mein letztes Wort an den historischen Verein gelten.

Seit einer Reihe von Jahren und besonders seit der Erneuerung meines Augenleidens war es mein Wunsch, die Leitung des Vereins jüngeren Händen zu überlassen; nur die Schwierigkeit, einen Nachfolger zu finden, bildete ein Hindernis. Die Generalversammlung in Bonn vom 14. Oktober des vorigen Jahres, in der ich den Vorsitz führte, hätte mich zum Ausharren bestimmen können. Es kam mir besonders darauf an, die neue Fassung der Vereinsstatuten, mit denen ich mich lange Zeit beschäftigt hatte, zur Annahme zu bringen. Diese Absicht wurde erreicht; auch an gehaltvollen Vorträgen fehlte es nicht. Mehr als 15 mal mußte ich das Wort ergreifen, ohne daß ich am Abend eine Ermüdung gefühlt hätte. Gleichwohl blieb der Wunsch bestehen, und das nächste Frühjahr schien für die Erfüllung der geeignete Zeitpunkt. Der Verein, am 17. Mai 1854 gegründet, konnte mit berechtigter Genugtuung auf ein 50 jähriges Bestehen zurückblicken. Man dachte, den bedeutsamen Tag in würdiger Weise zu feiern. Ich hoffte, wie im Herbst des vorigen Jahres, selbst die Leitung übernehmen zu können und dann aus dem Amte, das ich 23 Jahre verwaltet hatte, zu scheiden. Aber gerade im März, als die Vorbereitungen zu treffen waren, trat in meinem Befinden eine so üble Wendung ein, daß ich die Frage ins Auge fassen mußte, wer mich nötigenfalls bei der Feier vertreten könnte. Und da eine Vertretung im Frühjahr nicht so leicht, als man denken sollte, zu finden war, so beschloß man, die Feier auf den Herbst zu verlegen, aber eine Erneuerung des Vorstandes schon im Frühling eintreten zu lassen.

So konnte ich am 18. Mai an eine Generalversammlung, die nach München-Gladbach berufen war, meine Abschiedsgrüße richten. Die Antworten, die ich erhielt, die Wahl zum Ehrenpräsidenten, bezeugten mir, daß mein langjähriges Streben für das Wohl des Vereins nicht ohne Anerkennung geblieben sei.

Während all dieser Zeit durfte der Druck des neuen Werkes nicht außer acht gelassen werden, und, wie es mir öfters geschehen ist, gerade im letzten Augenblicke, fand sich auch zu Veränderungen des Textes noch Veranlassung; das Kapitel über den Rastatter Gesandtenmord hat erst auf dem Druckbogen seine jetzige Gestalt erhalten. Ein erneuertes, genaues Studium der von Criste rückhaltlos veröffentlichten Urkunden hatte mich dahin geführt, die im Jahre 1896 ausgesprochenen Ansichten allerdings zum größeren Teile zu wiederholen, aber doch insofern zu verändern, daß die Ausführung der Mordtat ausschließlich den österreichischen Szeklerhusaren zuzuschreiben und von einer Beteiligung der Emigranten völlig abzusehen sei.

Nicht eben rasch, aber doch ohne Unterbrechung wurde der Druck des Buches fortgesetzt, so daß im August der erste, im Dezember der zweite Band in meine Hände gelangte.

Mehr als 30 Jahre, freilich mit großen Unterbrechungen, hatte das Buch meine Tätigkeit in Anspruch genommen. Viel zu lange, doch wird man die Dauer einigermaßen erklärlich finden, wenn man den Inhalt in Betracht zieht. Der Krieg und die politischen Verwicklungen des Jahres 1799 waren ein Stück Universalgeschichte, wenn nicht der Zeit, so doch dem Raume nach. Ganz Europa, von Madrid bis nach Petersburg, vom Helder bis nach Unteritalien hatten sie in ihren Bereich gezogen. Für die Gebiete der Koalition, aber nicht weniger für Frankreich und die verbündeten Republiken, mußten die ursprünglichen, nicht selten archivalischen Quellen herangezogen werden. Mit den Vorbereitungen, die für einen einzelnen Abschnitt erforderlich wurden, hätte man mehr als einmal einem besonderen Buche den Inhalt geben können. So durfte ich es immer als einen Erfolg betrachten, daß ich die Ergebnisse so vieler verschiedener Forschungen noch in einer Gesamtdarstellung vorlegen konnte. Aber zugleich kam mir auch nur zu deutlich zum Bewußtsein, daß nicht allein das Wissen, sondern in noch höherem Grade Können und Tun des Menschen Stückwerk sei. Denn nicht einmal auf dem kleinen Gebiete, das ich für mich umgrenzt hatte, war ich zu einem vollen Abschluß gelangt. Dem Werke über die Revolutionszeit fehlte noch der letzte Band, der den Krieg von 1800 und den Lunéviller Frieden umfassen sollte. Von der Quellensammlung, die vollendet etwa 12 Bände füllen mußte, lagen erst zwei Bände vor. Meine zahlreichen Schriften über Heine sollten erweitert und ergänzt in einem besonderen Bande erscheinen, desgleichen historische und literarische Aufsätze gesammelt werden. Seitdem meine Biographie Annettens v. Droste erschienen war, hatte die Literatur über die Dichterin in rascher Folge sich vermehrt. Auch eine neue Quelle war in dem Briefwechsel Annettens mit Schücking hervorgetreten, eine neue Auflage der Biographie war in mancher Beziehung wünschenswert, mit ihr sollte eine kritische Ausgabe der Werke, eine vollständige Sammlung der Briefe und die Herausgabe manches noch Ungedruckten sich verbinden. Es mußte mir einleuchten und hatte mir schon seit Jahren eingeleuchtet, daß ich unmöglich ausschließlich mit eigenen Kräften so weitreichende Pläne zur Ausführung bringen könne. Darum hatte ich schon im Sommer 1901 in einer letztwilligen Verfügung die Mittel angewiesen, durch welche wissenschaftliche Kräfte für die Verwirklichung meiner Absichten gewonnen werden könnten und die buchhändlerischen Kosten sich bestreiten ließen. Drei bewährte Freunde, Reinhold Koser, Ernst Landsberg, Karl Obser, hatten sich freundlichst verpflichtet, die Ausführung meines literarischen Testamentes in die Hand zu nehmen; ihrer Sachkunde, ihrer Sorgfalt durfte und darf ich volles Vertrauen schenken. Und so kann ich, da ich die Grenze meiner Tage vor mir sehe, die tröstliche Hoffnung bewahren, daß die Arbeit eines langen Lebens nicht ganz vergeblich gewesen sei und daß die Schulden, die ich der Wissenschaft gegenüber eingegangen bin, durch jüngere Kräfte abgetragen werden, wenn die eigene Kraft versagt.

Kolibri 360 GmbH
Ferdinand-Jühlke-Straße 7
99095 Erfurt, Deutschland
produktsicherheit@kolibri360.de